Oliver Bender

Analyse der Kulturlandschaftsentwicklung der Nördlichen Fränkischen Alb anhand eines katasterbasierten Geoinformationssystems

FORSCHUNGEN ZUR DEUTSCHEN LANDESKUNDE

Herausgegeben im Auftrag
der Deutschen Akademie für Landeskunde e.V.
von Otfried Baume, Alois Mayr und Jürgen Pohl

FORSCHUNGEN ZUR DEUTSCHEN LANDESKUNDE

Band 255

Oliver Bender

Analyse der Kulturlandschaftsentwicklung der Nördlichen Fränkischen Alb anhand eines katasterbasierten Geoinformationssystems

2007

Deutsche Akademie für Landeskunde, Selbstverlag
Leipzig

Zuschriften, die die Forschungen zur deutschen Landeskunde betreffen, sind zu richten an:

Dr. Ute Wardenga, Deutsche Akademie für Landeskunde e.V.
c/o Leibniz-Institut für Länderkunde
Schongauerstraße 9
04329 Leipzig

FWF Der Wissenschaftsfonds.
Veröffentlicht mit Unterstützung des Österreichischen Fonds zur Förderung der wissenschaftlichen Forschung

Der Satz der Arbeit wurde von der Forschungsstelle für Gebirgsforschung: Mensch und Umwelt der Österreichischen Akademie der Wissenschaften finanziert.

Titelbild: GIS-Visualisierung des Rückgangs der "Wacholderheiden" nach 1850 in der Gemarkung Wüstenstein, O. Bender

Umschlaggestaltung: J. Rohland

Alle Rechte vorbehalten
© 2007 Deutsche Akademie für Landeskunde e.V., Leipzig

EDV-Bearbeitung von Text, Graphik und Druckvorstufe: O. Bender, S. Kanitscheider
Druck: Druckhaus Köthen GmbH, Köthen

ISBN: 978-3-88143-076-0

Inhaltsverzeichnis

Inhaltsverzeichnis		5
Abbildungsverzeichnis		10
Kartenverzeichnis		11
Tabellenverzeichnis		12
Vorwort		15
1	**Einführung**	**17**
1.1	Was ist Landschaft?	17
1.1.1	Die alltagsweltliche Landschaft	17
1.1.2	Die geographische Landschaft	17
1.1.3	Landschaftliche Strukturen, Funktionen und Prozesse	19
1.1.4	Landschaft in der Systemforschung	20
1.1.5	Die Wahrnehmungslandschaft	21
1.1.6	Kritik an der deutschen Landschaftsgeographie	21
1.1.7	Landschaft in der nordamerikanischen Landschaftsökologie	23
1.2	Der Kulturlandschaftsbegriff im Spannungsfeld von naturwissenschaftlichen und kulturellen Gesichtspunkten	24
1.2.1	Durchdringung von Kultur und Natur	24
1.2.2	Kulturlandschaft als räumlicher Antagonismus der Naturlandschaft	26
1.2.3	Kulturlandschaft „im wissenschaftlichen Gebrauch"	27
1.2.4	Kulturlandschaft als „Sphäre"	29
1.3	Die zeitliche Dimension der Landschaft	31
1.3.1	Kulturlandschaftsgenese	31
1.3.2	Die „gewachsene" und die „historische" Kulturlandschaft als tradierte Substanz	34
1.4	Forschungsstand, Forschungsziele und Forschungsfragen	37
1.4.1	Interdisziplinäre Landschaftsforschung – oder die Landschaft zwischen den Disziplinen?	37
1.4.2	Forschungen zur Kulturlandschaftsdynamik	39
1.4.3	Konzeption der vorliegenden Arbeit	41
1.5	Auswahl und Abgrenzung des Untersuchungsgebietes	43
1.6	Regionale Problemstellung und Zielsetzung	46
2	**Methoden und Quellen für die Analyse der Kulturlandschaftsentwicklung**	**49**
2.1	Vom „Kulturlandschaftskataster" zum „Kulturlandschaftsinformationssystem"	49
2.1.1	Landschaftserfassung in Fundort- und Arealkatastern	49

2.1.2	Kulturlandschaftskataster zur Erfassung der Landschaftsstruktur	51
2.1.3	Weitergehende Ansprüche an den Kataster und der Schritt zum Informationssystem	54
2.2	Operationalisierung der Kulturlandschaft nach kleinsten Einheiten	57
2.2.1	Dimensionen und hierarchische Landschaftsgliederung	57
2.2.2	Das Konzept der Tope und Choren in der deutschsprachigen Landschaftsökologie	58
2.2.3	Patches und Classes nach der amerikanischen Landschaftsökologie	60
2.2.4	Inhaltliche Ausgliederung der kleinsten Landschaftsbestandteile	62
2.3	Die Behandlung der vierten Dimension	67
2.3.1	Quer- und Längsschnittmethoden	67
2.3.2	Die Setzung der Zeitschnitte	68
2.4	Quellen, insbesondere das bayerische Katasterwerk	69
2.4.1	Übersicht der Quellen für ein diachronisches Geoinformationssystem	69
2.4.2	Vergleich der seriellen Kartenwerke in Bayern – Kataster und TK	71
2.4.3	Der Bayerische Grundsteuerkataster	73
2.4.4	Weitere Quellen	82
2.5	Modellierung eines diachronischen katasterbasierten Geoinformationssystems (KGIS)	88
2.5.1	Konzeptuelle Modellierung	88
2.5.2	Logische Modellierung (Entity-Relationship-Model)	89
2.5.3	Physische Modellierung – Implementierung	91
2.6	Attributdatenbank und Datenqualität	95
2.6.1	Räumlicher Bezug für die Attributdatenbank	95
2.6.2	Übersicht der Attribute für Parzellen, Anwesen und Betriebe	97
3	**Grundlegende Strukturen und Entwicklungen der Kulturlandschaft**	**115**
3.1	Naturräumliche Grundlagen	115
3.1.1	Naturraum „Nördliche Fränkische Alb"	115
3.1.2	Morphologie, Geologie und Hydrologie	115
3.1.3	Böden	116
3.1.4	Klima	118
3.1.5	Natürliche Vegetation	118
3.2	Raumerschließung und Bevölkerungsentwicklung	119
3.2.1	Siedlungs- und Bevölkerungsentwicklung in der Region	119
3.2.2	Das bäuerliche Dorf Siegritz	123
3.2.3	Der ritterschaftliche Ort Wüstenstein	124
3.2.4	Veilbronn – vom Burgweiler zum Fremdenverkehrsort	125
3.2.5	Mühlen – Siedlungskerne und Einzelsiedlungen der Täler	126

3.2.6	Verkehrserschließung	126
3.2.7	Wasser- und Stromversorgung	127
3.3	Wirtschaftliche Nutzungsansprüche im (Struktur)-Wandel	128
3.3.1	Landwirtschaftliche Betriebsstrukturen	128
3.3.2	Anbau- und Flurverhältnisse	133
3.3.3	Tourismus in der „Fränkischen Schweiz"	135
4	**Raum-zeitliches Kulturlandschaftskataster und -monitoring**	**139**
4.1	Qualitative Beschreibung der Elementtypen und ihrer Veränderungen	139
4.1.1	Siedlungen mit Gärten	139
4.1.2	Verkehrswege	141
4.1.3	Ackerland	142
4.1.4	Streuobstbestände	143
4.1.5	Tal-Fettwiesen mit Bewässerungsanlagen	144
4.1.6	Magerrasen (Wacholderheiden)	145
4.1.7	Flurgehölze (Hecken und Einzelbäume)	147
4.1.8	Laub-Mischwälder	150
4.1.9	Lichte Kiefernwälder	151
4.1.10	Felsen	152
4.1.11	Gewässer	153
4.2	Kulturarten und ihr Verhältnis zu Biotoptypen	154
4.2.1	Ableitung der realen Vegetation aus den Kulturarten	154
4.2.2	Biotoptypen bzw. Biotoptypenkomplexe der Nördlichen Fränkischen Alb	155
4.3	KGIS-gestützte Erfassung und Beschreibung des Wandels	158
4.3.1	Kartographische Erfassung des Landschaftswandels	158
4.3.2	Bilanzierung des Landschaftswandels	159
4.3.3	Biotoptypenkartierung mit Hilfe des Konzepts der Veränderungstypen	174
4.4	Verknüpfungen qualitativer Daten mit dem katasterbasierten GIS	175
4.4.1	Die Kulturlandschaft um 1850	175
4.4.2	Veränderungen zwischen 1850 und 1900	176
4.4.3	Veränderungen zwischen 1900 und 1960	176
4.4.4	Veränderungen zwischen 1960 und heute	177
5	**Erklärende Analyse der Kulturarten und ihrer Veränderungstypen**	**179**
5.1	Problemstellung und bisherige wissenschaftliche Lösungsansätze	179
5.1.1	Das Problem	179
5.1.2	State of the Art	180
5.2	Datengrundlagen	181

5.3	Lösungsansatz mit Hilfe der multivariaten Statistik	184
5.3.1	Vorüberlegungen zur Datenqualität und den statistischen Verfahren	184
5.3.2	Vorbereitung des Datensets für eine Diskriminanzanalyse	185
5.3.3	Behandlung nominaler Daten – Kontingenzanalyse	186
5.3.4	Exkurs: Zum Verfahren der Diskriminanzanalyse	187
5.3.5	Vorgehen	190
5.4	Ergebnisse des Mittelwertvergleichs und der Diskriminanzanalyse	191
5.4.1	Nutzungsstruktur: Kulturarten – Mittelwerte	191
5.4.2	Nutzungsstruktur: Kulturarten – Diskriminanzfunktionskoeffizienten	199
5.4.3	Nutzungswandel: Mittelwerte und Diskriminanzfunktionskoeffizienten	201
5.5	Bewertung der Ergebnisse und des Vorgehens	205
5.5.1	Ergebnisdiskussion	205
5.5.2	Bewertung des Vorgehens und Schlussfolgerungen	207
6	**Exploration der zukünftigen Kulturlandschaft**	**209**
6.1	Szenarien und Simulationen der künftigen Kulturlandschaftsentwicklung	209
6.1.1	Räumliche Anwendung von Prognose- und Szenariotechniken	209
6.1.2	Problemstellung	211
6.1.3	Grundlagen	212
6.1.4	Modellierungsansätze	216
6.1.5	Ein Simulationsmodell für die Nördliche Fränkische Alb	217
6.1.6	Anwendungsmöglichkeiten in der Planung	221
6.2	Entwicklungsziele und Leitbilder	223
6.2.1	Nachhaltigkeit als Grundanliegen der Landschaftsentwicklung	223
6.2.2	Ziele der Landes- und Regionalplanung	224
6.2.3	Funktionale Teilziele und Leitbilder	226
6.2.4	Funktionale Integration und/oder räumliche Segregation	231
6.2.5	Elementtypbezogene Leitbilder für die Nördliche Fränkische Alb	233
7	**Diachronische Kulturlandschaftsbewertungen**	**237**
7.1	Zur Bewertung von Landschaften	237
7.1.1	Anliegen der Landschaftsbewertung	237
7.1.2	Ansätze der Landschaftsbewertung	238
7.2	Exkurs: Landschaftsstrukturmaße	240
7.3	Bewertungen anhand funktionaler Leitbilder	244
7.3.1	Bewertungsansätze aus der Landwirtschaft	244
7.3.2	Bewertungsansätze im Tourismus	244
7.3.3	Bewertungsansätze im Natur- und Landschaftsschutz	250
7.3.4	Bewertungsansätze aus Sicht eines erweiterten Denkmalschutzes	265

7.3.5	Synthese und Ausblick aus Sicht der Geographie und der Planung	269
8	**Steuerung oder Beeinflussung des Kulturlandschaftswandels**	**271**
8.1	Rechtsgrundlagen für die Kulturlandschaftsentwicklung	271
8.2	Instrumente für die Kulturlandschaftsentwicklung	272
8.2.1	Schutzgebiete	274
8.2.2	Landschaftspflege	277
8.2.3	Landschaftsplanung	284
8.2.4	Flurbereinigung und Ländliche Entwicklung	287
8.3	Akteure in der Kulturlandschaftsentwicklung	291
8.4	Aktuelle Planungspraxis und fachliche Umsetzung	294
8.4.1	Gebietsschutz	294
8.4.2	Diskussion der konkreten Landschaftspflegepraxis	296
8.4.3	Landschaftsplanung	303
8.5	Ein Paradigmenwechsel? Integrationsansätze in der Kulturlandschaftsentwicklung	307
8.5.1	Top-down oder Bottom-up: Evaluierung der (verteilten) Kompetenzen	307
8.5.2	Neue Instrumente aus der Denkmal- oder der historisch-geographischen Kulturlandschaftspflege?	308
8.5.3	Indirekte Landschaftsentwicklung durch regionale Wirtschaftsförderung	311
8.5.4	Landschaftsentwicklung in Regionalprojekten	314
8.5.5	Fazit	315
9	**Zusammenfassung und Ausblick**	**317**
9.1	Zusammenfassung unter methodischen Gesichtspunkten	317
9.1.1	Allgemeiner theoretisch-methodischer Teil	317
9.1.2	Deskriptiv-regionaler Teil	319
9.1.3	Methodisch-analytischer Teil	319
9.1.4	Planerischer Teil	321
9.2	Genese und Zukunft der Kulturlandschaft Nördliche Fränkische Alb	321
9.3	Schlussfolgerungen für Forschung und Planung	323
Literatur- und Quellenverzeichnis		**325**
Literatur		325
Rechtsgrundlagen		374
Quellen		375
Anhang I: Der KGIS-Workflow		**379**
Anhang II: Arbeitsschritte im GIS zur Attributwertberechnung		**381**

Abbildungsverzeichnis

Abb. 1.2.4-1: Landnutzung als Funktion des zentralen Kompartiments „Anthropos" 30

Abb. 1.2.4-2: Die Subsphären der Ökosphäre und die Landschaft 30

Abb. 1.6-1: Ailsbachtal um 1935 48

Abb. 1.6-2: Ailsbachtal um 1994 48

Abb. 2.2.4-1: Biotopkartierung. Ausschnitt aus dem Kartenblatt 6327 (Markt Einersheim) der TK 25 66

Abb. 2.4.2-1: Überlagerung von Orthofoto und Flurkarte mit Lageabweichungen ... 72

Abb. 2.4.2-2: Vergleich zweier Zeitschnittkarten (2000) nach Kataster- bzw. TK-Auswertung (Ausschnitt Draisendorf, Nördliche Fränkische Alb) 73

Abb. 2.4.2-3: Ausschnitte aus dem Orthofoto von 1996 sowie aus den Katasterkarten 2000 und 1900 78

Abb. 2.4.2-4: Ausschnitte aus den GIS-Layern der nach Kulturarten vektorisierten TK 25 bzw. der vektorisierten Nutzungsparzellen für 2000 und 1900 ... 79

Abb. 2.5.2-1: Logisches Modell/Entity-Relationship-Model von KGIS mit dem Grundelement „Nutzungsparzelle" 90

Abb. 2.5.3-1: Physisches Modell im KGIS 92

Abb. 2.6.2-1: Überlagerung von DGM und Orthofoto (1996) – Blick von Wüstenstein nach NE über das Aufseßtal 105

Abb. 3.1.2-1: Schematischer Profilschnitt durch den höheren Keuper und den Jura am Nordende der Fränkischen Alb 116

Abb. 3.1.2-2: Blockbild der TK 25, Blatt 6133 (Muggendorf) mit den Gemarkungsgrenzen des Untersuchungsgebiets 117

Abb. 3.2.1-1: Territorialverhältnisse im Südteil der Nördlichen Fränkischen Alb um 1800 120

Abb. 3.2.2-1: Siegritzer Ortsmitte mit Hüll in den 1930er Jahren 124

Abb. 3.3.3-1: Jahresverlauf der Nächtigungen im Fremdenverkehrsgebiet Fränkische Schweiz 2003 136

Abb. 4.1.1-1: Für die Nördliche Fränkische Alb typische landwirtschaftliche Anwesen 140

Abb. 4.1.3-1: Fotosimulation „Alblandschaft mit Egerten" 143

Abb. 4.1.8-1: Lichter, beweideter Kiefernwald um 1970 151

Abb. 4.2.1-1: Sukzession von der mehrschürigen Fettwiese (Glatthaferwiese) zur Kohldistelwiese und Hochstaudenflur 155

Abb. 5.4.1-1: Flächengewichtete Mittelwerte für die Hauptkulturarten im Untersuchungsgebiet 195

Abb. 5.4.2-1: Entwicklung der relativen Bedeutung der wichtigsten Einflussvariablen auf die Verteilung der Hauptkulturarten im Untersuchungsgebiet 200

Abb. 5.4.3-1: Entwicklung der relativen Bedeutung der wichtigsten Einflussvariablen auf die Verteilung der Haupt-Veränderungstypen im Untersuchungsgebiet..... 203

Abb. 5.5.1-1: Entwicklung der wichtigsten Einflussvariablen bei gleichzeitiger Untersuchung aller vier Hauptkulturarten des Untersuchungsgebiets..... 206

Abb. 6.1.3-1: Datenbasis in KGIS und Grundmodell eines Simulationsablaufs für die künftige Landschaftsentwicklung auf lokaler Maßstabsebene..... 214

Abb. 6.1.3-2: Kulturlandschaftswandel im Untersuchungsgebiet 1900-2000..... 215

Abb. 6.1.6-1: Isolierte Aufforstungsparzellen im Ackerland..... 222

Abb. 7.3.3-1: Kreislauf-Modell in der traditionellen Landwirtschaft für den Nährstoff Stickstoff (N)..... 254

Abb. 7.3.3-2: Zusammenhang zwischen verschiedenen landschaftlichen Prozessen und Skalenniveaus..... 260

Abb. 8.2-1: Planungssystem und Planungsebenen in der Bundesrepublik Deutschland..... 273

Abb. 8.2.4-1: Luftbildvergleich der Gemarkung Siegritz 1963 und 1993..... 290

Abb. 8.4.2-1: Zeitungsschlagzeilen zu den Felsfreistellungen im Naturpark Fränkische Schweiz-Veldensteiner Forst..... 301

Abb. 8.5.2-1: Das Untersuchungsgebiet in einem Ausschnitt der Karte „Die Historische Kulturlandschaft in der Region Oberfranken-West"..... 310

Kartenverzeichnis

Karte 1.5-1: Gliederung des Untersuchungsgebietes nach Ortsfluren..... 44

Karte 4.3.1-1: Zeitschnittkarte für das Untersuchungsgebiet 1850 (nach Kataster – „nicht-verfeinert")..... 160

Karte 4.3.1-2: Zeitschnittkarte für das Untersuchungsgebiet 1900 (nach Kataster – „nicht-verfeinert")..... 161

Karte 4.3.1-3: Zeitschnittkarte für das Untersuchungsgebiet 1960 (nach Kataster – „nicht-verfeinert")..... 162

Karte 4.3.1-4: Zeitschnittkarte für das Untersuchungsgebiet 2000 (nach Kataster – „nicht-verfeinert")..... 163

Karte 4.3.3-1: Veränderungstypen der Hutungen und Ödländereien im Bereich Draisendorf 1850-2000 (nach Kataster – „nicht verfeinert")..... 174

Karte 6.1.5-1: Simulation 2020. Die Kulturlandschaft im Untersuchungsgebiet unter der Grundannahme von 15 % Zupachtbedarf für die bis 2020 weiterführenden Betriebe..... 220

Karte 7.3.1-1: Bonitierung im Untersuchungsgebiet, nach dem Bayerischen Grundsteuerkataster um 1850..... 242

Karte 7.3.1-2: Bonitierung nach der „Reichsbodenschätzung" um 1960..... 243

Karte 7.3.2-1: Modifizierter Vielfältigkeitswert im Untersuchungsgebiet 1900, parzellenbezogen 248

Karte 7.3.2-2: Modifizierter Vielfältigkeitswert im Untersuchungsgebiet 2000, parzellenbezogen 249

Karte 7.3.4-1: Historisch-geographischer Strukturwert im Untersuchungsgebiet 268

Karte 8.2.1-1: Gebietsschutz im Untersuchungsgebiet 280

Karte 8.2.2-1: KULAP und VNP im Untersuchungsgebiet 281

Tabellenverzeichnis

Tab. 1.1.3-1: Ökologische Funktionen 19

Tab. 1.2.1-1: Hauptstufen der Integration der Landschaft 24

Tab. 2.1.2-1: Beispiele für Kulturlandschaftsinventarisationen 52

Tab. 2.1.3-1: Hauptunterschiede zwischen dem „herkömmlichen" Kulturlandschaftskataster und seiner Weiterentwicklung zu einem Kulturlandschaftsinformationssystem 56

Tab. 2.2.2-1: Beispiele für Chore, Topen und deren Merkmalskombinationen aus einem Jungmoränengebiet 60

Tab. 2.4.1-1: Verschiedene Landschaftswandelstudien im Vergleich zur vorliegenden Arbeit 70

Tab. 2.4.2-1: TK 25 und Katasterwerk als Grundlage für Landschaftswandelanalysen in Bayern 71

Tab. 2.4.4-1: Konsultierte regionale Organisationen und Experten im Untersuchungsgebiet Nördliche Fränkische Alb 87

Tab. 2.5.2-1: Datenübernahme aus dem Grundsteuerkataster („Urkataster"), Renovierten Kataster und Liegenschaftskataster (Auswahl) 90

Tab. 2.5.3-1: Datenübernahme aus dem ALB sowie Nutzungsdaten aus der Landwirtschaftsverwaltung (AfL) 94

Tab. 2.6.1-1: Anzahl der im Untersuchungsgebiet digitalisierten Flurstückseinheiten nach Zeitschnitten 96

Tab. 2.6.2-1: In KGIS erhobene Variablen mit Bezug zu Flurstückseinheiten, Anwesen und Betrieben 97

Tab. 2.6.2-2: Abgleich der Attributisierung „Nutzung" über alle vier Zeitschnitte, gültig speziell für das Untersuchungsgebiet 100

Tab. 2.6.2-3 Abgleich der Attributisierung „Kulturart" in der verfeinerten Kartierung, gültig speziell für das Untersuchungsgebiet 101

Tab. 2.6.2-4 Überprüfung der Kulturartangaben im Kataster (nach der „verfeinerten Kartierung", anhand von Luftbildauswertung und Geländebegehung) 102

Tab. 2.6.2-5: Ableitung des Ertragspotenzials aus den Werten der „Reichsbodenschätzung" 103

Tab. 2.6.2-6: Einteilung und Kodierung der Anwesen in KGIS, gültig speziell für das Untersuchungsgebiet 107

Tab. 3.2.1-1: Entwicklung der Wohngebäude- und Einwohnerzahlen in den Ortschaften des Untersuchungsgebiets 122

Tab. 3.3.1-1: Größenklassen (Gesamtfläche) der Anwesen (incl. nicht-landwirtschaftlicher Anwesen) und deren Anteil an den Kulturarten 129

Tab. 3.3.1-2: Betriebliche Altersstruktur, Gesamtfläche und Viehhaltung (Durchschnittswerte je Betrieb) im Untersuchungsgebiet (incl. ausmärkischer Betriebe), nach Betriebstypen und Betriebsformen (Haupt- und Nebenerwerb) 130

Tab. 3.3.1-3: Betriebsstrukturen im Pflanzenbau (Durchschnittswerte je Betrieb) im Untersuchungsgebiet (incl. ausmärkischer Betriebe), nach Betriebstypen und Betriebsformen (Haupt- und Nebenerwerb) 132

Tab. 4.2.1-1: Kulturarten und Biotoptypenkomplexe im Untersuchungsgebiet 154

Tab. 4.3.2-1: Veränderungstypen der Kulturartenbilanz für das Untersuchungsgebiet (Veränderung in qm) 164

Tab. 4.3.2-2: Veränderungstypen der Kulturartenbilanz für das Untersuchungsgebiet (Veränderung in %) 165

Tab. 4.3.2-3: Veränderungstypen der Kulturartenbilanz für Ortsflurtyp 1 (Veränderung in qm) 166

Tab. 4.3.2-4: Veränderungstypen der Kulturartenbilanz für Ortsflurtyp 1 (Veränderung in %) 167

Tab. 4.3.2-5: Veränderungstypen der Kulturartenbilanz für Ortsflurtyp 2 (Veränderung in qm) 168

Tab. 4.3.2-6: Veränderungstypen der Kulturartenbilanz für Ortsflurtyp 2 (Veränderung in %) 169

Tab. 4.3.2-7: Veränderung der Kulturartenanteile im Untersuchungsgebiet (nach der verfeinerten Kartierung 1900-2000) 171

Tab. 4.3.2-8: Flächenbilanz der Kulturarten für das Untersuchungsgebiet (nach der verfeinerten Kartierung 1900) 172

Tab. 4.3.2-9: Flächenbilanz der Kulturarten für das Untersuchungsgebiet (nach der verfeinerten Kartierung 2000) 173

Tab. 5.2-1: Einflussvariablen für die Kulturartenverteilung bzw. -veränderung .. 183

Tab. 6.1.3-1: Rahmenbedingungen der Bevölkerungs- und Siedlungsentwicklung 212

Tab. 6.1.3-2: Rahmenbedingungen der Wirtschaftsentwicklung 212

Tab. 6.1.3-3: Rahmenbedingungen der Agrarentwicklung 213

Tab. 6.1.4-1: Vor- und Nachteile der physischen Modellierung einer Zukunftssimulation nach dem Vektor- bzw. Rasteransatz 217

Tab. 6.1.5-1: Bewertungsschema anhand der Parzellenattribute und Ermittlung eines Gesamtwertes für die Bewirtschaftungseignung 221

Tab. 6.2.4-1: Mögliche Bewertungskriterien für Kulturlandschaftsteile entsprechend funktionsorientierter Leitbilder 232

Tab. 7.3.2-1:	Nutzungszahlen für den adaptierten Vielfältigkeitswert auf Basis von Flurstückseinheiten	246
Tab. 7.3.3-1:	Hemerobiestufen und Vegetation	251
Tab. 7.3.3-2:	Trophieskala der Landschaftselemente	253
Tab. 7.3.3-3:	Entwicklung der kulturlandschaftlichen Vielfalt in den Ortsfluren des Untersuchungsgebiets, nach Diversity Metrics und Edge Metrics	258
Tab. 7.3.4-1:	Schema eines Kulturlandschaftsraumbewertungsverfahrens	266
Tab. 8.2.2-1:	Flächenbilanz des KULAP und VNP für das Untersuchungsgebiet	282
Tab. 8.2.2-2:	EU-Kofinanzierung von Landschaftspflegemaßnahmen in Bayern im Jahr 1999	283
Tab. 8.3-1:	Akteure in der Kulturlandschaftsentwicklung in Bayern	292
Tab. 8.3-2:	Eigentumstypen und relative Pachtanteile am Grundbesitz im Untersuchungsgebiet 2000	293
Tab. 8.4.1-1:	Naturdenkmäler in der Gemarkung Wüstenstein	295
Tab. 8.4.1-2:	Naturdenkmäler in der Gemarkung Siegritz	295
Tab. 8.4.2-1:	Geschichte der Landschaftspflege auf der Hutung im Leidingshofer Tal 1993-2003	299

Vorwort

Die vorliegende Arbeit basiert auf einem Forschungsprojekt des Instituts für Entwicklungsforschung im Ländlichen Raum Ober- und Mittelfrankens, mit dem Ende der 1990er Jahre die Landschaftsentwicklung der Nördlichen Fränkischen Alb wissenschaftlich dokumentiert und als Grundlage für die Landschaftsplanung aufbereitet werden sollte. Dabei waren die von Hans Jürgen Böhmer bearbeiteten landschaftsökologisch-biogeographischen und die von mir bearbeiteten kulturgeographischen Aspekte integrierend darzulegen. Aus diesem Projekt wurden später der regionale Bezug und die Grundlagendaten übernommen. Dem Institut und seinen Drittmittelgebern sei an dieser Stelle noch einmal für die Finanzierung eines größeren Teiles der Geodaten sowie mehreren studentischen Übungsgruppen aus Bamberg für ihre Kartierungsarbeiten gedankt. Einen besonderen Dank möchte ich Nina Berlinger und Kim Philip Schumacher aussprechen, die bei der aufwendigen Archivarbeit mit von der Partie waren.

Der Anstoß, das damals bereits weitgehend abgeschlossene Projekt unter anderen Vorzeichen, d. h. mit primär theoretisch-methodologischen Fragestellungen fortzuführen, kam während meines Geoinformatik-Studiums an der Universität Salzburg. Das katasterbasierte diachronische Geoinformationssystem „KGIS" wurde in seinen Grundzügen dort konzipiert. Für die Auseinandersetzung mit meinen Ideen und für viele fachliche Hinweise danke ich Josef Strobl.

Der Einsatz von Geographischen Informationssystemen in der Landschaftsforschung ist zu einem Zeitpunkt, wo alle – außer die historischen – Grundlagendaten digital erhoben bzw. aufbereitet werden, nur folgerichtig. Darauf gründet sich die Hoffnung, dass ein zusätzliches quantitatives „Standbein" auch der Kulturlandschaftsforschung neue Impulse zu geben vermag. Die vorliegende Arbeit will als ein Schritt in genau diese Richtung verstanden werden.

Nach meinem Weggang aus Franken fand ich in Wien exzellente Arbeitsbedingungen vor. Deshalb möchte ich mich bei Axel Borsdorf und meinen Wiener Kolleginnen und Kollegen vom ISR für die Pflege dieses „kreativen Milieus" bedanken. Viele Denkanstöße zur theoretischen Fundierung meiner Arbeit stammen aus diesem Kreis. Gleichzeitig will ich aber auch den fruchtbaren Gedankenaustausch am Geographischen Institut in Innsbruck, am Lehrstuhl für Landschaftsökologie der TU München, am ZGIS in Salzburg sowie bei der Permanent European Conference for the Study on Rural Landscapes (PECSRL) und im Rahmen des europäischen Forschungsverbundes COST A27 „LANDMARKS" würdigen.

Ich danke den zahlreichen regionalen Funktionsträgern und Experten (wie sie in Tabelle 2.4.4-1 weitgehend vollständig genannt werden) für ihre Auskunftsbereitschaft. Besonders möchte ich dabei hervorheben die Herren Winter und Hartmann vom Amt für Landwirtschaft in Bamberg, Herrn Geißner vom Naturpark, Herrn Mohr von der Unteren Naturschutzbehörde in Forchheim sowie Herrn Jaskiola, den Leiter des Bamberger Vermessungsamtes, die viel Zeit investiert haben, um mein Vorhaben zu unterstützen.

Für die konkrete Mitarbeit im Projekt gilt mein Dank ganz besonders:

- Hans Jürgen Böhmer, Erlangen, Freising, Bonn,
- Doreen Jens, Bamberg, Potsdam,
- Gisela Kangler, Freising,
- Roswitha Schmitt, Erlangen,
- Kim Philip Schumacher, Bamberg, Freiburg,

ohne deren Einsatzbereitschaft und deren Beiträge mein Konzept nicht in dieser Form umsetzbar gewesen wäre.

Schließlich bin ich dem Geographischen Institut in Innsbruck, das mich als „externen" Habilitanden freundlich aufgenommen und kritisch begleitet hat, sehr zu Dank verpflichtet.

Trotz aller Hilfen weit und anstrengend war der Weg bis zum Stand in der hier vorgelegten Habilitationsarbeit; wie immer, wenn man erst durch den „Flaschenhals GIS" hindurch muss, um unfangreiche quantitative Analysen vorweisen zu können. Das vorhandene Datenmaterial ist bei Weitem noch nicht ausgeschöpft. Doch sollte sich ein größerer Erkenntnisgewinn aus der Implementierung von Vergleichsstudien in anderen mitteleuropäischen Landschaften ziehen lassen. In diesem Sinne sehe ich einer Fortführung und Verbesserung (und nicht zuletzt Beschleunigung im Arbeitsbereich der Datenaufnahme) des „KGIS" mit Erwartung entgegen.

Für die vorliegende Fassung wurde die am 4. Juni 2005 eingereichte Habilitationsarbeit berichtigt und geringfügig verändert. Der Stand der Literatur entspricht diesem Datum. Sigrun Kanitscheider hat bei den Korrekturen große Hilfe geleistet und die Drucksetzung erstellt, wofür ich herzlich danke. Die Kosten hierfür hat dankbarerweise die Forschungsstelle für Gebirgsforschung: Mensch und Umwelt der Österreichische Akademie der Wissenschaften übernommen.

Den Herausgebern der „Forschungen zur deutschen Landeskunde" danke ich für die Aufnahme der Arbeit in die Reihe. Besonders erwähnen möchte ich die vertrauensvolle Zusammenarbeit mit Ute Wardenga und Dirk Hänsgen vom Selbstverlag der Deutschen Akademie für Landeskunde e.V. in Leipzig.

Dem Fonds zur Förderung der wissenschaftlichen Forschung (FWF) in Wien bin ich für die Förderung der Veröffentlichung durch Übernahme der Druckkosten sehr dankbar.

Oliver Bender

Gebirgsforschung: Mensch und Umwelt (IGF)
Österreichische Akademie der Wissenschaften
Innsbruck, den 14. August 2007

1 Einführung

1.1 Was ist Landschaft?

„Was aber ist die Landschaft? Das ist die ungelöste Frage der Geographie" (CAROL 1956, S. 111).

„Was bedeutet denn ‚Landschaft'? – woran erkennt man sie, wie grenzt man sie ab, wo fängt sie an und endet sie? Wie weit ist sie nur ein Bild an der Wand oder in den Köpfen, ja eine Ein-Bildung – oder ist sie etwas, das in unserer Umwelt tatsächlich existiert?" (HABER 2002).

1.1.1 Die alltagsweltliche Landschaft

Das Wort „Landschaft" geht auf das Althochdeutsche „Lantscaf" bzw. „Lantscaft" (8. bzw. 10. Jahrhundert) zurück und besitzt in seiner ältesten schriftlichen Überlieferung, einer Quelle aus dem 9. Jahrhundert, den räumlichen Sinn von „Regio" (STEINHARDT et al. 2005, S. 26, TROLL 1966a, zit. n. PAFFEN 1973, S. 255). Dabei setzte man den ersten Wortteil „Lant-" zur genannten „Regio" in Beziehung und führte den zweiten Teil auf den althochdeutschen Wortstamm „skapjan" (= schaffen) zurück. Begriffe, die in der deutschen Sprache auf „-schaft" enden, drücken zumeist etwas Zusammengehöriges aus (STEINHARDT et al. 2005, S. 26). Später, im gelehrten Diskurs der Renaissance, z. B. bei Dürer und Sachs, wurde „Landschaft" auf den sichtbaren Inhalt einer Gegend und auf das „Landschaftsbild" ausgedehnt (TROLL 1966a, zit. n. PAFFEN 1973, S. 255). Dürer sprach auch schon von „Landschaftsmalerei", denn bereits in der Antike und dann wieder im 15. Jahrhundert nutzten Maler die Landschaft als Kulisse für ihre Motive, später als Motiv selbst (COSGROVE 1984, S. 20 f.). Landschaft wurde so zum Begriff der Malerei für ein „malerisches" Stück Land. In der Malerei liegen auch die Wurzeln für die Unterscheidung vom „Betrachter" und „Hervorbringer" einer Landschaft, die Ende des 18. Jahrhunderts wieder verwischt wurden, als man Landschaftsparks als Ideallandschaften entsprechend den Inhalten der Landschaftsmalerei gestaltete (STEINHARDT et al. 2005, S. 6 ff.). Über die ästhetische Rezeption der Erzeugnisse von Malerei und Gartenkunst, später auch der Literatur, trat die Landschaft dann im 19. Jahrhundert in das alltagsweltliche Empfinden und in den umgangssprachlichen Gebrauch ein. „Wir sprechen beispielsweise von einem ‚Moor', wenn wir die reale, mit Spagnummoos [sic!] und Wollgras bewachsene Moorfläche meinen, aber von einer ‚Moorlandschaft', sobald wir auf den optischen und seelischen Eindruck eben dieses Gebildes abzielen" (LEHMANN 1950, zit. n. 1973, S. 39). Bevor der Begriff Landschaft im 19. Jahrhundert in die Wissenschaft Einzug hielt, verband man damit also ein Bild der nicht zuletzt durch menschliche Nutzung und Gestaltung geprägten Natur (HABER 1996).

1.1.2 Die geographische Landschaft

Verwissenschaftlicht – nicht jedoch definiert – wurde der Begriff von A. v. Humboldt, der Landschaft nicht als zufällige Komposition betrachtete, sondern sie in ihre Bestandteile aufzugliedern und deren gesetzmäßige Zusammenhänge zu analysieren versuchte (STEINHARDT et al. 2005, S. 23). Die sog. „geographische Landschaft" (TROLL 1950), d. h. die Landschaft speziell der deutschen Geographen, entwickelte sich in der Folge von Humboldt, mehr noch als in der Umgangssprache, zu einem „schillernden" Begriff (HARD 1970b, S. 202). „Landschaft" erhielt den Rang eines wissenschaftstheoretischen Erkenntnisobjekts und wurde lange Zeit sogar als das zentrale Konzept der (deutschen) Geographie angesehen (z. B. BÜRGER 1935, PAFFEN 1953, CAROL 1957).[1]

Dennoch oder gerade deshalb gab es um die Deutung des Landschaftsbegriffes eine jahrzehntelange mehr oder weniger fruchtbare sowie mehr oder weniger erbitterte Diskussion (vgl. BARTELS 1968, HARD 1970b, PAFFEN 1970). Dabei hatten sich in der Zwischenkriegszeit und der frühen Nachkriegszeit folgende Lehrmeinungen herausgebildet, die sich in Teilen überlagerten und in anderen Teilen schwer miteinander vereinbar waren. Der Landschaftsbegriff lässt sich demnach wie folgt kategorisieren:

- als die räumliche Verwirklichung eines Typs (z. B. BOBEK/SCHMITHÜSEN 1949), wobei das Typische durch das Dominieren einer Einzelerscheinung (z. B. Heckenlandschaft) oder in der Vereinigung einer größeren Anzahl von Einzelerscheinungen zum Ausdruck kommt;
- als ein konkreter Raum mit ausgeprägten individuellen Zügen (z. B. in Hettners Stufenleiter der Individualräume, HETTNER 1927), der sich aufgrund bestimmter Merkmalskombinationen klar von benachbarten Räumen absetzt;
- als „willkürlich begrenzbarer Bereich der Erdoberfläche" (CAROL 1946, S. 248).

Manche Autoren (z. B. TROLL 1950, PAFFEN 1953) konzidierten, dass Landschaft sowohl einen Typ darstellen wie auch ein individuelles Gebiet sein kann. Außerdem verwies BOBEK (1957) darauf, dass nicht das Objekt der Landschaftsforschung als Typus zu verstehen sei, sondern dass deren Arbeitsweise auf eine Typisierung von einzelnen Landschaften abziele, um daraus geographisch-synthetische Modelle zu gewinnen.

Die englische Geographie z. B. kennt den Begriff „Landscape" hingegen nur als Lehnwort „mit wesentlich beschränkterem Sinngehalt" und steht der deutschen „theoretischen Diskussion zurückhaltend, ja teilweise skeptisch gegenüber" (UHLIG 1956, S. 377). Nach HARTSHORNE (1939, S. 216 f.) ist Landscape „the external surface of the earth beneath the atmosphere". Landschaft in diesem Sinne ist also ubiquitär, und man untersucht aus bestimmten Gründen einen bestimmten räumlichen Ausschnitt daraus, die konkrete „Landschaft ... um den Ort X" (CAROL 1946, S. 248), die in ihrer spezifischen Erscheinung Teil des Ganzen ist (FISCHER 1993).

---

[1] Als nach dem Kieler Geographentag von 1969 – Landschaftskunde wurde dort als unwissenschaftlich und zu wenig problemorientiert abqualifiziert – die im Gesamtfach zentrale Rolle des Landschaftskonzepts nicht mehr zu halten war, trug dies zu einer zunehmenden Spezialisierung der geographischen Teildisziplinen bei.

1.1.3 Landschaftliche Strukturen, Funktionen und Prozesse

Allgemein gültig in der kausalanalytischen Betrachtungsweise ist die Ansicht, dass Landschaft als räumliche bzw. vertikale Synthese (LÖFFLER 2002b) der Passargeschen Landschaftsbilder und -komponenten bzw. Landschaftselemente (MÜLLER-WILLE 1942), auch Landschafts- oder Geofaktoren (BOBEK/SCHMITHÜSEN 1949) oder Kompartimente (NEEF 1967) wie Relief, Klima, Gewässer, Vegetation zu verstehen ist. Diese holistische Einstellung beruft sich auf die berühmte Definition von Landschaft als „Totalcharakter einer Erdgegend" (z. B. bei KLINK 2001/2002), welche der angebliche Urheber, A. v. Humboldt, allerdings so nie formuliert und gemeint hat (HARD 1970a und 2002, S. 47).

Gleichzeitig ist Landschaft eine „areal unit of interdependent phenomena" (SAUER 1925, zit. nach TROLL 1966a, S. 255) bzw. „merely an outward manifestation of most of the factors at work in the area" (HARTSHORNE 1939, S. 216 f.). Hier führt ein direkter Weg von Vidal de la Blaches „Beobachtungsterrain" (zit. n. UHLIG 1956, S. 368) zur „Registrierplatte" der deutschen Sozialgeographie (im Sinne von HARTKE 1959).

Tab. 1.1.3-1: Ökologische Funktionen (Quelle: STEINHARDT et al. 2005, S. 151)

Lebensraumfunktion	**Regelungsfunktion**
Standortfunktion	Filter-, Puffer- und Transformationsfunktion
Wohn- und Ernährungsangebot	Wasserhaushaltsfunktion: Retention u. a.
Klimamelioration	
Schutzfunktion	**Entwicklungs- und Regenerationsfunktion**
Erosionsschutzfunktion	Entwicklung, Erhaltung und Wiederherstellung
Immissionsschutzfunktion	der Pflanzen- und Bodendecke

Damit wird auf eine weitere offene Frage verwiesen, nämlich, ob Landschaft nur Strukturen, d. h. gegenständliche Entitäten und ihr Beziehungsgeflecht, umfasst (vgl. SCHMITHÜSEN 1964) oder auch die Funktionen und Prozesse, welche eine Landschaft letztlich konstituieren (vgl. CAROL 1957). RATZEL hatte bereits 1904 (S. 8) folgenden Hinweis gegeben: „Um die Dinge in ihrer natürlichen Ordnung, Abhängigkeit und Beziehung darzustellen, genügt nicht mehr das Beobachten der Einzelheiten allein. Es wäre ein großer Irrtum zu glauben, eine solche Naturschilderung sei ein Mosaik, das man einfach aus den Steinchen der Einzelbeobachtungen zusammensetzt. Gerade in dieser Schilderung kommt es auf Dinge an, die über den Einzelheiten schweben, und auf Dinge, die unter den Einzelheiten liegen. Dazu gehört ein Blick für das Ganze und die Zusammenhänge." Nach UHLIG (1956, zit. n. PAFFEN 1973, S. 368) bildet die Landschaftsbeobachtung als Grundlage der geographischen Arbeit den Ausgangspunkt, um „von der physiognomisch fassbaren Raumgestalt her den Zugang zum darunter verborgenen vielfältigen Wirkungsgefüge zu finden." Es „sind stets Funktionen, die den Formenschatz und das Wesen einer Landschaft entstehen lassen" (UHLIG 1956, zit. n. PAFFEN 1973, S. 375). Noch weiter geht OTREMBA (1951/52), wenn er sagt, die Landschaft „umfaßt zwangsläufig das Funktionelle mit!" Schließlich bietet dieser Aspekt von Landschaft aus „der Sicht einer komplexen, interdisziplinären Betrachtung (...) die Möglichkeit der konkreten Umsetzung ganzheitlicher Ansätze, die auf Theorien des Holismus beruhen. Der Holismus betrachtet die Umwelt als eine Stufenfolge von Ganzheiten, bei der jede Ganzheit die unter ihr stehende Ganzheit integriert, aber stets mehr ist als deren Summe (BLASCHKE 1999b, S. 10, vgl. SMUTS

1926, EGLER 1942). Zur Kritik übertriebener Erwartungen an ein hermeneutisch-holistisches Paradigma siehe jedoch DOLLINGER (2002).

1.1.4 Landschaft in der Systemforschung

Diesem holistischen Blick auf die Strukturen und Prozesse von Landschaften wird insbesondere auch der systemare Ansatz gerecht, welcher seit den 1970er Jahren Allgemeingut in der Landschaftsforschung wurde (STEINHARDT et al. 2005, S. 28). Das wichtigste Kriterium eines Systems ist, dass es im Vergleich zu seinen Elementen, die es aufbauen, zusätzliche Eigenschaften besitzt. Mit dem Übergang von einer niederen Organisationsebene (Element) in eine höhere (System) treten neue Eigenschaften auf. Diese typischen Systemeigenschaften werden umso zahlreicher, je komplexer die Systemstruktur ist (BOSSEL 1994).

Der Begriff des „Ökosystems" wurde von TANSLEY bereits 1935 geprägt. MILLER (1978) hat später das Konzept der Allgemeinen Systemtheorie auf lebende Systeme (General Living System Theory) übertragen, die Betrachtungsgegenstand der Ökologie sind. Innerhalb dieser lebenden Systeme treten Organisationsebenen wachsender Komplexität und deren äußere Erscheinungsformen als Zellen, Organismen, Gruppen, Populationen, Gesellschaften und übergesellschaftliche Systeme auf. Der Organisationsgrad nimmt also nicht kontinuierlich zu, sondern ist diskret erfassbar. NAVEH/LIEBERMAN (1994) kritisieren diesen Ansatz, der rein soziologischen Vorstellungen verhaftet ist, aus Sicht der Landschaftsökologie und leiten ihrerseits die Existenz des Ökotops als ein über dem Organismus stehendes raum-zeitliches System ab. Diese Konzeption ist schließlich in eine „Human Ecosystemology" eingegliedert, deren höchste Integrationsstufe das „Total Human Ecosystem (THE)" bildet und deren konkrete raum-zeitliche „Global Landscape Entity" die Ökosphäre darstellt (vgl. BLASCHKE/LANG 2000, S. 2-7).

„Das Landschaftsökosystem ist ein in der Realität hochkomplexes Wirkungsgefüge von physiogenen, biotischen und anthropogenen Faktoren, die mit direkten und indirekten Beziehungen untereinander einen übergeordneten Funktionszusammenhang bilden, dessen räumlicher Repräsentant die ‚Landschaft' ist" (LESER 1997, S. 187). Dieses System kann nach der Systemtheorie in Partialsysteme zerlegt werden; Beziehungsgefüge zwischen den Eigenschaften landschaftlicher Kompartimente werden als Elemente und Relationen abgebildet (vgl. KLUG/LANG 1983, KNOFLACHER 1998). Funktionen beschreiben die Wechselwirkungen zwischen den räumlichen Elementen des Systems, das im Austausch von Stoff und Energie zum Ausdruck kommt (FORMAN/GODRON 1986). Man unterscheidet als ökologische Funktionen die Lebensraum-, die Regenerations- und Entwicklungs-, die Schutz- und Regelungsfunktion (Tabelle 1.1.3-1, vgl. MARKS et al. 1992). Die Geosystemforschung untersucht in diesem Sinne die Eigenschaften und die interne Struktur landschaftlicher Systeme (ROHDENBURG 1989) sowie den Landschaftshaushalt (NEEF 1967), d. h. konkret die systeminternen Energie-, Wasser- und Stoffumsätze. Dazu bedarf es der Kenntnis der Lebensprozesse von Pflanzen und Tieren sowie der wichtigsten Haushaltsgrößen, die bei großräumigen Übersichten abgeschätzt werden können, detailliert jedoch nur durch umfangreiche und langfristige Untersuchungen im Rahmen größerer Forschungsprogramme zu ermitteln sind (STEINHARDT et al. 2005, S.59, 166 f.).

1.1.5 Die Wahrnehmungslandschaft

Daneben besteht auch in der Wissenschaft das Paradigma der „Wahrnehmungslandschaft" fort, die sich mit dem „Landschaftsbild" bzw. der „Scenery" (vgl. ZONNEVELD 1995) oder deren „Erlebniswirksamkeit" befasst (HARD 1975a). Dies verweist einerseits in die Wahrnehmungspsychologie (vgl. STEINHARDT et al. 2005, S. 20 ff.), bietet aber auch Schnittstellen mit den geographischen Konzepten der Individuallandschaft bzw. des Landschaftstyps, etwa bei der „mentalen Konstruktion" von „Schweizen" (WEINACHT 1994). Im Wettbewerb der Tourismusdestinationen gewinnen die auf einer (gelenkten) Wahrnehmung beruhenden Landschafts-„Images" zunehmend an Bedeutung (KÖCK 2001).

Die Konstrukte des „Total Human Ecosystem" (NAVEH/LIEBERMAN 1994) bzw. des „Mensch-Landschaft-Modells" (TRESS/TRESS 2001) als höchste Stufen der ökologischen Integration versuchen die Kluft zwischen der nach TREPL (1996) unvereinbaren ästhetisch-kulturellen und der naturwissenschaftlich-ökonomischen Landschaftskunde zu überbrücken, indem sie u. a. die Wechselwirkung zwischen Landschaft, menschlicher Vorstellungswelt und landschaftsüberprägendem Handeln thematisieren. Dennoch bleibt es „bis heute (...) unmöglich, den kausalanalytischen und den ästhetischen Aspekt bei der praktischen Analyse von Landschaften zu vereinen" (STEINHARDT et al. 2005, S. 31), weil diese Aspekte auf kategorial verschiedenen Ebenen liegen; eine naturwissenschaftlich allgemeingültige Analyse des Gegenstandes Landschaft und ein ästhetisches (geisteswissenschaftliches) individuelles Urteil über den Gegenstand Landschaft können nie zusammengeführt werden, auch wenn sie sich auf dieselbe Landschaft beziehen.

1.1.6 Kritik an der deutschen Landschaftsgeographie

Die grundlegendste Kritik an der deutschen Landschaftsgeographie einschließlich ihres ökosystemaren Ansatzes stammt von HARD[2] (u. a. 1970b und 1983). Sie richtet sich gegen die Hypostasierung des umgangssprachlichen Landschaftsbegriffes durch die Wissenschaft. Die einem Begriff zugrunde liegende und von ihm benannte, „jedoch bewusst oder unbemerkt aus jedem kontrollierbaren Sprachrahmen und jeder empirischen Theorie herausgelöste ‚Entität'" (HARD 1970b, S. 190), wird als „Hypostase" bezeichnet. So bedeutet das „landschaftliche Axiom" (NEEF 1967), dass an jedem Punkt der Erdoberfläche die Elemente, Komponenten und Faktoren der geographischen Substanz in mannigfachen, gesetzmäßig geordneten Beziehungen und Wechselwirkungen stehen. Ein solches Axiom ist nach Neef eine unmittelbar einsichtige (evidente), letzte und grundlegende, wahre Vorstellung vom Wesen eines Dinges; es ist unbeweisbar bzw. bedarf keines Beweises. Das landschaftliche Axiom wird als

---

[2] Hards Gegenposition wurde vom Herausgeber PAFFEN (1973) bezeichnenderweise nicht in den Sammelband „Das Wesen der Landschaft. Wege der Forschung 34" aufgenommen.

Bestandteil der axiomatischen Grundlagen der Geographie angesehen (LESER et al. 1985, S. 346).

Diese universalistische Vorstellungsweise von Landschaft erlaubt eine Ordnung nach ontologischen Formeln. Entsprechend älterer Hierarchievorstellungen wird von einem Stufenbau der Landschaft ausgegangen. BOBEK (1957, S. 126 f.) spricht von einer „stufenweisen Integration der Landschaft" aus „Seinsbereichen" (HARD 1970b, S. 217): „die anorganische Welt", die „vitale (...) Welt" und die „geistbestimmte (...) Welt" (BOBEK/SCHMITHÜSEN 1949, S. 112 f.). Von CAROL (1956, S. 115 f.) stammt das Sphärenmodell, das aus den „Integrationsstufen der Landschaft" entwickelt wird. „So hat der Geograph die Landschaft vor seinem Fenster, von der er ausging, schließlich zu einem Kosmosmodell stilisiert" (HARD 1970b, S. 217 f.) und sie als „Korrelationsgefüge der sie aufbauenden Sphären" (CAROL 1957, S. 95) verstanden. Doch bedeutet eine Korrelation noch lange keinen Kausalzusammenhang und auch keine „‚Verschmelzung' von ‚Natur' und ‚Geist'" (HARD 1970b, S. 222).

HARD (1970b) propagiert schließlich, die „Vermischung von Sach- und Sprachfrage zu vermeiden" (STEINHARDT et al. 2005, S. 26), d. h. die objektsprachliche Auseinandersetzung mit dem „Wesen" der Landschaft zugunsten einer metasprachlichen Diskussion aufzugeben, und sich somit der Frage nach der sinnvollen Verwendung des Begriffes zu stellen. „Mit der ‚ganzen' Landschaft umzugehen – (...) einem höchst heterogenen Konglomerat – ist in Form einer Wissenschaft nur auf der Meta-Ebene möglich: Man befasst sich dann nicht mit Landschaften, sondern mit den Reden und Theorien über sie" (TREPL 1996, S. 24 f.). Die Erfassung der Totalität eines Gesamtssystems ist also weder erstrebenswert, noch von der Wissenschaft zu leisten. Eine Ausgliederung und Kennzeichnung von Landschaften (als Individuen wie auch Typen) kann also nur dem Zweck dienen, räumliche Ordnungen zu beschreiben, die in sich nicht zweckfrei, sondern stets theoriegeleitet sein müssen (vgl. HARD 1973, S. 89 f.). TREPL (1996) propagiert daher anstatt einer synthetischen Durchdringung von „Landschaft" durch eine einzige (Landschafts)-Wissenschaft eine empirisch-analytische Auseinandersetzung durch verschiedene Disziplinen bzw. anhand verschiedener Paradigmen. Angesichts aller Unexaktheit des Begriffs liegt dann die Frage nahe, ob der Begriff „Landschaft" überhaupt als Grundlage für wissenschaftliches Arbeiten tauglich ist oder nurmehr eine „Metapher" darstellt (TREPL 1995, HABER 2002). Für die weitere Benutzung des Landschaftsbegriffs spricht allerdings, dass er in inter- und transdisziplinärer Hinsicht eine Kommunikation zwischen Menschen ganz unterschiedlicher Herkunft, Interessen und Werteinstellungen erleichtert (DEUTSCHES MAB NATIONALKOMMITTEE 2004) und im wissenschaftlichen Gebrauch durchaus näher bestimmt bzw. nach den jeweiligen Untersuchungszwecken operationalisiert werden kann. Allerdings liegt der Gewinn der Interdisziplinarität nach TREPL (1996, S. 25) „in Wirklichkeit nicht in einer neuen Einheitswissenschaft, sondern eben in den vielen *verschiedenen* disziplinären Perspektiven, und die *Inter*disziplinarität muss darin bestehen, diese Verschiedenheit deutlich und bewusst zu machen; sie ist eher ‚Kommunikation über Differenzen' (EISEL 1992b) als Synthese."

1.1.7 Landschaft in der nordamerikanischen Landschaftsökologie

Ein hervorragendes Beispiel für eine theoriegeleitete und -gelenkte Auffassung von Landschaft bildet die nordamerikanische Landscape Ecology (nach FORMAN/GODRON 1986, TURNER 1989, TURNER/GARDENER 1991, FORMAN 1995, WIENS 1995, TURNER et al. 2001). Sie begreift Landscape als ein Gebiet, das aus einer Gruppe („Cluster") heterogener, aber in Wechselwirkung zueinander stehender, in sich homogener Landschaftselemente (Patch, Ecotope, Landscape Element, Land Unit) besteht. Diese Autoren sehen in der Anordnung der Cluster („Mosaic"), die sich in mehr oder weniger ähnlicher Form über das Gesamtgebiet erstreckt (FORMAN/GODRON 1986, S. 11), typische Muster („Pattern"), die in eine Umgebung („Matrix") eingebettet sind. Die wesentlichen Elemente dieses Musters sind „Flecken" („Patches") sowie „Korridore" und „Barrieren", die untereinander zu Netzwerken verbunden sein können. Man spricht deshalb auch vom Patch-Korridor-Matrix-Konzept. Es wurde ursprünglich in der Vegetationsökologie für Naturlandschaften entwickelt. Die drei „Tragpfeiler dieses neuen Paradigmas" sind die Anwendung der Inseltheorie der Biogeographie von MACARTHUR/WILSON (1963 und 1967), Patch Dynamics und Landscape Metrics (vgl. LANG 1999, S. 45).

Als eine wesentliche Betrachtungsweise hat sich die der Patch Dynamics herausgebildet, die Beziehungen der Patches untereinander und raum-zeitliche Veränderungen mit Hilfe von Landschaftsstrukturmaßen (Landscape Metrics) untersucht. Hierauf basiert die nordamerikanische quantitative Landschaftsökologie, welche die Landschaftsstruktur „auf der Basis von flächen-, form-, randlinien-, diversitäts- und topologiebeschreibenden Kennzahlen objektiv zu erfassen, zum Zwecke des Monitorings zu dokumentieren und als Eingangsparameter für landschaftsökologische Simulationsmodelle zur Verfügung zu stellen" trachtet (VON WERDER 1999, S. 28).

Untersucht werden demnach v. a. die Entwicklung und zeitliche Veränderung von Heterogenität in der Landschaftsstruktur, d. h. der räumlichen Konfiguration der Patches und Korridore (URBAN et al. 1987, WIENS 2002); außerdem die Auswirkungen der Landschaftsstruktur auf ökologische Prozesse und Interaktionen der Organismen (RISSER et al. 1984). Oft steht dabei eine Tier- oder Pflanzenart und deren Raumanspruch im Mittelpunkt der Betrachtung (z. B. WIENS 1992, 1997a, FORMAN 1995). Insofern hatte die nordamerikanische Landschaftsökologie auch wesentlichen Einfluss auf die Entwicklung des Konzeptes von Biotopverbund und -vernetzung (JEDICKE 1994). Zur Analyse und Bewertung dieser Raumstrukturen entwickelte sich Ende der 1980er Jahre in Verbindung mit Geoinformatik und Bildverarbeitung der als „Landscape Metrics" bezeichnete Ansatz einer quantitativen Landscape Ecology (O'NEILL et al. 1988, TURNER 1989, MCGARIGAL/MARKS 1995, WIENS 1997b, GUSTAVSON 1998).

Diese Ausführungen mögen eine erste Hinleitung zur Operationalisierung von Landschaft im Rahmen in dieser Studie geben (Kapitel 2). Im Übrigen rät HARD (1970), „Was-ist?"-Fragen, die sich auf den ontologischen Gehalt eines Begriffs beziehen, aufzugeben und von der objekt- auf die metasprachliche Ebene zu wechseln. Das Erkenntnisinteresse wird damit vom „Wesen" auf die „Ordnung" der Dinge gelenkt (vgl. HARD 1970, S. 174 f.).

1.2 Der Kulturlandschaftsbegriff im Spannungsfeld von naturwissenschaftlichen und kulturellen Gesichtspunkten

„Durch Schaffen gestaltetes Land" erscheint HABER (1996) als eine sinnfällige Bedeutung von Landschaft, die im Übrigen eine Brücke zum englischen Begriff „Landscape" schlägt (zit. n. STEINHARDT et al. 2005, S. 26). Der Begriff Landschaft bedeutete demnach per se „Kulturlandschaft", sofern man der Natur nicht auch Gestaltungskraft zubilligt (so HABER 1996).

1.2.1 Durchdringung von Kultur und Natur

Nach übereinstimmender Ansicht entsteht Kulturlandschaft aus der Vereinigung von „Naturgegebenem" und „Menschenwerk": „Kultur und Natur haben sich durchdrungen, und als Ergebnis dieser Auseinandersetzung liegt die Kulturlandschaft vor uns" (SCHWIND 1950, zit. n. PAFFEN 1973, S. 354). „Jeder konkreten kulturgeographischen Raumbildung unterliegt ein solches ökologisches und ökonomisches Kräftespiel" (UHLIG 1956, zit. n. PAFFEN 1973, S. 375). Als Kulturlandschaft bezeichnet man somit „the concrete representation of man's adaption to his environment" (BRYAN 1933). Für WIRTH (1969) spielt die Erklärung räumlicher Zusammenhänge in ihrer Wechselwirkung mit den menschlichen Gesellschaften daher eine zentrale Rolle in der Kulturgeographie.

Tab. 1.2.1-1: Hauptstufen der Integration der Landschaft (Quelle: BOBEK 1957, geringfügig verändert)

Anorganische Welt			Natürliche Lebenswelt		Menschenwelt
Physikalische Kausalität			Biotische Gesetzmäßigkeit		Geistige Gesetzmäßigkeit
Räumliche Determinanten					Freie Einpassung in den Lebensspielraum
Kulturlandschaft					
Natürlicher Gesamtkomplex oder Landesnatur, u. U. Naturlandschaft (Ökotop)					Menschliche Gesamtkomplexe, menschliche Gesellschaften (sozialräumliche Grundeinheit)
Anorganische Gesamtkomplexe, u.U. Naturlandschaft (Fliese – Physiotop)			Biotische Gesamtkomplexe, Lebensgemeinschaften (Biotop)		Menschliche Teilkomplexe, menschliche Gruppen
Kruste	Wasser	Luft	Pflanzen	Tiere	Menschen

BOBEK (1957) untersuchte Landschaft im Hinblick auf ihre Zusammensetzung aus natürlichen und anthropogenen Komponenten. Dabei spricht er von einer stufenweisen Integration verschiedener Elemente, die – sofern dabei mit dem anorganischen, biotischen und anthropogenen alle drei Teilkomplexe vertreten sind – in der höchsten Integrationsstufe die Kulturlandschaft bilden (Tabelle 1.2.1-1). Manche Landschaftselemente scheinen in diesem Sinne eindeutig zuordenbar, andere hingegen nicht, wie auch BOBEK (1957) feststellte. Während das Haus, auch wenn es mit aus der Natur entnommenen Baumaterialen errichtet worden ist, eindeutig dem vom Menschen Gemachten zuzurechnen ist, ist dies bei einem Baum z. B. schon viel differenzierter zu betrachten. Der Baum gehört zum Kompartiment „Bios", wird als etwas Lebendiges zunächst einmal – jedenfalls nach allgemeinem Sprachgebrauch – mit Natur in Verbindung gebracht. Ist der Baum aber vom Menschen gepflanzt, so fällt bei ihm – wie beim ausgesäten Getreide auf einem Acker – der kulturelle Anteil schwerer ins Gewicht. Und wie verhält sich dies bei Bäumen, die sich selbst angesät haben, allerdings auf einem Stück Land, das von Menschen dazu bestimmt worden ist, einen Wald, möglicherweise einen Nutzwald, zu bilden? Erst dem Baum, der in einer vom Menschen unberührten Wildnis wächst, wird nach diesem Konzept von Kultur und Natur zuerkannt, ganz zur Natur zu gehören. Aber gibt es denn auf dieser Erde überhaupt noch Landstriche, in denen keinerlei menschliche Einflussnahme, sei es durch Luftverfrachtung von Schadstoffen oder durch die vom Menschen induzierte globale Erwärmung, zu verzeichnen ist (vgl. HABER 1991)? Andererseits vermag die Umgestaltung durch den Menschen Landschaften zwar bedürfnisgerechter zu gestalten, ihre Bindung an die Natur bleibt doch bestehen. Dies wird darin erkennbar, dass schließlich auch in der Kulturlandschaft alle Naturgesetze weiter wirksam sind (HERZ 1984).

Die breite Spanne anthropogener Veränderung von Landschaften – das Ausmaß der menschlichen Einflussnahme wird nach sog. Hemerobiestufen gemessen (JALAS 1955, vgl. Kapitel 7.3.3) – reicht von bestmöglicher Naturverträglichkeit („Nachhaltigkeit") bis hin zu einer risikobelasteten Dynamik (HERZ 1984). Mit zunehmender Hemerobie dominieren die anthropogenen Energie-, Stoff- und Informationsflüsse immer stärker. Die Stoffe sind zumeist noch natürlichen Ursprungs, etwa bei der Entnahme und Verarbeitung von Gestein und Biomasse; in Ansätzen dominiert jedoch schon die Produktion synthetischer Substanzen (Xenobiotica), die vielfach nicht mehr zu naturidentischen Verbindungen abgebaut werden können (STEINHARDT et al. 2005, S. 139). Mit seiner Kulturtätigkeit hat der Mensch für seine Lebensräume zudem „anthropogene Kontrollparameter" geschaffen, welche über die naturgenetischen dominieren. Es sind die immensen Energie- und Stoffeinträge, welche einen jeweiligen Zustand der Landschaft aufrechterhalten (STEINHARDT et al. 2005, S. 140). Nach ODUM (1991) muss man mit einer Intensitätserhöhung der Stoff- und Energieflüsse bis zu einem Faktor von 10^3 rechnen, um eine Kulturlandschaft in ihrem jeweiligen Zustand zu erhalten. Mit der Zunahme von Vielfalt und Intensität der landschaftlichen Prozesse verstärken sich auch die Entropie und der irreversible Trend der Entwicklung. Dies gilt umso mehr, wenn aufgrund der Ungleichverteilung von Ressourcen gezielt Stoff- und Energieflüsse zwischen verschiedenen Regionen in Gang gesetzt werden (STEINHARDT et al. 2005, S. 140 ff.).

Nach dem ökosystemaren Ansatz repräsentiert Kulturlandschaft ein sozioökonomisch bzw. anthropogen determiniertes Teilsystem, das in Wechselwirkung mit dem natürlichen Teilsystem der Landschaft steht (vgl. PFISTERER-POLLHAMMER/KNOFLACHER 1998). Häufig wird in diesem Zusammenhang die Kulturtätigkeit des Menschen ganz grundsätzlich als „Störung"[3] angesehen (PICKETT/WHITE 1985, BÖHMER 1997, HABERL 1999). Sie bewirkt umfassende Änderungen stofflicher und energetischer Existenzbedingungen der Landschaft. Dies bedeutet, dass Stoffflüsse und Bewegungen von

---

[3] Das ist zunächst durchaus wertfrei gemeint; erst eine Natur verklärende Sicht legt hier a priori ein Werturteil hinein.

Organismen heutzutage zu einem großen Teil durch anthropogene Nutzungen aufrechterhalten werden (ANAND 1994, BÖHMER 1997, RUSCH et al. 2003). So ist z. B. auf der Nördlichen Fränkischen Alb das längerfristige Überleben der typischen Kalkmagerrasenarten von einer Beibehaltung der Weidetätigkeit, dasjenige der Wiesenarten von Mahd und Bewässerung bzw. dasjenige der Arten in lichten Kiefernwäldern von der Streuentnahme abhängig. Landschaften intensiv genutzter Räume hingegen sind durch die Tätigkeit des Menschen möglicherweise so stark verändert worden, dass sie von einem stabilen in ein instabiles Gleichgewicht übergegangen sind. Solange trotz allem noch der Fließgleichgewichtszustand existiert, wird dieser Wechsel jedoch zunächst kaum wahrgenommen (STEINHARDT et al. 2005, S. 105 f.).

1.2.2 Kulturlandschaft als räumlicher Antagonismus der Naturlandschaft

Wie will man in diesem Sinne räumlich zwischen Kultur- und Naturlandschaften trennen? Hierfür lassen sich mindestens drei Konzepte feststellen:

1. Unter Kulturlandschaften fasst man die Landschaften, die vom Menschen geformt, umgeformt oder maßgeblich (nachhaltig) „beeinflusst" worden sind (vgl. MECKELEIN 1965, zit. n. PAFFEN 1973, S. 392, JÄGER 1987, S. 1, BURGGRAAFF 1996, S. 10 f.). MECKELEIN (1965, vgl. HABER 1991) differenziert diesbezüglich Städte, Ballungs- und Verdichtungsräume sowie Agrarlandschaften. Die genaue Grenze hinsichtlich des Grades von „Beeinflussung" bleibt allerdings im Dunkeln. Nicht zuletzt deswegen moniert SOYEZ (2003), dass in der Kulturlandschaftsforschung „eine entsprechende Problematisierung für den (...) zentralen Begriff der ‚Kultur' (...) fast völlig" fehlt. Hingegen wurde dieses insofern unreflektierte Paradigma von Kulturlandschaft in den letzten zehn bis fünfzehn Jahren tausendfach „nachgebetet". Soweit man überdies längst festgestellt hat, dass es demnach in Mitteleuropa quasi ausschließlich Kulturlandschaften gibt, ist der Begriff laut SCHENK (2002b, S. 12) eine Tautologie, deren Benutzung lediglich „ein besonderes Interesse am kulturhistorischen Gehalt von Räumen" dokumentiert. Zur „Ehrenrettung" muss man allerdings feststellen, dass die hier angesprochene Auffassung in der Kulturgeographie, speziell der Angewandten Historischen Geographie entwickelt worden ist, um Landschaft als einen Forschungsgegenstand für das eigene Fach zu reklamieren bzw. gegenüber der im Nachkriegsdeutschland dominierenden naturwissenschaftlichen Betrachtung zu behaupten (vgl. Kapitel 1.4): ein Zweck, der inzwischen als erreicht gelten darf.

2. Kulturlandschaft als „Objektivation des Geistes" (SCHWIND 1950, zit. n. Paffen 1973, S. 358) oder als willentlich gestaltete Landschaft verweist letztlich auf die Nutzungslandschaft (OTREMBA 1951/52), insofern die anthropogene Landnutzung als der Kulturlandschaft spezielles Element auftritt, welches in der reinen Naturlandschaft nicht gegeben ist. Noch weiter geht NEEF (1981, S. 27), der Kulturlandschaften als „Ensembles" ansieht, welche eine vom Menschen geformte „Einheit von naturgegebener Materie, funktionalem Ausbau und ästhetischer Gestaltung umfassen." Nutzungen sind dabei nicht nur als wirtschaftliche, sondern durchaus in einem weiteren Sinne zu interpretieren, etwa nach den sozialgeographischen Grunddaseinsfunktionen (PARTZSCH 1964). Unklar bleibt in diesem Zusammenhang, inwieweit ehemalige

Nutzflächen, Wüstungen oder „Brachen" (im landschaftsökologischen, nicht im landwirtschaftlichen Sinn) der rezenten Kulturlandschaft noch zugerechnet werden dürfen.

3. Im allgemeinen Sprachgebrauch erfolgt oftmals eine Einengung auf die Agrarlandschaft bzw. die rurale Landschaft. Diese ist in der Wissenschaft (PECSRL – Permanent European Conference for the Study on Rural Landscapes, NITZ 1985) und Planung („Außenbereich", „Freiflächen" etc., nach dem Deutschen Baugesetzbuch) aus eher methodologisch-pragmatischen Gründen meist gesondert von anderen Kulturlandschaftstypen zu handhaben. Aus solchen Erwägungen wird auch in der vorliegenden Arbeit der innere Bereich der Siedlungsplätze, der schon aufgrund seiner enormen Dichte an Einzelelementen eine viel detailliertere Bearbeitung benötigte, nur am Rande mitbehandelt. Noch wesentlich enger sieht die Denkmalpflege Kulturlandschaft als von besonderen kulturellen Leistungen durchdrungene Landschaft (etwa im Sinne einer „Denkmallandschaft", BREUER 1989) – und befindet sich darin in einem gewissen Konsens mit den auf die „traditionelle Hochkultur" bezogenen gesellschaftlichen Wertmustern (SOYEZ 2003, S. 34). „Der inhaltliche Schwerpunkt dieser [denkmalpflegerischen] Sichtweise liegt dabei auf den Bau- und Bodendenkmälern, die in einem bestimmten Landschaftsausschnitt konzentriert sind, (...) und durch materielle und geistige Elemente in der Kulturlandschaft verknüpft sind" (KLEEFELD 2004).

1.2.3 Kulturlandschaft „im wissenschaftlichen Gebrauch"

Wie soll man wissenschaftlich bzw. in verschiedenen Wissenschaften mit Kulturlandschaft umgehen? Inzwischen wird auch in der naturwissenschaftlichen Landschaftsökologie sowie vom Naturschutz anerkannt, dass es sich in Mitteleuropa (und nicht nur dort) bei „Landschaft" weitaus überwiegend um eine Kultur- im Sinne einer Nutzungslandschaft handelt (z. B. PALANG et al. 1998). Gibt es nun für diese Landschaft bzw. Kulturlandschaft (nur) eine ganzheitliche landschaftliche Betrachtungsweise oder sind es mehrere verschiedene, zu denen möglicherweise auch eine speziell kulturlandschaftliche gehört?

In der naturwissenschaftlichen Landschaftsökologie interessiert an der Landschaft v. a. die abiotische und die biotische Komponente: Man untersucht Strukturen (z. B. Zönosen), Funktionen (z. B. den Landschaftshaushalt) und Prozesse (vgl. Kapitel 1.1), wobei es „hingenommen" wird (und nicht im Fokus des Interesses steht), dass diese vom Menschen mehr oder weniger stark beeinflusst oder sogar induziert worden sind bzw. werden. Insoweit ist die Landschaftsökologie deutscher Tradition – je nach Ansicht – mit der physischen Geographie verwandt oder aus dieser hervorgegangen. Im Gegensatz dazu hat sich die nordamerikanische Landschaftsökologie eher aus der Biologie heraus entwickelt (vgl. POTSCHIN 2002). TROLL (1939), der den Begriff „Landschaftsökologie" in Zusammenhang mit der wissenschaftlichen Luftbildinterpretation eingeführt hatte und als einer der theoretischen Begründer der Disziplin angesehen wird (STEINHARDT et al. 2005, S. 54), fokussierte seinerzeit noch das komplexe Wirkungsgefüge zwischen Biozönosen und Umweltbedingungen als Untersuchungsgegenstand der Disziplin.

Heute werden in der Landschaftsökologie viele verschiedene Ansätze beobachtet, nämlich ein landschaftsmorphologischer, ein geobotanisch-biogeographischer, ein biologisch-ökologischer, ein bodengeographischer, ein geochemischer und ein landschaftsplanerischer (STEINHARDT et al. 2005, S. 49, dort ergänzt nach BILLWITZ 1997). Oft synonym zur Landschaftsökologie, aber bei konsequenter Betrachtung mit einer gewissen Verschiebung ihrer jeweiligen Forschungsinhalte, fungieren Geo- und Bioökologie (UHLIG 1970, STEINHARDT et al. 2005, S. 60). Trotz der unterschiedlichen Sichtweisen der Bio- und Geowissenschaften überlappen sich jedoch in der Praxis diese beiden Forschungsansätze (SCHREIBER 1999).

In der Aufzählung von STEINHARDT et al. (2005) fehlt die Humanökologie als eine Instanz, die den „geographischen" Mensch-Natur-Gegensatz auflöst. Sie versteht Kulturlandschaft als „Kolonisierung von Natur" durch ein „Bündel gezielter gesellschaftlicher Eingriffe, die Parameter eines natürlichen Systems beeinflussen und in einem Zustand halten, der für bestimmte gesellschaftliche Ziele nützlich ist" (HABERL et al. 2001). Ein (vereinfachtes) theoretisches Modell für die Bedingtheit von Kulturlandschaften aus Sicht der Humanökologie zeigt KNOFLACHER (1998): Ökosysteme und Gesellschaftssysteme erzeugen Nutzungssysteme, welche ihrerseits die Kulturlandschaft prägen[4]. Die humanökologische Geographie überwindet somit „den für die Spezialisierung der analytischen Teilzweige des Faches scheinbaren Dualismus zwischen Physio- und Humangeographie." Darüber hinaus übernimmt sie als „kritische Wissenschaft" bewusst eine politisch-gesellschaftliche Verantwortung und ermöglicht deshalb die Teilnahme an der Diskussion um Nachhaltigkeit, Ethik und sogar Geopolitik (BORSDORF 1999, S. 101).

Soweit die Landschaftsökologie einem multi- („a combination of sciences", ZONNEVELD 1995), inter- („in between sciences", ZONNEVELD 1995) oder transdisziplinären Ansatz („integration of subsciences", NAVEH/LIEBERMAN 1994) gerecht werden will, ist dort ein anthropogeographisch-humanökologischer Ansatz jedoch kaum sichtbar (vgl. die aktuellen Lehrbücher von SCHNEIDER-SLIWA et al. 1999 und STEINHARDT et al. 2005). Hieraus wird also der Bedarf nach einer Kulturlandschaftsforschung erkennbar, welche mit dem geo- und bioökologischen Ansatz kommuniziert und zu einer interdisziplinären Landschaftsforschung bzw. -ökologie beiträgt. Denn materiell handelt es sich bei Kulturlandschaft (fast) immer um die gleiche Landschaft, die auch der Naturwissenschaftler bzw. Naturschützer behandelt (vgl. ANL 2000). Demnach wäre die Kulturlandschaft eine spezielle Betrachtungsweise der Landschaft unter anthropogenen, streng genommen *kulturellen* Gesichtspunkten, bei denen die materiellen Wirkungen menschlicher Tätigkeit, insbesondere die (aktuelle oder auch frühere) Agrar-, Siedlungs-, Gewerbe- und Verkehrslandschaft, im Fokus des Interesses stehen.

Der kulturelle Aspekt setzt allerdings ein absichtsvolles Handeln voraus (Landschaft als „objektivierter Geist", nach SCHWIND 1951), und an diesem Punkt wäre etwa die Grenze zu ziehen, wo sich die (humanökologische) Kulturlandschaftsforschung gegenüber der Landschaftsökologie absetzt. Inhalte einer Kulturlandschaftsforschung sind somit das Beschreiben, Erklären und Bewerten von

- Strukturen: Art und räumliche Verbreitung verschiedener Nutzungsformen,

---

[4] Ein detaillierteres Modell wird bei JOB et al. (2000) beschrieben.

- Funktionen: anthropozentrische bzw. sozioökonomische Landschaftsfunktionen (vgl. HAASE/MANNSFELD 1999),
- Prozessen: zeitliche Veränderung der Funktionen bzw. Nutzungsformen und deren Ursachen.

Landschaften erfüllen zumeist auch sozioökonomische Funktionen. Diese Funktionen kennzeichnen die Stellung einer Landschaft im Nutzungsprozess sowie die daraus resultierende Belastung bzw. Schutzwürdigkeit (STEINHARDT et al. 2005, S. 231). Im weitesten Sinne handelt es sich um Produktivfunktionen (HABER 1979). Nach STEINHARDT et al. (2005, S. 231) sind das speziell eine Wohn- und Wohnumfeld-, kulturelle, Erholungs-, Produktions-, Ressourcen-, Indikator- und Informationsfunktion, wobei eine inhaltliche Nähe zu den Grunddaseinsfunktionen (PARTZSCH 1964) angenommen werden kann. Die Informationsfunktion gründet nach STEINHARDT et al. (2005, S. 231) auf die in der Landschaft verorteten Zeugen ihrer Entwicklung. Dies wird allerdings unabhängig von der Zuordnung zu den jeweiligen Kompartimenten verstanden, so dass man auch von „geokulturellen Zeugnissen" sprechen kann[5]. Eine angewandte Kulturlandschaftsforschung befasst sich zudem mit der Steuerung von Landnutzungsansprüchen und deren räumlicher Anordnung und liefert somit einen wesentlichen Beitrag zur Landschaftsplanung und -pflege.

1.2.4 Kulturlandschaft als „Sphäre"

Das kulturlandschaftliche Paradigma wird damit analog zu einem Kompartiment „Anthropos" (vgl. den Kompartiment „Bios" in Abbildung 1.2.4-1) zu einer „Sphäre" (vgl. die „Techno-Sphere" bei NAVEH/LIEBERMAN 1994, S. 89, hier in Abbildung 1.2.4-2) bzw. zu einem „Sinnzusammenhang" (CAROL 1946, zit. n. PAFFEN 1973, S. 331) oder einer Betrachtungsweise, die den „kulturellen" Gehalt von Landschaften untersucht.

Wiederum räumlich betrachtet, bedeutete dies, dass sich (in Mitteleuropa) „Kultur-" und „Naturlandschaft" als Sphären meist gegenseitig durchdringen und nur selten als reine Natur- bzw. reine Kulturlandschaft unabhängig voneinander auftreten (dies allenfalls in der Wildnis bzw. in entsprechenden urbanen und industriellen „Techno-Ecosystems", vgl. NAVEH/LIEBERMAN 1994, S. 89). Nach SCHWIND (1950, zit. n. PAFFEN 1973, S. 359) bestimmt die Natur „dabei den Rahmen der Gestaltungsmöglichkeiten überhaupt. Dabei sind grundsätzlich drei Situationen gegeben:

- Die Natur verbietet (nach dem jeweiligen Stand der Technik) jeden kulturlandschaftlichen Ansatz,
- Natur und Kultur durchdringen sich,
- die Kultur prägt sich der Natur, diese völlig umgestaltend, auf."

---

[5] vgl. den „GeoCultural Park of Eastern Aegean", der sich um die Bewahrung des „Geocultural Heritage" bemüht.

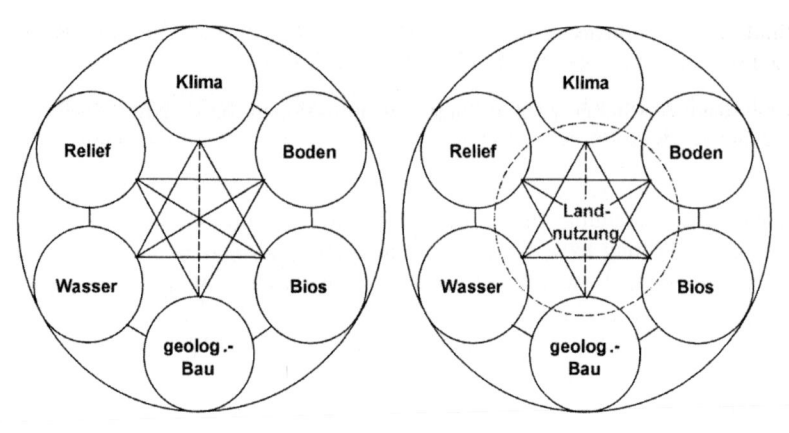

Abb. 1.2.4-1: Landnutzung als Funktion des zentralen Kompartiments „Anthropos"
(Quelle: STEINHARDT et al. 2005, nach HAASE et al. 1991)

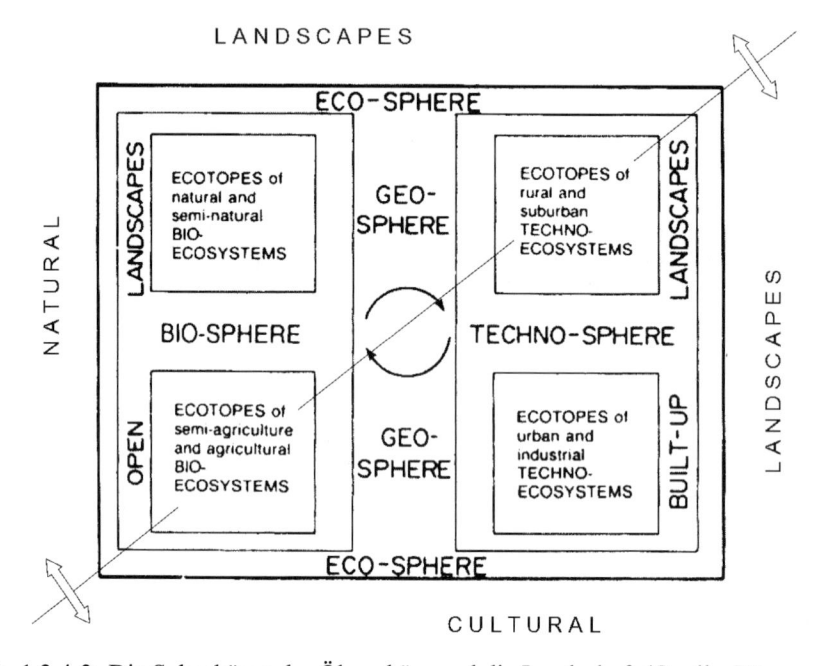

Abb. 1.2.4-2: Die Subsphären der Ökosphäre und die Landschaft (Quelle: NAVEH/LIEBERMAN 1994, S. 89, verändert)

„Offenbar ist die Kulturlandschaft primär aus den menschlichen Bedürfnissen und Möglichkeiten und erst sekundär aus den gegebenen Naturgrundlagen zu verstehen" (CAROL 1950, zit. n. PAFFEN 1973, S. 325). Doch übt die (ursprüngliche bzw. nachträglich anthropogen veränderte) Naturlandschaft über ihr „Naturraumpotential" (HAASE 1978, MANNSFELD 1979) Einfluss auf die jeweilige Ausprägung einer Kulturlandschaft aus. Die Natur kann man dabei je nach Blickwinkel als „Ressource", „Grenzbedingung" oder als „Hindernis" auffassen (PUG 1999).

Methodologisch stellt sich nun die Frage, ob man landschaftsökologische bzw. kulturlandschaftliche Befunde auf nutzungsbezogene oder vegetationskundliche Kartierungseinheiten beziehen kann? Können „materielle Tatbestände" wie das Landnutzungsmosaik als „Registrierplatte" für sozioökonomische Prozesse oder die Vegetation als Zeiger für Standortbedingungen und somit als „Stellvertretergrößen" für eine komplexere Landschaftsanalyse dienen (vgl. BARTELS 1968, S. 131, STEINHARDT et al. 2005, S. 209)? „Problematisch wird diese Vorgehensweise, wenn der Erkunder sich bei der Interpretation seiner Kartierungsergebnisse weitgehend auf ‚seinen' Kompartiment beschränkt. Ökologische Tatbestände werden damit aus ihren [sic!] Zusammenhang gerissen. Dem Anspruch (...) wird man so nicht gerecht" (STEINHARDT et al. 2005, S. 209). Wichtig ist also auch das Verständnis für die anderen Kompartimente, um die morphologische Ausprägung und die Genese (z. B. vegetationsdominierter Nutzungseinheiten) zu verstehen, um Bereiche ihrer Qualität zu beurteilen und die weitere Entwicklung abschätzen zu können.

1.3 Die zeitliche Dimension der Landschaft

1.3.1 Kulturlandschaftsgenese

Der Aufbau der Kulturlandschaft

Dem Konzept „Kulturlandschaft" ist eine zeitliche Dimension immanent, da sie erst durch menschliche Tätigkeit sekundär aus der Naturlandschaft, der „Urlandschaft" vor den Eingriffen des Menschen, hervorgegangen ist. HERZ (1984) differenziert noch präziser, indem er zeitlich zwischen der Ur- und Kultur- die „Biolandschaft" benennt, die seit mehr als 60 Mio. Jahren mit Entwicklung terrestrischer Lebensformen in Erscheinung tritt.

Den Grad der menschlichen Usurpation kann man im Sinne einer „Evolution" auch als zeitliche Stufen auffassen (vgl. JÄGER 1987, S. 28 ff., mit weiteren Hinweisen), etwa beginnend als „vom Menschen beeinflusster Naturraum, und weiter entsprechend über verschiedene Stadien der Umwandlung bis hin zur Vollkultur- oder Hochkulturlandschaft, die total vom Menschen verändert worden ist (MECKELEIN 1965, zit. n. PAFFEN 1973, S. 393).

„Die Kulturlandschaft ist nicht nur in mehreren Dimensionen, sondern auch in mehreren Schichten aufgebaut" (MECKELEIN 1965, zit. n. PAFFEN 1973, S. 393). „Dabei ist die heutige Landschaft ein aus vier grundverschiedenen Formkreisen gewordenes Ganzes. Sie besteht aus

- In der Gegenwart geschaffenen Formen (Städte, Verkehrseinrichtungen, Neusiedlungen etc.).

- In der Vergangenheit geschaffenen, aber gegenwärtig noch lebendigen Formen (Städte, Dörfer, Flurformen).

- In der Vergangenheit geschaffenen, aber heute nicht mehr lebendigen Formen (Burgen, Denkmäler).

- In der Vergangenheit geschaffenen, heute aber nur noch durch Spuren feststellbaren Formen (Ruinen, Wüstungen).

Mit solcher Analyse erhält die Landschaft in ihren Einzelformen und als Ganzes ihren Sinn. Und mit der Erhellung dieses Sinns erschließt sich auch der Ausdruckswert. Die innigen Realzusammenhänge zwischen Sinn und Ausdruck nötigen die Landschaftsanalyse sogar zur Herstellung mehrerer historischer Querschnitte, d. h. sie begründen die Notwendigkeit der historischen Geographie" (SCHWIND 1950, zit. n. PAFFEN 1973, S. 357 f.).

Als Landschaftsentwicklung wird „formal die Veränderung landschaftlicher Verhältnisse im Lauf der Zeit verstanden". Danach handelt es sich um „eine chronologische Ab- und Aufeinanderfolge von Formen, Gefügen und Funktionen, die sich durch Addition neuer Elemente oder durch den Übergang in einen anderen Zustand ergibt" (JÄGER 1987, S. 28). Die dem zeitlichen Wandel unterworfene Kulturtätigkeit des Menschen bedingt, dass sich in der Kulturlandschaft menschliche Zeugnisse, Elemente und Strukturen, aus unterschiedlichen Epochen oder Zeiten finden. Grundsätzlich muss im Laufe der kulturlandschaftlichen Entwicklung mit einer Zunahme der strukturellen Ausstattung (Anzahl von Elementen sowie Auftreten neuer Elementtypen) gerechnet werden, da mehr Elemente neu geschaffen als beseitigt werden. Hier besteht ein Zusammenhang mit Siedlungsausbau und -verdichtung, aber selbst im Verlauf von Wüstungsprozessen hält sich das völlige Verschwinden von einzelnen Elementen in Grenzen, sie überdauern längere Zeiträume als Relikte. In der traditionellen Agrarlandschaft weisen die Elemente somit eine hohe Persistenz auf. Das zeitliche Nacheinander der Entwicklung schlägt sich vorwiegend in einem räumlichen Nebeneinander nieder (FREI 1983, S. 278). Eine grundsätzliche Umkehrung dieser Entwicklung ist erst für die letzten 50 bis 100 Jahre – und regional in unterschiedlichem Ausmaß – zu konstatieren (JEDICKE 1994, S. 21, JÄGER 1994, S. 220 ff.). Diese hängt im Wesentlichen von den Strukturveränderungen in der Landwirtschaft und den neuen technischen Möglichkeiten ab, die eine Beseitigung vieler Elemente erst möglich gemacht haben (FEHN 1989, S. 1).

Rezente Landschaftsdynamik als „Verlusterfahrung"

Durch Veränderungen der Landnutzung werden die Landschaftsbilder Mitteleuropas seit dem 19. Jahrhundert fast überall einem tiefgreifenden Wandel unterworfen. Zu dieser Zeit veränderten sich – mit regionalen Unterschieden – die wirtschaftlichen Rahmenbedingungen für die Landwirtschaft massiv, insbesondere im Verkehrswesen und im Bereich des Handels (Importe, Abkehr von der Autarkiewirtschaft). Speziell aufgrund des Siedlungsausbaus in suburbanen Räumen und der Intensivierung der Landwirtschaft in Gunstgebieten, bei gleichzeitigem Rückzug aus Grenzertragslagen (vgl. DOSCH/BECKMANN 1999), sind vornehmlich extensive traditionelle Landnutzungssysteme im Verschwinden begriffen. „Aussagekräftige Indizien, die im ganzen gesehen von Nachteil für Flora und Fauna (...) gewesen sind, sind Einsatz von Handels- und Kunstdünger, von neuen und stärkeren Maschinen, Erhöhung der Flächenerträge und der Milchleistung der Kühe sowie Gewichtszunahme der Haustiere. Auch der Rückgang von ‚Öd- und Unland' (...), schließlich die Aufforstung von Huten sind weitere Anzeichen für Intensivierung" (JÄGER 1994, S. 220). Diese rezente Landschaftsdynamik wird als eine „Verlusterfahrung" empfunden (LENZ 1999): Mit der kleinräumig vielgestaltigen Landschaftsstruktur gehen viele einzelne Landschaftselemente verloren, die einerseits als wertvolle Biotope Lebensraum für spezialisierte Tier- und Pflanzenarten darstellen bzw. denen andererseits als „Zeugen der Vergangenheit" ein „Quellen-" und „Bildungswert" zugesprochen werden muss (SCHENK 2002b). Die gleichsam auch ästhetisch „verarmten" Landschaftsbilder vermögen nur noch in eingeschränktem Maß regionale Identität („Heimat") zu vermitteln und sind auch für Touristen immer weniger anziehend (HUNZIKER/KIENAST 1999).

Entwicklung oder Konstruktion von Kulturlandschaften

In zeitlicher Betrachtung von Kulturlandschaften sind verschiedene Begriffe gebräuchlich, insbesondere Kulturlandschaftswandel, -dynamik und -entwicklung. Sofern man diese Begriffe nicht synonym verwenden will, bietet es sich an, unter „(Kultur)-Landschaftswandel" das Geschehen – ohne Fokus auf menschliche Aktivitäten – und unter „Kulturlandschaftsentwicklung" eine bewusste Konstruktion durch wirtschaftende oder planende Tätigkeit des Menschen zu verstehen. Als insofern „neutrale" Begriff existieren „(Kultur)-Landschaftsdynamik" für kurz- bis mittelfristig ablaufende bzw. wirkende Prozesse und „(Kultur)-Landschaftsgenese" für langfristige Prozesse (vgl. STEINHARDT et al. 2004, S. 44). Da die Kulturlandschaft indes durch menschliche Aktivität geschaffen wurde bzw. wird, sind in eine kulturgeographische Arbeit sozioökonomische und soziokulturelle Faktoren als Erklärungsmuster für die landschaftlichen Strukturen und Prozesse einzubeziehen. Dabei ist auch die Relativität landschaftlicher Ausprägungen im Verlauf der historischen Entwicklung deutlich herauszustellen.

Als Erzeuger der Kulturlandschaft tritt im ländlichen Raum zumeist und v. a. die Landwirtschaft auf (vgl. MARSCHALL 1998a und b); weiterhin kommen der Bergbau, die Industrie und das Städtewesen in Betracht. Hieraus leitet sich die Konstitution von begrifflichen Teillandschaften wie der Agrar-, Bergbau-, Industrie- und Stadtlandschaft etc. (entspr. einigen Teilgebieten der Allgemeinen Geographie) ab. Was die agrarische Tätigkeit betrifft, so hat sich im Zuge der EU-Agrarpolitik über die Erzeugung von Nahrungsmitteln und Rohstoffen die Unterhaltung von Kulturlandschaft als Umweltgut und als ästhetisches Erlebnis als ein neues „Produkt" etabliert (STICHMANN 1986, HÄRLE 1992, BAUER 1994, DACHVERBAND WISSENSCHAFTLICHER GESELLSCHAFTEN 1995, BAYSTMELF 1996, ROTH/BERGER 1996, BROGGI et al. 1997, KNAUER 1997, VON ALVENSLEBEN 1997, LUKHAUP 1999, SOLAGRO 1999, AGRAR-BÜNDNIS 2001, RÖSSLING 2001). Gleichzeitig hat das Produkt „Erholung" mancherorts die materielle agrarische und forstliche Erzeugung übertroffen. Diese Tatsache verweist auf eine bedeutsame Rückkopplung zwischen (Landschafts)-Tourismus und Kulturlandschaft: Der Tourismus basiert vielerorts auf einer ästhetisch ansprechenden, weil „intakten" und gepflegten Kulturlandschaft (vgl. KIEMSTEDT 1967, SCHEMEL 1988). Deren Verlust im Zuge des Rückgangs der Landwirtschaft würde die Grundlage für den Fremdenverkehr entziehen (BÄTZING/VON DER FECHT 1997, SCHWAHN/VAN

BORSTEL 1997). Weiterhin beeinträchtigen bzw. gefährden die Übernutzung und „Zersiedlung" den Landschaftshaushalt und die Erfüllung der Landschaftsfunktionen (vgl. ZETTLER 1981, DOSCH/BECKMANN 1999). Dies gilt auch im Fremdenverkehr: Zuerst war man bemüht, Landschaft erlebbar zu machen, später wurde sie zum Verbrauchsgut. Auf diese Entwicklungen gründen sich schließlich der Schutz und Pflegegedanke sowie die Umsetzung entsprechender Entwicklungsplanungen, die ihrerseits Kulturlandschaft gestalten und konstruieren.

Nach der sozialgeographischen Konzeption seien „die Träger der Funktionen und Schöpfer räumlicher Strukturen letztlich menschliche Gruppen" (MAIER et al. 1977). Damit steht die Sozialgeographie in Gegensatz zu solchen Lehren wie etwa „Männer machen Geschichte", welche auf die gesellschaftliche und räumliche Wirksamkeit einzelner Akteure fokussieren. Nun werden Kulturlandschaftselemente von hohem kulturellen/kulturhistorischem Rang sehr häufig durch Einzelpersonen (z. B. Bauherr und Architekt) geschaffen. Wenn man aber von der Perspektive von Geschichte und Denkmalpflege auf die der Geographie bzw. der Kulturlandschaftspflege und des Naturschutzes als angewandte Disziplinen wechselt, die eher „alltagsweltliche" Landschaftselemente im Blickfeld haben, ändert sich dieses Paradigma wieder. Doch sind auch großräumig verbreitete kulturlandschaftliche Erscheinungen häufig dem Anstoß, einer Innovation oder Verordnung durch eine Einzelperson geschuldet (vgl. JÄGER 1987, S. 25 ff.). Durch sie wird der Gang der kulturlandschaftlichen Entwicklung massiv (in ökologischem Sinn) „gestört" bzw. (im kulturlandschaftsgenetischen Sinn) „gebrochen" (vgl. Kapitel 1.3.2).

1.3.2 Die „gewachsene" und die „historische" Kulturlandschaft als tradierte Substanz

Verschiedene Rechtsnormen begegnen der drohenden Verarmung der Landschaftsstruktur und dem Verlust vieler historischer Landschaftselemente mit der Aufforderung, dass „gewachsene" (§ 2 ROG, Deutschland) bzw. „historische" (§ 2 BNatSchG, Deutschland[6]) Kulturlandschaften zu erhalten seien. Eine konkrete Definition für das Schutzgut wird allerdings nicht mitgeliefert, weshalb Wissenschaft und Praxis herausarbeiten müssen, wie die Rechtsvorschriften konkret auszufüllen sind.

Der Terminus technicus und Rechtsbegriff der Kulturlandschaft (HÖNES 2003, S. 61) und seine Zusammenhänge in deutschen und europäischen Normen geben ein weitgehend diffuses Bild mit verschiedenen Entwicklungslinien, die auf bestimmte Werthaltungen in verschiedenen Disziplinen Bezug nehmen (neben Natur- und Denkmalschutz wären in geschichtlicher Betrachtung auch Landeskultur, Landschafts- und Heimatschutz etc. zu nennen). Somit weisen auch die Forschungstraditionen und der praktische Umgang mit den Rechtsnormen disziplinäre Unterschiede auf.

Insbesondere die denkmalpflegerische Ausrichtung – inklusive der „Kulturlandschaftspflege" als eine Ergänzung zur Denkmalpflege, die von der Angewandten Historischen

---

[6] Der Begriff der „historischen Kulturlandschaft" wurde 1980 auf Initiative des Deutschen Rats für Landespflege in das Bundesnaturschutzgesetz eingefügt.

Geographie eingebracht wurde (SCHENK et al. 1997) – engt Kulturlandschaft auf einzelne Elemente oder Landschaftsteile ein. Das dem zugrunde liegende Denkmuster folgt dem Naturschutz – freilich unreflektiert, denn eine theoretische Diskussion darüber findet nicht statt (vgl. SOYEZ 2003) – mit seiner Konzentration auf Schutzgebiete und geschützte Elemente (dort: Biotope), gilt dort allerdings in seinem Absolutheitsanspruch als längst überwunden. Denn der Naturschutz ist über die Landschaftsplanung als flächendeckende Fachplanung ausgerichtet. Doch folgen wir zunächst dem denkmalpflegerischen Konzept mit seiner Ausgliederung von Landschaftsbereichen und betrachten stellvertretend dafür die UNESCO-Welterbekategorien für Kulturlandschaften, die 1992 formuliert wurden (RÖSSLER 2003, UNESCO 2005):

- Garten- und Parklandschaften,

- gewachsene Kulturlandschaften,

- Relikt-Kulturlandschaften,

- assoziative Kulturlandschaften (v. a. mit einer religiösen oder kulturellen Assoziation bezogen auf natürliche Landschaftsbestandteile).

Die Relikt-Kulturlandschaft entspricht etwa dem Terminus „historische Kulturlandschaft", der seit 1980 im BNatSchG (§ 2 Abs. 1 Nr. 14) vorkommt und wie er in der Angewandten Historischen Geographie gepflegt wird. Die inzwischen von der Kultusministerkonferenz der deutschen Länder gebilligte Definition lautet: Die historische Kulturlandschaft „ist ein Ausschnitt aus der aktuellen Kulturlandschaft, der durch historische, archäologische, kunsthistorische oder kulturhistorische Elemente, Strukturen geprägt wird. (…) Elemente und Strukturen einer Kulturlandschaft sind dann historische, wenn sie in der heutigen Zeit aus wirtschaftlichen, sozialen, politischen oder ästhetischen Gründen nicht mehr in der vorgefundenen Weise entstehen, geschaffen würden oder fortgesetzt werden, sie also aus einer abgeschlossenen Geschichtsepoche stammen" (HÖNES 2003, S. 78, KLEEFELD 2004, S. 67). Die Problematik der Definition kann sehr gut am Beispiel der Großterrassen im badischen Kaiserstuhl und der Wacholderheiden der Fränkischen Schweiz erläutert werden:

- Die seit den 1960er Jahren im Zuge der Rebflurbereinigung am Kaiserstuhl entstandenen Großterrassen würden heute so nicht mehr angelegt. Sie entsprechen weder den heutigen Anforderungen an den Prädikatsweinbau, noch den Konzepten des Naturschutzes oder den landschaftsästhetischen Leitbildern. Sie wären mithin als „historische Kulturlandschaft" zu betrachten[7]!

- Auf der Nördlichen Fränkischen Alb war die Schafbeweidung in 1950er Jahren aufgegeben worden, und seitdem sind Wacholderheiden als ehemalige Schaftriften von 15 % auf 1 % der Bodennutzung zurückgegangen. In den letzten Jahren wird die historische (vergangene) Nutzungsform jedoch aus politischen und ästhetischen Gründen (Landschaftspflege) wiederbelebt und soll zudem wirtschaft-

---

[7] Parallel dazu ist festzuhalten, dass inzwischen auch Baudenkmäler der 1960er Jahre Eingang in die Denkmallisten gefunden haben, z. B. das durch Rudolf Hirche 1965 vollendete Verwaltungsgebäude für die EFHA-Werke in Berlin-Charlottenburg.

lich (Schafffleischerzeugung) gemanagt werden. Die Wacholderheiden der Fränkischen Alb wären demnach keine historische Kulturlandschaft!

Festzuhalten ist, dass nach der Definition der Kultusministerkonferenz die rezente Landschaft in beiden Fällen in eine begriffliche Kategorie einzuordnen wäre, die offenbar nicht dem „Sinne des Erfinders" entspricht.

Der Terminus „gewachsene Kulturlandschaft" (vgl. § 2 Abs. 13 ROG) soll hingegen für eine Landschaft stehen, die „eine gesellschaftlich aktive Rolle innerhalb der zeitgenössischen Landschaft spielt, eng mit dem traditionellen Lebenswandel verknüpft wird und in welcher der evolutionäre Prozess immer noch stattfindet. Gleichzeitig enthält die Landschaft wichtige materielle Anzeichen ihrer bisherigen Evolution" (HÖNES 2003, nach RÖSSLER 2003). Ausgeklammert werden von den „gewachsenen" demnach nur solche Landschaften, deren Geschichte gerade erst begonnen hat oder in denen die Traditionen durch einen Bruch der Entwicklung beendet und die materiellen Zeugnisse der Geschichte ausgelöscht worden sind.

Ob mit der „historischen" und der „gewachsenen" im rechtlichen Sinne zwei verschiedene „Landschaften" gemeint sind (vgl. SCHENK 2002b) oder ob es sich nur um Unschärfen bei der Formulierung der Gesetzestexte handelt, ist – bislang – nicht geklärt (vgl. HÖNES 2003, S. 80).

Darüber hinaus ist die Verwendung des Begriffs „historische Kulturlandschaft" in Zusammenhang mit dem zitierten Definiendum missverständlich, denn „historisch" besitzt nach dem Duden („ Das Fremdwörterbuch", 7. Auflage, 2001) folgende zwei Grundbedeutungen:

- geschichtlich, der Geschichte gemäß, überliefert; bedeutungsvoll für die Geschichte bzw.

- einer früheren Zeit, der Vergangenheit angehörend[8].

„Bedeutungsvoll für die Geschichte" oder „geschichtlich (...) überliefert" sind ggf. auch Elemente oder Strukturen, die laut Definition „in der heutigen Zeit (...) fortgesetzt werden". Außerdem können konkrete Landschaften in ihrem rezenten Zustand keiner „früheren Zeit (...) angehörend" sein, da sich Landschaften als dynamische Gebilde ständig fortentwickeln (so auch KLEEFELD 2004), wenn auch möglicherweise in einem anderem Sinne als dies zu einem früheren Zeitpunkt gedacht war. Sie können allenfalls als Kulturlandschaften „historisch" sein, wenn sie nämlich heute gänzlich ungenutzt sind, „wüst" liegen. Im Gegensatz dazu kann einzelnen Kulturlandschaftselementen das Prädikat „historisch" zuerkannt werden, wenn sie nämlich heute nicht mehr oder ganz anders genutzt werden. Die rezente Landschaft, die zwar von vielen solchen persistenten Kulturlandschaftselementen geprägt wird, muss allerdings in ihrer aktuellen (Nutzungs)-Struktur beplant und entwickelt werden, ihre „historische" Qualität ist nicht mehr als assoziativ (vgl. die „Wahrnehmungslandschaft", Kapitel 1.1.5).

Wenn es sich also im wissenschaftlichen Diskurs sehr wohl anbietet, „historische" und „gewachsene" Landschaften zu differenzieren, dann wäre die im Lauf der Geschichte

---

[8] nach der Denkmalpflege einer früheren Generation angehörend, daher mindestens 35 Jahre alt

„gewachsene" eine konkrete Landschaft der Gegenwart, in der zahlreiche Elemente aus der Vergangenheit überkommen sind; die „historische" Landschaft hingegen der Zustand zu einem bestimmten geschichtlichen Zeitpunkt, den man mit GRADMANN (1901) und SCHLÜTER (1952-1958) in der deutschsprachigen Geographie auch als „Altlandschaft" bezeichnet.

So gesehen bildet die „gewachsene" Landschaft als Ganzes oder in Teilen ein Schutzgut nach dem Naturschutzrecht und ein Objekt der Kulturlandschafts- oder sogar Denkmalpflege (KLEEFELD 2004). Darüber hinaus kann die „historische" als Landschaft der Vergangenheit grundsätzlich – aber eher in konkreten Einzelfällen – ein Leitbild für den Naturschutz (ROWECK 1995), den Tourismus (z. B. Landschaft der Romantik/romantische Landschaft „Fränkische Schweiz") und sogar die Landwirtschaft (INSTITUT FÜR STADT- UND REGIONALFORSCHUNG 2002) darstellen. Generell dient die historische Landschaft aber zunächst als Basis für die Beobachtung (retrospektives Monitoring, vgl. BLASCHKE 2002) und Bewertung von rezenten Entwicklungen.

Schließlich kommen wir noch einmal zurück zu den „gebrochenen" Landschaften, die nicht unter die „gewachsenen" nach § 2 ROG subsumiert werden können: Auch solche Landschaften (genauer: die historischen ebenso wie die rezenten Strukturen dieser Landschaften) sind durchaus von Interesse für eine Kulturlandschafts- als Grundlagenforschung, die in der Landschaftsentwicklung Brüche ebenso wie die Traditionen qualitativ und quantitativ erfassen und hinsichtlich ihrer Entstehungsbedingungen analysieren will (vgl. NITZ 1995).

1.4 Forschungsstand, Forschungsziele und Forschungsfragen

1.4.1 Interdisziplinäre Landschaftsforschung – oder die Landschaft zwischen den Disziplinen?

„Landschaft" stellt traditionell eines der zentralen Konzepte in der Geographie dar, obwohl es im Jahrhunderte langen Gebrauch nicht nur in der (deutschsprachigen) Wissenschaft, sondern auch in der Kunst, der Umgangssprache etc. mit einer „Vielzahl von Konnotationen" versehen worden ist (hierzu zuletzt SCHENK 2002b, S. 7, vgl. insbes. HARD 1970b). Bis in die 1960er Jahre war der Landschaftsbegriff „Schlüssel für ein holistisches Geographieverständnis" (SCHENK 2002b, S. 6). Danach wurde er, weil angeblich zu sehr „überfrachtet", zu unwissenschaftlich und „nicht operationalisierbar" (SCHALLER 1995), innerhalb des Faches in den Hintergrund gedrängt.

Der Landschaftsbegriff dient seither „v. a. zur Kennzeichnung von Forschungskonzepten an den Schnittstellen zwischen Natur- und Kulturwissenschaft" (SCHENK 2002b, S. 6). „Landschaft" ist jetzt zumeist nichts mehr und nichts weniger als ein willkürlich abgegrenzter Ausschnitt der Erdoberfläche, der als zweckbestimmtes Konstrukt unter jeweils ganz bestimmten Aspekten (Landschaftselemente, -strukturen, -funktionen) analysiert wird. Prinzipiell ist diese Betrachtungsweise auch für funktional völlig verschieden geprägte (Teil-)Landschaften anwendbar (Agrar-, Bergbau-, Freizeit-, Industrie-, Stadt- und „Natur"-Landschaften etc.), die im Idealfall nebeneinander bestehen, sich in Wirklichkeit aber wechselseitig durchdringen (vgl. Kapitel 1.2).

Das derart im rationalistischen Sinne „abgespeckte" Landschaftskonstrukt soll zudem, v. a. in der „angewandten" Wissenschaft, mit Rechtsnormen im Natur- und Denkmalschutz sowie in Raumordnungskonzepten korrespondieren (BRINK/WÖBSE 1989, GRAAFEN 1999, BURGGRAAFF/KLEEFELD 2002, HÖNES 2003). Auf diese Weise gewinnt die angewandte Landschaftsforschung gegenüber der Grundlagenforschung immer mehr an Boden. Allerdings ist zu differenzieren, ob Grundlagenforschung anwendungsorientiert aufbereitet wird (z. B. BENDER 1994b) oder ob es sich um konkrete Auftragsarbeiten für die Planung handelt (z. B. BURGGRAAFF 1997a); bei Letzteren gehört es allerdings zumeist zum Gegenstand des Auftrags, herauszufinden, wie die Ergebnisse für die Planung operationalisiert werden können, zumal rechtliche Standards in diesem Aufgabenfeld kaum vorhanden sind (BURGGRAAFF/KLEEFELD 2002).

In den 1980/90er Jahren wurde die „Landschaft" und ihre Dynamik nicht nur in der Physischen Geographie/Landschaftsökologie („Landschaftshaushalt", „-geschichte", „-entwicklung"), sondern vor auch in der (Angewandten) Historischen Geographie („Kulturlandschaftswandel", „-genese") als ein „Paradigma" wieder belebt. Doch damit ist die disziplinäre und administrative Zersplitterung hinsichtlich der (historischen) (Kultur)-Landschaft noch keineswegs aufgehoben (JESCHKE 2001).

Denn trotz gelegentlicher gemeinsamer Tagungen (z. B. HARTEISEN et al. 2001) bzw. Graduiertenkollege („Gegenwartsbezogene Landschaftsgenese", an der Universität Freiburg) bleibt interdisziplinäre Forschung derzeit (noch) eine Ausnahme; vielmehr sind fachgebundene Aktivitäten (z. B. „Arbeitsgruppe Angewandte Historische Geographie", „Deutscher Verband für Landschaftspflege") vorherrschend, die ihre eigenen Zitierzirkel (z. B. im Handbuch „Kulturlandschaftspflege", hrg. von SCHENK et al. 1997) ausbilden. So unterstützt z. B. der 1994 gegründete Arbeitskreis „Kulturlandschaftspflege" im Zentralausschuss für deutsche Landeskunde einen „diskursive[n] Ansatz, der sich gegen die ingenieurwissenschaftliche Vorgehensweise der Landespfleger mit ihren nicht immer an regionalen Maßstäben entwickelten Standardisierungen absetzt, und er ist umfassender als das noch immer vornehmlich auf Artenschutz ausgerichtete Landschaftsverständnis des Naturschutzes" (SCHENK 1995, S. 31)[9].

Ein gleichberechtigtes Zusammenwirken der kultur- und naturwissenschaftlichen Grundlagenforschung (z. B. „Kulturlandschaftsforschung in Österreich", ein vom Österreichischen Wissenschaftsministerium seit 1995 zentral gefördertes Forschungskonzept) bzw. von Denkmalpflege und Naturschutz steckt erst in den Anfängen, z.B. mit einem Fachgutachten im Auftrag vom Umweltministerium von Nordrhein-Westfalen (BURGGRAAFF 1997a) und einem Pilotprojekt in Oberfranken im gemeinsamen Auftrag von den Bayerischen Landesämtern für Umweltschutz und Denkmalpflege (BAYERISCHES LANDESAMT FÜR UMWELTSCHUTZ 2003 und 2004). Dabei sollten in solch integrativen Ansätzen nicht zuletzt auch sozial- und wirtschaftsräumliche Fragestellungen aufgegriffen werden, denn ohne eine Betrachtung des zumeist funkti-

---

[9] Dass in Wirklichkeit die historisch-geographische Kulturlandschaftspflege methodisch dem Naturschutz nachfolgt, wurde bereits in Kapitel 1.3.2 angesprochen.

onal orientierten menschlichen Handelns bleiben kulturlandschaftsgestaltende Prozesse weitgehend unverständlich (vgl. JESCHKE 2000, S. 24 f.).

1.4.2 Forschungen zur Kulturlandschaftsdynamik

Kulturlandschaft kann man als die Verortung der menschlichen Raumansprüche ansehen (Kapitel 1.2). Da sich die Kulturlandschaft aber aus vielen verschiedenen Kulturlandschaftselementen zusammensetzt, die unterschiedliche Funktionen zu verschiedenen Zeiten erfüllen mussten und persistent bis in die heutige Zeit bestehen und wirken, hat sie eine besondere zeitliche Dimension (Kapitel 1.3). Dies wird in einer diachronischen Landschaftsforschung berücksichtigt, welche in der Geographie – im Gegensatz zu verbreiteten Ansätzen in der Landschaftsökologie oder Landschaftsplanung, die mehr oder weniger ausschließlich vom aktuellen Landschaftszustand ausgehen – über eine lange Tradition und mehrere Wurzeln verfügt:

- die Historische Geographie mit der Rekonstruktion früherer Landschaftszustände (z. B. JÄGER 1973 und 1977),

- die Genetische Kulturlandschaftsforschung (auch in Ansätzen z. B. in Landschaftsökologie und Naturschutz), welche die Erklärung des heutigen Landschaftszustands aus den Entwicklungen der Vergangenheit betreibt (z. B. FLIEDNER 1970, BENDER 1994b), und

- die Historisch-Geographische Landesaufnahme (DENECKE 1972) mit der Kartierung persistenter, v. a. punkt- und linienhafter, Landschaftselemente wie z. B. Altstraßen.

Nachdem in den 1970er und 1980er Jahren innerhalb der Geographie der Landschaftsforschung nur wenig Gewicht zugemessen worden war, knüpfte die Angewandte Historische Geographie wieder an die Tradition an, indem sie persistente Landschaftselemente untersuchte und im Sinne eines Kulturgüterschutzes bewertete (GUNZELMANN 1987, VON DEN DRIESCH 1988, BENDER 1994a, ONGYERTH 1995, SCHENK et al. 1997).

In der Zwischenzeit hatten sich aber auch neue raum- bzw. planungsorientierte Disziplinen, v. a. die Landespflege (z. B. KONOLD 1980, 1988, 1993 und 1995, SCHWINEKÖPER 1997) und Landschaftsplanung (z. B. JEDICKE 1994 und 1998, WÖBSE 1999), des vakanten Forschungsfeldes wieder angenommen bzw. andere Fächer wie die Biologie (z. B. POTT 1994, KÜSTER 1995), die Agrar- und Forstwissenschaften (z. B. LUDEMANN 1992, SIEBEN/OTTE 1992, FREDE et al. 2002), Wirtschafts- und Sozialgeschichte und auch die Anthropologie/Umweltgeschichte (ECKER/WINIWARTER 1998, PUG 1998, 1999 und 2000) einen verstärkten Bezug zu „Raum" und „Landschaft" entwickelt.

Ökologische und sozioökonomische Aspekte der Kulturlandschaftswandels, speziell der Nutzungsänderungen bzw. -aufgaben seit Mitte des 19. Jahrhunderts wurden somit in verschiedenen Disziplinen zum Gegenstand von Detailstudien (z. B. EWALD 1978, LAMARCHE/ROMANE 1982, RIEDEL 1983, BÄTZING 1990, LUDEMANN 1992, BENDER 1994b, SEIFFERT et al. 1994, ROTH/MEURER 1994, SCHWINEKÖPER 1997, JOB 1999), die sich allerdings jeweils unterschiedlicher Methoden zur Erfassung und Darstellung von Landschaftsveränderungen bedienen. Zum Forschungsstand bilanzierte jüngst SCHENK (2002c): „Die Qualitäten von Landschaften aus einer ökologisch-naturschützerischen Perspektive wissen wir inzwischen recht gut einzuschätzen, und dank flächendeckender Kartierungen nach einheitlichem Muster (z. B. Biotopkartierung) können wir auch Räume besonders hoher Qualität benennen (z. B. Naturschutzgebiete). Außerdem haben wir mit dem Denkmalschutz eine Institution, die das bauliche und baubezogene Erbe z. B. in Denkmallisten und -inventaren erfasst. Dem gegenüber bestehen mit Blick auf Gesetze und Verordnungen, die auf ‚gewachsene Kulturlandschaft' oder ähnliche Begriffe rekurrieren, aber auch v. a. hinsichtlich der Formen, des Ausmaßes und des Wertes des kulturräumlichen Erbes große Unklarheiten. Außerdem fehlt es an Kulturlandschaftsgliederungen zur Bestimmung von Räumen unterschiedlichen kulturräumlichen Wertes (...) und es ist auch nicht so, dass wir über die einzelnen historischen Elemente der Kulturlandschaft nichts wüssten. Das Problem ist vielmehr, dass unsere Kenntnisse punktuell, also nicht flächenhaft sind, dazu häufig nicht aktuell, weiterhin nach sehr unterschiedlichen Maßstäben erhoben wurden, damit nicht vergleichbar und in moderne Planungsinstrumente wie GIS einzubauen sind."

Aus diesen Defiziten lassen sich drei wesentliche Ziele für die Kulturlandschaftsforschung ableiten:

1. ist dies die Erfassung, Beschreibung und Erklärung von „wertvollen Strukturen und Elementen der Natur- und Kulturgeschichte", deren Wert sich „aus der spezifischen und einmaligen Kombination" ergibt. Die Suche erfolgt hierbei „nicht nach dem Typus, sondern nach dem räumlichen Individuum" (SCHENK 2002c). Diese Aufgabe hatte die Angewandte Historische Geographie – beginnend mit der Pionierarbeit von GUNZELMANN (1987) – bereits Ende der 1980er Jahre übernommen. Sie soll nun mit Hilfe einer flächendeckenden Inventarisation (SCHENK 2002c), ähnlich der Arbeit der Denkmalpflege, fortgeführt werden.

2. Beträchtlicher Forschungsbedarf besteht auch noch bezüglich der Generierung analytischer (vgl. „kulturhistorische Gebiete" nach QUASTEN 1997, S. 31 bzw. „Denkmallandschaften" nach DENECKE 1997, S. 37) und synthetischer Landschaftsgliederungen (etwa durch Zusammenfassung der Attribute Relief und Nutzung, WAGNER 1999). Kulturlandschaftsgliederungen mit Kulturlandschafts-„Typen" (WAGNER 1999, WRBKA et al. 2002) bzw. „-Elementtypen" (BENDER 1994b) oder „-(Element)-Veränderungstypen" können in verschiedenen Maßstabsebenen herausgearbeitet und dementsprechend in verschiedenen Planungsdimensionen verarbeitet werden. Kleinmaßstäbige Landschaftsgliederungen („Kulturlandschaften" nach BURGGRAAFF 1997a, „Kulturlandschaftsräume" nach BURGGRAAFF/KLEEFELD 1998, „Kulturlandschaftsgliederung" nach WRBKA et al. 2002) sind inzwischen vielfach erprobt, wobei allerdings der prozessorientierte Aspekt bislang noch vernachlässigt worden ist. Im Gegensatz zu den verbreiteten Zeitschnittkarten (z. B. BURGGRAAFF 1997a) gibt es auch noch kaum brauchbare Landschaftswandelkarten.

Auffällig ist, dass sich die deutschsprachige Geographie bei großmaßstäbigen Analysen bislang noch weitgehend auf die statische Forschungsrichtung konzentriert, die sehr stark auf einen Objektschutz im Sinne der Denkmalpflege (BAYSTMELF 2001, GUNZELMANN/ONGYERTH 2002) zugeschnitten ist. Hierfür sind im Wesentlichen folgende Faktoren verantwortlich: die außerordentliche Ausstrahlung der Pionierarbeit von GUNZELMANN (1987), die immer noch unzureichende Verknüpfung zwischen Historischer (Kultur)-Geographie und (Landschafts)-Ökologie und die vergleichsweise „jüngere" Adaption von Geoinformationssystemen (PLÖGER 1997, S. 118). SCHUURMAN (2004) thematisierte jüngst diese lange währenden Ressentiments der Kulturgeographen gegenüber GIS.

3. Ein weiteres Ziel der künftigen Forschung besteht in der flächendeckenden Analyse der Kulturlandschaftsentwicklung. Hierzu müssen zunächst Mindeststandards für eine hochauflösende (Basis)-Methode entwickelt werden, welche dann eine exakte Bilanzierung und Erklärung von Nutzungsänderungen in der mitteleuropäischen Kulturlandschaft ermöglichen (vgl. OTT/SWIACZNY 2000 und 2001). Schließlich sollte man aus der genauen Kenntnis der historischen Landschaftsstrukturen und der „Driving Forces" für die Landschaftsveränderungen auch Aussagen über künftige mutmaßliche Entwicklungen und Strukturen ableiten können (MARCUCCI 2000). Hieraus kann v. a. die Landschaftsplanung auf kommunaler Ebene, verbunden mit Naturschutz und Kulturlandschaftspflege, erheblichen Nutzen ziehen.

Um dieses Ziel zu erreichen, bedarf es auch einer besseren Verknüpfung kulturhistorischer, sozioökonomischer und ökologischer Informationen (vgl. JÄGER 1994, OLDFIELD et al. 2000, GUNZELMANN/VIEBROCK 2001, VOGT et al. 2002, VON HAAREN 2002). Das erscheint längst überfällig, weil hinsichtlich des Natur- und Denkmalschutzes sowohl gemeinsame Interessen als auch Probleme erkennbar sind, v. a. die Fragmentierung und Isolation von Landschaftselementen, Ensemble- und Verbundprobleme (z. B. in der Siedlungs- und Biotopstruktur), Beeinträchtigungen/Störungen aus dem Umfeld (bei Habitaten wie bei potentiellen Denkmalbereichen) und nicht zuletzt Standortverlagerungen (Ausgleichs- und Ersatzmaßnahmen, Dislozierungen von „gebauten" Elementen) betreffend. Schließlich ist der ökologische Wert von Landschaftsteilen oft an einen kulturhistorischen Wert gekoppelt (z. B. bei Wässerwiesen und Triftsystemen mit einer besonders wertvollen Flora). Aus diesen Gründen wird auch der Schutz- und Entwicklungsgedanke oft nur durch Zusammenschluss der beteiligten Disziplinen durchsetzbar sein (BENDER 1994a).

1.4.3 Konzeption der vorliegenden Arbeit

Problemstellung

Aus dem oben beschriebenen Stand und den festgestellten Defiziten der Kulturlandschaftsforschung wird die Konzeption dieser Studie abgeleitet. Im Vordergrund stehen dabei allgemeine methodische Probleme, die durchgehend an einem regionalen Beispiel erörtert werden. Der Ansatz wird in der chorischen Dimension, d. h. im Bereich der einzelnen Siedlungen (Ort und Flur) gewählt, weil auf dieser Ebene – von Ausnahmen abgesehen – Kulturlandschaft gestaltet und konstruiert wird. In zeitlicher Perspektive soll das Spannungsverhältnis zwischen Dynamik und Persistenz oder, konkreter, zwischen dem Wandel der sozioökonomischen Landschaftsfunktionen und dem (gesetzlichen) Auftrag zu Schutz und Entwicklung der „gewachsenen" Kulturlandschaft ausgelotet werden. In disziplinärer Hinsicht ist dabei ein „Missing Link" zwischen kultur- und naturwissenschaftlicher Forschung in Kulturgeographie und Landschaftsökologie bzw. zwischen Denkmalpflege und Naturschutz zu finden.

Daraus können folgende Forschungsziele und Forschungsfragen abgeleitet werden:

Forschungsziele (im Sinne einer grundlagen- und anwendungsorientierten Forschung)

Kulturlandschaft definieren, (theoriegeleitet) operationalisieren;

Kulturlandschaftsstruktur und -entwicklung erfassen, beschreiben, erklären, bewerten (dabei den aktuellen Stand genetisch erklären und den zukünftigen prognostizieren); dies: räumlich kontinuierlich, qualitativ wie quantitativ, intersubjektiv nachvollziehbar;

aus der Vergangenheit der Kulturlandschaft ein Lernen für deren Zukunft ermöglichen (Monitoring, „Technikfolgenabschätzung" und Planung).

Forschungsfragen (und Lösungsansätze)

Welche Materialien/Quellen dienen in der chorischen Dimension der Analyse des Kulturlandschaftswandels? (der Grundsteuer- und Liegenschaftskataster)

Wie kann man die Kulturlandschaft modellieren/erfassen? (mit Hilfe eines katasterbasierten Geoinformationssystem, das als Landschaftsinformationssystem eine Weiterentwicklung des „Kulturlandschaftskatasters" darstellt)

Um die kulturlandschaftlichen Strukturen und Prozesse wie beschreiben/strukturieren zu können? (nach dem Konzept der Veränderungstypen)

Wie lassen sich (vorwiegend quantitative) Erklärungen für den Landschaftswandel finden? (anhand einer statistischen Analyse der Eigenschaften der Landschaftselemente)

Wie ist die zukünftige Entwicklung der Kulturlandschaft in Erfahrung zu bringen? (mit Hilfe eines lokalen Simulationsmodells auf Basis der Veränderungen in der Vergangenheit)

Wie lassen sich die (vergangenen/zukünftigen) Strukturen und Entwicklungen (v. a. aus historisch-geographischer Sicht) bewerten? (mit Hilfe der Landscape Metrics)

Wie kann man die künftige Entwicklung steuern? (anhand einer gebietsbezogenen Diskussion über Planungsinstrumente und deren Einfluss auf die Kulturlandschaft)

Forschungskonzepte

Der Ansatz tangiert unter dem zentralen Begriff der Kulturlandschaft (siehe Kapitel 1.2) verschiedene Teildisziplinen bzw. Konzepte der Geographie und ihrer Nachbarfächer (vgl. BORSDORF 1999):

Kulturlandschaftsgenese („Kulturlandschaft als Funktion von Veränderlichen", WÖHLKE 1969);

Länder- und Landschaftskunde (auf Feststellung von Dominanten und Landschaftstypen abzielend, vgl. JEANNERET 1997);

Systemanalyse (Einzelelemente im „Landschaftsökosystem" und deren Beziehungen zueinander, LESER 1984b);

nordamerikanische quantitative Landschaftsökologie mit Landscape Metrics (vgl. Kapitel 1.1, 2.2 und 7.2);

Humanökologie (Integration des „geographischen" Mensch-Natur-Dualismus, politisch-gesellschaftliche Verantwortung);

Perzeptionsgeographie (subjektive Bewertungen und daraus resultierendes Handeln);

Angewandte Geographie (Prognose, Planung).

Gesellschaftliche Relevanz und Anwendbarkeit

ist hinsichtlich folgender Zielgruppen gegeben: In erster Linie werden Landschaftsplaner in der Kommune bzw. im Flurbereinigungsverfahren sowie auf höheren Ebenen der Fachplanung angesprochen. Ein Kulturlandschaftsinformationssystem für Bayern (und Mitteleuropa) sollte nicht zuletzt auch Grundlagen für den Landschaftsentwicklungsplan (LEK) bereitstellen. Diesbezüglich wird von einem Bottom-up-Konzept ausgegangen. Für die Betreiber von landes- bzw. europaweiten Monitoringsystemen bietet sich zudem die Möglichkeit, kleinräumige „Stichproben" zur Kalibrierung und Überprüfung zu entnehmen (vgl. BLASCHKE 2002).

1.5   Auswahl und Abgrenzung des Untersuchungsgebietes

Landschaft stellt im Sinne dieser Arbeit ein Kontinuum dar (vgl. Kapitel 1.1.2). Dies bedeutet, man wählt als Untersuchungsgebiet einen räumlichen Ausschnitt daraus, die konkrete „Landschaft ... um den Ort X" (CAROL 1946, S. 248), die in ihrer spezifischen Erscheinung Teil des Ganzen ist (FISCHER 1993). Der Landschaftsausschnitt und Betrachtungsmaßstab wird dabei durch den Untersuchungszweck bestimmt; z. B. ist dies für einen Landschaftsplan das Gebiet einer Gemarkung oder Gemeinde.

Hinsichtlich der Betrachtungsdimension ist es umstritten, ob es einen spezifischen „Landschaftsmaßstab" gibt (STEINHARDT et al. 2005, S. 43). Nach CAROL (1957) und NEEF (1967) bildet die Größe kein Definitionskriterium. TROLL (1950) sagt hingegen, dass die kleinsten Einheiten (hier Physio- oder Ökotope) noch keine Landschaft bildeten, erst bei einer räumlichen Anordnung mehrerer dieser Einheiten könne von Landschaft gesprochen werden.

Indes geht man in der Geographie und Landschaftsökologie zumeist davon aus, dass der „Landschaftsmaßstab" durch menschliche Interaktion bestimmt wird und typischerweise eine Gebietsgröße von einigen Quadratkilometern bis wenigen Zehnern von Quadratkilometern hat (FORMAN/GODRON 1986, BLASCHKE/LANG 2000). Man spricht in diesem Zusammenhang auch von der chorischen Dimension oder einem mesoskaligen Maßstab (LÖFFLER 2002a, STEINHARDT et al. 2005, S. 35 ff., vgl. Kapitel 2.2). In sozialgeographische oder Planungsdimensionen übersetzt, geht es hier um die Gestaltung und Steuerung der Kulturlandschaftsentwicklung auf lokaler Ebene.

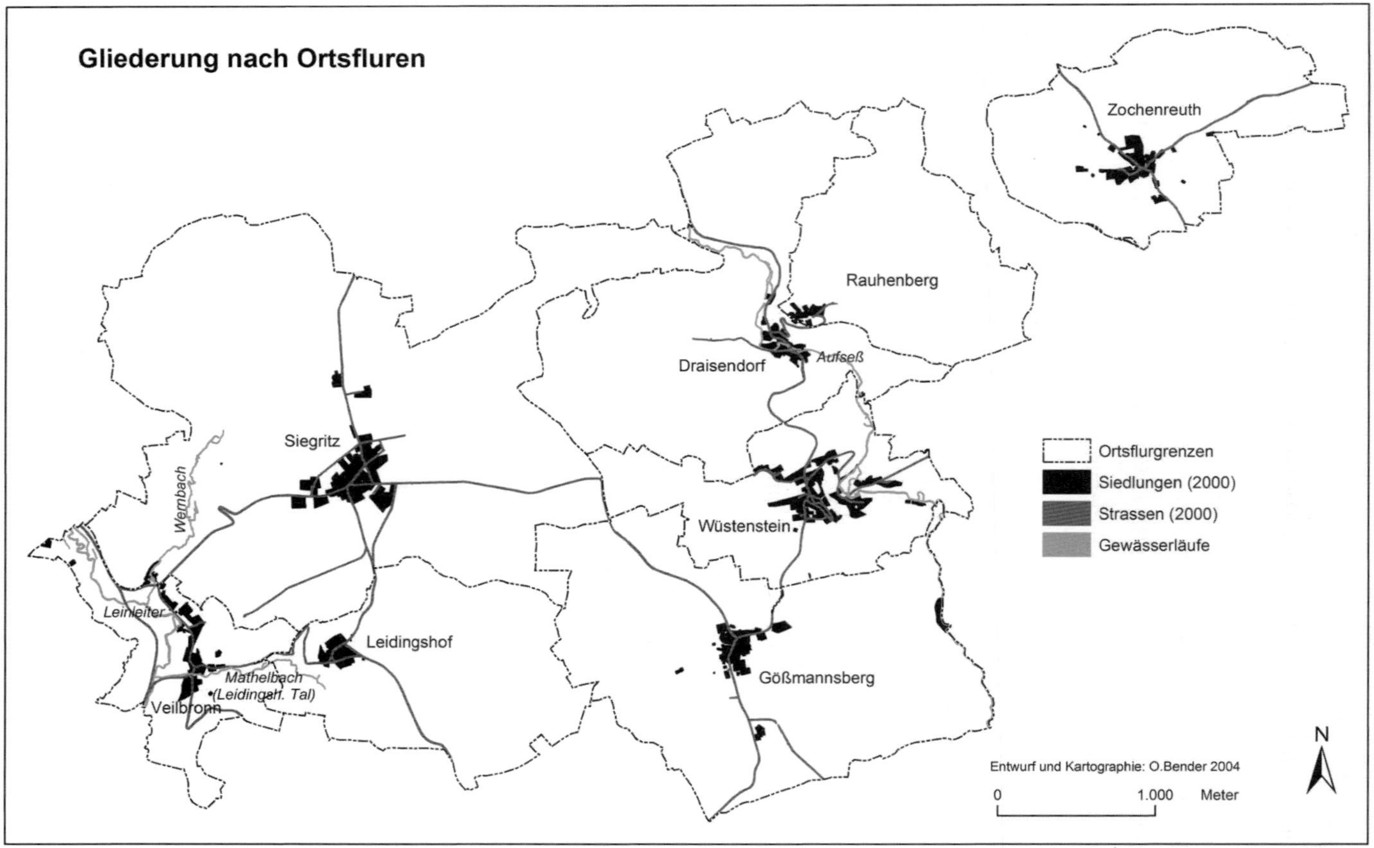

Karte 1.5-1: Gliederung des Untersuchungsgebietes nach Ortsfluren

Als Beispiel wurde mit der Nördlichen Fränkischen Alb[10] ein Mittelgebirgsraum ausgesucht, der hinsichtlich der Flächennutzung noch weitgehend land- und forstwirtschaftlich geprägt ist. Aufgrund der peripheren Lage ist hier – im Gegensatz zu suburbanen Räumen (vgl. BREUSTE 1996, DOSCH/BECKMANN 1999) – auch nicht a priori vorhersehbar, wie sich die Kulturlandschaft künftig entwickelt.

Eine Abgrenzung des Untersuchungsgebiets nach Ortsfluren, also nach der Gesamtheit der Nutzflächen aller ortsansässigen Betriebe, erscheint besonders sinnvoll, zumal diese die wirtschaftsräumlichen Basiseinheiten für die historische Kulturlandschaft bilden, d. h. zumindest in historischer Perspektive den menschlichen Interaktions- bzw. Agrarwirtschaftsraum repräsentieren. Das Konzept der Ortsfluren knüpft zudem an den Soziotop von PAFFEN (1953) an (vgl. Kapitel 2.2). Hinsichtlich der verfügbaren Arbeitskapazität war eine Beschränkung auf etwa 20 km^2 geboten. Deshalb wurden die folgenden drei Gemarkungen ausgewählt:

- die Gemarkung Siegritz mit den Ortsfluren Siegritz, Leidingshof und Veilbronn in der Marktgemeinde Heiligenstadt/Landkreis Bamberg,
- die Gemarkung Wüstenstein mit den Ortsfluren Wüstenstein, Gößmannsberg, Draisendorf und Rauhenberg in der Marktgemeinde Wiesenttal/Landkreis Forchheim und
- die Gemarkung Zochenreuth in der Gemeinde Aufseß/Landkreis Bayreuth.

Sie wurden aus folgenden Gründen als typisch für das Gesamtgebiet der Nördlichen Fränkische Alb angesehen (zum Begriff der „Typlandschaft" vgl. JEANNERET 1997) und sollen eine weitgehende Übertragbarkeit der Untersuchungsergebnisse auf das Gesamtgebiet gewährleisten:

- Es sind drei Gemeinden in drei Landkreisen im zentralen Bereich der Nördlichen Fränkischen Alb beteiligt – was allerdings die Untersuchung hinsichtlich der Daten- und Informationsbeschaffung wesentlich erschwerte.
- Es handelt sich um „durchschnittliche" Gemarkungen, die nicht übermäßig touristisch geprägt sind.
- Die Gemarkungen enthalten in naturräumlicher und kultureller Hinsicht die wesentlichen für die Nördliche Fränkische Alb typischen Landschaftselemente, einschließlich der touristisch interessanten und für das Image charakteristischen „Highlights".
- Es sind in siedlungsgeschichtlicher Perspektive verschiedene Herrschaftsbereiche (ritterschaftliche wie auch bäuerliche Dörfer), sozioökonomische Ortstypen und damit Landnutzungstypen betroffen.
- Die Gemarkungen weisen drei verschiedene Verfahrensstände bezüglich der Flurbereinigung bzw. Ländlichen Entwicklung auf: Das Verfahren Siegritz wurde

---

[10] Die oft synonym genannte „Fränkische Schweiz" ist bezüglich ihrer Gebietsabgrenzung, z. B. als sozioökonomisch begründete Region, als Naturpark oder Fremdenverkehrsgebiet, strittig (vgl. BÄTZING 2000a, BAYSTMLU 1994a und 2003). In dieser Arbeit wird auf den Naturraum rekurriert (vgl. Kapitel 3.1).

in den 1960er Jahren abgeschlossen, das Verfahren Wüstenstein steht vor der Besitzverteilung und das Verfahren Zochenreuth wurde erst jüngst angeordnet.

Inwieweit über die methodische Basis hinausgehend eine Anwendbarkeit auf andere Gebiete oder größere Räume (Naturraum, Agrarraum, politischer Raum) gegeben ist, muss in einem entsprechend größer angelegten Projekt überprüft werden.

1.6 Regionale Problemstellung und Zielsetzung

Die Landschaften Mitteleuropas werden fast überall durch Veränderungen der Landnutzung einem tiefgreifenden Wandel unterworfen, der sich im Verlauf des 20. Jahrhunderts außerdem zunehmend beschleunigte (JÄGER 1994, vgl. SPORRONG 1998, PÄRTTEL et al. 1999, LOSCH 1999, VERHEYEN et al. 1999, OLSSON et al. 2000, COUSINS et al. 2002, PETIT/LAMBIN 2002b, VUORELA et al. 2002). Zur Erklärung von Struktur, Dynamik und Funktion rezenter europäischer Landschaftsökosysteme sind deshalb anthropogene Prozesse von zentraler Bedeutung (LAMARCHE/ROMANE 1982, HOUGHTON 1994, JEDICKE 1998, OLDFIELD et al. 2000, REID et al. 2000). Speziell aufgrund des Siedlungsausbaus in suburbanen Räumen und der Intensivierung der Landwirtschaft in Gunstgebieten, bei gleichzeitigem Rückzug aus Grenzertragslagen (vgl. HOOKE/KAIN 1982, BREUSTE 1996, DOSCH/BECKMANN 1999), sind v. a. extensive traditionelle Landnutzungssysteme im Verschwinden begriffen. Mit der kleinräumig vielgestaltigen Landschaftsstruktur gehen viele einzelne Landschaftselemente verloren, denen als „Zeugen der Vergangenheit" ein „Quellen-" und „Bildungswert" zugesprochen werden muss (SCHENK 2002a). Die gleichsam auch ästhetisch „verarmten" Landschaftsbilder vermögen nur noch in eingeschränktem Maß regionale Identität („Heimat") zu vermitteln (SCHENK 2002a) und sind auch für Touristen immer weniger anziehend (HUNZIKER/KIENAST 1999).

Der Landschaftsentwicklung der „Nördlichen Fränkischen Alb" ist besonders interessant vor dem Hintergrund der langen Geschichte einer bewussten Landschaftsperzeption gerade in diesem Raum. Die Nördliche Fränkische Alb wurde in vorromantischer Zeit zunächst noch ganz nüchtern als „das Gebirg" oder als das „Land auf dem Gebirg" bezeichnet. Im beginnenden 19. Jahrhundert kam als Modeerscheinung der damaligen Epoche ein Vergleich mit der Schweiz auf, wohl zuerst 1812 bei FICK. Kurz darauf folgten HELLER (1829 und 1842) sowie KRAUSSOLD/BROCK (1837), welche in ihren Reisebeschreibungen die „Fränkische Schweiz" mit „Muggendorf und seiner Umgebung" gleichsetzten. In dieser Zeit entwickelte sich das Image eines „Zauberschrankes" voller „Kleinodien" (so beschrieben in der „Fränkischen Reise" von IMMERMANN 1837), des Landes der „Burgen, Mühlen und Höhlen" (VOIT et al. 1992) bzw. der charakteristischen Felstürme, Wiesentäler und Wacholderheiden. All diese Elemente sind durch historische Darstellungen (z. B. SCHEMMEL 1979 und 1988), aktuelles touristisches Informationsmaterial und im Bewusstsein der Bevölkerung als Charakteristikum der Landschaft ausgewiesen. Sie waren und sind insbesondere für die touristische Erschließung von zentraler Bedeutung.

Doch bleibt die Landschaft als Ganzes bis heute überwiegend durch bäuerliche Nutzung geprägt. Nahezu gehölzfreie Wiesentäler mit Futter- und Streuwiesen, durch Schafbeweidung geprägte Wacholderheiden an den trockenen Hängen und die weitflächigen Ackerfluren auf den Hochebenen zählen seit alter Zeit zum Erscheinungsbild der Nördlichen Fränkischen Alb. Eine mosaikartige Durchdringung weiter Landschaftsbereiche mit Hecken, Feldrainen, Steinriegeln, kleinen Feldgehölzen und lichten Waldrändern bestimmt den besonderen Landschaftscharakter (vgl. Landschaftsplan Pottenstein, BAUERNSCHMITT 1996, S. 106) in sog. „Netz-Landschaften" (Landschaftspflegekonzept Bayern, BAYSTMLU 1995b).

Doch dieses Landschaftsbild verliert derzeit an Selbstverständlichkeit. Die Landschaft wird durch die seit etwa 1860 fortschreitende Änderung der wirtschaftlichen und technischen Rahmenbedingungen für die Landwirtschaft und im Verkehrswesen einem zunehmenden Veränderungsdruck ausgesetzt (BÄTZING 2001). Die Wacholderheiden sind heute auf verinselte, oft kümmerliche Reste beschränkt und vielerorts bereits völlig verschwunden (BÖHMER 1994 und 1996). Ähnliches gilt für die extensiv genutzten Wiesengesellschaften (SCHMITT 1998). Beide Vegetationstypen sind keine natürlichen Lebensgemeinschaften, sondern Zeugen menschlicher Wirtschaftsweisen und in ihrem Vorhandensein an diese gebunden. Mit einer Nutzungsauflassung ist ein flächenhaftes Vordringen des Waldes verbunden (WEISEL 1971) – und der tatsächliche Landschaftscharakter beginnt sich zu verändern.

Waldarm oder waldreich? An dieser Frage offenbart sich ein aktueller Imagewandel – die Bilder der Romantik zeigen eine waldarme Landschaft, während die heutigen Fremdenverkehrsprospekte den Waldreichtum nicht verbergen können. Die Werbung demonstriert weiterhin eine Auflösung in touristisch bedeutsame, entweder nostalgisch verklärte oder für „neue Freizeitsportarten" (Klettern, Kanufahren) funktional interessante Einzelelemente (Felsen, Bäche) (vgl. BÄTZING 2000b). Das Landschaftsbild dient als Kulisse für Golfplätze und Ferienparks. Aber gibt es die „Fränkische Schweiz" überhaupt noch – oder ist das romantische Landschaftserlebnis (vgl. Kulturamt des Landkreises Forchheim 1994) eigentlich gar nicht mehr möglich (vgl. Abbildungen 1.6-1 und 1.6-2)?

Die regionale Öffentlichkeit wird sich der Veränderung erst allmählich und in jüngster Zeit bewusst (SCHMITT 1997), doch es wird eine Auswirkung auf den Tourismus durchaus erkannt. Generell lassen viele Untersuchungen durchscheinen, dass die Bevölkerung eine gravierende Veränderung des Status Quo in Richtung einer Verwaldung oder „Agrarsteppe" nicht akzeptiert, wenn man sie in simulierten Darstellungen (z. B. photorealistische „Szenarien") damit konfrontiert (vgl. KÄLBERER/SCHULER 1998, JOB 1999). Daraus folgt für die Landschaftsforschung und -planung, dass „schleichende" Vorgänge bewusst zu machen sind, um den lokalen Akteuren die Möglichkeit einzuräumen, rechtzeitig steuernd einzugreifen.

Foto: H. Scherzer

Abb. 1.6-1:   Ailsbachtal um 1935

Fotos: H.J. Böhmer

Abb. 1.6-2:   Ailsbachtal um 1994

2 Methoden und Quellen für die Analyse der Kulturlandschaftsentwicklung

2.1 Vom „Kulturlandschaftskataster" zum „Kulturlandschaftsinformationssystem"

Kulturlandschaftsuntersuchungen sind heute in den seltensten Fällen nur (noch) Selbstzweck, sondern fühlen sich in der Regel dazu berufen, gemäß den rechtlichen Vorgaben (WAGNER 1999, BURGGRAAFF/KLEEFELD 2002a, HÖNES 2003) einen Beitrag zur Landschaftsplanung und -entwicklung zu liefern. Entsprechend den Betrachtungsmaßstäben finden sie auch in verschiedenen Planungsdimensionen Berücksichtigung. Adressaten sind z. B. in Deutschland in der Regel die Fachplanung Naturschutz (Landschaftsprogramm, Landschaftsrahmen- bzw. Landschafts- und Grünordnungsplan, vgl. WAGNER 1999 bzw. für die Schweiz EGLI 1997), aber auch andere Fachplanungen (Agrar- und Forstplanung, vgl. HILDEBRANDT/HEUSER-HILDEBRANDT 1997, GRABSKI-KIERON/PEITHMANN 2000) und die Gesamtplanung (Landesraumordnungsprogramm, Regional-, Flächennutzungs- und Bebauungsplan, vgl. WAGNER 1999 bzw. für Österreich JESCHKE 2000 und 2001, MAST-ATTLMAYR 2002). Entsprechende Untersuchungen sollten demnach (zumindest) eine systematische Grundlageninformation über die Verortung und die (historische) Entwicklung von kulturlandschaftlichen Qualitäten bereitstellen, etwa in Form von Landschaftselementen, -mustern (Pattern), Sukzessionen oder landschafts- bzw. humanökologischen Prozessen.

2.1.1 Landschaftserfassung in Fundort- und Arealkatastern

Am Anfang der wissenschaftlichen Beschäftigung mit der Kulturlandschaft steht die Bestandsaufnahme. Dabei sollen die beobachteten Einzelbefunde festgehalten und – wenn möglich – zu einem räumlichen Gesamtbild verdichtet werden. Dass die Aufnahme zunächst anhand von Einzelbefunden geschehen muss, begründet GUNZELMANN (1987, S. 57) so: „Die komplexe Beschaffenheit des Objektes Kulturlandschaft macht eine Erfassung als Einheit schwierig, zumindest aber eine subjektive Vorgehensweise erforderlich, was wiederum die Transparenz der Methodik schmälert. Deshalb wird die historische Kulturlandschaft in ihren einzelnen Bestandteilen erfasst und dokumentiert, die im Folgenden als ‚Historische Kulturlandschaftselemente' bezeichnet werden sollen. Damit ist die Transparenz des Erfassungsvorgangs gesichert und die Nachvollziehbarkeit und Vergleichbarkeit ermöglicht" (GUNZELMANN 1987, S. 57). Welche Einzelbefunde – z. B. historische Kulturlandschaftselemente – zu dokumentieren sind und wie dies zu geschehen hat, ist allerdings nur in Zusammenhang mit dem Zweck (oder den Zwecken) einer beabsichtigten Untersuchung zu beantworten.

Die einfachste Art der Bestandsaufnahme bildet ein sog. „Fundortkataster", wie er etwa aus der biogeographischen Artenkartierung bekannt ist (vgl. PLACHTER 1991, S. 191). Hierbei ist lediglich vorab zu entscheiden, welche Art bzw. welche Arten erfasst werden sollen. Ein ähnliches, aber komplexeres Vorgehen ist der Denkmaltopographie oder der historisch-geographischen Landesaufnahme (DENECKE 1972, vgl. auch die Kulturgüterkartierungen in Österreich, JESCHKE 2002) eigen. Beide Aufnahmeverfahren erfordern eine Bewertung, ob ein bestimmtes Objekt über Qualitäten verfügt (z. B. Denkmalwert), die seine Erfassung rechtfertigen.

Doch kann ein Fundortkataster generell nicht garantieren, dass ein nicht dokumentiertes Vorkommen an einem bestimmten Ort auch einem (dokumentierten) Nicht-Vorkommen gleich zu setzen ist. Dies betrifft z. B. Tierarten, die man bei der Begehung nicht gesehen hat, oder Denkmäler, deren Denkmaleigenschaft – Kulturdenkmäler sind Sachen, Sachgesamtheiten und Teile von Sachen, an deren Erhaltung aus wissenschaftlichen, künstlerischen, (heimat)-geschichtlichen, technischen oder städtebaulichen Gründen ein öffentliches Interesse besteht – man (noch) nicht erkannt hat. Vollständigkeit ist ein Ziel, das – unabhängig von der Veränderlichkeit der zu erfassenden Objekte und ihres Vorkommens – bestenfalls annähernd erreicht wird. „Je nach Kartierungsstand lassen sich aus Fundortkatastern demzufolge meist nur mehr oder weniger verzerrte Verbreitungsbilder erstellen" (PLACHTER 1991, S. 193).

Aufgrund seiner räumlichen Repräsentanz (zweidimensionale umgrenzte Flächen anstelle dimensionsloser Punkte und gegebenenfalls ihrer Koordinaten) geht der Typus „Arealkataster" über den Fundortortkataster hinaus. Hiermit werden aus dem Kontinuum Landschaft einzelne Flächen aufgrund einer besonderen Qualität bzw. der Zugehörigkeit zu einem besonderen Typus ausgeschieden. Das prominenteste Beispiel dafür sind die Biotopkartierungen (eigentlich Biotoptypenkataster), wie sie in Deutschland und Österreich etwa seit 1980 durchgeführt werden (KAULE et al. 1979, UMWELTBUNDESAMT 1987). Die Beschränkung auf naturnahe Lebensräume – wobei durchschnittlich nur etwa 3-5 % des jeweiligen Bezugsgebiets erfasst werden – kann dem flächendeckenden Anspruch des Naturschutzes allerdings nicht gerecht werden. „Naturnähe" wird mit der Zugehörigkeit zu bestimmten Biotoptypen – u. a. werden in Bayern Waldbiotope kategorisch ausgeschlossen – und unabhängig von der tatsächlichen Qualität als Lebensraum konstituiert. Damit wird eine Bewertung schon im Vorgriff der Erfassung vorgenommen. Diese Konvention führte im Übrigen dazu, dass der Begriff „Biotop" gegenüber der ursprünglichen wissenschaftlichen Definition (vgl. Kapitel 2.2.2) in der Naturschutzpraxis mit einem anderen, eingeschränkten Sinngehalt gebraucht wird (PLACHTER 1991, S. 193).

Festzuhalten ist jedenfalls, dass in dieser oder ähnlicher Form bereits sektorale Bestandsaufnahmen vorliegen, die jeweils Teilbereiche oder Teilaspekte der Landschaft betreffen, und zwar v. a.

- im Bereich der Denkmalpflege die Bau- und Bodendenkmalkataster (bzw. „-listen" nach dem BayDSchG, PETZET 1985 ff.);
- im Bereich des Naturschutzes die Schutzgebiets- und Biotopkataster (bzw. „-kartierungen", z. B. die Bayerische Biotopkartierung, KAULE et al. 1979, EDER 1996), neuerdings mit anderen zusammengefasst im digitalen Fachinformationssystem Naturschutz des Bayerischen Landesamts für Umweltschutz (FIS-Natur bzw. FIN-Web als Internet-Version)[11];
- im Bereich der Landwirtschaft das von der EU eingerichtete Förder- und Kontrollsystem INVEKOS (InVeKoS-Daten-Gesetz 2004), in dem ab 2005 insbeson-

---

[11] http://www.bayern.de/lfu/natur/fis_natur/start.htm (05.02.2007)

dere bei der Flächenkontrolle GIS- und Fernerkundungstechniken zum Einsatz kommen (INVEKOS-GIS, SINDHUBER et al. 2004).

Die beiden erstgenannten Bereiche werden von den Disziplinen abgedeckt, deren Institutionen in Deutschland wie in Österreich kraft Gesetzes auch Schutz, Pflege und Entwicklung der Landschaft bzw. relevanter Landschaftselemente obliegen. Die Entwicklung der Aufgaben von Denkmalpflege und Naturschutz hat eine weit in das 20. Jahrhundert zurückreichende Tradition, in deren Verlauf sich sukzessive diese Aufgabenteilung ergeben hat. Da die rein biotische und die kulturhistorische Sichtweise aber gewissermaßen die Eckpunkte für die Behandlung der Landschaft markieren, wurde seit Ende der 1980er Jahre (in etwa beginnend mit GUNZELMANN 1987) ein Defizit im thematischen Überschneidungsbereich von Naturschutz und Denkmalpflege ausgemacht. Dieses Defizit resultiert grundsätzlich aus mangelnder Fachkompetenz im Umgang mit den in der Landschaft ursprünglich annähernd ubiquitär verbreiteten Zeugnissen des menschlichen Alltags, etwa der historischen Siedlungsformen, der traditionellen Landwirtschaft, historischer Gewerbe etc., die kurz als „historische" Kulturlandschaftselemente (vgl. Kapitel 1.3.2) bezeichnet werden. Daraus ergab sich ein Handlungsbedarf, zumal es seit den 1960er Jahren zu einer immer rasanteren flächenhaften Beseitigung dieser Elemente kam („Landschaftsdynamik als Verlusterfahrung", Kapitel 1.3.1), während gleichzeitig die gesellschaftliche Akzeptanz weitergehender Schutzausweisungen rapide abnahm (KIESOW 2000).

2.1.2 Kulturlandschaftskataster zur Erfassung der Landschaftsstruktur

Die Initiative für eine systematische Erfassung der in der Landschaft erhaltenen historischen Kulturlandschaftselemente in einem sog. Kulturlandschaftskataster stammt aus der Angewandten Historischen Geographie (FEHN/SCHENK 1993), die über eine lange Tradition der Erforschung dieser Elemente verfügt (vgl. JÄGER 1987) und aktuell ein sektoral übergreifendes Konzept für die „Kulturlandschaftspflege" propagiert (SCHENK et al. 1997). Die Auswahl des Inhalts (Elemente und deren Attribute) und die Funktionsweise (Auskünfte, Analysen, Bewertungen etc.) solcher Systeme sind allerdings bislang nicht prinzipiell geklärt (vgl. Tabelle 2.1.2-1).

Ein Kulturlandschaftskataster dient nach SCHENK (2002c, S. 12) der „Erfassung, Beschreibung, Erklärung kulturlandschaftlicher Strukturen und Elemente durch Bestandserfassung". Insbesondere bleibt aber unklar, ob unter dem Begriff „Kataster" eine Totalerhebung der Landschaft mit ihren Qualitäten erfolgen soll (so etwa im ursprünglichen Konzept des Digitalen Kulturlandschaftskataster KULADIG des Landschaftsverbandes Rheinland, BURGGRAAFF/KLEEFELD 2002b) oder eher eine zweckgebundene Erfassung geeigneter Objekte/Patches (WÖBSE 1994, BAYLFU 2004) innerhalb einer Matrix z. B. von Forst, „Agrarsteppe" und Siedlung, der keine „potentielle Schutzwürdigkeit" (WAGNER 1999) zuerkannt wird. Die wesentlichen Unterschiede der beiden Ansätze liegen im induktiven Vorgehen der Katasteraufstellung, wenn der Bearbeiter aufgrund seiner Erfahrung bzw. Vorkenntnisse konkrete Elemente auswählt und dann z. B. einer näheren Betrachtung der „Schutzwürdigkeit" unterzieht; bzw. im deduktiven Vorgehen des ganzheitlichen Ansatzes, wenn entsprechende Bewertungen vom räumlich-landschaftlichen bzw. zeitlichen Zusammenhang abgeleitet werden sollen (BENDER 1994a).

Tab. 2.1.2-1: Beispiele für Kulturlandschaftsinventarisationen

Institution	KL-Inventar	Inhalt	Web-Adresse
Universität Bern, ViaStoria – Zentrum für Verkehrsgeschichte	IVS Inventar historischer Verkehrswege der Schweiz	isolierte Landschaftselemente (bestimmten Typs: Verkehrswege)	http://www.viastoria.ch/ (05.02.2007)
Landschaftsverband Rheinland e.V.	KULADIG Digitales Kulturlandschafts-Kataster des LV Rheinland	vollflächige Repräsentanz vorgesehen (mehrere Zeitschnitte) + einzelne Landschaftselemente	http://pilot.kuladig.lvr.de/ (05.02.2007)
FH Neubrandenburg	KLEKS Kulturlandschaftselementekataster	isolierte Landschaftselemente	http://www.kleks-online.de/ (05.02.2007)
Institut für ökologische Raumentwicklung e.V. (IÖR), Dresden	Landschaftswandel in Sachsen	Info über „Landschaftswandel"-Untersuchungen	http://www.ioer.de/nathist/ (05.02.2007)
Land Tirol, Tiroler Raumordnungs-Informationssystem (TIRIS)	Kulturlandschaftsinventarisierung Tirol	isolierte Landschaftselemente (bestimmten Typs: LNF in der Flur) + Analyse	http://tiris.tirol.gv.at/ (05.02.2007)

Im Detail herauszuarbeiten ist, welche Strukturen und Elemente einer Aufnahme in den Kataster würdig sind. Dazu hat die Angewandte Historische Geographie bereits in unzähligen Studien Typlisten erstellt, die zwar jeweils ein regionales und/oder funktionales Spektrum an kulturhistorisch bedeutsamen Landschaftsbestandteilen umfassen (z. B. GUNZELMANN 1987, VON DEN DRIESCH 1988, BENDER 1994b, JOB 1999), insgesamt aber einen weitgehenden innerfachlichen Konsens durchscheinen lassen. Abzuklären ist deshalb v. a. die Akzeptanz seitens anderer landschaftsrelevanter Disziplinen, der Raumordnung und der Öffentlichkeit, die allerdings in den letzten zehn Jahren durch die vielfältigen Aktivitäten sukzessive verbreitert worden ist.

Weiterhin ist der Ansatz der Angewandten Historischen Geographie hinsichtlich folgender Punkte methodisch nicht klar:

- Handelt es sich um eine subsidiäre Aufgabe, die sich der Kulturlandschaftsbestandteile annimmt, welche von anderen Disziplinen „vernachlässigt" werden, oder aber um eine „Querschnittsaufgabe" (SCHENK 2002c, S. 12)?
- Ist der Kulturlandschaftskataster dementsprechend das Instrument der Angewandten Historischen Geographie, die damit Fachbeiträge liefert (FEHN/SCHENK 1993), oder ein Integrationsinstrument für alle mit der Landschaft befassten Disziplinen und Institutionen (SCHENK 2002c, S. 14)?

Wahrscheinlich ist in einem zweistufigen Vorgehen beides gemeint: sowohl der historisch-geographische Fachbeitrag, wie auch die Integration oder Vernetzung aller Beiträge mit Hilfe der Geoinformationstechnologie, die – jedenfalls nach Ansicht vieler Geographen – geographische Domäne ist. Doch sind die Kompetenzen bislang weder wechselseitig abgesteckt noch institutionalisiert, auch wenn dies mit dem Pilotprojekt des Landschaftsverbands Rheinland, dem „Rheinischen Kulturlandschaftskataster" (LANDSCHAFTSVERBAND RHEINLAND 2002) angestrebt wird.

Problematisch ist zudem, dass die Erfassung der Kulturlandschaft in den meisten Kulturlandschaftskatastern (vgl. Tabelle 2.1.2-1) über eine doppelte Selektion von Elementen vollzogen wird, und zwar erstens durch „Neuaufnahme" und zweitens „nur der ‚historischen Kulturlandschaftselemente'" (SCHENK 2002c, S. 14). Damit ist einerseits gemeint, dass bereits in anderen Katastern (etwa Bau- und Biotopkatastern) erfasste Elemente nicht mehr aufgenommen werden müssen, andererseits aber auch, dass aus dem „Rest" speziell die „historischen" herausgesucht werden.

Diese Beschränkung auf „historische" Elemente ist jedoch nach den in Kapitel 1.3.2 gemachten Ausführungen nicht nachzuvollziehen. Sofern damit jedoch in Wirklichkeit kulturhistorisch besonders wertvolle Elemente gemeint sind, wird allerdings die oben geschilderte methodische Schwäche der Biotopkartierung wiederholt. Denn damit sieht sich der Kartierer gezwungen, eine Bewertung der historischen Qualität gleichzeitig mit der Erfassung des jeweiligen Elements vorzunehmen. Nun sollte aber das neue Instrument „Kulturlandschaftskataster" mithilfe einer „Analyse der Entwicklung der Kulturlandschaft (z. B. über Altkarten)" (SCHENK 2002c, S. 14) erst die raumzeitliche Grundlage der Bewertung setzen (vgl. EWALD 1978). Die methodisch richtige Abfolge des Vorgehens, bei Trennung von Sach- und Wertebene (vgl. ROMAHN 2003a und b), wäre also vielmehr, dass „der Experte [erst] inventarisiert, [dann] bewertet und [zum Schluss] selektiert" (RENES 2002, S. 85), was deshalb „systematische [lückenlose] Inventarisierungen der Kulturlandschaft" voraussetzt (PLACHTER 1991, S. 194). Entsprechende methodische (Vor)-Arbeiten liegen z. B. aus Österreich auch schon lange vor (FINK et al. 1989, PETERSEIL/WRBKA 2001).

Wir fassen zusammen: Ungeachtet der genannten Probleme ist der Kulturlandschaftskataster alles in allem ein großer Gewinn. Sein Hauptverdienst liegt darin, dass er den Blick auf die unbeweglichen Kulturgüter der Alltagswelt lenkt, die vom Naturschutz und der Denkmalpflege zu wenig oder gar nicht beachtet werden (können). Ein weiterer wesentlicher Vorteil ist die Darstellung aller erfassten Kulturlandschaftselemente in ihren räumlichen Zusammenhängen und die (angestrebte) interdisziplinäre Zusammenschau dieses Wissens, wodurch eine größere Argumentationsvielfalt im Sinne des Kulturgüterschutzes erreicht wird. Dies sind richtige Schritte, wichtige Schritte und – im politischen Sinne – vielleicht zurzeit die einzig möglichen Schritte.

Trotzdem ist der sog. Kulturlandschaftskataster der Angewandten Historischen Geographie nur ein Kataster ausgesuchter historischer Kulturlandschaftselemente, also ein Kulturlandschafts-Elemente-Kataster. Er entspricht in dieser Hinsicht dem Biotopkataster, der lediglich eine andere Sichtweise auf „seine" Elemente hat. Beide sind damit auch Fachkataster. Zu einem Kataster der Kulturlandschaft fehlt erstens die räumliche lückenlose Repräsentanz – denn Landschaft ist kontinuierlich (vgl. Kapitel 1.1) – und zweitens die Integration aller Sichtweisen auf die Kulturlandschaft (vgl. Kapitel 1.2).

Das Zusammenführen der Denkmal- und Bodendenkmallisten mit den Kartierungen der Angewandten Historischen Geographen unter einem Dach ist diesbezüglich noch längst nicht ausreichend.

2.1.3 Weitergehende Ansprüche an den Kataster und der Schritt zum Informationssystem

These 1: Der Kulturlandschaftskataster soll nicht nur einzelne Kulturlandschaftselemente wiedergeben, sondern muss flächendeckend (d. h. räumlich lückenlos) sein[12]. Er soll das gesamte Planungsgebiet abdecken, d. h. im Endeffekt für die gesamte Landesfläche aufgestellt werden.

Wenn man Kulturlandschaft als anthropogene Sphäre auffasst (vgl. Kapitel 1.2), sollte der Kulturlandschaftskataster als ein „Kompartimentmodell" (STEINHARDT et al. 2005, S. 224) für den menschlichen Einfluss auf die Landschaft konzipiert werden.

Daraus ergibt sich zunächst die Notwendigkeit einer theoriegeleiteten systematischen und flächendeckenden Vollerhebung, d. h. das räumliche Kontinuum „Kulturlandschaft" wird auch in ein räumlich kontinuierliches Modell übertragen. Die Aufstellung der Nutzungs- bzw. Kulturarten hat hierbei größte Bedeutung (und zwar abhängig von der jeweils beabsichtigten Aussage). Am besten geeignet erscheint dazu eine hierarchische Gliederung von Elementtypen, die deduktiv von größeren zu kleineren Einheiten erfolgt (vgl. STEINHARDT et al. 2005, S. 170). Dies kann die Adaption der bewährten physiognomisch-funktionalen Typenkataloge aus der Angewandten Historischen Geographie (Funktionsbereiche: Wohnen, Gewerbe, Verkehr, Religion etc., vgl. PLÖGER 2003) oder die nutzungsbedingten Biotoptypen (nach den entsprechenden Kartieranleitungen der Bundesländer) einschließen. Dabei wird soweit untergliedert, wie es der Untersuchungszweck verlangt und die Quellenlage erlaubt.

Will man eine gleich bleibende Informationsdichte für Untersuchungen über zwei oder mehrere Zeitschnitte (der Vergangenheit), so wird man allerdings relativ bald an Grenzen der Inventarisationsmöglichkeiten stoßen. Erst dort, wo vereinzelte Elemente über herausragende und bekannte individuelle Eigenschaften verfügen, macht es Sinn, diese detaillierter zu erfassen. Solche besonderen Eigenschaften werden v. a. baulichen Anlagen oder sog. „Naturschönheiten" zugesprochen. Es ist daraus aber kein Grund abzuleiten, warum diese Landschaftselemente nicht zusammen mit allen anderen in eine räumlich kontinuierliche, d. h. flächendeckende, Erfassung eingehen. Schon in der Arbeit von GUNZELMANN (1987) hatte sich zudem herausgestellt, dass nur dem geringsten Teil der Kulturlandschaftselemente tatsächlich individuelle Informationen (z. B. das Alter eines Gebäudes) zugeschrieben werden können. Die informationstechnologische Verarbeitung solch sporadischer Informationen ist zudem bei Landschaftsanalysen mit einem flächendeckenden Ansatz nur bedingt sinnvoll.

---

[12] Unter dem Begriff „Kataster" wird, aus der Grundbedeutung „capitastrum" (Kopfsteuerbuch) abgeleitet, zumeist der Grundsteuerkataster verstanden, der die Landschaft ebenfalls vollflächig repräsentiert.

Der Kulturlandschaftskataster sollte somit einem dritten Typ der Landschaftserfassung entsprechen, nämlich dem einer – nicht nur landesweiten, sondern auch – lückenlosen Aufnahme wie sie z. B. im Grundsteuerkataster (Bodennutzung) und der Topographischen Karte (Bodenbedeckung) zur Anwendung kommt. Dabei ist entsprechend dem Konzept der „Geographie als integrative Umweltwissenschaft" (BÄTZING 1991, LESER 2003) zunächst eine wertfreie Basisinformation vorzuhalten, aus welcher sekundär normative Sichtweisen entwickelt werden können. Die räumliche Vollerhebung bildet schließlich eine Matrix, auf der Einzelelemente bzw. Landschaftsteile besser begründet ausgegrenzt werden können. Damit ist eine klare Trennung von Sach- und Wertebene vorgezeichnet (vgl. ROMAHN 2003a und b), und eine Bewertung von Landschaftselementen kann im Vergleich mit anderen vorgenommen werden bzw. aus dem landschaftlichen Zusammenhang erfolgen.

These 2: Der Kulturlandschaftskataster soll verschiedene (aktuelle und historische) Zeitschnitte rekonstruieren und er soll regelmäßig nachgeführt werden. Vergangenheit, Gegenwart und Zukunft geben die zeitlichen Dimensionen eines Kulturlandschafts-Monitorings vor.

Wenn der Kulturlandschaftskataster etwas von bleibendem Wert darstellen will, darf er es nicht bei einer Momentaufnahme bewenden lassen. Landschaften sind kein statisches Gebilde, sondern entwickeln sich ständig – linear oder sprunghaft – weiter. Der rezente Landschaftszustand kann Ausgang einer neuen Traditionslinie sein, die in absehbarer Zeit wieder eine kulturhistorische Bedeutung impliziert. Im Übrigen sind landschaftsgestaltende Prozesse am besten durch die historisch-genetische Betrachtungsweise zu erfassen und aktuelle kulturhistorische Bedeutungen durch den Rückgriff, d. h. den Vergleich mit früheren Zuständen zu bewerten.

These 3: Der Kulturlandschaftskataster darf kein Stand-alone-Projekt sein, sondern er muss inhaltlich wie informationstechnologisch gegenüber allen Kulturlandschaftsbelangen offen sein.

Kulturlandschaft verkörpert über den kulturhistorischen Wert hinaus weitere Werte, speziell einen aktuellen ökonomischen und ökologischen Wert. Diese Bedeutungen müssen alle bei der künftigen Entwicklung von Landschaft miteinander bedacht und gegeneinander abgewogen werden. Deshalb macht es keinen Sinn, die Kultur der Landschaft isoliert zu betrachten. Eine Abschottung speziell zur naturwissenschaftlichen Betrachtungsweise ist demnach weder inhaltlich noch formell sinnvoll, d. h. ein in sich geschlossener Kulturlandschaftskataster wäre auch heute schon überholt, bevor er morgen fertig wird.

These 4: Der Kulturlandschaftskataster ist an ein Landschaftsinformationssystem (LIS) gekoppelt, das raum-zeitliche Verschneidungs- und Analysefunktionen impliziert, um damit in der inter- und transdisziplinären Verwendung einen Mehrwert an Information zu erzielen.

Ein Kulturlandschaftskataster hat somit nur eine Zukunft, wenn er vollständig in eine offene Geodateninfrastruktur (ALTMAIER/MÜLLER 2002, GREVE 2002) integriert ist, die alle landschaftsrelevanten Daten aus verschiedenen Quellen nach einheitlichen Standards integriert (vgl. FITZKE 2002); das betrifft insbesondere auch die beiden neuen Fachinformationssysteme in der Naturschutz- und Landwirtschaftsverwaltung.

Die diesbezüglich am weitesten entwickelten Vorarbeiten sind in den webbasierten Rauminformationssystemen österreichischer Bundesländer zu erkennen (z. B. dem Tiroler Rauminformationssystem TIRIS, vgl. Tabelle 2.1.2-1).

Ein Kataster oder besser ein Informationssystem, das diese vier Anforderungen erfüllt, vollzieht den Schritt von der Struktur- zur Prozessanalyse. Es bietet die bestmögliche Grundlage für raum-zeitliche Untersuchungen und Bewertungen. Dies bedeutet konkret, dass mit Hilfe der Geoinformationstechnologie aus den bereits vorhandenen Daten neue, zusätzliche Informationen gewonnen werden können. Allerdings ist zu sagen, dass die Entwicklung wirklich „explizit räumlicher" Verfahren noch ganz am Anfang steht und dass sie – eine entsprechende Landschaftsinventarisation vorausgesetzt – gemeinsam mit der Geoinformatik in Gang gesetzt werden muss.

Tab. 2.1.3-1: Hauptunterschiede zwischen dem „herkömmlichen" Kulturlandschaftskataster und seiner Weiterentwicklung zu einem Kulturlandschaftsinformationssystem

	Kulturlandschaftskataster	**Kulturlandschaftsinformationssystem**
Hauptgegenstand	(Historische) Kulturlandschaftselemente, persistente Strukturen	Kulturlandschaftselemente und – elementtypen, Kulturlandschaftsdynamik
Erfassungstyp	Einzelerscheinung (Fundort- und Arealkataster)	Räumlich kontinuierliche Erfassung
Hauptziele und -anwendungen	Inventarisierung, Schutz	Forschung, Entwicklung
Hauptadressaten, -nutzer	Fachbehörden	Fachbehörden und Forschungseinrichtungen

Als Nutzer des Kulturlandschaftsinformationssystems sind von vorneherein nicht nur die verschiedenen Fachplanungen, sondern auch alle Wissenschaftsdisziplinen angesprochen, welche eine landschaftsbezogene Grundlagenforschung betreiben. Bereits materiell verlorene oder künftig verloren gehende Landschaftsbestandteile können durch die diachronische Erfassung zumindest für eine zukünftige Forschung gesichert werden. Dies beinhaltet auch die Sicherung und das Zugänglichmachen von flächendeckenden seriellen Quellen (vgl. ZÖLITZ-MÖLLER et al. 2002), die ihrerseits auch als Kulturgüter aufzufassen sind. Über die wissenschaftliche Landschaftsanalyse, -diagnose und -prognose (vgl. STEINHARDT et al. 2005, S. 238: dort fehlt jedoch in wesentlichen Teilen der kulturlandschaftliche Ansatz) hinausgehend können schließlich Entscheidungshilfen („Decision Support") für die räumliche Planung angeboten werden (CZERANKA 1996, CHRISTENSEN 1997, GUTZWILLER 2002), im Hinblick auf den gesetzlichen Auftrag, die (Kultur)-Landschaft zu schützen und zu entwickeln.

Mit der vorliegenden Arbeit wird allerdings nicht das Ziel verfolgt, ein inhaltlich vollständiges Kulturlandschaftsinformationssystem zu schaffen. Vielmehr soll lediglich mit der kulturlandschaftlichen Basisinformation (Nutzungs- oder Funktionseinheiten) ein Landschaftsmodell entwickelt und in Hinblick auf seine Möglichkeiten der raumzeitlichen Dokumentation, Analyse, Bewertung und Entscheidungsunterstützung getestet werden.

Weiterhin sind die bislang selten oder gar nicht genutzten Potentiale der Datenbank- und GIS-Lösung methodisch auszuloten, insbesondere:

- die Auswahl der konkreten Inhalte („Geoobjekte" mit ihren Attributen) und deren relationale Verknüpfung in der Datenbank (verschiedene Felddefinitionen bis hin zu Bildern und Texten);
- die Exploration des räumlichen Zusammenhangs von Landschaftselementen, z. B. mit dem Landscape Metrics Approach (vgl. BLASCHKE 2000, WALZ et al. 2001);
- die Ableitung von Erklärungsansätzen für die Kulturlandschaftsstruktur und -veränderung durch zeitintegrative Verknüpfung bzw. „Verschneidung" von physiognomischen (z. B. Bodenbedeckungsart), funktionalen (z. B. Nutzungs- bzw. Kulturart, Eigentümer/Nutzer etc.) und naturräumlichen Informationen (z. B. Bonität);
- die Ableitung raum- (z. B. „Repräsentativität", „Vielfalt", „Seltenheit" etc.) und zeitintegrativer Bewertungen („Alter"/„zeitliche Konstanz", „Eigenarterhalt" etc., vgl. WAGNER 1999) unmittelbar aus der GIS-Analyse;
- die Ableitung von sinnvollen Maßnahmen der „Kulturlandschaftspflege" bis hin zu Nutzungskonzepten bzw. Empfehlungen für Schutzgebietsausweisungen, die aus der GIS-Analyse entwickelt werden (vgl. BURGGRAAFF 1997a).

2.2 *Operationalisierung der Kulturlandschaft nach kleinsten Einheiten*

Im Folgenden geht es darum, „Kulturlandschaft" im Kontext ihrer Genese bzw. künftigen Entwicklung operationalisierbar zu machen. Für die Landschaftserfassung kommen dabei Modelle im Sinne von verkleinerten und generalisierten Abbildungen der Wirklichkeit zum Einsatz. Die Modellierung erfolgt anhand einer Diskretisierung nach sog. „Kleinsten Einheiten".

2.2.1 *Dimensionen und hierarchische Landschaftsgliederung*

Man spricht vom „Landschaftskomplex", wenn man Landschaft als ein Gebilde betrachtet, das aus untereinander verflochtenen Kompartimenten und Elementen besteht (STEINHARDT et al. 2005, S. 147). Die Kompartimente oder Geofaktoren (BOBEK/ SCHMITHÜSEN 1949) Gestein, Boden, Wasser, Klima/Luft und Bios leitet man aus den Erdsphären ab (NEEF 1967). Zu den Kompartimenten gehören jeweils Landschaftselemente, die sich als stoffliche Grundbestandteile aus dem Landschaftskomplex isolieren lassen (BILLWITZ 1997). So stellen z. B. Niederschlag, Verdunstung, Strahlung etc. Elemente des Kompartiments Klima/Luft dar, während sich ein Feldgehölz, ein Schilfröhricht, ein Fichtenforst als Elemente des Kompartiments Bios ansprechen lassen (STEINHARDT et al. 2005, S. 147). Diese Zuordnung ist allerdings räumlich nicht eindeutig, der Fichtenforst kann ebenso wie ein Gebäude oder eine Siedlung dem Kompartiment Anthropos, das in Kapitel 1.2 postuliert wurde, zugerechnet werden.

Der Ausdruck „Pattern" bezeichnet das Muster oder Gefüge vergesellschafteter Landschaftseinheiten. Erst deren – funktionell bedingtes – Zusammenspiel, Zusammenwachsen ergibt landschaftliche „Grundeinheiten von verständlicher Struktur" (UHLIG 1956, zit. nach PAFFEN 1973, S. 377). Die Frage nach der räumlichen Ausprägung von Landschaftsbestandteilen, die in der horizontalen Dimension homogen sind, ist angesichts des kontinuierlichen Charakters räumlicher Phänomene von fundamentaler Bedeutung (STEINHARDT et al. 2005, S. 34). Die Theorie der geographischen Dimensionen (NEEF 1963) bietet hier ein hierarchisches Modell zur Landschaftsgliederung, das in vielen geo- und biowissenschaftlichen Disziplinen Beachtung findet. Darauf aufbauend, bezieht die Hierarchietheorie (u. a. SIMON 1962, ALLEN/STARR 1982, O'NEILL et al. 1986, STEINHARDT 1999) die vierte Dimension mit ein und spiegelt raum-zeitliche Kategorien wieder. Dies hat seine Berechtigung, insofern sich die übergeordneten Ebenen durch langsamere und größere Prozesseinheiten (bzw. Ereignisse mit geringerer Frequenz) von den untergeordneten Ebenen unterscheiden, in welchen hochfrequente Ereignisse kleinere und schnellere Einheiten bestimmen (TURNER 1990, WU 1999). Dies bedeutet auch, dass eine Ausgliederung räumlicher Entitäten maßstabsabhängig ist, wobei sich raum-zeitliche „systemische Levels" ergeben (BLASCHKE/LANG 2000).

2.2.2 Das Konzept der Tope und Choren in der deutschsprachigen Landschaftsökologie

Was sind nun nach dieser Theorie bzw. diesem Modell die Raumeinheiten bzw. Landschaftselemente, deren Größe und hierarchische Einstufung wiederum vom Betrachtungszweck und Untersuchungsziel abhängen sollte? Die niedrigste Ebene bildet die in sich (relativ) homogene sog. topische bzw. topologische Dimension, die kleinste horizontale Raumeinheit der „Top". Zusätzlich zum Top wurde der Begriff „Econ" (LÖFFLER 2002b) als kleinster repräsentativer Ausschnitt eingeführt, der als Grundlage für die Analyse der landschaftlichen Vertikalstruktur und der dort ablaufenden Prozesse zwischen dem landschaftlichen Haupt- („Landschaftssphäre") sowie dem Untergrund- und atmosphärischen Stockwerk dient (STEINHARDT et al. 2005, S. 152, nach RICHTER 1968). Dieses Top-Econ-Konzept ist mit den folgenden Aspekten zu begründen (LESER 1997, LÖFFLER 2002a):

- der „Idee vom ökologischen Geschehen vor Ort",

- der Abbildung wesentlicher ökologischer Prozesse der Landschaft, die damit nicht nur strukturelle, sondern auch funktionelle Einheiten erfasst, und

- der Erkennbarkeit und messtechnischen Erfassbarkeit prozessual-funktionaler Verknüpfungen.

Größere Landschaftsausschnitte können als Gruppen oder Mosaike von Topen aufgefasst werden. Das Zusammentreten der Tope „zu einem Mosaik mit einem bestimmten Muster, zu einem Fliesengefüge, kennzeichnet die naturräumliche Einheit." Aus Einheiten mit ähnlichen oder verwandten Fliesengefügen bauen sich dann größere Einheiten usw. auf. Die Erfassung der Einheiten schreitet also auf induktivem Wege von den kleineren zu den größeren Raumeinheiten voran (PAFFEN 1948, zit. n. PAFFEN 1973, S. 231). Landschaftskomplexe in dieser Dimension werden als Choren bezeichnet. In diesem „mittleren" Maßstabsbereich spricht man oft auch – missverständlich – vom

„Landschafts-Maßstab" (engl. „Landscape Scale") bzw. der „Landschafts-Ebene" (STEINHARDT et al. 2005, S. 43). Die Choren (nach SÖLCH 1924) waren ursprünglich größenordnungsmäßig nicht eingruppiert. Später wurden das Gefüge eines Ökotops oft als Mikrochore, die Zusammenfassung zu naturräumlichen Einheiten als Meso- und Makrochoren benannt (UHLIG 1970, zit. n. PAFFEN 1973, S. 280). „Die Möglichkeiten der Gefüge und ihrer Ausdehnung sind so verschieden, dass hier bewusst auf die Aufstellung einer weiteren ‚Hierarchie' von Raumeinheiten verzichtet wird. Es wird vielmehr im neutralen Sinne von Klein- oder Teillandschaften gesprochen, zu denen die Öko- und die Soziotope zusammen klingen" (UHLIG 1956, zit. n. PAFFEN 1973, S. 385). Erwähnt werden soll allerdings, dass – im Gegensatz zu den in der topischen und chorischen Dimension induktiv gewonnenen Abgrenzungskriterien der einzelnen Raumeinheiten – mit der regionalen Dimension ein Wechsel in die „frühere, mehr deduktive Methode, die von den größeren und damit komplexeren Landschaftseinheiten ausging" (HUTTENLOCHER 1949, zit. n. PAFFEN 1973, S. 435), einsetzt: So werden größere Räume auf Basis vorher festzulegender Parameter in Teilräume untergliedert (STEINHARDT et al. 2005, S. 38).

Zunächst wurden für die kleinsten Raumeinheiten, die sich derart durch ökologische Gleichartigkeit und ökonomische Gleichwertigkeit auszeichnen sowie „vorwiegend typenhafte Erscheinungen" (UHLIG 1956, S. 382) repräsentieren, sehr verschiedene Begriffe geprägt: „Sites" (JAMES 1929), „Landschaftsteile" (PASSARGE 1933), „Landschaftselemente" (TROLL 1943, zit. n. TROLL 1966b), „Landschaftszellen" oder „Standorte" (PAFFEN 1948) und „Fliesen" (SCHMITHÜSEN 1948). Schmithüsen unterschied allerdings schon zwischen Landesnatur und Kulturlandschaft, da den beiden ein jeweils eigener Bauplan innewohne[13] (SCHMITHÜSEN 1953).

Der Begriff des „Top", zuerst als „Ecotope" geprägt (TANSLEY 1939) wurde Ende der 1940er Jahre in Deutschland übernommen (PAFFEN 1948, zit. n. PAFFEN 1973, S. 230). Je nach fachlicher Betrachtung bzw. Integration unterschied man „Biotope" (DAHL 1908) von „Physiotopen" (TROLL 1950, NEEF 1967), „Geotopen" (LESER 1984a) und „Ökotopen". TROLL (1950) wollte den Begriff „Ökotop" nur für die kleinsten Landschaftsräume in ihrer natürlichen Ausstattung als Grundlage für ihre Nutzungsmöglichkeit durch den Menschen verwenden. Nach UHLIG (1956) sind Ökotope hingegen funktionelle Lebenseinheiten des physischen und biotischen Naturlandschaftskomplexes, in denen auch das menschliche Wirken seine naturräumliche Grundlage besitzt. Hier hat der Mensch „die natürlichen Biozönosen (…) durch künstliche ersetzt, die gleichzeitig die höchste Stufe der Integration von Natur und menschlichem Geist verkörpern" (BOBEK/SCHMITHÜSEN 1949, S. 118). Ein einzelner Acker bereits kann dabei nach CAROL (1946) ein „Formal erster Ordnung" bzw. SCHMITHÜSEN (1948) ein „anthropogenes Klein-Ökotop" darstellen. Dagegen argumentiert PAFFEN (1953, zit. n. PAFFEN 1973, S. 88). Dieser Diskurs führt, übertragen in die kulturlandschaftliche Betrachtungsweise, hin zur Unterscheidung zwischen Kulturart und Parzelle.

---

[13] Diese Differenzierung war eine methodische Basis für die Naturräumliche Gliederung Deutschlands. Ein erster Versuch einer kulturlandschaftlichen Gliederung Deutschlands, der sich „zwangsläufig" an der naturräumlichen orientiert, wurde von BURGGRAAFF/KLEEFELD (1998, S. 115 ff.) vorgelegt.

Tab. 2.2.2-1: Beispiele für Chore, Topen und deren Merkmalskombinationen aus einem Jungmoränengebiet (Quelle: STEINHARDT et al. 2005, S. 150)

Chore	Tope
kuppige Grundmoräne	Mischwald auf Fahlerde, Ackerland auf Fahlerde
flachwellige Grundmoräne	Ackerland auf Parabraunerde, Zungenbeckensee
sandig-lehmige Endmoräne	Mischwald über Braunerde
sandige Endmoräne	Nadelwald über Podsol-Braunerde
grundwasserunbeeinflusster Sander	Nadelwald über Podsol
grundwasserbeeinflusster Sander	Mischwald über Podsol-Gley
grundwasserbeherrschtes Urstromtal	Feuchtwiese über Niedermoor-Gley

Jedoch waren die Versuche, ein vergleichbares räumliches Basiskonzept in kulturgeographischer Hinsicht zu etablieren, nicht von besonderer Einheitlichkeit geprägt. Nach HUTTENLOCHER (1949, zit. n. PAFFEN 1973, S. 436) sind „Die kleinsten Teilstücke der kulturlandschaftlichen Einheiten (...) die Siedlungen, worunter sowohl die Gesamtheit der Wohnstätten als auch die zugehörige Markung verstanden wird; sie entsprechen in dieser Einheit den Fliesen. Voraussetzung für eine derartige kulturlandschaftliche Untersuchung sind allerdings Siedlungstypen, die weitgehend das in ihnen wohnende landschaftsgestaltende Potential zum Ausdruck bringen". In der hier vorliegenden Arbeit, welche die innere Struktur der Wohnplätze weitgehend ausklammert, wird dafür der Begriff „Ortsflurtyp" verwendet. Im Sinne Huttenlochers bezeichnete PAFFEN (1953, zit. n. PAFFEN 1973, S. 89) die kulturräumliche Einheit von Siedlung und Markung als „Soziotop". Wie UHLIG (1956, zit. n. PAFFEN 1973, S. 383) bemerkte, war dieser nur schwer mit Ökotopen räumlich in Deckung zu bringen; der Begriff konnte sich daher später auch nicht durchsetzen. Unter einem „Geotop" verstand PAFFEN (1953, zit. n. PAFFEN 1973, S. 86) schließlich die „kulturlandschaftliche, kleinste geographische Grundeinheit", gebildet von „Kulturlandschaftsökotop und Soziotop" in ihrem „ineinandergreifenden Wirkungsgefüge".

2.2.3 Patches und Classes nach der amerikanischen Landschaftsökologie

In der angloamerikanischen Landschaftsökologie wird eine Fläche, die in sich homogen und von ihrer Umgebung verschieden ist, als „Patch" bezeichnet (FORMAN/GODRON 1986). Dabei verzichtet man – im Gegensatz zum (deutschen) Konzept der Tope und Choren (NEEF 1967) – auf die begriffliche Zuordnung der Basiseinheiten sowohl zu den Kompartimenten als auch zu den Dimensionenstufen bzw. Maßstabsebenen. Patches stellen in der Regel landschaftliche Einheiten dar, die sich aus der Bodenbedeckung oder Landnutzung ergeben. Sie können nach der deutschen Terminologie einem Ökotop, Biotop, Habitat bzw. einer Nutzfläche etc. entsprechen. BLASCHKE/LANG (2000, S. 1-9) gehen allerdings davon aus, dass das Konzept der Tope „(wenn auch für viele nicht-deutschsprachige Wissenschaftler nur unbewusst) die methodische Grundlage zum Konzept der patches" bildet.

Das Patch-Matrix-Konzept wurde u. a. aus der biogeographischen Inseltheorie (MAC-ARTHUR/WILSON 1963 und 1967) abgeleitet und zunächst für *Natur*landschaften entwickelt. Hier stellen z. B. „Disturbance Patches" kleinflächige Störungen (durch Buschfeuer, Wirbelstürme, Lawinen etc.) oder „Introduced Patches" anthropogene Rodungsinseln innerhalb einer Wald-Matrix dar. Die Patches als kleinste homogene Einheiten werden je nach Fragestellung inhaltlich definiert (thematische Auflösung) und in einem geeigneten Maßstab (räumliche Auflösung) abgegrenzt; bei einer entsprechenden Veränderung des Maßstabs kann dann die Matrix (Wald) ihrerseits zu einem Patch werden. Das Problem der eindeutigen Grenzziehung in der Naturlandschaft mit ihren oft fließenden Übergängen (Ökotone, vgl. SAUNDERS/BRIGGS 2002) wurde allerdings schon früh als Kritik an diesem Modellierungsansatz erkannt, dürfte aber in mitteleuropäischen Kulturlandschaften insgesamt wesentlich weniger ins Gewicht fallen (vgl. BLASCHKE/LANG 2000, STEINHARDT et al. 2005). Bei der Übertragung des Patch-Matrix-Konzeptes auf Kulturlandschaften sind allerdings noch folgende Punkte theoretisch zu hinterfragen und dann gegebenenfalls empirisch zu überprüfen:

- Ist in (mitteleuropäischen) Kulturlandschaften noch eine „Matrix" erkennbar bzw. ist eine solche für die Weiterentwicklung bzw. Übertragung des Modells konstitutiv?

- Inwieweit wird eine rein flächige und vollständig-flächenhafte Operationalisierung dem Charakter einer Kulturlandschaft gerecht?

- Welches Wissen wird benötigt bzw. ist vorhanden, um eine vergleichende zeitliche Rückschreibung im Rahmen des Modells zu ermöglichen?

Ist das Patch-Matrix-Konzept nun hinsichtlich der Maßstabsebenen dimensionslos oder flexibel? Eher letzteres, denn die flächenscharfe Abgrenzung der Patches ergibt sich in Abhängigkeit von Betrachtungsmaßstab und räumlicher Datenauflösung aus dem jeweiligen Zweck der Untersuchung. Anders als im Dimensionskonzept besteht jedoch die Möglichkeit zu inhaltlichen Hierarchien zu gelangen. In Landschaftsgefügen jeglicher Art kann man solche Hierarchien erkennen, wie sich z. B. ein Wald in Laub-, Misch- und Nadelwaldbestände sowie Lichtungen aufgliedert. Die jeweils übergeordnete Einheit stellt dabei eine wesentliche Bezugsgröße dar. Die Landschaftselemente (Patches) des gleichen Typs bilden eine Klasse und der gesamte Landschaftskomplex setzt sich aus verschiedenen Klassen zusammen (STEINHARDT et al. 2005, S. 195).

Zusammenfassend liegen die Gemeinsamkeiten des deutschen Konzeptes der Tope und Choren mit dem nordamerikanischen Patch-Matrix-Konzepts also darin, dass beide Konzepte Muster von in sich homogenen Landschaftselementen (Basiseinheiten) als ausschließlich flächenhafte Elemente (ggf. als Korridore oder Barrieren mit einer entsprechenden Längenerstreckung) ausgliedern. Sie unterstützen somit beide eine vollflächige Landschaftsaufnahme. Die speziellen Vorteile des Patch-Matrix-Konzepts für die Entwicklung des methodischen Konzeptes zu dieser Studie zeigen sich indes darin, dass es

- flexibler hinsichtlich der Dimensionen (Betrachtungsmaßstab, Datenauflösung) ist,

- hierarchisch auf der sachlich-inhaltlichen (Patch – Class – Landscape) und nicht auf der räumlich-maßstäblichen Ebene kombiniert, im Gegensatz zu den Choren, die wieder eine räumlich geschlossene Einheit bilden,
- leicht zu operationalisieren (BLASCHKE 2002) und besser für eine quantitative Erfassung der Landschaft nutzbar ist (Landscape Metrics).

2.2.4 Inhaltliche Ausgliederung der kleinsten Landschaftsbestandteile

Auf welcher inhaltlichen Grundlage sollen die kulturlandschaftlichen Basiseinheiten – Landschaftselemente – schließlich erfasst werden?

Vorgehen in der Landschaftsökologie

Wie bereits HUTTENLOCHER (1949, zit. n. PAFFEN, S. 435) formulierte, wird eine ganzheitliche Erfassung der Schmithüsenschen Fliesen, d. h. der Tope, durch die Pflanzengesellschaften ermöglicht, die als Indikatoren aller Standortsmerkmale und damit der gesamten Naturausstattung dienen. Die darauf aufbauende physiognomisch-ökologische Vegetationsanalyse (ELLENBERG/MÜLLER-DOMBOIS 1967, vgl. KOPECKY 1992) bildet ein anerkanntermaßen tragfähiges Konzept für die naturwissenschaftliche Landschaftsökologie und Grundlage bzw. Rechtfertigung der modernen Biotoptypenkonzepte. Speziell für Biotoptypen gibt es daher im deutschen Sprachraum detaillierte Erfassungskriterien (KNICKREHM/ROMMEL 1995); sie wurden Ende des 20. Jahrhunderts als ein wesentliches Instrument des Naturschutzes herausgearbeitet (z. B. für Bayern: KAULE et al. 1979; europaweit im Rahmen von NATURA 2000: EUROPEAN COMMISSION DG ENVIRONMENT 2003).

TROLL (1961, zit. n. UHLIG 1970, S. 269) forderte die Erweiterung der pflanzensoziologischen zu einer landschaftsökologischen Sukzessionsforschung („Landschafts-Sukzession"), da sich die Entwicklung der Pflanzendecke vom Initialstadium bis zur Klimax in gegenseitiger Abhängigkeit mit Boden, Klima und Wasserhaushalt, also in einem ganzen Ökosystem vollzieht. Trotzdem gibt es für Geotope und Ökotope noch keine entsprechenden Typenlisten. Hier muss die Systematisierung jeweils neu erarbeitet werden (STEINHARDT et al. 2005, S. 161). Geotope etwa können anhand von Strukturgrößen wie Hangneigung, Substrat oder Vegetation typisiert werden (LESER/KLINK 1988), Ökotope auf Basis von Wasser- und Energiehaushalt, Bodenchemie und biotischer Aktivität (MOSIMANN 1990). Die hierfür benötigten Geländeaufnahmen orientieren sich an den Kompartimenten und werden schließlich zu einer landschaftsbezogenen Aussage kombiniert. Dabei spricht man von einer „landschaftsökologischen Komplexanalyse" (STEINHARDT et al. 2005, S. 157, nach HAASE 1964, NEUMEISTER 1978), die in vergleichbarer Form in der Vegetationsgeographie und Geobotanik, in der Geländeklimatologie und Hydrologie sowie in angewandten landschaftsbezogenen Disziplinen, insbesondere im Naturschutz und in der land- und forstwirtschaftlichen Bodenkunde gebräuchlich ist.

Während der landschaftsökologische Ansatz von TROLL (1939) und PAFFEN (1948 und 1953) auf den Naturhaushalt beschränkt ist, möchten ihn andere Autoren auch auf die

Kulturlandschaft übertragen (z. B. BOBEK/SCHMITHÜSEN 1949, UHLIG 1956). Wenn dies über eine Betrachtung der sekundären, anthropogen veränderten Biozönosen hinausgehen soll, braucht es in einer anthropozentrischen, kulturgeographischen Betrachtungsweise („Kulturlandschaft als objektivierter Geist" nach SCHWIND 1951) jedoch ein anderes Paradigma zur Erfassung der Kulturlandschaft. Diesbezüglich bemerkt wiederum HUTTENLOCHER (1949, zit. n. PAFFEN, S. 436): „Von diesen sichtbaren Kulturäußerungen eignet sich zur geographischen Landschaftserfassung besonders das Siedlungsbild. Es ist dabei dem Wirtschaftsbild, das in Form der Bodennutzung vielfach der Kulturlandschaft gleichgestellt wird, bei weitem überlegen. Der Grund hierfür liegt darin, dass im Siedlungsbild sowohl die Formen der gesellschaftlichen Organisation als auch die historischen Schicksale ihren sinnfälligsten Ausdruck finden. In der Bodennutzung spiegeln sich dagegen viel stärker die natürlichen Umweltfaktoren; eine darauf aufgebaute Gliederung kommt daher im großen und ganzen auf die naturräumlichen Einheiten zurück". Wir sehen das in historisch-geographischen Untersuchungen aber nicht als Nachteil an, zumal die Nutzung Rückschlüsse sowohl auf die Vegetations- als auch auf die Siedlungsverhältnisse zulässt. Heute wissen wir zudem, dass die Siedlungsart bzw. der Siedlungstyp eine landschaftliche Variable in der chorischen, die Nutzungs- bzw. Kulturart hingegen eine Variable in der topischen Dimension darstellt. Beides lässt sich also kaum miteinander vergleichen.

Für die Betrachtung der Kulturlandschaft werden seitens der landschafts- bzw. geoökologischen Forschung Bodenbedeckungs- (die nicht zwangsläufig nur die Kulturlandschaft betreffen) und v. a. Landnutzungselemente aufgenommen. Entsprechende Typen und Erfassungskriterien wurden z. B. bereits im Rahmen von ATKIS (AdV-Arbeitsgruppe 2002) und CORINE (COMMISSION OF THE EUROPEAN COMMUNITIES 1991, BOSSARD et al. 2000) standardisiert. In größeren Erfassungsmaßstäben bietet sich die Nutzungsgliederung nach dem Grundsteuerkataster an (für Bayern: HEIDER 1954, ZIEGLER 1987).

Alle diese Landschaftsaufnahmen haben die wesentliche Eigenart, dass sie für ein bestimmtes Untersuchungsgebiet flächendeckend bzw. vollflächig vorgenommen werden. Dabei ist es üblich scharfe Grenzen zu ziehen, wie sie in mehr oder weniger intensiv genutzten Landschaften – im Gegensatz zu Naturlandschaften – zu erkennen sind (STEINHARDT et al. 2005, S. 174). Während noch im 19. Jahrhundert „exakte Trennungen" der Landnutzungen nicht überall durchgesetzt waren (vgl. die Egerten und Streuobstbestände der Nördlichen Fränkischen Alb, Kapitel 4.1), stellen sie heute den Regelfall dar. Denn im Prozess der anthropogenen Strukturierung verstärkte sich der Charakter vieler landschaftlicher Grenzen. So ist denn auch der Übergang zwischen Forst und Ackerland meist deutlicher ausgeprägt als der von naturnahen Wäldern zu ihrem Umland (STEINHARDT et al. 2005, S. 143). Sind aber tatsächlich noch Übergänge („Ökotone") von einer für den jeweiligen Untersuchungszweck erheblichen Raumerstreckung vorhanden, müssten diese als eigene Elemente bzw. Elementtypen erfasst werden.

Vorgehen in der Angewandten Historischen Geographie

In der Angewandten Historischen Geographie werden die räumlichen Basiseinheiten meist als „Kulturlandschaftselemente" bezeichnet (z. B. JOB 1999, SCHENK 2000c, PLÖGER 2003). Daneben existiert auch der Begriff „Kulturlandschaftsbestandteil", der nach PLÖGER (2003, S. 76, in Anlehnung an BURGGRAAFF 2000) „kleinräumig Strukturen bildende, miteinander räumlich zusammenhängende Kulturlandschaftselemente" umfasst. WAGNER (1999) allerdings verwendet beide Begriffe mit der jeweils anderen Bedeutung. In einer dritten räumlichen Gliederungsebene können darauf aufbauend „Kulturlandschaftsbereiche" ausgegliedert werden, die BURGGRAAFF (2000, S. 99) wie folgt definiert: „Ein *Kulturlandschaftsbereich* umfasst zusammenhängende, nach Nutzung und Funktionsbereichen miteinander räumlich verbundene und kleinregional Strukturen bildende Kulturlandschaftsbestandteile und Kulturlandschaftselemente und wird formal als Flächenelement beschrieben." Er kann – je nach seiner Qualität – auch als „kulturhistorisches Gebiet" (QUASTEN 1997, S. 31) bzw. „Denkmallandschaft" (vgl. DENECKE 1997, S. 37, KLEEFELD 2004) angesprochen werden. Ungeachtet der terminologischen Unschärfe zeigt sich somit ein Streben nach einer hierarchischen Landschaftsgliederung, was auch in einem hierarchischen „Objektklassenkatalog" (PLÖGER 2003) zum Ausdruck kommt. Die Hierarchietheorie und das Konzept der geographischen Dimensionen mögen dabei (unbewusst) den Hintergrund bilden. Eine inhaltliche Abstimmung oder interdisziplinäre Vernetzung zwischen (historisch-geographischer) Kulturlandschaftsforschung und Landschaftsökologie ist allerdings bislang nicht erkennbar geworden.

Die Problematik des Vorgehens in der Angewandten Historischen Geographie liegt indes in der selektiven Erfassung der als „historisch" betrachteten Elemente und im prinzipiell ungeklärten Verhältnis zwischen Element-Individuum und Element-Typ (die bereits in Kapitel 2.1.2. behandelt worden ist) sowie der Verquickung von formalen und funktionalen Aspekten: „Die physiognomisch-formale Einordnung von Kulturlandschaftselementen in historisch-geographischer Sicht aufgrund ihrer Wirksamkeit im Raum ergibt sich [laut PLÖGER 2003, S. 181] aus einem funktionalen Zusammenhang und abhängig von einer thematischen sowie maßstäbigen Betrachtungsebene und kann daher als ‚inhaltlich bestimmt' bezeichnet werden." Das allerdings kann nach der geometrisch-kartographischen Repräsentanz – etwa in einem GIS – möglicherweise noch einmal anders zu betrachten sein; ein Problem, welches wiederum anhand der Ausführungen von PLÖGER (2003, S. 181 f.) beleuchtet werden soll:

„Die einem einsamen Wegekreuz in weiter Flur zugeordnete Funktion ist gegenüber dem umgebenden Raum lokal, d. h. nur auf den Standort bezogen. Eine Beschreibung als Punktelement ist auch aufgrund der räumlichen Ausdehnung einsichtig – sowohl als Kulturlandschaftselement als auch als GIS-Objekt.

Verkehrswege und Flüsse sind als Kulturlandschaftselemente funktional verbindende Linienelemente. Abhängig vom thematischen Zusammenhang und vom Maßstab könnten sie im GIS als Linien- oder Flächenelemente beschrieben werden. Im GIS werden für Linienelemente die Länge, für Flächenelemente Umfang und Flächengröße berechnet.

Eine Brücke ist funktional ein verbindendes Kulturlandschaftselement zwischen zwei Ausgangspunkten und formal als Linienelement Teil eines Verkehrsweges. Andererseits könnte thematisch nur der Standort dieses Elementes von Interesse sein, z. B. bei einer Erfassung als Baudenkmal eines größeren Landschaftsraumes. Das Baudenkmal könnte als Punktelement eingestuft werden – sowohl als Kulturlandschaftselement als auch als GIS-Objekt.

Einen [sic!] kleiner Fischteich könnte als Kulturlandschaftselement funktional als Punktelement angesprochen werden, bei größeren Maßstäben und in Beziehung zu benachbarten Nutzungsflächen wird man aber die Gewässerfläche berücksichtigen und daher den Fischteich im GIS als Flächenelement erfassen wollen."

Weniger inhaltlich, sondern mehr formal erfolgt also eine Erfassung nach der „Sichtweise der Historischen Geographie, Objekte der realen Welt als diskrete punktförmige, linien- oder flächenhafte Kulturlandschaftselemente anzusprechen" (PLÖGER 1999a, S. 106, ähnlich z. B. SCHENK 2002c, S. 14). Dieses Konzept stammt offensichtlich aus der Kartographie („Kartographische Gestaltungsmittel", vgl. HAKE et al. 2002, S. 118 ff.) und wurde über diverse historisch-geographische Landesaufnahmen in den Niederlanden (z. B. „Cultuurhistorische relictenkaart van de Veluwe", TEN HOUTE DE LANGE 1977) in die deutschsprachige Kulturlandschaftsforschung übertragen (zunächst bei VON DEN DRIESCH 1988). Dazu ist jedoch zu sagen, dass eine solche Abgrenzung genauso pragmatisch wie willkürlich ist, insofern sie nicht vom Untersuchungsgegenstand, sondern vom Betrachtungsmaßstab abhängt. Mit anderen Worten: Beim entsprechenden „Hereinzoomen" in die Landschaft wird jeder Gegenstand irgendwann zu einem flächenhaften. Bei der Biotopkartierung war dies bereits erkannt worden (vgl. Abbildung 2.2.4-1).

Zwar wird auch im Naturschutz, unter bestimmten Aspekten, mit punkt- und linienhaften Biotopen argumentiert: z. B. wenn es darum geht, dass sich Hecken zu Netzstrukturen, einer „Biotopvernetzung" (JEDICKE 1994) verbinden können. Ähnlich verhält es sich mit den Verkehrswegen: Fußweg und Autobahn, die nach der Sichtweise der Angewandten Historischen Geographie beide durch eine Linie zu repräsentieren wären, unterscheiden sich erheblich in ihrer Qualität als Verkehrsweg, in ihrem Flächenbedarf und in ihren Auswirkungen auf die Landschaft, die sie „zerschneiden". Wohl sind die Linienstruktur und ein darauf aufgebautes Verkehrswegenetz zur Berechnung von Entfernungen und Fahrtkosten bedeutsam. Weiterhin bringt die geometrische Beschränkung auf zwei Dimensionen somit eine Arbeitserleichterung bei der Erfassung, aber auch erhebliche Informationsverluste mit sich: Sie ist inkompatibel zum bereits bestehenden Biotopkataster, sie verfälscht die Flächenbilanz, und sie ignoriert, dass z. B. Hecken ein „Innenleben" und mindestens zwei landschaftlich wirksame Seiten besitzen. Letzteres betrifft nicht nur die sinnliche Landschaftswahrnehmung, sondern ist auch für die Landschaftsanalyse mit Hilfe der Landschaftsstrukturmaße von Relevanz („Landscape Metrics", Kapitel 7.2 und 7.3).

Problematisch am Ansatz der Angewandten Historischen Geographie ist weiterhin, jedenfalls wenn man ihn zur Methode erhebt, dass eine Elementkartierung ohne realistische Grenzen zur Umgebung – v. a. bei den null- und eindimensionalen Darstellungen – dazu verleitet, „Landschaft" nicht nur in Bestandteile zu zerlegen, sondern auch die einzelnen Bestandteile aus dem räumlich-zeitlichen Zusammenhang „herauszureißen" und isoliert zu betrachten (vgl. GUNZELMANN 1987, zur Kritik daran vgl. NEUER 1998). Abschließend können wir festhalten: Das Verfahren, mit dem die Angewandte Historische Geographie zu einer Untergliederung der Kulturlandschaft ihre Elemente gelangt, erscheint theoretisch nicht hinreichend fundiert und zudem (oder deshalb) im Einzelfall auch nicht immer nachvollziehbar.

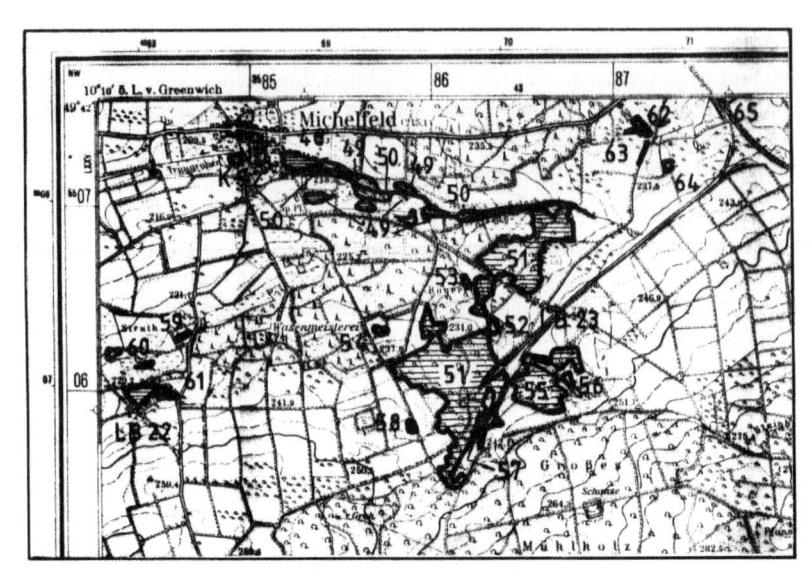

Abb. 2.2.4-1: Biotopkartierung. Ausschnitt aus dem Kartenblatt 6327 (Markt Einersheim) der TK 25. Fortführung der bayerischen Kartierung (Quelle: PLACHTER 1991, S. 194)

Folgerungen für die vorliegende Studie

Aus den Erfahrungen in der Landschaftsökologie sowie in der Angewandten Historischen Geographie lassen sich für die vorliegende Studie einige Grundsätze folgern:

Vollflächige Repräsentanz des Kontinuums Landschaft;

Anwendung des Konzepts der „Elementtypen" (nach BENDER 1994a) im Sinne der „Classes" nach dem Patch-Matrix-Konzept, welches explizit funktional gehandhabt wird (Nutzungen in weiteren Sinne, vgl. Kapitel 1.2.2); der formale Aspekt ist in der Erfassungsgeometrie impliziert;

Inhaltliche „Verfeinerung" nach einem hierarchischen Konzept von Objektklassen (im Sinne von PLÖGER 2003);

Eine individuelle Ansprache der Landschaftselemente (vgl. GUNZELMANN 1987) wird erst auf der Attributebene unterstützt. Hier können zusätzliche Attribute in kulturhistorischer Hinsicht „herausragende" Eigenschaften einzelner Landschaftselemente dokumentieren.

2.3 Die Behandlung der vierten Dimension

2.3.1 Quer- und Längsschnittmethoden

Im vierdimensionalen Raum, den es bei einer kulturlandschaftsgenetischen Studie zu erforschen gilt, besteht das „klassische Problem, eine räumlich sowie zeitlich möglichst große Informationsdichte („Lückenlosigkeit") zu erreichen. Hinsichtlich der Operationalisierung von Landschaft werden dabei im Kontinuum der Zeit („vierte Dimension") generell Längsschnitte von Querschnitten unterschieden. In den Raumwissenschaften ist insbesondere die Querschnittsmethode angezeigt, da der lückenlosen räumlichen gegenüber der lückenlosen zeitlichen Erfassung der Vorzug gehört (JÄGER 1987, S. 9).

Reine Längsschnitte werden daher nur ausnahmsweise eingesetzt, z. B. in Gestalt sog. Hofgeschichten, bei denen je nach Datenlage eine tatsächlich lückenlose Rückschreibung der Eigentumsverhältnisse, Betriebsgrößen etc. erfolgt (vgl. LIEHL 1997, PUG 1999 und 2000).

Die Querschnittsuntersuchungen, v. a. die Nutzungskartierungen zu verschiedenen Zeitschnitten, bilden indes das Hauptgerüst der meisten Arbeiten zur Kulturlandschaftsentwicklung. Sie sind bis zu einem gewissen Informationsumfang noch analog handhabbar. Bei der Verknüpfung der Querschnitte (unechte Längsschnittanalysen) bildet aber die Operationalisierung mit Hilfe eines GIS quasi eine Voraussetzung, denn nur auf diese Weise ist die Informationsfülle von Flächeneinheiten, Attributdaten und Zeitebenen (Layern) in den Griff zu bekommen. Das Geoinformationssystem dient hierbei insbesondere zur Auswertung der Veränderungen und zur Bilanzierung der Flächen. Mit Hilfe des GIS werden bei Verschneidungen schließlich neue Daten gewonnen, und man kann mit Hilfe des Konzepts der „Veränderungstypen" (der Typ ergibt sich aus der inhaltlichen Verbindung ‚Nutzung alt' – ‚Nutzung neu') richtige Veränderungsbilanzen rechnen.

Für eine Angewandte Historische als „an der aktuellen Situation interessierte" Geographie (JÄGER 1987, S. 5) könnte es zunächst ausreichen, entsprechend der „Konzeption der tradierten Substanz" nur die historische Entwicklung der heute noch vorhandenen Landschaftselemente zu verfolgen (WIRTH 1979, S. 88 f., JÄGER 1987, S. 9). Nicht zuletzt im Sinne einer später durchzuführenden Bewertung erweist es sich jedoch als sinnvoll, historische Landschaftszustände möglichst exakt zu rekonstruieren (BENDER 1994a). Doch bedarf eine Bewertung von Landschaftsveränderungen bzw. von temporären Landschaftszuständen im Vergleich zu anderen inhaltlich (prinzipiell) gleichartiger Kenntnisse über die Strukturen aller betroffenen Zeitschnitte. Dies gilt auch für die Qualität der rezenten „Historischen Kulturlandschaft", für die ein historischer Vergleichsmaßstab gefunden werden muss.

Schließlich entspricht die retrospektive Querschnittsanalyse der Historischen Geographie in methodischer Hinsicht prinzipiell einem (zukünftigen) Landschaftsmonitoring, nämlich als eine „sich in gewissen Abständen wiederholende Untersuchung eines Landschaftsraumes (...), die dazu dient, Änderungen und Entwicklungen seiner Struktur, Funktion und menschlicher Nutzung zu erfassen und zu analysieren" (BLASCHKE 2002, S. 116). Zu einer diachronischen Landschaftsanalyse kann schließlich beides gehören (vgl. JOB et al. 2002, NEUBERT/WALZ 2002), ebenso wie das Erstellen von Zukunftsexplorationen (Prognosen, Szenarien etc., KRETTINGER et al. 2001, HAWKINS/ SELMAN 2002).

2.3.2 Die Setzung der Zeitschnitte

Der zeitliche Rahmen einer Studie zur Untersuchung der (jüngeren) Kulturlandschaftsentwicklung, die den Übergang von der traditionellen Landwirtschaft mit Subsistenzwirtschaft zur industrialisierten spezialisierten Landwirtschaft in der Dienstleistungsgesellschaft erfasst, sollte zumindest die gesamte Spanne vom beginnenden 19. Jahrhundert bis zum beginnenden 21. Jahrhundert umfassen; dies ausgehend von der Überlegung, dass „die Kulturlandschaften (...) im vorindustriellen Zeitalter sowohl ökologisch wie auch visuell (...) ihren höchsten Entwicklungsstand erreicht hatten" (LEIBUNDGUT 1986, S. 160), demnach über die größte Nutzungs- und Biodiversität verfügten (ROWECK 1995, ANTROP 1997a). Viele Untersuchungen, die sich allerdings auf Fernerkundungsdaten beschränken und somit nicht weiter als bis zur Mitte des 20. Jahrhunderts zurückreichen (z. B. OLSSON et al. 2000), werden diesem Anspruch nicht gerecht.

Bei diachronischen Untersuchungen wird das Zeitkontinuum in der Regel unter Berücksichtigung von Datenverfügbarkeit, Arbeitsaufwand bei der Datenerfassung und Rechenkapazität in einzelne Zeitschnitte zerlegt (OTT/SWIACZNY 2000, S. 26), deren Anzahl entsprechend dem Untersuchungsziel und der regionalen Landschaftsentwicklung („Brüche", NITZ 1995) differenziert zu beurteilen ist.

Wie können nun die letzten 200 Jahre der mitteleuropäischen Agrarlandschaftsentwicklung unter sozioökonomischen Gesichtspunkten in verschiedene Zeitabschnitte zerlegt werden? BORN (1974) unterscheidet zwei Hauptphasen, die „Agrarlandschaft im beginnenden Industriezeitalter" und die „Agrarlandschaft im Zeitalter der Industriegesellschaft" mit einer Zäsur nach dem Zweiten Weltkrieg (ähnlich WIESE/ZILS 1987). Die Bauernbefreiungen, die in Bayern 1848 stattfanden, verursachten einen ersten Bruch in der Entwicklung, mit welchem die gesellschaftlichen Strukturen der traditionellen Agrarlandschaft schließlich aufgelöst wurden. Mit Ablösung von der Grundherrschaft stand den Besitzern der Anwesen, die das Land bewirtschafteten, nun auch die rechtliche Verfügungsgewalt über ihren Boden zu. In der Folge entwickelte sich eine verstärkte Bodenmobilität. Weiterhin sorgten in der zweiten Hälfte des 19. Jahrhunderts Änderungen der wirtschaftlichen Rahmenbedingungen (u. a. größere Freiheiten im Binnen- und Außenhandel), eine zunehmende Marktausrichtung, Anbauintensivierungen – und gleichzeitig -extensivierungen in peripheren Regionen mit Grenzertragsböden – und die allmähliche Technisierung der Produktion für wesentliche Strukturveränderungen im primären Sektor (BORN 1973, S. 126 f.). Die expansive Entwicklung der gesamten Volkswirtschaft wurde allerdings mit und nach dem Ersten Weltkrieg stark gebremst, so dass insgesamt „hinsichtlich der Gestaltung der bäuerlichen Kulturlandschaften von einer Konsolidierung gesprochen werden" kann (WIESE/ZILS 1987, S. 134). Die Diffusion des Mineraldüngereinsatzes über den gesamten Agrarraum ermöglichte weitergehende Ertragssteigerungen; insbesondere konnte ab 1910 synthetischer Stickstoffdünger eingesetzt werden. Unter dem Gesichtspunkt der Zäsur von 1914/18 scheint die Ausgliederung der Zwischenkriegszeit als eine eigene Epoche, wie es auch in der Stadtgeographie üblich ist, berechtigt (vgl. ANTROP 2005). Ob der Beginn der letzten Hauptphase schließlich mit dem Ende des Zweiten Weltkriegs anzusetzen ist, erscheint jedoch fraglich. Die Phase der „Konsolidierung" durch Ertragssteigerung musste zunächst fortgesetzt werden. Gleichzeitig waren Kriegsflüchtlinge und Vertriebene noch für etwa eineinhalb Dekaden vorwiegend im Ländlichen Raum unterzubringen. Erst seit den 1960er Jahren kam es im Zuge der gesamtwirtschaftlichen Entwicklung und der gemeinsamen Landwirtschaftspolitik der EWG/EU zu Überproduktionen und zu einem agrarpolitischen Paradigmenwechsel: Anstelle der Produktionsausweitung trat die Sicherung der bäuerlichen Einkommen durch Steigerung der Produktivität (HENKEL 1993).

Wenn man somit von den sozioökonomischen Rahmenbedingungen auf die Kulturlandschaftsentwicklung schließt, sind folgende, wesentliche Zeitschnitte für die diachronische Untersuchung zu setzen: jeweils ein Zeitschnitt um 1850, um 1914, um 1960 sowie der aktuelle Zeitschnitt.

2.4 Quellen, insbesondere das bayerische Katasterwerk

2.4.1 Übersicht der Quellen für ein diachronisches Geoinformationssystem

Zur Exploration der Zeitschnitte in einer Kulturlandschaftswandelanalyse sind verschiedene Quellen für die historischen Landschaftszustände nach ihrer Verfügbarkeit und Aussagekraft zu diskutieren. Generell können topographische und historische Karten, Luft- und Satellitenbilder, die Katasterwerke mit Flurkarten und -büchern, ggf. Primärkartierungen von Relikten sowie verschiedene Statistiken und Archivalien zum Einsatz kommen (BENDER 1994a). Dementsprechend herrscht in der Kulturlandschaftsforschung ganz generell noch keine Klarheit über die regionale Verfügbarkeit und den speziellen Aussagewert der einzelnen historischen Quellen. Landschaftswandelstudien in kleinem Maßstab werden oft mit Satellitendaten und Karten (z. B. PETERSON/AUNAP 1998), in großem Maßstab mit Luftbildern und topographischen Karten durchgeführt (z. B. BENDER 1994b, ZURFLÜH/HUGGEL 2001).

Will man verschiedene zeitliche Entwicklungszustände einer Landschaft miteinander vergleichen, sollte die Dokumentation der (historischen) Landschaftszustände allerdings in allen (mindestens zwei) ausgewählten Zeitschnitten über eine weitestgehend gleiche Qualität bezüglich des Maßstabs sowie der geometrischen und inhaltlichen Auflösung verfügen (BENDER 1994a).

Das Einbringen räumlicher Informationen aus verschiedenen Quellen („Multi Input") scheitert oft an der fehlenden Vergleichbarkeit der eingegebenen Daten, wobei auch die Quellenkritik nicht immer mit der nötigen Sorgfalt betrieben wird. Will man mit einer Untersuchung in die Zeit vor etwa 1930 zurück, ist eine Verwendung von Fernerkundungsdaten als Hauptquelle wenig zielführend, zumal flächendeckende Landesbefliegungen seit Ende der 1930er Jahre (als Luftbildkarten im Blattschnitt der TK 25, verwahrt beim BBR in Bonn), in regelmäßiger Nachführung (z. B. Bayerische Landesbefliegung) oft seit den 1960er Jahren und hochauflösende Satellitenbilder (z. B. IKONOS) erst seit den 1990er Jahren vorliegen (vgl. ZURFLÜH et al. 2001).

Tab. 2.4.1-1: Verschiedene Landschaftswandelstudien im Vergleich zur vorliegenden Arbeit

Autoren	Land	Größe UG	Zeitraum	Anzahl Zeitschnitte	Anzahl Kulturarten	Quellen	Maßstäbe der Quellen
PETIT/ LAMBIN 2002a	Belgien	91 km²	1775-2000	7	6	HK, TK, Landsat	1:11.520-1:25.000 +Landsat
BENDER (vorl. Arbeit)	Deutschland	20 km²	1850-2000	4	9 (34)	KK (LB, Gel)	1:5.000
VUORELA et al. 2000	Finnland	9 km²	1690-1998	9	15	HK, KK, TK u. a.	1:4.000-1:42.000
MCCLURE/GRIFFITHS 2002	Großbritannien	k.A.	1812-1990	2	k.A.	HK, LB	1inch:1mile, 1:10.000
COUSINS 2001	Schweden	6 km²	1690-1998	5	7	KK, LB, Gel	1:4.000-1:30.000
Erklärung der Quellen: HK = Historische Karten, KK = Katasterkarten, TK = Topographische Karten, Gel = Geländeerhebung							

Insofern erweisen sich Kataster- und topographische Landeskartenwerke, soweit sie als sog. „serielle Quellen" seit ca. 200 Jahren mehr oder weniger regelmäßig unter gleichen Bedingungen fortgeführt worden sind, als grundsätzlich am besten geeignet. Allerdings sind die Erhebungskriterien der historischen Kartenaufnahme jeweils neu zu verifizieren, und es muss der „kleinste gemeinsame Nenner" hinsichtlich der inhaltlichen Auflösung gesucht werden, zumal ein und derselbe Landschaftselementtyp in unterschiedlichen Quellen jeweils ganz anders definiert sein kann (z. B. eine Magerweide im Bayerischen Grundsteuerkataster als „Hutung" oder „Weidenschaft"). Am ehesten kommt eine ergänzende Hinzuziehung weiterer Quellen in Betracht, um das Qualitätsniveau der „schlechtesten" Zeitschnitte einer Reihe zu heben (z. B. Luftbilder, die den Informationsverlust bei den im 20. Jahrhundert weniger sorgfältig fortgeführten bayerischen Katasterkarten ausgleichen sollen, BENDER 1994b). Gleichfalls ist an eine Ausweitung des Methodenspektrums für eine detailliertere Rekonstruktion historischer Zeitschnitte zu denken, u. a. an zeitliche Analogieschlüsse z. B. aus der Sukzessionsforschung oder aus dem Konzept der tradierten Substanz (JÄGER 1987).

2.4.2 Vergleich der seriellen Kartenwerke in Bayern – Kataster und TK

Kataster und TK als hauptsächliche „serielle" Quellen (SCHERRER 1951, VEIT 1968, BAYLVA 1996) müssen hier ausführlich erörtert werden (vgl. auch CEDE 1991, BENDER 1994b).

Die benötigten Katasterdaten wurden im 19. Jahrhundert in den deutschen Ländern sowie in Österreich-Ungarn flächendeckend erhoben (vgl. AMANN 1908 und 1920, WAGNER 1950, HEIDER 1954, MESSNER 1967, SEIDL 2001, STEINER/SZEPESI 2002, BORNER 2003). Im Gegensatz dazu gibt es die TK 25 in einigen Ländern wie z. B. Bayern erst seit Mitte des 20. Jahrhunderts, und ihre Vorläufer, die zumeist unveröffentlichten Positionsblätter, sind nur bedingt zu gebrauchen (vgl. VEIT 1968, BENDER 1994b). Allerdings ist die zeitliche Auflösung der Katasterkarten über die Spanne der vergangenen 200 Jahre regional und auch lokal uneinheitlich. Doch lassen sich die Landschaftsveränderungen nach den bisherigen Erfahrungen anhand von vier Zeitschnitten in Abständen von ca. 50 Jahren hinreichend genau verfolgen (vgl. BENDER 1994b), die sowohl durch Geometrie- (Flurkarte) als auch Attributdaten (Flurbücher: Grundsteuerkataster, Renoviertes Grundsteuerkataster, Flurbuch zum Liegenschaftskataster, ALB, weiterhin Flurkarte und Luftbild) vollständig belegt werden können. Zukünftig ist allerdings eine digitale Fortführung bei beiden Kartenwerken gewährleistet. Damit können für zukünftige Untersuchungen im 21. Jahrhundert auch die Untersuchungszeitpunkte völlig frei gewählt werden.

Tab. 2.4.2-1: TK 25 und Katasterwerk als Grundlage für Landschaftswandelanalysen in Bayern

Bayern	TK 25 / ATKIS	Katasterkarte
Projektion	(Soldner Polyeder) GK	Soldner Polyeder
Maßstab	1 : 25.000	1 : 5.000
mittl. Koordinatenfehler	+/– 3-15 m	+/– 0,5-1,5 m
Beobachtungsbeginn	(1801-1841) 1920-1960	1808-1853
Beobachtungsintervall	~ 5 Jahre, früher wesentlich länger	~ 10-40 Jahre
Anzahl Kulturarten	~ 5 +	~ 10 +
Erfassungskriterium	Fläche > 1 ha (*ATKIS)	„wahrer Zustand der Kultur"
zusätzliche Sachinformation	DGM	DGM, Bonität, ALB/Flurbuch, AfL
digitale Fortführung	ATKIS-DLM	DFK

Die Lagegenauigkeit der Daten korreliert mit dem Maßstab der verwendeten Quelle: Sie beträgt bei den Flurkarten +/– 0,5-1,5 m (nach HEIDER 1954 sogar nur 0,4-1 m, vgl. Abb. 2.4.2-1), bei der TK 25 +/– 3-15 m (ADV-ARBEITSGRUPPE ATKIS 2002). Auch fällt die inhaltliche Auflösung, d. h. die eindeutige Differenzierung von Bodenbedeckungs- bzw. Kulturarten deutlich zugunsten des Katasters aus. Ihrem Inhalt nach ist die TK erfahrungsgemäß (z. B. BENDER 1994b) nur dazu geeignet, einen regionalen Überblick hinsichtlich der Siedlungsausdehnung und Entwicklung des Verkehrsnetzes sowie hinsichtlich des Wandels im Wald-Offenland-Verhältnis zu geben; bereits die Unterscheidung von Acker und Grünland ist oft problematisch. Denn während bei der TK 25 das Erfassungskriterium für Vegetationsflächen 1 ha beträgt (kleinere Flächen werden nach Ähnlichkeit einer angrenzenden Fläche zugeschlagen), soll die Katasterkarte den „wahren Zustand der Kultur" wiedergeben (BAYERISCHE STEUERVERMESSUNGSKOMMISSION 1808). So vermag man in bayerischen Mittelgebirgslandschaften, vergleichend über alle Kartenausgaben des 19. und 20. Jahrhunderts, mit der TK lediglich Acker, Gründland, Wald, Siedlungen und Verkehrswege zu differenzieren (Abbildung 2.4.2-2). Demgegenüber liegt die inhaltliche Auflösung in einem katasterbasierten GIS bei – entsprechend dem jeweiligen Landschaftsinventar – etwa zehn Kulturarten (das sind für das Untersuchungsgebiet: Siedlung, Garten, Acker, Wiese, Wald, Hutung, Ödland, Verkehr, Gewässer).

Weiterhin spricht für die Verwendung der Katasterkarte als Quelle, dass das Kartenbild der Flurkarten über noch mehr inhaltliche Details als das rechtlich verbindliche Flurbuch verfügt. Durch zusätzliche Auswertung dieser Flurkarten (und von Luft- sowie ggf. hochauflösenden Satellitenbildern, vgl. ZURFLÜH et al. 2001, BLASCHKE 2001) ist also eine weitere Verfeinerung der inhaltlichen Auflösung, z. B. die Unterscheidung von Waldflächen in Laubwald, Nadelwald und Mischwald, möglich, und es können weitere naturschutzrelevante Flächen angesprochen werden, z. B. Streuobstbestände oder Kleinstrukturen wie Feldraine und Hecken.

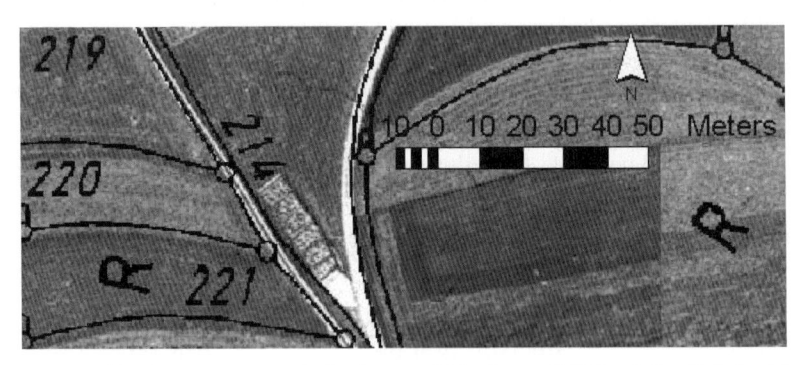

Abb. 2.4.2-1: Überlagerung von Orthofoto und Flurkarte (Maßstab im Original je 1:5.000) mit Lageabweichungen

Die besonderen Vorteile eines neuen Untersuchungsansatzes mit Hilfe eines katasterbasierten GIS liegen in der höheren inhaltlichen Auflösung (Anzahl der Bodenbedeckungsarten) und größeren geometrischen Genauigkeit sowie in der parzellenscharfen Analyse der historischen Landschaftsstruktur und -entwicklung. Dies alles dient der Erfassung naturschutzrelevanter Flächeneinheiten und ist für die Integration in Fachplanungen der untersten Ebene wichtig (vgl. BENDER 1994a, BLASCHKE 2001). Außerdem können als zusätzliche Sachinformation nicht allein naturräumliche (DGM, Bodenwerte), sondern auch wirtschaftliche, soziale und kulturelle Faktoren an die Katasterparzellen angebunden und damit in die Erklärung des Landschaftswandels einbezogen und überprüft werden. Dadurch ist auch ein Ansatz für die Entwicklung von Szenarien für den zukünftigen Landschaftswandel gegeben (vgl. JOB 1999).

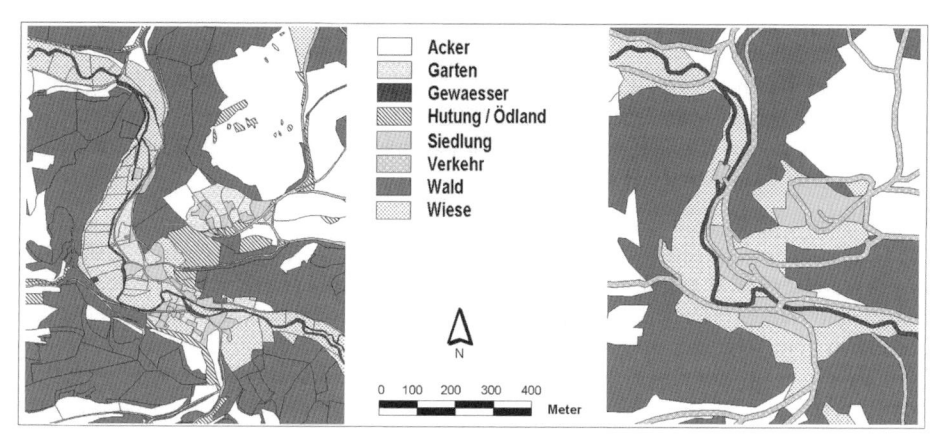

Abb. 2.4.2-2: Vergleich zweier Zeitschnittkarten (2000) nach Kataster- bzw. TK-Auswertung (Ausschnitt Draisendorf, Nördliche Fränkische Alb)

Dennoch bauten die meisten Untersuchungen bislang auf Topographischen Kartenwerken in der mittleren Maßstabsebene auf (z. B. PRIVAT 1996, BUND 1998, BASTIAN/RÖDER 1999, NEUBERT/WALZ 2000, ROSNER 2000, SCHUMACHER 2005). Üblicherweise waren die Greifbarkeit und der erwartete Aufwand für die Informationserfassung (abhängig von Größe des Untersuchungsgebiets und Darstellungsmaßstab) für die Wahl der Quelle ausschlaggebend.

Das abschließende Argument für den Kataster als Quelle ist methodischer Art: Die Katasterkarte des 19. Jahrhunderts entspricht ihrem Inhalt und ihrer Funktion als „Grundkarte" (VEIT 1968) am ehesten dem Luftbild, mit dem die modernen Topographischen Kartenwerke (heute in Österreich und Deutschland: Digitales Landschaftsmodell, ATKIS-DLM) nachgeführt werden. Die Verwendung Topographischer Karten wäre demnach eine Auswertung von Sekundärquellen. Prinzipiell können auf Basis des Katasters auch maßstäbliche Verkleinerungen in generalisierter Form für die mittlere Betrachtungsebene abgeleitet werden („Bottom-up"-Ansatz), wobei über historisch-geographische Generalisierungsregeln (z. B. hierarchische Objektartenkataloge) allerdings noch kaum gearbeitet worden ist.

2.4.3 Der Bayerische Grundsteuerkataster

Der Ansatz zur Erfassung der Kulturlandschaft soll zunächst für Bayern, und darüber hinaus für weitere Teile Mitteleuropas, prinzipiell räumlich unbegrenzt zur Anwendung gelangen (können). Dabei ist eine historisch-geographische Auswertung der Katasterkarten u. a. für Österreich (CEDE 1991) und Bayern (BENDER 1994b) in analoger Form hinreichend erprobt.

Geschichte des Bayerischen Katasters

Der Kataster[14] (nach Der Grosse Brockhaus, Wiesbaden, 18. Aufl., 1979): „[mlat. capitastrum, >Kopfsteuerverzeichnis<], früher Bez. für die Liste der Steuerpflichtigen (...) Heute Bez. für das von den K.-Ämtern (Vermessungsämtern) geführte amtl. Verzeichnis aller Grundstücke (Flurbuch) ..."

Die Anfänge eines landeseinheitlichen Katasterwerks datieren in Bayern in das frühe 19. Jahrhundert. Als Vorläufer dazu gab es Steuer-, Zins-, Lager-, Grund-, Salbücher u.ä., „Kataster", z. B. im Hochstift Bamberg, in Württemberg und in Österreich bereits im 18. Jahrhundert (HEIDER 1954, S. 6 f.). Um die Steuererhebung zu vereinheitlichen und auch eine gerechte, d. h. für alle Einwohner gleiche, Grundlage zu stellen, sollten damals die Eigentumsverhältnisse (Privat- und Gemeinschaftseigentum sowie Nutzungsrechte), die Bodennutzungsverhältnisse und die Grundherrschaften erfasst werden (HEIDER 1954, S. 6). Auf dieser Grundlage des sog. Bayerischen Grundsteuerkatasters (GK) wurden mit „allerhöchster Verordnung, das allg. Steuerprovisorium (...) betreffend" von 1808 folgende Steuern erhoben (HEIDER 1954, S. 12):

- Grund- oder Rustikalsteuer von allen unbebauten Grundstücken (außer Straßen),

- Haussteuer von allen Wohngebäuden,

- Dominikalsteuer von allen grundherrschaftlichen Bezügen (bis zur Grundentlastungsgesetzgebung von 1848 ff.),

- Gewerbesteuer von allen Gewerben.

Dabei war der Grundsteuerkataster von vorneherein als „Mehrzweckkataster" angelegt und beinhaltete das Grundbuch, eine steuerliche Bewertung sowie die Landesaufnahme etc. (BAYLVA 1996, S. 8, 10 f.). Später wurde das Grundbuch nach dem BGB und der Grundbuchordnung 1898-1910 „auf das Kataster zurückgeführt" (HEIDER 1954, S. 8 f.). Als erste Ausführungen des GK lagen die zum sog. „Steuerprovisorium" gehörigen Fassionen und kurz darauf der Häuser- und Rustikal-Steuer-Kataster 1808f. (HR-Kat.) vor (HEIDER 1954, S. 14). In ihnen werden üblicherweise die einzelnen Anwesen mit ihren Eigentümern sowie Rechts- und Erwerbstitel, Flurnamen und Abgaben genannt, jedoch noch ohne dass eine Vermessung der Gründe stattgefunden hatte.

1828 leitete das Gesetz „Die Allgemeine Grundsteuer betreffend" zusammen mit der „Instruktion zum Vollzug des Grundsteuergesetzes" die Herstellung des auf den Ergebnissen der Vermessung beruhenden „Steuerdefinitivums" der Grundsteuerkataster bzw. der sog. Liquidationsprotokolle, später Urkataster (Urkat.) genannt, ein. Sie wurden zwischen 1830 und 1868 (in Oberfranken bis 1852) fertiggestellt, und enthalten detaillierte Angaben über

- jedes Anwesen mit Eigentümer, Gebäude, jedes einzelne Grundstück (nach Kulturarten geordnet) mit Plannummer, Flächeninhalt, Bonitätsklasse, Verhältniszahl des steuerbaren Ertrags und Rustikalsteuer,

---

[14] in der bayerischen Amtssprache eigentlich als Neutrum: „das Kataster"

- die Zehentverhältnisse,
- die Dominikalverhältnisse,
- die Herkunftstitel der Besitzungen (HEIDER 1954, S. 37).

Nach dem Gesetz von 1852 sind Veränderungen gegenüber dem Zustand im „Urkataster" in sog. Umschreibbüchern bzw. -heften festzuhalten (HEIDER 1954, S. 30 f.). Der „Renovierte Kataster" 1852 ff. (Renov. Kat.) sollte infolge der nach der Bauernbefreiung von 1848 wesentlich häufiger auftretenden Umschreibfälle eine neue Zusammenstellung aus dem Ur- und Umschreibkataster bilden. Seine Laufendhaltung erfolgte in sog. „Umschreibheften" (HEIDER 1954, S. 38 f.). Der Renovierte Kataster ist gegenüber dem Urkataster geringfügig vereinfacht. Insbesondere werden die Flurstücke nur noch numerisch und nicht mehr nach Kulturarten geordnet aufgeführt, was die Auswertung für Forschungszwecke erschwert. Mit Hilfe der jeweiligen Umschreib-Kataster bzw. -hefte sind – wiederum nach Anwesen geordnet – Veränderungen in den Personen der Eigentümer, wie auch im Besitzstand in lückenloser diachronischer Betrachtungsweise nachzuvollziehen.

Die Umschreibungen enden mit der Überführung in den „Liegenschaftskataster" (LK), die 1934 aus Anlass des Reichsgesetzes zur Bodenschätzung begann. Ziel war die Neubewertung der landwirtschaftlichen Flächen und der Aufbau eines „Reichskatasters". 1937-1945 wurden in Bayern etwa 1 % der Katasterfläche dahingehend umgewandelt. Nach dem Zweiten Weltkrieg kam das Katasterwesen wieder in Länderzuständigkeit, und 1950-1976 wurde der „Bayerische Liegenschaftskataster" vollendet. Als Rechtsgrundlagen dienen die Bayrische Katasterordnung (BayKatO) in der Fassung von 1967 sowie die Katastereinrichtungsanweisung (KatEA) nach dem Stand von 1992. Bestandteile des LK sind das gebundene Flurbuch, welches die Flurstücke auflistet, das Liegenschaftsbuch der Besitzstände und das Namensverzeichnis (beide in Form von Karteikarten) (BAYLVA 1996).

Das Grundstücks- und Bodeninformationssystem GRUBIS, bestehend aus dem Automatisierten Liegenschaftsbuch (ALB) und der Digitalen Flurkarte (DFK) bildet heute die „moderne Form des Liegenschaftskatasters" (BAYLVA 1996, S. 32). Das ALB ist 1989-1994 aus dem Liegenschaftskataster erarbeitet worden (BAYLVA 1996). Die Entstehungsgeschichte der digitalen Kataster nach den Spezifikationen der Arbeitsgemeinschaft der Vermessungsverwaltungen der Länder der BRD (AdV) erläutert ZIEGLER (1987).

Inhalt des Katasters

Der Kataster untergliedert die Kulturlandschaft nach Gemarkungen und Flurstücken. Die Flurstücke entsprechen mehr oder weniger den Grundstücken aus dem Grundbuch; doch kann ein Grundstück aus mehreren Flurstücken bestehen (BAYLVA 1996, S. 33). Das „Flurstück" wurde früher in Bayern „Plannummer" bzw. in Preußen „Parzelle" genannt[15] (BAYLVA 1996, S. 50 f.). Mit dem Grundsteuergesetz von 1828 sind die endgültigen, heute in der Regel noch gültigen Plannummern entstanden. Als Besonderheiten wurden ursprünglich sog. „Sternplannummern" (z. B. 7*) bei Gemeinschaftseigentum bzw. „Buchstabenplannumern" (z. B. 7a, 7b) bei Flurstücksabschnitten unterschiedlicher Nutzung („Kulturart") für den gleichen Eigentümer vergeben. Bruchplannummern zeigten nach Teilungen die frühere Zugehörigkeit zur Grundplannummer an. Seit 1938 dürfen Stern- und Buchstabenplannummern nicht mehr gebildet werden, bei Katasterneuvermessungen sind sie zu beseitigen (HEIDER 1954, S. 25 f.).

Flurstücksabschnitte wurden dann im LK nach der Kulturart und der Bodengüte (Letzteres nur bei landwirtschaftlichen Flächen) unterschieden (BAYLVA 1996, S. 33). Bei der Fortführung des LK sind besondere Regeln bezüglich der Nummernvergabe, für eine Bestandsänderung („Zerlegung", „Verschmelzung" – „Teilung", „Vereinigung") und für die Bodenordnung („Umlegung", „Grenzregelung" nach BauGB) zu beachten (BAYLVA 1996, S. 79 ff.).

Die sog. „Flächenermittlung", d. h. die Bestimmung des für die Steuer maßgeblichen Flächeninhalts eines Flurstücks erfolgte im GK graphisch, nachdem man die Flächen auf der Karte in Dreiecke bekannter Größe aufgelöst hatte (AMANN 1920, S. 24); weitere Fehlerquellen bezüglich der Flächenangaben im Kataster bildeten die Folgerung der Restflächen bei einer Teilung sowie Rundungsfehler bei Umwandlung von Tagwerk (= 3407 m^2) in Hektar (je nur drei Dezimalen) und später Quadratmeter (BAYLVA 1996, S. 9, 67 f.).

Die bis 1862 erfolgte Bonitierung und Klassifikation der Grundstücke für das GK (VEIT 1968, S. 300) „bestand in Auswahl bestimmter Mustergründe, der Erhebung ihres mitteljährigen Ertrags und der Klassenberechnung (sog. Bonitierung), sodann in der Einreihung der übrigen Grundstücke in die Klasse der entsprechenden Mustergründe durch Vergleich (sog. Klassifikation). Aufgabe war es also, jedes Grundstück einer bestimmten Bonitätsklasse zuzuordnen, deren mitteljähriger Ertrag zuvor exemplarisch ermittelt worden war.

Diese erste Bonitierung wurde später von der „Reichsbodenschätzung" abgelöst, die auf Grundlage des Gesetzes über die Schätzung des Kulturbodens (BodSchätzG) von 1934, der zugehörigen Durchführungsbestimmungen (BodSchätzDB) und anhand der Erläuterungen incl. eines neuen Schätzungsrahmens und einer Erklärung der Bodenzahlen durchzuführen war. Sie erfolgte im Gegensatz zur alten Parzellenbonitierung als Flächenschätzung (RÖSCH 1951, S. 165) mit

- einer Kennzeichnung des Bodens nach seiner Beschaffenheit (Bodenart, erläutert bei RÖSCH 1951, S. 166) und

---

[15] Diese terminologische Unterscheidung wurde in der Wissenschaft nicht übernommen: Dort spricht man meist von „Parzellen". Im Folgenden werden die Begriffe „Parzelle" und „Flurstück" synonym gebraucht, allerdings noch weiter ausdifferenziert. In diesem Sinne ist die „Nutzungsparzelle" die kleinste Einheit mit gleicher Kulturart sowie gleichem Eigentümer oder Nutzer. „Flurstückseinheiten" können im Rahmen dieser Arbeit auch informationstechnologisch bedingte Teile oder Zusammensetzungen von Nutzungsparzellen sein.

- einer Feststellung der natürlichen Ertragsfähigkeit entsprechend der Bodenbeschaffenheit, der Geländegestaltung und des Klimas. Dabei hat man für die erste Zahl „normale" Verhältnisse angenommen und bei der zweiten Zahl durch Zu- und Abrechnungen die Ertragsunterschiede nach den örtlichen Verhältnissen berücksichtigt. Bei Ackerland wurde demnach eine Bodenzahl bzw. Ackerzahl (AZ), bei Grünland eine Grünlandgrundzahl bzw. Grünlandzahl (GZ) und bei Streuwiesen, Hutungen und Hackrainen nur eine Wertzahl [0/x] bestimmt (RÖSCH 1951, S. 167, BAYLVA 1996, S. 69). Die für die Grundsteuer maßgebliche Ertragsmesszahl errechnete sich dann wie folgt:

EMZ = AZ (oder GZ) • m^2/100 (BAYLVA 1996, S. 69).

Kritisch anzumerken ist, dass den Ertragsmesszahlen die Verhältnisse von vor etwa 50 Jahren zugrunde liegen. Eine spätere Überprüfung hat ergeben, dass v. a. schwere Böden und Grünlandböden heute geringer zu bewerten sind. Die entsprechende Nachführung der kompletten Bodenschätzung im LK würde jedoch einen erheblichen Aufwand bedeuten, und die Neubewertung wäre auch bei Feststellung der Einheitswerte zu berücksichtigen (BAYLVA 1996, S. 70). Zumal der moderne Landwirtschaftsbetrieb heute über eine „ordentliche Buchführung" verfügt, wird überlegt, ob die Grundbesteuerung nicht zukünftig zugunsten einer Einkommensbesteuerung aufgegeben wird. Dann würde die Bodenschätzung lediglich noch einer „planvollen Gestaltung der Bodennutzung" (§ 1 BodSchätzG) dienen. De facto wird bereits im Rahmen der Flurbereinigung eine komplett neue Wertermittlung anhand von Bodenproben durchgeführt (ZELLNER 1998).

Flurkarte (früher „Katasterplan")

Nachdem alle staatlichen Versuche, „ohne eine streng geometrische Aufnahme des Grundbesitzes möglichst rasch und ohne größeren Kostenaufwand" zu einer gerechten und landeseinheitlichen Festsetzung der Bodenertragssteuer zu kommen, fehlgeschlagen waren (VEIT 1968, S. 298), wurde im Jahre 1808 zur Einleitung und Durchführung der Katastervermessung eine selbständige, zivile Steuervermessungskommission eingerichtet (PIETRUSKY 1988, S. 21). Diese führte ab 1828 als Steuerkatasterkommission, ab 1872 als Katasterbureau und von 1915 an als Landesvermessungsamt mit erweitertem Bereich die Arbeiten fort. Den Ausführungsplan legte die Kommission in der „Instruktion für die bey der Steuervermessung im Königreich Bayern arbeitenden Geometer und Geodäten" mit einer Vorschrift zur Zeichnungsart für die Pläne der „Steuer Rectifications Vermessung" (Bayerische Steuervermessungskommission 1808) bzw. der „Instruktion für die Allgemeine Landesvermessung zum Vollzuge des Grundsteuergesetzes" (BAYERISCHE STEUERKATASTERKOMMISSION 1830) nieder. Um 1852 war Oberfranken fast vollständig vermessen („Kataster-Uraufnahme"). Indes geht der größte Teil der bayerischen Landestopographie auf die Vermessungen für die Katasterkarte zurück (VEIT 1968, S. 292). Dabei stützte sich die Landestopographie auf das bayerische Soldnersystem (mit einer Polyederprojektion nach der Soldnerschen Bildkugel anstelle des Laplace-Ellipsoids, dem Nullpunkt im Nordturm der Münchner Frauenkirche) und das alte bayerische Dreiecksnetz (SCHERRER 1951, S. 94 f., VEIT 1968, S. 292 f.).

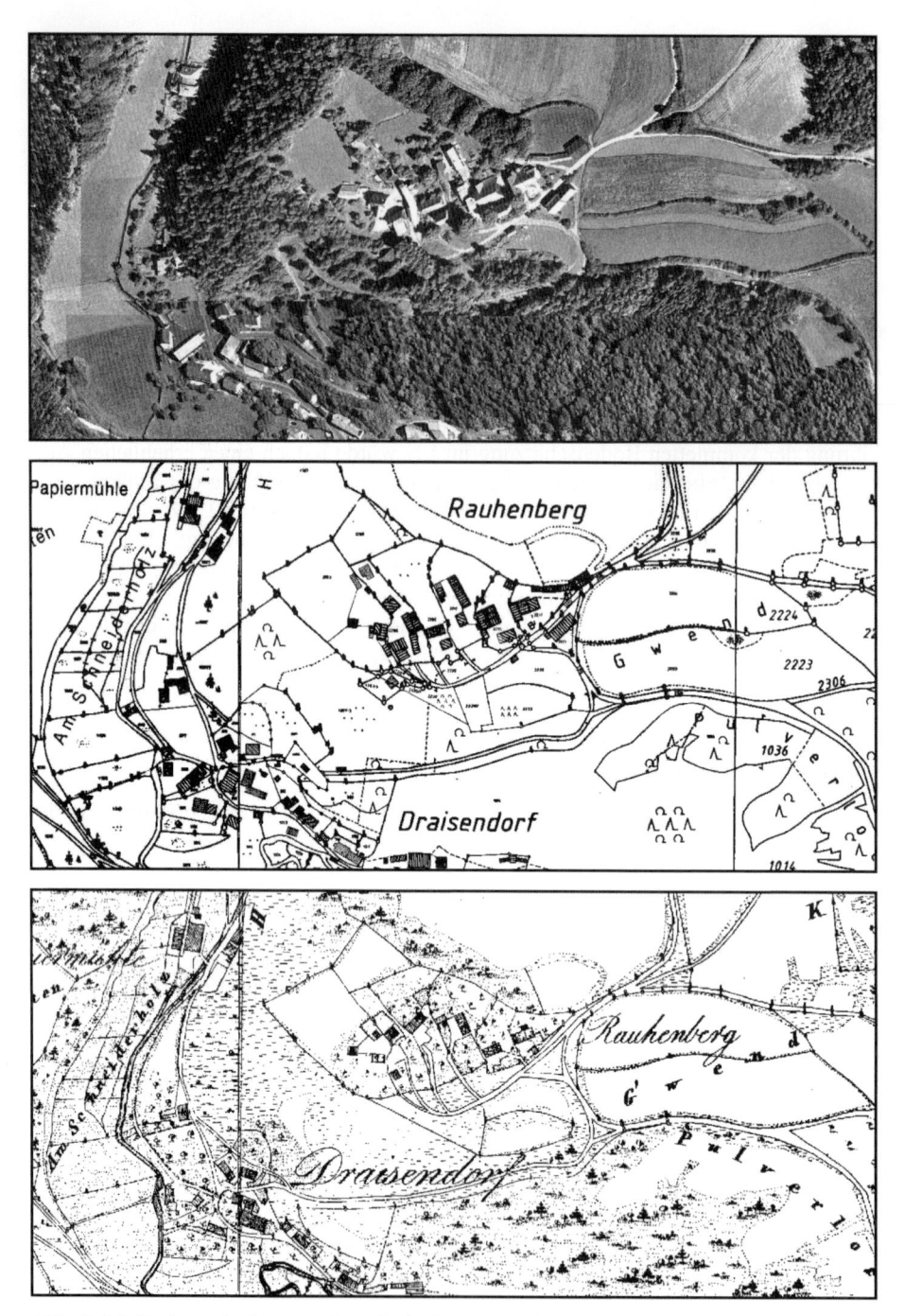

Abb. 2.4.2-3: Ausschnitte aus dem Orthofoto von 1996 (oben) sowie aus den Katasterkarten 2000 (Mitte) und 1900 (unten), jeweils NW 83-10, ohne Maßstab verkleinert

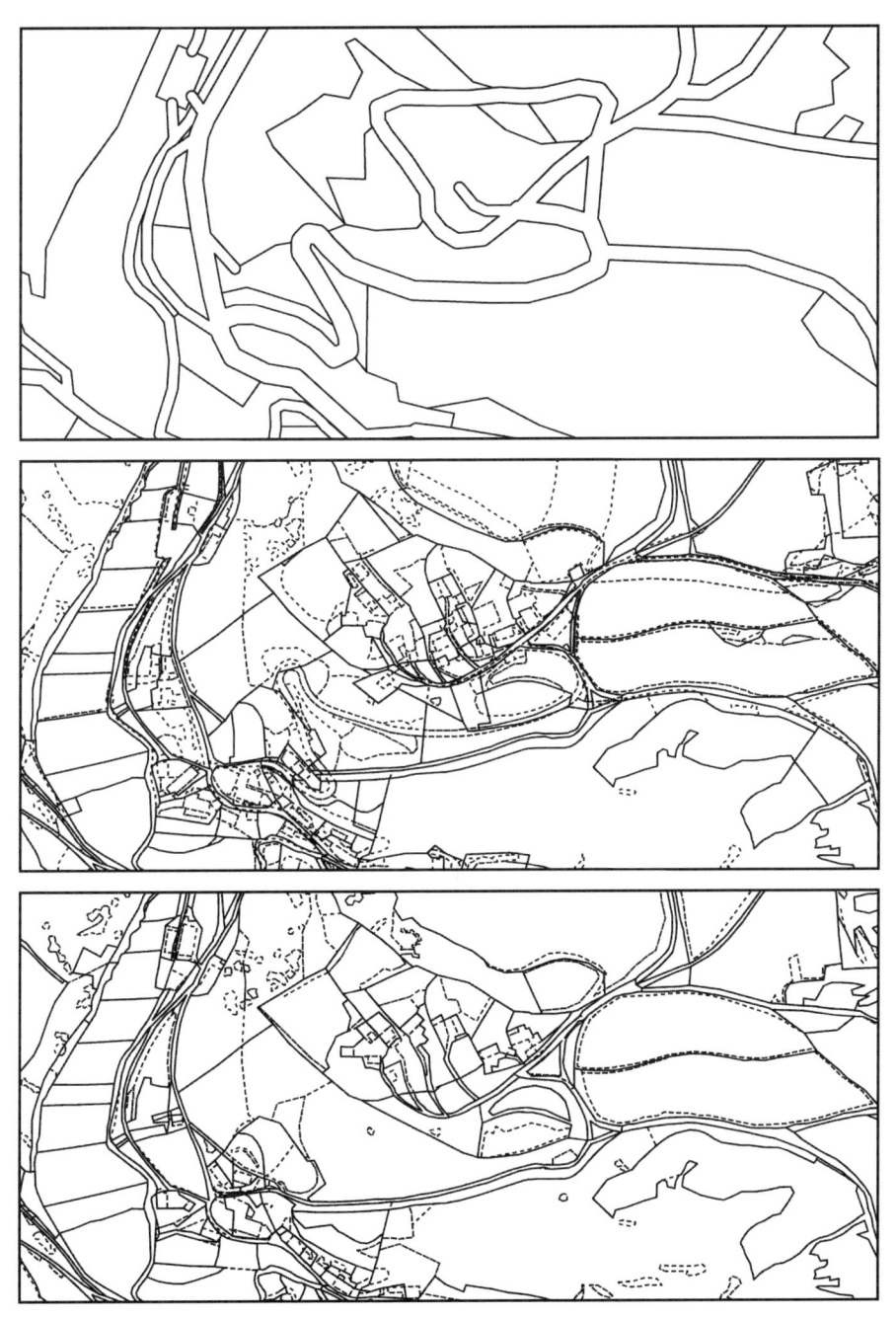

Abb. 2.4.2-4: Ausschnitte aus den GIS-Layern der nach Kulturarten vektorisierten TK 25 (oben) bzw. der vektorisierten Nutzungsparzellen für 2000 (Mitte) und 1900 (unten), jeweils nach Flurbuch-Angaben (durchgezogene Linien) bzw. „verfeinert" nach div. Quellen (gestrichelte Linien)

Nach dem Ersten Weltkrieg erfolgte eine Übertragung in das deutsche Einheitssystem, welches das Besselsche Erdellipsoid durch konforme Abbildung nach Gauß-Krüger mit 3° breiten Meridianstreifen als Abbildungseinheiten verebnet. Die Soldner-Koordinaten der Flurkarten-Blattecken wurden entsprechend in das Gauß-Krüger-System überführt. Bis 1953 war das neue bayerische Hauptdreiecksnetz im Rahmen des nunmehr vorhandenen Reichsdreiecksnetzes überarbeitet. Darauf beruht auch die systematische Erneuerung des gesamten Landesdreiecksnetzes (VEIT 1968, S. 294): Das Katasterfestpunktfeld (BAYLVA 1996, S. 10, 32) geht auf das Hauptdreiecksnetz, ein Sekundärnetz und ein auf graphischem Weg erstelltes Flurnetz zurück (VEIT 1968, S. 298).

Die Landesaufnahme wurde zunächst im Messtischverfahren durchgeführt. Seit den 1880er Jahren kam bei Katasterneuvermessungen im städtischen Bereich das Theodolitsystem im polygonal-orthogonalen bzw. polygonal-planeren Verfahren zur Anwendung. Die für die Siedlungslagen angefertigten Flurkarten im Maßstab 1:1.000 stützen sich seitdem „auf zahlen- und koordinatenmäßige Unterlagen" (VEIT 1968, S. 300). Seit 1995 wird zusätzlich GPS eingesetzt (BAYLVA 1996, S. 10, 32). Die Unsicherheit (Standardabweichung) eines Grenzpunktes bei den 1808-1864 mit dem Messtisch aufgenommenen Flurkarten im Maßstab 1:5.000 liegt etwa bei 0,4 bis 1,0 m (HEIDER 1954, S. 52).

Das aktuelle flächendeckende Flurkartenwerk 1:5.000 (1:2.500 in kleinteilig parzellierten Teilgebieten bzw. Ortsblättern als „Beilagen") geht auf die Uraufnahmen nach der Parzellarvermessung 1809-1853 bzw. der oberbayerischen Renovationsmessung von 1854-1860 zurück (VEIT 1968, S. 300). Dabei war die Flurkarte „von Anfang an als ein das ganze Land lückenlos erfassendes Rahmenkartenwerk" konzipiert worden (SCHERRER 1951, S. 95, VEIT 1968, S. 299 f.). Die ursprüngliche Blatteinteilung wurde bis heute beibehalten.

Als Zeichenträger diente zunächst der Lithographiestein, ab 1927 ein photomechanisches Verfahren (SCHERRER 1951, S. 98 f.), später Zeichenkarton mit Alu-Einlage bzw. transparente Originale (BAYLVA 1996). Der jeweils aktuelle Stand der Karten wurde bei den (heute) 79 Vermessungsämtern nachgeführt. Diese „senden ihre Pläne, wenn sie zu viele Abänderungen aufweisen, an das Landesvermessungsamt ein, das dann auf dem Lithographiestein die Ergebnisse der Neuvermessungen nachträgt" (HEIDER 1954, S. 24).

Die Überführung in die DFK wurde lediglich im städtischen Raum anhand einer Neuvermessung vorgenommen; im ländlichen Raum beschränkte man sich auf eine Digitalisierung der analogen Kartenblätter. Das Digitale Katasterwerk war 2003 landesweit fertig gestellt. Seitdem können die amtlichen Geodaten aus Flur- und Landkarten via Internet tagesaktuell angefordert werden.

„Nach ihrer ursprünglichen Zweckbestimmung ist die Flurkarte eine Katasterkarte. Sie gibt daher in erster Linie den Umgriff der einzelnen Besteuerungsgegenstände, die Grenzen der Flurstücke, wieder. Mit der Darstellung dieser Grenzen erfaßt sie zugleich auch die Abgrenzung der Verkehrswege und Gewässer. Die Karte weist jedoch neben den Orts-, Flur- und Gewannamen und dem Gebäudebestand noch viele sonstige, zum Teil topographische Einzelheiten aus, z. B. (...) Gärten, Hecken und Zäune, Fußwege,

Quellen, Kies-, Lehm- und Sandgruben. Die zur Darstellung solcher Einzelheiten verwendeten Zeichen und Symbole, die Signaturen der Kulturarten, sind treffend der Natur abgeschaut und mit künstlerischem Empfinden stilisiert" (VEIT 1968, S. 300). In der Flurkartenausgabe als sog. Liquidationsplan für die Steuergemeinde (...) werden seit etwa 1840 neben Ergebnissen der Bodenschätzung erstmals auch die Flurstücke mit Plannummern genannt. Das gesamte Kartenwerk demonstriert eine erstaunliche Genauigkeit und Sorgfalt (VEIT 1968, S. 300) und stellt deshalb für das 19. Jahrhundert eine hervorragende Quelle zur Erfassung der rechtlichen wie auch der materiellen Landschaftsstruktur dar. Bei der Feststellung der Kulturarten ist die Karte zum Teil noch wesentlich differenzierter als das Flurbuch zum Katasters: So lassen sich z. B. Laub-, Nadel- und Mischwald, Hecken, Grasraine und Ödlandflecken innerhalb der Nutzflächen unterscheiden. Weiterhin lassen sich Sukzessionsstadien auf den Magerrasen nach der Darstellung des Gebüsch- und Baumbestandes differenzieren (BAYERISCHE STEUERVERMESSUNGSKOMMISSION 1808, BAYERISCHE STEUERKATASTERKOMMISSION 1830). Ein kleiner Nachteil besteht allerdings darin, dass sich manche Zeichner bei Flächensignaturen nicht exakt an die Instruktionen gehalten haben und hieraus interpretatorische Schwierigkeiten erwachsen. Später hat man die Symbole „im Laufe der Zeit wesentlich vereinfacht und vielfach in abstrakte Form umgegossen. Auch ist an die Stelle der Flächensignatur die Inselsignatur getreten" (VEIT 1968, S. 300, vgl. Abbildung 2.4.2-3). Für die analogen Flurkarten galt zuletzt die „Anweisung für das Zeichnen von Vermessungsrissen und Katasterkarten in Bayern" (BAYLVA 1982).

Nach dem deutschen Grundkartenerlass (GrdKartErl) von 1941 musste die Flurkarte auch eine Reliefdarstellung vorhalten. Dieses Erfordernis wird in Bayern durch die Bayerische Höhenflurkarte erfüllt. Dabei handelt es sich um die amtliche Flurkarte 1:5.000, deren Inhalt durch Hinzunahme der Geländedarstellung topographisch erweitert ist. Für die Wiedergabe der Geländeformen wurden bereits seit 1866 ausschließlich Höhenlinien verwendet. Die Geländeaufnahme erfolgte zunächst im klassischen Verfahren der Bussolentachymetrie, spätere Neuaufnahmen auch durch Photogrammetrie in Form der Luftbildmessung (VEIT 1968, S. 302).

Bei der sog. Schätzungskarte handelt es sich in Bayern um die Flurkarte zum Liegenschaftskataster, in der die rechtmäßig festgesetzten Bodenschätzungsergebnisse in einer besonderen Farbe eingetragen sind. Sie wird aus der Grundriss-Mutterpause und der Klassengrenzen-Mutterpause zusammengesetzt (VEIT 1968, S. 300).

Beschaffung der Katasterdaten

Die Urkatasterpläne sind als Rückvergrößerungen von den mikroverfilmten Lithographiesteinen aus der Mitte des 19. Jahrhunderts (HEIDER 1954, S. 23 f.) vollständig beim Bayerischen Landesvermessungsamt bzw. die tagesaktuell fortgeführten Flurkartenblätter (in Normalausgabe sowie mit Geländeaufnahme bzw. Bodenschätzung) als Lichtpause bei den zuständigen Vermessungsämtern zu beziehen. Die Beschaffung von Kopien der in unregelmäßigen Abständen umgravierten Flurkarte macht jedoch – entsprechend dem uneinheitlichen Archivierungsstand – einige Schwierigkeiten (vgl. Quellennachweis in Kapitel 10.3.2), zumal die Bestände im Flurkartenarchiv des Bayerischen Landesvermessungsamtes (abgesehen von den „Uraufnahmen") sehr lückenhaft sind. Über die noch umfangreichste – aber ebenfalls bei weitem nicht vollständige – Sammlung verfügt die Bayerische Staatsbibliothek in München. Weitere Funde können bei den Vermessungsämtern und den Staatsarchiven gemacht werden. Oft sind aber nur erheblich verzerrte Großformatkopien oder Mikroverfilmungen erhältlich. Für eine sekundäre Rastererfassung sind die üblichen Probleme von Altkartenbeständen wie Papierverzug etc. in Rechnung zu stellen.

2.4.4 Weitere Quellen

Topographische Karten

Im Jahre 1801 war auf Veranlassung Napoleons das Topographische Bureau des Generalstabes gegründet worden. Es unterstand bis 1920 dem Bayerischen Kriegsministerium und war nach vorübergehender Reichsverwaltung 1922 dem Finanzamt unterstellt, bis es 1930 dem Bayerischen Landesvermessungsamt angegliedert wurde. Seine Aufgabe bestand in der „Herstellung einer astronomisch und topographisch richtigen Karte" von Bayern (HEIDER 1954, S. 21 ff.). Es wurden u. a. jeweils ein Topographisches Kartenwerk im Maßstab 1:25.000 („Positionsblätter"), 1:50.000 (Topographischer Atlas von Bayern, Top. Atlas) und 1:100.000 (Generalstabskarte) in Angriff genommen. Über Anlage und Herstellung der genannten Kartenwerke berichtet VEIT (1968, S. 298, 304). Bei allen dreien wird das Gelände noch mit Schraffen dargestellt. Die Positionsblätter waren wegen ihrer mehrfarbigen Ausführung zunächst nicht zur Vervielfältigung geeignet. Ihre Originale können heute im Landesvermessungsamt eingesehen werden. Sie sind aber als Quelle wenig geeignet, weil sie ständig umgraviert wurden, ohne dass heute noch bekannt ist, zu welchem Zeitpunkt die letztmalige Revision stattgefunden hat (BENDER 1994b). „Mit der Anwendung der Photolithographie kam 1872 die Veröffentlichung solcher Positionsblätter in Gang, für die neuere topographische Aufnahmen vorlagen" (VEIT 1968, S. 304). Die Nachführung des Kartenwerkes endete generell zu Beginn des 20. Jahrhunderts.

Der Topographische Atlas von Bayern (erstellt 1812 bis 1864, nachgeführt bis etwa 1950) war von Anbeginn einfarbig konzipiert. Die Blätter Nr. 20 (Bamberg) und 28 (Forchheim), welche das Untersuchungsgebiet abdecken, sind 1841 bzw. 1846 erschienen. Die Karten beinhalten Verkehrswege und Gebäude, aber außer den Waldflächen keine weiteren Kulturarten. Auch sind die Waldränder nicht linienscharf erfasst bzw. ist die Darstellung des Gebäudebestandes unzuverlässig (vgl. BENDER 1994b), so dass das Kartenwerk als Quelle für den Kulturlandschaftswandel wenig Eignung besitzt.

Die modernen Topographischen Kartenwerke im Maßstab 1:25.000 (TK 25) und 1:50.000 (TK 50) mit Höhenliniendarstellung entstanden für das heutige bayerische Staatsgebiet ab 1910 bzw. 1956 (VEIT 1968). Bei der Erstellung dieser Karten kann man seit den 1930er Jahren auf die Auswertung von Luftbildern zurückgreifen, was die Fortführung der Situationsdarstellung wesentlich erleichtert und zuverlässiger macht. In der TK 25 werden Siedlungen (bei offener Bauweise einzelne Gebäude in grundrissähnlicher Darstellung), Verkehrswege, Gewässer, Bodenbedeckungen (Nadelwald, Laubwald, Buschwald, Buschwerk, Wiese, Garten und Ackerland) sowie verschiedene punkt- bzw. linienhafte Objekte dargestellt. Die Detailtreue hat im Laufe der Zeit gewisse Wandlungen erfahren (vgl. HAKE et al. 2002). Die TK 50 baut auf der TK 25 auf (VEIT 1968). Sämtliche Ausgaben der TK 25 und TK 50 sind im Topographischen Archiv des Bayerischen Landesvermessungsamtes einzusehen.

Fernerkundungsdaten

Unter Fernerkundung versteht man nach LÖFFLER (1994) ein kontaktloses wissenschaftliches Beobachten und Erkunden eines Gebietes aus der Ferne. Sie bedient sich zur Informationsgewinnung der elektromagnetischen Strahlung, die vom beobachteten Objekt ausgeht (ALBERTZ 2001). Hinsichtlich der so gewonnenen Daten sind zunächst Photographien („Luftbilder") von Scanner- und Radaraufnahmen etc. („Satellitenbilder") zu differenzieren. Die auffälligsten Unterscheidungsmerkmale lagen früher im Aufnahmemaßstab und in der Auflösung. In jüngerer Zeit vermochten Scanneraufnahmen durch optimierte Technik hinsichtlich der Bodenauflösung Luftbildqualität zu erreichen, so etwa bei IKONOS mit < 1 m. Ein wesentlicher Vorteil der Scannerbilder liegt darin, dass die Strahlung gleichzeitig in mehreren Spektralkanälen erfasst werden kann.

Für die Interpretation der Luftbilder war man lange Zeit auf visuelle Techniken limitiert (SCHNEIDER 1989): Die sog. „geographische Methode in der Fernerkundung" wurde auch „assoziative Methode" genannt, weil sie Auswerteergebnisse der Geographie und Nachbardisziplinen zusammenführt. Dabei unterscheidet man analytische Vorgehensweisen, bei denen jede Geländeeigenschaft (Gesteinsart, Bodenart, Feuchte, Vegetation etc.) einzeln in ihrer genauen räumlichen Verbreitung interpretiert wird, von synthetischen, die den Gesamtkomplex der Geländeeigenschaften zu Raumeinheiten zusammenfassen; letzlich dargestellt werden v. a. Vegetation und landwirtschaftliche Nutzung, die ihrerseits Rückschlüsse z. B. auf Bodenart, Feuchte etc. erlauben. In den 1980er und 1990er Jahren wurde die Luftbildauswertung mit zunehmendem Anwendungsbezug häufig zur großmaßstäbigen Nutzungs- oder Biotoptypenkartierung eingesetzt.

Die Erfassung landschaftlicher Einheiten (Tope) fußt auf einer Interpretation von Helligkeits- und Farbunterschieden, Texturen, Formen und Schatten etc. („Interpretationsfaktoren" nach ALBERTZ 2001). Im Hinblick auf vegetationsbestimmte Landschaftselemente, wie z. B. Nutzungs- bzw. Kulturarten, können über Texturwerte zunächst Anhaltspunkte zum Formationscharakter gewonnen werden. Floristische und syntaxonomische Interpretationen leiten sich dagegen eher indirekt aus Helligkeits- und Farbunterschieden ab (RICHTER 1997, S. 134). Speziell bei Luftbildern sind oft auch Differenzierungen von Formen, etwa von Baumkronen, möglich. Dies wurde für vorliegende Studie zur Differenzierung von Laub- und Nadelwäldern (Kiefer, Fichte) genutzt. Zur Verifizierung der Zuordnung von Interpretationsparametern zu bestimmten Land-Use- oder Land-Cover-Typen sollte jedoch auf andere Daten, am besten auf eine stichprobenartige Geländebegehung rückgegriffen werden.

Digitale Scanner-Daten bieten darüber hinaus v. a. Möglichkeiten für (semi)-automatisierte Auswerteverfahren, speziell für eine (multispektrale) Klassifizierung. Auflösungsbedingt stellte dabei das sog. „Mischpixelproblem" – ein Pixel umfasst Teile mehrerer Bodenbedeckungsarten und mischt deren spektrale Eigenschaften – das größte Hindernis für großmaßstäbige Explorationen dar. Mit den hohen Auflösungen, etwa bei IKONOS, bildet dies jetzt kaum noch ein Problem, jedoch haben gleichzeitig die Variabilität und das Rauschen innerhalb quasihomogener Klassen stark zugenommen. Deshalb stoßen die herkömmlichen pixel-basierten Klassifikationsansätze zunehmend an Grenzen (NEUBERT/MEINEL 2002). Ein Ausweg wird in modernen segmentbasierten Verfahren, etwa mit der Software eCognition gesehen (MEINEL et al. 2001, NEUBERT/MEINEL 2002, BURNETT/BLASCHKE 2003).

Es wurde bereits angesprochen, dass für eine diachronische Landschaftsanalyse über das gesamte 19. und 20. Jahrhundert hinweg Fernerkundungsdaten nur als zusätzliche Quelle geeignet sind. Diesbezüglich sind aus dem Landesluftbildarchiv des Bayerischen Landesvermessungsamts Luftbilder für das Untersuchungsgebiet erst ab 1963 flächendeckend und in guter Bildqualität erhältlich. Für die Zeit davor wurde lediglich eine Befliegung der US Army von 1953 (Maßstab 1:25.000) ausfindig gemacht, die beim BBR in Bonn verwahrt wird. Wegen der schlechten Aufnahmequalität kann man sie zur Feststellung von landschaftlichen Kleinstrukturen allerdings nur eingeschränkt verwenden.

Aus den aktuellen Luftbildern stellt das Bayerische Landesvermessungsamt über digitale Entzerrung (auf Basis des DGM 25) geometrisch korrigierte und georeferenzierte digitale Orthofotos (DOP) her. Die aus dem Bildmaterial der Bayernbefliegung abgeleiteten DOP 5 weisen eine Bodenauflösung von 0,4 m auf. Sie können als georeferenzierte Rasterdaten abgegeben werden und sind damit ohne weitere Verarbeitungsschritte als ein Layer in das katasterbasierte GIS zu integrieren. Damit wird eine exakte Kartierung von Nutzungsgrenzen bestmöglich unterstützt. Der früheste für Oberfranken verfügbare Datensatz dieser Art resultiert aus 1996 und repräsentiert in der vorliegenden Studie den Zeitschnitt um 2000. Aufgrund der insgesamt relativ geringen Bedeutung für das katasterbasierte GIS wurde auf eine Beschaffung der (kostspieligen) hochauflösenden Satellitendaten und eine Anwendung der segmentbasierten Interpretationsverfahren verzichtet.

INVEKOS-Datenbank der Landwirtschaftsverwaltung

INVEKOS ist ein von der EU eingerichtetes und bei den Landwirtschaftsverwaltungen geführtes Förder- und Kontrollsystem für landwirtschaftliche Nutzungen. Es besteht aus einer Datenbank und seit 2005 zusätzlich aus einem GIS, mit dem die Nutzflächen wesentlich detaillierter als im Kataster erfasst werden. Letzteres stand für vorliegende Arbeit noch nicht zur Verfügung.

Aus der Datenbank wurden hingegen für das Stichjahr 2000 verschiedene flächen- und betriebsbezogene Daten übermittelt. Dabei handelt es sich um

- die Nutzungen der Flurstückseinheiten nach Anbaufrüchten und die dafür jeweils genutzte landwirtschaftliche Fläche,
- den Besitzstatus der Flurstückseinheiten (Eigentum/Pacht),
- betriebliche Daten zum Eigentümer, zu dessen Alter, zur Nutzfläche (incl. Pacht und ausmärkischer Flächen), aufgegliedert nach Kulturarten und Anbaufrüchten,

sowie zum Viehbestand, aufgegliedert nach Nutztierarten (im Einzelnen siehe dazu Kapitel 2.6.2).

Vergleichsdaten für frühere Zeitschnitte müssen aus dem Kataster ermittelt werden, sind damit allerdings auf die Feststellung von Eigentum und Kulturart limitiert. Als betriebsbezogene Kenngrößen sind v. a. die Flächenanteile bestimmter Kulturarten (Acker, Wiese, Hutung/Ödland, Wald) an der Eigentumsfläche der Anwesen abzuleiten. Diese sollen Aufschluss über die jeweilige Betriebsausrichtung geben. Darüber hinaus können allenfalls Entwicklungstendenzen anhand der auf Gemarkungsebene aggregierten Statistiken erfasst werden (Beiträge zur Statistik Bayerns, vgl. BENDER 1994a).

Fachinformationssystem (FIS) der Bayerischen Naturschutzverwaltung

Im FIS-Natur sind alle Fachinformationen, die in Bayern im Bereich Naturschutz und Landschaftspflege digital vorliegen, unter einem Dach zusammengeführt. FIS-Natur nutzt dazu die Funktionalität Geographischer Informationssysteme (GIS). Dies bedeutet, dass die Fachinformationen mit ihrem jeweiligen geographischen Bezug dargestellt werden können, wobei gescannte Topographische Karten, Luftbilder und Flurkarten des Bayerischen Landesvermessungsamtes als Hintergrundbilder die Orientierung erleichtern.

Die Daten aus dem FIS-Natur sind am Bayerischen Landesamt für Umweltschutz erhältlich, teilweise können sie frei über das Internet bezogen werden[16] (dort findet sich auch eine Datenübersicht), in Teilen sind sie kostenpflichtig oder unterliegen bestimmten Vorgaben für die weitere Nutzung. Für die vorliegende Arbeit wurden aus dem FIS-Natur insbesondere die Bayerische Biotopkartierung und die Schutzgebietskartierungen (jeweils als ESRI-Shapefile, mit Sachdaten) verwendet. Dabei handelt es sich jedoch nach dem derzeitigen Bearbeitungsstand um Digitalisierungen von ursprünglich analogen, auf Basis der TK 25 erstellten Daten, die nicht flächenscharf in das katasterbasierte GIS eingebracht werden können.

Weiterhin wurden Daten aus der Artenschutzkartierung verwendet. Sie existiert in Bayern seit 1980 als landesweites biogeographisches Datenbanksystem, dessen zentrales Ziel die Bereithaltung von faunistischen und floristischen Daten für die Naturschutzpraxis ist. Neben der Auswertung von Literatur- und Sammeldaten werden Ergebnisse von Kartierungen übernommen. Zum Stand Oktober 2002 sind bayernweit 1,4 Mio. Artnachweise von ca. 160.000 Fundorten gespeichert. Für das Untersuchungsgebiet lagen jedoch (zum Stand März 2003) nur Sammeldaten, d. h. unsystematisch eingebrachte Funde, vor.

Geländebegehungen und eigene Kartierungen

Die zwischen 1996 und 2001 in studentischen Übungen und Praktika unter Leitung des Verfassers durchgeführten Geländebegehungen und Kartierungen stellen im Ge-

---

[16] http://www.bayern.de/lfu/natur/fis_natur/index.html (05.02.2007)

gensatz zu den bisher vorgestellten indirekten Quellen (Karten und Luftbilder) eine „direkte Beobachtung" dar. Ob sie deswegen ein „besonderes Primat" genießen (BARTELS 1968, S. 23), muss bei der Analyse eines (historischen) Entwicklungsganges zumindest bezweifelt werden (PIETRUSKY 1988, S. 21). Ihr besonderer Vorteil besteht aber darin, dass die zu erhebenden Daten genau auf den Zweck der Untersuchung abgestimmt und für sämtliche Kulturlandschaftselemente – v. a. auch für Relikte unter Wald, die sonst in keiner Quelle greifbar sind – lückenlos erhoben werden konnten. Hieraus ergibt sich eine Datenfülle, welche für die gewählten historischen Querschnitte nicht zu erreichen ist.

Im Einzelnen wurden folgende Begehungen und Kartierungen durchgeführt:

- Agrarkartierung, einschließlich der Feldfrüchte (diverse Geländepraktika unter Leitung des Verfassers, 1996-2001),

- Nutzungskartierung incl. morphologischer Kleinstrukturen (Geländepraktikum unter Leitung des Verfassers, Sommer 1999),

- Kartierung der Talwiesen und ihrer Nutzung (durch Bender und Schumacher, Sommer 2001),

- Selektive Kartierung von Bodenbedeckung und Landnutzung, teilweise mit Einsatz von GPS (durch Bender und Kangler, Herbst 2003).

Zunächst dienten die Kartierungsergebnisse zur Kontrolle der aktuellen Katasterangaben für das Jahr 2000 bzw. als Ergänzung der Informationen aus den Luftbildern, speziell in verschatteten Bereichen sowie unter Wald. Weiterhin können aus dem aktuellen Bestand wichtige Anhaltspunkte für frühere Zustände gewonnen werden, z. B. aus persistenten Strukturen wie den Wacholdervorkommen, die auf ehemalige Weideflächen verweisen. Schließlich kann nur – solange keine Dauerbeobachtungsflächen eingerichtet worden sind, die eine Untersuchungszeit von vielen Jahren bzw. Jahrzehnten voraussetzen (induktive Sukzessionsforschung) – aus dem räumlichen Nebeneinander von Pflanzengesellschaften ein zeitliches Nacheinander (Sukzession) gefolgert werden (deduktive Sukzessionsforschung).

Befragung

Im Rahmen der vorliegenden Studie wurde von SCHMITT (1997) eine Befragung der Landwirte in der Gemarkung Wüstenstein durchgeführt. Sie bestand aus der teilnehmenden Beobachtung bei einem Landwirt, zwölf Intensivinterviews anhand eines Gesprächsleitfadens, welche auf Tonband mitgeschnitten und abgeschrieben wurden, sowie einer ergänzenden Befragung der übrigen Landwirte. Die Auswertung erfolgte „gemäß der qualitativen Sozialforschung" (SCHMITT 1997, S. 8).

Außerdem erfolgten Expertengespräche mit örtlichen Funktionsträgern in den Gemeindeverwaltungen, Landwirtschaftsämtern, Naturschutzbehörden, Vermessungsämtern etc. (im Einzelnen siehe Tabelle 2.4.4-1).

Tab. 2.4.4-1: Konsultierte regionale Organisationen und Experten im Untersuchungsgebiet Nördliche Fränkische Alb

Organisation	Räumliche Zuständigkeit	Adresse	Fachgebiet	Experten
Ämter für Landwirtschaft und Ernährung (AfL)	BA, FO	Schillerplatz 13-15, 96047 Bamberg	Agrarstatistik und -förderung	LOR G. Hartmann, LOR G. Winter
	BT	Adolf-Wächter-Str. 10-12, 95447 Bayreuth		LOR Dr. K. Meier-Harnecker, F. Rupp, S. Krauß
	FO	Löschwöhrdstraße 5, 91301 Forchheim		Hr. Miller, H. Krauss
Direktion für Ländliche Entwicklung (DLE)	gesamtes UG	Nonnenbrücke 7a, 96047 Bamberg	Flurbereinigung, TG Wüstenstein	Hr. Müller, Hr. Kießling, Hr. Papsthard
Gemeindeverwaltungen	Heiligenstadt	Marktplatz 20, 91322 Heiligenstadt	Fremdenverkehr; Allg. Verwaltung	Bgm. H. Krämer
	Aufseß	Schloßberg 98, 91347 Aufseß		Bgm. L. Bäuerlein
	Wiesenttal	Forchheimer Straße 8, 91346 Wiesenttal		Verkehrsamt; Bgm. H. Taut, Bgm. P. Pöhlmann (bis 2002)
LEADER AG „Kulturerlebnis Fränkische Schweiz"	FO	Am Streckerplatz 3, 91301 Forchheim	LEADER	A. Eckert, R. Metzner
Landschaftspflegeverbände	BA	Ludwigstraße 23, 96052 Bamberg	Landschaftspflege, LEADER	K. Weber
	FO	Oberes Tor 1, 91320 Ebermannstadt	Landschaftspflege	P. Weißenberger, K. Preusche
Naturpark	Fränkische Schweiz	Forchheimer Straße 1, 91278 Pottenstein	Landschaftspflege (Felsen), Tourismus	W. Geißner
Plan²-Büro	Heiligenstadt	Am Weichselgarten 7, 91058 Erlangen	Landschaftsplan Heiligenstadt	C. Samimi, C. Dreiser
Tourismuszentrale	Fränkische Schweiz	Oberes Tor 1, 91320 Ebermannstadt	Fremdenverkehr	F.X. Bauer
Untere Naturschutzbehörden (UNatSch-Beh)	BA	Ludwigstr. 23, 96052 Bamberg	Landschaftspflege, VNP/EAF, Schutzgebiete, Forstrecht	J. Lang, D. Schmidt
	BT	Markgrafenallee 5, 95448 Bayreuth		N. Lange
	FO	Oberes Tor 1, 91320 Ebermannstadt		H. Fritsche, J. Kupfer, J. Mohr
Verkehrsbüro	Pottenstein	Forchheimer Straße 1, 91278 Pottenstein	Fremdenverkehr	T. Bernard
Vermessungsämter	BA	Schranne 3, 96049 Bamberg	Kataster, ALB	Ltd. Verm.-Dir. Jaskiola
	BT	Wittelsbacherring 15, 95444 Bayreuth		Ltd. Verm.-Dir. Ulrich, Verm.-Dir. Götz
	FO	Dechant-Reuder-Str. 8, 91301 Forchheim		Ltd. Verm.-Dir. Kaiser
Wasserwirtschaftsamt	BA, FO	Kasernstraße 4, 96049 Bamberg	Uferstreifenprogramm, Gewässerpflegeplan	S. Hajer

2.5 Modellierung eines diachronischen katasterbasierten Geoinformationssystems (KGIS)

Die Modellbildung für ein diachronisches Kulturlandschaftsinformationssystem – also die Lösung für die Frage, aus welchen Bausteinen die Kulturlandschaft im GIS konkret zusammengesetzt sein soll – stellt eine inhaltlich anspruchsvolle Aufgabe dar, die insbesondere konzeptuell bislang nicht eindeutig gelöst ist (vgl. auch Kapitel 2.2.4). Als Leitlinie für die vorliegende Studie sollte der von OTT/SWIACZNY (2000, S. 33) formulierte Anspruch dienen, Mindeststandards für ein „historisches Raummodell Deutschlands" zu entwickeln.

Dabei wird allerdings nicht das Ziel verfolgt, ein – im Sinne der in Kapitel 2.1 gemachten Ausführungen – inhaltlich vollständiges Kulturlandschaftsinformationssystem zu schaffen. Vielmehr soll lediglich mit der kulturlandschaftlichen Basisinformation (Nutzungs- oder Funktionseinheiten) ein Informationssystem entwickelt und in Hinblick auf seine Möglichkeiten der raum-zeitlichen Dokumentation, Analyse, Bewertung und Entscheidungsunterstützung getestet werden. Dabei liegt der Fokus – entsprechend der regionalen Problemstellung (Kapitel 1.6) – auf der Agrarlandschaft und außerhalb der Ortslagen. Das zu entwickelnde Modell soll aber potentiell für alle Kulturlandschaftstypen geeignet sein (Agrar-, Bergbau-, suburbane und Stadtlandschaften).

Bereits wegen des zu erwartenden Datenumfangs wird ein GIS als Analysewerkzeug zwingend benötigt, insbesondere jedoch zur Auswertung der Veränderungen („Flächenverschneidung") und zur Bilanzierung der Flächen. Wichtige Voraussetzung für eine erfolgreiche GIS-Nutzung ist schließlich das systematische Vorgehen bei der Operationalisierung der zentralen Fragestellungen. Üblich ist eine schrittweise Abstraktion vom konzeptuellen Modell der realen Welt bis zum physischen Datenmodell in der EDV (vgl. OTT/SWIACZNY 2000, S. 21 f.).

2.5.1 Konzeptuelle Modellierung

„Landschaft" wird hier verstanden als horizontal beliebig begrenzbarer Ausschnitt der Geosphäre (CAROL 1957). Unbeschadet der Diskussion um den vielschichtigen Landschaftsbegriff (Kapitel 1) erfolgt die Operationalisierung entsprechend der vorgegebenen Quellenlage, d. h. dem „Landschaftsmodell" des (Grundsteuer- bzw. Liegenschafts)-Katasters als Synthese aller – gegeneinander abgrenzbaren – Landschaftselemente (räumlicher Diskreta), die in ihren verschiedenen Ausprägungen insgesamt 100 % der Fläche repräsentieren. Die Gestaltung der *Kultur*landschaft vollzieht sich durch Eigentümerentscheidung über die Kulturart; auch die Entwicklung einer *Natur*landschaft unterliegt im dicht besiedelten Mitteleuropa einem willentlichen Akt (vgl. HÖCHTL et al. 2005). Im Katasterwesen werden aus steuerrechtlichen Gründen Landnutzungsart und Flächeninhalt (Flurbuch) sowie Umgriff (Flurkarte) aller Parzellen dokumentiert, wobei eine Eigentumsparzelle sekundär in verschiedene Nutzungsparzellen untergliedert werden kann (vgl. HEIDER 1954). Das katasterbasierte GIS soll über die Feststellung der Eigentumsverhältnisse eine Zuordnung der Nutzungsparzellen zu (land)-wirtschaftlichen Betriebseinheiten ermöglichen. Damit ist in historischer

Perspektive ein Erklärungsansatz für Kulturartenveränderungen implementiert. In zukünftiger Perspektive können Entwicklungstrends abgeleitet und planerische Entscheidungen angebunden werden. Als Grundelement (Entität) für das GIS fungiert demnach die Einheit „Nutzungsparzelle".

Das bayerische Katasterwerk erlaubt entsprechend seiner vier „Neuauflagen" eine Analyse anhand von vier Zeitschnitten (ca. 1850, ca. 1900, ca. 1960, ca. 2000), die sowohl durch Geometrie- (Flurkarte) als auch Attributdaten (Flurbücher: Grundsteuerkataster, Renoviertes Grundsteuerkataster, Flurbuch zum Liegenschaftskataster, ALB; weiterhin Flurkarte und Luftbild) vollständig belegt werden können.

Generell steht allerdings den diachronisch lückenlos nachvollziehbaren Umschreibungen der Flurbücher (in den sog. Umschreibheften) eine nur periodisch erfolgte Umgravierung der Flurkarten gegenüber, weil der Kartenbestand bei den zuständigen Ämtern in einem Arbeitsexemplar laufend fortgeführt worden ist (vgl. Kapitel 2.4.3). Deshalb wird auf den Versuch einer im historischen Verlauf vollständigen Rekonstruktion aller geometrischen (Parzellengrenzen) und attributiven Änderungen (Kulturarten u. a.) a priori verzichtet – aber auch zugunsten einer zeitlich vertretbaren Datenerfassung (vgl. PLÖGER 1999a, S. 109). Zumal Katasteränderungen jederzeit erfolgen konnten, bedingte die informationstechnologische Verarbeitung anderenfalls eine Zerlegung des zeitlichen Kontinuums in quasi unendlich viele Zeitschnitte (vgl. LANGRAN 1993, S. 33, OTT/SWIACZNY 2000, S. 26).

Die vier genannten Zeitschnitte trennen – einigermaßen „sauber" – die wichtigsten Phasen in den letzten knapp 200 Jahren der Entwicklung von peripheren Agrarlandschaften, nämlich die Zeit der Grundherrschaft (bis 1850), die Zeit der Industrialisierung mit rapide durchgreifendem agrartechnischen Fortschritt bis zum Ersten Weltkrieg – der Zeitschnitt um 1900 ist diesbezüglich leider etwas zu früh anzusetzen – die Zwischen- und Nachkriegszeit (bis ca. 1960) sowie die jüngste Zeit der „agroindustriellen Revolution" (vgl. HENKEL 1993, ECKART/WOLLKOPF 1994). Damit sind hinreichend repräsentative Ergebnisse zu erwarten (vgl. BENDER 1994b), zumal überschlägig ermittelte und in den Luftbildern (vgl. Kapitel 10.3.4) erkennbare Veränderungen 1960-2000 nur relativ geringe Flächenanteile einnehmen. Darin liegt ein Argument für die (nur) vier Zeitschnitte und gegen detaillierte Luftbildinterpretationen aus der Nachkriegszeit.

Im Übrigen muss an dieser Stelle festgestellt werden, dass die Restriktionen des Forschungsansatzes (bezüglich der räumlichen und zeitlichen Untersuchungseinheiten) in den Quellen und nicht in der Anwendung der Geoinformationstechnologie begründet sind.

2.5.2 Logische Modellierung (Entity-Relationship-Model)

Die logische Modellierung der eigentlichen Katasterdaten (incl. der Daten aus der Landwirtschaftsverwaltung) ist prinzipiell sehr einfach: Der Entität „Nutzungsparzelle" (Kapitel 2.5.1) sind die verschiedenen Attribute zugeordnet (Abbildung 2.5.2-1). Das für die Kulturlandschaftsanalyse wichtigste Attribut bildet die Bodennutzung („Kulturart"). Soweit diese Nutzungsinformation aus den Flurbüchern der jeweiligen

Katasterwerke entnommen wird (Kapitel 2.4), können etwa neun Kulturarten unterschieden werden (Kapitel 2.6). Erst die Verfeinerung der inhaltlichen Auflösung durch Katasterkarten- bzw. Luftbildinterpretation führt zu einer hierarchischen Gliederung der Kulturarten (vgl. Objektartenkatalog im ATKIS, PLÖGER 1999b, S.12 f.).

```
                              •  Nutzungsart
Nutzungsparzelle
                              •  Bonität
                              •  Eigentümer
                              •  ....
```

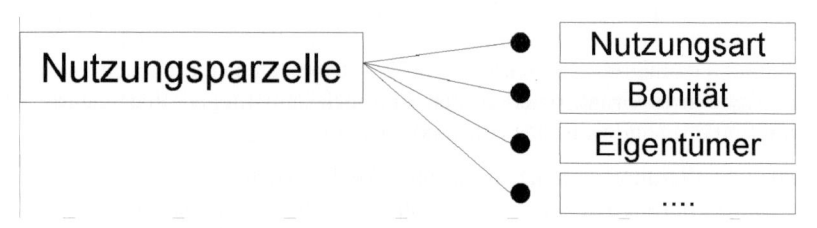

Abb. 2.5.2-1: Logisches Modell/Entity-Relationship-Model von KGIS mit dem Grundelement „Nutzungsparzelle"

Tab. 2.5.2-1: Datenübernahme aus dem Grundsteuerkataster („Urkataster"), Renovierten Kataster und Liegenschaftskataster (Auswahl)

Spalte	Felddefinition	Herkunft der Daten	Redundanz	Inhaltsbeschreibung
Bay_Schl	NUM	abgeleitet		bayernweiter Zahlenschlüssel (mit Ortsflur-Nr.)
Flurstück	VAR	original	x	Parzellen-Nummer
Eigentum	TXT	original		Ort und Haus-Nr. des Parzelleneigentümers
Haus-Nr.++	TXT	original	x	zusätzliche Information zur Herkunft des Besitzstandes (Grundsteuerkataster und Renovierter Kataster)
Eigentümer	TXT	original	x	Name
Bon / EMZ	VAR	original		Bonitätswert (Grundsteuerkatasters und Renovierter Kataster) bzw. Ertragsmesszahl (Liegenschaftskataster)
Nutz-Code	TXT	original	x	Nutzungsangabe lt. Kataster
Nutzung	TXT	abgeleitet		Nutzungsangabe lt. Schlüssel
tw / ha	NUM	original	x	Flächenangabe in Tagwerk (Grundsteuerkataster) bzw. Hektar (Renovierter Kataster)
qm	NUM	abgeleitet		Flächenangabe in qm (im Grundsteuerkataster umgerechnet)
Veraend	TXT	abgeleitet		Veränderung des Flurstücksbestandes durch Katasterrückschreibung

Im Attributbestand sind noch eine Reihe weiterer parzellenenbezogener Daten enthalten, die in einem späteren Analyseschritt (Kapitel 5.2) zur Überprüfung von Erklärungsansätzen für den Landschaftswandel herangezogen werden sollen. Es handelt sich im Einzelnen um geometrische (Fläche, Umfang etc.), topographische (Höhenlage, Hangneigung etc.) und topologische (Nachbarschaftsverhältnisse u. ä.) Parzelleneigenschaften, Daten zur Bodengüte, den Eigentums- und Besitzverhältnissen und dem Schutz- und Förderstatus sowie Daten über die Anwesen und Betriebe, die aus dem

Kataster selbst, aus Datenbeständen der Landwirtschaftsverwaltung sowie einem Digitalen Geländemodell stammen (vgl. Kapitel 2.6). Der Umfang solcher auf die Parzellen und die Anwesen/Betriebe bezogener Daten nimmt mit der Rückschreibung früherer Landschaftszustände entsprechend der Quellenlage in den älteren Katasterwerken ab.

Mit der Anbindung solcher Attributdaten an die im Kataster festgestellten Flurstückseinheiten sollen in landschaftsökologischen Betrachtungsweise Informationen über kulturlandschaftliche Funktionen und Prozesse, etwa zum Zweck einer Erklärung des Landschaftswandels, gewonnen werden.

2.5.3 Physische Modellierung – Implementierung

Erfassung der Katasterpläne/Flurkarten

Der Geodatenbestand für das katasterbasierte GIS wird nach der digitalen Flurkarte (DFK) und nach den Bayerischen Katasterkarten 1:5.000 erzeugt (die DFK steht in Bayern erst seit 2003 flächendeckend zur Verfügung; bei Datenaufnahme für das vorliegende Projekt konnte man noch nicht auf sie zurückgreifen).

Das Einpassen (Georeferenzieren) der historischen Kartengrundlagen in das GIS erweist sich bei alten Karten als äußerst problematisch. Insbesondere wenn keine hinreichende Zahl an Passpunkten gefunden werden kann, bleibt es zumeist (noch) nicht befriedigend lösbar (vgl. JÄSCHKE/MÜLLER 1999, ROSNER 2000). Erst bei den Kartenwerken der systematischen Landesaufnahmen seit dem 18./19. Jahrhundert ist es erfahrungsgemäß mit mehr oder weniger großem Aufwand erfolgreich. Beim bayerischen Kataster ab etwa 1850 reichen dazu bereits die Koordinaten der Blattecken aus[17] (vgl. JÄSCHKE/MÜLLER 1999, S. 163 ff.).

Vektormodell vs. Rastermodell

Eine Implementierung des GIS über ein Vektormodell (v. a. einfache und komplexe Polygone für den Nutzungsparzellenbestand) entspricht der „Sichtweise der Historischen Geographie, Objekte der realen Welt als diskrete punktförmige, linien- oder flächenhafte Kulturlandschaftselemente anzusprechen" (PLÖGER 1999a, S. 106). Die Diskretierung korrespondiert im Übrigen auch mit den Anforderungen an eine Übernahme von Forschungsergebnissen in die Planung (BLASCHKE 2001).

Anschließend erfolgt eine Raster-Vektor-Konversion der zu erfassenden Landschaftselemente. Dafür gibt es allenfalls semiautomatische Softwarelösungen, die aufgrund der Komplexität des Karteninhalts speziell bei den historischen Karten – hier sind thematische Layer in der Regel nicht separiert erhältlich – (noch) keine Zeitersparnis

---

[17] nach dem Softwareprogramm „blatteck.exe" der Bayerischen Vermessungsverwaltung (Geodaten Bayern), http://www.geodaten.bayern.de/bvv_web/downloads/blatteck.exe (05.02.2007). Die Referenzierung erfolgte mit einer Affin-Transformation nach den Parametern: „Gauss-Kruger 3TM Coordinate Systems, GK-Zone 4 (Transverse Mercator/Gauss-Kruger), DHDN (Bursa/Wolfe method), Meter".

erbringen (vgl. BÖHLER et al. 1999). Stattdessen sind die Landschaftselemente (Nutzungsparzellen) händisch zu digitalisieren. Dabei wird die Herstellung des jüngsten bzw. aktuellen Zeitschnitts durch die inzwischen fast flächendeckend vorliegenden digitalen Grundkartenwerke künftig erheblich erleichtert.

Für die früheren Zeitschnitte erfolgt eine sukzessive Rückschreibung nur der Veränderungen (PRIVAT 1996, OTT/SWIACZNY 2001). Eventuell auftretende Verzerrungen bzw. Projektionsfehler der historischen Karten müssen durch entsprechende Aufbereitung der Grundlagen so gering gehalten werden, dass sie visuell erfasst und korrigiert werden können. Auf dem Hintergrund der aktuellen Rasterkarte erfolgt die Übernahme des Parzellenbestandes in einen Polygon-Shapefile (Dateiformat der Software ArcView von ESRI).

Bei der Digitalisierung ist Folgendes zu beachten: Die Parzellengrenzen sind ausschließlich anhand der Richtungsänderungen, der Grenzsteine (auch ohne Richtungsänderung) und allen Schnittpunkten mit früheren Kulturartengrenzen (Nutzungsparzellen) als Vertices zu erfassen. Digitalisiert wird im Bildschirmmaßstab von mindestens 1:1.000. Die Snapping-Funktion wird auf einen Erfahrungswert von etwa 3 m eingestellt, wobei die minimale Weg- bzw. Bachbreite zu beachten ist.

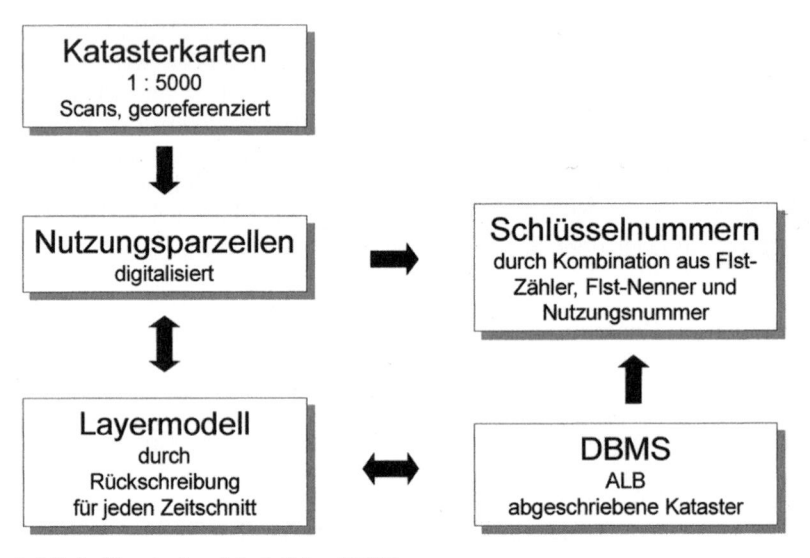

Abb. 2.5.3-1: Physisches Modell im KGIS

Geometrische Genauigkeit

In ländlichen Regionen geht auch der aktuelle Flurkartenbestand noch auf die mit dem Messtisch erfolgte Kataster-Uraufnahme um 1850 zurück. Hierbei sind die mutmaßlichen Lageabweichungen (Koordinatenfehler von Kartenpunkten) von durchschnittlich etwa 0,5-1,5 m in Rechnung zu stellen (vgl. HEIDER 1954: 0,4-1,0 m). Zusätzliche schwer zu quantifizierende Punktverschiebungen (Differenzen ein und desselben Kartenpunktes zwischen verschiedenen Zeitlayern) werden v. a. durch Papierverzug der Vorlage, aber wohl auch durch kleinere Ungenauigkeiten beim Scan-Vorgang sowie bei der Georeferenzierung hervorgerufen.

An dieser Stelle soll auch darauf hingewiesen werden, dass ein GIS nicht über einen Maßstab verfügt, wie er bei kartographischen Produkten stets angegeben werden kann. Das GIS ist in dieser Hinsicht in einem gewissen Rahmen flexibel (vgl. SEGER 2001), welcher durch die geometrische Genauigkeit vorgegeben ist. Diese ist von der Lageabweichung wie auch von der Anzahl der im GIS festgehaltenen Richtungsänderungen der (Umriss)-Linien abhängig. Umgekehrt wird bei starker Verkleinerung des Darstellungsmaßstabes die Detailgenauigkeit zum Problem. Hier muss eine Generalisierung ansetzen (HAKE et al. 2002). Doch gibt es bezüglich der Variation von Maßstabsebenen bis hin zur Entwicklung von Generalisierungsregeln für die Überstellung der Objekte in verschiedene Planungsdimensionen noch erheblichen Forschungsbedarf (vgl. SEGER 2001, BURNETT/BLASCHKE 2003).

Layermodell vs. Objektmodell

Schließlich ist die grundsätzliche Programm-Architektur zu diskutieren, und zwar dahin gehend, ob ein Entity Relationship (ER)- in Verbindung mit einem Layermodell oder ein objektorientiertes Modell zum Einsatz kommen soll. „Nur ein System, das die räumlichen Daten auch auf der physischen Ebene vollständig objektorientiert verwaltet, ist in der Lage, alle gestellten Erfordernisse zu erfüllen, da es sowohl maßstabsunabhängig als auch zeitlich und thematisch völlig flexibel ist und nachträgliche Erweiterungen zulässt" (OTT/SWIACZNY 2000, S. 29). Objektrelationale Modelle bieten die Verwaltung der Beziehungen zwischen Teilobjekten (z. B. Abschnitte eines Verkehrswegs oder -wegesystems) oder Objektklassen (z. B. Grünland und seine verschiedenen Unterarten wie Weide, Wiese etc.) thematisch zusammengehöriger Objekte in einer hierarchisch gegliederten Ebenenstruktur. Dies wird damit erreicht, dass die jeweiligen Objekte ausschließlich über ihre Beziehungen zu einzelnen Punkten definiert werden, d. h. verschiedene Objekte können problemlos auf (über diverse Zeitschnitte hinweg) identische Punkte zugreifen. Somit ist ein solches Modell zeitlich wie thematisch völlig flexibel, lässt nachträgliche Erweiterungen zu und scheint generell näher an der Wirklichkeit zu sein (BURNETT/BLASCHKE 2003).

Es liegen allerdings noch keine hinreichenden Erfahrungen vor, wie sich die objektorientierte Modellierung für eine Zeitschnitt-übergreifende Datenhaltung einsetzen lässt. Ein Einsatz an „breiter Front" in der Forschung ist damit vorläufig nicht zu erwarten (vgl. PLÖGER 2003, S. 128 f.). Die Umsetzung des logischen Datenmodells auf physischer Ebene muss solange durch Kombination von layerorientiertem GIS und relationalem DBMS erfolgen (OTT/SWIACZNY 2000, S. 29). Das anzuwendende Layermodell bedingt eine redundante Speicherung identischer Punkte bzw. Vertices. Nach KILCHENMANN (1991, S. 14 f.) sowie OTT/SWIACZNY (2000, S. 30, 32) müssen alle Objekte eines Layermodells solange miteinander verschnitten werden, bis die „Kleinsten Gemeinsamen Geometrien (KGG)" entstanden sind, aus denen sich alle Elemente der Layer wieder durch einfache Kombination zusammenfügen lassen.

Eine Ergänzung um weitere thematische Ebenen oder Zeitschnitte ist daher problematisch, weshalb eine genaue Vorplanung aller Layer erfolgen sollte. Beim nachträglichen Einfügen zusätzlicher Layer müssen die neu zu digitalisierenden Punkte wiederum auch in allen bereits vorhandenen Layern nachgetragen werden. Dies ist ein gravierender arbeitspraktischer Nachteil gegenüber einem objektorientierten Modell.

Tab. 2.5.3-1: Datenübernahme aus dem ALB (Tabellen B, E, F) sowie Nutzungsdaten aus der Landwirtschaftsverwaltung (AfL) (Auswahl)

Spalte	Felddefinition	Herkunft der Daten	Redundanz	Inhaltsbeschreibung
Bay_Schl	NUM	abgeleitet		bayernweiter Zahlenschlüssel (mit Ortsflur-Nr.)
Lage	TXT	ALB: F		Lagebezeichnung
Buchungskennzeichen	VAR	ALB: B	x	Kennzahl des Buchungsbezirks + Grundbuchband + Grundbuchblatt + Erweiterung
GB-Blatt	NUM	B – abgeleitet		Grundbuchblatt als Eigentümernachweis im Grundbuch
Eigentum	TXT	ALB: E		Ort und Haus-Nr. des Parzeleneigentümers
Nutzer	TXT	AfL		Ort und Haus-Nr. des Bewirtschafters (Eigentümer oder Pächter)
E/P	BOOL	AfL		Eigentum oder Pacht (soweit angegeben)
Flurstücksabschnitt	VAR	ALB: F	x	Flächengröße, Kulturart, Bodenangaben und Gebäudebeschrieb für Teilflächen der Eigentumsparzelle (hintereinander)
Gesamtfläche	NUM	ALB: F		Flächenangabe in qm für gesamte Eigentumsparzelle (Flst_Z/Flst_N)
Teilfläche	NUM	ALB: F		Flächenangabe in qm für Nutzungsparzelle
Kulturart	NUM	ALB: F		Nutzungsangabe lt. ALB
Nutzung	TXT	ALB: F		Nutzungsangabe lt. Schlüssel
Bodenklasse	VAR	ALB: F	(x)	nach Reichsbodenschätzung (Angabe nur sinnvoll, wenn auf der Nutzungsparzelle einheitlich)
Wertzahl	VAR	ALB: F	(x)	nach Reichsbodenschätzung (Angabe nur sinnvoll, wenn auf der Nutzungsparzelle einheitlich)
Gebäude	TXT	ALB: F		Gebäudebeschrieb

Für jeden Zeitstand wird ein neuer Layer angelegt (vgl. PLÖGER 1998, S. 197). Eine komplette Neuerfassung des gesamten Parzellenbestandes ist nur im Falle umfassender Flurbereinigungen notwendig und sinnvoll. Ansonsten werden aus arbeitspraktischen Gründen (vgl. PRIVAT 1996, S. 55, PLÖGER 1999b, S. 19), ausgehend von der aktuellen und mutmaßlich genauesten Flurkarte, ggf. der DFK bzw. in Österreich der DKM (KOLB/STURM 1997), die früheren Zeitschnitte sukzessive rückgeschrieben. Zeitlich identische Schlüsselnummern der Objekte (Nutzungsparzellen) sind fortzuschreiben bzw. Parzellengrenzverläufe aus dem bereits erfassten Geometriedatenbestand zu übernehmen. Lediglich die Änderungen werden neu erfasst, indem ggf. Verzerrungen, Projektionsfehler u.ä. der im Hintergrund abgelegten Flurkarten visuell korrigiert werden müssen.

Eine Rückschreibung auf den Zeitpunkt des Liegenschafts- bzw. Renovierten Katasters unterliegt schließlich der Schwierigkeit, dass nicht alle Blätter der Katasterkarte immer exakt für diesen Zeitpunkt greifbar sind. Dann werden alle Parzellenveränderungen aus dem Tabellenbestand unter Betrachtung von Parzellennummer und -größe sorgfältig erfasst und unter Zuhilfenahme zeitlich möglichst naheliegender Karten in den neuen Zeitlayer eingearbeitet. Bei der finalen Rückschreibung auf den Grundsteuerkataster (Flurbuch) dient der zeitlich identische Urkatasterplan der Endkontrolle.

Database Management System (DBMS)

Alle gängigen Layer-GIS-Anwendungen erfordern eine hybride Datenhaltung, bei der die räumlichen und thematischen Daten getrennt voneinander in separaten Datenformaten gespeichert und „geo-relational" über gemeinsame Schlüssel miteinander verknüpft werden. Das Konzept der Zeitschnitte erlaubt eine software-technisch einfache Verwaltung von Attribut-Daten in einer statischen temporalen Datenbank, die aus mehreren Zeitschnitt-Tabellen besteht (LITSCHKO 1999).

Für den aktuellen Zeitschnitt wird der Katasterdatenbestand direkt aus dem ALB in eine solche Tabelle eingelesen. Das ALB wird im ALB-Schnittstellenformat in drei Einzeldateien geliefert, F-Datei (Flurstücke), E-Datei (Eigentümer), B-Datei (Buchung) (DatRi-GRUBIS II, 2-1), die für eine Anbindung an die verwendete GIS-Software datentechnisch entsprechend aufzubereiten sind. Die handschriftlich geführten Grundsteuerkataster („Urkataster"), Renovierten Kataster und Liegenschaftskataster müssen abgeschrieben – soweit das Problem der Datenaufnahme nicht durch Scannen und Texterkennung gelöst werden kann – und dabei in gleiche Struktur gebracht werden.

2.6 Attributdatenbank und Datenqualität

2.6.1 Räumlicher Bezug für die Attributdatenbank

KGIS ist nicht zuletzt ein Flächeninformationssystem für Flurstückseinheiten. Die Grundeinheit von KGIS ist die „Nutzungsparzelle" (PAR, P). Sie ist im Gegensatz zur rechtlichen Katasterparzelle („Plannummer") die im Flurbuch bzw. in der Katasterkarte („verfeinerte Kartierung") kleinste ausgewiesene Einheit gleicher Nutzung innerhalb einer Katasterparzelle.

Aggregationen

Für die sog. „Aggregierten Parzellen" (AGG, A) werden benachbarte Nutzungsparzellen mit gleicher Nutzung und gleichem Eigentümer/Nutzer vereinigt. Damit sollen Flurstückseinheiten, die nur im Kataster, also „auf dem Papier" bestehen, zusammengefasst werden. Alle Flurstückseinheiten gleicher Nutzung werden zu den „Kulturarten" zusammengefasst. Das Konzept der Kulturarten entspricht dem der „Class" in den Landscape Metrics.

Verschneidungen

Die Geometrie (und die Attribute) der Nutzungsparzellen können im Ablauf über die Untersuchungs-Zeitschnitte variieren. Durch Verschneidung der vier Zeitlayer mit den Nutzungsparzellengeometrien entstehen die „Kleinsten Gemeinsamen Geometrien" (KGG, K). Erst auf Basis dieser Flurstückseinheit KGG ist ein zeitlicher Vergleich aller Attribute möglich.

Tab. 2.6.1-1: Anzahl der im Untersuchungsgebiet digitalisierten Flurstückseinheiten (Erklärung der Abkürzungen KGG, PAR, AGG im Text) nach Zeitschnitten (AGG 2000 nach Eigentümer- und Nutzereinheiten unterschieden)

Jahr	Anzahl			Durchschnittsgröße (m^2)		
	KGG	PAR	AGG	KGG	PAR	AGG
1850		5167	4253		4027	4893
1900		5238	4034		3973	5158
1960	11216	5429	3997	1855	3833	5206
2000E		4155	3116		5008	6678
2000N			3058			6805

Attribute

Die Attribute, die sich auf die Kulturart und auf das die Parzelle besitzende Anwesen (Besitz-Info, Anwesen-Info, Betriebs-Info) beziehen, werden von der Einheit PAR auf KGG und AGG übertragen.

Die Attribute bzgl. Geometrie (Fläche, Umfang), Topographie (Höhenlage, Hangneigung etc.) und Topologie (Hofentfernung etc.) werden für die Nutzungsparzellen (PAR), die aggregierten (AGG) und verschnittenen Parzellen (KGG) – in der Regel – jeweils gesondert berechnet. Eine Ausnahme von dieser Regel bildet der Weganschluss, der aus betriebstechnischer Sicht nicht zwingend an der KGG gegeben sein muss, sondern für die Einheit AGG ausreichend ist.

Quellengruppen

Flurstücksbezogene Informationen werden abgeleitet aus der Geometrie und Topologie der Katasterkarte, dem Digitalen Geländemodell DGM 25 des Bayerischen Landesvermessungsamtes sowie den Eigentums- bzw. Besitz- und Förderungsinformationen im Kataster, in der Naturschutzverwaltung und in der INVEKOS-Datenbank der Landwirtschaftsverwaltung.

2.6.2 Übersicht der Attribute für Parzellen, Anwesen und Betriebe

Tab. 2.6.2-1: In KGIS erhobene Variablen mit Bezug zu Flurstückseinheiten, Anwesen und Betrieben

V	Variable	Kürzel	Bezug	Quelle	Skala	Einheit
V1	Kulturart (lt. Kataster)	KAK1_PY	PAR	Kat.	NOM	Codenr
V1	Kulturart (zeitlich harmonisiert)	KAH1_PY	PAR	Kat.	NOM	Codenr
V1	(Kulturart)-Veränderungstyp	VTYP1_KY	KGG	Kat.	NOM	Codenr
V1	Kulturart (lt. Kataster)	KAK2_PY	PAR	Kat.	NOM	Codenr
V1	Kulturart verfeinert (zeitlich harmonisiert)	KAH2_PY	PAR	Kat.	NOM	Codenr
V1	(Kulturart)-Veränderungstyp verfeinert	VTYP2_KY	KGG	Kat.	NOM	Codenr
V1	Bonität n. Urkat. (1850)	BON_P1	PAR	Kat.	INT	Class ($0 \leq Bon \leq 40$)
V1	Bonität n. Renov. Kat. (1900)	BON_P2	PAR	Kat.	INT	Class ($0 \leq Bon \leq 40$)
V1	Bonität n. LK (1960)	BON_P3	PAR	Kat.	INT	Class ($0 \leq Bon \leq 100$)
V2	Fläche (Katasterangabe)	FKAT_PY	PAR	Kat.	RAT	qm
V2	Fläche (KGIS)	FGIS_XY	KGG PAR AGG	KGIS	RAT	qm
V2	Umfang	PERI_XY	KGG PAR AGG	KGIS	RAT	m
V2	Fraktale Dimension (FD)	FD_XY	KGG PAR AGG	KGIS	INT	Index ($1 \leq FD \leq 2$)
V2	Shape Index (SI)	SI_XY	KGG PAR AGG	KGIS	INT	Index ($1 \leq SI$)
V3	Höhenlage	HOEHE_XY	KGG	DGM 50	INT	Class (1 m)
V3	Hangneigung	SLOP_XY	KGG	DGM 50	INT	Class (0,1°)
V3	Exposition	EXPO_XY	KGG	DGM 50	INT	Class (1°,N=0, W/O=90, S=180)
V4	Weganschluss	WEG_XY	AGG	KGIS	Bool	nein=0, ja=1
V4	Hofentfernung (Luftlinie, Center)	E(N)HEF_XY	KGG	KGIS	RAT	M
V4	Nachbarnutzung Wald (Anteil Umfang)	NNWP_XY	AGG	KGIS	INT	%
V5	Zugehörigkeit zu Anwesen (als Eigentümer/Nutzer)	E(N)CNR_XY	PAR	Kat.	NOM	Codenr
V5	Eigentümerwechsel	EGTW_KY	KGG	Kat.	Bool	nein=0, ja=1

V	Variable	Kürzel	Bezug	Quelle	Skala	Einheit
V5	Besitztyp (Eigentum/Pacht)	BTYP_P4	PAR	AfL	NOM	
V6	Landschaftsschutzgebiet	LSG_P4	PAR	NatSch	Bool	nein=0, ja=1
V6	Naturschutzgebiet	NSG_P4	PAR	NatSch	Bool	nein=0, ja=1
V6	Wasserschutzgebiet	WSG_P4	PAR	NatSch	Bool	nein=0, ja=1
V6	FFH-Gebiet	FFH_P4	PAR	NatSch	Bool	nein=0, ja=1
V6	Vogelschutzgebiet (SPA)	SPA_P4	PAR	NatSch	Bool	nein=0, ja=1
V6	flächenhaftes Naturdenkmal	ND_P4	PAR	NatSch	Bool	nein=0, ja=1
V6	Kulturlandschaftsprogramm	KLP_P4	PAR	AfL	NOM	codenr
V6	Vertragsnaturschutzprogramm	VNP_P4	PAR	NatSch	NOM	codenr
V7	Größenklasse des Anwesens	E(N)GT_BY	ANW	Kat.	ORD	Class ($1 \leq GK \leq 5$)
V7	Gesamtfläche des Anwesens	E(N)FS_BY	ANW	Kat.	NOM	qm
V7	Entwicklung Gesamtfläche des Anwesens	EEFS_KY	ANW	Kat.	NOM	%
V7	Parzellenanzahl des Anwesens	E(N)PZ_BY	ANW	Kat.	NOM	Anzahl
V7	Entwicklung Parzellenanzahl des Anwesens	EEPZ_KY	ANW	Kat.	NOM	%
V7	Parzellengröße des Anwesens	E(N)PG_BY	ANW	Kat.	NOM	qm
V7	Entwicklung Parzellengröße des Anwesens	EEPG_KY	ANW	Kat.	NOM	%
V7	Eigentums-Pachtverhältnis des Anwesens	EPV_B4	ANW	Kat., AfL	INT	Ratio Eigentum/Pacht
V7	Ackeranteil des Anwesens	E(N)AA_BY	ANW	Kat.	NOM	%
V7	Entwicklung Ackeranteil des Anwesens	EEAA_KY	ANW	Kat.	NOM	%-Punkte
V7	Wiesenanteil des Anwesens	E(N)GA_BY	ANW	Kat.	NOM	%
V7	Entwicklung Wiesenanteil des Anwesens	EEGA_KY	ANW	Kat.	NOM	%-Punkte
V7	Hutungs-/Ödlandanteil des Anwesens	EHA_BY	ANW	Kat.	NOM	%
V7	Entwicklung des Hutungs-/Ödlandanteil des Anwesens	EEHA_KY	ANW	Kat.	NOM	%-Punkte
V7	Waldanteil des Anwesens	EWA_BY	ANW	Kat.	NOM	%
V7	Entwicklung Waldanteil des Anwesens	EEWA_KY	ANW	Kat.	NOM	%-Punkte
V7	Eigentumstyp	ET_BY	ANW	Kat.	NOM	8 Typen
V7	Entwicklung des Eigentumstyp	EET_KY	ANW	Kat.	NOM	8*8 Typen
V7	Eigentümerwechsel-Typ	EUA_BY	ANW	Kat.	NOM	7 Typen

V	Variable	Kürzel	Be-zug	Quel-le	Skala	Einheit
V8	Betriebstyp	BT1_B4	BET	AfL	NOM	5 Typen
V8	Betriebstyp, detailliert	BT2_B4	BET	AfL	NOM	(14) Typen
V8	Betriebsform: Haupt-, Nebenerwerb	HENE0_P4	BET	AfL	Bool	NE=0, HE=1
V8	Großvieheinheiten (GVE)/ha	BGVHA_B4	BET	AfL	RAT	Ratio
V8	Geburtsjahr Betriebsinhaber	BGEBJ_B4	BET	AfL	INT	Jahr

Erklärungen zu Tabelle 2.6.2-1:

V(ariablenart bzw. thematische Zugehörigkeit): V1 Nutzung, V2 Geometrie, V3 Topographie, V4 Topologie, V5 Besitz, V6 Schutz-Pflege, V7 Anwesen, V8 Betrieb.

Kürzel: Nach dem „_" bestimmt das erste Zeichen (Platzhalter X) den Raumbezug (A = AGG, B = ANW, K = KGG, P = PAR) und das zweite Zeichen (Platzhalter Y) den Zeitschnitt (1 = 1850, 2 = 1900, 3 = 1960, 4 = 2000) oder die Untersuchungsperiode (12 = 1850-1900, 23 = 1900-1960, 34 = 1960-2000).

Raumbezug: KGG „Kleinste Gemeinsame Geometrie", die beim Verschneiden der Nutzungsparzellenlayer 1850-1900-1960-2000 entsteht; PAR Nutzungsparzelle; AGG Aggregierte Parzelle (aneinandergrenzende Parzellen mit gleicher Nutzung und gleichem Eigentümer/Nutzer); ANW Anwesen als Eigentums- (E) bzw. Nutzungseinheit (N), BET Landwirtschaftlicher Betrieb.

Quelle: Kataster = Bayerisches Katasterwerk (ca. 1850-2000); KGIS = aus dem GIS abgeleitet; NatSch = Naturschutzverwaltung; AfL = Amt für Landwirtschaft (Landwirtschaftsverwaltung).

Skala: Bool Boolsche/Binäre Logik; INT Intervallskala; NOM Nominalskala; ORD Ordinalskala; RAT Rationalskala.

V1. Nutzung

Kulturart und Kulturart-Veränderungstyp

Die Landesaufnahme (Vermessung) und die Aufstellung des Grundsteuerkatasters liefen in zwei getrennten Schritten ab. Das Flurstücksverzeichnis in den für die Steuerzumessung relevanten Katasterbüchern gibt die räumliche Differenzierung der Kulturarten zudem in einer etwas generalisierten Form wieder, so dass z. B. nicht jeder Ackerrain, jede kleine Ödlandinsel innerhalb eines Ackers, jeder Felsen innerhalb eines Waldstücks verzeichnet sind.

Für die vorliegende Studie wird in einem ersten Schritt die Bodennutzungsinformation zu den jeweiligen Flurstückseinheiten aus den Angaben in den Flurbüchern der jeweiligen Katasterwerke entnommen. Diese Erfassung der Kulturarten erfolgt über alle vier Zeitschnitte.

In einem zweiten Explorationsschritt („verfeinerte Nutzungskartierung", begrifflich orientiert an BASTIAN 2003) werden die Kulturarten nach den Katasterkarten sowie nach Luftbildern, der INVEKOS-Datenbank der Landwirtschaftsverwaltung, der Bayerischen Biotopkartierung, eigenen Geländebegehungen noch weiter ausdifferenziert.

Tab. 2.6.2-2: Abgleich der Attributisierung „Nutzung" über alle vier Zeitschnitte, gültig speziell für das Untersuchungsgebiet

ALB	Liegenschaftskataster (LK)	Renovierter Kataster (RK)	Grundsteuerkataster (GK)	„Kulturart"
100-199, 420 Gebäude- und Freifläche, Grünanlage 330-353 Lagerplatz, Versorgungsanlage etc.	Hf, Gbf, Hofräume	Gebäude, Bauplatz	Gebäude	Siedlung
211-215 Ackerland	A, AGr	Acker	Acker	Acker
231-234, 237, 238 Grünland, .. , Wiese	Gr, GrA	Wiese	Wiese	Wiese
236 Hutung	Hu	Weide	Weide	Hutung
240 Garten	G	Garten	Garten	Garten
500-550 Verkehrsfläche	Straßen, Wege, Plätze	div. Wege	div. Wege	Verkehr
700-740 Waldfläche	H, LH, NH, LNH, Gebüsch	Waldung	Waldung	Wald
800-890, 960 Wasserfläche	Wa	Wasser	Wasser	Gewässer
950 Ödland/Unland	U	Ödung	?	Ödland
ALB: Die Entschlüsselung der Kulturarten ist dem Verzeichnis der Nutzungs- und Wirtschaftsarten (Anlage 3.1 Katastereinrichtungsanweisung – KatEA) zu entnehmen (BAYSTMF 1993, II, 2 f.); Liegenschaftskataster: Verzeichnis der Nutzungs- und Wirtschaftsarten (BAYLVA 1996, Anlage 5).				

Insbesondere erfolgte nach den INVEKOS-Daten eine Überprüfung von Streuobstbeständen, Weiden, Wiesen und Gärten. Mit dieser Verfeinerung der inhaltlichen Auflösung wird in Ansätzen auch eine hierarchische Untergliederung von Kulturarten (z. B. bei Wald: Laub-, Nadelwald, Mischwald, Feldgehölze/Hecken, Einzelbäume/Baumgruppen, Kahlschlagflächen) erprobt. Andererseits wird besonderer Wert auf die Ermittlung – aus heutiger Perspektive – besonders naturschutzrelevanter Strukturen gelegt (wie Streuobstbestände und Hecken), aber auch Sukzessionsstadien, die über die steuerlich relevanten Angaben im Flurbuch allein nicht zu erfassen sind. Das Problem der Erfassung von Übergangsbereichen oder „Ökotonen" (vgl. BLASCHKE/LANG 2000) existiert speziell bei Ackerrainen, Straßenrändern und Waldrändern. Auch die beiden Erstgenannten waren anhand der Quellen gut zu erfassen, bezüglich der Ausdehnung und Qualität von Waldrändern ist man – zumal sie im Luftbild häufig verschattet sind

– auf eine Kartierung im Gelände angewiesen. Andererseits wurde auf eine Ausdifferenzierung der Gebäudetypen in den Siedlungslagen, welche nach den Quellen durchaus möglich wäre, aufgrund der Zielrichtung dieser Arbeit verzichtet. Da auch die Nutzungsänderungen in den Untersuchungsperioden 1850-1900 sowie 1950-2000 nur ein geringes Ausmaß hatten, wurde die wesentlich arbeitsaufwendigere verfeinerte Kartierung lediglich für die Zeitschnitte 1900 und 2000 durchgeführt.

Die Zuordnung der Nutzung erfolgt im Katasterwerk nach einem abschließenden Katalog, der heute 83 Kulturarten umfasst (ZIEGLER 1987, S. 25, Anlage 7). In beiden Erfassungsschritten für die Studie musste die Eigenschaft „Kulturart" im diachronischen Vergleich jedoch aufgrund sukzessiver Verfeinerung der Katasterangaben und z. T. auch wegen wechselnder Bezeichnungen bei den vier Zeitschnitten harmonisiert werden (vgl. BAYERISCHE STEUERVERMESSUNGSKOMMISSION 1808; ZIEGLER 1987, S. 25, Anlage 7). So wird in der Umschreibung auf die Spalte „Kulturart" der „kleinste gemeinsame Nenner" hergestellt (Tabellen 2.6.2-2/3).

Tab. 2.6.2-3 Abgleich der Attributisierung „Kulturart" in der verfeinerten Kartierung, gültig speziell für das Untersuchungsgebiet

Kulturart 1	Kulturart 2 ("verfeinert")	Kulturart 1	Kulturart 2 ("verfeinert")
Acker	Acker	Siedlung	Gebäude und Hofraum
	Sonderkultur		Lagerplatz
	Stilllegung (nach AfL)		Sand-/Lehmgrube
	Acker, aufgelassen	Verkehr	Strasse
Garten	Garten		Weg
	Streuobst		Eisenbahn, aufgelassen
	Öffentliche Grünfläche	Wald	Nadelwald
Gewässer	Fließgewässer		Mischwald
	Stillgewässer		Laubwald
	Quelle		Feldgehölz/Hecke
Hutung	Grasrain		Einzelbaum/Baumgruppe
	Magerrasen		Kahlschlag
	Magerrasen, verbuscht	Wiese	Wiese
	Magerrasen mit Bäumen		Wiese, beweidet
Ödland	Ödland		Wiese, aufgelassen
	Doline		Wiese, verbuscht
	Fels oder Felsblöcke		Feuchtwiese

Die inhaltliche Auflösung hinsichtlich der Bodennutzung liegt im Untersuchungsgebiet bei den neun Kulturarten Siedlung, Garten, Acker, Wiese, Hutung, Wald, Gewässer, Ödland und Verkehr, die über alle Zeitschnitte hinweg miteinander verglichen werden können. Aber schon für eine Ausweitung oder Übertragung des Ansatzes auf andere Gebiete werden ggf. weitere Kulturarten auszuweisen sein (z. B. Abbauland, Heide, Hopfengarten, Moor). Bei der verfeinerten Kartierung wurden 34 Kulturarten herausgearbeitet. Die (Kulturart)-„Veränderungstypen" ergeben sich schließlich aus der Verschneidung von zwei oder mehr Zeitlayern durch die inhaltliche Kombination von „Nutzung alt + Nutzung neu". Sie sind daher stets auf die KGG bezogen.

Inhaltliche Richtigkeit und Aktualität der Nutzungsinformation

Grundsätzlich war es Aufgabe der Flurkarten zum Grundsteuerkataster, den „wahren Zustand der Kultur" wiederzugeben (BAYERISCHE STEUERVERMESSUNGSKOMMISSION 1808). Das generalisierende Prinzip bei der Aufstellung der Parzellenverzeichnisse in den Flurbüchern wurde schon erwähnt. Dies führt in einigen Fällen dazu, dass die Flurbücher des GK für die Zeitschnitte 1850 und 1900 in einigen Flurstückseinheiten andere Kulturarten ausweisen als in den Zeitschnitten 1960 und 2000, während diese zuletzt ausgewiesenen Kulturarten aber trotzdem mit den Flurkarten bis zur Mitte des 19. Jahrhunderts eindeutig rückverfolgt werden können[18]. Entgegen der Prämisse, im ersten Explorationsschritt nur die Nutzungsangaben nach den Flurbüchern zu verwenden, mussten diese nur scheinbaren Nutzungsänderungen, welche das Endergebnis verfälscht hätten, eliminiert werden.

Im LK ist die Fortschreibung bei einer Veränderung der Kulturart in der Regel einer Nachschätzung überlassen: Die Kulturart des LK gibt somit nicht zwangsläufig die tatsächliche Nutzung an, sondern die landwirtschaftliche Nutzungseignung nach der Bodenschätzung (BAYLVA 1996, S. 57). „Offensichtliche Umwandlungen der Nutzung, z. B. durch Rodung, Aufforstung, Bodenabbau, Nutzung als Verkehrsfläche etc. werden jedoch in das LK übernommen" (BAYLVA 1996, S. 94).

Tab. 2.6.2-4 Überprüfung der Kulturartangaben im Kataster (nach der „verfeinerten Kartierung", für 2000 anhand von Luftbildauswertung und Geländebegehung)

Kulturart (Kataster)	Anteil falscher Kulturart-Zuweisungen in %	
	1900	2000
Acker	0,07	1,65
Garten	0,00	0,00
Gewässer	0,00	3,35
Hutung	0,31	6,57
Ödland	0,65	4,71
Siedlung	0,20	3,32
Verkehr	0,00	0,08
Wald	0,20	0,52
Wiese	3,79	1,29
Gesamt	0,24	1,21

Bedauerlicherweise hat man im Laufe des 20. Jahrhunderts aber auch immer weniger Wert auf die Fortschreibung des Gebäudebestands, des Wegenetzes und der topographischen Einzelheiten gelegt (BENDER 1994a). Um zu verlässlichen Aussagen zu gelangen, sollten deshalb für das 20. Jahrhundert gegebenenfalls weitere Quellen hinzu-

---

[18] Z. B. handelt es sich in der Gemarkung Zochenreuth um die Flurstücke 8½, 58, 79, 88, 102, 114, 119, 194, 197, 233a, 234, 237.

gezogen werden, wie dies in der „verfeinerten Kartierung" geschieht. Der „Katasterfehler" (vgl. Tabelle 2.6.2-4) liegt für 2000 insgesamt bei 1,2 % und betrifft knapp über 10 ha ausgewiesene Äcker, die tatsächlich zu 61 % als Wiese und zu 38 % als Wald genutzt sind. Die Angabe des Anteils falscher Zuweisungen für 1900 bezieht sich hingegen nicht die Qualität der Katasterangaben generell, sondern auf das Problem, dass Flurbuch und Flurkarte nicht aus dem gleichen Jahr stammen. Hiermit wird also der Fehler angezeigt, der durch die in dieser Arbeit verwendete Methode aufgetreten ist.

Bonität

Die Grundlagen der Bonitierungen wurden bereits in Kapitel 2.4.3 erörtert. Die Bodenwerte haben demnach keine Maßeinheiten. Bei der Bonitierung zum Bayerischen Grundsteuerkataster gab es folgende Wertbereiche: „Bei Äckern gab es Klassen 1-27 (...), bei Wiesen Klassen 1-40 (...), bei Wäldern Klassen 1/2 – 11 1/2, bei Hopfengärten und Weinbergen Klassen 1-64. Das Produkt von Tagwerkszahl mal Bonitätsklasse ergab die Verhältniszahl des steuerbaren Ertrags" (HEIDER 1954, S. 33 f., siehe ausführlicher bei AMANN 1920, S. 25 ff.). Der Wertebereich nach der Reichsbodenschätzung liegt zwischen 0 und 100, wobei für Acker und Grünland mindestens der Wert 7 angesetzt wird (Tabelle 2.6.2-5).

Die Bonitätswerte aus dem Grundsteuerkataster (Urkataster, Renovierter Kataster) beziehen sich für die Zeitschnitte 1850 und 1900 jeweils auf ganze Nutzungsparzellen, wobei bestimmte Kulturarten (Gewässer, Ödland, Verkehr) von der Bonitierung ausgenommen waren. Im Liegenschaftskataster sind hingegen nach der Reichsbodenschätzung sog. Flächenschätzungen als Grundlage der Steuerermittlung erfolgt. Über die im Flurbuch angegebenen Ertragsmesszahlen (EMZ) ist allerdings ein rechnerischer Rückgriff auf eine durchschnittliche Wertzahl zu jeder Parzelle möglich (Wertzahl = EMZ / m^2).

Tab. 2.6.2-5: Ableitung des Ertragspotenzials aus den Werten der „Reichsbodenschätzung" (Quelle: BASTIAN/SCHREIBER 1999)

Ackerboden- und Grünlandzahlen	Ertragspotenzial	
	Stufe	Bezeichnung
7-18	1	sehr gering
19-38	2	gering
39-63	3	mittel
64-82	4	hoch
83-100	5	sehr hoch

Für den Zeitschnitt 2000 liegt nur noch die Flächenzuweisung in der Bodengütekarte vor, und damit gibt auch es keine rechnerische Möglichkeit mehr, Durchschnittswerte für die Flurstückseinheiten zu bekommen. Hierzu müsste ein GIS-Layer mit den Schätzungsflächen digitalisiert und mit den Flurstückseinheiten verschnitten werden. Im KGIS für diese Studie wurde angesichts des hohen Arbeitsaufwandes darauf verzichtet, zumal ohne eine Nachschätzung weder größere Veränderungen zum Zeitschnitt 1960 noch überhaupt nach heutigen Maßstäben aussagekräftigere Werte (vgl. Kapitel 2.4.3) zu erwarten waren.

V2. Geometrie

Grundfläche und Umfang

Grundfläche und Umfang der Flurstückseinheiten werden aus dem Flurbuch übernommen bzw. nach KGIS ermittelt. Hinsichtlich der Flächenangaben treten beim Vergleich der Flächengröße der digitalisierten Polygone mit den Angaben in den (historischen) Flurbüchern z. T. erhebliche Abweichungen zutage. Nach Stichproben liegt die Differenz bei mittleren bis großen landwirtschaftlichen Grundstücken (> 1000 m^2) in aller Regel unter 5 %; sie ist bei kleinen Grundstücken oft erheblich größer und erreicht bei sehr länglichen Parzellen wie Verkehrswegen teilweise mehr als 50 %. Das Phänomen ist nur vor dem Hintergrund der Katasteraufstellung verständlich. Die Flächenberechnung erfolgte bei der Kataster-Uraufnahme rein graphisch durch einfache Figurenaufteilung, bei Nachmessungen infolge Parzellenveränderungen durch Saldierung. Unsteuerbare Gegenstände wie v. a. Wege wurden lediglich gefolgert, d. h. bei einer Aufteilung in Intersektionsquadrate hat man die Summe der steuerbaren Parzellen vom Quadrat abgezogen, so dass der Gesamtbetrag für die Wege übrig blieb. Der durchschnittliche Flächenfehler dürfte somit bei 3-5 % liegen (AMANN 1920, S. 24, BAYLVA 1996, S. 9, 67 f.).

Shape Index (SI) und Fractal Dimension (FD)

Es handelt sich um Maße zur Beschreibung der Formkomplexität von Flächen (vgl. MCGARIGAL/MARKS 1995), hier abgeleitet aus dem Umfang der Flurstückseinheiten [PERI_XY] und Flächeninhalt [FGIS_XY]:

- Shape Index bzw. standardisierter Shape Index (Umfang-Flächen-Ratio),
- Fraktale Dimension ($1 \leq D \leq 2$, Parameter für die Kontinuität von Flächenrändern).

Der Shape Index wurde von FORMAN/GODRON (1986) als ein Gestaltmaß in die landschaftsökologische Forschung eingeführt. Die Berechnung der Fraktalen Dimension geht auf eine Umfang-Flächenmethode nach MANDELBROT (1977 und 1983) zurück. Die in dieser Arbeit verwendeten Formeln zur Berechnung dieser Formparameter sind im Anhang aufgelistet.

V3. Topographie

Höhenlage, Hangneigung und Exposition

Aus einem Digitalen Geländemodell (DGM bzw. DHM) sind weitere für die Interpretation der Landschaftsentwicklung belangvolle Informationen, z. B. über die Reliefenergie (Hangneigung) und die Belichtungsverhältnisse (Besonnung) abzuleiten (vgl. LANGE 1999a und b). Solche Daten sind auf rechnerischem Wege (Umwandlung von Flächeneinheiten gleicher Hangneigungsklasse u. ä. in einen Vektordatenbestand) in das katasterbasierte GIS einzubringen und mit dem Parzellenbestand entsprechend zu verschneiden.

Abb. 2.6.2-1: Überlagerung von DGM und Orthofoto (1996) – Blick von Wüstenstein nach NE über das Aufseßtal. Die dritte Dimension wird über eine 3D-Visualisierung hinaus gehend zur Analyse der Flurstückseinheiten benötigt (Hangneigung, Exposition etc.)

Die für vorliegende Studie verwendete Geländeinformation stammt aus dem DGM 25 mit der Qualitätsstufe Q2 (Höhengenauigkeit ±2 m, Gitterweite 50 m) als Bestandteil des ATKIS-Basis-DLM (AdV-Arbeitsgruppe 2002). Die räumliche Auflösung dieses DGM wird dem akzentuierten Relief der Nördlichen Fränkischen Alb mit seinen Geländekanten („Albtrauf", Taleinschnitte) möglicherweise nicht ganz gerecht. Daten besserer Qualität (separate Geländekanten-Info, Laserscanning-Daten höchster Auflösung) waren für das Untersuchungsgebiet allerdings nicht erhältlich. Um dieses Manko ein wenig auszugleichen, wurde bei der Umwandlung des DGM in einen Rasterdatensatz eine spezielle Interpolationsmethode verwendet (siehe Anhang).

Die jeweiligen Berechnungen von Höhenlage, Reliefenergie und Exposition erfolgten nach Klassen à 1 Höhenmeter, 0,1° Hangneigung bzw. 1° der Himmelsrichtung. Die Expositionswerte wurden anschließend gewichtet, wobei S mit 180 den höchsten Wert bekommt, N mit 0 den niedrigsten. Alle dazwischen liegenden Werte – sowohl auf der westlichen wie östlichen Seite – wurden nach der Entfernung zu N bzw. S gewichtet, z. B. 90°O bzw. 270°W erhielten jeweils den Wert 90.

V4. Topologie

Weganschluss und Nachbarnutzung Wald

Es wurde geprüft, ob die jeweiligen Flurstückseinheiten eine gemeinsame Grenze mit der Kulturart „Verkehr" besitzen. Ein eventueller Weganschluss am Gemarkungsrand wurde dazu aus Katasterkarte bzw. Luftbild nachkartiert.

Weiterhin wurde ermittelt, mit welchem Anteil vom Umfang eine Flurstückseinheit an eine Waldfläche angrenzt.

Hofentfernung

Eine Berechnung der tatsächlichen Fahrstrecke vom Hof zur Nutzfläche setzt ein Netzwerkmodell der Verkehrswege voraus, das Informationen über die Befahrbarkeit der einzelnen Wegsegmente einschließt. Ein solches Modell ist im ATKIS-DLM prinzipiell enthalten (ADV-ARBEITSGRUPPE 2002), allerdings mit einer geringeren Genauigkeit als sie die DFK verlangt. Für die historischen Zeitschnitte ist es nicht verfügbar. Weiterhin wäre nach der Befahrbarkeit für bzw. der Fahrgeschwindigkeit von den verschiedenen je nach Kulturart und landwirtschaftlicher Arbeit benötigten Nutzfahrzeugen zu differenzieren.

Aufgrund des hohen Aufwands bezüglich der Datenbeschaffung bzw. -ermittlung, um ein solches Modell zu entwickeln, wird für das katasterbasierte GIS (zum Stand der vorliegenden Arbeit) lediglich die „Luftlinien"-Entfernung berechnet. Die so ermittelten Unterschiede für die Hofentfernung weichen aufgrund des dichten Wegenetzes zumindest auf der Hochfläche nur unwesentlich von der tatsächlich gefahrenen Entfernung ab. Für die Parzellen im Talraum wird nach dieser Methode allerdings, jedenfalls dort, wo über einen längeren Talabschnitt keine Wegeverbindung auf die Hochfläche besteht, ein im Verhältnis zu den übrigen Parzellen zu geringer Entfernungswert angegeben.

V5. Besitz

Zugehörigkeit zu Anwesen

Die „Landschaft" im juristischen Sinne ist aus der Gesamtheit der im Grundeigentum abgeleiteten Flurstücke aufgebaut (GALLUSSER 1979, S. 153). Bei der rechtlichen Fluranalyse sind (a) die Parzellen und Parzellengrenzen, wie sie in den Flurkarten ausgewiesen werden, von (b) den Eigentumsverhältnissen und faktischen Eigentumsgrenzen zu unterscheiden. „Die genaue Kenntnis der Besitzsituation [deutet] die zugeordnete Bodennutzung nicht nur", sondern erklärt sie ursächlich, „da das unsichtbare Ordnungsnetz des Grundeigentums das sichtbare Gefüge des Nutzungsraumes bewirkt". Daher „wird das Grundbuch [bzw. der Kataster] zu einer methodisch wichtigen Verbindung im Kontaktfeld Mensch – Raum – Bodennutzung" (GALLUSSER 1979, S. 153 f.).

Grundlage für entsprechende Analysen bilden die datenschutzrechtlich sensiblen Personendaten im Kataster, ALB und in der INVEKOS-Datenbank, welche der Forschung normalerweise nicht zugänglich sind, bei Planungsverfahren jedoch zur Verfügung stehen. Ziel ist es, über die Besitzformen Eigentum bzw. Pacht (2000) wirtschaftliche Einheiten herauszuarbeiten. Diese Einheiten werden von den jeweiligen Anwesen mit ihrer zugehörigen Hausnummer repräsentiert, was eine Hausnummernkonkordanz zur Klärung aller Hausnummer-Verschiebungen (Um- oder Neunummerierungen) über den Zeitraum 1850-2000 voraussetzt.

Tab. 2.6.2-6: Einteilung und Kodierung der Anwesen in KGIS, gültig speziell für das Untersuchungsgebiet

1	2	3	4	5
1) Anwesen im Ort: 1a) Sofern der Eigentümer im Ort lebt, „verdrängt" die Hausnummer am Wohnplatz des Eigentümers die Hausnummer des untersuchten Gebäudes; 1b) sofern der Eigentümer nicht am Ort lebt, gilt die Hausnummer des Gebäudes; 1c) bei Ortsansässigen ohne eigenes Anwesen (1850-1900) wird die Bruchplannummer übernommen.	Veilbronn	V	+ Hausnummer (xx), ggf. Bruchplannummer (/x bzw. /xx)	11xxx
	Leidingshof	L		12xxx
	Siegritz	S		13xxx
	Gößmannsberg	G		14xxx
	Wüstenstein	W		15xxx
	Draisendorf	D		16xxx
	Rauhenberg	R		17xxx
	Zochenreuth	Z		19xxx
2) Gemeinde- bzw. öffentlicher Besitz wird unabhängig von baulichen Anwesen behandelt.	Anlieger/Anrainer	CA	+ Ortskürzel	31xxx
	Ortsgemeinde	CC		32xxx
	Teilnehmerg. Flurb.	CF		33xxx
	Steuergemeinde	CG		34xxx
	Landkreis	CK	+ Kreiskürzel (2000)	35xxx
	Freistaat	CS		36xxx
3) Gemeinsamer Besitz mehrerer Anwesen wird durch Auflistung aller beteiligten Anwesen bezeichnet.	gemeinsamer Besitz mehrerer Inmärker	BY	+ Hausnummer(n) (xx, ggf. /x bzw. /xx)	51xxx
	gemeinsamer Besitz Inmärker + Ausmärker	BV		52xxx
4) Besitzstände von Auswärtigen („Ausmärker") werden nach verschiedenen Kategorien, zumeist mit Hinweis auf die Herkunft des Eigentümers behandelt.	gemeinsamer Besitz mehrerer Ausmärker	AV	+ Ortskürzel	71xxx
	naher ausmärkischer Besitz, meist landwirtschaftlicher Besitz	AL		72xxx
	entfernter ausmärkischer Besitz	AB	+ Landkreiskürzel	73xxx
	Körperschaften u. ä. Organisationen (DB, EVO, Kirche)	AA	+ Organisations-Kürzel	74xxx

107

Die Schwierigkeit bei der Erarbeitung einer solchen Hausnummernkonkordanz liegt darin, dass Urkataster und Renovierter Kataster nach den Hausnummern der Anwesen aufgebaut sind. Die Hausnummerierung erfolgte nach der Steuerprovisoriums-Verordnung von 1808, und wurde 1808-1810 teilweise durch eine geänderte polizeiliche Nummerierung ersetzt, die dann endgültig wurde (HEIDER 1954, S. 13). Liegenschaftskataster und ALB sind hingegen auf die Hausnummern des Eigentümerwohnsitzes abgestellt: Damit kann es nach dem Katasterverlauf zu scheinbaren Veränderungen der Hofzugehörigkeit kommen, die für die Konkordanz aufgelöst werden müssen. Ein weiteres häufiges Problem sind die im Zuge eines Hausneubaus erfolgten Übergänge ganzer Anwesen auf eine neue Hausnummer. Maßgeblich für die Erstellung der Konkordanz waren die aktuellen Hausnummern (2000), die somit für die früheren Zeitschnitte rückgeschrieben wurden.

Pachtverhältnisse werden über die Spalten [NCNR_PY] nach den gleichen Grundsätzen wie die Eigentumsverhältnisse erfasst, soweit ein Mehrfachantrag beim Amt für Landwirtschaft gestellt war [BTYP_B4]. Die Besitzstände wurden schließlich in diverse Kategorien eingeteilt (siehe Tabelle 2.6.2-6, Spalten 1, 2). Die eindeutige Bezeichnung der Anwesen erfolgt mit dem Eigentümer-/Nutzer-Code [ENCODE] durch Kombination der Spalten 3 und 4; bzw. anonymisiert, d. h. innerhalb der jeweiligen Kategorie durchnummeriert, als [ENCNR] in Spalte 5 (Tabelle 2.6.2-6).

Eigentümerwechsel

Es handelt sich um einen aus der Veränderung des Eigentümercode (Differenz: ENCNR[Y+1] − ENCNR[Y]) abgeleiteten Wert (vgl. STEINER/SZEPESI 2002). Aus dem Betrag bzw. dem Vorzeichen sind Schlüsse möglich, wie (wenig) ähnlich sich alter und neuer Eigentümer sind bzw. über die Richtung des Eigentümerwechsels (z. B. vom Privat- in Gemeinschafts- oder öffentlichen Besitz bzw. umgekehrt).

Für die statistische Auswertung in Kapitel 5 wurde lediglich eine Boolesche Logik verwendet:

1 = Eigentumswechsel in der Untersuchungsperiode $Y_n Y_{n+1}$,

0 = kein Eigentumswechsel in der Untersuchungsperiode $Y_n Y_{n+1}$.

Besitztyp

Der Besitztyp der Flurstückseinheiten laut Mehrfachantrag beim Amt für Landwirtschaft (Stand 2000):

e = vom Eigentümer genutzt,

e+p = vom Eigentümer und Pächter gemeinsam oder je in Teilen genutzt,

p = vom Pächter genutzt,

o = kein Mehrfachantrag, d. h. keine Angabe.

V6. Schutz-Pflege

Schutzgebiete

Die Erfassung der Schutzgebietszugehörigkeit erfolgte durch Overlay mit digitalen Daten (zum Teil Arbeitsdaten aus dem FIN-Web[19], die im ESRI-Shape-Format vorliegen) aus der Bayerischen Naturschutzverwaltung bzw. nach analogen Listen über den Bestand der Naturdenkmäler.

Die offiziellen Daten sind allerdings auf Basis der TK 25 digitalisiert. Daten höherer Genauigkeit stehen nicht zur Verfügung bzw. wurden nicht zur Verfügung gestellt. Außerdem können Schutzgebietsgrenzen Katasterparzellen durchschneiden. Deshalb war lediglich festzustellen, ob die Flurstückseinheiten mit ihrem überwiegenden Flächenanteil im jeweiligen Schutzgebiet liegen oder nicht. Zur Qualität der Schutzgebiete siehe Kapitel 8.3.

Förderung nach dem Kulturlandschafts- und dem Vertragsnaturschutzprogramm

Erfasst wurde, welche Flurstückseinheiten im Jahr 2000 an Förderprogrammen teilgenommen haben. Die entsprechenden Daten stammen aus der INVEKOS-Datenbank der Landwirtschaftsverwaltung bzw. von Auskünften der Naturschutzverwaltung.

Im Förderprogramm befinden sich oft nur Teilflächen der Flurstückseinheiten. Für die vorliegende Studie konnten dazu noch keine Geometriedaten zur Verfügung gestellt werden. Dieses Manko ist im Rahmen des Förder- und Kontrollsystems INVEKOS-GIS der Landwirtschaftsverwaltung ab 2005 behoben, denn Art. 4 VO (EG) 1593/2000 verlangt ab dem Antragsjahr 2005 den obligatorischen Einsatz eines computergestützten geographischen Systems zur Identifizierung landwirtschaftlicher Parzellen. Im Rahmen von KGIS wurde deshalb – soweit möglich – eine Zuordnung auf kleinere Einheiten (Nutzungsparzelle, KGG) vorgenommen, ansonsten die gesamte Flurstückseinheit mit dem Attribut „gefördert" versehen.

In den Attributfeldern wird die Zugehörigkeit zu den jeweiligen Förderprogrammen aufgelistet. Zur Beschaffenheit der einzelnen Programme siehe Kapitel 8.3.

V7. Anwesen

Hier sind Informationen über die Eigentums- bzw. Nutzungseinheiten („Anwesen") zu erheben, indem die Katasterwerte (Anzahl, Fläche) aller zu den jeweiligen Anwesen gehörigen Parzellen, die im Untersuchungsgebiet gelegen sind, zusammengefasst werden. Diese Werte können dann ggf. auf alle Flurstückseinheiten im Eigentum bzw. Besitz des Anwesens übertragen werden.

Da für die vorliegende Untersuchung nur die Katasterdaten für die Gemarkungen des Untersuchungsgebietes aggregiert wurden, bleiben Besitzanteile, welche die Anwesen

---

[19] http://www.bayern.de/lfu/natur/gruene_liste/index.html,
http://62.134.61.225/fisnatur/finweb/finindex.htm (05.02.2007)

des Untersuchungsgebietes in anderen Gemarkungen innehaben, ohne Berücksichtigung. Gleichfalls werden Besitzstände von Ausmärkern ähnlich wie inmärkische Kleinanwesen klassiert. Aufgrund des geringen ausmärkischen Eigentumsanteils im Untersuchungsgebiet von unter 6 % für die Zeitschnitte bis 1960 (4,6 % für 1850, 5,1 % für 1900, 5,9 % für 1960) wurde darauf verzichtet, die Katasterbände sämtlicher Gemarkungen in der Umgebung des Untersuchungsgebietes auszuwerten. Für den Zeitschnitt 2000 (Ausmärkeranteil von 8,25 %) kann diese Informationslücke außerdem über die Daten der Betriebs-Information (V8) geschlossen werden.

Größenklasse, Flächensumme, Parzellenanzahl und -größe der Anwesen

Eine Einteilung der Eigentums- bzw. Nutzungseinheiten (lt. INVEKOS-Datenbank der Landwirtschaftsverwaltung, 2000) erfolgt in fünf Größenklassen (bis 2 ha, 2 bis < 5 ha, 5 bis < 10 ha, 10 bis < 20 ha, 20 ha und mehr). Die zeitliche Entwicklung der Größenklassen wird über die Differenz der Klassen zweier Zeitschnitte beobachtet: $(EEG\_K[Y_nY_{n+1}] = EGT\_B[Y_{n+1}] - EGT\_B[Y_n])$. Die zeitliche Entwicklung über alle vier Zeitschnitte wird als Typ (bezeichnet durch Aneinanderreihung der vier zeitspezifischen Größenklassen: $Y_1Y_2Y_3Y_4$) beobachtet. Weiterhin wurden die Flächensummen der Besitzstände, die Parzellenanzahl und durchschnittliche Parzellengrößen aller Anwesen sowie deren jeweilige zeitliche Entwicklung in Prozentpunkten bezogen auf den jeweils früheren Zeitschnitt erhoben.

Betriebs-Pachtverhältnis

Das Betriebs-Pachtverhältnis wird als Quotient der betrieblichen Nutzungsfläche zur Eigentumsfläche (abgeleitet aus den Katasterangaben sowie den Daten über Mehrfachanträge aus der Landwirtschaftsverwaltung) erhoben.

Werte > 1 besagen, dass der jeweilige Betrieb einen Überhang an Zupachtflächen hat, Werte < 1 bedeuten, dass er überwiegend Flächen an andere Betriebe verpachtet hat.

Flächenanteile bestimmter Kulturarten

Es wurden die Flächenanteile der Kulturarten Acker, Wiese, Hutung/Ödland, Wald an der Eigentums- bzw. Nutzungsfläche der Anwesen (innerhalb des Untersuchungsgebietes) sowie deren zeitliche Entwicklung in Prozentpunkten bezogen auf den jeweils früheren Zeitschnitt erhoben.

Eigentumstyp

Der Eigentumstyp stellt eine Charakterisierung des Anwesens nach sozioökonomischen Merkmalen dar. Die Untersuchung beruht auf den Angaben zu den Eigentümern (oft mit Berufsbezeichnung, Wohnsitzangabe) und den Besitzständen sämtlicher Anwesen nach den Flurbüchern der Kataster. Diese Angaben wurden für die vorliegende Studie in einer Höfedatei systematisiert[20].

---

[20] Die Höfedatei schreibt nach den Flurbüchern die Eigentumsübergänge sämtlicher Anwesen im Untersuchungsgebiet fort und erfasst dabei den jeweils neuen Eigentümer, die Übergangsart (wie Hofübernahme, Kauf oder Tausch u. a.), das Jahr des Überganges und die Gesamtfläche des Anwesens (innerhalb der Gemarkung) zum Zeitpunkt des Übergangs.

1 Haupterwerbsbetrieb mit Betriebssitz innerhalb des Untersuchungsgebiets

2 Nebenerwerbsbetrieb mit Betriebssitz innerhalb des Untersuchungsgebiets

3 Aufgegebener landwirtschaftlicher Betrieb mit Betriebssitz innerhalb des Untersuchungsgebiets (noch > 1 ha Ackereigentum)

4 Wohn- oder gewerbliches Anwesen

5 Vermietetes Haus oder Zweitwohnsitz (lt. Kataster wohnt Eigentümer andernorts)

6 Anwesen im öffentlichen Besitz

7 Gemeinsamer Besitz

8 Ausmärkischer Besitz

Nach der aktuellen Definition der Betriebsformen sind landwirtschaftliche Einzelunternehmen Haupterwerbsbetriebe, wenn sie mindestens 1,5 Arbeitskrafteinheiten je Betrieb aufweisen oder bei 0,75-1,5 Arbeitskrafteinheiten, wenn der Anteil des betrieblichen Einkommens am Gesamteinkommen mindestens 50 % beträgt. Die Typisierung der Haupt- und Nebenerwerbsbetriebe für 2000 erfolgt nach den Angaben aus der INVEKOS-Datenbank der Landwirtschaftsverwaltung. Für die Zeitschnitte 1850, 1900 und 1960 wurde eine Ackernahrung bei ca. 7-10 ha Gesamtfläche angenommen (vgl. PIETRUSKY 1988), d. h. ein Anwesen ab ca. 4-5 ha Ackerfläche als Haupterwerbsbetrieb klassiert. Darüber hinaus wurde auf die Berufsbezeichnungen (Bauer u. ä.) im Flurbuch geachtet.

Die Eigentums-Entwicklungstypen werden für eine Untersuchungsperiode zwischen jeweils zwei Zeitschnitten durch eine Kombination von „Eigentumstyp alt + Eigentumstyp neu" gebildet.

Eigentümerwechsel

Hierbei handelt es sich um eine Typisierung des Eigentumswechsels während einer Untersuchungsperiode, die über 40-60 Jahre reicht – und damit im Durchschnitt zwei Generationswechsel beinhaltet. Bei mehreren Eigentumswechseln im betreffenden Zeitraum wird der entsprechend der Typziffer höchstrangige (2-4) angegeben.

Die Untersuchung beruht auf den Angaben zu den Eigentümern und Eigentumsübergängen sämtlicher Anwesen nach den Flurbüchern der Kataster. Diese Angaben wurden in der Höfedatei systematisiert.

0 kein Anwesen während der Untersuchungsperiode

1 kein Besitzübergang

2 Vererbung an direkte Nachkommenschaft

3 Übernahme außerhalb der direkten Nachkommenschaft, meist mit Einheirat verbunden

4 Kauf, Tausch, Ersteigerung

5 (Eigentumsübertrag unbekannt) nicht untersuchtes Anwesen/Besitzeinheit fortgeführt

6 (Eigentumsübertrag unbekannt) nicht untersuchtes Anwesen/Besitzeinheit neu begründet

7 (Eigentumsübertrag unbekannt) nicht untersuchtes Anwesen/Besitzeinheit erloschen

Bei der Verknüpfung des Anwesen-Eigentumswechsels mit den Flurstückseinheiten ist eine Typziffer anzugeben, soweit die Parzelle beim gleichen Anwesen verblieben ist, bzw. sind zwei Typziffern anzugeben, sofern die Parzelle zu einem anderen Anwesen übergegangen ist (1. Stelle: Typ des abgebenden Anwesen, 2. Stelle: Typ des erwerbenden Anwesens).

V8. Betrieb

Hier wurden Informationen über die landwirtschaftlichen Betriebsverhältnisse erhoben, die ggf. auf alle Flurstückseinheiten im Eigentum bzw. Besitz des Betriebes übertragen werden können. Die Daten stammen aus der INVEKOS-Datenbank der Landwirtschaftsverwaltung.

Ein Problem liegt darin, dass sich die Angaben nur auf solche Flächen beziehen, für die ein Förderantrag an die Landwirtschaftsverwaltung gestellt worden ist; sie liegen somit nur für den Zeitschnitt 2000 und nicht flächendeckend vor.

Ein Rückschluss aus dieser „Stichprobe" (immerhin 82 % der landwirtschaftlichen Fläche und 44 % der Gesamtfläche des Untersuchungsgebiets) auf das Gesamt-Untersuchungsgebiet ist auch nur bedingt sinnvoll, weil bestimmte Kulturarten (v. a. Wald) und generell die Flächen von Nicht-Landwirten in der INVEKOS-Datenbank nicht berücksichtigt werden.

Betriebstyp

Eine Aufstellung der Betriebstypen erfolgt üblicherweise nach der Struktur des Standarddeckungsbeitrags (entspr. der offiziellen Agrarstatistik in Deutschland, vgl. MINISTERIUM FÜR ERNÄHRUNG UND LÄNDLICHEN RAUM BADEN-WÜRTTEMBERG 2001). Jedoch konnten von der Landwirtschaftsverwaltung keine exakten Daten zu den Standdarddeckungsbeiträgen der Betriebe im Untersuchungsgebiet gegeben werden. Deshalb erfolgte eine hilfsweise Typisierung nach der jeweiligen betrieblichen Ausrichtung (Anbauflächen und Viehbestand, nach den entsprechenden Angaben der Landwirtschaftsverwaltung).

Die Variable „Betriebstyp" (BT1_B4) unterscheidet fünf Haupttypen:

M   Marktfruchtbetriebe

F   Futterbaubetriebe

V   Veredelungsbetriebe

D   Dauerkulturbetriebe (im Untersuchungsgebiet nicht vorhanden)

X   Gemischtbetriebe

Die Variable „Betriebstyp detailliert" (BT2_B4) unterscheidet weitere Untertypen (im Folgenden werden nur solche aufgelistet, die im Untersuchungsgebiet vorkommen):

F1	Futterbauspezialbetriebe
F-M	Futterbau-Marktfruchtbetriebe
FRI	Rindermastbetriebe
FMI	Milchviehbetriebe
F-Sch	Schafbetriebe
M1	Marktfruchtspezialbetriebe
M-F	Marktfrucht-Futterbaubetriebe
M-V	Marktfrucht-Veredlungsbetriebe
VGE	Geflügelbetriebe
V-M	Veredlungs-Marktfruchtbetriebe
VSW	Schweinebetriebe
X-F	Landwirtschaft mit Futterbau
X-M	Landwirtschaft mit Veredelung
X-F	Landwirtschaft mit Marktfrucht

Schließlich wurden die Betriebsform (Haupt- bzw. Nebenerwerb, vgl. oben zum Eigentumstyp), das Geburtsjahr des Betriebsinhabers und die Großvieheinheiten (Größe des gesamten Viehstapels, standardisiert), jeweils nach der INVEKOS-Datenbank der Landwirtschaftsverwaltung erhoben.

3 Grundlegende Strukturen und Entwicklungen der Kulturlandschaft

3.1 Naturräumliche Grundlagen

3.1.1 Naturraum „Nördliche Fränkische Alb"

Die Nördliche Fränkische Alb[21] (Nr. 080 der Naturräumlichen Gliederung Deutschlands, OTREMBA 1953-1962) erhebt sich zwischen dem Main und der Linie Hersbruck-Sulzbach-Rosenberg und bildet eine nach W und N klar umrissene, eigenständige naturräumliche Einheit. Es handelt sich um ein verkarstetes Hochland, das aus geschichteten Kalken bzw. massigen, dolomitisierten Kalkriffen des Oberen Jura aufgebaut ist (SCHIRMER 1978). Im Osten wird die Naturraumgrenze durch teils sandige Kreideauflagen und tiefe Verwitterungsdecken etwas verwischt. Geomorphologische Abgrenzungskriterien bilden die Karsteigenschaften der Kalke und Dolomite, die scharfe Westgrenze durch die Weißjuramauer des Albtraufs und die relativ erhabene Höhenlage um 500 m. Charakteristisch ist ihr schüsselförmiger Querschnitt (vgl. Hollfelder Mulde, 080.4). Hinter dem Trauf bilden flach gebankte Weißjurakalke fast ebene Landstriche (Teilräume 080.0, 080.2, 080.3), während für die zentralen Bereiche eher eine Kuppenstruktur (Kuppenalb, repräsentiert durch die Teilräume 080.1, 080.6) charakteristisch ist. Höchste Erhebung ist die Hohenmirsberger Platte (614 m). Die durch Verwitterung herauspräparierten Dolomitkuppen werden als Knöcke (Einzahl: Knock) bezeichnet.

3.1.2 Morphologie, Geologie und Hydrologie

Die Nördliche Fränkische Alb ist relativ flussreich; das sternförmig angelegte Talsystem besitzt seinen zentralen Knotenpunkt bei Gößweinstein. Die etwa 70 bis 80 Meter eingetieften, zumeist steilwandigen Sohlentäler zerschneiden die ihrerseits an Oberflächenwasser ausgesprochen arme Karsthochfläche in mehrere Teile. Das Untersuchungsgebiet (360-490 m ü. M.) gehört zur Siegritz-Voigendorfer Kuppenalb (HÖHL 1968) sowie zu den Talräumen der Leinleiter und Aufseß. Die Hochfläche der Alb zeigt hier ein recht welliges bis bewegtes Relief. Über die Hochfläche ragen die charakteristischen, zumeist bewaldeten „Knöcke" bis zu 50 m heraus, während kleinere Trockentäler unterschiedlich stark eingetieft sind. Als kleine abflusslose Hohlformen treten vereinzelt Dolinen auf, gelegentlich auch in -reihen oder -feldern vergesellschaftet.

Den geologischen Untergrund der Hochfläche bilden Kalksteine des Malm γ, δ und ε, die in Teilen dolomitisiert und zum Teil von einer flachen sandigen bzw. lehmigen Albüberdeckung überzogen sind (GOTTWALD 1959, RICHTER 1985, MEYER/SCHMITT-KALER 1992). Zur Landschaftsgenese und zur Deutung der fossilen sowie rezenten

---

[21] Zur Problematik der Begriffe „Frankenalb" (HÖHL 1968) und „Fränkische Alb" vgl. TICHY (1989); zur eindeutigen Ansprache des Gebietes wird in der vorliegenden Arbeit die Bezeichnung „Nördliche Fränkische Alb" verwendet.

Karstformen siehe HABBE (1989), PFEFFER (1986, 1990 und 2000, mit weiteren Literaturhinweisen) und ROSSNER (2003b).

Die Leinleiter hat sich mit ihren Nebenbächen fortschreitend in die zum Teil wasserstauenden Schichten unter dem Werkkalk (Malm β) eingetieft. Das im seichten Karst angelegte Leinleitertal ist relativ breit im Gegensatz zum benachbarten Aufseßtal, das sich noch im tiefen Karst befindet und über keine wasserführenden Nebentäler verfügt. Besonders an der Obergrenze des Braunjuras (Dogger γ: Ornatenton) treten zahlreiche, zumeist stark schüttende Quellen zutage. Die Flusswasser sind jedoch arm an Nährstoffen (HOFFMEISTER 1966, S. 7).

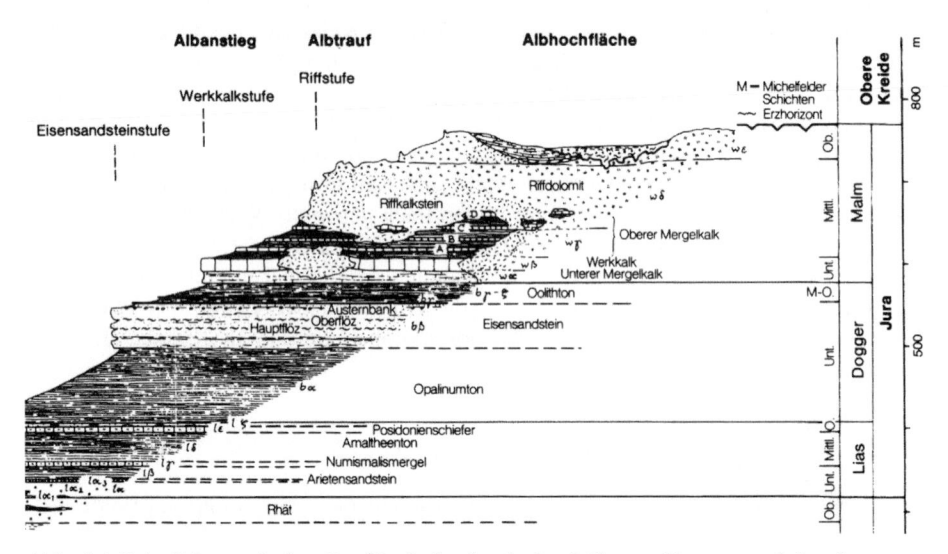

Abb. 3.1.2-1: Schematischer Profilschnitt durch den höheren Keuper und den Jura am Nordende der Fränkischen Alb (Quelle: SCHIRMER 1978, Ausschnitt)

3.1.3 Böden

Die Fluss- und Bachtäler werden von oft kalkhaltigen Aueböden mit einer häufig pseudovergleyten, kolluvialen Auelehmdecke über pleistozänem Schotter und wechselndem Grundwassereinfluss im Unterboden charakterisiert. Die lange Zeit praktizierte künstliche Bewässerung trug zur Kalkanreicherung bei, stabilisierte das Bodengefüge und erhöhte die Bodenaustauschkapazität. Mit Aufgabe der Bewässerung und der dadurch beginnenden Absenkung der Ca++-Sättigung kann infolge des nunmehr beginnenden stärkeren Aggregatzerfalls allerdings eine Tonverlagerung eintreten, und dadurch entsteht die Gefahr einer Pseudovergleyung (HOFFMEISTER 1966, S. 5, KESSLER 1990, S. 55).

In den breiteren Tälern im seichten Karst gelangt man in den Einflussbereich des Quellhorizontes zwischen Malm und unterlagerndem Ornatenton. Soweit die Hangfüße nicht zu sehr mit Schutt und Fließerden aus Malmkalk bedeckt sind, kann man hier ebenfalls Vernässungszonen mit Pseudogleyen und an Quellen und Bachläufen sogar

Gleye und Hanggleye antreffen. Durch die verbreitete Ausscheidung von Kalktuffen kann aber auch eine weite Palette ganzjährig durchfeuchteter Kalkböden von Kalkgleyen bis Hang-Kalkgleyen und Quellen-Kalkgleyen entstehen (ROSSNER 2003a).

Die Trockentäler zeigen dagegen keinen Grundwassereinfluss und werden meist erfüllt von zusammengeschwemmtem Material der Albüberdeckung, das wiederum in der Regel Stauwassereinfluss erkennen lässt. Der Steilanstieg des Malm (an den Talflanken) ist dann bei vorherrschender Waldbestockung durch Rendzinen geprägt, die allerdings infolge Abspülung der Humusschicht teilweise ein sehr geringmächtiges Solum aufweisen. Rendzinen sind ebenfalls auf den durch Riffkalke und -dolomite bedingten Knöcken anzutreffen (ROSSNER 2003a).

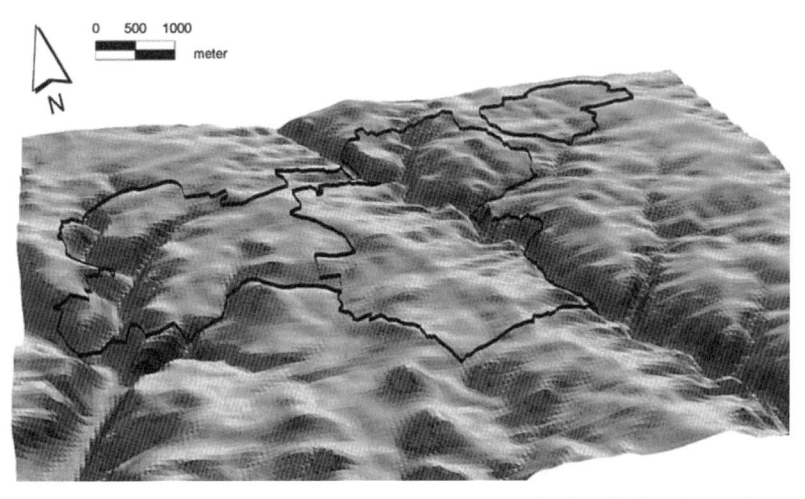

Abb. 3.1.2-2: Blockbild der TK 25, Blatt 6133 (Muggendorf) mit den Gemarkungsgrenzen des Untersuchungsgebiets (Datengrundlage: DGM 50 des Bayerischen Landesvermessungsamtes, Ausarbeitung: O. Bender)

Grundlage der Bodenbildung auf der Hochfläche bilden fossile Terra fusca-Böden aus der Kreide und aus dem Tertiär. Es handelt sich um entkalkte, nährstoffarme, tonreiche, orangefarbene bis gelbbraune Bildungen, die jedoch nur noch in Senken der Albhochfläche in Mächtigkeiten von einigen Dezimetern bis einigen Metern erhalten sind. Entsprechend dem hohen Tonanteil ist eine Pseudovergleyung auch hier nicht auszuschließen. Sofern das Terra fusca-Material vielfach stark durchmischt mit sandigschluffigen Anteilen aus Löß- und Flugsandaufwehungen oder Kreidesandrelikten auftritt, führte die Bodenentwicklung zu Braunerde-Terra fusca oder Braunerde. Durch die Lößbeimengungen kam es auch zu einer sekundären Erhöhung des Basengehaltes, durch die Sandanteile zu einer Auflockerung des dichten Tongefüges und damit zu einer Verbesserung des Luft- und Wasserhaushaltes. Die Voraussetzungen für ackerbauliche Nutzung wurden damit wesentlich verbessert. Aber auch die Pflugtätigkeit selbst führte durch Einarbeitung der sandig-schluffigen Deckschichten in den Untergrund und durch hochgeackerte Kalkscherben (Zufuhr von Calcium) zu einer Verbesserung des Bodenzustandes (ROSSNER 2003a).

3.1.4 Klima

Die Nördliche Fränkische Alb markiert eine Klimascheide zwischen dem wärmeren nordwestlichen und dem kälteren Nordostbayern. Die Vegetationszeit ist gegenüber der Westabdachung des Steigerwaldes etwa 20 Tage kürzer und gegenüber dem Fichtelgebirge etwa 20 Tage länger (MÜLLER-HOHENSTEIN 1971). Die mittleren Jahresschwankungen der Lufttemperatur liegen am westlichen Albtrauf bei etwas über 18°C, während sie in der mittleren und östlichen Alb knapp 19°C betragen. Dies zeigt eine zunehmende Kontinentalität nach Osten hin an. Insgesamt gilt das Klima der Nördlichen Fränkischen Alb noch als subatlantisch (BEIERKUHNLEIN/TÜRK 1991). Die Jahresniederschlagssumme liegt bei 800 mm und die Durchschnittstempertatur bei ca. 7°C (Bamberg 640 mm bzw. 8,5°C) (OTREMBA 1953-1962).

Beim Vergleich der Niederschlagssummen im Winterhalbjahr (Oktober – März) und Sommerhalbjahr (April – September) fällt auf, dass die Höhe der Winterniederschläge in den regenreichen subozeanisch geprägten Hochlagen des Jura ungefähr gleich der des Sommerhalbjahres ist (BÖSCHE 2001). Hingegen treten im Frühjahr und Hochsommer häufig Trockenperioden auf, was sich ungünstig auf die Landwirtschaft auswirkt. Die Jahresmenge ist zudem hohen Schwankungen ausgesetzt: In der Periode 1901-1950 lag sie zwischen 500 und 1.250 mm (HOFFMEISTER 1966, S. 7 f.).

3.1.5 Natürliche Vegetation

Die natürliche Vegetation der ackerbaulich genutzten Hochfläche sowie der Talhänge bildeten Buchenwälder, in – je nach standörtlichen Bedingungen – verschiedenen Ausprägungen (vgl. KÜNNE 1969 und 1980, HOHENESTER 1978 und 1989) insbesondere des Seggen-Buchenwaldes *(Carici-Fagetum)*. Es handelt sich um einen lichten, buchenbeherrschten Waldtyp mit einer artenreichen Krautschicht aus licht- und wärmebedürftigen Arten. Die heutige Zusammensetzung der Baumschicht belegt mit Vorkommen von Stiel-Eiche *(Quercus robur)*, Hainbuche *(Carpinus betulus)* und Feld-Ahorn *(Acer campestre)* die nahe Verwandtschaft zu den wärmeliebenden Eichen-Mischwäldern Mitteleuropas. Gleiches gilt für die auf verbuschenden Wacholderheiden häufigen Sträucher Schlehe *(Prunus spinosa)*, Eingriffeliger Weißdorn *(Crataegus monogyna)*, Blutroter Hartriegel *(Cornus sanguinea)*, Hasel *(Corylus avellana)*, Schneeball *(Viburnum lantana)*, Echter Kreuzdorn *(Rhamnus catharticus)* und Liguster *(Ligustrum vulgare)*. Der heute vielfach verbreitete Misch- und Nadelwald ist in der Vergangenheit stark forstlich überprägt worden (WEISEL 1971).

Auch die weiten, frischen Wiesengründe der Nördlichen Fränkischen Alb sind Kulturformationen. Hier gedeiht natürlicherweise staudenreicher Erlen-Eschen-Auwald *(Alnenion glutinoso-incanae*, vgl. OBERDORFER 1990), dessen Entwicklung einst von der ungezähmten, über die gesamte Talsohle ausgreifenden Dynamik naturbelassener Flüsse gesteuert wurde. Heute sind die Flüsse und Bäche auf klar abgegrenzte Hauptläufe beschränkt und deuten nur während der alljährlichen Hochwässer ihre natürliche

Gestaltungskraft an. An den ursprünglichen Auwald erinnern – wenn überhaupt – nur noch Gehölzsäume an den Ufern.

3.2 Raumerschließung und Bevölkerungsentwicklung

3.2.1 Siedlungs- und Bevölkerungsentwicklung in der Region

Besiedlung und Territorienbildung bis zur frühen Neuzeit

Für edaphische Gunstlagen der Nördlichen Fränkischen Alb sind bereits einige wenige bandkeramische Siedlungen, u. a. bei Wattendorf, belegt (SCHROTT 1962, MAUER 1966). Später, aus der mittleren Bronzezeit und Eisenzeit gibt es Anzeichen für eine Siedlungstätigkeit auf weidewirtschaftlicher Basis, wohingegen die Hochfläche seit der keltischen Latènezeit anscheinend weitgehend gemieden worden ist (ABELS 1986) und während der Völkerwanderungszeit vollständig entsiedelt wurde (SAGE 1986). Im frühen Mittelalter „Terra slavorum", d. h. zunächst von slawischen Stämmen wiederbesiedelt, betrieb das karolingische Königtum um 800 die Christianisierung. Grundlage dafür war ein weitmaschiges Pfarrsystem sog. Urpfarreien mit Martinskirchen als Bestandteile von Königsgütern, das immer weiter nach Osten vorrückte (WEIGEL 1965/66). Dabei wurde die Albhochfläche wohl entlang von drei Stoßrichtungen aus fränkisch besiedelt, nämlich von den Königshöfen Hallstadt, Scheßlitz und Königsfeld im Nordwesten, von Kasendorf im Norden sowie vom Forchheimer Königshof im Südwesten durch das Wiesenttal nach Hollfeld (EDELMANN 1964/65). Die Ortsnamenendungen -ach, -bach und -feld verweisen in vielen Fällen auf solche frühkarolingischen Gründungen. Ortsnamen mit der Endung -itz, wie z. B. Siegritz, gehen hingegen noch auf die slawische Besiedlung zurück. Der jüngere karolingische Ausbau des ausgehenden 9. und beginnenden 10. Jahrhunderts wird schließlich durch die Endung -dorf in Verbindung mit einem Personennamen bezeugt. In Ketten solcher -dorf-Orte, mit etwa fünf bis zehn Urhöfen, zog sich die linienhafte Erschließung entlang von Bächen und Altstraßen über das Jurahochland hinweg (EDELMANN 1964/65). Ein flächenhafter Siedlungsausbau wurde erst um das Jahr 1000, und auch noch nach der Gründung des Bamberger Bistums 1007, hauptsächlich von den Schweinfurter Grafen als Rodungsträgern durchgeführt. Unterstützt wurden sie von ihren Ministerialen, den Walpoten, sowie slawischem Niederadel. In dieser Zeit entstand ein System von Landes- und Adelsburgen. Dabei handelte es sich um von einem Ringwall umgebene Turmhügel auf schmalen Bergsporn, die in Schriftquellen als sog. „Wale" bezeichnet werden (ENDRES 1972). Seit dem Ende des 11. Jahrhunderts begannen die Nachfahren der Grundherren aus der fränkischen Kolonisationszeit bzw. die Ministerialen der Territorialherrn neue Höhenburgen zu errichten. Benannt wurden diese nach dem Schema „Personenname + Endung -stein, -fels, -berg" (GEBESSLER 1958).

Die Besiedlung des verkarsteten Hochlandes der Nördlichen Fränkischen Alb geht also auf karolingische Zeit zurück und war Ende des Hochmittelalters mit letzten Zurodungen um 1300 (Ortsnamenendungen -reuth, -loh, -holz und andere Rodenamen, z. B. in Zochenreuth) im Wesentlichen abgeschlossen. Bei den Siedlungsplätzen handelt es sich zumeist um Weiler und Haufendörfer (vgl. WEISEL 1971, S. 8), wie Siegritz und Wüstenstein, die bereits zu den größeren Juradörfern zählen. Um 1300 waren alle Ortschaften dieser Gegend, die damals noch zum Hochstift Bamberg gehörte, schon existent. Ende des 14. Jahrhunderts kam es allerdings noch in geringem Ausmaß zu Wüstungen und zu einer Siedlungskonzentration (JAKOB 1984 und 1985).

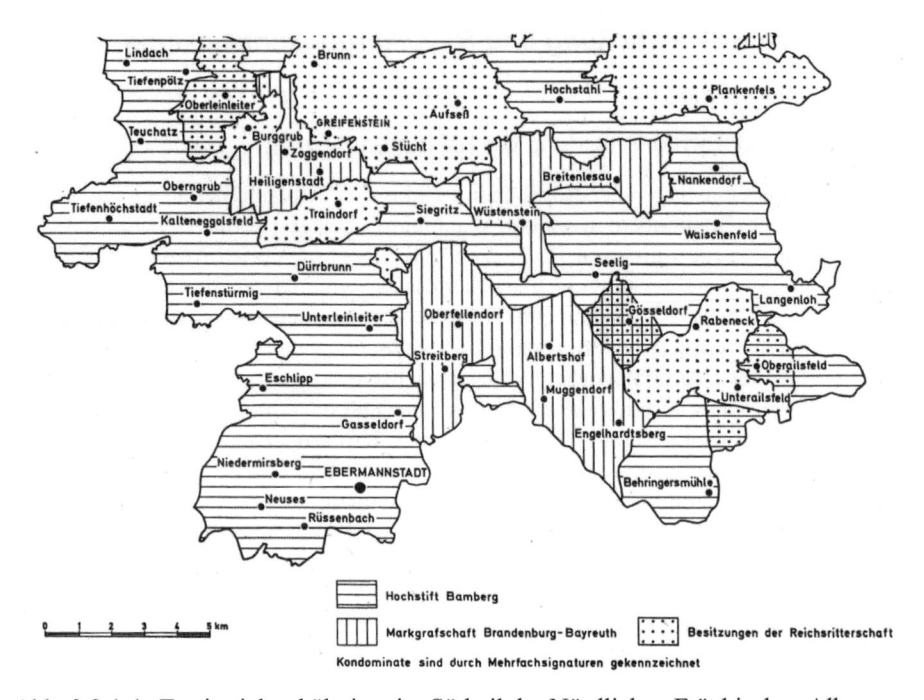

Abb. 3.2.1-1: Territorialverhältnisse im Südteil der Nördlichen Fränkischen Alb um 1800 (Quelle: WEISEL 1971, S. 12, verändert, nach der Karte „Mittel- und Oberfranken am Ende des Alten Reiches [1792]" von HOFMANN 1955)

Im Gegensatz zu Altbayern und Schwaben konnte sich jedoch in Franken keine geschlossene Landesherrschaft bilden. Einzelne Gebiete wie das Bamberger Hochstift oder dasjenige der Nürnberger Burggrafen, der späteren Markgrafen von Brandenburg-Kulmbach, vermochten sich zwar zu vergrößern, dabei jedoch nur ein „Territorium non clausum" herauszubilden (vgl. HOFMANN 1955): „Zwischen den Territorien der Markgrafen von Bayreuth und des Hochstifts Bamberg gelegen, zerfiel unser Gebiet in eine Anzahl kleiner ritterschaftlicher Besitzungen" (WEISEL 1971, S. 11), ein Zustand der im Wesentlichen bis zum Ende des „Alten Reiches" erhalten blieb. In der frühen Neuzeit unterschied sich v. a. die Entwicklung der bambergischen meist mittel- bis großbäuerlichen Orte sehr stark von derjenigen der ritterschaftlichen merkantilistisch geprägten Siedlungsplätze (vgl. Siegritz und Wüstenstein in Kapitel 3.2.2 f.). Bei vorherrschendem Anerbenrecht blieb die Anzahl der Siedlungsstellen in Ersteren weitgehend konstant; hier gab es meist nur wenige neue Kleinanwesen (Selden) für die weichenden Erben. Im Gegensatz dazu hatten v. a. die katholischen ritterschaftlichen Orte im Zuge der Peuplierung (vgl. HELLER 1971) häufig große Bevölkerungszuwächse unterbäuerlicher Schichten zu verzeichnen, die allein von der Landwirtschaft nicht mehr leben konnten. In der Markgrafschaft und in den evangelischen Ritterschaften nahm die Siedlungsentwicklung gegenüber diesen Extremen eine Zwischenstellung ein. Verbreitet waren kleine bis mittlere landwirtschaftliche Betriebe sowie kleine Industriebetriebe seit dem Merkantilismus (GUNZELMANN 1995).

Bevölkerungsentwicklung im 19. und 20. Jahrhundert

Im Verlauf des 19. und 20. Jahrhunderts bildeten sich dann auf der Nördlichen Fränkischen Alb hinsichtlich der Bevölkerungsentwicklung drei Gemeindetypen heraus, nämlich Gemeinden mit einem ständigen Bevölkerungszuwachs, solche mit einer vorübergehenden Abnahme um 1900 und um 1950/60 sowie solche mit einer ständigen Bevölkerungsabnahme (HOLLENBACH 1998). Für eine kleinräumige Untersuchung bleibt allerdings festzuhalten, dass die Entwicklung der verschiedenen Ortschaften innerhalb der Gemeinden sehr stark differiert. Die Gemeindehauptorte, wie z. B. Heiligenstadt, und die vom Fremdenverkehr beeinflussten Talorte weisen ein oft beträchtliches Wachstum auf. Die Einwohnerentwicklung der meisten Orte auf der Hochfläche hingegen ist seit 200 Jahren stagnierend bis leicht rückläufig. Hier gibt es auch heute kaum Zuzügler, zumal diese von der ortsansässigen Agrarbevölkerung abgelehnt werden (HORAK/MÜLLER-MAATSCH 1994/1995).

Zwischen 1852 und 1900 verringerte sich die Einwohnerzahl z. B. in der Gemarkung Wüstenstein um ein knappes Drittel (180 von 643). Die Zeit war durch steigende Lebenshaltungskosten bei stagnierenden landwirtschaftlichen Einkommen geprägt (SCHAUB 1990). Wüstenstein gehörte zum Bezirksamt Ebermannstadt, das in der Zeit von 1833 bis 1900 21,7 % seiner Einwohner durch Auswanderung verlor (SCHAUB 1994). Aufschlussreich ist auch das Ergebnis einer Migrationsanalyse von SEILER/ HILDEBRANDT (1940), die zu dem Ergebnis kommen, dass die Abwanderung aus dem ländlichen Raum zwischen 1880 und 1933 zunächst nur bis zu den nächstgelegenen Fabriken in Kleinstädten und Marktorten führte und erst danach in die großen Industriestädte wie Nürnberg und Fürth (vgl. BÄTZING 2003).

Bei einigen Anwesen ist in den Katastern ein mehrmaliger Besitzerwechsel durch Verkauf oder Zwangsversteigerung dokumentiert. Im Jahre 1868 wurde „das Gesetz über Heimat, Verehelichung und Aufenthalt" erlassen, das erstmalig die freie Wahl des Wohnortes unabhängig vom Steueraufkommen ermöglichte und alle früheren Heiratsbeschränkungen aufhob (SCHAUB 1994, S. 22). Dies gestattete einem Teil der vorher landlosen (Unterschicht)-Bevölkerung die Ansiedlung und den Landerwerb. Gleichzeitig vergrößerten die verbliebenen Höfe ihren Besitz zum Teil beträchtlich. Insgesamt verringerte sich die Anzahl der Wohngebäude um 10 %, weil zusätzlich erworbene Anwesen vom alten Hofplatz aus bewirtschaftet werden konnten. Dass dies insgesamt zu einer Nutzungsextensivierung führte, ist verständlich.

Die sozioökonomische Grundlage lag bis Anfang 1960er Jahre noch bei drei Viertel der Gemeinden auf der Nördlichen Fränkischen Alb hauptsächlich in der Landwirtschaft, so auch in den damaligen Gemeinden Siegritz, Wüstenstein und Breitenlesau. Erst mit zunehmender Verkehrserschließung entwickelten sich Pendelbeziehungen nach Bamberg, Bayreuth, Forchheim und Kulmbach (WEISEL 1971, S. 9). Rasch kam es sowohl im Agrarsektor wie auch im produzierenden Gewerbe zu einem Arbeitsplatzabbau, so dass die Erwerbstätigen am Erwerbsort seit 1970 um 35 % zurückgegangen sind (BÄTZING 2000a, S. 134 ff.). Im Kleinzentrum Heiligenstadt ist die Landwirtschaft inzwischen völlig bedeutungslos: Bereits vor 15 Jahren gab es nur noch einen auslaufenden Vollerwerbsbetrieb und vier Hobbylandwirte (HÜMMER 1986). Dies in Bezug zur Bevölkerungsentwicklung setzend, klassifiziert BÄTZING (2000a, S. 139) die Nördliche Fränkische Alb als „Wohnregion".

Tab. 3.2.1-1: Entwicklung der Wohngebäude- (Wgb) und Einwohnerzahlen (Ew) in den Ortschaften des Untersuchungsgebiets

Gemarkung Ortschaft	1810 Wgb	1829 Wgb	1840 Wgb	1852 Wgb	1875	1888 Wgb	1900 Wgb	1925 Wgb	1950 Wgb	1961 Wgb	1970	1987 Wgb	1995 Wgb
Quelle	A	B	C	C		E	E	E	E	E		E	F
Siegritz													
Leidingshof	9	9	8	8		8	7	7	7	8		11	12
Veilbronn/ Schulmühl	14	+12	14	14		15	17	14	14	21		24	31
Siegritz	37	37	36	35		38	35	36	32	34		38	45
Wüstenstein													
Draisendorf	23	24	24	23		21	21	20	18	17		17	17
Gößmannsberg	20	k.A.	20	20		18	17	16	15	17		21	23
Rauhenberg	6	k.A.	6	7		6	6	6	6	6		7	6
Wüstenstein	48	44	50	47		46	45	45	47	49		64	70
Zochenreuth													
Zochenreuth	k.A.	k.A.	16	17		19	20	20	21	23		22	k.A.

Gemarkung Ortschaft	1810 Ew	1829 Ew	1840 Ew	1852 Ew	1875 Ew	1888 Ew	1900 Ew	1925 Ew	1950 Ew	1961 Ew	1970 Ew	1987 Ew	1995 Ew
Quelle	A	B	C	C	E	E	E	E	E	E	E	E	F
Siegritz													
Leidingshof	51	48	37	43	38	59	38	41	48	31	34	38	34
Veilbronn/ Schulmühl	87	+70	82	74	83	74	92	59	171	109	82	68	74
Siegritz	179	170	200	202	222	218	193	188	221	170	158	165	179
Wüstenstein													
Draisendorf	125	115	123	137	120	134	100	100	105	72	75	60	57
Gößmannsberg	111	k.A.	107	137	178	103	124	101	118	87	83	83	88
Rauhenberg	36	40	31	66	41	40	32	38	42	25	23	22	28
Wüstenstein	274	278	290	303	294	244	228	216	269	221	222	213	221
Zochenreuth													
Zochenreuth	94	k.A.	118	96	102	127	127	126	120	108	104	96	k.A.

Quellen: A: „Montgelas-Statistiken"; B: Heller 1829; C: Einwohner-Kataster; D: Grundsteuer-Kataster; E: Beiträge zur Statistik Bayerns; F: Gemeindedaten (unpubl.)

Verwaltungsgrenzen im 19. und 20. Jahrhundert

Es handelt sich bei der Nördlichen Fränkischen Alb um ein peripheres Gebiet, das zwischen drei historischen Zentren, der Reichsstadt Nürnberg, der Bischofsstadt Bamberg und der Residenzstadt Bayreuth (auch drei heutigen „Oberzentren") gelegen ist. Die naturräumliche Einheit wird deshalb traditionell durch Verwaltungsgrenzen stark zerschnitten: So gehörte die Gemeinde Wüstenstein bis 1972 zum Landkreis Ebermannstadt und kam mit der Kreisgebietsreform 1972 als „äußerster Zipfel" zum Landkreis Forchheim. 1978 wurde sie im Zuge der Gemeindegebietsreform der Marktgemeinde Wiesenttal angeschlossen. Siegritz gehörte traditionell zum Bamberger Einzugsgebiet, die eigenständige Gemeinde wurde 1978 der Marktgemeinde Heiligenstadt eingegliedert. Zochenreuth, seit dem 19. Jahrhundert mit Breitenlesau zu Ebermannstadt gehörig, kam mit den Gebietsreformen zur Gemeinde Aufseß und zum Landkreis Bayreuth.

Ebenso „verzwickt" war die Entwicklung der kirchlichen Zugehörigkeit. Die Kirche in Wüstenstein lässt sich auf eine ehemalige Schloßkaplanei zurückführen, die 1682 als Filiale von Muggendorf begründet worden war. 1841 wurde zunächst ein Vikariat und 1912 eine eigene Pfarrei eingerichtet. Interessanterweise war bereits 1830 der Wüstensteiner Friedhof von den relativ wohlhabenden Gößmannsberger Bauern gestiftet und 1867 auch der neue Kirchenbau weitgehend von den Gößmannsbergern finanziert worden, die ihrerseits bis 1924 offiziell nach dem etwa 10 km entfernten Heiligenstadt eingepfarrt blieben.

Nach dem Landesentwicklungsprogramm 1994 hatte das Untersuchungsgebiet noch an drei Gebietskategorien des Ländlichen Raumes Anteil: Die Marktgemeinde Heiligenstadt zählt zum „Allgemeinen ländlichen Raum", die Marktgemeinde Wiesenttal zum „Ländlichen Teilraum im Umfeld der großen Verdichtungsräume" (seit 2004 auch zum „Allgemeinen ländlichen Raum") und die Gemeinde Aufseß zu einem „Ländlichen Teilraum, dessen Entwicklung nachhaltig gestärkt werden soll" (BAYSTMLU 1994a und 2003). Diese Differenzierung fußt auf einer Typisierung der Gesamtgemeinden (nach der Gemeindegebietsreform 1978), ist aber bei kleinräumiger Betrachtung sehr fraglich. Die innerhalb der jeweiligen Gemeinden peripher gelegenen Untersuchungsgemarkungen sollten am ehesten sämtlich der letztgenannten Kategorie zugerechnet werden.

3.2.2 Das bäuerliche Dorf Siegritz

Siegritz wurde vermutlich um 1000 gegründet und 1331 erstmals schriftlich erwähnt. Der Ort lag an der Naht zweier, später sogar dreier Ämter. Die Grundherrschaft über die Höfe teilten sich das Hochstift Bamberg, die Markgrafschaft Brandenburg-Bayreuth und fünf verschiedene Ritterschaften. Um 1850 gab es etwa 30, teils bäuerliche, teils kleinbäuerliche Höfe und etwa zehn Anwesen von Kleinhandwerkern (ZÖBERLEIN 1995). Bei heute 16 landwirtschaftlichen Betrieben in Siegritz werden noch fünf im Vollerwerb bewirtschaftet. Letztere verfügen jeweils um die 30 ha Nutzfläche, ihre Hofnachfolge gilt als weitgehend gesichert.

Die übliche Hofform auf der Nördlichen Fränkischen Alb bildete der Zweiseit- oder Streckhof mit Wohnstallhaus und separater Scheune. Vollbäuerliche Höfe wurden in den vergangenen 100 Jahren immer wieder erweitert. Es entstanden große Scheunen und Maschinenhallen. Im Jahr 1969 vernichtete ein Ortsbrand in Siegritz große Teile des historischen Baubestandes. Nach dieser Katastrophe ergab sich die Gelegenheit, eine umfassende Ortssanierung durchzuführen. Vier Betriebe siedelten an den Ortsrand aus. Freigewordene Grundstücke konnten anderen Betrieben zugewiesen werden und es kam insgesamt zu einer Auflockerung der Bebauung (HÜMMER 1986).

Foto: Sammlung H. Dorsch, Heiligenstadt

Abb. 3.2.2-1: Siegritzer Ortsmitte mit Hüll in den 1930er Jahren

Wie bei den meisten rein bäuerlich geprägten Orten auf der Hochfläche der Fränkischen Alb hat sich die Einwohnerzahl in Siegritz seit etwa 200 Jahren kaum verändert (1810 und 1995 jeweils 179 Einwohner). Hier gibt es so gut wie keine Fremdzuzüge; am Ortsrand sind nur wenige Wohnhäuser dazugekommen (1810: insgesamt 37 Anwesen, 1995: 45 Anwesen). Seit das Dorfwirtshaus in den 80er Jahren des 20. Jahrhunderts geschlossen hat, treffen sich die Siegritzer und Nachbardörfler im Schützenvereinshaus. Nicht weit entfernt dient der einstige Tanzboden des Wirtshauses seit 1929 dem sonntäglichen Gottesdienst (HÜMMER 1989b).

3.2.3 Der ritterschaftliche Ort Wüstenstein

Hier sicherte spätestens im 14. Jahrhundert eine Burg der Herren von Aufseß den Talübergang. Lehensherrn waren die Burggrafen von Nürnberg, spätere Markgrafen von Brandenburg-Kulmbach. Im Jahr 1687 wurde der Ort an die Freiherrn von Brandenstein verkauft. Im ersten Drittel des 18. Jahrhunderts gab es neben dem Schloss sieben Frongüter, eine Mühle, ein Wirtshaus, ein Jägerhaus und eine Schmiede. Die Brandensteiner suchten sich mit kleinen Fabrikationen neue Geldquellen zu erschließen, nämlich mit einer Ziegelhütte, Häfnerei, Schussermühle, Spiegelglasschleiferei bzw. Papiermühle (Untere Mühle). Für diese Betriebe holten sie 1781-1795 viele Arbeiter in den Ort, so dass sich Wüstenstein für lange Zeit zum einwohnerreichsten Wohnplatz der Gegend entwickelte. 1790 bestanden neben neun Seldengütern sechs alte und 15 neue Tropfhäuser. Die Unternehmungen des Freiherrn waren aber glücklos und die Neusiedler blieben arm (Wüstenstein als „Betelhem"), auf Nebenerwerb wie Handwerk, ambulanten Handel u. ä. angewiesen (SCHÖNHÖFER/WEISEL 1983). 1850 verfügten von 50 Anwesen nur vier über mehr als 10 ha Land.

Doch war die soziale Schichtung nicht in einer räumlichen Ordnung erkennbar. Unterschiedlich große Hofanlagen verteilten sich regellos über den ganzen Ort: Tropfhäuser, zum Teil mit kleinem Stallteil, kleine und mittlere Streckhöfe sowie die Sonderbauten des Wirtshauses, der Mühlen, der Zehntscheune etc. sind heute noch gut erkennbar. Dazu kommt eine rege Neubautätigkeit. Bei ca. 80 Anwesen im Ort gibt es nur noch elf landwirtschaftliche, zumeist Nebenerwerbsbetriebe. Auffällig bleibt dagegen das breite Angebot von Infrastruktur und Dienstleistungen, das in einem Dorf dieser Größenordnung nur verständlich ist, weil traditionell der Nebenerwerb gepflegt wurde: Grundschule mit Sportanlagen, Kirche, freiwillige Feuerwehr, zwei Gasthöfe, Landmaschinen- und Kfz-Werkstatt mit Tankstelle, Busunternehmung, Bäckerei, Schreinereien, Bekleidungsgeschäft, Massagepraxis.

3.2.4 Veilbronn – vom Burgweiler zum Fremdenverkehrsort

Veilbronn wurde 1145 zum ersten Mal schriftlich erwähnt. Seit dem Mittelalter gab es im Ort ein Rittergut, zu dem eine Mühle und mehrere Selden gehörten. Auf der Anhöhe oberhalb des Naturfreundehauses soll bis zum Bauernkrieg 1525 auch noch eine Burg („Bergschloss") gestanden haben. Der Burgstall („Schloss") im Talgrund stellte sich im 19. Jahrhundert nach Ausweis der Kataster als „ein drei Stockwerk hohes, ganz gemauertes Wohnhaus mit Hofreith" dar (ZÖBERLEIN 1995, S. 438). Dieses wurde 1824 an einen Fabrikanten verkauft, der bis zu seinem Bankrott zwölf Jahre lang eine Baumwollspinnerei betrieb. 1901 hat man es abgetragen. Die Futtermauern des Schlossgrabens stehen unter Denkmalschutz.

Veilbronn liegt relativ verkehrsgünstig im Leinleitertal. Vor der allgemeinen Automobilisierung stellte die Eisenbahn das wichtigste Verkehrsmittel dar. Deshalb bescherte die Fertigstellung der Bahnlinie von Ebermannstadt nach Heiligenstadt im Jahr 1915 dem Leinleitertal enorme Standortvorteile. Die Veilbronner Kleinlandwirte und -handwerker konnten relativ früh auf Fremdenverkehr umstellen. Mittelpunkt des Tourismus sind ein Gasthof und ein kürzlich ausgebauter Hotelbetrieb. Daneben gibt es das Naturfreundehaus, etliche Wochenendhäuser und Ferienwohnungen. Seit 1994 ist Veilbronn staatlich anerkannter Erholungsort. Auf der 1968 endgültig stillgelegten Bahntrasse hat die Gemeinde einen Radwanderweg eingerichtet.

3.2.5 Mühlen – Siedlungskerne und Einzelsiedlungen der Täler

Das Bild der Täler in der Fränkischen Schweiz wurde Jahrhunderte hindurch von Getreidemühlen geprägt. Seit dem Merkantilismus kamen einige gewerblich orientierte Mühlen, z. B. Papier- und Pulvermühlen hinzu. Die Müllerei diente bis in das 20. Jahrhundert meist nur der Gewinnung eines zusätzlichen Einkommens; den Haupterwerb bezogen die Mühlenbetriebe in der Regel aus der Landwirtschaft. So besaß auch die untere bzw. Nützelsche Mühle in Draisendorf um 1850 insgesamt 27 ha landwirtschaftliche Nutzflächen.

Seit etwa 1900 ging der Mühlenbestand in der Fränkischen Schweiz kontinuierlich zurück, von den etwa 100 Mühlen im 19. Jahrhundert wurden im Jahr 1980 nur noch 18 betrieben. Die Ursachen dieses „Mühlensterbens" liegen im Rückgang der Zahl landwirtschaftlicher Höfe (Verlust von Kundschaft), im allgemein rückläufigen Mehlverbrauch und nicht zuletzt im technischen Fortschritt. Notwendige Investitionen in Walzenstühle, welche die alten Mahlsteine ablösten, und in Turbinenanlagen, mit denen die Wasserkraft wesentlich besser als mit Wasserrädern ausgenutzt wird, konnten sich die meisten Müller nicht leisten (HAVERSATH 1987 und 1989).

Die Nützelsche Mühle setzte neben dem Mahlwerk, zunächst für den Eigenbedarf, einen Generator ein. Das unterschlächtige Wasserrad wurde relativ spät (1946) von einer Turbine abgelöst. Seit 1970 liefert die Nützelsche Mühle Strom an das Überlandwerk Oberfranken. Zum Kundenstamm zählen Bauern und Bäckereien aus einem Umkreis von etwa 30 Kilometern (HAVERSATH 1987).

3.2.6 Verkehrserschließung

Straßen waren bis in die Neuzeit hinein meist unbefestigt. Daher wurde die Trassenführung nach Möglichkeit v. a. entsprechend der edaphischen Verhältnisse gewählt. Insofern war die verkarstete, trockene Hochfläche der Alb für die verkehrsmäßige Erschließung bestens geeignet. Topograhische Gegebenheiten spielten eher eine untergeordnete Rolle (vgl. DENECKE 1979). Der Aufstieg auf die Hochfläche geht zunächst durch die Stirntäler, der letzte Abschnitt wird dabei meist in steilen Hohlwegen überwunden. Während des mittelalterlichen Siedlungsausbaus ist ein Zusammenhang zwischen Trassenwahl und Siedlungslenkung anzunehmen (vgl. SAGE 1986). Später hatten die einmal gewählten Verbindungen eine hohe Persistenz. Die Fernstraße zwischen Bamberg und Bayreuth („Hohe Straße") konnte über die Linie Scheßlitz-Stadelhofen-Kasendorf weitgehend von Taleinschnitten ungestört verlaufen. Dies war zwischen Nürnberg und Bayreuth nicht möglich. Die seit dem 18. Jahrhundert als „Geleitsstraße" für Postwagenverkehr chaussierte Fernverbindung lief über Erlangen und Streitberg, musste dort die Hochfläche erklimmen und bei Wüstenstein den tiefen Taleinschnitt der Aufseß queren. Die Furt lag zunächst auf Höhe von Gößmannsberg, etwa 1 km südlich von Wüstenstein. Hieran erinnern noch die Flurnamen „Speckberg" (für die steile Rampe in den Talgrund), „Zeitungsstock" (das an der Chaussee befindliche Postfach für die Brandenberger Grafen im Schloss Wüstenstein), „Scharrweg" (für die an der schwierigen Passage umgekommen und begrabenen Pferde) und die „Specke" (die eigentliche Talquerung über einen Knüppeldamm). Zwischen 1810 und 1829 erfolgte noch eine Trassenverlagerung zum Wüstensteiner Talübergang; im Verlauf des 20. Jahrhundert ist die Passage dann endgültig ins Abseits geraten (SCHÖNHÖFER/WEISEL 1983). Die Hauptverbindungswege zwischen den Oberzentren verlaufen nun, durch die Talzüge von Main, Regnitz und Pegnitz um die Fränkische Alb herum oder in West-Ost-Richtung durch das Wiesenttal hindurch.

In früheren Zeiten stellte sich die Führung der Ortsverbindungswege in den überschwemmungsgefährdeten Tälern als sehr problematisch dar. So musste im Leinleitertal unterhalb Veilbronns eine Furt durchquert werden, dann war der Ort zu durchfahren. Bei der Schulmühle führte der Weg schließlich steil bergauf und verlief weit oberhalb der heutigen Trasse am Hang entlang Richtung Heiligenstadt. Zwischen 1824 und 1848 versuchte man zunächst dreimal vergeblich, eine Brücke über die Leinleiter zu errichten, die immer wieder von Hochwässern fortgerissen wurde (ZÖBERLEIN 1995). Die aktuelle Ortsumgehung wurde erst in den 1950er Jahren im Zusammenhang mit der Asphaltierung der gesamten Staatsstraße trassiert.

Im ausgehenden 19. und beginnenden 20. Jahrhundert wurde die Fränkische Schweiz an das Bahnnetz angeschlossen. 1891 entstand die Stichbahn von Forchheim nach Ebermannstadt, die 1915 durch das Leinleitertal bis Heiligenstadt und 1922 als Wiesenttalbahn bis Behringersmühle/Gößweinstein verlängert wurde. In der gleichen Zeit baute man zunächst nur die Wiesenttalstraße von Forchheim bis zur Sachsenmühle unterhalb des Wallfahrtsorts Gößweinstein für den Kfz-Verkehr aus. Die Orte auf der Hochfläche wurden überhaupt erst in den 1960er Jahren mit asphaltierten Straßen an das Hauptstraßennetz angebunden. Das Teeren der Ortsstraße von Siegritz übernahm die Gemeinde; außerdem wurden im Zuge der Flurbereinigung 17 km Ortsverbindungsstraße und 7 km Wirtschaftswege gebaut (HÜMMER 1986). In Wüstenstein befindet sich seitdem ein Bushalt des Verkehrsverbunds Großraum Nürnberg (VGN), in der äußersten Tarifzone gelegen, mit täglich einer Verbindung in die Großstadt.

3.2.7 Wasser- und Stromversorgung

Auf der verkarsteten, oberflächenwasserlosen Hochfläche besaßen nur wenige Orte Tiefbrunnen, ansonsten wurde das Trinkwasser oft über mehrere Kilometer Entfernung vom Tal heraufgeschleppt (SCHÖNHÖFER/WEISEL 1983). Neben sog. „Dachbrunnen", Zisternen auf einzelnen Höfen, dienten weiherähnliche Wasserstellen, die „Hüllweiher" oder „Hülen", als Brauchwasserreservoirs und Viehtränken. Um 1850 hatte die Regierung von Oberfranken für die Nördliche Fränkische Alb 670 Hülen ermittelt (DÜRER et al. 1995). Ende des 19. Jahrhunderts wurden dann Pumpanlagen eingerichtet, um Quellwasser aus den Tälern zu den hochgelegenen Orten zu befördern. Die Leidingshofer installierten einen sog. Widder im Mathelbachtal, und in Siegritz entstand 1870 eine ähnliche Station an der Quelle des Schulmühlbaches im Werntal. Hier förderten mehrere von einem Wasserrad getriebene Pumpen das Wasser auf die Hochfläche, wo es zunächst in einem offenen Erdloch am westlichen Ortsrand gesammelt wurde. 1912 hat man die ersten Siegritzer Hausanschlüsse eingerichtet. 1891 war auch eine Wasserleitung der „Aufseßgruppe" von Draisendorf über Wüstenstein nach Gößmannsberg gelegt worden. Noch bis in die 1950er Jahre verzichtete man dort auf die Hausanschlüsse und begnügte sich mit nur jeweils zwei Brunnen in der Ortsmitte.

Siegritz erhielt 1965 Anschluss an das zentrale Wassernetz von Heiligenstadt (HÜMMER 1986). Im Zuge der Dorfsanierung wurde dann der Hüll (Abbildung 3.2.2-1) in der Ortsmitte von Siegritz als Löschwasserreservoir überbaut (ZÖBERLEIN 1995). Diese Entwicklung verlief in allen Albdörfern ähnlich. Bis 1990 waren lediglich noch 165 Hülen erhalten geblieben (DÜRER et al. 1995).

Zur Elektrizitätsversorgung entstanden bereits um 1900 einige kleine private Kraftwerke, so z. B. 1910 in der Oberen Mühle von Wüstenstein. Die tiefe Mulde im Mathelbachtal oberhalb der Ortschaft Veilbronn ist das Relikt eines größeren Stauweihers, aus dem der Gastwirt Sponsel seit 1925 eine Turbine zur Stromversorgung seines Anwesens angetrieben hatte (ZÖBERLEIN 1995). 1956, als der Anschluss an das Überlandwerk Oberfranken erfolgte, waren die privaten Kleinkraftwerke dann obsolet (HELLER 1992).

3.3 Wirtschaftliche Nutzungsansprüche im (Struktur)-Wandel

3.3.1 Landwirtschaftliche Betriebsstrukturen

Vom Gemischtbetrieb mit Selbstversorgerwirtschaft zum spezialisierten Viehhaltungsbetrieb

Die klein- und mittelbäuerlichen Anwesen auf der Nördlichen Fränkischen Alb mit ihren Betriebsgrößen von durchschnittlich etwa 9,5 ha (incl. Wald, um 1850 im Untersuchungsgebiet) produzierten traditionell vornehmlich zur Selbstversorgung. Hierzu erwies sich ein Gemischtbetrieb mit Ackerbau, Grünland- und Viehwirtschaft (auch zur Düngerproduktion) sowie Sonderkulturen (v. a. Streuobst) als am besten geeignet. In die landwirtschaftlichen Betriebe integriert waren auch Kleinprivatwaldungen von sehr unterschiedlicher Größe, die im 19. Jahrhundert auf der Nördlichen Fränkischen Alb über 70 % der Waldfläche ausmachten (je 14 % Großprivatwaldungen bzw. Gemeinde-, Stiftungs- und Körperschaftswälder; WEISEL 1971, S. 13 ff.).

Bis nach dem Ende des Zweiten Weltkrieges war es das Hauptziel, die Produktion zu steigern, um die Ernährung der wachsenden Bevölkerung zu gewährleisten. Doch blieb es bis um 1960 bei der Vorherrschaft der Gemischtbetriebe, ohne dass signifikante Unterschiede im Acker-Grünland-Verhältnis zwischen den verschiedenen Betriebsgrößentypen zu verzeichnen gewesen wären. Solange spielte die Betriebsgröße die wesentliche Rolle für eine Unterscheidung der Betriebe, etwa in vollbäuerliche bzw. kleinbäuerliche Betriebe (bis 4-5 ha Ackerfläche), die auf ein außerlandwirtschaftliches Zusatzeinkommen angewiesen waren. Die Abwanderung landwirtschaftlicher Arbeitskräfte in der zweiten Hälfte des 19. Jahrhunderts vermochte nur sehr langsam durch Technisierung ausgeglichen werden. Infolge der allgemeinen Kapitalknappheit der Betriebe konnten keine größeren Investitionen getätigt werden (SCHAUB 1990).

Für die Großviehhaltung waren Mitte des 19. Jahrhunderts etwa 2 ha landwirtschaftliche Fläche pro Stück nötig, bei entsprechendem Wiesenanteil. Kleinbauern waren somit in der Lage, etwa zwei Rinder zu halten, mittlere Bauern etwa sechs. Seit der Innovation des Kartoffelbaus um 1800 ließ sich wenigstens die Schweinezucht ein wenig ausweiten. Charakteristisch für diese Zeit war die Haltung vieler Tierarten bei geringen Stückzahlen (DÖRFLER 1962-1973). Die Milchsammlung wurde auf der Nördlichen Fränkischen Alb erst in den 1930er Jahren eingeführt; bis dahin diente die Milcherzeugung ausschließlich der Selbstversorgung (FISCHER 1995). In dieser Zeit wurde die Viehwirtschaft durch die Ausweitung des Feldfutterbaus auch allmählich auf eine solide Grundlage gestellt (WEISEL 1971).

Tab. 3.3.1-1: Größenklassen (Gesamtfläche) der Anwesen (incl. nicht-landwirtschaftlicher Anwesen) und deren Anteil an den Kulturarten (Quelle: Kataster); Flächen außerhalb des Untersuchungsgebiets sind nicht berücksichtigt

Zeit	Größenklasse	Anzahl Anwesen	Gesamtfläche der Anwesen in m²	Ackeranteil in %	Hutungs- u. Ödlandanteil in %	Waldanteil in %	Wiesenanteil in %
1850	0-2 ha	60	446764	77,6	6,0	6,4	1,4
	2-5 ha	35	1268469	70,6	5,2	20,0	1,2
	5-10 ha	24	1747912	74,4	3,9	15,9	2,9
	10-20ha	38	5766738	70,9	7,1	17,1	3,4
	> 20 ha	33	9155022	72,8	6,5	17,4	2,1
	Gesamt	190	18384905	72,3	6,4	17,1	2,5
1900	0-2 ha	66	418102	68,6	6,5	11,0	4,0
	2-5 ha	23	843278	75,2	4,1	16,7	1,1
	5-10 ha	23	1643629	71,9	6,5	17,8	1,6
	10-20ha	38	5654617	71,0	6,6	17,9	2,8
	> 20 ha	35	9920720	72,4	6,3	17,5	2,6
	Gesamt	185	18480346	72,0	6,3	17,4	2,5
1960	0-2 ha	49	231944	53,8	1,3	27,6	3,3
	2-5 ha	27	951275	59,8	1,7	31,6	4,1
	5-10 ha	25	1748345	63,4	0,6	30,5	2,9
	10-20ha	33	4944009	52,0	0,6	42,4	3,4
	> 20 ha	37	10132808	54,7	1,1	39,2	3,6
	Gesamt	171	18008381	55,1	0,9	38,7	3,5
2000 (Eigentumsparzellen)	0-2 ha	109	407600	32,8	1,0	22,0	8,9
	2-5 ha	26	844519	58,9	0,1	30,6	4,7
	5-10 ha	22	1653873	62,0	0,5	31,3	3,4
	10-20ha	33	4712763	53,3	0,4	40,9	3,6
	> 20 ha	36	9630277	58,1	0,5	37,4	2,8
	Gesamt	226	17249032	56,6	0,5	37,1	3,3
2000 (Nutzungsparzellen)	0-2 ha	118	407052	26,2	1,0	26,7	8,3
	2-5 ha	28	928615	34,0	0,4	55,3	4,6
	5-10 ha	21	1510561	30,9	0,9	61,5	3,3
	10-20ha	28	3807682	40,0	0,8	54,3	2,8
	> 20 ha	31	9786136	67,6	0,3	28,2	2,9
	Gesamt	226	16440046	54,9	0,5	38,8	3,1

Seit den 1960er Jahren sorgte die Landwirtschaft vorrangig für die Sicherung der bäuerlichen Einkommen (HÜMMER 1989a, HENKEL 1993). Gleichzeitig vollzog sich eine Umstellung der Gemischtbetriebe zu spezialisierten Viehhaltungsbetrieben (Milchwirtschaft, Rinder- oder Schweinezucht). Bei erhöhter Flächenproduktivität durch fortschreitende Mechanisierung wurde sukzessive immer mehr Arbeitskraft freigesetzt. In Folge der allgemeinen Automobilisierung und der Möglichkeiten des Berufspendlertums setzte bald darauf die Tendenz zum landwirtschaftlichen Nebenerwerb ein.

Tab. 3.3.1-2: Betriebliche Altersstruktur, Gesamtfläche und Viehhaltung (Durchschnittswerte je Betrieb) im Untersuchungsgebiet (incl. ausmärkischer Betriebe), nach Betriebstypen und Betriebsformen (Haupt- und Nebenerwerb) (Quelle: INVEKOS-Datenbank)

Betriebstyp	Erwerbsform	Anzahl Betriebe	Alter des Landwirts	LF ha	GVE /ha	Kühe	Rinder	Schweine
Futterbau-spezial	HE	11	45,73	45,99	1,24	34,73	25,73	4,25
	NE	4	36,25	23,67	1,11	13,50	14,00	22,67
Futterbau-Marktfrucht	NE	2	49,00	7,32	0,41	0,00	7,00	4,50
Milchvieh	HE	9	46,44	34,41	1,10	24,22	13,50	3,83
	NE	6	42,67	13,18	1,66	11,00	5,00	3,67
Rindermast	HE	7	41,43	39,45	1,26	27,00	30,71	2,17
	NE	1	27,00	20,15	1,03	12,00	12,00	2,00
Schaf	NE	1	47,00	55,32	0,79			
Marktfrucht-spezial	HE	1	34,00	14,14	0,01	0,00		3,00
	NE	4	44,50	13,83	0,01	0,00		1,00
Marktfrucht-Futterbau	HE	3	53,33	30,23	0,69	16,00	21,00	0,00
	NE	15	38,93	16,53	0,52	5,17	5,79	2,80
Marktfrucht-Veredlung	NE	10	40,70	10,88	0,17	0,11	3,00	5,33
Geflügel	NE	1	33,00	4,41	0,15			
Veredlung-Marktfrucht	HE	3	46,33	17,18	0,89	0,00		131,00
	NE	7	43,00	14,52	0,66	0,00		86,71
Schweine	HE	1	51,00	20,29	3,58	0,00		230,00
	NE	1	38,00	4,10	0,00	0,00		55,00
Gemischt mit Futterbau	NE	1	59,00	7,77	1,39	4,00	2,00	0,00
Gemischt mit Marktfrucht	NE	1	37,00	14,53	0,36	4,00		8,00
Gemischt mit Veredelung	NE	1	49,00	2,43	0,49	0,00		3,00
Gesamtergebnis	HE+NE	90	42,90	23,10	0,83	12,64	15,16	21,51

In Oberfranken stieg der durchschnittliche Rinderbestand pro Halter von sieben im Jahr 1950 auf 20 im Jahr 1980 an. In dieser Zeit hatte sich die Milchviehhaltung stabilisiert. Gleichzeitig wuchs auch der Schweinebestand von vier auf 20 Stück pro Betrieb an; allerdings ging diese hohe Steigerungsrate auf eine Spezialisierungstendenz zurück, die nur ausgesuchte Betriebe wahrnahmen. Die Pferdehaltung ging mit der Maschinisierung zwischen 1950-1970 stark zurück; später war, wegen des Trends zum

„Freizeitpferd", wieder ein Anstieg zu verzeichnen (HEINDEL 1982). Einige wenige Betriebe setzten in jüngerer Zeit auch auf Damwildhaltung (HÜMMER 1989a).

Heute können pro 1 ha gedüngter landwirtschaftlicher Fläche bis zu zwei Großvieheinheiten gehalten werden. Jedoch muss die Gülleausbringung gesichert sein; d. h. auch bei Futterzukauf werden entsprechende Flächen benötigt (mdl. Mitt., Landwirt Regus, 1997). Die rentable Betriebsgröße liegt bei 50 Stück Milchvieh (mdl. Mitt., Winter, 2000). Das Milch- und Mutterkuhkontingent kann innerhalb des Bezirks zwischen den Betrieben frei gehandelt werden.

Nach und nach wurde in vielen solchen Nebenerwerbsbetrieben zur Verminderung des Arbeitsaufwandes die Viehhaltung aufgegeben (SCHMITT 1997, S. 92 ff.). Trotzdem sicherte die hohe Arbeitsbelastung von ganzen Familien zunächst eine intensive Weiternutzung der Fluren, wodurch eine große Wertschätzung der Landwirtschaft und eine starke Bindung an die Scholle zum Ausdruck kommen. Aufgrund häufig fehlender Hoferben wurde vor 30 Jahren bereits ein Aufkommen der „Sozialbrache" prognostiziert (HÜMMER 1976, S. 530 ff.).

Tatsächlich haben aber aufstockungswillige Landwirte fast alle Parzellen der aufgegebenen Höfe in Zupacht genommen. Seit den 1980er Jahren begann die Hauptperiode der Flächenverpachtungen; Verkäufe landwirtschaftlicher Parzellen sind demgegenüber noch relativ selten. Der Pachtanteil beträgt im Untersuchungsgebiet heute (2000) 32 % (nach INVEKOS-Daten). Die Nachfrage auf dem Pachtmarkt übersteigt derzeit das Angebot. In der Gemarkung Wüstenstein wollen acht von elf Haupterwerbsbetrieben noch mehr zupachten, jedoch nur zwei von 18 Nebenerwerbsbetrieben. Ob allerdings auch in Zukunft alle sämtliche Flächen der aufgebenden Betriebe neue Nutzer finden, hängt von der inzwischen unsicheren Entwicklung der landwirtschaftlichen Einkommen ab.

Schafhaltung auf der Nördlichen Fränkischen Alb

Die gerodeten Talflanken und Berghänge waren am besten durch Schafhaltung in Wert zu setzen („Hutungen") (GEISSNER 2003b). Auf Grundlage der seit dem Mittelalter steigenden Nachfrage nach Wolle entwickelte sich insbesondere eine grundherrlich-feudale Schafhaltung, deren Betriebe jeweils das Weiderecht in einer Vielzahl von Gemarkungen besaßen (WEID 1995b, S. 7). Um 1800 gab es auf der Nördlichen Fränkischen Alb 15 solcher aus landesherrlichem oder ritterschaftlichem Besitz hervorgegangene Großschäfereien mit durchschnittlich etwa 1000 Schafen (WEISEL 1971, S. 49). Bei Ablösung der altüberlieferten feudalen Weiderechte Anfang des 19. Jahrhunderts blühte vorübergehend die bis dahin von den Grundherrschaften noch unterdrückte Gemeindeschäferei auf (vgl. JACOBEIT 1961, S. 134 ff.), so dass um die Jahrhundertmitte die höchste Anzahl von Schafen gehalten wurde. Danach ließen überseeische Konkurrenz, das Aufkommen der Baumwolle sowie Einfuhrbehinderungen für Mastschafe auf dem Pariser Markt die Bestände rasch sinken (in Oberfranken von 1863: 177.000 auf 1883: 78.500). Die von Gemeindeschäfereien aufgegebenen Weidegründe wurden zunächst von auch in Nordbayern vermehrt aufkommenden, transhumanten Wanderschäfern, sog. „Frankenschäfern" aus Unterfranken, übernommen (vgl. HORNBERGER 1959, S. 48 ff., WEID 1995b, S. 8).

Tab. 3.3.1-3: Betriebsstrukturen im Pflanzenbau (Durchschnittswerte je Betrieb) im Untersuchungsgebiet (incl. ausmärkischer Betriebe), nach Betriebstypen und Betriebsformen (Haupt- und Nebenerwerb) (Quelle: INVEKOS-Datenbank)

Betriebstyp	Erwerbsform	Anzahl Betriebe	Feldstücke	Acker /ha	Getreide /ha	Futterbau /ha	Grünland /ha	Pachtfläche /ha
Futterbau-spezial	HE	11	33,73	40,87	17,37	15,42	4,65	24,94
	NE	4	19,50	20,08	10,81	8,09	3,43	11,56
Futterbau-Marktfrucht	NE	2	7,50	6,90	3,25	0,00	0,43	0,00
Milchvieh	HE	9	30,00	27,75	14,60	13,20	6,39	20,52
	NE	6	11,33	9,22	5,01	5,84	2,65	2,21
Rindermast	HE	7	38,86	36,25	15,06	13,44	3,14	19,55
	NE	1	23,00	17,62	8,61	9,94	2,53	8,91
Schaf	NE	1	80,00			49,45	49,45	55,33
Marktfrucht-spezial	HE	1	7,00	13,94	11,32	0,00	0,20	0,00
	NE	4	10,00	12,78	9,27	0,75	0,90	3,30
Marktfrucht-Futterbau	HE	3	32,67	26,51	18,04	5,16	2,07	12,80
	NE	15	16,53	13,84	8,85	4,12	2,11	6,43
Marktfrucht-Veredlung	NE	10	12,00	8,66	6,56	0,86	1,44	4,03
Geflügel	NE	1	6,00	0,05		3,70	3,70	
Veredlung-Marktfrucht	HE	3	13,67	15,98	12,10	0,42	1,16	5,94
	NE	7	10,14	14,08	8,84	0,04	0,36	2,33
Schweine	HE	1	6,00	19,18	0,00	0,62	0,09	2,78
	NE	1	12,00	3,17	2,82	0,35	0,90	0,00
Gemischt mit Futterbau	NE	1	21,00	5,47	2,92	3,20	1,95	2,19
Gemischt mit Marktfrucht	NE	1	11,00	13,92	10,14	1,39	0,61	
Gemischt mit Veredelung	NE	1	9,00	1,74	1,60	0,49	0,49	0,00
Gesamtergebnis	HE+NE	90	20,74	19,65	10,62	6,93	3,14	11,09

Doch die Intensivierung in der Landwirtschaft entzog der insgesamt im Niedergang begriffenen Schafhaltung allmählich die Flächengrundlage. Der seit etwa 1850 kontinuierliche Rückgang der Ackerflächen vollzog sich vornehmlich durch „Abstoßung des Egertenlandes aus der landwirtschaftlichen Nutzfläche" (WEISEL 1971, S. 53). Dazu kamen die Aufgabe der Brachzelge zugunsten des Futterbaus, der Verlust von Nachweidemöglichkeiten durch frühen maschinellen Umbruch der abgeernteten Äcker und die Behinderung des Schaftriebs infolge der zunehmenden Verkehrs- und Siedlungsdichte (HORNBERGER 1959, S. 57, WEID 1995b). Aus der Nutzung genommene Egerten und Hutungen, im Kataster zunächst als „Ödland" ausgewiesen, verbuschten zusehends.

Während die traditionellen Weidegründe der Magerrasen auf der Nördlichen Fränkischen Alb von mehr als 15 % auf heute etwa 1 % der Fläche zusammenschrumpften (OPUS 1993), war die Schäferei nach vollständiger Aufgabe der Gemeinde- und transhumanten Wanderschafhaltung in den 1960er Jahren an ihrem Tiefpunkt angelangt (WEISEL 1971, S. 57, vgl. SCHMITT 1998, S. 168 f.): So gab es 1967 in Oberfranken nur noch 8170 Schafe (Beiträge zur Statistik Bayerns, Bd. 307). V. a. aufgrund vermehrter Koppelschafhaltung stiegen die Bestände seitdem wieder an; daneben existierten in der Fränkischen Schweiz 1994 noch sieben Hüteschafhalter mit Herden von bis zu 500 Muttertieren. Die Schäfer besitzen bei ihrem Wohnsitz einen Winterstall und haben ihre Beweidungsstrategie auf die Kleinräumigkeit des Naturraumes eingestellt: So beweidet ein Schäfer aus Buckendorf abwechselnd 80 ha Wacholderheiden, Altgrasfluren, Wiesen und Säume im Umkreis von ca. 25 km, wobei er über ein kompliziertes System von Triebwegen im Frühjahrs-, Sommer- und Herbsttrieb insgesamt etwa 150-200 km zurücklegt. Sein Einkommen bezieht er aus der Produktion von Lammfleisch, ergänzt durch staatliche Förderungen aus der Landwirtschafts- und Naturschutzverwaltung (WEID 1995b).

3.3.2 Anbau- und Flurverhältnisse

Traditioneller Ackerbau

Die Hochfläche der Nördlichen Fränkischen Alb dient traditionellerweise überwiegend dem Ackerbau. Wiesen waren hier schon immer rar. Im Zuge der Übernahme des Zelgensystems wurden die mittelalterlichen Blockfluren offensichtlich in Blockgemengefluren aufgeteilt und partiell durch Realteilung weiter zersplittert (GUNZELMANN 1995, vgl. BORN 1977, S. 69). Noch im 19. Jahrhundert wurde hier in Form der gebundenen Dreifelderwirtschaft mit unbebauter Brache gewirtschaftet. Die Hauptanbaufrüchte waren Roggen (1/3 Anteil), Gerste und Hafer (je 1/4 Anteil); die Erntemengen betrugen nur das Zwei- bis Dreifache der Aussaat (WEISEL 1971). Lediglich in Teilen der Markgrafschaft, wo mit Förderung der Hausindustrie ein Absatz für Lein, Flachs und Hanf gegeben war, kam es damals schon zum Anbau auf der Brachzelge (KAULICH 1992).

Erste, in peripheren Lagen zunächst meist erfolglose, Bemühungen zu Agrarreformen hatte es indes bereits seit Ende des 18. Jahrhunderts gegeben. Im Hochstift setzten sich die letzten drei Fürstbischöfe für den Anbau von Klee und Mais ein. Ähnliche Bestrebungen um den Futterbau gab es auch in der Markgrafschaft unter Hardenberg. Der Kartoffelanbau begann in Oberfranken um 1770 und konnte sich ab 1816 durchsetzen. Die Runkelrübe kam um 1780 aus Frankreich. Allmählich ging man zur Stallfütterung des Viehs über. Doch scheiterte eine durchgreifende Verbesserung noch am Flurzwang. Außerdem drängte die Obrigkeit darauf, Allmendflächen und Wechselländereien in individuelle und intensivere Bearbeitung zu nehmen (HERRMANN 1984).

Doch erst im Verlauf des 20. Jahrhunderts konnte auch auf der Albhochfläche der Anbau auf den günstigen Flächen durchgreifend intensiviert werden. „Der große Fortschritt in der Landwirtschaft wurde auf der Alb v. a. durch eine Verstärkung des Futterbaus herbeigeführt. (...) Erst mit Einführung der (heute weit verbreiteten) Gras-Klee-Ansaaten zu Anfang der 1920er Jahre kann von einem regelrechten Futterbau gesprochen werden" (WEISEL 1971, S. 54). Im Landkreis Ebermannstadt hatten sie 1893 8,5 % und 1939 bereits 21 % Anteil am Ackerland. Damit wurde auch die Grundlage für eine spezialisierte Viehwirtschaft gelegt. Dabei ging die Ackerfläche insgesamt, v. a. durch Aufgabe der Egerten, zurück.

Durch Maschineneinsatz konnte die Pflugtiefe deutlich gesteigert werden, so dass auch auf der Albhochfläche Sommergerste, Mais und Weizen angebaut werden können. Das heutige Anbauspektrum umfasst – unter Einsatz von Kunstdünger und Pflanzenschutzmitteln – etwa 50 % Getreide, 34 % Ackerfutter, ansonsten vorwiegend Mais (ca. 10 %) und Ölsaaten (INVEKOS-Daten 2000, vgl. HEINDEL 1982: damals lag der Ackerfutteranteil mit 25 % noch leicht darunter). Die Viehwirtschaftsbetriebe bauen hauptsächlich Futtergetreide und Feldfutter an (Tabelle 3.3.1-3), wobei der aktuelle Trend zur Silagefütterung geht. Das Dauergrünland v. a. in den Tälern ist rückläufig und wird mehr und mehr durch temporäre Kleegrasansaaten auf Ackerland ersetzt (nach etwa zehn Jahren wird das Feld wieder umgebrochen). Nebenerwerbsbetriebe geben zunehmend die Viehhaltung auf und setzen allein auf Ackerbau (Marktfrüchte). Auf einem Drittel der Fläche wird entsprechend den Förderrichtlinien extensiver Anbau gepflegt. Einige wenige Betriebe haben sich ganz dem „alternativen" bzw. ökologischen Landbau verschrieben. In Siegritz und in Wüstenstein wird jeweils ein solcher Betrieb im Nebenerwerb geführt, und bei ohnehin niedrigeren Erträgen ist eine Weiterbewirtschaftung ungünstigerer Flächen aufgrund der Agrarförderungen wahrscheinlich (SCHMITT 1997, S. 61).

Im Agrarleitplan (BAYLBA 1986) werden die bis heute noch bewirtschafteten Teile der Hochfläche als „Ackerstandorte mit günstigen Erzeugungsbedingungen" eingestuft; auch subventionierte Flächenstilllegungen spielen derzeit nur eine untergeordnete Rolle (ca. 5 %).

Wiesenbewässerung in den Tälern der Nördlichen Fränkischen Alb

Der traditionelle bäuerliche Betrieb in Mitteleuropa benötigte Grünland zur Futterversorgung des Viehs. Dabei waren Wiesen auf der trockenen Hochfläche der Nördlichen Fränkischen Alb schon immer ausgesprochen selten. Sie lieferten zwar eiweißreiches Futter, aber – da eine Düngung bis über die letzte Jahrhundertwende nicht üblich war – nur sehr geringe Erträge von 5-6 Doppelzentner je Hektar bei einmaliger Mahd im Jahr. Die Futtergrundlage v. a. für das Winterfutter mussten die Wiesen in den engen, tief eingeschnittenen Tälern erbringen. Hier waren wesentlich höhere Erträge bis über 150 Doppelzentner je Hektar bei drei Schnitten pro Jahr zu erzielen (HOFFMEISTER 1966). Entsprechend musste hier besonders intensiv gewirtschaftet werden: Aufgrund des engen Talraumes standen den einzelnen Betrieben nur wenige und kleine Parzellen des begehrten Grünlandes zu – nach der Bodenschätzung in den Urkatastern waren das im 19. Jahrhundert die wertvollsten Flächen überhaupt. Erst durch Bewässerung der Wiesen konnte man v. a. in den sommerlichen Trockenperioden eine gleichmäßige Durchfeuchtung des Grünlandes gewährleisten, Ertragsschwankungen weitgehend ausschalten und die Erträge um das Zwei- bis Siebenfache steigern (nach einer Erhebung des Wasserwirtschaftsamtes Bamberg in den 1960er Jahren).

Die Geschichte der Wiesenbewässerung reicht in den Nebentälern der Wiesent bis ins Hohe Mittelalter zurück. An der Unteren Wiesent und Regnitz bewässerte man mit Hilfe von Schöpfrädern erst seit dem 15. Jahrhundert. Zunächst handelte es sich um „wilde", d. h. nicht organisierte Wasserentnahmen, für die sich die Bauern eine herrschaftliche Berechtigung geben lassen mussten. Sog. Wiesenmeister hatten einen Ausgleich zwischen den Interessen der verschiedenen Landeigentümer herzustellen. 1704 gab es in Gosberg die erste Bewässerungsgesellschaft (HOFFMEISTER 1966). In der Zeit von der Mitte des 19. Jahrhunderts bis zum Ersten Weltkrieg verschaffte die zweimalige Neuregelung des Bayerischen Wasserrechtes der Wiesenbewässerung einen enormen kulturtechnischen Aufschwung (KESSLER 1990), v. a. durch neue Bewässerungsgenossenschaften und durch immer aufwendigere Bewässerungsanlagen. Der Arbeitskräftemangel, der sich bereits zu Beginn des 20. Jahrhunderts in der Landwirtschaft allmählich bemerkbar machte, erschwerte allerdings die Pflege der Anlagen. Trotzdem waren die meisten Betriebe noch bis in die 1960er Jahre auf die Bewässerung angewiesen, viele kleine Nebenerwerbsbetriebe benötigten damals noch preiswertes Winterfutter für ein bis zwei Stück Großvieh (HOFFMEISTER 1966). Erst seit etwa 1970 bewirtschaftet man die Talwiesen fast flächendeckend ohne Bewässerung (vgl. BRIEMLE et al. 1991, S. 72).

Heute gelten die Wiesentäler im Agrarleitplan als Flächen mit ungünstigen Erzeugungsbedingungen (BAYLBA 1986). Haupterwerbslandwirte wollen möglichst große Wiesenflächen extensiv und ohne großen Pflegeaufwand bewirtschaften. Kleinbauern stellen zumeist von Vieh-(Gemischt)-Wirtschaft auf Ackerbau um. Für das Schnittgut der Talwiesen gibt es kaum noch Verwendung (SCHMITT 1997, S. 93). Das bedeutet: Geeignete Parzellen werden intensiv mit Kunstdünger, Pflanzenschutzmitteln und modernen Maschinen bewirtschaftet, andere fallen brach und sind von Aufforstung bedroht.

3.3.3 Tourismus in der „Fränkischen Schweiz"

Die Entwicklung des Fremdenverkehrs in der Fränkischen Schweiz lässt sich in vier Phasen gliedern. Den Anfang markierte die Höhlenforschung mit paläontologischen Entdeckungen durch ESPER (1774, 1775 auch auf Französisch veröffentlicht), ROSENMÜLLER (1796) und GOLDFUSS (1810), in deren Folge ein reger Knochen- und Fossilienhandel aufkam und zu ersten Maßnahmen des Höhlenschutzes führte. Die zweite Phase war gekennzeichnet von romantischen Reisen und Wanderungen in der Nachfolge von TIECK und WACKENRODER (1793): Künstler und Studentenverbindungen zogen „wanderfroh und zechfreudig" in das Wiesenttal.

Den Beginn der dritten Phase markierte die Eröffnung der Kurorte Streitberg (1841 Molkenkuranstalt durch Prof. Briegleb) und Muggendorf (1857). Eine wohlhabende städtische Bevölkerung richtete dort Zweitwohnsitze in neu gebauten Villen ein. Es wurden Wanderwege sowie Aussichtspunkte mit Ruheplätzen und Pavillons angelegt, die zur Vermittlung des romantischen Landschaftsbildes dienen sollten. Der 1901 gegründete Fränkische-Schweiz-Verein organisierte diese Aufgaben vorzüglich, so dass Erholungssuchende aus ganz Deutschland und dem Ausland anreisten. Gegen Ende des 19. Jahrhunderts griff der Fremdenverkehr auf weitere Orte in oder am Rande der großen Täler über, z. B. Behringersmühle und Gößweinstein.

Die letzte Phase bildet der mit Ausbau der Verkehrsinfrastruktur ermöglichte „Massentourismus" seit den 1920er Jahren. Dabei stellt die Fränkische Schweiz traditionell ein Naherholungs- und Fremdenverkehrsgebiet dar. Sie erfährt heute (2003) ca. 437.000 Übernachtungen bei ca. 140.000 Ankünften mit einer zeitlichen Konzentration auf die Sommermonate (STATISTISCHES BUNDESAMT 2003/2004). Sie ist bevorzugtes Zweit- und Dritturlaubsgebiet (Kurzurlaub mit durchschnittlich fünf Tagen Aufenthalt), wobei die Reisenden ein relativ hohes Durchschnittsalter aufweisen (viele Rentner); während der Schulferien sind allerdings auch viele Familien mit Kindern darunter. An landschaftsbezogenen Aktivitäten ist ebenso der Wanderurlaub zumeist älterer Paare wie eine „aktive Freizeitgestaltung" mit den Trendsportarten Klettern, Kanu- und Bootfahren, Golf u. ä. aktuell.

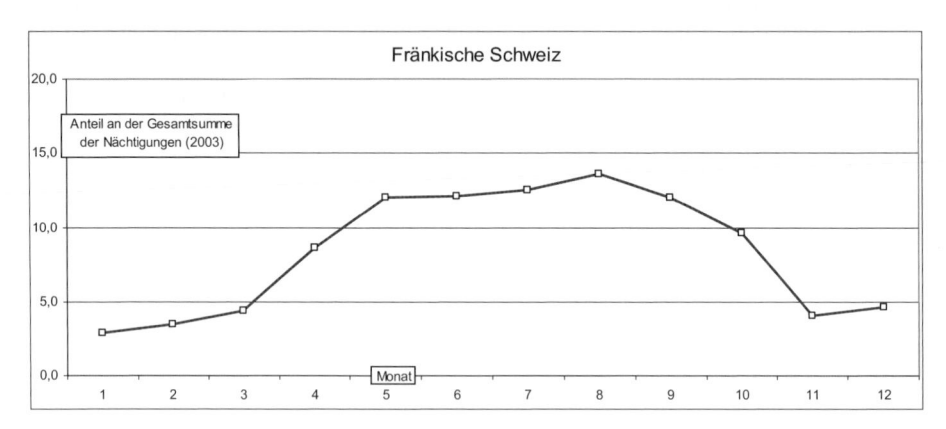

Abb. 3.3.3-1: Jahresverlauf der Nächtigungen im Fremdenverkehrsgebiet Fränkische Schweiz 2003 (Quelle: STATISTISCHES BUNDESAMT 2003/2004)

Der Tourismus bildet in den „klassischen Fremdenverkehrsorten" der Haupttäler schon lange die Haupteinnahmequelle. Etwa 120 Mio. DM Einnahmen durch Übernachtungsgäste und weitere 120 Mio. DM durch Tagesgäste sichern ca. 4000 Arbeitsplätze mittel- und unmittelbar (BÄTZING 2000a, S. 137). Andererseits lassen sich die Gemeinden auch die touristische Infrastruktur etwas kosten. Heiligenstadt gab beispielsweise für den Radwegebau 1,2 Mio. DM aus und legte vier Lehrpfade (für Natur, Wald, Landwirtschaft und Geologie) an. Doch wird die aktuelle Bedeutung des Tourismus insgesamt überschätzt, die Qualität der Beherbergungsbetriebe – darunter ein hoher und zunehmender Anteil von Ferienwohnungen – ist eher mäßig; das touristische Potential wird bei weitem nicht ausgeschöpft (BÄTZING 2000, S. 137).

Ein wesentliches Problem im Fremdenverkehr der Nördlichen Fränkischen Alb stellt dabei die traditionelle räumliche Konzentration auf zentrale Bereiche, v. a. im Wiesenttal, dar. In jüngerer Zeit ist allerdings eine zunehmende Dezentralisierung festzustellen. So verzeichnete das Heiligenstädter Fremdenverkehrsamt, das seit Anfang der 1980er Jahre existiert, für die 1990er Jahre einen Zuwachs von 20 %. Der Gemeindeteil Veilbronn wurde 1994 als Erholungsort staatlich anerkannt und verfügt über ca. 150 Betten.

Ein ähnlich bedeutsamer Fremdenverkehr wie in den Talorten findet auf der Hochfläche indes nicht statt. Doch entstehen auch hier seit den 1990er Jahren Ferienwohnungen in kleinen, entlegeneren Ortschaften, wie z. B. in Siegritz mit ca. 30 Betten in Ferienwohnungen und Privatzimmern sowie in Wüstenstein in einem Gasthof mit 12

Betten. Inzwischen sind auch landwirtschaftliche Betriebe in den Tourismus eingeschaltet. Dabei entstehen Wechselwirkungen zwischen touristischen Nebeneinkünften (Zimmervermietung, Urlaub auf dem Bauernhof, Direktvermarktung) und der Landschaftspflegetätigkeit. Den Einheimischen ist zuletzt deutlich geworden, dass mit einer Verwahrlosung oder Aufgabe der Kulturlandschaft auch die Grundlage für den Tourismus entfiele (SCHMITT 1997).

So liegen die Aufgaben der Landschaftspflege nach einem Positionspapier der Bezirksregierung (Regierung von Oberfranken 1996) in der Instandsetzung von Erholungseinrichtungen, der Anlage von Wanderwegen, Aussichtsplätzen, Wanderparkplätzen, Radwanderwegen, Lehrpfaden und Besucherleitsystemen sowie im Ausbau von Kinderspielplätzen. Dieser Maßnahmenkatalog macht allerdings nur Sinn, so lange die Sichtbeziehungen in der Wanderlandschaft durch „schlichtes" Offenhalten der Fluren gewährleistet bleiben.

4 Raum-zeitliches Kulturlandschaftskataster und -monitoring

4.1 Qualitative Beschreibung der Elementtypen und ihrer Veränderungen

Ein raum-zeitliches Kulturlandschaftskataster als Vollerhebung fußt auf dem Konzept der „Elementtypen" (BENDER 1994a) und „Veränderungstypen". Wegen der bei GUNZELMANN (1987) offenkundigen Probleme einer „historisch-geographischen Analyse" für jedes einzelne Kulturlandschaftselement (vgl. SCHWERDTFEGER 1989, S. 268) hat sich die Beschreibung der Kulturlandschaft nicht an Einzelelementen, sondern an den Elementtypen zu orientieren (vgl. RIEDEL 1983); sie ist formal und funktional ausgerichtet und geht auf lokale Besonderheiten bei der Ausprägung der einzelnen Elemente ein. Da viele Elemente der ländlichen Kulturlandschaft durch Pflanzen(gesellschaften) geprägt werden, muss sich die Analyse dabei auch – stärker als das bisher in der Angewandten Historischen Geographie üblich ist – auf botanische und pflanzensoziologische Methoden (BRAUN-BLANQUET 1928) stützen (vgl. RIEDEL 1983, S. 8). Ausgesprochen individuelle Erscheinungen, wie Burgen und Schlösser, Kirchen und Friedhöfe, Parkanlagen und Aussichtswarten etc., die bereits vielfach und ausführlich in der der regionalen Literatur behandelt worden (v. a. SCHÖNHÖFER/WEISEL 1983, ZÖBERLEIN 1995) bzw. Gegenstand der denkmalpflegerischen Erhebungen zur Dorferneuerung sind (vgl. GUNZELMANN et al. 1999), werden in diesem Rahmen nicht näher betrachtet.

4.1.1 Siedlungen mit Gärten

Die traditionellen Ortsformen auf der Nördlichen Fränkischen Alb sind kleine Haufendörfer, Weiler und Einzelsiedlungen, wie z. B. viele Mühlen in den Tälern. Aufgrund der relativen agrarischen Ungunst ist, wie in den meisten anderen Mittelgebirgen auch, eine nachträgliche Fortentwicklung zu größeren Haufendörfern unterblieben. Auch wurde eine Vermehrung der Hofstellen oft durch grundherrschaftliche Kontrolle und in Teilen durch das Anerbenrecht erschwert, so v. a. im Hochstift Bamberg (GUNZELMANN 1990 und 1995). Eine andere Situation ergab sich in vielen ritterschaftlichen Dörfern – wie im markgräflichen Wüstenstein, das unter der Ortsherrschaft der Brandensteiner faktisch ritterschaftlich war – in denen im Zuge merkantilistischer Bestrebungen die Zahl der Siedlungsstellen häufig sehr vermehrt worden ist. Gleichzeitig galt hier vielfach das Erbrecht der Realteilung.

Die übliche Hofform auf der Nördlichen Fränkischen Alb bildete der Zweiseit- oder Streckhof mit Wohnstallhaus und separater Scheune. Diese Höfe sind meist giebelständig, und der Hofplatz erstreckt sich zwischen den Gebäuden zum Ortsrand hin. Kleinanwesen vereinigten meist alle Funktionen unter einem Dach. Eine Besonderheit bildete das sog. „Tropfhaus", zu dem kein weiterer Grundbesitz zählte. Tropfhäuser verfügten daher nur über Wohnfunktion und allenfalls einen Kleintierstall. Wegen des geringen Flächenbedarfs konnten sie oft kleinere unbebaute Lücken inmitten der Ortslagen auffüllen (GEBHARD/POPP 1995).

Fotos: O. Bender, 2003

Abb. 4.1.1-1: Für die Nördliche Fränkische Alb typische landwirtschaftliche Anwesen (Beispiele aus Leidingshof): älteres Wohnstallhaus aus der ersten Hälfte des 19. Jahrhunderts (oben links), Tropfhaus Mitte 19. Jahrhundert (unten links), mittelbäuerliches Wohnhaus um 1900 (oben rechts) und Neubau um 1970 (unten rechts)

Die vollbäuerlichen Höfe wurden im Zuge der landwirtschaftlichen Intensivierung und der Flächenaufstockung der Betriebe in den vergangenen 100 Jahren immer wieder erweitert. Dabei sind bereits zu Beginn des 20. Jahrhunderts eine größere Anzahl von Höfen neu errichtet worden. Seit den 1960er Jahren erhielten die Haupterwerbsbetriebe zudem große Scheunen und Maschinenhallen, Siloanlagen etc. Auch viele Wohnhäuser wurden ein weiteres Mal neu errichtet, nunmehr allerdings ohne jede Bindung an die regionale Bautradition, sondern entsprechend dem Zeitgeschmack mit großen Fenstern versehen und häufig traufständig zur Straße. In den 1960er und 1970er Jahren hat man einige Höfe in Zuge der Flurbereinigungsverfahren zwecks Auflockerung der Ortslagen „ausgesiedelt" und über die Flur verteilt neu begründet.

Zu den gemeinschaftlich genutzten Gebäuden zählten Hirtenhaus (oft von einem durch die Dorfgemeinde angestellten Hirten bewohnt) und Backhaus, in größeren Orten ggf. ein Schulhaus und eine Kirche (Wüstenstein) bzw. ein Betsaal (Siegritz). Später, in den 1930er Jahren, kamen die Milchsammelstellen hinzu (FISCHER 1995).

Bei den Freiflächen ist ebenfalls zwischen öffentlichen und privaten zu differenzieren. Zu Letzteren zählen die nicht überbauten Hofplätze (im Wesentlichen Verkehrsräume, aber auch Mistlegen, Dunggruben etc.) kleine Hülen, Hausgärten, Streuobstwiesen etc., die meist in abnehmender Nutzungsintensität hinter dem Hof einen sanften Übergang in die Feldflur vermittelten. V. a. nach dem Zweiten Weltkrieg wurde diese Nutzungsvielfalt allmählich ausgedünnt: die Hofplätze versiegelt, die Dunggruben und Hülen verfüllt (sie waren mit dem Anschluss an die Wasserleitungssysteme bzw. dem Übergang zur Schwemmentmistung der Ställe ohnehin funktionslos geworden), die Nutz- in Ziergärten umgewandelt und die Streuobstwiesen vernachlässigt und/oder gerodet.

Öffentliche Freiflächen sind traditionellerweise v. a. die Verkehrswege und Dorfplätze, sowie gemeinschaftlich genutzte Hülen. Im 19. Jahrhundert kamen die öffentlichen Brunnenanlagen hinzu und später in einigen Orten auch touristische Einrichtungen wie Parkanlagen (Veilbronn).

4.1.2 Verkehrswege

Bei den Verkehrswegen sind hinsichtlich der Funktion Überlandverbindungen (Fernstraßen), Ortsverbindungs-, Feld- und Triftwege sowie zumeist innerörtliche Kirch- und Brunnenwege (so etwa zwischen dem Wüstensteiner Ober- und Unterdorf) zu unterscheiden. Das Feldwegesystem geht meist sternförmig vom Dorf aus, und die Wege verlaufen im Anstoß der Gewanne. Dieses Wegesystem hat sich meist unverändert bis zu den Flurbereinigungen des 20. Jahrhunderts erhalten. Neue Feldwegsysteme, wie in Siegritz, sind hingegen meist gitterartig angelegt.

Die Altwege waren entsprechend der Topographie und Bodenbeschaffenheit in ihrem Verlauf unterschiedlich breit; oft waren Ausweichstellen oder bei Triftwegen Grasplätze für die Weidetiere inkludiert. Die mehr oder weniger breiten Ränder waren meist als Grasraine ausgeprägt, mancherorts auch durch Lesesteinansammlungen verschüttet. Hecken scheinen auf diesen Ranken allerdings, nach Ausweis der Flurkarten, erst in den letzten 100 Jahren in größerem Umfang aufgekommen zu sein. Alles in allem kann bei den Altstraßen und -wegen von einer Barrierewirkung oder Zerschneidung hinsichtlich der Lebensräume besonders von Kleintieren keine Rede sein; vielmehr waren die Verkehrsräume als Übergangsbereiche ausgeprägt.

Dies änderte sich mit dem Bau asphaltierter Straßen im Laufe des 20. Jahrhunderts. Diese Straßen wurden zum Teil neu trassiert, erhielten Normbreiten und mehr oder weniger befestigte Ränder. Aus ökologischer Sicht vorteilhaft sind allenfalls die straßenbegleitenden Entwässerungsgräben, die wiederum einen Übergang zu den angrenzenden Nutz- oder Waldflächen vermitteln.

Die Eisenbahn verlangte den größten Aufwand bei der Trassenführung, wie man an den Brücken und Bahndämmen im Leinleitertal bei Veilbronn erkennt. Speziell an den Dämmen boten sich allerdings oft gute Bedingungen für die Entstehung von Ruderalbiotopen.

4.1.3 Ackerland

Dauerackerland

Die traditionelle Feldflur war durch Feldraine mit Lesesteinansammlungen und vielen Hecken reich gegliedert. Auf den flachgründigen steinübersäten Feldern pflügte man Ackerbeete von 60-75 cm Breite und 25-30 cm Höhe, so genannte Bifänge, für den Körnerbau auf. Dabei verwendete man den Deutschen Landpflug, mit dem man lediglich flach ackern konnte. Allein in Dorfnähe auf relativ gut gedüngten, nicht dem Flurzwang unterworfenen „Schmalsaatbeeten" erfolgte ein Hackfrucht- und bescheidener Futterbau (WEISEL 1971, S. 41 ff.).

Die Intensivierung des Anbaus auf den günstigen Flächen durch Einführung der Gras-Klee-Ansaaten in den 1920er Jahren führte zu einer allmählichen Behebung des Düngermangels, der Schwarzbrache und des Bifangbaus (WEISEL 1971, S. 54 f.). Mit der Technisierung (u. a. Vergrößerung der Pflugtiefe), Mineraldüngung und dem Einsatz von Pflanzenschutzmitteln kann heute eine breite Palette an Feldfrüchten angebaut werden. Die traditionellen Ackerwildkrautgesellschaften sind dabei jedoch weitgehend verloren gegangen.

Die Parzellen besitzen zumeist Kleinblock- oder Kurzstreifenformen. Im Zuge der Flurbereinigung in Leidingshof und Siegritz sind die Ackerschläge deutlich vergrößert und in ihrem äußeren Zuschnitt regelmäßiger gestaltet worden. Jedoch teilen die Landwirte ihre Großblöcke in mehr oder weniger breite Streifen ein. Die durchschnittliche Feldgröße (15.437 m^2) in der Gemarkung Siegritz beträgt somit nur 83 % gegenüber der durchschnittlichen Parzellengröße (18.679 m^2), hingegen in Gößmannsberg 161 % (7.843 zu 4.865 m^2). Hier haben die Landwirte offenbar bereits vor der Flurbereinigung durch Pacht und Tausch ihre Schmalstreifenparzellen in einem hohen Maße arrondiert.

An gestuften Feldrainen in hängigem Gelände sind oft Lesesteine zu -wällen und -haufen abgelegt worden. Ihre Verbreitung ist allerdings vom geologischen Untergrund bzw. der Mächtigkeit der lehmigen Albüberdeckung abhängig. Heute ist die Anlage neuer Lesesteinhaufen verboten, die alten wurden bei Flurbereinigungen zudem meist abgetragen (HAHN 1985).

Egerten

Das früher insgesamt umfangreichere Ackerland umfasste auch flachgründige und weitgehend unproduktive Kalk- und Dolomitverwitterungsböden in Hangpartien. Auch sind noch ehemalige Stufenraine im Wald erkennbar. Die Terrassenfelder lagen jahrzehntelang brach und wurden dann gelegentlich zu Wölbäckern („Bifänge") umgebrochen. Diese sog. „Egerten" hat man im Zuge einer Feld-Weide-Wechselwirtschaft mit dem Nachlassen der Feldbauerträge für einen unbestimmten, meist sehr langen Zeitraum liegengelassen und nach Ausbildung des Magerrasens (siehe Kapitel 4.2.5) als Weide genutzt (WEISEL 1971, S. 43 ff.). Dabei kam es auch zu mehr oder weniger starkem Gehölzanflug. Solche Flächen nahmen auf der Nördlichen Fränkischen Alb oft bis zu 20 % der Gemarkungen ein (Abbildung 4.1.3-1). Sie waren aber statistisch kaum zu fassen, da der Begriff „Egerte" bei der Herstellung der Kataster im 19. Jahrhundert nicht vorgesehen war. Die amtsüblichen Bezeichnungen „Ödland", „Ödacker", „Weide" und „Hutung" wurden im Laufe der Zeit oft ausgetauscht, da keine den wahren Sachverhalt wiedergab. In der ersten Hälfte des 20. Jahrhunderts kam es dann zur Aufgabe der Egerten als „Oed- und Weideflächen", was im Vergleich zu Gesamtbayern einen überproportionalen Rückgang der Ackerfläche bewirkte (1880 bis 1925: 30 % gegenüber 10 %, WEISEL 1971, S. 59).

Abb. 4.1.3-1: Fotosimulation „Alblandschaft mit Egerten" (Quelle: AUFMKOLK/ZIESEL 1998, S. 207)

Bei der Wüstensteiner „Gemeindeleite" handelte es sich früher um gemeinschaftlichen Besitz aller Wüstensteiner Anwesen. „Leite" bedeutet soviel wie steiler Hang, der in diesem Talabschnitt auch noch mit einzelnen Felstürmen durchsetzt ist. Das Gelände diente zumeist als Weidefläche, wobei nach Ausweis von Flurkarten aus der Mitte des 19. Jahrhunderts kleine hangparallele Ackerstreifen (Egerten) eingeschaltet waren, während im oberen Hangbereich Gebüsch und einzelne Bäume aufkamen. Luftbilder aus den 1960er Jahren zeigen bereits die beginnende Verbuschung des gesamten Hanges an.

4.1.4 Streuobstbestände

Unter Streuobst versteht man die extensiv genutzte Kombination von Hoch- und Halbstamm-Obstbäumen mit regelmäßiger Unternutzung (Wiese oder Acker). Oft handelt es sich um heterogene Bestände hinsichtlich Alter, Baumform, Abstand, Obstarten und -sorten. Die Bäume kann man im Gegensatz zu den modernen Niedrigstamm-Obstkulturen als „Individuen" erkennen. Sorten- und Artenvielfalt (Genreservoir) sind von biologischem und landeskulturellem Interesse. An Standortverhältnisse angepasste Lokalsorten gelten als besonders robust und langlebig. Die in der Unternutzung verbreiteten kräuter- und blumenreichen Glatthaferwiesen mit mittlerer bis guter Nährstoffversorgung sind am Albtrauf mit Trockenrasenkombinationen, wärmeliebenden Säumen und mittel- sowie niederwaldartig genutzten Holzbeständen verzahnt (BAYSTMLU 1994e, S. 81).

Im 18. Jahrhundert trat der Streuobstbau in das Blickfeld der Territorialverwaltungen, die entsprechende Verordnungen zu dessen Förderung verfügten, so auch 1691 in der Markgrafschaft. Im Bayerischen Landeskulturgesetz von 1803 wurde die Pflanzung von Obstbaumreihen an Chausseen vorgeschrieben. Beide Initiativen trugen v. a. zur Verbreitung des bäuerlichen Selbstversorgeanbaus zur Erzeugung von Dörrobst, Most und Schnaps bei (SCHUBERT 1991). Im 19. Jahrhundert wurden die Orte der Fränkischen Alb zumeist auch von einem geschlossenen Streuobstgürtel umgeben, der trotz geringer Ausdehnung landschaftsprägend war. Weiteste Verbreitung hatte der Streuobstbau in der ersten Hälfte des 20. Jahrhunderts. Gleichzeitig wurden erste Ansätze einer Trennung von Selbstversorgungs- und Marktobstanbau erkennbar (Sortenbereinigung, Kurzstammbäume). Der Rückgang begann in den 1950/60er Jahren aufgrund zu hoher Arbeitsintensität und veränderten Konsumgewohnheiten. Mangelnde Pflege und Nutzungsaufgabe führten zu natürlichem Altersabgang bzw. unterlassener Nachpflanzung. Neubautätigkeit gerade an den Ortsrändern, aber auch Rodungsprämien (z. B. durch den Generalobstplan 1957-1974) in Zusammenhang mit den Flurbereinigungen begünstigten eine aktive Vernichtung der Bestände. Heutige Schwerpunktvorkommen in den Landkreisen Forchheim (v. a. Kirschen) und Bamberg (meist Kernobst) befinden sich an südlich exponierten Hängen des Albtraufs und im Albvorland. Es gibt keine detaillierten statistischen Angaben über ihre Ausdehnung, da in Bayern seit 1965 keine Obstbaumzählung mehr stattgefunden hat. Trotzdem wird heute wegen des hohen ökologischen, landschaftsästhetischen und touristischen Wertes ein Schutz, Erhalt und Neuaufbau der Streuobstbestände gefordert.

4.1.5 Tal-Fettwiesen mit Bewässerungsanlagen

Die intensiv bewirtschafteten Wässerwiesen in den Bachtälern der Fränkischen Alb bildeten über Jahrhunderte die Grundlage für die Viehwirtschaft, indem sie ergänzend zu den Weidemöglichkeiten auf der Hochfläche (Hutungen, Brachfelder, Waldweide) das Winterfutter lieferten. Aufgrund des engen Talraumes standen den einzelnen Betrieben nur wenige und kleine Parzellen des begehrten Grünlandes zu – nach der Bodenschätzung in den Urkatastern waren das im 19. Jahrhundert die wertvollsten Flächen überhaupt.

Die Wiesenbewässerungsanlagen, die sich abschnittsweise über den gesamten Talgrund erstreckten, sind heute nur noch in Resten erhalten. Es gab die so genannten Hangberieselungssysteme und in der Talaue die Staugrabenberieselung. Dabei werden die Bäche (meist an einer Bachkrümmung) durch ein Staudielenwehr aufgestaut und teilweise in einen nahezu höhenlinienparallel verlaufenden Wässergraben ausgeleitet. Durch hölzerne Stauschützen wird das Wasser zum Überlaufen gezwungen. Das überschüssige Wasser fließt dann dem tiefer liegenden Bach wieder zu.

Nach zeitgenössischen Berichten waren die Anlagen bereits im ersten Drittel des 20. Jahrhunderts in schlechtem Erhaltungszustand (HOFFMEISTER 1966, S. 17). Mit Aufgabe der Bewässerung in den 1970er Jahren werden die Wiesenparzellen generell trockener, außer in Hangquellbereichen, wo es aufgrund der verfallenden Ableitungsgräben zur Vernässung kommt. Der Ertrag geht ohne Düngung durch die Anpassung der Pflanzen zunächst auf ein Zehntel zurück (HOFFMEISTER 1966, S. 40).

Doch wurde auf den meisten Flächen die Bewässerung sukzessive durch Düngung ersetzt, wodurch sich die Kohldistelwiesen in Glatthaferwiesen verwandelten *(Arrhenaterion elatioris)*. Eine Kartierung im unteren Wiesenttal erbrachte detaillierte Kenntnisse über die soziologische Ausprägung der Talwiesen in Abhängigkeit von Feuchte und Nutzung sowie über faunistische Aspekte, insbesondere bezüglich der Wiesenbrütervorkommen (WEID/ZÖCKLEIN 1990, KESSLER 1990, S. 72 ff.). Die ökologischen Folgen der Nutzungsintensivierung in den nunmehr mineralisch gedüngten Fettwiesen äußern sich in einer geringeren Artenzahl (Flora, Fauna) sowie der Bodenbelastung durch Düngemittel und Pestizide.

Die im letzten Jahrhundert beständig gestiegenen Milchleistungen der Kühe setzen entsprechende Gesamtfutteraufnahmen der Tiere und Qualitäten des Futters voraus. Bei nicht unbegrenzt möglichem Kraftfuttereinsatz ist für eine bedarfsdeckende Versorgung der Kühe die Erzeugung von bestem Grundfutter mit hoher Energie- und Nährstoffkonzentrationen notwendig. Neben der Silage erfüllen Heißlufttrocknungsprodukte diese Anforderung in besonderer Weise (BAYSTMLF 2003). Hinreichende Futterqualitäten können nicht auf dem gesamten traditionellen Dauergrünland erzielt werden, so dass etliche Wiesen aus der Nutzung gefallen sind. Die Nutzungsaufgabe führt dann zum Verlust seltener Pflanzenarten sowie zum Verlust von Tierarten, die an kurzrasige Biotoptypen gebunden sind (Wachtelkönig, Bekassine, Braunkehlchen, Grauammer), auch wenn kurzfristig eine größere Artenzahl zu verzeichnen ist.

Die modernen Haupterwerbsbetriebe haben inzwischen meist auch zu große Maschinen für die Zufahrten bzw. kleinen Parzellen in den engen Tälern oder für den feuchten Untergrund. Eine Wiesenpflege kann jedoch noch durch Kleinbauern mit älteren Mähwerken durchgeführt werden. Nicht (mehr) benötigtes Schnittgut wird verkauft oder kompostiert. Agrarförderungen geben gerade den Nebenerwerbsbetrieben Anreize zur Weiterbewirtschaftung. Auf diese Weise sind in den letzten Jahren einige schon aufgelassene Wiesenparzellen wieder in eine extensive Nutzung genommen worden.

Die früher bewässerten Wiesen des Mathelbachtals waren Mitte der 1990er Jahre bereits zum Großteil brach gefallen. Mitten im Talgrund befindet sich hier eine weitere Karstquelle („Steinquelle"). Bei mangelnder Pflege der Be- und Entwässerungsgräben sind die Parzellen unterhalb der Quelle teilweise versumpft, was an den vorherrschenden Sauergräsern gut zu erkennen ist. In den letzten Jahren hat man jedoch die Wiesenbewirtschaftung aus landschaftspflegerischen Gründen wieder aufgenommen.

4.1.6 Magerrasen (Wacholderheiden)

Die Halbtrockenrasen auf den sonnigen, felsigen Hängen der Fränkischen Alb sind keine natürlichen Lebensgemeinschaften. Nach der Rodung des lichten, buchenbeherrschten Naturwaldes entstand durch Wegfall des Baumschattens ein ungewöhnliches Geländeklima, das in der ursprünglichen Landschaft auf natürlicherweise waldfreie Felsköpfe beschränkt war. Der Umsatz der Sonneneinstrahlung erfolgte nun auf großer Fläche nicht mehr im Blätterdach von Baumkronen, sondern direkt an der Bodenoberfläche, wodurch Temperaturen, Luftfeuchtigkeit und Windgeschwindigkeit extreme Werte erreichten (vgl. ELLENBERG 1986, S. 616). Diese neue ökologische Nische in Mitteleuropa wurde allmählich von Arten aus dem Mittelmeerraum und den östlichen, kontinentalen Steppen, im Kontakt zu anstehendem Fels auch von dealpinen Arten besetzt (vgl. u. a. GAUCKLER 1930, THORN 1958, SCHÖNFELDER 1970/1971). V. a. die Hüteschafhaltung prägte jahrhundertelang die Vegetation der trockenwarmen Grenzertragsstandorte und mit ihr das Bild der Landschaft. So entstand eine Lebensgemeinschaft, die den besonderen klimatischen Bedingungen ebenso wie der Beanspruchung durch den Menschen gewachsen war: die Wacholderheide. Die volkstümliche Bezeichnung „Heide" verweist hier sowohl auf das unbestellte Land ohne persönlichen Besitzer (germanisch „Haithio") als auch auf die eingeschränkte Ertragsfähigkeit solcher Flächen (HÜPPE 1993).

Die typische floristische Struktur der intakten Wacholderheiden ergibt sich aus Überweidung wohlschmeckender Arten (Gräser und Kräuter) und Unterweidung zäher, dorniger oder ungenießbarer Arten. Daneben ist die hohe Trittbelastung durch die weidenden Tiere eine entscheidende Vorbedingung für die Artenvielfalt. Zunächst fällt die kurzrasige Struktur ins Auge, aus der unterbeweidete „Weideunkräuter" herausragen. Dazu zählen auch dornige Sträucher wie Wacholder *(Juniperus communis)* und Schlehe *(Prunus spinosa)*. Werden Wacholderheiden nicht mehr oder nur unregelmäßig bewirtschaftet, können von den Rändern benachbarter Wälder oder Gebüschgruppen Saumarten in die Rasen einwandern. Es handelt sich um vergleichsweise hochwüchsige, spätblühende Stauden, die in häufig gemähten oder beweideten Flächen nicht ausreifen können.

Die massivste Bedrohung der verbliebenen Kalkmagerrasen geht aber von der natürlichen Wiederbewaldung (Sukzession) aus (vgl. HARD 1975). Die Gehölzausbreitung erfolgt entweder von randlichen, z. B. auf Lesesteinhaufen etablierten Hecken aus oder von Einzelbüschen im offenen Rasen, die als Ammenpflanzen fungieren. Früher wurden aufkommende Gehölze noch durch Ziegenverbiss in Schach gehalten oder durch den Schäfer mit der „Schippe" entfernt. Bei der Verbuschung von Wacholderheiden der Fränkischen Alb kommen Schlehe und Waldkiefer *(Pinus sylvestris)* die tragenden Rollen zu, wobei Schlehen- und Kiefernsukzession oft räumlich getrennt ablaufen.

Gerade das Aufkommen der Schlehe in unterbeweideten oder ungenutzten Wacholderheiden ist sehr problematisch. Die Pflanze besitzt die Fähigkeit, sich über Wurzelsprosse (Polykormone) fortzupflanzen (WOLF 1980). In den fortgeschrittenen Stadien der Verbuschung ist die Grasnarbe unter den Schlehen bereits so stark aufgelockert, dass andere Gehölze keimen können. Ein Vorwaldstadium ist schließlich erreicht, wenn im Zentrum der Gebüschgruppe Bäume aufkommen, die Sträucher überragen und zunehmend in die Peripherie des Bestandes abdrängen. Durch Verbuschung bedingter Lichtmangel ist die Hauptursache für das Verschwinden charakteristischer Magerrasenarten (RAAB/BÖHMER 1988). Im Gehölzschatten ändert sich das Mikroklima auf drastische Weise: Die Werte für die Luft- und Bodentemperatur liegen ca. 50 % unter denen offener Rasen (HAKES 1987).

Die Waldkiefer ist in vielen Landstrichen das einzige Gehölz, das samenbürtig in frühen Brachestadien erscheint. Das recht dauerhafte Reifestadium der Kiefernsukzession zeichnet sich durch eine relativ dichte, von Gräsern beherrschte Krautschicht aus. Meist dominiert die Fiederzwenke *(Brachypodium pinnatum)*. Vielerorts gedeiht in diesem Stadium bereits eine üppige Strauchschicht, z. B. mit Liguster, Schlehe, Stieleiche und Berberitze *(Berberis vulgaris)*. In diesen Beständen spielt im Laufe der Zeit auch die

Buche eine immer größere Rolle. So ist der Zeitpunkt absehbar, zu dem diese Baumart in ihrem angestammten Lebensraum wieder die dominante Rolle spielt (BÖHMER/ BENDER 2000).

Für landschaftliche Eigenart und touristische Erschließung der Nördlichen Fränkischen Alb sind Wacholderheiden von zentraler Bedeutung. Die wissenschaftlich als „Trespen-Halbtrockenrasen" bezeichnete Vegetationseinheit ist durch historische Darstellungen (vgl. SCHEMMEL 1979 und 1988, ZIELONKOWSKI et al. 1986), landeskundliche Überblicke (z. B. SCHERZER 1942), touristisches Informationsmaterial und im Bewusstsein der Bevölkerung als Charakteristikum der Landschaft ausgewiesen. Noch 1939 beschrieb GAUCKLER die enorme Ausdehnung der „Steppenheide" im Fränkischen Jura, die sich „nicht selten kilometerweit" (S. 41) über die Flanken der Täler hinzog. Während diese Aussage auf der südlichen Fränkischen Alb (z. B. im Altmühltal, vgl. ROTH/MEURER 1994, BAYSTMLU 1994d) noch immer nachvollziehbar ist, hat das Landschaftsbild der Nördlichen Fränkischen Alb seither einen grundlegenden Wandel erfahren (BÖHMER 1994). Die Wacholderheiden sind heute auf verinselte, oft kümmerliche Reste beschränkt und vielerorts bereits völlig verschwunden. In der Roten Liste der Pflanzengesellschaften Bayerns (WALENTOWSKI et al. 1990-1992) wird die wichtigste Pflanzengesellschaft der fränkischen Wacholderheiden, der Enzian-Schillergras-Rasen *(Gentiano-Koelerietum,* vgl. OBERDORFER 1978, POTT 1995) wegen des „deutlichen Schwundes seiner Charakterarten" und der „merklichen Standortsverlusttendenz" als „gefährdet" eingestuft.

4.1.7 Flurgehölze (Hecken und Einzelbäume)

Hecken

Hinsichtlich der Entstehungsgeschichte ist bei Flurgehölzen zwischen Relikten von Wäldern, Pflanzungen sowie spontan entstandenen und anschließend geduldeten Strukturen zu unterscheiden. Zur ersten Gruppe gehören insbesondere alte Gemarkungsgrenzhecken und -gehölze als Reste ehemals größerer Waldriegel zwischen Rodungsfluren. Weiterhin sind Bachspaliergehölze als Relikte ehemaliger Auwälder zu nennen. In beiden Fällen wurden jedoch durch die Umwandlung ehemals flächenhafter Bestände in schmale, oft lückenhafte Gehölzstreifen das Bestandesklima und die phytosoziologische Struktur stark verändert.

Als planmäßig entstandene Gehölstrukturen treten v. a. Einhegungshecken, sog. „lebende Zäune" auf. Sie können Triftwege oder die Allmendflächen von den Feldern trennen, einzelne private, nicht dem Flurzwang unterlegene Felder sowie als „Etter" das gesamte Dorf einhegen. Auf diese Weise konnte früher der Holzeinschlag im Wald verringert werden (BARTEL 1966, S. 20).

Die dritte Gruppe bilden spontan aufgewachsene Hecken, v. a. auf Lesesteinriegeln („Ranken"), Ackerrainen, insbesondere Stufenrainen. Speziell in hängigem Gelände sind Hecken, auch als Erosionsschutz, beliebt. In kleinparzellierten Ackerfluren, besonders zwischen den Streifenparzellen der Blockgewanne, wurden sie wegen der Verschattung der Felder jedoch selten geduldet. Ähnliches betrifft flächige Feldgehölze, die meist spontan auf Brachen entstehen – auf der Nördlichen Fränkischen Alb insbesondere mit Auflassung von Egerten und Magerweiden, gelegentlich auch Äckern. Sie werden bei den Magerrasen mitbehandelt.

In der Literatur sind Anlass und Entstehungszeit der Hecken auf der Nördlichen Fränkischen Alb umstritten (vgl. BAYSTMLU 1997b, BAYLFU 2004). Mit Hilfe der Kataster-Uraufnahmen, in denen sie – jedenfalls im Untersuchungsgebiet – weitgehend fehlen, kann indes nachgewiesen werden, dass sie nicht zur traditionellen Agrarlandschaft gehören. Bestehende Hecken mussten nach Anweisung der BAYERISCHEN STEUERKATASTERKOMMISSION (1830) vollständig ausgewiesen werden[22]. Der spätere Heckenreichtum, der sich bis zu den Flurbereinigungen der zweiten Hälfte des 20. Jahrhunderts erhalten hat, ist wohl auf eine veränderte Einstellung der Landwirte um 1900 zurückzuführen, welche nunmehr einen höheren Aufwuchs der auf den Ranken aufkommenden Gehölze duldeten.

Floristisch betrachtet bestehen die Flurgehölze und Hecken fast ausschließlich aus Lichtholzarten. Sie werden deshalb pflanzensoziologisch von den Wäldern abgetrennt und als eigene Ordnung der *Prunetalia spinosae* klassifiziert. Eine eindeutige Trennung der Hecken, Gebüsche und strauchigen Waldränder von den eigentlichen Wäldern ist aber nur schwer durchführbar, weil die Lichthölzer durch Waldweide, Nieder- und Mittelwaldwirtschaft weit in die Wälder eingedrungen sind und dort noch immer an vielen Stellen gedeihen. Entscheidende Standortfaktoren sind Lichtgenuss und mechanische Beanspruchung durch Schlag oder Brand; klimatische und edaphische Einflüsse treten dagegen stark zurück. Die vorherrschenden Arten sind deshalb über ganz Mitteleuropa verbreitet (ELLENBERG 1986, S. 716 f.). Rein physiognomisch sind drei Heckentypen zu unterscheiden:

- Die Strauchhecke besteht aus Sträuchern und auf den Stock gesetzten Baumarten.

- In der Baumhecke sind Bäume als Überhälter vorhanden, die dann das Erscheinungsbild mehr oder weniger dominieren.

- Die „aufgelöste" bzw. noch nicht geschlossene Hecke mit lückigen Beständen.

Zu beachten bleibt aber, dass Hecken und Flurgehölze keine „statische Einheit" sind. Vielmehr bilden sie „mannigfache Sukzessionsstadien zwischen unbewachsenen, nur mit Kryptogamen bewachsenen Steinriegeln, rasenartigen Gesellschaften auf Rainen und Ackerterrassen, locker mit Einzelsträuchern, -bäumen und Gebüschgruppen bestandenen Partien, schließlich voll ausgebildeten Hecken in mannigfachen Ausbildungen, bis hin zu waldartigen, fast flächigen (statt linearen) Beständen mit großen Bäumen und reicher Krautflora" (REIF 1985, S. 218).

Für ihre physiognomische Ausprägung sind Art und Intensität der Bewirtschaftung von besonderer Bedeutung. Wenn der Gehölzaufwuchs überhaupt geduldet worden ist, dann nur auf armen, sonst nicht nutzbaren Flächen (SCHELHORN 1982, S. 101), wie z. B. Lesesteinstrukturen. In diesem Fall hat man aber meist versucht, ihn auch nutzbar

---

[22] In tatsächlich heckenreichen Gebieten, wie dem Vorderen Bayerischen Wald, sind sie selbstverständlich in den historischen Flurkarten verzeichnet (BENDER 1994b).

zu machen[23]. Neben dem Sammeln von Nüssen, Stein- bzw. Beerenobst und Eicheln stand die Holznutzung im Vordergrund. Dabei ist der „Kopfhieb" vom „Stockhieb" zu differenzieren. Der Kopfhieb (mit einer Schnitthöhe von ca. 2 m) resultiert oft aus einer parallelen Nutzung als Hutebaum, so dass frische Triebe aufgrund der Höhe vor Viehfraß geschützt waren (BRINK/WÖBSE 1989, S. 83). Entweder wurde ein gesamter Bestand kahlgeschlagen oder der Hieb erfolgte abschnittsweise. Gelegentlich wurden in Anlehnung an die Mittelwaldnutzung als Überhälter v. a. Stieleichen *(Quercus robur)* und Eschen *(Fraxinus excelsior)* verschont. Die Umtriebszeit betrug nach ELLENBERG (1986, S. 716) normalerweise fünf bis 15 Jahre, doch scheint man im 19. Jahrhundert extrem kurze Zeiten von drei bis fünf Jahren bevorzugt zu haben. Die Regeneration erfolgte durch Stockausschlag. Auf diese Weise wurden die ausschlagfähigen Baumarten wie Hasel *(Corylus avellana)*, Esche *(Fraxinus excelsior)*, Linde *(Tilia sp.)*, Hainbuche *(Carpinus betulus)*, Birke *(Betula pendula)*, Weide *(Salix sp.)* und Erle *(Alnus sp.)* (WILLERDING 1989) besonders begünstigt. Die Wüchsigkeit der Holzarten war im Allgemeinen recht groß, so dass die Lichtphase mit dem Aufkommen krautiger Vegetation lediglich ein bis zwei Jahre andauerte. Doch stellte sich die Baumform nur an den für Vieh unzugänglichen Stellen ein (ELLENBERG 1986, S. 216).

Die Holznutzung erbrachte Knüppel, Ruten, Stangen, Brennholz und speziell von der Esche auch Drechslerholz. Reiser von Haseln wurden für die Befeuerung der Backöfen verwendet, die der Weiden für Flechtwerk; Linden waren zur Bastgewinnung geeignet. Zu diesen Zwecken blieben die Hecken und Flurgehölze solange von Bedeutung, bis die Umstellung auf fossile Energieträger erfolgt und der Ersatz des Werkstoffes Holz durch die diversen Kunststoffe vollzogen war (WILLERDING 1989).

Nachdem heute kein Nutzungswert mehr gegeben ist, fällt die Bewertung der Gehölzelemente hinsichtlich ihres landeskulturellen Wertes sehr verschieden aus (HARTKE 1951, S. 137). Neben visuell-ästhetischen und landschaftspflegerischen Vorzügen (Artenschutz) gehen v. a. von den Hecken eine Vielzahl von Auswirkungen aus, welche die Bewirtschaftung der angrenzenden Flächen überwiegend erschweren. Es sind dies v. a. Wurzelkonkurrenz zu den Nutzpflanzen, Nährstoffentzug, Beschattung, Laubfall und die spätere Ausaperung in Lee der Hecke (KUHN 1953, SCHELHORN 1982). Die Schäden sind umso größer, wenn regelmäßige Nutzungen oder Pflegeschnitte unterbleiben. Hierin liegen die Gründe, warum die Hecken früher klein gehalten worden sind.

Einzelbäume und Baumgruppen

Die Nördliche Fränkische Alb ist reich mit flurbeherrschenden Einzelbäumen sowie Bäumen und Gebüschen an Feldkreuzen, Baudenkmälern etc. ausgestattet. V. a. Ackerbaulandschaften in ehemals katholischen Territorien besitzen überdurchschnittlich viele baumbestandene Flurdenkmäler. Das Untersuchungsgebiet ist allerdings protestantisch.

---

[23] Einige Autoren haben in regionalen Studien einen entgegen gesetzten Standpunkt vertreten, ohne jedoch einen Beweis für die Allgemeingültigkeit ihrer Erkenntnisse anbieten zu können. So ist nach KUHN (1953, S. 22) im Vogelsberg die Holznutzung der Hecken quasi bedeutungslos gewesen. Nach BARTEL (1966, S. 41) war der Ertrag im Verhältnis zum Arbeitsaufwand zu gering.

Hinsichtlich ihrer Funktion und Anordnung in der Flur lassen sich folgende Typen von Einzelbäumen unterscheiden (vgl. BAYSTMLU 1995c):

- Solitärbäume an landschaftsbeherrschenden Stellen, in der Nähe von Baudenkmälern, Feldkreuzen, Quellen (z. B. im Mathelbachtal bei Veilbronn), Gerichtslinden, Versammlungs-, Gedenk- und Grenzbäume;
- Dorfbäume am Ortseingang oder auf dem Dorfplatz (z. B. in Wüstenstein), Kellerbäume über Bierkellern (z. B. in Veilbronn), meist Linden und Rosskastanien;
- Hutebäume auf Weiden (z. B. die in der Hersbrucker Schweiz verbreiteten Hutanger als Großviehweiden), oft Eichen oder Fichten;
- Kopfbäume, z. B. Kopfweiden als Spaliergehölze entlang der Bachläufe (wie sie im Raum Lichtenfels-Weismain verbreitet sind bzw. vereinzelt in Wüstenstein);
- Rast- und Richtungsbäume an Altstraßen, Alleen entlang der im 18./19. Jahrhundert angelegten Chausseen sowie entlang von Zufahrten zu grundherrschaftlichen Gebäuden.

4.1.8 Laub-Mischwälder

Die Nördliche Fränkische Alb war bei einem Waldanteil um 20 % bis Mitte des 19. Jahrhunderts äußerst waldarm. Ähnlich niedrige Werte wurden in Bayern sonst nur in den Gäulandschaften erreicht. Meist handelte es sich um Bauernwald, wobei die einzelnen Betriebe sehr unterschiedlich ausgestattet waren. Hinsichtlich der Holzarten schrieb GOLDFUSS (1810): „Sobald wir unsere Gebirgsfläche betreten, so vermissen wir allmählig die Nadel-Wälder, und finden nur vereinzelt kleine Partien dieser Pflanzenform hier und da zerstreuet. Dagegen begrünen mahlerische Laubgebüsche, Buchen- und Eichenhaine die Hügel und den felsigen Abhang der Thäler." Bei der verbreiteten Nieder- und (seltener) Mittelwaldwirtschaft wurden Bauern- und v. a. Gemeindewald durch übermäßigen Brenn- und Nutzholzeinschlag, Waldweide, Streuentnahme und Schneiteln stark ausgebeutet, wodurch „lichte, verbuttete, verschneidelte und urwüchsige" Waldstücke mit vielen „Blößen und Lichtungen" entstanden (WEISEL 1971, S. 20 ff., nach Burkart 1845).

Eine Umwandlung der degadierten Laubmischwälder (Buche, Hainbuche, Eiche, Birke, Espe), v. a. durch Einbringen der ertragreicheren Fichte, erfolgte nach dem Gedankengut der „Bodenreinertragslehre" wohl bereits um 1800 (WEISEL 1971, vgl. POTT 1993). Entsprechend dem kleinparzellierten Bauernwald, geschah dies selten großflächig. Bevorzugt für Fichtenanpflanzungen sind nordexponierte Hänge. Derartige Ersatzgesellschaften auf trockeneren Buchenwald-Standorten kann man mit SCHUSTER (1980) als Fiederzwenken-Fichtenforst *(Brachypodium-*F.) bzw. auf frischeren Standorten als Wurmfarn-Fichtenforst *(Dryopteris Felix-Mas-*F.) bezeichnen. Nach der Erhebung von WEISEL (1971) dominiert heute bei den Altwaldbeständen vor 1850 eindeutig die Fichte (Fichtenwald 30 %, Nadelmischwald 20 %, Laubnadelmischwald 30 %).

4.1.9 Lichte Kiefernwälder

Als „typisch für das heutige Vegetationsbild der Alb" bezeichnet WEISEL (1971, S. 38) die Kiefernwälder, die weite Teile der Hochfläche dominieren. Doch waren nach den Untersuchungen von WEISEL (1971) solche Kiefernbestände bis in die Mitte des 19. Jahrhunderts nur spärlich verbreitet, im Bereich zwischen westlichem Albtrauf und der Aufseß mit weniger als 4 % am Holzbestand. Von HOHENESTER (1978) wurde eine (potentiell) natürliche Kiefernvegetation, in Gestalt des „Dolomitsand-Föhrenwaldes *(Anemono-Pinetum* Hohenest. 60)" kleinflächig für Bereiche am Fuß von Dolomitkuppen auf sandig-grusigem Substrat ausgewiesen. Die Frage der Natürlichkeit und Schutzwürdigkeit dieser Bestände ist bis heute umstritten (vgl. HEMP 1995).

Auffällig ist, dass sich an Stelle der meisten Kiefernwälder noch im 19. Jahrhundert Acker- und Heideflächen befanden. Aus der Nutzung genommen, wurden diese Egerten und Hutungen im Kataster zunächst als „Ödland" ausgewiesen und verbuschten zusehends. Nach ersten zögerlichen Aufwaldungen zu Beginn des 19. Jahrhunderts trieben seit der Jahrhundertwende der bayerische Staat sowie neu gegründete Bauernwaldvereinigungen eine großflächige Aufforstung zumeist durch Kiefernansaat oder -anflug, seltener durch Pflanzung, voran (67 % Holzanteil bei den Neuwäldern). Den wesentlichen Grund für die Wahl von Kiefernmonokulturen bildeten die nach Ansicht der Behörden und Landwirte degradierten Böden. So verdoppelte sich der Waldanteil zwischen 1850 und 1970 von 20 % auf 40 %, wobei die Hauptaufwaldungsperiode zwischen 1900 und dem Zweiten Weltkrieg lag. Diese Zunahme ist einmalig in Bayern.

Abb. 4.1.8-1: Lichter, beweideter Kiefernwald um 1970 (Quelle: WEISEL 1971, S. 40)

Den infolge standortfremden Saatguts (meist aus Südfrankreich) nur schlechtwüchsigen Kiefernwald („knorrige, kurzschäftige und säbelwüchsige Krüppelkiefern"; WEISEL 1971, S. 37) hat man wegen seines Reichtums an Steppenheidepflanzen in Anlehnung an die Gradmannsche Wortprägung des Steppenheidewaldes als „Steppenheide-Föhrenwald" bezeichnet. Der Bestockungsgrad lag unter 70 %, der Deckungsgrad der artenreichen Strauchschicht um 10 %; die Bestände wiesen in der Kraut-Gras-Schicht einen geschlossenen Fiederzwenken-Filz *(Brachipodium pinnatum)* auf, den man lange Zeit zur Futter- und Einstreugewinnung ausgraste (Abbildung 4.1.8-1).

Erst heute wird der zumeist immer noch lichte Wald allmählich durch Verzicht auf Streuentnahme, Ausgrasen, Beweiden und den Einbau anderer Baumarten (Fichte und Laubhölzer) forstlich zu einem ertragreichen Wirtschaftswald aufgewertet (mdl. Mitt., Mohr, 2004, vgl. WEISEL 1971). Dies führt durch Verschattung und Nährstoffanreicherung allmählich zum Verlust der potentiellen Magerrasenstandorte. Die Hochfläche der Fränkischen Alb kann man inzwischen schon als waldreich bezeichnen.

4.1.10 Felsen

Felsbildend sind in der Nördlichen Fränkischen Alb die Malmkalke des Oberen Jura, v. a. deren verschwammte und dolomitisierte Teile (MEYER/SCHMIDT-KALER 1992). Diese Felsen gehören zu den wenigen Standorten Mitteleuropas, die zu keiner Zeit von Wald besiedelt waren (ELLENBERG 1986). Nicht zuletzt die zahlreichen Felsklötze entlang der Talflanken machten einen Großteil des romantischen Landschaftsbildes der Fränkischen Schweiz aus. Sie waren gut sichtbar, solange die Landwirtschaft auch die wenig produktiven Hänge durch Schafhutungen in Wert setzte, sind aber in den vergangenen Jahrzehnten zumeist in der neuerlichen Aufwaldung „untergegangen".

Entsprechend der Exposition und Besonnung bilden die Felsen einen Standort für viele verschiedene Pflanzen und -gesellschaften. Die Standortverhältnisse sind durch hohe Temperaturen und Temperaturschwankungen sowie eine weitgehend fehlende Boden- und Humusauflage gekennzeichnet. Dem entsprechend ist auch die Wasserspeicherkapazität äußerst gering. Die Pflanzen sind zu spezieller Anpassung an diese Standortsverhältnisse gezwungen (Feinwurzelsystem, verdunstungsmindernde Blattausformung etc.). Verbreitet sind extrazonale Elemente der arktisch-alpinen Felsheide sowie der Mittelmeer- und Steppenflora (Steppenheide) (GAUCKLER 1939, THORN 1958, KLUGE 1988, NEZADAL 2003a). Erstere sind im Verlauf der Kaltzeiten in die eisfreien Gebiete zwischen alpiner und nordischer Vereisung eingewandert. Sie konnten sich v. a. auf Felsen erhalten, da alle anderen Standorte im Verlauf des Holozäns wieder von Wald bestockt wurden und ihren tundrenähnlichen Charakter verloren. Die Steppenheidepflanzen waren hingegen bereits während der Vereisung im Periglazialraum vorhanden. Die zunehmende Bewaldung im Holozän verschloss die Artenbrücken, die Gesellschaften wurden isoliert (ELLENBERG 1986).

Seit den 1970er Jahren wurden die Felsen erstmals einer anthropogenen Nutzung zugeführt, nämlich durch das Sportklettern, das sich seitdem zum Massensport entwickelt hat. Hieraus resultieren besondere Belastungen für das Ökosystem Felsen, insbesondere durch

- starken mechanischen Abrieb,
- Ausputzen von Felsspalten (Beseitigung von Boden und Vegetation),
- Gefährdung und Störung der Fauna (insbesondere von Felsbrütern wie Uhu und Wanderfalke),
- Beeinträchtigung von Boden und Vegetation am Felsfuß sowie auf dem Felskopf durch Trittbelastung, Verschmutzung sowie Anreicherung mit Ruderalarten.

Diese Nachteile aus naturschutzfachlicher Sicht sind mit touristischen Belangen abzuwägen. Außerdem haben sich die Kletterer in einer „IG Klettern Frankenjura" unter dem Dach des Deutschen Alpenvereins zusammengeschlossen, um ihre Interessen gegenüber dem Naturschutz zu vertreten. In der Praxis werden vielfältige Kompromisse hinsichtlich räumlicher und zeitlicher Begehungsverbote ausgehandelt.

4.1.11 Gewässer

Die Nördliche Fränkische Alb gilt – für Karstgebiete – als relativ flussreich. Die Bäche werden von zahlreichen Quellen v. a. im seichten Karst, an der Obergrenze des Doggers, gespeist. Aber auch in den tieferen Trockentälern, etwa im mittleren Abschnitt des Mathelbachtales unterhalb von Leidingshof, liegt der Karstwasserkörper noch oberflächennah, was sich durch Hungerbrunnen und trockene Bachabschnitte erkennen lässt. Oberhalb davon zeugen oft Dolinenreihen mit Ponoren (Schlucklöcher) von einem episodischen, zumindest abschnittsweisen Oberflächenabfluss (HABBE 1989, MEYER/SCHMIDT-KALER 1992).

Kalkhaltiges Wasser kann Ausfällungsformen (Kalktuff, Sinterterrassen bzw. -stufen, Steinerne Rinnen etc.) bilden (KIESSLING 1993, BAYSTMLU 1998). Um ungestörte Quellbereiche im seichten Karst hatten sich kleinflächige Kalkflachmoore ausgebreitet. Solche intakten Niedermoore gibt es im Frankenjura indes keine mehr, allenfalls seggenreiche, extensiv genutzte Nasswiesen. Isolierte Reste davon sind auch im Werntal erkennbar.

Die Bäche führen selten Hochwasser; nur wenn der Karstwasserspiegel deutlich ansteigt, wie z. B. während der Schneeschmelze nach schneereichen Wintern, was zuletzt 1970 und 1993 vorkam (KOPP et al. 1999). Indes wurden die Bachläufe zur Einrichtung der Bewässerungssysteme oder der Mühlenzuläufe seit dem Mittelalter reguliert. In jüngerer Zeit neigen sie allerdings mit deutlichem Nachlassen des Nutzungsdrucks zur Verwilderung. Dem wird durch die sporadischen bachbegleitenden Ufergebüsche und -bäume sowie durch die Tätigkeit der Wasserwirtschaftsbehörden (Gewässerpflegepläne) entgegengewirkt.

Die stark schüttenden Karstquellen der Fränkischen Alb und ihr im Jahresgang relativ gleichmäßiges Temperaturniveau bedingen den hohen Wirtschaftswert der Bäche und Flüsse als Fischgewässer. In der Fränkischen Schweiz bereicherte v. a. die Forelle schon im Mittelalter die Speisepläne, sie wurde in den Reiseberichten der Romantiker als Spezialität gelobt und im ausgehenden 19. Jahrhundert insbesondere nach Böhmen ausgeführt. Ein 1895 gegründeter Fischereiverein betrieb in Aufseß ein Bruthaus für Bachforelleneier. Die wirtschaftliche Bedeutung der Fischerei hatte noch bis in die

Nachkriegszeit bestand. Seit den 1960er Jahren verliert sich die berufsmäßige Flussfischerei völlig (ECKERT 1995). Zahlreiche bewirtschaftete Teichanlagen, u. a. im Aufseßtal unterhalb von Wüstenstein, sind an ihre Stelle getreten. Auch am östlichen Ortsrand von Veilbronn gibt es neuerdings wieder eine kleine Teichanlage zur Fischzucht.

Die Hülen auf der Hochfläche wurden bereits bei der Wasserversorgung in Kapitel 3.2.7 behandelt.

4.2 Kulturarten und ihr Verhältnis zu Biotoptypen

4.2.1 Ableitung der realen Vegetation aus den Kulturarten

Tab. 4.2.1-1: Kulturarten und Biotoptypenkomplexe im Untersuchungsgebiet.

Kulturart	Biotoptypenkomplexe (vgl. BASTIAN 2003)	Biotoptypenliste (Kapitel 4.2.2)
Siedlung	dörfliche Ruderalvegetation	A
Garten	dörfliche Ruderalvegetation, Streuobstwiese, Hackfruchtkulturen	A
Acker	Halmfruchtkulturen, Hackfruchtkulturen, Ackerwildkrautvegetation	B
Wiese	Fettwiesen (und ihre Brachestadien)	C
Hutung	Halbtrockenrasen, Magerwiesen	D
Ödland	Halbtrockenrasen, Felsvegetation, Gebüsch	D
Verkehr	(Wegränder ggf. mit) Ruderalvegetation, Halbtrockenrasen, Magerwiesen, Gebüsch	D
Wald	Laub-Mischwald, Auwald, Kiefernwald, Fichtenforst	E
Gewässer	Wasserpflanzen-Gesellschaften, Röhrichte	F

Wesentliches Charakteristikum einer Landschaft ist die räumliche Variation von Vegetationseinheiten, die durch eine unterschiedliche Art der menschlichen Nutzung bedingt und überprägt sind. Die nach dem Kataster ausgewiesenen Kulturarten Siedlung, Garten, Acker, Wiese, Hutung, Ödland, Verkehr, Wald und Gewässer können – soweit entsprechende Vorkenntnisse über die Verbreitung der Pflanzengesellschaften im Untersuchungsgebiet vorliegen (z. B. GAUCKLER 1939) – auf der Ebene der pflanzengeographischen Formationen auch als Biotoptypen bzw. Komplexe von Biotoptypen (und damit zugleich als Lebensräume spezialisierter Gefäßpflanzen, Insekten, Vögel etc.) interpretiert werden (Tabelle 4.2.1-1, vgl. ELLENBERG 1996, BASTIAN 2003).

Demnach markieren die „Kulturarten" im Untersuchungsgebiet jeweils Gebiete hoher Auftretungswahrscheinlichkeiten bestimmter Pflanzengesellschaften (vgl. GAUCKLER 1939, ELLENBERG 1986, BÖHMER 1994, POTT 1995, GLEICH et al. 1997, eigene Erhebungen). Diese Biotoptypenkomplexe und ihre Gesellschaften variieren nach Zeit und Raum (JEDICKE 1998), d. h. in der Kulturlandschaft sind verbreitet „nutzungsbedingte Sukzessionen" (BENDER 1994) zu beobachten, und entsprechend den veränderten sozioökonomischen Rahmenbedingungen kommen nicht alle Biotoptypenkomplexe zur gleichen Zeit vor (vgl. Abbildung 4.2.1-1).

Fotos: O. Bender, 1997

Abb. 4.2.1-1: Sukzession von der mehrschürigen Fettwiese (Glatthaferwiese) zur Kohldistelwiese und Hochstaudenflur

4.2.2 Biotoptypen bzw. Biotoptypenkomplexe der Nördlichen Fränkischen Alb

Die folgende Auswahl der Pflanzengesellschaften, die für das Untersuchungsgebiet typisch sind, markiert somit die phytosoziologische Sichtweise auf in die in Kapitel 4.1 formal und funktional beschriebenen Elementtypen.

Dabei wird in der Pflanzensoziologie angenommen, dass die Zönosen prinzipiell und unabhängig vom untersuchten Zeitschnitt mit den in 4.2.1 genannten Kulturarten korrespondieren, auch wenn sich die detaillierten Pflanzenzusammensetzungen z. B. auf Dorfruderalflächen oder in Äckern aufgrund der Nutzungsänderungen, Trophiebedingungen etc. geändert haben.

A. Siedlungen und Gärten

(vgl. OTTE/LUDWIG 1990)

Dörfliche Siedlungsflächen der Nördlichen Fränkischen Alb sind – sofern noch keine umfassende Erneuerung der Dorfstrukturen stattfand – als Vegetationskomplex v. a. aus folgenden, meist sehr kleinflächig auftretenden Pflanzengesellschaften aufzufassen: *Sisymbrienea* (Einjährige Ruderalgesellschaften, z. B. Kompasslattich-Gesellschaft), *Plantaginetea majoris* (Trittgesellschaften, z. B. Breitwegerich-Weißklee-Gesellschaft), *Artemisietea vulgaris* (Ausdauernde Hochstaudenfluren, insbesondere Beifuß-Gesellschaften), *Glechometalia* (Gundelreben-Gesellschaften, z. B. Brennessel-Giersch-Saum), *Calystegietalia* (Zaunwinden-Gesellschaften, z. B. Brennessel-Zaunwinden-Gesellschaft an Bächen und Gräben) und viele mehr. Hinzu kommen im Bereich der Gärten weitere Vegetationsstrukturen wie Streuobstbestände und Hackfruchtkulturen (siehe B).

B. Äcker

(vgl. NEZADAL 1975, PILOTEK 1990, BAYSTMLU 1997a)

Klasse: *Stellarietea mediae* (Ackerwildkraut- und ruderale Einjährigengesellschaften), Ordnung: *Papaveretalia rhoeadis* (Basidophile Ackerwildkrautgesellschaften),

B.1 Verband: *Fumario-Euphorbion* (Erdrauch-Wolfsmilchgesellschaften), Assoziation *Thlaspio-Fumarietum officinalis* (Hellerkraut-Erdrauch-Gesellschaft), vorherrschende Hackfrucht-Wildkrautgesellschaft;

B.2 Verband: *Caucalidion platycarpi* (Haftdolden-Gesellschaften kalkhaltiger Lehm- und Tonböden), Assoziation: *Papaveri rhoeadis-Melandrietum noctiflori* (Acker-Lichtnelken-Gesellschaft), vorherrschende Halmfrucht-Wildkrautgesellschaft.

C. Wiesen

(vgl. HAUSER 1988, BAYSTMLU 1994c, vgl. Abb. 4.2.1-1)

Klasse: *Molinio-Arrhenatheretea* (Wirtschaftsgrünland, Nass- und Riedwiesen), Ordnung: *Arrhenatheretalia elatioris* (Fettwiesen und Fettweiden),

C.1 Verband: *Arrhenatherion elatioris* (Glatthafer-Wiesen), Assoziation: *Arrhenatheretum elatioris typicum* (typische Tal-Glatthafer-Wiese), besiedelt Böden mittlerer Basenversorgung mit ausgeglichenem Wasserhaushalt;

C.2 Verband: *Arrhenatherion elatioris* (Glatthafer-Wiesen), Assoziation: *Arrhenatheretum elatioris*, Subassoziation *Lychnidetosum floris cuculi* (Tal-Glatthafer-Wiese, Untergesellschaft mit Kuckucks-Lichtnelke), besiedelt in den Flußauen Böden mit ständigem schwachem Grundwasseranschluss (feuchter als vorige);

C.3 Verband: *Calthion palustris* (Sumpfkratzdistel-Wiesen), Assoziation *Angelico-Cirsietum oleracei* (Kohldistel-Wiese), besiedelt in den Flußauen nährstoff- und humusreiche, wechselfeuchte bis ganzjährig nasse, tonig-lehmige Böden (noch feuchter als vorige und/oder extensivere Nutzung: maximal einschürig);

C.4 Verband: *Filipendulion ulmaria* (Mädesüß-Fluren), Assoziation *Filipendulo-Geranietum palustris* (Mädesüß-Hochstaudenflur), als Sekundärausbreitung auf brachgefallenem Nassgrünland basenreicherer Standorte.

D. Hutungen und Ödland

(vgl. GAUCKLER 1939, THORN 1958, BÖHMER 1994, HAGEN 1996, BAYSTMLU 1997b)

D.1 Klasse: *Festuco-Brometea* (Basidophile Magerrasen), Ordnung: *Brometalia erecti* (Submediterrane Trocken- und Halbtrockenrasen), Verband: *Mesobromion* (Trespen-Halbtrockenrasen), Assoziation: *Gentiano-Koelerietum pyramidatae* (Enzian-Schillergras-Rasen);

D.2 Klasse: *Sedo-Scleranthetea* (Sandrasen, Felsgrus- und Felsbandgesellschaften), Ordnung: *Sedo-Scleranthetalia* (Felsgrus- und Felsbandgesellschaften), Verband: *Alysso alyssoidis-Sedion albi* (Kalk-Felsgrusgesellschaften), Assoziation: *Alysso alyssoidis-Sedetum albi* (Kelchsteinkraut-Mauerpfeffer-Gesellschaft);

D.3 Klasse: *Trifolio medii-Geranietea sanguinei* (Helio- und thermophile Saumgesellschaften), Ordnung: *Origanetalia vulgaris* (Basidophile Wirbeldost-Gesellschaften),

Verband: *Trifolion medii* (mesophile Klee-Saumgesellschaften), Assoziation: *Trifolio medii-Agrimonietum eupatoriae* (Klee-Odermennig-Saum);

D.4 Klasse: *Querco-Fagetea sylvaticae* (Europäische sommergrüne Wälder und Gebüsche, siehe E), Ordnung: *Prunetalia spinosae* (Waldmäntel und Schlehengesellschaften), Verband: *Berberidion vulgaris* (Berberitzen-Gebüsche basenreicher Böden), Assoziation 1: *Pruno spinosae-Ligustretum vulgaris* (thermophiles Liguster-Gebüsch), trockene Böden, Assoziation 2: *Rhamno catharticae-Cornetum sanguinei* (Hartriegel-Gebüsch), auf eher schweren Böden.

E. Wald I (Laub-Mischwälder, mit naturnaher Artenkombination)

(vgl. KÜNNE 1969, WEISEL 1971, MOHR 1987, MÜLLNER 1987, KOBES 1993, KLUPP 1993, LINDACHER 1996)

Klasse *Querco-Fagetea sylvaticae* (Europäische sommergrüne Wälder und Gebüsche),

E.1 Ordnung: *Fagetalia sylvaticae* (mesophile Buchen-Laubwälder), Verband: *Fagion sylvaticae* (Buchenmischwälder), Unterverband: *Eu-Fagenion sylvaticae* (Mitteleuropäische Waldmeister- und Tannen-Buchenwälder), Assoziation 1: *Galio odorati-Fagetum* (Waldmeister-Buchenwald), frische bis mäßig feuchte Böden; Assoziation 2: *Hordelymo europaei-Fagetum* (Waldgersten-Buchenwald), trockene bis frische Böden;

E.2 Ordnung: *Fagetalia sylvaticae* (mesophile Buchen-Laubwälder), Verband: *Fagion sylvaticae* (Buchen- und Buchenmischwälder), Unterverband: *Cephalanthero damasonii-Fagenion sylvaticae* (Orchideen-Buchenwälder), Assoziation: *Carici albae-Fagetum* (Seggen-Orchideen-Buchenwald), trocken, licht, südexponiert;

E.3 Ordnung: *Fagetalia sylvaticae* (mesophile Buchen-Laubwälder), Verband: *Carpinion betuli* (Eichen-Hainbuchenwälder), Assoziation 1: *Galio sylvatici-Carpinetum* (Waldlabkraut-Eichen-Hainbuchenwald), sommertrocken; Assoziation 2: *Stellario holosteae-Carpinetum* (Sternmieren-Eichen-Hainbuchenwald), staufeucht;

E.4 Ordnung: *Fagetalia sylvaticae* (mesophile Buchen-Laubwälder), Verband: *Alno glutinosae-Ulmion minoris* (Hartholz-Auwälder), Assoziation 1: *Stellario nemorum-Alnetum glutinosae* (Hainmieren-Schwarzerlen-Auwald), grundwassernah, periodisch überflutet; Assoziation 2: *Carici remotae-Fraxinetum* (Winkelseggen-Bach-Eschenwald), in schmalen Auen kalkführender Bäche;

E.5 Ordnung: *Quercetalia roboris* (Eichen- und Buchen-Laubwälder, bodensauer), Verband: *Luzulo luzuloidis-Fagion sylvaticae* (Hainsimsen-Buchenwälder), Assoziation: *Luzulo luzuloidis-Fagetum* (Hainsimsen-Buchenwald), stellenweise auf lehmiger Albüberdeckung.

F. Wald II (Nadelwälder/-forsten)

(vgl. KLUGE 1988, SCHNEIDER 1990, HEMP 1995, GLEICH et al. 1997, NEZADAL 2003b)

Klasse *Erico herbaceae-Pinetea sylvestris* (Schneeheide-Kiefernwälder),

Ordnung *Erico herbaceae-Pinetalia sylvestris*, Verband *Erico herbaceae Pinion sylvestris*,

F.1 Assoziation: *Coronillo vaginalis-Pinetum sylvestris* (Scheidenkronwicken-Kiefernwald), auf flachgründigen Böden, Felsen, reliktisch, selten;

F.2 Assoziation: *Anemono sylvestris-Pinetum sylvestris* (Waldanemonen-Dolomitsand-Kiefernwald), über tiefgründigem Dolomitgrus, selten;

F.3 Assoziation: *Buphthalmo salicifolii-Pinetum sylvestris* (Ochsenaugen-Dolomit-Kiefernwald), anthropogen, auf potentiellen Buchenwaldstandorten.

G. Gewässer

(vgl. BAYSTMLU 1994b, POTT 1995)

Klasse *Phragmitetea australis* (Röhrichte und Großseggenrieder),

Ordnung *Nasturtio-Glycerietalia* (Bach- und Flußröhricht-Gesellschaften),

G.1 Verband: *Glycerio-Sparganion* (Bachröhrichte), Assoziation: *Glycerietum plicatae* (Faltschwaden-Röhricht), schlammige Uferpartien kalkführender oder eutrophierter Bäche;

G.2 Verband: *Phalaridion arundinaceae* (Fließgewässerröhrichte), Assoziation: *Phalardidetum arundinaceae* (Rohrglanzgrasröhricht), wechselfeuchte Bereiche kalkführender schnell fließender Bachufer.

4.3 KGIS-gestützte Erfassung und Beschreibung des Wandels

4.3.1 Kartographische Erfassung des Landschaftswandels

Grundlage der quantitativen Erfassung des Landschaftswandels bilden die für das Geographische Informationssystem tabellarisch aufbereiteten Nutzungsdaten aus den Katastern (Flurbüchern). Die kartographische Beschreibung erfolgt entsprechend dem Instrumentarium der Historischen Geographie anhand von *Zeitschnittkarten* („Zeitscheibenschnappschüsse" nach BILL 1997, vgl. MCCLURE/GRIFFITHS 2002). Bei der Visualisierung kann der Landschaftswandel durch Überblenden der Zeitlayer gleichsam im Zeitraffer nachgestellt werden.

Weiterhin sind unter Einsatz der GIS-Analysetechnik (durch sukzessive Verschneidung aller Zeitlayer *Landschaftswandelkarten* nach Entwicklungstypen („Raum-Zeit-Zusammensetzung", BILL 1997) zu erstellen. Diese Verschneidung bildet gewissermaßen das „Herzstück" der GIS-Analyse, weil hierbei aus vorhandenen Daten neue gewonnen werden: So entstehen hierbei Bruchstücke der Nutzungsparzellen als Informationsträger, die sog. „Kleinsten Gemeinsamen Geometrien" (KGG, KILCHENMANN 1991, S. 14 ff.). Das sind dann gewissermaßen „Sub-Plots" aufgrund einer im Zeitverlauf unterschiedlichen Nutzung. Die Visualisierung der Veränderung erfolgt über zwei beliebige Zeitschnitte. Inhaltlich zugewiesen werden die sog. „Veränderungstypen", wie z. B. „früher Acker – später Wald".

Kartographisch lassen sich damit zwei Wege beschreiten. Zunächst handelt es sich um flächendeckende Veränderungskarten analog zu den Zeitschnittkarten. Doch stoßen die Visualisierungsmöglichkeiten (Farbtöne, Flächensignaturen, kombinierte Signaturen) relativ rasch an Grenzen, zumal die Zahl der Flurstückseinheiten mit jeder Verschneidung größer bzw. ihre Fläche kleiner wird. Die maximale Zahl der Veränderungstypen ergibt sich aus der Quadratsumme der Kulturarten, wobei im Untersuchungsgebiet (für den gesamten Untersuchungszeitraum 1850-2000) von den theoretisch möglichen 81 immerhin 73 tatsächlich vorkommen (wovon allerdings nur 18 mehr als 5 ha bzw. 0,25 % der Gesamtfläche einnehmen). Trotzdem lässt sich eine kartographische Visualisierung lesbar nur durch Überlagerung von zwei Farbwerten (mit Schraffuren o. ä.), nämlich derjenigen für die alte und die neue Nutzung, realisieren. Auch sind entsprechende Kartenformate vonnöten, was für die vorliegende Fassung beides nicht zur Verfügung stand. Deshalb werden die Veränderungstypen hier lediglich anhand der raumzeitlichen Bilanzierung im folgenden Kapitel sowie durch die Verwendung eines zweiten Veränderungskartentyps dargestellt. Dieser beschränkt sich auf thematische Ausschnitte und ermöglicht auch die Darstellung von Zeitreihen für ausgesuchte Typen.

4.3.2 *Bilanzierung des Landschaftswandels*

Bei einer konventionellen, rein statistischen Auswertung werden lediglich die Parzellen nach Kulturarten aggregiert (Nutzungsflächenbilanz). Aus den Gemarkungs- bzw. Gemeindedaten ist dann kein Rückschluss auf die räumlich-statistischen Zusammenhänge innerhalb der Gebietseinheit mehr möglich. Demgegenüber liegt der generelle Vorteil des geo-relationalen Vorgehens im GIS gegenüber einer reinen Nutzungsflächenbilanz schließlich darin, dass man nicht nur zu bilanzieren weiß, welche Kulturarten (Elementtypen) um wie viel zu oder abgenommen haben, sondern auch genau sagen kann, von welchen anderen Kulturarten solche Zuwächse gekommen sind. Aus der Ermittlung solcher „Veränderungstypen" (alte Nutzung – neue Nutzung) sind dann Rückschlüsse auf landschaftsgestaltende Prozesse zu ziehen. Man kann die Bilanzierung auch zeitlich nach den Untersuchungsperioden (hier 1850-1900, 1900-1960 und 1960-2000) staffeln (Tabellen 4.3.2-1/2/3), um Entwicklungen und Brüche besser zu erfassen, oder auf einzelne Landschaftsteile auftrennen: Hier war als eine Ausgangshypothese der Arbeit zu klären, ob der Kulturlandschaftswandel in den beiden verschiedenen Ortsflurtypen (1: hochstiftische bäuerliche versus 2: ritterschaftlich-unterbäuerliche Orte) einen unterschiedlichen Verlauf nahm, wobei folgende Zuordnung zu den Typen gegeben ist:

Ortsflurtyp 1: Gößmannsberg, Leidingshof, Rauhenberg, Siegritz, Zochenreuth;

Ortsflurtyp 2: Draisendorf, Veilbronn, Wüstenstein.

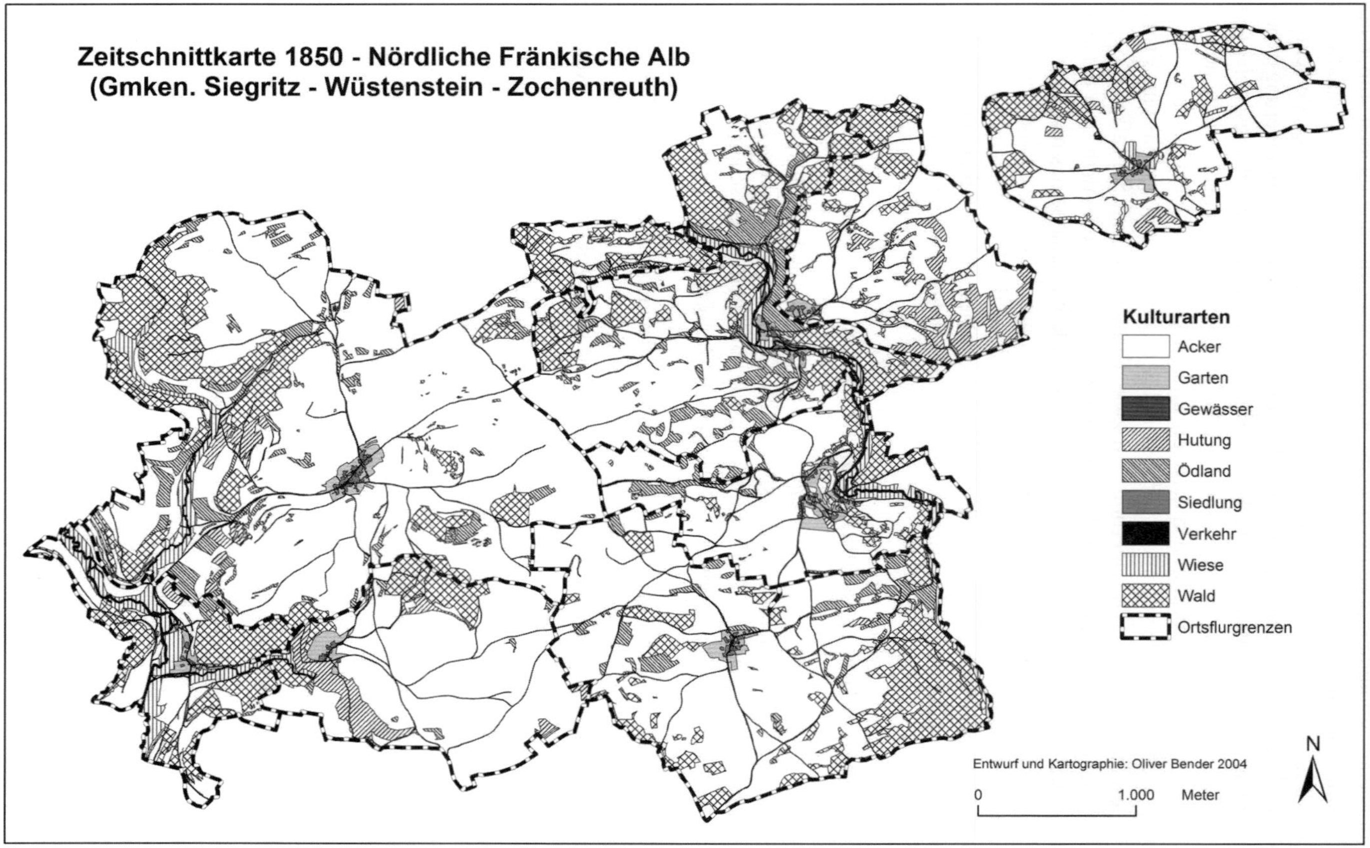

Karte 4.3.1-1: Zeitschnittkarte für das Untersuchungsgebiet 1850 (nach Kataster – „nicht-verfeinert")

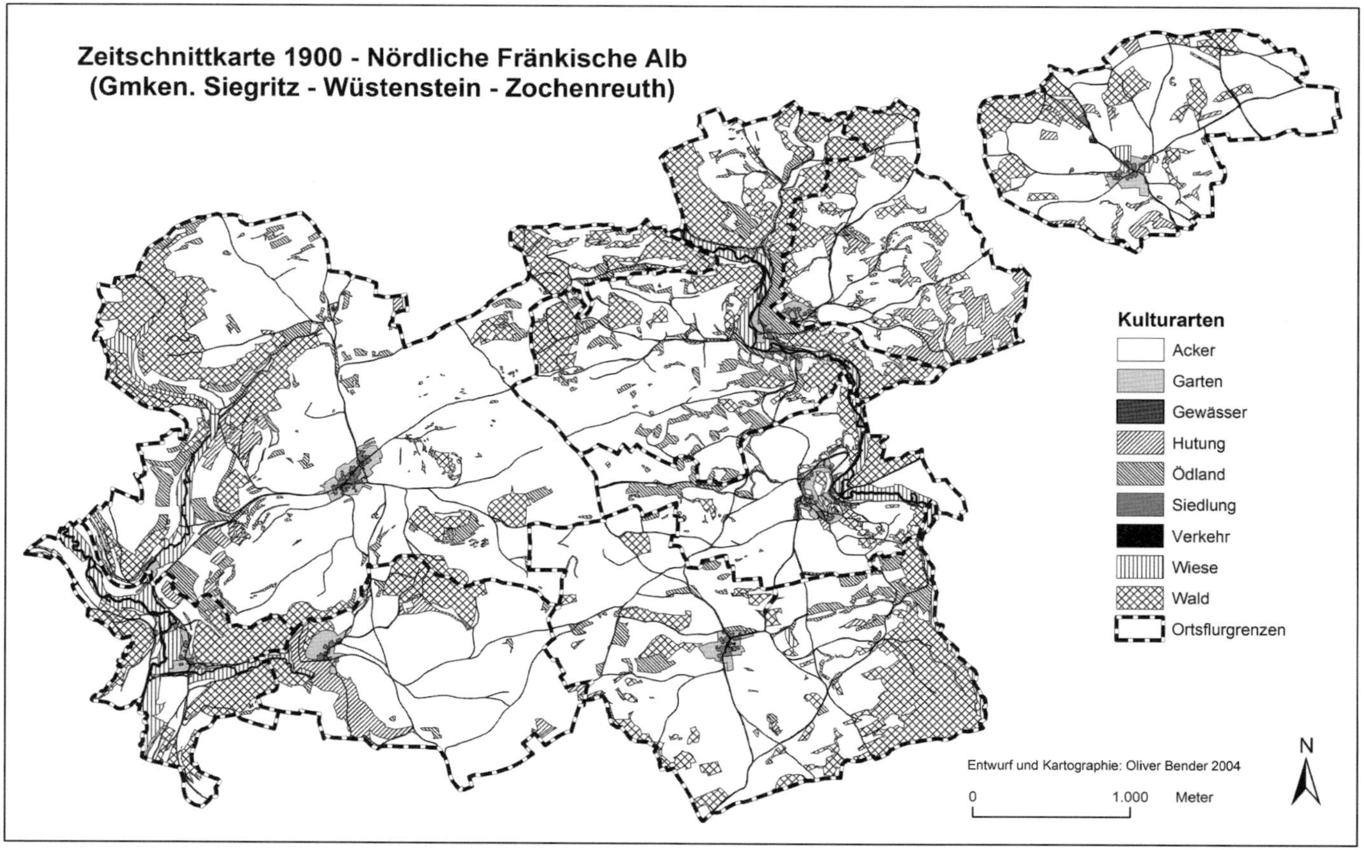

Karte 4.3.1-2: Zeitschnittkarte für das Untersuchungsgebiet 1900 (nach Kataster – „nicht-verfeinert")

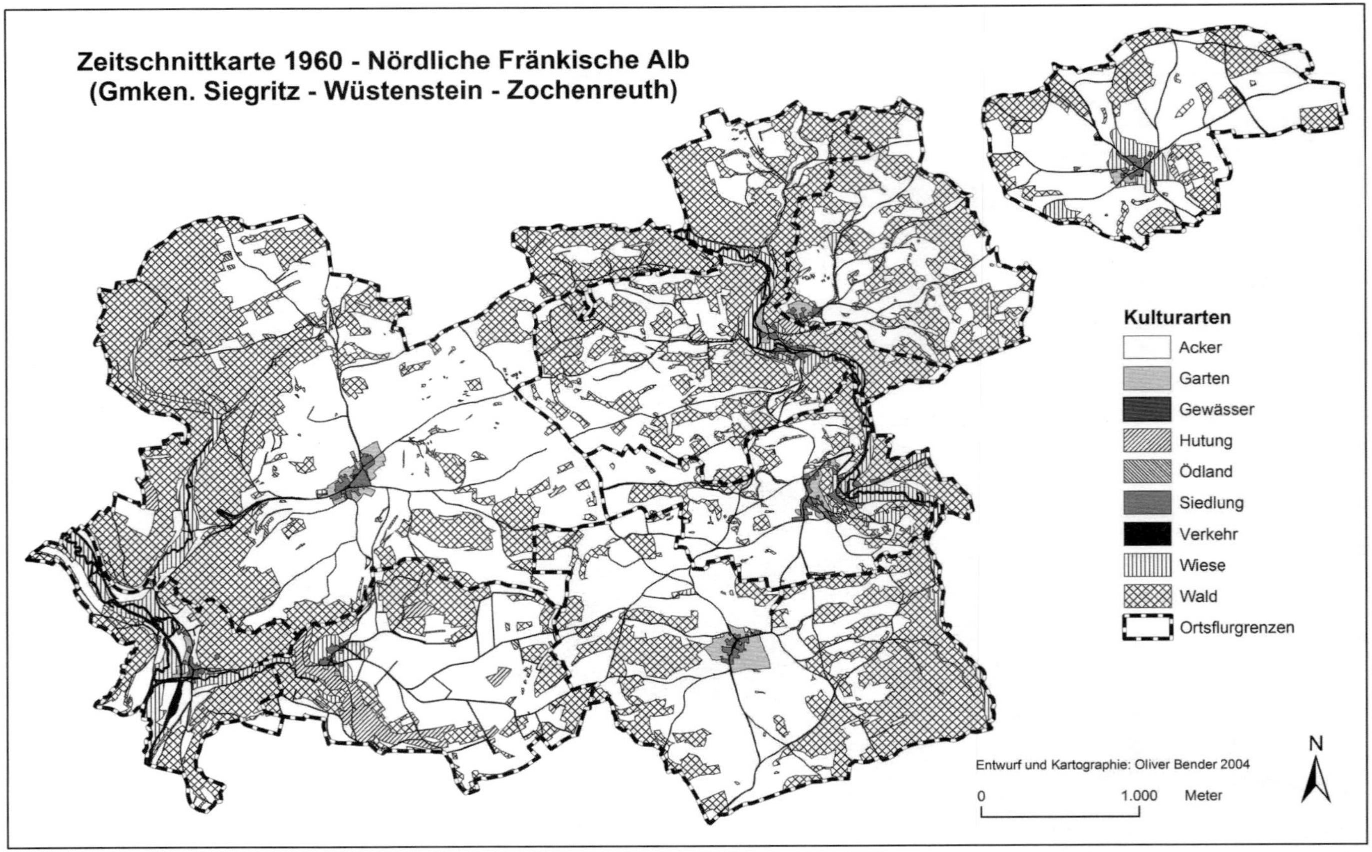

Karte 4.3.1-3: Zeitschnittkarte für das Untersuchungsgebiet 1960 (nach Kataster – „nicht-verfeinert")

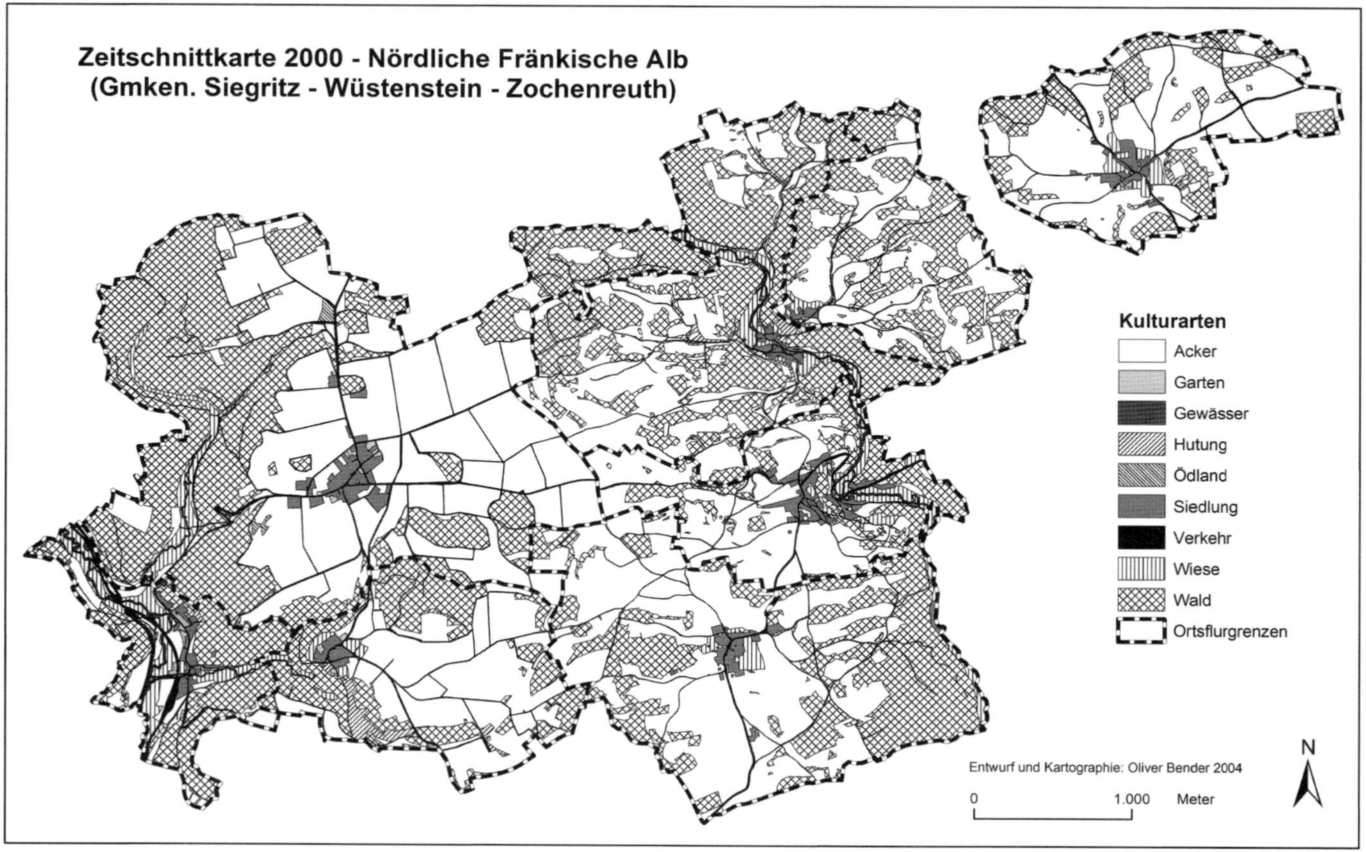

Karte 4.3.1-4: Zeitschnittkarte für das Untersuchungsgebiet 2000 (nach Kataster – „nicht-verfeinert")

Tab. 4.3.2-1: Veränderungstypen der Kulturartenbilanz für das Untersuchungsgebiet
(Veränderung in qm)

Kulturart (Kataster)	Periode	Fläche/qm (qm) zu Beginn	Veränderung zu (Fläche/qm) Acker	Garten	Gewässer	Hutung	Ödland	Siedlung	Verkehr	Wald	Wiese
Acker	1850-1900	13794469	13692323	2466	331	-	10685	1600	46	72243	14777
Acker	1900-1960	13788418	10114398	42642	5	78895	32978	5508	67968	3288506	157519
Acker	1960-2000	10379652	9807953	6568	-	773	5192	148536	178164	225956	6509
Acker	2000-	10302585									
Garten	1850-1900	256937	12463	235803	-	-	-	8635	-	-	37
Garten	1900-1960	247628	6083	127997	575	700	3008	50868	2092	2037	54268
Garten	1960-2000	179713	10632	17802	-	63	297	88514	2380	374	59651
Garten	2000-	29591									
Gewässer	1850-1900	64574	-	-	64574	-	-	-	-	-	-
Gewässer	1900-1960	65534	184	30	63328	-	-	91	1050	-	851
Gewässer	1960-2000	65833	102	-	64222	-	-	218	603	-	688
Gewässer	2000-	67109									
Hutung	1850-1900	679889	-	-	-	668557	1409	127	5041	9797	-
Hutung	1900-1960	695988	59831	1496	297	157153	9975	1299	5252	451381	9514
Hutung	1960-2000	289396	18439	-	-	131875	-	3162	-	130096	573
Hutung	2000-	139486									
Ödland	1850-1900	1124459	31195	-	-	-	1032831	-	1669	60433	-
Ödland	1900-1960	1047513	54849	2410	-	43048	42111	-	1709	886484	15234
Ödland	1960-2000	89991	31093	-	-	390	44155	-	3718	9510	-
Ödland	2000-	61268									
Siedlung	1850-1900	71002	-	2450	31	-	14	68324	171	-	12
Siedlung	1900-1960	82168	2503	3648	7	-	-	74680	333	-	998
Siedlung	1960-2000	142524	290	2972	-	-	-	134025	1895	184	3158
Siedlung	2000-	443949									
Verkehr	1850-1900	411586	6	-	-	-	-	19	411561	-	-
Verkehr	1900-1960	411778	7821	155	36	1016	161	524	400271	772	1022
Verkehr	1960-2000	492978	31981	117	28	151	952	2735	454401	2030	584
Verkehr	2000-	701606									
Wald	1850-1900	3801103	47775	-	249	2012	2574	2374	-	3745373	747
Wald	1900-1960	3887845	109619	417	-	5249	987	4571	2739	3747218	17044
Wald	1960-2000	8396839	374150	-	1493	6235	7898	14700	42655	7932454	17254
Wald	2000-	8328418									
Wiese	1850-1900	604547	4656	6910	350	25419	-	1090	-	-	566123
Wiese	1900-1960	581696	24364	917	1585	3336	771	3315	11776	20440	515191
Wiese	1960-2000	771641	27946	2132	1365	-	2774	50934	12538	27815	646137
Wiese	2000-	734555									

Tab. 4.3.2-2: Veränderungstypen der Kulturartenbilanz für das Untersuchungsgebiet (Veränderung in %)

Kulturart (Kataster)	Periode	Anteil in % zu Beginn	Veränderung zum Anteil in %								
			Acker	Garten	Gewässer	Hutung	Ödland	Siedlung	Verkehr	Wald	Wiese
Acker	1850-1900	66,2923	65,8014	0,0119	0,0016	-	0,0513	0,0077	0,0002	0,3472	0,0710
Acker	1900-1960	66,2632	48,6069	0,2049	0,0000	0,3791	0,1585	0,0265	0,3266	15,8036	0,7570
Acker	1960-2000	49,8816	47,1342	0,0316	-	0,0037	0,0250	0,7138	0,8562	1,0859	0,0313
Acker	2000-	49,5113									
Garten	1850-1900	1,2348	0,0599	1,1332	-	-	-	0,0415	0,0002	-	0,0002
Garten	1900-1960	1,1900	0,0292	0,6151	0,0028	0,0034	0,0145	0,2445	0,0101	0,0098	0,2608
Garten	1960-2000	0,8636	0,0511	0,0856	-	0,0003	0,0014	0,4254	0,0114	0,0018	0,2867
Garten	2000-	0,1422									
Gewässer	1850-1900	0,3103	-	-	0,3103	-	-	-	-	-	-
Gewässer	1900-1960	0,3149	0,0009	0,0001	0,3043	-	-	0,0004	0,0050	-	0,0041
Gewässer	1960-2000	0,3164	0,0005	-	0,3086	-	-	0,0010	0,0029	-	0,0033
Gewässer	2000-	0,3225									
Hutung	1850-1900	3,2674	-	-	-	3,2129	0,0068	0,0006	-	0,0471	-
Hutung	1900-1960	3,3447	0,2875	0,0072	0,0014	0,7552	0,0479	0,0062	0,0242	2,1692	0,0457
Hutung	1960-2000	1,3908	0,0886	-	-	0,6338	-	0,0152	0,0252	0,6252	0,0028
Hutung	2000-	0,6703									
Ödland	1850-1900	5,4038	0,1499	-	-	-	4,9635	-	-	0,2904	-
Ödland	1900-1960	5,0340	0,2636	0,0116	-	0,2069	0,2024	0,0080	0,0082	4,2602	0,0732
Ödland	1960-2000	0,4325	0,1494	-	-	0,0019	0,2122	0,0054	0,0179	0,0457	-
Ödland	2000-	0,2944									
Siedlung	1850-1900	0,3412	-	0,0118	0,0001	-	0,0001	0,3283	0,0008	-	0,0001
Siedlung	1900-1960	0,3949	0,0120	0,0175	0,0000	-	-	0,3589	0,0016	-	0,0048
Siedlung	1960-2000	0,6849	0,0014	0,0143	-	-	-	0,6441	0,0091	0,0009	0,0152
Siedlung	2000-	2,1335									
Verkehr	1850-1900	1,9780	0,0000	-	-	-	-	0,0001	1,9778	-	-
Verkehr	1900-1960	1,9789	0,0376	0,0007	0,0002	0,0049	0,0008	0,0025	1,9236	0,0037	0,0049
Verkehr	1960-2000	2,3691	0,1537	0,0006	0,0001	0,0007	0,0046	0,0131	2,1837	0,0098	0,0028
Verkehr	2000-	3,3717									
Wald	1850-1900	18,2670	0,2296	-	-	0,0097	0,0124	0,0114	-	17,9992	0,0036
Wald	1900-1960	18,6839	0,5268	0,0020	0,0012	0,0252	0,0047	0,0220	0,0132	18,0081	0,0819
Wald	1960-2000	40,3528	1,7981	-	0,0072	0,0300	0,0380	0,0706	0,2050	38,1211	0,0829
Wald	2000-	40,0240									
Wiese	1850-1900	2,9053	0,0224	0,0332	0,0017	0,1222	0,0037	0,0052	-	-	2,7206
Wiese	1900-1960	2,7955	0,1171	0,0044	0,0076	0,0160	-	0,0159	0,0566	0,0982	2,4759
Wiese	1960-2000	3,7083	0,1343	0,0102	0,0066	-	0,0133	0,2448	0,0603	0,1337	3,1051
Wiese	2000-	3,5301									

Tab. 4.3.2-3: Veränderungstypen der Kulturartenbilanz für Ortsflurtyp 1 (Veränderung in qm)

Kulturart (Kataster)	Periode	Fläche/qm zu Beginn	Veränderung zu (Fläche/qm) Acker	Garten	Gewässer	Hutung	Ödland	Siedlung	Verkehr	Wald	Wiese
Acker	1850-1900	10619519	-	-	-	-	7386	510	46	54315	9344
Acker	1900-1960	10616223	10547918	38444	-	73083	25073	3030	43097	2564707	103024
Acker	1960-2000	7987940	7765765	1983	-	773	5187	86976	154355	139437	4340
Acker	2000-	8066399	7594889								
Garten	1850-1900	151912	-	146371	-	-	-	5504	-	-	37
Garten	1900-1960	153134	1876	79125	428	700	-	27932	381	-	42691
Garten	1960-2000	124122	8663	11658	-	-	-	60226	1175	-	42399
Garten	2000-	18042									
Gewässer	1850-1900	16623	-	-	16623	-	-	-	-	-	-
Gewässer	1900-1960	16655	-	-	16163	-	-	91	176	-	195
Gewässer	1960-2000	16591	-	30	15699	-	-	218	396	-	278
Gewässer	2000-	15894									
Hutung	1850-1900	650852	-	-	-	639519	1409	127	-	9797	-
Hutung	1900-1960	666950	55043	1388	-	152267	9975	1287	3168	436268	7555
Hutung	1960-2000	239345	18138	-	-	86015	-	1098	3541	129980	573
Hutung	2000-	89322									
Ödland	1850-1900	642435	23776	-	-	-	618658	-	-	-	-
Ödland	1900-1960	630041	40931	2316	-	5184	27843	842	1689	542971	8264
Ödland	1960-2000	62892	29830	-	-	390	21997	514	2267	7894	-
Ödland	2000-	37329									
Siedlung	1850-1900	41320	-	881	31	-	14	40211	171	-	12
Siedlung	1900-1960	48656	2199	2009	-	-	-	44212	230	-	7
Siedlung	1960-2000	80237	53	2152	-	-	-	75699	1389	-	944
Siedlung	2000-	267783									
Verkehr	1850-1900	284563	6	-	-	-	-	19	284538	-	-
Verkehr	1900-1960	284755	7761	112	-	1016	-	363	274066	772	665
Verkehr	1960-2000	325207	30636	117	-	151	648	1167	290253	1912	322
Verkehr	2000-	491660									
Wald	1850-1900	2544870	44522	-	-	2012	2574	2009	-	2493753	-
Wald	1900-1960	2557865	107565	-	-	5249	6723	3443	2401	2436598	6051
Wald	1960-2000	6000888	356317	-	-	1993	-	-	36110	5580624	15679
Wald	2000-	5873615									
Wiese	1850-1900	224611	-	5882	1	25419	-	277	-	-	193032
Wiese	1900-1960	202426	6801	698	-	1845	-	2480	2174	19573	171029
Wiese	1960-2000	339481	27872	2132	195	-	2774	38442	-	13768	252126
Wiese	2000-	316662									

Tab. 4.3.2-4: Veränderungstypen der Kulturartenbilanz für Ortsflurtyp 1 (Veränderung in %)

Kulturart (Kataster)	Periode	Anteil in % zu Beginn	Veränderung zum Anteil in %								
			Acker	Garten	Gewässer	Hutung	Ödland	Siedlung	Verkehr	Wald	Wiese
Acker	1850-1900	69,9725	69,5007	-	-	-	0,0487	0,0034	0,0003	0,3579	0,0616
Acker	1900-1960	69,9508	51,1690	0,2533	-	0,4815	0,1652	0,0200	0,2840	16,8990	0,6788
Acker	1960-2000	52,6329	50,0431	0,0131	-	0,0051	0,0342	0,5731	1,0171	0,9188	0,0286
Acker	2000-	53,1499									
Garten	1850-1900	1,0010	-	0,9644	-	-	-	0,0363	-	-	0,0002
Garten	1900-1960	1,0090	0,0124	0,5214	0,0028	0,0046	-	0,1840	0,0025	-	0,2813
Garten	1960-2000	0,8178	0,0571	0,0768	-	-	-	0,3968	0,0077	-	0,2794
Garten	2000-	0,1189									
Gewässer	1850-1900	0,1095	-	-	0,1095	-	-	-	-	-	-
Gewässer	1900-1960	0,1097	-	0,0002	0,1065	-	-	0,0006	0,0012	-	0,0013
Gewässer	1960-2000	0,1093	-	-	0,1034	-	-	0,0014	0,0026	-	0,0018
Gewässer	2000-	0,1047									
Hutung	1850-1900	4,2885	-	-	-	4,2138	0,0093	0,0008	-	0,0646	-
Hutung	1900-1960	4,3946	0,3627	0,0091	-	1,0033	0,0657	0,0085	0,0209	2,8746	0,0498
Hutung	1960-2000	1,5771	0,1195	-	-	0,5668	-	0,0072	0,0233	0,8564	0,0038
Hutung	2000-	0,5885									
Ödland	1850-1900	4,2330	0,1567	-	-	-	4,0764	-	-	-	-
Ödland	1900-1960	4,1514	0,2697	0,0153	-	0,0342	0,1835	0,0056	0,0111	3,5777	0,0545
Ödland	1960-2000	0,4144	0,1966	-	-	0,0026	0,1449	0,0034	0,0149	0,0520	-
Ödland	2000-	0,2460									
Siedlung	1850-1900	0,2723	-	0,0058	0,0002	-	-	0,2649	0,0011	-	0,0001
Siedlung	1900-1960	0,3206	0,0145	0,0132	-	-	0,0001	0,2913	0,0015	-	0,0000
Siedlung	1960-2000	0,5287	0,0003	0,0142	-	-	-	0,4988	0,0092	-	0,0062
Siedlung	2000-	1,7644									
Verkehr	1850-1900	1,8750	0,0000	-	-	-	-	0,0001	1,8748	-	-
Verkehr	1900-1960	1,8763	0,0511	0,0007	-	0,0067	-	0,0024	1,8058	0,0051	0,0044
Verkehr	1960-2000	2,1428	0,2019	0,0008	-	0,0010	0,0043	0,0077	1,9125	0,0126	0,0021
Verkehr	2000-	3,2396									
Wald	1850-1900	16,7683	0,2934	-	-	0,0133	0,0170	0,0132	-	16,4315	-
Wald	1900-1960	16,8539	0,7088	-	-	0,0346	-	-	0,0158	16,0549	0,0399
Wald	1960-2000	39,5401	2,3478	-	-	0,0131	0,0443	0,0227	0,2379	36,7710	0,1033
Wald	2000-	38,7015									
Wiese	1850-1900	1,4800	-	0,0388	0,0000	0,1675	-	0,0018	-	-	1,2719
Wiese	1900-1960	1,3338	0,0448	0,0046	-	0,0122	-	0,0163	-	0,1290	1,1269
Wiese	1960-2000	2,2369	0,1837	0,0140	0,0013	-	0,0183	0,2533	0,0143	0,0907	1,6613
Wiese	2000-	2,0865									

Tab. 4.3.2-5: Veränderungstypen der Kulturartenbilanz für Ortsflurtyp 2 (Veränderung in qm)

Kulturart (Kataster)	Periode	Fläche/qm zu Beginn	Veränderung zu (Fläche/qm) Acker	Garten	Gewässer	Hutung	Ödland	Siedlung	Verkehr	Wald	Wiese
Acker	1850-1900	3174951	3144405	2466	331	-	3299	1090	-	17927	5432
Acker	1900-1960	3172195	2348633	4197	5	5811	7905	2478	24871	723799	54495
Acker	1960-2000	2391712	2213064	4585	-	-	5	61560	23809	86519	2169
Acker	2000-	2236187									
Garten	1850-1900	105025	12463	89431	-	-	-	3131	-	-	-
Garten	1900-1960	94494	4207	48872	147	-	3008	22936	1710	2037	11576
Garten	1960-2000	55590	1968	6144	-	63	297	28288	1204	374	17252
Garten	2000-	11549									
Gewässer	1850-1900	47951	-	-	47951	-	-	-	-	-	-
Gewässer	1900-1960	48879	184	-	47165	-	-	-	874	-	656
Gewässer	1960-2000	49242	102	-	48523	-	-	-	207	-	411
Gewässer	2000-	51215									
Hutung	1850-1900	29037	-	-	-	29037	-	-	-	-	-
Hutung	1900-1960	29037	4788	108	297	4886	-	12	1873	15113	1959
Hutung	1960-2000	50051	301	-	-	45860	-	2064	1711	116	-
Hutung	2000-	50164									
Ödland	1850-1900	482024	7419	-	-	-	414173	-	-	60433	-
Ödland	1900-1960	417472	13918	94	-	37863	14267	826	20	343514	6969
Ödland	1960-2000	27099	1263	-	-	-	22158	612	1451	1615	-
Ödland	2000-	23939									
Siedlung	1850-1900	29683	-	1569	-	-	-	28113	-	-	-
Siedlung	1900-1960	33512	304	1639	7	-	-	30467	103	-	991
Siedlung	1960-2000	62286	237	820	-	-	-	58326	506	184	2214
Siedlung	2000-	176166									
Verkehr	1850-1900	127023	-	-	-	-	-	-	127023	-	-
Verkehr	1900-1960	127023	60	43	36	-	161	161	126205	-	358
Verkehr	1960-2000	167771	1345	-	28	-	304	1567	164148	118	261
Verkehr	2000-	209946									
Wald	1850-1900	1256233	3253	-	249	-	-	364	-	1251620	747
Wald	1900-1960	1329980	2054	417	-	-	987	4571	338	1310620	10993
Wald	1960-2000	2395951	17833	-	1493	4241	1175	11256	6546	2351830	1576
Wald	2000-	2454803									
Wiese	1850-1900	379936	4656	1028	349	-	-	813	-	-	373091
Wiese	1900-1960	379270	17563	219	1585	1490	771	835	11776	867	344163
Wiese	1960-2000	432159	74	-	1170	-	-	12493	10364	14047	394011
Wiese	2000-	417893									

Tab. 4.3.2-6: Veränderungstypen der Kulturartenbilanz für Ortsflurtyp 2 (Veränderung in %)

Kulturart (Kataster)	Periode	Anteil in % zu Beginn	Veränderung zum Anteil in %									
			Acker	Garten	Gewässer	Hutung	Ödland	Siedlung	Verkehr	Wald	Wiese
Acker	1850-1900	56,3748	55,8324	0,0438	0,0059	-	0,0586	0,0194	-	0,3183	0,0965
Acker	1900-1960	56,3259	41,7026	0,0745	0,0001	0,1032	0,1404	0,0440	0,4416	12,8519	0,9676
Acker	1960-2000	42,4675	39,2954	0,0814	-	-	0,0001	1,0931	0,4228	1,5362	0,0385
	2000-	39,7060									
Garten	1850-1900	1,8648	0,2213	1,5880	-	-	-	0,0556	-	-	-
Garten	1900-1960	1,6779	0,0747	0,8678	0,0026	-	0,0534	0,4073	0,0304	0,0362	0,2055
Garten	1960-2000	0,9871	0,0350	0,1091	-	0,0011	0,0053	0,5023	0,0214	0,0066	0,3063
	2000-	0,2051									
Gewässer	1850-1900	0,8514	-	-	0,8514	-	-	-	-	-	-
Gewässer	1900-1960	0,8679	0,0033	-	0,8375	-	-	-	0,0155	-	0,0116
Gewässer	1960-2000	0,8744	0,0018	-	0,8616	-	-	-	0,0037	-	0,0073
	2000-	0,9094									
Hutung	1850-1900	0,5156	-	-	-	0,5156	-	-	-	-	-
Hutung	1900-1960	0,5156	0,0850	0,0019	0,0053	0,0868	-	0,0002	0,0333	0,2684	0,0348
Hutung	1960-2000	0,8887	0,0053	-	-	0,8143	-	0,0367	0,0304	0,0021	-
	2000-	0,8907									
Ödland	1850-1900	8,5589	0,1317	-	-	-	7,3541	-	-	1,0730	-
Ödland	1900-1960	7,4127	0,2471	0,0017	-	0,6723	0,2533	0,0147	0,0004	6,0995	0,1237
Ödland	1960-2000	0,4812	0,0224	-	-	-	0,3934	0,0109	0,0258	0,0287	-
	2000-	0,4251									
Siedlung	1850-1900	0,5270	-	-	-	-	-	0,4992	-	-	-
Siedlung	1900-1960	0,5950	0,0054	0,0279	-	-	-	0,5410	0,0018	-	0,0176
Siedlung	1960-2000	1,1060	0,0042	0,0291	0,0001	-	-	1,0356	0,0090	0,0033	0,0393
	2000-	3,1280		0,0146							
Verkehr	1850-1900	2,2554	-	-	-	-	-	-	2,2554	-	-
Verkehr	1900-1960	2,2554	0,0011	0,0008	0,0006	-	0,0029	0,0029	2,2409	-	0,0063
Verkehr	1960-2000	2,9790	0,0239	-	0,0005	0,0753	0,0054	0,0278	2,9146	0,0021	0,0046
	2000-	3,7278									
Wald	1850-1900	22,3058	0,0578	-	0,0044	-	-	0,0065	-	22,2239	0,0133
Wald	1900-1960	23,6153	0,0365	0,0074	-	-	0,0175	0,0812	0,0060	23,2715	0,1952
Wald	1960-2000	42,5428	0,3166	-	0,0265	-	0,0209	0,1999	0,1162	41,7594	0,0280
	2000-	43,5878									
Wiese	1850-1900	6,7462	0,0827	0,0182	0,0062	-	-	0,0144	-	0,0154	6,6246
Wiese	1900-1960	6,7344	0,3118	0,0039	0,0281	0,0265	0,0137	0,0148	0,2091	0,2494	6,1110
Wiese	1960-2000	7,6735	0,0013	-	0,0208	-	-	0,2218	0,1840	-	6,9961
	2000-	7,4202									

Grundzüge der Entwicklung – Bilanzierung nach dem Kataster (Flurbuch)

Die Kulturlandschaftsentwicklung der vergangenen 150 Jahre weist für die Nördliche Fränkische Alb zwei Phasen weitgehender Stagnation aus, die zwischen 1900-1960 von einer Periode massiver Veränderungen getrennt wurden. Wie wir aus methodisch anders ausgerichteten Untersuchungen wissen, lässt sich die Hauptphase des Kulturlandschaftswandels noch etwas genauer, nämlich auf die Zwischenkriegszeit, einschränken. In dieser Zeit verschwanden vier Fünftel der Hutungen und Ödländer sowie ein Viertel des Ackerlandes, während sich die Waldfläche mehr als verdoppelte. Ungewöhnlich ist die einseitige Entwicklung, ebenso wie die enge zeitliche Konzentration der Nutzungsänderungen, und auch die Zeitstellung entspricht nicht unbedingt der Entwicklung in anderen Landschaftsräumen (vgl. den Vorderen Bayerischen Wald nach der Untersuchung von BENDER 1994b).

Entsprechend der Ausgangshypothese weist auch die räumliche Verteilung der Kulturarten und ihrer Veränderungen mehr oder weniger deutliche Unterschiede auf. Auffällig ist zunächst die unterschiedliche Verteilung von Acker- und Waldland. Während die Ortsfluren des Typs 1 im 19. Jahrhundert zwischen 63 % und 75 % Ackeranteil besaßen, lag der entsprechende Wert für Typ 2 nur bei durchschnittlich 56 %, in Veilbronn sogar nur bei 35 %. Die Gründe für diese Ungleichverteilung sind in einem Wirkungsgeflecht naturräumlicher und sozioökonomischer Bedingungen zu suchen, wobei die schlechtere naturräumliche Ausstattung des Ortsflurtyps 2 mit seinem größerem Anteil an den steilen, kargen Talflanken die Tendenz zu landwirtschaftlichem Nebenerwerb mitgeprägt haben dürfte. Trotz der unterschiedlichen Ausgangslage wurde in beiden Ortsflurtypen die Ackerfläche um 17 Prozentpunkte verringert. Die Tatsache, dass in den nur unterdurchschnittlich mit ackerfähigem Land ausgestatteten ehemals ritterschaftlichen Orten der Feldbau in gleichem Maße reduziert wurde, lässt die im ausgehenden 19. Jahrhundert durchgreifende Anbindung an den Agrarmarkt erkennen. Der Abbau der Hutungen erfolgte in beiden Ortsflurtypen ebenfalls gleichsinnig, sofern man die unterschiedliche steuerrechtliche Zuteilung (Hutung oder Ödland) außer Acht lässt, verlief allerdings zeitlich ein wenig mehr gestreckt. Die Zunahme der Grünlandflächen um einen Prozentpunkt vollzog sich auf Acker- und Gartenland.

Bilanzierung nach der verfeinerten Kartierung

Nach der verfeinerten Kartierung ist zunächst zu erkennen, dass sich die Flächenanteile der einzelnen Kulturarten geringfügig anders als nach dem Flurbuch darstellen, weil dort viele Kleinflächen (z. B. Hutungen) innerhalb einer Parzelle der größeren Nutzungseinheit zugeschlagen worden sind. Auch können Hutungen und Ödland jetzt relativ klar differenziert werden: Der Hutungsanteil an der Gesamtfläche betrug 1900 insgesamt über 12,5 %, während die Ackerfläche um 3,5 %-Punkte geringer als im Kataster anzugeben ist. Echte Ödungen machten 1,6 % der Katasterfläche aus, dazu kommen noch 0,6 % Felsen. Während die flächigen Hutungen bekanntlich fast völlig verschwunden sind, hat sich die Grundfläche der Grasraine, v. a. als Pufferstreifen längs der Straßen, insgesamt um die Hälfte vergrößert. Begingt durch Düngemittel- und Schadstoffeintrag sind sie allerdings phytosoziologisch kaum noch mit den Magerrainen des 19. Jahrhunderts zu vergleichen.

Tab. 4.3.2-7: Veränderung der Kulturartenanteile im Untersuchungsgebiet (nach der verfeinerten Kartierung 1900-2000; OFT = Ortsflurtyp)

Kulturart, „verfeinert"	Ges. UG	OFT 1	OFT 2	Ges. UG	OFT 1	OFT 2
	Veränd. Flächenanteil 1900-2000 (in %-Punkten)			Veränderung Fläche 1900-2000 (in %)		
Acker	-20,93	-20,01	-23,42	-33,40	-29,99	-45,27
Sonderkultur	-0,01	-0,01	0,00	-67,80	-100,00	12,10
Stilllegung (nach AfL)	0,76	0,90	0,41	-	-	-
Acker, aufgelassen	0,07	0,09	0,02	-	-	-
Garten	0,23	0,09	0,63	70,20	26,75	170,93
Streuobst	-0,23	-0,05	-0,69	-23,56	-7,61	-41,42
Öffentliche Grünfläche	0,01	0,00	0,05	-	-	-
Fliessgewässer	-0,10	-0,02	-0,31	-32,05	-21,72	-35,34
Stillgewässer	0,01	0,01	0,00	69,69	92,89	18,76
Quelle	0,00	0,00	0,00	26,11	1,39	-
Grasrain	0,55	0,51	0,67	43,52	46,69	38,16
Magerrasen	-6,32	-5,99	-7,21	-92,88	-92,78	-93,08
Magerrasen, verbuscht	-3,60	-3,19	-4,71	-88,82	-90,25	-86,33
Magerrasen mit Bäumen	-0,57	-0,65	-0,37	-99,51	-99,41	-100,00
Ödland	-1,61	-2,10	-0,30	-99,82	-99,81	-100,00
Doline	0,00	0,00	0,00	-79,30	-85,18	0,00
Fels oder Felsblöcke	-0,01	0,00	-0,03	-1,87	-0,92	-2,51
Gebäude und Hofraum	1,03	0,94	1,26	282,33	308,80	240,75
Lagerplatz	0,05	0,04	0,08	-	-	-
Sand-/Lehmgrube	0,00	-0,01	0,00	-83,06	-83,06	-
Strasse	0,66	0,57	0,90	566,82	783,34	384,18
Weg	-0,10	0,05	-0,52	-5,36	2,93	-24,77
Eisenbahn, aufgelassen	0,03	0,00	0,12	-	-	-
Nadelwald	4,38	4,91	2,95	119,06	129,49	87,41
Mischwald	19,69	19,19	21,04	194,63	210,47	164,25
Laubwald	-0,78	-0,79	-0,77	-44,40	-54,01	-29,81
Feldgehölz/Hecke	1,85	1,02	4,08	5516,01	2217,64	-
Einzelbaum/Baumgruppe	0,10	0,11	0,09	174,80	390,98	59,95
Kahlschlag	0,13	0,04	0,39	-	-	-
Wiese	3,57	3,74	3,10	130,19	289,96	46,58
Wiese, beweidet	0,49	0,26	1,11	-	-	-
Wiese, aufgelassen	0,39	0,26	0,74	-	-	-
Wiese, verbuscht	0,18	0,09	0,42	-	-	-
Feuchtwiese	0,09	0,02	0,27	-	-	-

Zusätzlich zu den Gärten konnten gegenüber dem Flurbuch nach der physiognomischen Kartierung (Kartensignatur) nun auch Streuobstwiesen gesondert ausgewiesen werden. Insgesamt hat sich der Flächenanteil von Gärten und Streuobstwiesen über das 20. Jahrhundert kaum verändert. Eine Verringerung der Streuobstfläche um 0,2 Prozentpunkte, die sich v. a. in Ortsflurtyp 1 vollzog, wurde durch die Ausdehnung der Hausgärten kompensiert. Die anders lautende Auskunft des Katasters (ALB) ist auf einen Verzicht im Erhebungsverfahren zurückzuführen.

Tab. 4.3.2-8: Flächenbilanz der Kulturarten für das Untersuchungsgebiet (nach der verfeinerten Kartierung 1900)

Kulturart, „verfeinert"	1900 - Gesamtes UG		1900 - Ortsflurtyp 1		1900 - Ortsflurtyp 2	
	Fläche/ qm	Anteil in %	Fläche/ qm	Anteil in %	Fläche/ qm	Anteil in %
Acker	13041650	62,6744	10128532	66,7374	2913116	51,7256
Sonderkultur	2695	0,0130	1921	0,0127	774	0,0137
Stillegung (nach AfL)	-	-	-	-	-	-
Acker, aufgelassen	-	-	-	-	-	-
Garten	69308	0,3331	48422	0,3191	20885	0,3708
Streuobst	199208	0,9573	105221	0,6933	93987	1,6688
Öffentliche Grünfläche	-	-	-	-	-	-
Fliessgewässer	64448	0,3097	15572	0,1026	48876	0,8678
Stillgewässer	3542	0,0170	2434	0,0160	1108	0,0197
Quelle	167	0,0008	167	0,0011	-	-
Grasrain	265129	1,2741	166543	1,0974	98587	1,7505
Magerrasen	1416660	6,8081	980255	6,4589	436405	7,7489
Magerrasen, verbuscht	844301	4,0575	536888	3,5376	307414	5,4585
Magerrasen mit Bäumen	119410	0,5739	98826	0,6512	20584	0,3655
Ödland	336372	1,6165	319544	2,1055	16829	0,2988
Doline	516	0,0025	481	0,0032	36	0,0006
Fels oder Felsblöcke	121900	0,5858	48804	0,3216	73097	1,2979
Gebäude und Hofraum	75680	0,3637	46245	0,3047	29435	0,5227
Lagerplatz	-	-	-	-	-	-
Sand-/Lehmgrube	1248	0,0060	1248	0,0082	-	-
Strasse	24309	0,1168	11123	0,0733	13186	0,2341
Weg	394752	1,8971	276584	1,8224	118167	2,0982
Eisenbahn, aufgelassen	-	-	-	-	-	-
Nadelwald	766016	3,6813	576045	3,7956	189971	3,3731
Mischwald	2105111	10,1166	1383655	9,1170	721455	12,8102
Laubwald	366630	1,7619	221055	1,4565	145575	2,5848
Feldgehölz/Hecke	6962	0,0335	6962	0,0459	-	-
Einzelbaum/Baumgruppe	12360	0,0594	4288	0,0283	8072	0,1433
Kahlschlag	-	-	-	-	-	-
Wiese	570192	2,7402	195888	1,2907	374304	6,6462
Wiese, beweidet	-	-	-	-	-	-
Wiese, aufgelassen	-	-	-	-	-	-
Wiese, verbuscht	-	-	-	-	-	-
Feuchtwiese	-	-	-	-	-	-
Gesamtes UG	20808567	100,0000	15176704	100,0000	5631862	100,0000

Die Differenzierung der Waldkartierung zeigt eine deutliche Dominanz des Mischwaldes, die sich im Verlauf des 20. Jahrhunderts noch weiter auf drei Viertel des Holzbestandes verstärkt hat. Im Gegensatz zu der großräumigeren Untersuchung von WEISEL (1971) weist der Nadelwald mit 3,7 % bzw. 8 % Fläche nur geringe Anteile auf. Reiner Laubwald, wohl als Relikt der „alten Wälder" (WEISEL 1971), ging von 1,8 % auf 1 % Anteil zurück.

Tab. 4.3.2-9: Flächenbilanz der Kulturarten für das Untersuchungsgebiet (nach der verfeinerten Kartierung 2000)

Kulturart, „verfeinert"	2000 - Gesamtes UG		2000 - Ortsflurtyp 1		2000 - Ortsflurtyp 2	
	Fläche/ qm	Anteil in %	Fläche /qm	Anteil in %	Fläche/ qm	Anteil in %
Acker	8685779	41,7414	7091491	46,7259	1594300	28,3086
Sonderkultur	868	0,0042	-	-	868	0,0154
Stilllegung (nach AfL)	158838	0,7633	135990	0,8960	22848	0,4057
Acker, aufgelassen	14460	0,0695	13241	0,0872	1219	0,0216
Garten	117958	0,5669	61373	0,4044	56585	1,0047
Streuobst	152266	0,7317	97209	0,6405	55056	0,9776
Öffentliche Grünfläche	3042	0,0146	21	0,0001	3021	0,0536
Fliessgewässer	43795	0,2105	12190	0,0803	31605	0,5612
Stillgewässer	6011	0,0289	4695	0,0309	1316	0,0234
Quelle	211	0,0010	170	0,0011	41	0,0007
Grasrain	380509	1,8286	244306	1,6097	136203	2,4184
Magerrasen	100937	0,4851	70746	0,4661	30191	0,5361
Magerrasen, verbuscht	94366	0,4535	52344	0,3449	42022	0,7462
Magerrasen mit Bäumen	584	0,0028	584	0,0038	-	-
Ödland	607	0,0029	607	0,0040	-	-
Doline	107	0,0005	71	0,0005	36	0,0006
Fels oder Felsblöcke	119620	0,5749	48356	0,3186	71265	1,2654
Gebäude und Hofraum	289346	1,3905	189046	1,2456	100301	1,7809
Lagerplatz	9886	0,0475	5412	0,0357	4474	0,0794
Sand-/Lehmgrube	211	0,0010	211	0,0014	-	-
Strasse	162098	0,7790	98254	0,6474	63844	1,1336
Weg	373587	1,7954	284695	1,8759	88891	1,5784
Eisenbahn, aufgelassen	7011	0,0337	-	-	7011	0,1245
Nadelwald	1678007	8,0640	1321976	8,7105	356031	6,3217
Mischwald	6202208	29,8060	4295778	28,3049	1906429	33,8508
Laubwald	203846	0,9796	101665	0,6699	102181	1,8143
Feldgehölz/Hecke	390999	1,8790	161359	1,0632	229640	4,0775
Einzelbaum/Baumgruppe	33965	0,1632	21055	0,1387	12911	0,2292
Kahlschlag	27171	0,1306	5376	0,0354	21795	0,3870
Wiese	1312529	6,3076	763885	5,0332	548644	9,7418
Wiese, beweidet	101593	0,4882	39296	0,2589	62298	1,1062
Wiese, aufgelassen	81341	0,3909	39658	0,2613	41683	0,7401
Wiese, verbuscht	36985	0,1777	13077	0,0862	23908	0,4245
Feuchtwiese	17812	0,0856	2566	0,0169	15247	0,2707
Gesamtes UG	20808567	100,0000	15176704	100,0000	5631862	100,0000

In Erweiterung zu den Angaben nach den Flurbüchern konnten nun auch Flurgehölze und Hecken kartiert werden, die erst im Verlauf der letzten 100 Jahre landschaftlich wirksam in Erscheinung getreten sind: Während sie 1900 erst 1,9 ha Fläche einnahmen, sind es heute bereits 42,4 ha; ihre Hauptverbreitung besitzen sie in Ortsflurtyp 2.

Das Grünland konnte für 1900 nicht weiter differenziert werden. Feuchtwiesen und Weiden hat es damals offensichtlich ebenso wenig gegeben wie Sukzessionsstadien auf

Wiesenbrachen. Der auf den Wiesen lastetende Nutzungsdruck hat dies nicht erlaubt. Wiesen waren fast ausschließlich in den Tälern gelegen und konnten bewässert werden. Die Grünlandausdehnung im Zeitraum 1900-2000 bis auf 7,2 % Anteil an der Gesamtfläche ist noch wesentlich umfangreicher ausgefallen, als dies bereits im Kataster festzustellen war. Das liegt daran, dass Umwidmungen von Ackerland dort nur zögernd festgehalten werden. Knapp 8 % des Grünlandes ist heute ungenutzt, gut 6 % werden als Extensivweide genutzt, meist für Pferde, Damwild oder Koppelschafhaltung.

4.3.3 Biotoptypenkartierung mit Hilfe des Konzepts der Veränderungstypen

Das im GIS verankerte Konzept der Veränderungstypen von Kulturarten hilft, diese Biotoptypen noch genauer zu interpretieren. So wurden bei der Landschaftswandelanalyse der Nördlichen Fränkischen Alb vier Zeitschnitte (1850, 1900, 1960, 2000) untersucht (vgl. BENDER/JENS 2001). Hier repräsentieren die Veränderungstypen Hutung/Ödland-Wald-Wald-Wald bzw. Hutung/Ödland-Hutung/Ödland-Wald-Wald (Karte 4.3.3-1) – das sind die Aufforstungen der Perioden 1850-1900 bzw. 1900-1950 – den für die Nördliche Fränkische Alb ausgesprochen charakteristischen Waldtyp eines lichten Kiefernwaldes („Steppenheide-Kiefernwald" nach GAUCKLER 1938). Im Gegensatz dazu stellen Altwaldbestände des Veränderungstyps *Wald-Wald-Wald-Wald* überwiegend Buchenmischwälder des *Fagion sylvaticae* dar. In ähnlicher Weise lässt sich das katasterbasierte GIS zur Differenzierung der Brachestadien von Magerrasen einsetzen (Kapitel 8.4.2, Biotopverbundplanung). Demnach markieren die „Kulturarten" bzw. deren „Veränderungstypen" im Untersuchungsgebiet jeweils Gebiete hoher Auftretungswahrscheinlichkeiten bestimmter Pflanzengesellschaften.

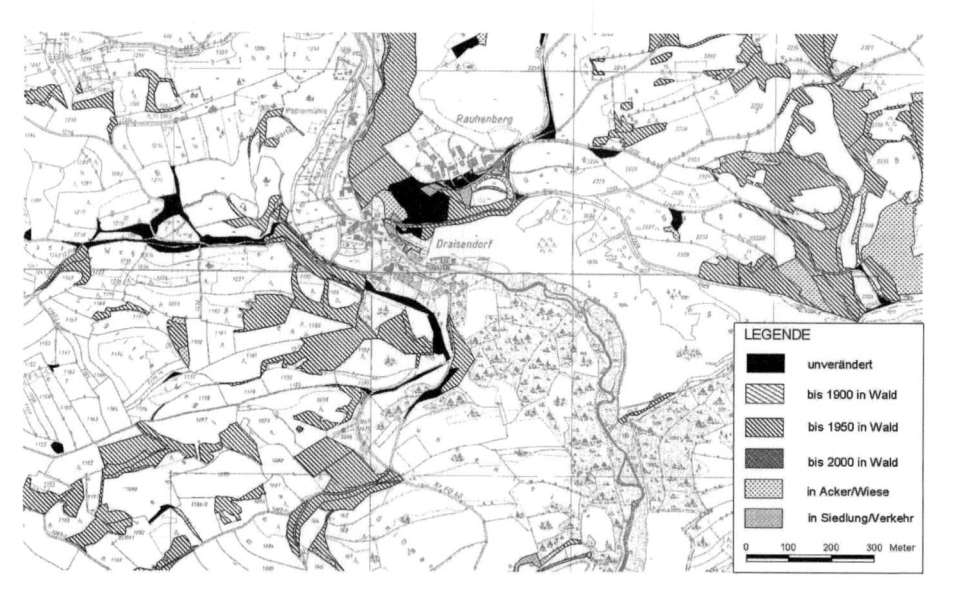

Karte 4.3.3-1: Veränderungstypen der Hutungen und Ödländereien im Bereich Draisendorf 1850-2000 (nach Kataster – „nicht verfeinert")

4.4 Verknüpfungen qualitativer Daten mit dem katasterbasierten GIS

4.4.1 Die Kulturlandschaft um 1850

Die Kulturlandschaft der Nördlichen Fränkischen Alb zeigte sich in der Mitte des 19. Jahrhunderts fast ausschließlich agrarisch geprägt. Die Dörfer waren von der Flur durch einen Gürtel von Streuobstwiesen abgegrenzt, besonders deutlich zu erkennen in Gößmannsberg. Zwischen den Wiesentälern der Aufseß und der Leinleiter stand die Hochfläche in zumeist ackerbaulicher Nutzung. Es scheint aus heutiger Sicht schwer vorstellbar, dass auch die steile Wüstensteiner Gemeindeleite östlich des Dorfes am Osthang der Aufseß einmal beackert worden ist. Reste von Ackerterrassen künden bis heute von der ehemaligen Egertenwirtschaft (vgl. WEISEL 1971). Diese Wirtschaftsform, die im Kataster nicht eigens ausgewiesen worden ist, kann man weiterhin u. a. für den Südosten der Rauhenberger Flur vermuten. Die Katasterkarte verzeichnet in diesem Bereich einen deutlich kleinteiligeren Nutzungswechsel zwischen Acker und Weide, als es der Katasterband wiedergibt.

Hutungs- und Ödlandflächen sollten sich in ihrem Aussehen und der Nutzung wenig unterschieden haben. Beide Flächenarten sind als Weidefläche genutzt worden. Generell befanden sie sich v. a. an den Hängen von Trockentälern bzw. am östlichen Hang des Aufseßtales; aber auch Ödlandflecken inmitten der Feldflur waren typisch für die verkarstete Nördliche Fränkische Alb. Hier ragen die felsigen Dolomitknöcke aus dem Boden hervor, die mit den technischen Mitteln der damaligen Zeit nicht zu beseitigen waren. Vielfach zeigten die Hutungen und Ödländereien eine lineare Aufreihung innerhalb der Flur, so dass eine gute Viehtrift von einer Fläche zur nächsten möglich war. Der größere Anteil der Weideflächen in der Draisendorfer und Rauhenberger Teilgemarkung ist durch die dort intensivere Weidenutzung zu erklären. Diese Gemarkungsteile wurden nicht nur von den Viehherden aus Draisendorf und Rauhenberg genutzt. Die Schäfereibesitzer in Heckenhof verfügten ebenfalls über ein Weiderecht, das ausgiebig genutzt wurde. Herrschaftliche Weiderechte gab es im Untersuchungsgebiet nicht. Neben der ausgewiesenen Hutungs- und Ödlandfläche durfte prinzipiell die ganze Flur mit Ausnahme weniger Flächen und der Ortslage samt Gärten beweidet werden. Auf Teilen der Gößmannsberger Gemarkung hatten zudem die Schäfereibesitzer in Leidingshof Nutzungsrechte. Das Prinzip der Gemeindeschäferei war bereits 1843 aufgegeben worden, als die Orte Draisendorf, Gößmannsberg, Siegritz, Gutneudorf und Siegritzberg ihr Schafweiderecht für 1300 Gulden an den Gößmannsberger Johann Friedrich Sponsel verkauft hatten.

Der Waldanteil betrug insgesamt nur etwa 20 %. Die Waldflächen befanden sich v. a. am schattigeren Westhang des Aufseßtales bzw. an jenen Hängen, die aufgrund ihres zu steilen Reliefs nicht als Schafweide nutzbar waren. Neben dem Relief ist die Hofferne der Waldflächen im Südosten und äußersten Nordosten der Wüstensteiner Gemarkung eine mögliche Ursache für die extensivere Nutzung dieser Parzellen. Auch größere Knöcke sind oft mit (lichtem) Kiefernwald bestanden, sofern sie nicht beweidet wurden.

In historischer Zeit war die Gemeinde bzw. die Gemarkung der engumgrenzte Bereich, in dem sich das wirtschaftliche Leben eines Dorfes abspielte. Die Eigentumsstrukturen der Gemarkung können dies veranschaulichen. Zum Beispiel sagt der Grundsteuerkataster von der Gemarkung Wüstenstein, dass die Parzellen fast geschlossen im Eigentum der Gemeindebewohner standen. Nur in der Wüstensteiner und Draisendorfer Ortsflur befanden sich Wiesen- und Ackerflächen im Besitz von Auswärtigen. Diese Besitzer stammten aus den Nachbargemeinden, z. B. Siegritz, Heckenhof, Veilbronn und Aufseß. Noch geringer waren die auswärtigen Gutsbestandteile der Wüstensteiner Bevölkerung. Lediglich vier Höfe hatten eine Wiese oder ein Waldstück in einer Nachbargemeinde, und zwei Gößmannsberger Bauern besaßen das Fischrecht im südlich der Gemarkung anschließenden Verlauf der Aufseß.

Ein Anteil von knapp 13 % der Gemarkungsfläche befand sich zur Zeit des Urkatasters noch in kommunalem Eigentum. Dabei handelte es sich primär um die Wege und Gewässer (Aufseßbach und Hülen). Die Teilgemeinde Wüstenstein besaß die Kirche, die Schule im ehemaligen Brandensteinhaus und ein Wohnhaus mit Stall, möglicherweise das Hirtenhaus der Gemeinde. Der übrige Gemeindebesitz umfasste ein Drittel der im Kataster verzeichneten Hutungen und Ödländer, die als gemeinschaftliche Viehweide genutzt wurden, sowie einige wenige Äcker und Waldstücke (v. a. in den Ortsfluren von Draisendorf und Rauhenberg).

4.4.2 Veränderungen zwischen 1850 und 1900

Zwischen 1850 und 1900 blieb die Kulturlandschaft der Nördlichen Fränkischen Alb noch ohne große Veränderungen. Mit einer beginnenden Zunahme des Waldanteils um 1 % setzte jedoch ein Prozess ein, der in der nächsten Untersuchungsperiode enorme Ausmaße annehmen sollte. Diese Zunahme erfolgte zuerst hauptsächlich auf vormaligen Hutungsflächen, die entweder mit Kiefern aufgeforstet wurden oder der allmählichen Sukzession unterlagen. Die Kulturart Hutung lässt sich nach der verfeinerten Kartierung näher differenzieren, wobei um 1900 bereits für ein gutes Drittel der Magerweiden Gehölzaufwuchs zu verzeichnen war. Der Nutzungsdruck durch die Schafhaltung scheint zuvor nachgelassen zu haben, eventuell verstärkt durch den Zusammenbruch des Wollmarktes 1870/71.

4.4.3 Veränderungen zwischen 1900 und 1960

Bereits anhand der Architekturformen ist ablesbar, dass in der ersten Hälfte des 20. Jahrhunderts eine rege Bautätigkeit in den Orten geherrscht hat. Da zudem Hofflächen in größerem Umfange versiegelt worden sind und die Hausgärten im Liegenschaftskataster zur bebauten Fläche gezählt wurden, ist eine Zunahme der Siedlungsfläche um einige Hektar abzulesen. Verkleinert haben sich dadurch die Gartenflächen und die ortsnahen Äcker.

Die ackerbauliche Nutzung ging auf weniger als 50 % der Gemarkungsflächen zurück, wobei höchstwahrscheinlich Grenzertragsstandorte aufgegeben wurden. Die durchschnittliche Bonität der zu Wald umgewandelten Ackerflächen war etwas niedriger als die Flächen, die weiterhin als Acker genutzt werden. Dieselbe Aussage ist auch für die Hutungsflächen zutreffend. Eine Vergrünlandung hat es, im Gegensatz zu anderen deutschen Mittelgebirgen (vgl. BORCHERDT 1955, 1957 und 1958), v. a. aufgrund der hydrographischen Bedingungen nicht gegeben. Die bis 1900 noch fast waldfreie westliche Hochfläche ist einem Wechsel aus Äckern und Waldinseln gewichen, in deren Mitte sich die Dolomitkuppen befinden. Der Blick auf eine aktuelle TK 25 kann allein durch die Acker-Waldverteilung das Bild der Siegritz-Voigendorfer Kuppenalb veranschaulichen. Die verstreut im Wald liegenden Ackerflächen der Teilgemarkung von Rauhenberg haben den – irreführenden – Anschein von Rodungsinseln erhalten.

Der Waldanteil an den Gemarkungsflächen verdoppelte sich auf etwa 40 %. Dies bedeutet z. B. in Wüstenstein eine Zunahme um 212 ha innerhalb von 60 Jahren. Insbesondere wurden die vormaligen Hutungs- und Ödlandflächen aufgeforstet oder blieben sich selbst überlassen, um bis auf einen kleinen Rest von etwa einem Prozent der Gemarkungsfläche aus dem Landschaftsbild zu verschwinden. Auf der Hochfläche folgte das Muster der Waldverteilung nun in Teilen der linearen Anordnung der vormaligen Ödlandflächen. Nur in geringerem Maße wurden Flächen inmitten des Ackerlandes gezielt aufgeforstet. Vielmehr kam es zu einer Waldausdehnung von den Rändern der ursprünglichen Waldparzellen her. Damit ist auch zu erklären, warum dieser Landschaftswandel lange Zeit nur wenig Beachtung fand (SCHMITT 1997).

Für die Wiesentäler ist allein durch die Interpretation von Landschaftswandelkarte und Flächenbilanz keine Änderung festzustellen. Gleichwohl hat der Mangel an Arbeitskräften auch für diesen Teilbereich zu einer deutlichen Nutzungsextensivierung geführt. Der von BÖHMER (1994) angestellte Bildvergleich (siehe Abbildung 1.6-1 und 1.6-2) zeigt für das Aufnahmedatum um 1935 zumeist noch kahle, unbewaldete Talflanken. Die Hänge des Aufseßtales waren allerdings laut Kataster bereits 1960 vollständig von Wald bedeckt. Da sie ein dominierendes Element bei der Landschaftswahrnehmung bilden, werden die Veränderungen dieses kleinen Teilraums jetzt besonders deutlich wahrgenommen (BÄTZING 2000a, S. 135).

4.4.4 Veränderungen zwischen 1960 und heute

Trotz weiter fortschreitenden Strukturwandels sind die im GIS fassbaren Veränderungen der Landschaft von 1960-2000 wesentlich geringer als im vorherigen Betrachtungszeitraum. Dies erstaunt umso mehr, da der Landschaftswandel erst in den letzten zwanzig Jahren in den Blickpunkt der Forschung gerückt ist. Auch scheint der vielfach Anfang der 1980er Jahre erfolgte Generationswechsel in der Landwirtschaft noch keine größeren Veränderungen hervorgerufen zu haben (Geburtsjahre der Betriebsinhaber, nach der INVEKOS-Datenbank 2000).

Die statistisch größten Veränderungen verzeichneten die Verkehrswege im Zuge des Straßenausbaus der 1960er Jahre. Weiterhin dehnten sich die bebauten Ortsflächen auf die ortsnahen Äcker aus. Im Bereich von Gößmannsberg hat man einige landwirtschaftliche Gebäude auch außerhalb des Ortes in der Flur errichtet, in Siegritz gibt es sogar Aussiedlerhöfe. Infolge der Neubautätigkeit am Ortsrand in den achtziger und neunziger Jahren dehnte sich v. a. Wüstenstein zunehmend in die umgebende Landschaft aus. Eine klare Abgrenzung des Dorfes von der Flur ist nicht mehr vorhanden. Die Siedlungs- und Verkehrsflächen haben nun einen Flächenanteil von etwas über zwei Prozent an den Gemarkungsflächen.

Bei den relativ großen bäuerlichen Betrieben in Gößmannsberg werden dorfnahe Wiesen jetzt als Dauergrünland bewirtschaftet, das Auslaufflächen für die eingestallten Rinder bietet. Die Viehwirtschaft war im Betrachtungszeitraum 1960-2000 fast vollständig auf Stallhaltung umgestellt worden. Daher ist ihre relative Bedeutung erst nach Auswertung der Landwirtschaftsstatistik und der Anbauprodukte zu erkennen. Im Landkreis Forchheim betrieben 1999 noch 66 % der landwirtschaftlichen Betriebe Viehhaltung (lt. Landwirtschaftszählung). Im Untersuchungsgebiet wurden 1997 auf 24,8 % der landwirtschaftlich genutzten Fläche Futterpflanzen angebaut.

Im Vergleich der Zeitschnitte 1960 und 2000 nimmt der Anteil der Ackerfläche wieder geringfügig zu. Im Südosten von Gößmannsberg wurden dafür auch Waldflächen gerodet. Die Abholzung ertragsschwacher Kiefern- und Fichtenwälder und anschließende Ackernutzung dieser Flächen scheint manchmal gewinnbringender als eine Wiederbestockung. Die bei der Umfrage von SCHMITT (1997) festgestellte große Nachfrage nach Ackerflächen, die nicht ausreichend durch Zupacht gedeckt werden kann, wirkt sich verstärkend aus.

5 Erklärende Analyse der Kulturarten und ihrer Veränderungstypen

5.1 Problemstellung und bisherige wissenschaftliche Lösungsansätze

5.1.1 Das Problem

Seit etwa 50 Jahren sind mitteleuropäische Kulturlandschaften einem beschleunigten Wandel unterworfen, der sich v. a. in der weiteren Intensivierung zentraler Gunsträume und in der Extensivierung bzw. Auflassung von peripheren Gebieten äußert (DOSCH/BECKMANN 1999). Dies zeitigt weit reichende Einflüsse auf die ökologischen sowie sozioökonomischen Landschaftsfunktionen und ist mit Risiken wie auch Chancen verbunden. Um hier kontrollierend oder planend einzugreifen, wurden vielfältige Instrumente der Landschaftspflege und -planung entwickelt. Damit dieses Instrumentarium auch optimal eingesetzt wird, ist die Kenntnis der verschiedenen Einflüsse auf die Kulturlandschaftsdynamik unabdingbar. Wie BÄTZING (1996) gezeigt hat, sind derartige Kenntnisse für großmaßstäbliche, über einen längeren Zeitraum andauernde Entwicklungen durchaus vorhanden.

Im „Landschaftsmaßstab" (STEINHARDT et al. 2005, S. 43), d. h. in der chorischen bzw. kommunalen Dimension, wo die konkrete Entscheidung über Nutzungsänderungen erfolgt oder eine Landschaftsplanung ansteht, weiß man allerdings noch viel zu wenig darüber, warum zu einem bestimmten Zeitpunkt eine Parzelle von einer Nutzungsänderung bzw. -aufgabe betroffen ist, und eine andere Parzelle es nicht ist (vgl. LAMARCHE/ROMANE 1982). Hier wird pauschal immer gesagt, „Grenzertragsstandorte" werden aufgegeben (MECKELEIN 1965).

Generell lässt sich annehmen, dass ein Zusammenhang zwischen der Landnutzung und weiteren (unabhängigen) Eigenschaften des genutzten Landes besteht, oder anders ausgedrückt, dass die Kulturart einer Parzelle von landschaftlichen Faktoren ursächlich (mit)-bestimmt wird. Dieser Zusammenhang muss neben physischen Eigenschaften der Parzelle (Relief, Bonität etc.) und ihrer Nachbarschaft aber ebenso betriebswirtschaftliche Gegebenheiten (Hofgröße, Betriebsart, Betriebstyp etc.) berücksichtigen.

Die bisher aus der wissenschaftlichen Literatur, v. a. aus Frankreich, bekannten Untersuchungen geben nur sehr vereinzelte Hinweise über die genaue Beschaffenheit solcher Erklärungszusammenhänge, da man sich bei einer exakten Analyse auf leicht zugängliche Daten über die natürliche Umwelt beschränkt hat (vgl. Kapitel 5.1.2). Demnach existieren bislang nur mehr oder weniger vage Vorstellungen über die einzelnen Einflussfaktoren und ihr jeweiliges Ausmaß – wie sie dann auch zur Mittelzumessung in verschiedenen Förderprogrammen, z. B. im Bayerischen Kulturlandschafts- und Vertragsnaturschutzprogramm, dienen. Ergänzende Informationen kann man aus den Interviews mit Betriebsinhabern erhalten.

So lassen sich – für Mitteleuropa und mit besonderer Berücksichtigung des Untersuchungsgebiets – zunächst Hypothesen über die Gründe von Landnutzungsänderungen ableiten, wie sie im Folgenden für periphere Agrarlandschaften gültig sein sollen:

- Zu steile Äcker werden in Grünland umgewandelt oder aufgeforstet.
- Parzellen geringer Bonität oder in Nordexposition werden aufgelassen.
- Mit Maschinen nicht erreichbare bzw. weit abgelegene Parzellen fallen brach.
- Aufgelassene Hutweiden verbuschen bzw. werden aufgeforstet.
- Parzellen mit sehr unregelmäßigen („zerlappten") Rändern sind nicht mehr rationell mit Maschinen zu bewirtschaften und werden an ihren Rändern begradigt.

Jedoch fehlen noch gänzlich Informationen darüber, inwieweit es in Zusammenhang mit der nach Aufgabe der Subsistenzwirtschaft erfolgten Spezialisierung der Agrarbetriebe und einer eventuell dadurch induzierten Bodenmobilität (Kauf und Pacht) zu Nutzungsänderungen gekommen ist. Ebenso ist es unbekannt, wie in einem bestimmten Untersuchungsgebiet all diese Faktoren zusammenspielen bzw. welche Bedeutung jeder einzelne Faktor in Relation zu den anderen besitzt.

5.1.2 State of the Art

In der Vegetationskunde gibt es zahlreiche Arbeiten, die Sukzessionsverläufe durch physikalische und biologische Faktoren zu erklären versuchen. Soziologische und ökonomische Einflüsse auf die Kulturart und Nutzungsintensität hat man hierbei jedoch lange Zeit nicht beachtet. Im Gegenzug wurde in der Kulturlandschaftsforschung die Bedeutung der natürlichen Umwelt oft heruntergespielt (vgl. JOSSELIN et al. 1995). Erst in jüngerer Zeit haben zahlreiche Fallstudien sowohl auf ökologische wie auch ökonomische Einflussfaktoren des Landschaftswandels Bezug genommen (z. B. SPORRONG 1998, PÄRTEL et al. 1999, VERHEYEN et al. 1999, COUSINS et al. 2002, MCLURE/GRIFFITHS 2002, PETIT/LAMBIN 2002a).

Einen frühen Versuch, die Einflüsse beider Faktorengruppen auch quantitativ zu untersuchen, hat FABRE (1977) in Südfrankreich unternommen. Darauf aufbauend, trachteten LAMARCHE/ROMANE (1982) danach, für die Landschaftsentwicklung bedeutsame „ökologische und sozioökologische" Parameter wie etwa die Geologie, die Hanglage oder den Beruf des Landeigentümers herauszuarbeiten. Sie stellten zu diesem Zweck ein Team aus natur- und sozialwissenschaftlichen Forschern zusammen. Der Ansatz, die jeweilige Bedeutung von insgesamt 45 Variablen mit Hilfe einer Faktorenanalyse zu quantifizieren, scheiterte jedoch. Schließlich zogen sie „einfache Verfahrensweisen" zur Visualisierung und Interpretation heran: die räumliche Darstellung der Landnutzung und ihrer Einflussvariablen in Rasterkartensets; außerdem Diagramme zur zeitlichen Entwicklung der Flächenanteile bestimmter Vegetations-/Nutzungseinheiten in Relation zu verschiedenen Merkmalen einer Einflussvariable, etwa den Arten des Gesteinsuntergrundes.

Ähnlich ging auch COUSINS (2001) vor, indem sie die zeitliche Veränderung der Flächenanteile von Acker- und Grasland in Südschweden in Bezug zum jeweiligen Substrat setzte. APAN et al. (2003) gelang es, mit Hilfe einer Korrespondenzanalyse eine Assoziation zwischen den Besitzverhältnissen und der Entwicklung der Ufervegetation in Queensland (Australien) nachzuweisen. Weitere statistische Zusammenhänge wurden in dieser Studie durch die Zuordnung von Veränderungstypen der Vegetation/ Nutzung zu Hangneigungs- und Gewässergrößenklassen nur angedeutet.

Erst TAILLEFUMIER/PIÉGAY (2003) gelangten mit einer Untersuchung in den französischen Voralpen entscheidend über den Ansatz von LAMARCHE/ROMANE (1982) hinaus. Sie bearbeiteten ein Untersuchungsgebiet von 3.000 ha, das in Rasterzellen à 2.500 m^2 eingeteilt wurde. Hierfür teilten die Merkmalsausprägungen von insgesamt acht qualitativen (Gestein etc.) sowie quantitativen Variablen (Höhenlage, Hangneigung etc.) in Klassen ein, wiesen jeder Rasterzelle ihres Untersuchungsgebietes eine solche Klasse zu und unterzogen den Datensatz hernach einer multiplen oder kanonischen Korrespondenzanalyse mit binär kodierten Daten (LÉBART et al. 1995). Dabei ergab sich, dass die Umweltbedingungen innerhalb der einzelnen Landnutzungstypen zwar deutlich variieren, dass aber dennoch die Unterschiede zwischen den Typen statistisch signifikant bzw. bestimmte Ausprägungen mancher Variablen sogar streng mit bestimmten Typen assoziiert sind. Als anthropogene Einflüsse wurden in diesem Zusammenhang allerdings nur die Entwicklungen der kommunalen Bevölkerungs- und Nutztierzahlen erfasst, und diese konnten auch nicht auf die untersuchten Flächeneinheiten umgesetzt werden.

Sehr ähnlich wie bei TAILLEFUMIER/PIÉGAY (2003) zeigt sich auch die methodische Anlage der Studie von HIETEL et al. (2004) über zwei mittelhessische Gemarkungen. Bemerkenswert ist in dieser Arbeit die Einbeziehung formaler Parzellenmerkmale wie Größe, Form (Fraktale Dimension) und Entfernung zur nächstgelegenen Siedlung.

Somit können bezüglich des Forschungsstandes folgende Defizite herausgestellt werden:

Entsprechend dem gewählten statistischen Verfahren (zumeist eine kanonische Korrespondenzanalyse), das eine binäre Kodierung verlangt, musste der Wertebereich der metrischen Variablen in wenige Klassen unterteilt werden. Dadurch wurden die Ergebnisse offensichtlich beeinflusst.

Entsprechend der relativ leichten Verfügbarkeit wurden (fast) nur solche unabhängige Variablen gewählt, welche die naturräumlichen Grundlagen repräsentieren. So konnte in den meisten (z. B. PAN et al. 1999, CHEN et al. 2001), aber nicht allen Studien (z. B. SCHNEIDER/PONTIUS 2001) ein Zusammenhang zwischen „Environment" und „Land Use" festgestellt werden. Der Erkenntnisgewinn liegt zunächst darin, dass man die relative Bedeutung mehrerer Faktoren der natürlichen Umwelt darzustellen vermochte. Vereinzelt wurde aber bereits darauf hingewiesen, dass die Landnutzungsverteilung durch die erfassten Variablen nicht vollständig erklärt werden konnte (z. B. HIETEL et al. 2004). Die von TAILLEFUMIER/PIÉGAY (2003) eingangs erhobene Forderung, dass es weiterer Forschungen bedarf, um die relative Bedeutung anthropogener *und* natürlicher Einflussfaktoren für die Kulturlandschaftsentwicklung zu erfassen, besitzt somit nach wie vor Gültigkeit.

5.2 *Datengrundlagen*

Vor dem Hintergrund der in Kapitel 5.1 aufgestellten hypothetischen Überlegungen wurden folgende Attribute – bezogen auf die KGG des katasterbasierten GIS – erhoben

(Tabelle 5.2-1, zu Erhebungsmethoden und Datenqualität siehe Kapitel 2.6), welche in einer statistischen Analyse als unabhängige Variablen fungieren sollen. In diesem Kontext war zu berücksichtigen, dass insbesondere die historischen Betriebsverhältnisse heute nurmehr indirekt erfasst werden können, wie etwa anhand von Betriebsgrößen (für die Betriebsform: Haupt-/Nebenerwerb) und Kulturartenanteilen (für den Betriebstyp/Erzeugungsschwerpunkt). Schließlich wird die Datenauswahl neben der Datenverfügbarkeit auch von regionsspezifischen Eigenheiten beeinflusst.

In der vorliegenden Studie wurden die Faktoren Geologie, Hydrologie und Geländeklimatologie nicht erhoben. Zwar könnte z. B. der Faktor „Geologisches Substrat" – im Untersuchungsgebiet generell Kalkstein mit seinen Verwitterungsprodukten – anhand der Geologischen Karte 1:25.000 näher bestimmt und durch Vektorisierung der Kartengrundlage mit den Erhebungseinheiten (Nutzungsparzellen, KGG) in Bezug gesetzt werden. Da für das Untersuchungsgebiet eine starke Korrelation mit dem Relief zu erwarten ist, wurde aber für die vorliegende Studie darauf verzichtet.

Erklärungen zu Tabelle 5.2-1:

V: V1 abhängige Variablen; V2 Gewichtungsvariable; V3, V5, V6 metrische unabhängige Variablen, davon stehen V5, V6 nur für den Zeitschnitt 2000 und V6 zudem nur für Parzellen, die zu einem von der Landwirtschaftsverwaltung geförderten Hof gehören, zur Verfügung; V4, V7 nominale unabhängige Variablen, wobei für V7 die gleiche Einschränkung wie für V6 gilt.

D: D1 entsprechend der Korrelationsanalyse für den ersten Durchgang der Diskriminanzanalyse ausgewählt; D2 umkodierte nominale Variable, in einem zweiten Durchgang gemeinsam mit D1 nur zur Analyse der Kulturarten (k) bzw. Veränderungstypen (v) verwendet; D3, D4 nur für 2000 verfügbare Variable, in einem dritten bzw. vierten Durchgang gemeinsam mit D1 verwendet.

Kürzel: Nach dem Unterstrich „_" bestimmt das erste Zeichen (Platzhalter X) den Raumbezug (A=AGG, B=ANW, K=KGG, P=PAR) und das zweite Zeichen (Platzhalter Y) den Zeitschnitt (1=1850, 2=1900, 3=1960, 4=2000) oder die Untersuchungsperiode (12=1850-1900, 23=1900-1960, 34=1960-2000).

Raumbezug: KGG „Kleinste Gemeinsame Geometrien", die beim Verschneiden der Nutzungsparzellenlayer 1850-1900-1960-2000 entstehen; PAR Nutzungsparzellen; AGG Aggregierte Parzellen (aneinandergrenzende Parzellen mit gleicher Nutzung und gleichem Eigentümer/Nutzer); ANW Anwesen (Eigentums- bzw. Nutzungseinheit).

Quelle: Kat. = Kataster; NatSch = Naturschutzverwaltung; AfL = Amt für Landwirtschaft (Landwirtschaftsverwaltung).

Tab. 5.2-1: Einflussvariablen für die Kulturartenverteilung bzw. -veränderung (nähere Erklärungen vgl. Tabelle 2.6.2-1)

V	D	Inhalt	Kürzel	Bezug	Quelle	Einheit
V1		Kulturart	KAH1_PY	PAR	Kat.	nominal, Codenr
V1		(Kulturart)-Veränderungstyp	VTYP1_KY	KGG	Kat.	nominal, Codenr
V2		Fläche	FGIS_XY	KGG	KGIS	qm
V3		Höhenlage	HOEHE_KY	KGG	DGM	Class (1m)
V3	D1	Bonität (Bon) n. Renov. Kataster (1900)[24]	BON_P2	PAR	Kat.	Class (0 ≤ Bon ≤ 40)
V3	D1	Hangneigung	SLOP_KY	KGG	DGM	Class (0,1°)
V3	D1	Exposition	EXPO_KY	KGG	DGM	Class (1°, N=0, W/O=90, S=180)
V3	D1	Fraktale Dimension (FD)	FD_AY	AGG	KGIS	Index (1 ≤ FD ≤ 2)
V3	D1	Weganschluss	WEG_AY	AGG	KGIS	nein=0, ja=1
V3	D1	Hofentfernung (Luftlinie, Center)	E(N)HEF_KY	KGG	KGIS	m
V3	D1	Nachbarnutzung Wald (Umfang)	NNWP_AY	AGG	KGIS	%
V3	D1	Eigentümerwechsel	EGTW_KY	PAR	Kat.	nein=0, ja=1
V3	D1	Gesamtfläche	E(N)FS_BY	ANW	Kat.	qm
V3		Entwicklung Gesamtfläche	EEFS_KY	ANW	Kat.	%
V3		Parzellenanzahl	E(N)PZ_BY	ANW	Kat.	Anzahl
V3		Entwicklung Parzellenanzahl	EEPZ_KY	ANW	Kat.	%
V3	D1	Parzellengröße	E(N)PG_BY	ANW	Kat.	qm
V3		Entwicklung Parzellengröße	EEPG_KY	ANW	Kat.	%
V3	D1	Ackeranteil	E(N)AA_BY	ANW	Kat.	%
V3		Entwicklung Ackeranteil	EEAA_KY	ANW	Kat.	%-Punkte
V3	D1	Wiesenanteil	E(N)GA_BY	ANW	Kat.	%
V3		Entwicklung Wiesenanteil	EEGA_KY	ANW	Kat.	%-Punkte
V3		Hutungs-/Ödlandanteil	EHA_BY	ANW	Kat.	%
V3		Entwicklung Hutungs-/Ödlandanteil	EEHA_KY	ANW	Kat.	%-Punkte
V3		Waldanteil	EWA_BY	ANW	Kat.	%
V3		Entwicklung Waldanteil	EEWA_KY	ANW	Kat.	%-Punkte
V4	D2k	Eigentumstyp (8 Typen)	ET_BY	ANW	Kat.	dummy: nein=0,ja=1
V4	D2v	Entwickl.. Eigentumstyp (10 Typen)	EET_KY	ANW	Kat.	dummy: nein=0,ja=1
V4	D2v	Eigentümerwechsel-Typ (4 Typen)	EUA_BY	ANW	Kat.	dummy: nein=0,ja=1
V5	D3	Landschaftsschutzgebiet	LSG_P4	PAR	NatSch	nein=0, ja=1
V5	D3	Naturschutzgebiet	NSG_P4	PAR	NatSch	nein=0, ja=1
V5	D3	Wasserschutzgebiet	WSG_P4	PAR	NatSch	nein=0, ja=1
V5	D3	FFH-Gebiet	FFH_P4	PAR	NatSch	nein=0, ja=1
V5	D3	Vogelschutzgebiet (SPA)	SPA_P4	PAR	NatSch	nein=0, ja=1
V5	D3	flächenhaftes Naturdenkmal	ND_P4	PAR	NatSch	nein=0, ja=1
V5	D3	Kulturlandschaftsprogramm	KLP_P4	PAR	AfL	nein=0, ja=1
V5	D3	Vertragsnaturschutzprogramm	VNP_P4	PAR	NatSch	nein=0, ja=1
V5	D3	Pacht	PACHT_P4	PAR	AfL	nein=0, ja=1
V6	D4	Betriebsform: Haupt-, Nebenerwerb	HENE0_P4	ANW	AfL	NE=0, HE=1
V6	D4	GVE/ha	BGVHA_B4	ANW	AfL	Ratio
V6	D4	Alter/Geburtsjahr Inhaber	BGEBJ_B4	ANW	AfL	Jahr
V7	D4	Betriebstyp (Futterbau-, Marktfrucht-, Veredelungs-, Mischbetrieb)	F(M,V,X)_B4	ANW	AfL	dummy: nein=0,ja=1

[24] Die im „Renovierten Kataster" von ca. 1900 verzeichnete Bodenschätzung ist die letzte, die für alle Kulturarten zur Verfügung steht. In der sog. Reichsbodenschätzung (ab 1934) wurde der Wald nicht mehr behandelt.

Das Dilemma mangelnder Datenverfügbarkeit bezüglich geomorphologischer, hydrologischer und geländeklimatologischer Strukturen und Prozesse kann eventuell auch über die Berücksichtigung von Gefügetypen ausgeglichen werden. Generell unterscheidet man (nach STEINHARDT et al. 2005, S. 164):

- Hochflächen- und Plattengefüge, die Sickerwasserfluss aufweisen und lateral kaum verkoppelt sind,

- Kuppen-, Rücken-, Hang- und Senkengefüge, die durch Denudation, Deflation, Hangwasserfluss und vertikale Luftbewegungen gekennzeichnet sein können,

- Talgefüge, die durch Hang-, Grundwasser und Kaltluftfluss lateral verkoppelt sind.

Auch diesbezüglich sind deutliche Korrelationen mit Relief (Höhenlage, Hangneigung) und Boden zu erwarten.

5.3 Lösungsansatz mit Hilfe der multivariaten Statistik

5.3.1 Vorüberlegungen zur Datenqualität und den statistischen Verfahren

Zur Durchführung von Kausalanalysen werden in der multivariaten Statistik v. a. sog. strukturenprüfende Verfahren eingesetzt. Damit lässt sich prinzipiell u. a. herausfinden, wie stark eine „Kulturart" von den jeweiligen landschaftlich-ökologischen und betrieblichen Parzelleneigenschaften bedingt wird.

Voraussetzung für die Anwendung der entsprechenden Verfahren ist, dass der Anwender a priori „eine sachlogisch möglichst gut fundierte Vorstellung über den Kausalzusammenhang zwischen den Variablen entwickelt hat, d. h. er weiß bereits oder vermutet, welche der Variablen auf andere einwirken" (BACKHAUS et al. 2003, S. 8). Nach dem Skalenniveau der Variablen entscheidet sich dann, welches der strukturenprüfenden Verfahren zum Einsatz zu bringen ist. „Ist die abhängige Variable nominal skaliert, und besitzen die unabhängigen Variablen metrisches Skalenniveau, so findet die Diskriminanzanalyse Anwendung" (BACKHAUS et al. 2003, S. 10).

Es ist allerdings auch möglich, dichotome Merkmale wie metrisch skalierte Variable zu behandeln bzw. nominal skalierte Merkmale in dichotom kodierte, sog. Dummy-Variablen zu überführen (BAHRENBERG et al. 1992, S. 339, BROSIUS 2004, S. 573), d. h. jedes einzelne Merkmal wird in eine dichotome Variable verwandelt (vgl. TAILLEFUMIER/PIÉGAY 2003). Wenn auch die Qualität einer solchen Analyse nicht ganz unumstritten ist, so behaupten doch z. B. FEILMEIER et al. (1981, S. 26), auch mit dichotom kodierten Variablen gute Ergebnisse zu erzielen.

Als weitere Voraussetzung hinsichtlich der Datenqualität wird gelegentlich diskutiert, ob eine Normalverteilung gegeben sein muss. Dies ist insbesondere dann von Bedeutung, wenn Signifikanztests durchgeführt und Wahrscheinlichkeiten für die Gruppenzugehörigkeit berechnet werden (BAHRENBERG et al. 1992, S. 340). Nach Ansicht von LACHENBRUCH (1975) hat sich jedoch gezeigt, dass sich die Diskriminanzanalyse gegenüber einer Verletzung der Normalverteilungsregel ziemlich robust verhält und dennoch befriedigende Ergebnisse erbringt.

5.3.2 Vorbereitung des Datensets für eine Diskriminanzanalyse

Die räumlichen Basiseinheiten, die in die Untersuchung eingehen, sind die 11216 Kleinsten Gemeinsamen Geometrien (KGG), die durch Verschneidung der Parzellen aus den jeweiligen Zeitlayern 1850, 1900, 1960, 2000 entstehen. Nur so ist gewährleistet, dass die Kulturarten und ihre Veränderungstypen (als abhängige Variable) flächenscharf zugeordnet werden können. Die den KGG zugewiesenen Daten der unabhängigen Variablen beziehen sich inhaltlich allerdings je nach eventuellen Restriktionen der Quelle und nach der beabsichtigten Aussage entweder auf die KGG (v. a. Daten aus dem DGM), die ganze Parzelle (wenn eine Bestimmung für die Fläche der KGG nicht möglich war, z. B. beim Bonitätswert), die aggregierte Parzelle (wenn z. B. der Weganschluss auch über die zu dem gleichen Betrieb gehörende Nachparzelle erfolgen kann) oder das zugehörige Anwesen (vgl. Tabelle 5.2-1). Diese Daten werden dann nach der Fläche der zugehörigen KGG gewichtet.

Für eine räumliche Differenzierung der Studie nach Teilgebieten ist sowohl an landschaftliche Haupteinheiten (im Untersuchungsgebiet etwa Hochfläche, Hänge, Talgründe) wie auch an administrative Einheiten (Gemarkungen, Ortsfluren) zu denken. Hier wurde im Rahmen einer historisch-genetischen Untersuchung eine Differenzierung nach Ortsflurtypen gewählt, wobei Ortsflurtyp 1 wiederum die ursprünglich zum Bamberger Hochstift gehörigen mittel- bis großbäuerlichen Siedlungen und Ortsflurtyp 2 die ritterschaftlich-kleinbäuerlichen Orte umfasst (vgl. Kapitel 1.5 und 3.2).

Die Daten wurden für jeden Zeitschnitt jeweils in einer eigenen Tabelle (Zeilen: KGG; Spalten: Parzellenattribute) abgelegt. Für 2000 wurde aufgrund der zum Ende des 20. Jahrhunderts stark gestiegenen Bedeutung des Pachtwesens zwischen Parzelleneigentum und -nutzung unterschieden, so dass es insgesamt fünf Tabellen gibt.

Dabei enthält jede Zeitschnitt-Tabelle auch die Attribute, die sich auf die nachfolgende Untersuchungsperiode beziehen. Denn bei der Ursachenforschung zu Veränderungen in einer bestimmten Zeitperiode werden üblicherweise die Daten verwendet, die sich auf die Periode selbst oder auf den Zeitschnitt zu Beginn der Periode beziehen. Eine Ausnahme von dieser Regel wurde bei den Daten der V5-7 gemacht, da diese nur für den Zeitschnitt 2000 zur Verfügung stehen. Die diesbezüglichen Untersuchungen zur Periode 1960-2000 sind also mit entsprechendem Vorbehalt zu interpretieren.

Alle im Folgenden beschriebenen Analysen wurden schließlich mit der Software SPSS 8 durchgeführt. Ein Versuch, die Vielzahl von Variablen mit Hilfe einer Hauptachsen-Faktorenanalyse zu reduzieren oder zu bündeln, scheiterte an der Beschaffenheit des Variablensets.[25]

---

[25] Die Extraktion der Faktoren aus dem gesamten Variablenset wurde vom Rechenprogramm abgebrochen (SPSS: „Die Matrix ist nicht größer als null") und bei einer Reduktion des Variablensets war der kumulierte Anteil der erklärten Varianz zu niedrig (beim letztlich für die Diskriminanzanalyse probeweise ausgewählten Datenset für die Untersuchungsperiode 1900-1960 kleiner als 40 %).

Wechselseitige Abhängigkeiten der sog. unabhängigen Variablen („Korrelationen") können die Ergebnisse einer Diskriminanzanalyse möglicherweise verzerren. „Sind die unabhängigen Variablen untereinander korreliert, wird der Einfluss einer unabhängigen Variablen in dem Modell möglicherweise einer anderen erklärenden Variablen zugeschrieben" (BROSIUS 2002, S. 693). Aus diesem Grunde wurde das Variablenset (aus Tabelle 5.2-1, V3) einer bivariaten Korrelationsanalyse nach dem Pearsonschen Korrelationskoeffizienten unterzogen.

Aufgrund der Korrelationsanalyse sind gegebenenfalls einige Variablen aus dem Set zu entfernen. Dabei dient die Anzahl oder die Intensität der Korrelationen als Anhaltspunkt. Jedoch fließen auch Kenntnisse über die landschaftlichen Zusammenhänge in die Variablenauswahl ein.

Zunächst einmal ist auffällig, dass die Höhenlage sehr stark ($P > 0,5$) mit der Hangneigung und stark mit dem betrieblichen Acker- bzw. Grünlandanteil ($P > 0,25$) korreliert. Dies ist aufgrund der besonderen Charakteristik der Juralandschaft mit ihren fast waagerecht geschichteten Sedimentgesteinen nicht verwunderlich. Insgesamt ist die Höhenerstreckung relativ gering (im Untersuchungsgebiet zwischen 360 und 490 m), so dass keine Grenzertragsbereiche bestimmter Kulturarten erreicht werden. Die steilen Talflanken liegen im mittleren Bereich der Höhenamplitude; ansonsten ist das Relief nur mäßig akzentuiert. Weiterhin ergibt die Karsthydrologie, dass die trockenen Hochflächen v. a. für den Ackerbau und die engen Talgründe vorwiegend für Grünlandnutzung geeignet sind.

Obwohl die Variable Höhenlage in insgesamt etwas geringerem Ausmaß mit anderen Variablen korreliert als die Hangneigung, wurde sie aus der weiteren Analyse ausgeschlossen; dies, weil die zu erwartenden Zusammenhänge zwischen Höhenlage und Kulturartenverteilung im Untersuchungsgebiet eher indirekter Art, d. h. über das Relief und die Hydrologie bestimmt sind.

Schließlich war – wie erwartet – festzustellen, dass die Variablen, die einerseits über die Größe der Anwesen (Gesamtfläche, Parzellenzahl, durchschnittliche Parzellengröße) und andererseits über die innerbetrieblichen Kulturartenanteile Aussagen treffen, jeweils untereinander sehr stark korrelieren. Hier wird die Auswahl auf die Flächensumme und Parzellengröße sowie den Acker- und Grünlandanteil der Betriebe beschränkt. Das letztlich verbleibende Datenset geht aus Tabelle 5.2-1, Spalte D hervor.

5.3.3 Behandlung nominaler Daten – Kontingenzanalyse

Einige nominal skalierte Variablen (Eigentumstyp [ET], Entwicklung des Eigentumstyps [EET] sowie Eigentümerwechsel [EUA]) mit einer Vielzahl von Merkmalsausprägungen sind der Diskriminanzanalyse nur mittelbar zugänglich. Kreuztabellierung und Kontingenzanalyse sind hier geeignet, Zusammenhänge zwischen nominal skalierten Variablen aufzudecken und zu untersuchen. Dabei dient die Kreuztabellierung dazu, Ergebnisse einer Erhebung tabellarisch darzustellen und auf diese Art und Weise einen evtl. vorhandenen Zusammenhang zu erkennen. Mit Chi-Quadrat steht ein Signifikanztest für derartige Zusammenhänge zur Verfügung (DYTHAM 1999, S. 147). Signifikanz bedeutet hier die Wahrscheinlichkeit, dass kein Zusammenhang besteht; als Richtwert werden diesbezüglich 5 % angegeben (BROSIUS 2004, S. 422 f.).

Sofern auf diese Weise ein Zusammenhang aufgedeckt werden kann, dient eine Kontingenzanalyse zur Überprüfung, wie stark die Assoziation ausgeprägt ist. Als Indikatoren bieten sich dafür der Pearsonsche Kontingenzkoeffizient C und Cramers V an (BACKHAUS et al. 2003, S. 231, BROSIUS 2004, S. 433). Beide sind so normiert, dass sie stets Werte zwischen 0 und 1 annehmen. Werte nahe 1, die nur in Ausnahmefällen erreicht werden, zeigen dabei starke, Werte nahe 0 schwache Zusammenhänge an. Präzise Aussagen über die Stärke sind allerdings nicht möglich. Hierzu bedarf es einer vergleichenden Beurteilung mit inhaltlich verwandten Tabellen (BROSIUS 2004, S. 434).

Bei den fraglichen Variablen aus der vorliegenden Studie wurde der Chi-Quadrat-Test jeweils „bestanden". Die Ergebnisse der Kontingenzanalyse zeigten, auf das gesamte Untersuchungsgebiet bezogen, für Cramers V Werte zwischen 0,15 und 0,3 an, was auf mäßige bis mittlere Zusammenhänge schließen lässt[26]. Diese Ergebnisse sind zudem über die gesamte Untersuchungsperiode stabil. Bei einer Aufsplitterung der Analyse auf die einzelnen Ortsflurtypen ergaben sich allerdings teilweise sehr hohe Werte (> 0,5), bei großen Unterschieden zwischen den Raumeinheiten und den Zeitschnitten/ Untersuchungsperioden. Hier sind verzerrende Einflüsse aufgrund zu kleiner Grundgesamtheiten anzunehmen.

Die mit Cramers V nachgewiesenen Einflüsse der Variablen auf die Zusammensetzung der Kulturarten bzw. deren Veränderung legten eine Einbeziehung in die Diskriminanzanalyse nahe. Dabei wurden jedoch die Merkmalsausprägungen zusammengefasst bzw. die wichtigsten Merkmalsausprägungen ausgewählt und anschließend zu (vier bis zehn) Dummy-Variablen umkodiert. Da dieses Vorgehen nicht völlig zweifelsfrei ist und die Einflüsse des Variablenbündels auf das Gesamtergebnis abgeschätzt werden sollten, wurden zumeist zwei Diskriminanzanalysen – eine mit den umkodierten Nominalvariablen und eine ohne – durchgeführt. Die ermittelten Diskriminanzfunktionskoeffizienten für die metrischen Variablen unterscheiden sich in beiden Analysen allerdings nur geringfügig, so dass das gewählte Vorgehen als geeignet erscheinen darf.

5.3.4 Exkurs: Zum Verfahren der Diskriminanzanalyse

Da das Verfahren der Diskriminanzanalyse nicht unbedingt zum Standardrepertoire der multivariaten Statistik gehört – so wird es z. B. im Lehrbuch von MAIER et al. (2000) nicht behandelt – sollen hier die Grundlagen und das in der vorliegenden Studie zur Anwendung gebrachte Procedere kurz erläutert werden.

Das statistische Modell der Diskriminanzanalyse geht auf FISHER (1936) zurück. Es wurde von WELCH (1939), der es mit dem Wahrscheinlichkeitskonzept in Zusammenhang brachte, und SMITH (1947), der die Ableitung einer quadratischen Diskriminanzfunktion vornahm, weiterentwickelt. Von BRYAN (1951) ging die Erweiterung zur

---

[26] Zum Vergleich: APAN et al. (2003) bezeichnen einen mit V = 0,17 gemessenen Zusammenhang als „weak".

mehrdimensionalen Diskriminanzanalyse aus (vgl. BAHRENBERG et al. 1992, S. 318 ff., BACKHAUS et al. 2003, S. 177). Für die räumlichen Wissenschaften hat speziell ERB (1990) herausgestellt, dass sich die Diskriminanzanalyse im Gegensatz zu klassifizierenden Verfahren wie der Clusteranalyse besonders für die Analyse von Gruppenunterschieden eignet; dies bei unabhängigen metrischen (auch binären, vgl. BAHRENBERG et al. 1992, S. 339) und abhängigen nominalen Variablen. Sie gilt dabei weniger als ein Strukturen entdeckendes und eher als ein Strukturen prüfendes Verfahren (BACKHAUS et al. 2003, S.156 f.).

Die Diskriminanzanalyse basiert auf der Annahme, dass ein Zusammenhang zwischen erklärenden unabhängigen und einer abhängigen Variablen besteht. Erstere müssen metrisch, Letztere muss nominal skaliert sein. Der Zusammenhang soll über eine Diskriminanzfunktion so dargestellt werden, dass sich für Fälle, die unterschiedlichen Gruppen der abhängigen Variable angehören, möglichst unterschiedliche Funktionswerte zeigen (BROSIUS 2002, S. 684). Die Diskriminanzanalyse besteht aus zwei Schritten. Im ersten werden Diskriminanzfunktionen (jeweils eine weniger als unabhängige Variablen) geschätzt. Die Koeffizienten der Diskriminanzfunktionen werden so bestimmt, dass der folgende Quotient einen maximalen Wert annimmt:

$$\frac{\text{Quadratsumme der Funktionswerte zwischen den Gruppen (QSZ)}}{\text{Quadratsumme der Funktionswerte innerhalb der Gruppen (QSI)}}$$

Die Diskriminanzfunktion[27] hat die allgemeine Formel

$$D = b_0 + b_1 \cdot X_1 + b_2 \cdot X_2 + ... + b_n \cdot X_n ,$$

mit X_i für die erklärenden (unabhängigen) Variablen und b_i für die zu schätzenden Koeffizienten.

Im zweiten Schritt der Diskriminanzanalyse werden den stetigen Werten der unabhängigen Variablen diskrete Werte und damit (die wahrscheinlichen) Gruppenzugehörigkeiten der abhängigen Variable zugeordnet (BROSIUS 2002, S. 680 f.).

$P(G_i | D)$ ist dabei die (A-Posteriori)-Wahrscheinlichkeit, mit der ein Fall, für den sich der Funktionswert D ergeben hat, einer Gruppe G_i zugehört. Diese Wahrscheinlichkeit wird für jeden Fall und für alle potenziellen Gruppen berechnet, wobei sich die einzelnen Wahrscheinlichkeiten fallweise stets zu 1 addieren.

Diese A-Posteriori-Wahrscheinlichkeit lässt sich aus der A-Priori-Wahrscheinlichkeit $P(G_i)$ und der bedingten Wahrscheinlichkeit $P(D | G_i)$ berechnen. $P(G_i)$ ist die Wahrscheinlichkeit für eine Gruppenzugehörigkeit, von der man auszugehen hat, wenn keine weiteren Informationen zur Verfügung stehen, etwa nach der Anzahl der Gruppen oder nach der relativen Häufigkeit, mit denen die Gruppen vertreten sind. $P(D | G_i)$ ist die bedingte Wahrscheinlichkeit, mit der sich ein bestimmter Funktionswert D ergibt, wenn der jeweilige Fall der Gruppe G_i entstammt. Die Formel für die (A-Posteriori)-Wahrscheinlichkeit lautet entsprechend dem Satz von Bayes:

---

[27] Die Funktion wird in SPSS über *Statistik/Funktionskoeffizienten/Nicht standardisiert* angegeben. Damit ist der Funktionswert für jeden Fall der Datendatei zu berechnen. Dies kann in SPSS über *Klassifizieren/Anzeigen/Fallweise Ergebnisse* angezeigt werden.

$$P(G_i \mid D) = P(D \mid G_i) \cdot P(G_i) / \sum P(D \mid G_i) \cdot P(G_i)$$

Damit erfolgt eine Berechnung für jeden Fall der Datendatei[28].

Die Gruppenzuordnungen lassen sich dann mit den tatsächlichen Gruppenzugehörigkeiten vergleichen. Fehler der Diskriminanzanalyse, die sich in falschen Gruppenzuordnungen äußern, sind in der Regel auf Fehler im Erklärungsmodell zurückzuführen. „Nur in seltenen Fällen wird es möglich sein, eine abhängige Variable perfekt durch eine oder mehrere unabhängige Variablen zu beschreiben, da häufig eine sehr große Anzahl an oftmals nicht erfassbaren oder quantifizierbaren Faktoren Einfluss" ausüben (BROSIUS 2002, S. 68).

Die Gruppenzuordnung lässt sich auch für neue Fälle, im Sinne einer Prognose bzw. als Schließen von einer Stichprobe auf die Grundgesamtheit anwenden: Aus einer Menge von Fällen, deren Gruppenzugehörigkeit unbekannt, aber die Ausprägung der erklärenden Variablen bekannt ist, kann man solche identifizieren, die mit hoher Wahrscheinlichkeit einer bestimmten Gruppe zugehörig sind. Je schärfer man den Grenzwert (Trennwert der Diskriminanzfunktion) ansetzt, desto höher ist der Trefferanteil, aber gleichzeitig desto niedriger die absolute Trefferzahl (BROSIUS 2002, S. 699).

Einige Maßzahlen, die der Überprüfung der Modellgüte dienen[29]:

- Die Funktionswerte für die Fallgruppen (als Durchschnittswerte auch Gruppenzentroide genannt) sollen möglichst unterschiedliche Werte aufweisen; d. h. umso einfacher ist es, einen Fall anhand seiner Funktionswerte einer Gruppe zuzuweisen.

- Der Eigenwert = QSZ/QSI dient der Abschätzung, wie viel die einzelnen Funktionen zur Gruppenunterscheidung beitragen; er sollte möglichst hoch sein.

- Der kanonische Korrelationskoeffizient = $\sqrt{\text{Eigenwert} / (1+\text{Eigenwert})}$ dient ebenfalls der Abschätzung, wie viel die einzelnen Funktionen zur Gruppenunterscheidung beitragen; er liegt zwischen 0 und 1 und sollte möglichst groß sein.

- Wilks Lambda = $1 - (\text{Kanonischer Korrelationskoeffizient})^2$ kennzeichnet den Anteil der Streuung innerhalb der Gruppen an der Gesamtstreuung und liegt zwischen 0 und 1; kleine Werte deuten darauf hin, dass sich die Gruppen gut voneinander trennen lassen.

- Ein Vergleich der vorgenommenen Gruppenzuordnungen mit den tatsächlichen Gruppenzugehörigkeiten („Tabelle der Treffsicherheit").

Rückschlüsse auf den Erklärungsbeitrag der Variablen geben folgende Werte:

- Unabhängig von der Diskriminanzfunktion und damit evtl. wichtig für die Aufstellung des Diskriminanzmodells (in der vorliegenden Analyse mit flächengewichteten Mittelwerten) geben Gruppenmittelwerte und Standardabweichung der Variablen erste Anhaltspunkte. Für ordinal skalierte Variablen ist eine Mittel-

---

[28] Dies kann in SPSS ebenfalls über *Klassifizieren/Anzeigen/Fallweise Ergebnisse* angezeigt werden.

[29] Diese sind jeweils im Standard-Output von SPSS enthalten.

wertbetrachtung streng genommen nicht zulässig. Die Angaben für diese Variablen sollten deshalb nur als Tendenzaussage interpretiert werden. Mittelwerte und Standardabweichung werden zudem durch die Dimension der Variablen beeinflusst. Aussagekräftiger ist deshalb die Relation zwischen Standardweichung und Mittelwert (BROSIUS 2002, S. 696 f.).

- Standardisierte kanonische Diskriminanzfunktionskoeffizienten, wobei die Ausgangswerte der Variablen auf Mittelwert von 0 und Standardabweichung von 1 transformiert worden sind. Je höher der Wert des Diskriminanzfunktionskoeffizienten, desto höher ist der Erklärungsbeitrag der Variablen. Die Koeffizienten können allerdings durch Wechselwirkungen zwischen den Variablen verzerrt sein; dies war durch die bereits vorgenommene Korrelationsanalyse herauszufinden.

- Die Strukturmatrix mit gemeinsamen Korrelationen zwischen den erklärenden Variablen und der Diskriminanzfunktion (jeweils ein Korrelationskoeffizient für jede Variable mit den Fällen jeder Gruppe. Der ausgewiesene Koeffizient für die gesamte Variable ergibt sich als Mittelwert der einzelnen Gruppenkoeffizienten).

5.3.5 Vorgehen

Im ersten Analyseschritt wurden die vier Hauptkulturarten Acker, Wiese, Hutung/Ödland, Wald zu allen vier KGIS-Zeitschnitten mit ihren jeweiligen Parzellenattributen einem Mittelwertvergleich und einer Diskriminanzanalyse unterzogen. Im zweiten Analyseschritt wurden Veränderungstypen mit entsprechend verbreitetem Auftreten ausgewählt. Dabei waren die „Nicht-Veränderungs"-Typen der Hauptkulturarten (z. B. Acker-Acker) jeweils mit ein bis zwei Veränderungstypen (z. B. Acker-Wiese bzw. Acker-Wald) zu kontrastieren. Anhand der „standardisierten kanonischen Diskriminanzfunktionskoeffizienten" war schließlich festzustellen, in welchem Maße die Parzelleneigenschaften entscheidend oder zumindest charakteristisch für die Ausprägung der Kulturarten sind.

In verschiedenen Durchgängen wurden die umkodierten Dummy-Variablen (vgl. Tabelle 5.2-1, D2-Attribute, alle Zeitschnitte bzw. Untersuchungsperioden) wie auch die Schutzgebietsdaten und die Betriebsdaten nach der Landwirtschaftsverwaltung (D3- und D4-Attribute, nur für den Zeitschnitt 2000 bzw. die Periode 1960-2000) jeweils getrennt voneinander und zusammen mit den D1-Attributen verarbeitet. Damit sollte teilweise bestehenden Korrelationen bzw. der abweichenden Erhebungsmethodik der Daten aus der Landwirtschafts- und Naturschutzverwaltung, die zudem nur den Stand zum Ende der Untersuchungsperiode 1960-2000 wiedergeben, Rechnung getragen werden. Schließlich wurde auch getestet, ob das Weglassen einer oder mehrerer „kritischer" Variablen, die solche Wechselwirkungen vermuten lassen, wesentlichen Einfluss auf das Gesamtergebnis ausübt. Das ist in der vorliegenden Studie nicht der Fall.

5.4 Ergebnisse des Mittelwertvergleichs und der Diskriminanzanalyse

5.4.1 Nutzungsstruktur: Kulturarten – Mittelwerte

Zunächst wurden von allen Variablen (jeweils für alle untersuchten Kulturarten und Veränderungstypen bzw. Zeitschnitte und Untersuchungsperioden) flächengewichtete Mittelwerte erhoben und miteinander verglichen. Hieraus waren erste Anhaltspunkte über die Einflüsse der Parzellenattribute auf die Nutzungsverteilung herauszulesen. Weiterhin unterstützen die Mittelwertvergleiche eine Interpretation der nachfolgenden Diskriminanzanalyse.

Bonität

Mit großem Abstand wiesen die – ursprünglich bewässerten – Wiesen die höchsten durchschnittlichen Bonitätswerte nach der ersten Schätzung im 19. Jahrhundert auf (> 12, andere Kulturarten alle < 6). Die durchschnittliche Wiesenbonität (jeweils nach den Schätzwerten von 1900) verringerte sich allerdings relativ deutlich, v. a. im Zeitraum von 1900-1960. Dies ist offenbar auf eine Neuanlage nicht-wässerungsfähiger Wiesenparzellen auf der Hochfläche zurückzuführen (bzw. an südexponierten Hängen). Die durchschnittliche Bonität der Äcker und Hutungen/Ödländereien stieg in der ersten Hälfte des 20. Jahrhunderts leicht an, die der Wälder sank geringfügig. Dies deutet darauf hin, dass die Aufwaldung v. a. auf wenig fruchtbaren Böden stattgefunden hat. Die allgemein relativ geringe Veränderung der Durchschnittswerte hängt damit zusammen, dass Äcker und Wälder auf der Hochfläche im 19. Jahrhundert nicht sehr stark unterschiedlich klassiert worden sind.

Hangneigung

Um 1850 wiesen die Wälder, insbesondere in Ortsflurtyp 2 mit 15°, die größte durchschnittliche Hangneigung auf, die der Äcker, speziell in Ortsflurtyp 1 mit 4°, die geringste. Die Neigungswerte von Hutungen/Ödländereien (um 9°) bzw. Wiesen (um 6°) liegen dazwischen. Eine Veränderung der durchschnittlichen Hangneigung bestimmter Kulturarten vollzog sich v. a. in der Periode 1900-1960, insbesondere hinsichtlich der Waldflächen, die in dieser Zeit zunehmend flachere Partien bestockten.

Exposition

Hutungen/Ödländereien waren um 1850 tendenziell eher in N-exponierten Lagen (Expositionswerte E um 80) zu finden, dies v. a. in Ortsflurtyp 1 (E um 75). Verluste dieser Kulturart vollzogen sich bis 1900 in Ortsflurtyp 2 eher auf N-exponierten Lagen, ebenso die großflächigen Abgänge 1900-1960 im gesamten Untersuchungsgebiet (E um 68) bzw. bis 2000 (E um 75).

Die Expositionswerte der Wiesen verbesserten sich bis 1960, danach nahmen sie deutlich ab, was auf eine gewisse Vergrünlandungstendenz in N-exponierten Lagen schließen lässt. Die Expositionswerte der Wälder verschlechterten sich v. a. während der

Periode 1900-1960, was auf eine Aufwaldung relativ ungünstiger Hanglagen in Ortsflurtyp 1 zurückzuführen ist. In Ortsflurtyp 2 zeigte sich eine gegenläufige Tendenz, da hier v. a. die südexponierten Hutungen unter Wald gerieten.

Fraktale Dimension – Parzellenzuschnitt

Die Durchschnittswerte der fraktalen Dimension der Nutzungsparzellen verhalten sich innerhalb eines sehr engen Wertebereiches, wobei allein die Hutungen/Ödländereien deutlich herausragen (um 1,06 gegenüber ca. 1,04 für die anderen Kulturarten). Die fraktale Dimension speziell der Hutungen/Ödländereien nahm gegen Ende des Untersuchungszeitraums noch einmal deutlich zu, d. h. es bleiben heute v. a. eher zerlappte und zergliederte Flächen übrig. Bei den Ackerparzellen ist eine gegenläufige Tendenz erkennbar, d. h. der Zuschnitt vereinfachte sich stetig, besonders stark in den letzten 40 Jahren. Hier spielte die Siegritzer Flurbereinigung in den 1960er Jahren eine wesentliche Rolle.

Weganschluss

Bezüglich des Weganschlusses der Parzellen gibt es kulturartspezifisch klare Unterschiede, die sich im Verlauf der Untersuchungsperiode nur geringfügig ausgeglichen haben. Die Weganschlussrate der Ackerparzellen war traditionell am höchsten (69 %) und stieg bis 2000 weiter auf 88 % an. Demgegenüber stehen Anschlussprobleme hinsichtlich der Wiesen (1850: 30 % mit Weganschluss), die sich bis heute zwar verringert haben, aber noch immer deutlich spürbar sind (2000: 50 % mit Weganschluss). Dies liegt an der extremen Besitzersplitterung bei dieser Kulturart, die traditionell auf engen Talauen beschränkt war und bis heute nur sehr sporadisch auf der Hochfläche Fuß fasste. Die Weganschlussrate der Waldparzellen ist hingegen über alle Zeitschnitte weitgehend konstant (um 70 %), weil die Aufwaldung überwiegend auf den mäßig gut erschlossenen Hangflächen erfolgte.

Hofentfernung

Die durchschnittlichen Hofentfernungen der Parzellen unterschieden sich 1850 und 1900 kaum bezüglich der Kulturarten und lagen jeweils bei ungefähr 1000 m. Für den Zeitschnitt 1960 traten erhebliche Verzerrungen auf, da 17 ha (v. a. in Ortsflurtyp 1) zu Anwesen gehörten, deren Eigentümer zwischen 180-350 km entfernt wohnen. Insgesamt zeigte sich jedoch für das 20. Jahrhundert eine Tendenz zur Vergrößerung der Hofentfernung, v. a. bei Wald und Grünland, offenbar weil weit entfernt lebende Hoferben diese heute nur noch wenig nachgefragten Nutzflächen behalten. Bei Ackerparzellen ist festzustellen, dass die durchschnittliche Entfernung zum Hof des Nutzers etwa 20 % größer ist als die zum Hof des Eigentümers. Hier werden bei der Betriebsaufstockung und Übernahme von Pachtland tendenziell größere Entfernungen in Kauf genommen. Weiterhin ist zu konstatieren, dass die Hofentfernung der Äcker in Ortsflurtyp 2 sogar knapp 40 % über dem Durchschnitt liegt, weil hier bereits vielfach Landwirte aus Ortsflurtyp 1 Eigentümer geworden sind.

Nachbarnutzung ‚Wald'

Zu Beginn des Untersuchungszeitraumes grenzten Waldparzellen im Durchschnitt mit 40 % ihres Umfanges an andere Waldparzellen an, während dies bei den übrigen Kulturarten nur zu etwa 8-9 % gegeben war. In der Aufwaldungsperiode 1900-1960 erhöhten sich diese Werte – für Waldparzellen auf 54 %, für Acker- und Hutungsparzellen auf 24 % bzw. 22 % und bei Wiesenparzellen auf 14 % – und blieben bis heute annähernd konstant. Auffällig ist, dass Ortsflurtyp 2 deutlich niedrigere Werte bei den Wald- und höhere bei den Ackerparzellen aufweist, womit die hier stärkere Kammerung der Kulturlandschaft sich auch in der Statistik widerspiegelt.

Eigentümerwechsel

Die Bodenmobilität war in der Phase mit den größten Kulturartenveränderungen 1900-1960 auffälligerweise relativ am geringsten, mit einer scheinbaren Ausnahme bei den Hutungen/Ödländereien, wo sie vorübergehend extrem anstieg. Zwei Drittel der Hutungsflächen von 1960 waren in der Untersuchungsphase davor (1900-1960) einem Eigentumswechsel unterworfen. Bei 75 % davon handelt es sich um Eigentumsübergänge innerhalb der öffentlichen Hand, d. h. im Zuge der Verwaltungsreformen um Übergänge von den Ortsgemeinden auf die Steuergemeinden.

Bei Äckern und Wiesen wechselten 1850-1900 jeweils etwa 25 % den Besitzer, 1960-2000 je etwa 33 %, während in der Periode dazwischen die Bodenmobilität auf 19 bzw. 21 % absank. Hingegen war bei Waldparzellen eine kontinuierliche Abnahme der Besitzübergänge zu verzeichnen (von 31 % über 22 % auf 19 %), was möglicherweise mit einer sinkenden wirtschaftlichen Bedeutung des Waldes erklärt werden kann. In der Phase 1900-1960 wichen allerdings die Werte für die beiden Ortsflurtypen deutlich voneinander ab: In Ortsflurtyp 2 gab es mit 35 % eine etwa doppelt so große Bodenmobilität unter Wald als in Ortsflurtyp 1.

Gesamtfläche Anwesen

Wesentliche Unterschiede weisen die Kulturarten bezüglich der durchschnittlichen Größe der zugehörigen Betriebe auf, wobei die Differenzen zwischen den Ortsflurtypen aber noch einmal größer als die zwischen den Kulturarten sind. Ackerparzellen gehören im Durchschnitt zu größeren Betrieben als Waldparzellen, wobei dieses Verhältnis in Ortsflurtyp 2 auffälligerweise umgekehrt ist. Dies wird für 2000 noch deutlicher, wenn man statt der Parzelleneigentümer die Parzellennutzer betrachtet, wobei dann auch Ortsflurtyp 2 kein abweichendes Bild mehr zeigt. Ein landwirtschaftlicher Betrieb definiert seine Größe über die Hauptkultur ‚Ackerbau', während es sich beim Bauernwald nur um eine akzessorische Nutzung handelt. Jedoch war der Wald als Brenn- und Bauholzlieferant noch bis um 1960 für alle Anwesen und weitgehend unabhängig von der Betriebsfläche von Bedeutung.

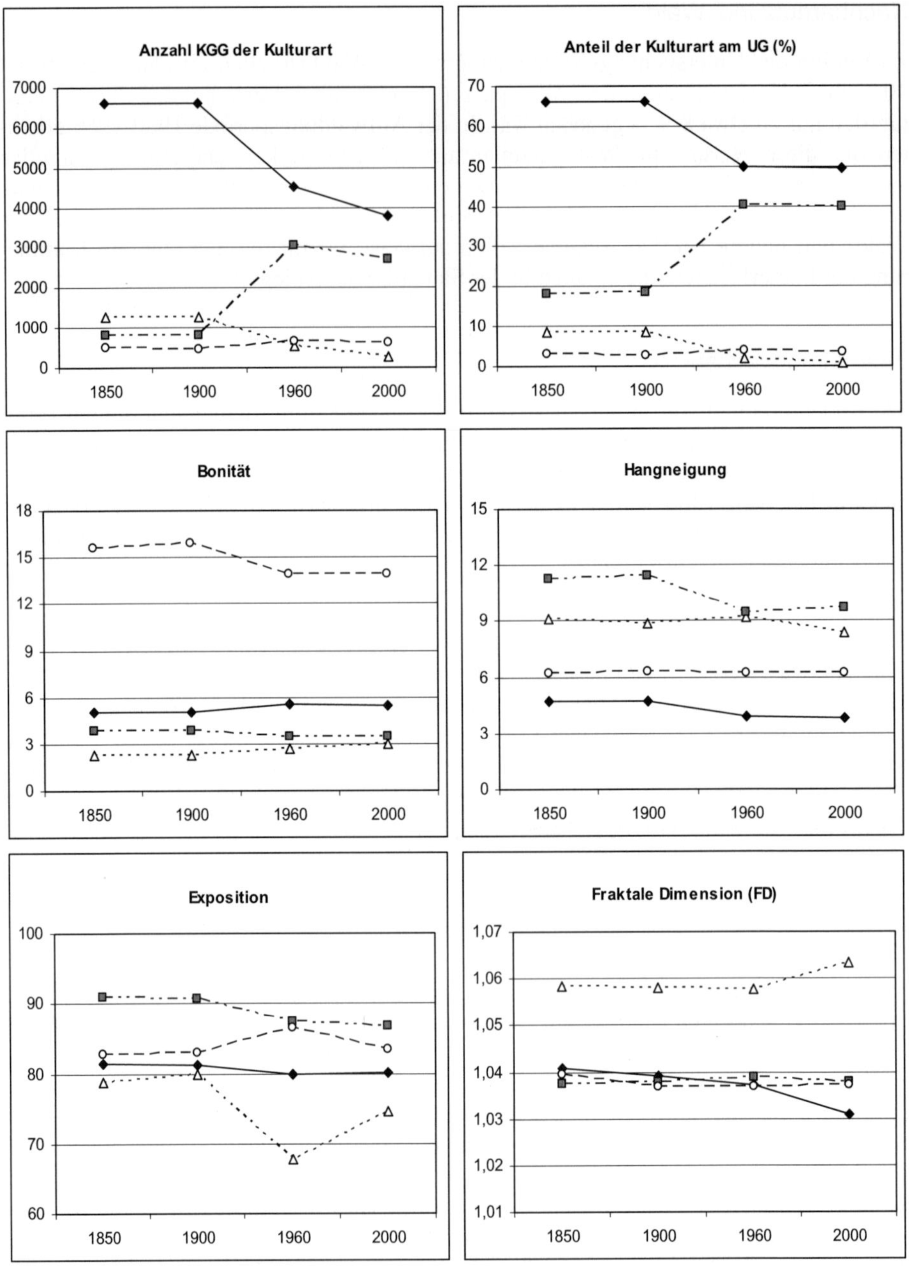
Anzahl KGG der Kulturart
7000
6000
5000
4000
3000
2000
1000
0
1850
1900
1960
2000
Anteil der Kulturart am UG (%)
70
60
50
40
30
20
10
0
1850
1900
1960
2000
Bonität
18
15
12
9
6
3
0
1850
1900
1960
2000
Hangneigung
15
12
9
6
3
0
1850
1900
1960
2000
Exposition
100
90
80
70
60
1850
1900
1960
2000
Fraktale Dimension (FD)
1,07
1,06
1,05
1,04
1,03
1,02
1,01
1850
1900
1960
2000

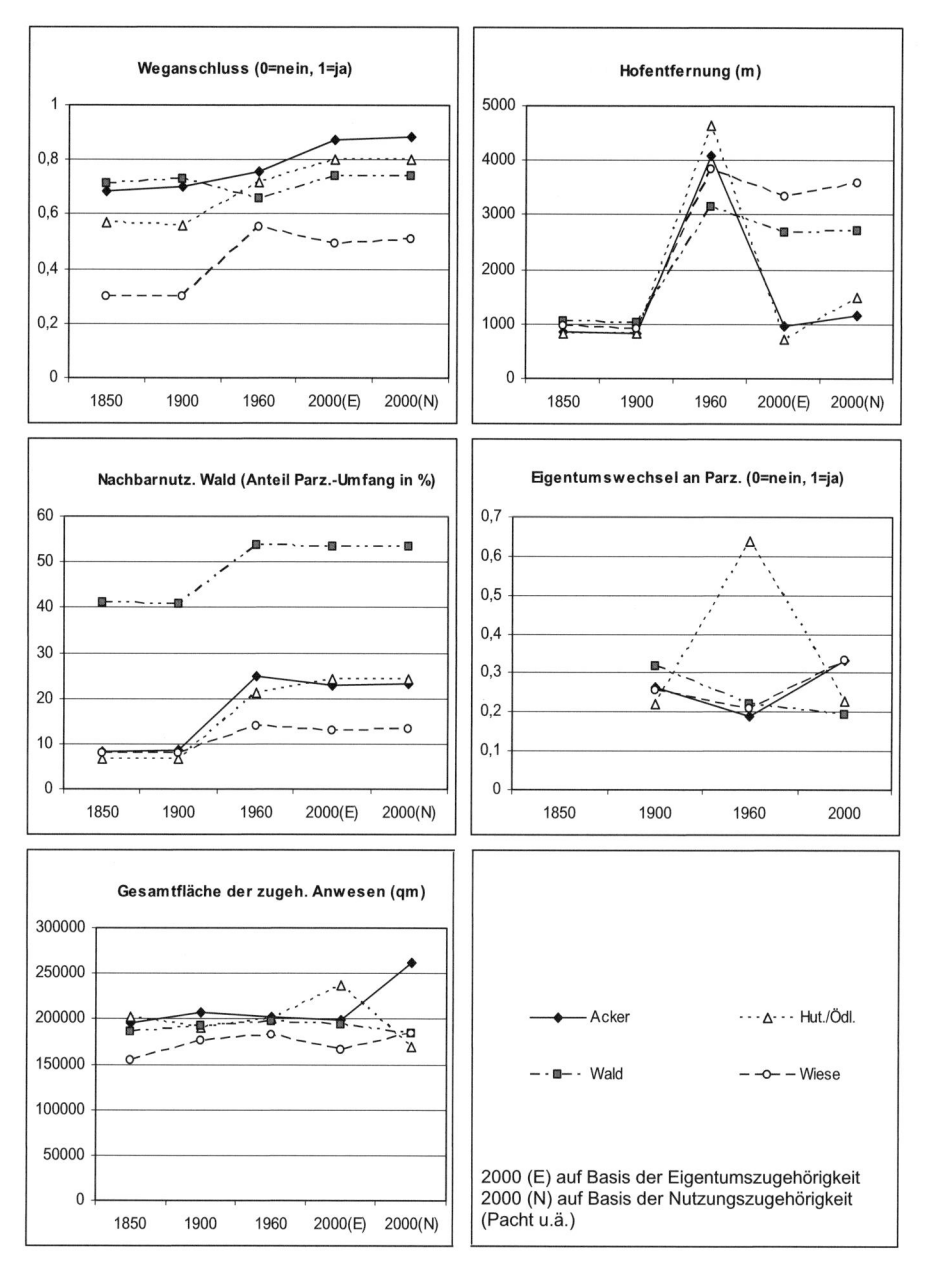

Abb. 5.4.1-1: Flächengewichtete Mittelwerte für die Hauptkulturarten im Untersuchungsgebiet (Attribute siehe Kapitel 2.6.2 und 5.2.1)

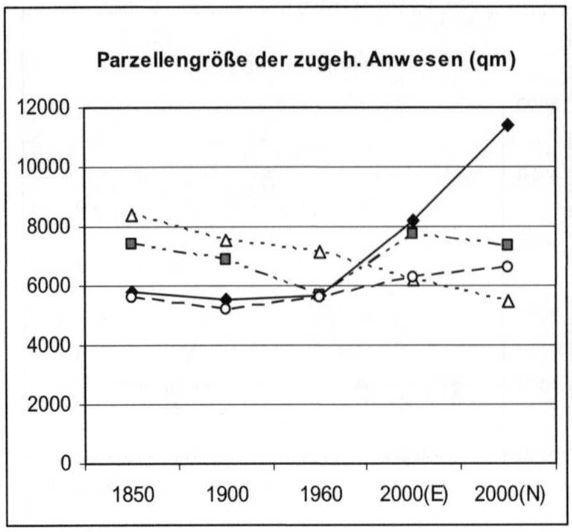
Parzellengröße der zugeh. Anwesen (qm)
12000
10000
8000
6000
4000
2000
0
1850
1900
1960
2000(E)
2000(N)

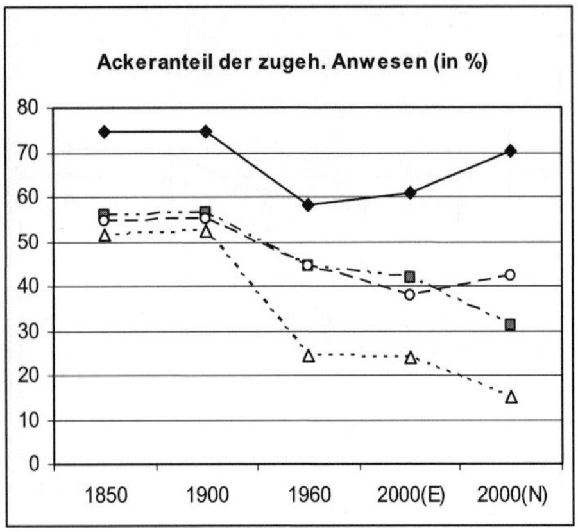
Ackeranteil der zugeh. Anwesen (in %)
80
70
60
50
40
30
20
10
0
1850
1900
1960
2000(E)
2000(N)

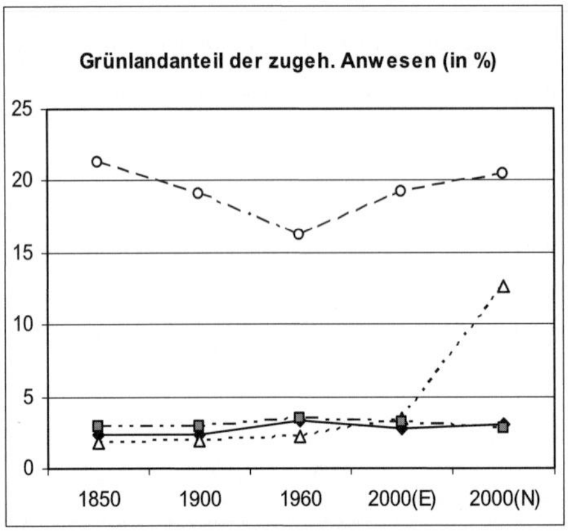
Grünlandanteil der zugeh. Anwesen (in %)
25
20
15
10
5
0
1850
1900
1960
2000(E)
2000(N)

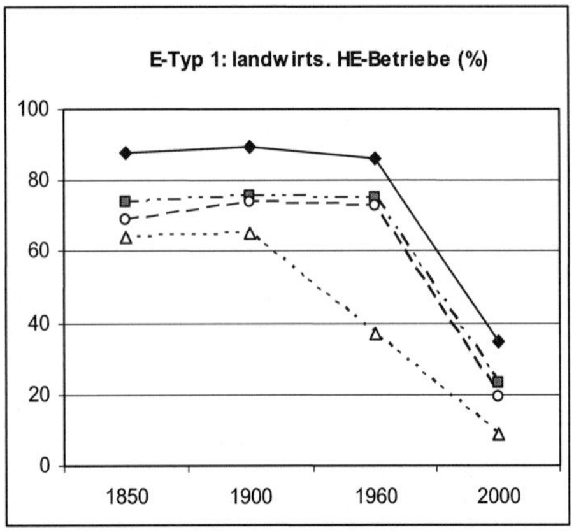
E-Typ 1: landwirts. HE-Betriebe (%)
100
80
60
40
20
0
1850
1900
1960
2000

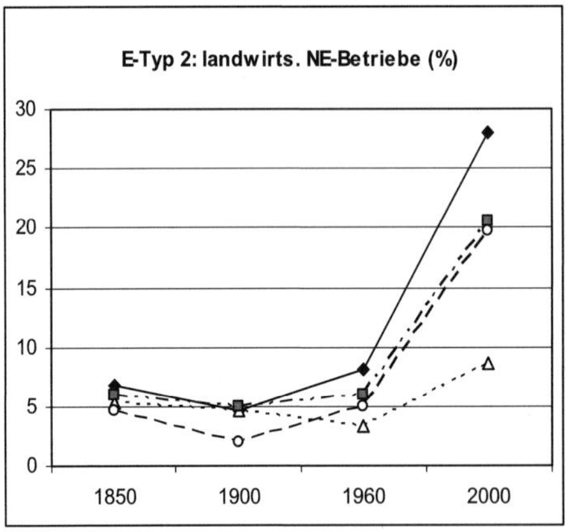
E-Typ 2: landwirts. NE-Betriebe (%)
30
25
20
15
10
5
0
1850
1900
1960
2000

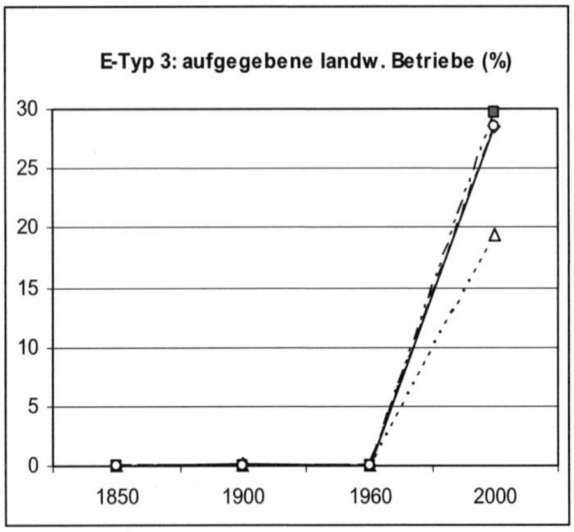
E-Typ 3: aufgegebene landw. Betriebe (%)
30
25
20
15
10
5
0
1850
1900
1960
2000

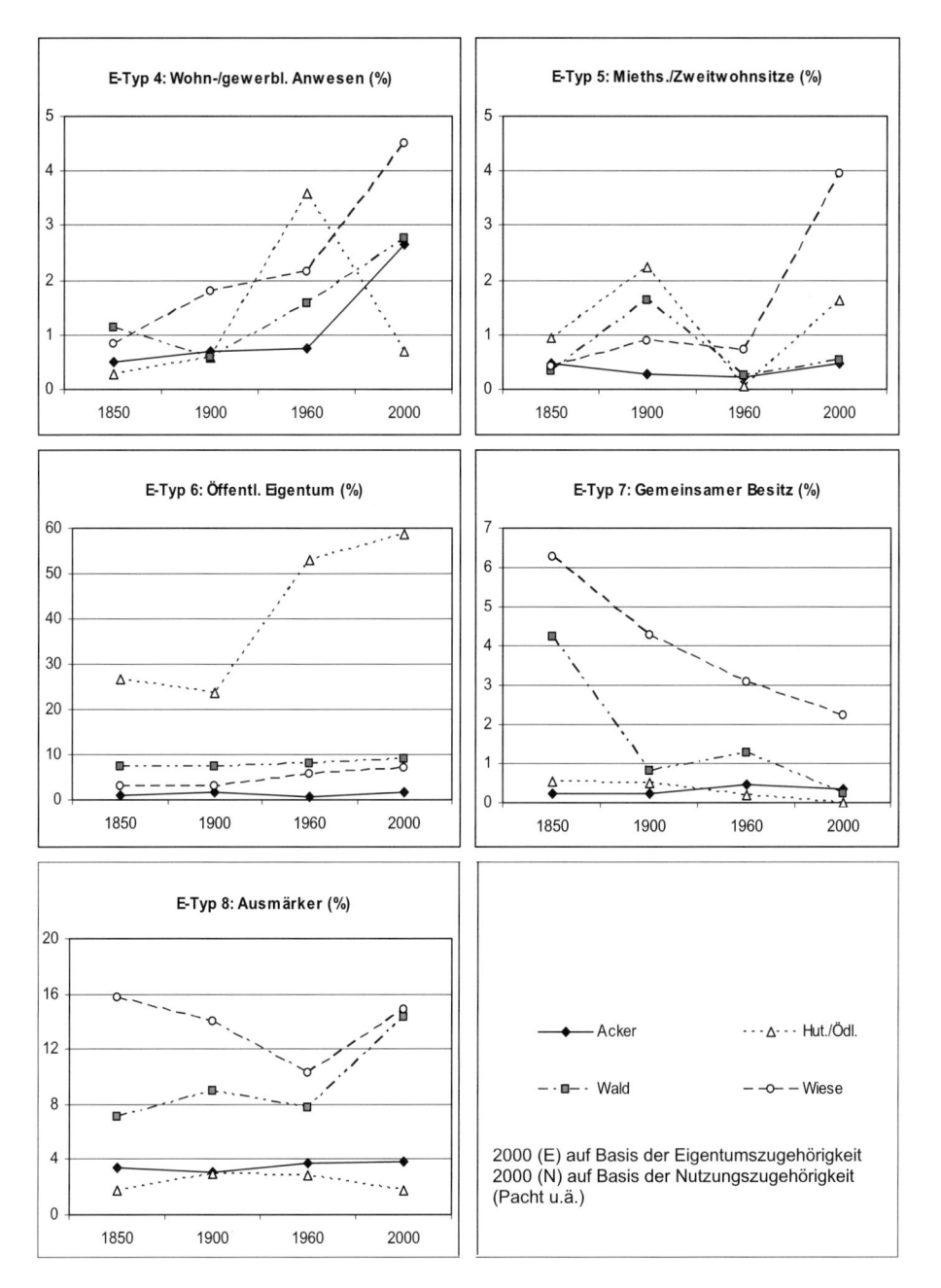

Abb. 5.4.1-1: (Fortsetzung) Flächengewichtete Mittelwerte für die Hauptkulturarten im Untersuchungsgebiet (Attribute siehe Kapitel 2.6.2 und 5.2.1)

Den deutlichsten Anstieg, allerdings von niedrigen Durchschnittswerten um 15 ha ausgehend, hatten bis 1960 die Betriebsgrößen der Wiesenparzelleneigner zu verzeichnen. Von 1960 an sanken die Werte für die Wieseneigner wieder auf 16,5 ha, für die Wiesennutzer bleiben sie hingegen ungefähr konstant. Bis zum Ersten Weltkrieg war der Wiesenbesitz – auch für Kleinbetriebe – unabdingbar für die Viehhaltung; im Laufe des 20. Jahrhunderts haben diese kleinen Höfe den Betrieb auf- bzw. die Wiesennutzung abgegeben. Anders verhält es sich mit den Eigentümern der Hutungs- und Ödlandparzellen, die sich zwischen 1960 und 2000 von durchschnittlich 20 auf 24 ha vergrößerten, im Gegensatz zu den Nutzeranwesen, die auf 17 ha verkleinert wurden. Das hängt damit zusammen, dass das Eigentum dieser Flächen bei der öffentlichen Hand liegt, während die Nutzung seit etwa 1960 keine wirtschaftliche Bedeutung mehr besitzt.

(Durchschnittliche) Parzellengröße Anwesen

Die durchschnittliche betriebliche Parzellengröße sank zwischen 1850 und 1900 zunächst bei allen Kulturarten leicht, was auf eine zunehmende Flurzersplitterung im ausgehenden 19. Jahrhundert hindeutet. Diese Tendenz kehrte sich hinsichtlich der Wiesen- und Ackerflächen bereits nach 1900, hinsichtlich der Waldflächen nach 1960 um und bleibt bei den Hutungen – die überwiegend im öffentlichen Eigentum stehen – bis heute bestehen. Auffällig ist eine starke durchschnittliche Parzellenvergrößerung bei den zu Wald- und Ackerparzellen gehörigen Betrieben nach 1960. Dies hängt damit zusammen, dass Acker und Wald sich häufiger als andere Kulturen in der Hand von Haupterwerbsbetrieben (bzw. 2000 auch Nebenerwerbsbetrieben) befinden, die aus Rationalisierungsgründen eine Besitzarrondierung anstreben. In diesem Zusammenhang ist auch die großflächige Siegritzer Flurbereinigung zu sehen.

Ackeranteil Anwesen

Den größten Ackeranteil besitzen über alle vier Zeitschnitte hinweg die zu den Ackerparzellen gehörigen Betriebe, den geringsten Anteil und stärksten Rückgang haben diesbezüglich die zu den Hutungsflächen gehörigen Besitzeinheiten (in der Regel die öffentliche Hand) zu verzeichnen. Der betriebliche Ackeranteil ist bei allen Kulturarten zwischen 1850-1900 noch ganz leicht gestiegen und dann während der Verwaldungsperiode 1900-1960 am stärksten zurückgegangen. Weiterhin ist zu konstatieren, dass der betriebliche Ackeranteil in Ortsflurtyp 1 deutlich größer ist als in Ortsflurtyp 2. Da die Betriebsgröße hierfür eine geringe Bedeutung hat, muss man hierfür die naturräumliche Ausstattung der Ortsfluren (Ortsflurtyp 2 mit räumlichen Schwerpunkten im Talraum) in Rechnung stellen.

Wiesenanteil Anwesen

Entsprechend dem geringeren Ackeranteil verfügt Ortsflurtyp 2 über einen höheren Grünlandanteil. Generell besitzen die zu den Wiesenparzellen gehörigen Betriebe den deutlich größten Grünlandanteil über alle vier Zeitschnitte hinweg. Er ist allerdings zwischen 1850 und 1960 von 22 % auf 16 % gesunken, um dann bis 1900 wieder auf 19 % anzusteigen. Der Grünlandanteil der zu den anderen Kulturarten gehörigen Betriebe liegt hingegen über alle Zeitschnitte konstant bei je etwa 2-3 %. Auffällig ist allerdings, dass 2000 die Hutungsnutzer (nicht die – eigentümer) in Ortsflurtyp 1 über große Grünlandanteile verfügen (18 %). Diese Werte kann man als zufällig erachten, da heute nur noch wenige Hutungen vorhanden sind.

Eigentumstyp

Bis 1960 standen die meisten agrarischen Nutzflächen im Eigentum von Haupterwerbsbetrieben (Äcker knapp 90 %, Wälder und Wiesen ca. 70-75 %), wobei die respektiven Anteile in Ortsflurtyp 1 jeweils etwas höher als in Ortsflurtyp 2 lagen. In der Periode 1900-1960 änderten sich diese Verhältnisse grundlegend. 2000 befinden sich etwa jeweils ein Drittel der Ackerparzellen im Eigentum von Haupterwerbs-, von Nebenerwerbsbetrieben und solchen Anwesen, die den landwirtschaftlichen Betrieb innerhalb der letzten 40 Jahre aufgegeben haben. Ausmärker besitzen v. a. Wiesen (um 15 % Anteil), in jüngerer Zeit auch Wälder (Anstieg zwischen 1960 und 2000 von 8 % auf 15 %). Äcker und Hutungen/Ödländereien befinden sich über den gesamten Untersuchungszeitraum zu Anteilen von weniger als 5 % in ausmärkischem Eigentum.

Hutungs- und Ödlandflächen stehen traditionell zu etwa einem Viertel in öffentlichem Eigentum (v. a. Gemeinde); dieser Anteil stieg bis 1900 auf über 50 % und bis 2000 auf fast 60 % an. Ansonsten befinden sich v. a. Waldparzellen (knapp 10 %), im Ortsflurtyp 2 sogar zwischen 15 % und 19 % in öffentlicher Hand. Gemeinschaftliches Eigentum besteht v. a. an Wiesenparzellen; dieses ging jedoch von 1850 an (6 % im Untersuchungsgebiet, 9 % im Ortsflurtyp 2) kontinuierlich zurück (auf 2 % bzw. 3 %). Gemeinschaftliches Eigentum an Waldstücken war noch um 1850 relativ häufig anzutreffen, verringerte sich jedoch bereits um 1900 auf Werte unter 1 %, wie sie auch für die anderen Kulturarten typisch sind.

5.4.2 Nutzungsstruktur: Kulturarten – Diskriminanzfunktionskoeffizienten

Über die Gewichtung der Einflussvariablen gibt die jeweilige Höhe des Diskriminanzfunktionskoeffizienten Auskunft. Werden zunächst jeweils zwei Kulturarten miteinander verglichen, so erhält man ein differenziertes und recht genaues Bild über die Ursachen, die zur Ausbildung bestimmter Nutzungen führen.

Für die Frage, ob eine Fläche als Acker oder Wiese genutzt wird, ist v. a. die Bonität entscheidend (Diskriminanzfunktionskoeffizient um 0,8 bis 0,9). Hohe Bonitätswerte (hier v. a. aufgrund des durch Wiesenbewässerung in den Tälern erzielten hohen Ertrages) sind in aller Regel den Wiesen eigen. In dem Maße, in dem nach 1900 auch auf der Hochfläche Dauerwiesen angelegt wurden, sank die diskriminatorische Bedeutung der Bonität in Ortsflurtyp 1. Da diese neuen Wiesen jedoch oft auf gut gedüngten ortsnahen Feldern entstanden sind, weist der Diskriminanzfunktionskoeffizient von knapp 0,8 für das Jahr 2000 einen immer noch doppelt so hohen Wert auf, wie für die nächst bedeutenden Eigenschaften, die Hangneigung (Wiesen haben eine durchschnittlich höhere Hangneigung als Äcker) und den betrieblichen Grünlandanteil. Beide zeigen ihre diskriminatorische Bedeutung fast ausschließlich in Ortsflurtyp 1.

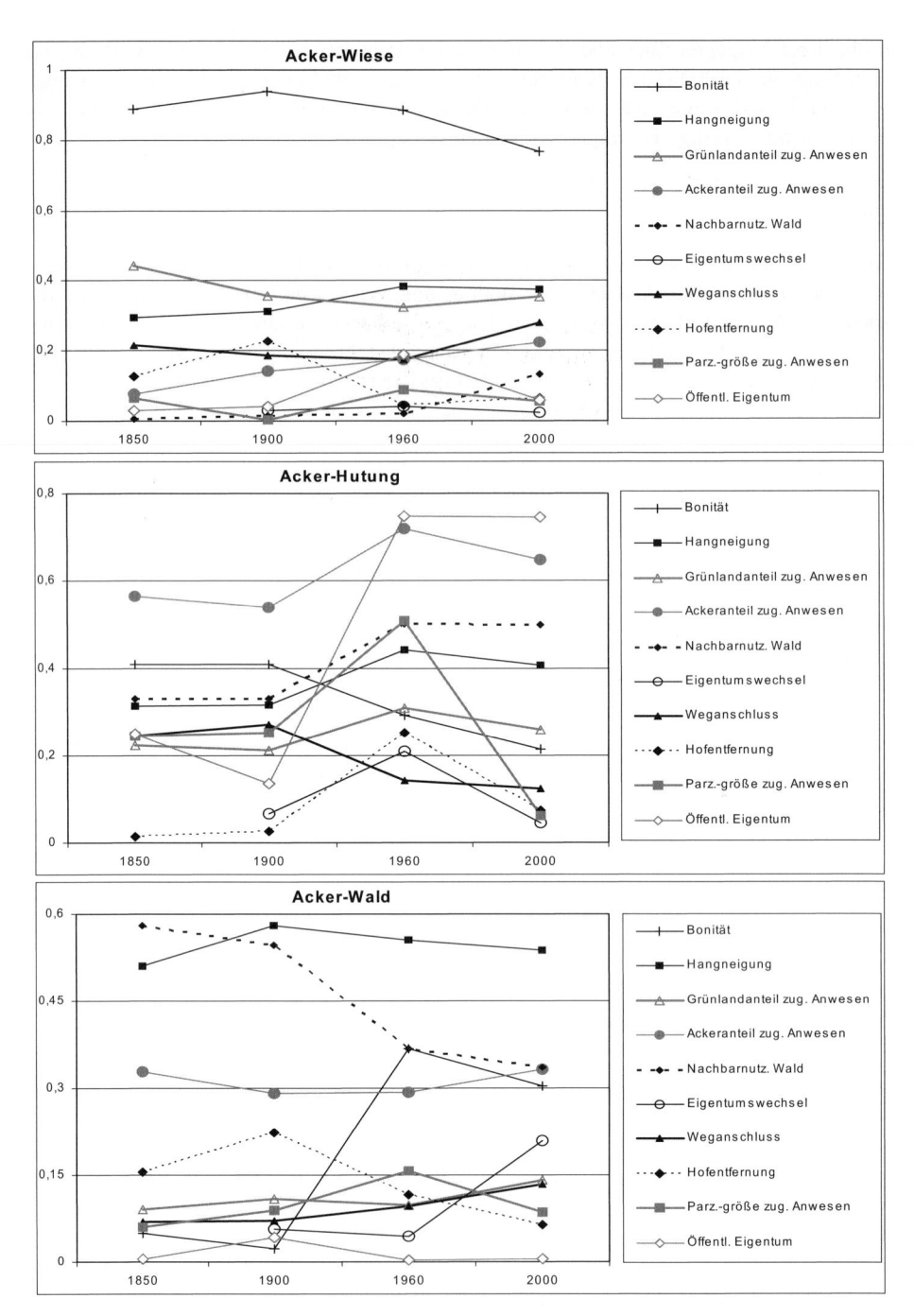

Abb. 5.4.2-1: Entwicklung der relativen Bedeutung der wichtigsten Einflussvariablen auf die Verteilung der Hauptkulturarten im Untersuchungsgebiet (nach Diskriminanzfunktionskoeffizienten)

In jüngerer Zeit erhält auch die Lage zu den Verkehrswegen zunehmendes Gewicht, da speziell in Ortsflurtyp 1 der Anteil der Wiesenparzellen mit Weganschluss zwischen 1960 und 2000 gesunken, derjenige der Ackerparzellen jedoch gestiegen ist.

Wichtigste Attribute für die Unterscheidung der Acker- von den Hutungs- und Ödlandparzellen bilden der betriebliche Ackeranteil (Diskriminanzfunktionskoeffizient bis 1900 um 0,55) bzw. im 20. Jahrhundert auch die Zugehörigkeit zu öffentlichem Eigentum (Diskriminanzfunktionskoeffizient ab 1960 jeweils um 0,7): Ackerparzellen gehören tendenziell zu Betrieben mit hohem Ackeranteil, Hutungen befinden sich häufig in öffentlichem Eigentum. Die Bonität spielt v. a. in Ortsflurtyp 1 eine immer geringere Rolle (der Diskriminanzfunktionskoeffizient sank von 0,4 im Jahr 1850 auf 0,2 im Jahr 2000), während Waldnähe, Parzellenzuschnitt und Hangneigung umso bedeutsamer wurden (Diskriminanzfunktionskoeffizient heute zwischen 0,4 und 0,5).

Acker und Wald unterscheiden sich v. a. hinsichtlich der Hangneigung (Diskriminanzfunktionskoeffizient über 0,5), und dies vornehmlich in Ortsflurtyp 2 (Diskriminanzfunktionskoeffizient über 0,8), da v. a. die steilen Talflanken mit Wald bestockt sind. Ursprünglich besaß die Nachbarschaft von Waldflächen eine ebenso hohe diskriminatorische Wirkung, d. h. Waldparzellen und Ackerparzellen standen 1850 beide fast immer in Nachbarschaft zur jeweils gleichen Kulturart. Dieses Kriterium traf besonders in Ortsflurtyp 1 zu und verlor jedoch in dem Maße an Bedeutung, wie der Wald im 19. Jahrhundert immer häufiger kleine Waldinseln auf der Hochfläche bildete (der Diskriminanzfunktionskoeffizient sank bis 2000 auf 0,3). Während der Ackeranteil der Betriebe stets gleich bedeutsam ist (Diskriminanzfunktionskoeffizient um 0,3), gewann die Bonität nach 1900 immens, und ganz besonders in Ortsflurtyp 1, an Einfluss auf die Acker-Wald-Verteilung. Dies scheint einen Hinweis darauf zu geben, dass die Aufwaldung in der ersten Phase des 20. Jahrhunderts v. a. Ackerparzellen mit niedrigen Bonitätswerten betroffen hat.

Relativ bedeutsam war bis um 1900 auch noch die Hofentfernung (Diskriminanzfunktionskoeffizient um 0,2); in dem Maße, wie die Waldflächen sich auf der Hochfläche ausbreiteten, sank der Diskriminanzfunktionskoeffizient jedoch bis heute auf 0,06. Hingegen spielt in jüngster Zeit, und vornehmlich in Ortsflurtyp 1, der Eigentümerwechsel eine größere Rolle, während sich die Bodenmobilität 1960-2000 bei Ackerparzellen gegenüber der vorangegangenen Periode fast verdoppelte. Dadurch befinden sich Äcker im Vergleich zu Waldungen häufiger im Eigentum von Haupterwerbsbetrieben und seltener in der Hand von Ausmärkern.

5.4.3 Nutzungswandel: Mittelwerte und Diskriminanzfunktionskoeffizienten

Der flächenmäßig bedeutendste Veränderungstyp ist „Acker-Wald" mit einem Flächenanteil von 15 % in der Periode 1900-1960. Wichtigster Faktor für eine Aufforstung/ Verwaldung von Äckern – aber auch für eine Rodung von Waldstücken – ist, über den gesamten Untersuchungszeitraum betrachtet, die Hangneigung (Diskriminanzfunktionskoeffizient > 0,5). Während der Periode 1900-1960 wird dies besonders deutlich in Ortsflurtyp 2 (Diskriminanzfunktionskoeffizient um 0,9 gegenüber 0,55 in Ortsflurtyp 1).

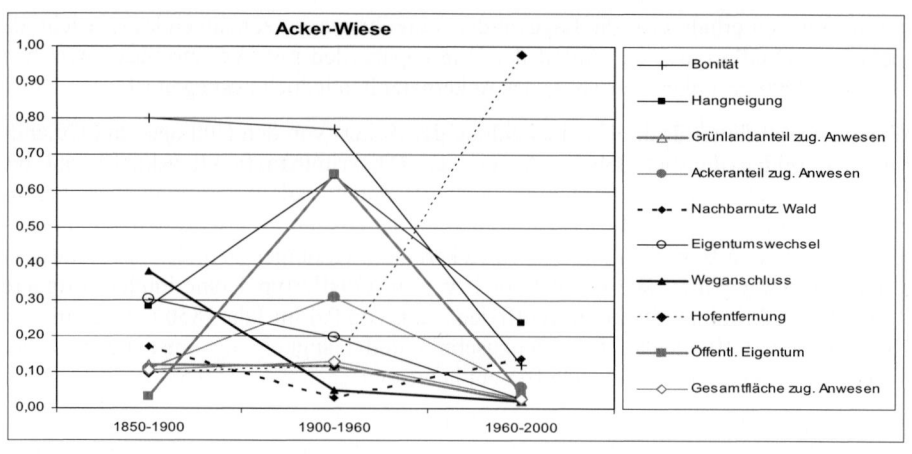

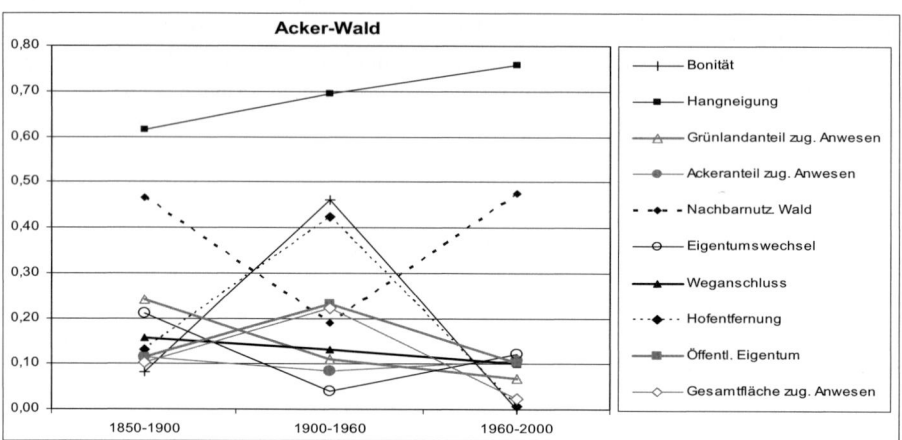

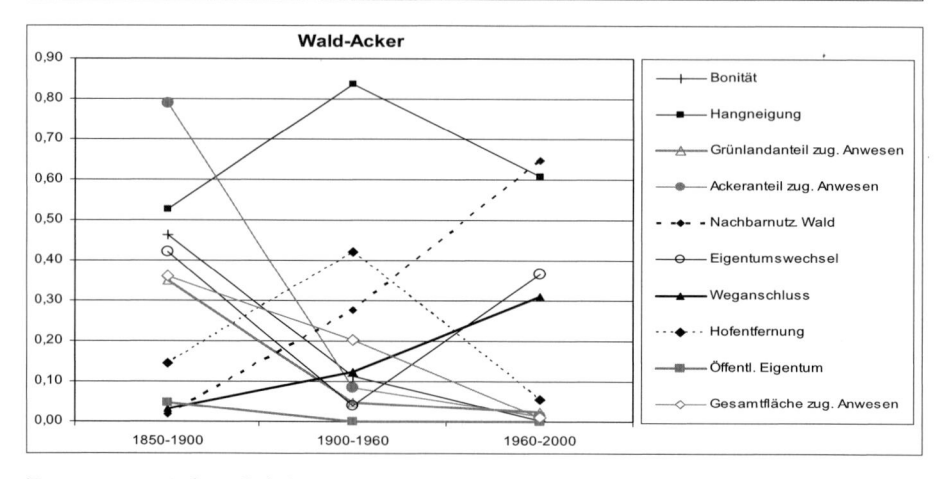

(Fortsetzung nächste Seite)

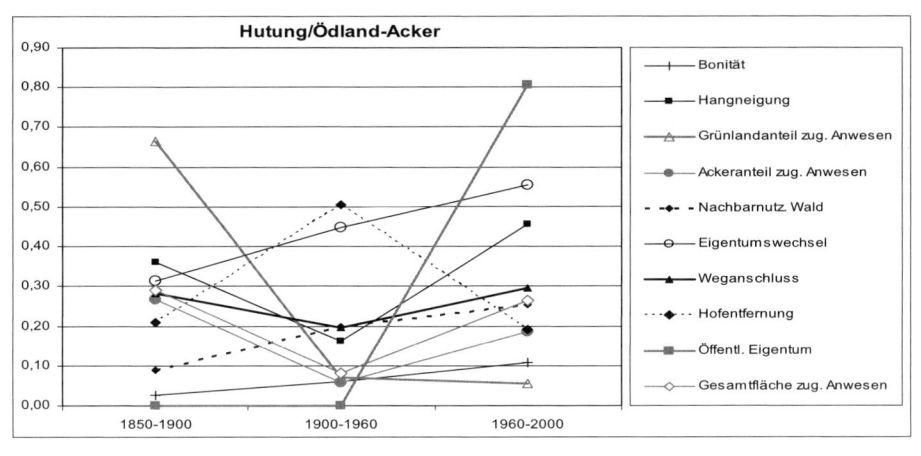

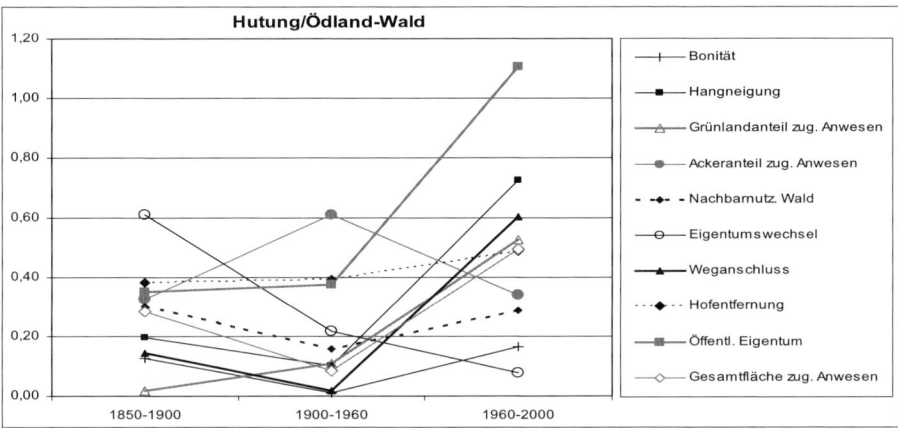

Abb. 5.4.3-1: Entwicklung der relativen Bedeutung der wichtigsten Einflussvariablen auf die Verteilung der Haupt-Veränderungstypen im Untersuchungsgebiet (nach Diskriminanzfunktionskoeffizienten)

Trotzdem lag der Durchschnitt der aufgeforsteten bzw. verwaldeten Äcker und Hutungen in der Periode 1900-1960 mit 7° bzw. 9° Neigung wesentlich niedriger als in der vorangegangenen und nachfolgenden Untersuchungsperiode. Dies ist Ausdruck der massiven Waldzunahme in diesem Zeitraum.

Für die Aufforstungen und Verbuschungen in der ersten Hälfte des 20. Jahrhunderts zeichneten sich weiterhin in besonderem Maße eine relativ niedrige Bonität und eine große Hofentfernung verantwortlich. Diese Faktoren spielten jedoch in den beiden anderen Perioden kaum eine Rolle (Diskriminanzfunktionskoeffizient jeweils unter 0,15); vielmehr erwies sich in der zweiten Hälfte des 19. wie des 20. Jahrhunderts die Nachbarschaft von Wald als bedeutsamer (Diskriminanzfunktionskoeffizient knapp unter 0,5). Zudem vollzogen sich Aufforstungen in der Nachkriegszeit häufiger im Landschaftsschutzgebiet (63 % der gesamten Aufforstungen liegen in diesem Teilraum, bei nur 41 % der gesamten Ackerpersistenzen). Allein in der ersten Periode war der

Erwerb durch Ausmärker wichtig (Diskriminanzfunktionskoeffizient 0,6); dies war bei 23 % der in Wald umgewandelten Fläche gegeben, die in dieser Zeit allerdings insgesamt nur 0,35 % des Untersuchungsgebiets ausmachte.

An zweiter Stelle der Häufigkeit steht der Veränderungstyp „Hutung/Ödland-Wald", der in der Periode 1900-1960 etwa 6 % der Fläche des Untersuchungsgebietes einnahm. Die Einflüsse, welche zur Auflassung und Verwaldung von Hutungsflächen führten, sind wesentlich komplexer als bei Äckern. Zudem gehen relativ hohe Diskriminanzfunktionskoeffizienten oftmals nicht mit einer großen Differenz der Mittelwerte von Hutung/Ödland bzw. Wald einher, was die Interpretation der Gründe für die Auflassung von Hutungen erschwert.

Wichtigste Einflussgrößen in den ersten beiden Untersuchungsperioden bildeten ein hoher Ackeranteil der zugehörigen Betriebe, dem entsprechend das nicht-öffentliche Eigentum an den betreffenden Parzellen, eine große Hofentfernung, und ein Eigentumswechsel (Diskriminanzfunktionskoeffizient für das gesamte Untersuchungsgebiet 1900-1960 jeweils über 0,2); die beiden letztgenannten v. a. in Ortsflurtyp 1. Bei Ortsflurtyp 2 scheinen eine tendenziell nach Süden ausgerichtete Lage, eine niedrige Bonität und die Nachbarschaft zu Wald eine größere Rolle zu spielen.

In der letzten Untersuchungsperiode treten ganz andere Faktoren in den Vordergrund: eine große durchschnittliche Parzellenfläche, eine große Hangneigung, fehlender Weganschluss, ein geringer Grünlandanteil und eine niedrige Flächensumme der Anwesen; weiterhin spielt die Hofentfernung eine Rolle (Diskriminanzfunktionskoeffizient je um 0,5 oder größer). Den größten Diskriminanzfunktionskoeffizienten weist nunmehr das öffentliche Eigentum an der jeweiligen Parzelle auf, nur dass inzwischen öffentliches Eigentum die Verwaldung begünstigt. Weiterhin zeichnen sich für die Aufwaldung eher jüngere Landwirte und Veredelungsbetriebe verantwortlich, und sie vollzieht sich seltener im Landschaftsschutzgebiet.

Bei der Vergrünlandung, also der Umwandlung von Äckern in Dauerwiesen (1900-1960 betrug der Anteil am Untersuchungsgebiet 0,76 %), sind als hauptsächliche Einflussfaktoren eindeutig eine relativ hohe Bodengüte und eine große Hangneigung auszumachen. Dies ist in beiden Ortsflurtypen gegeben. Bei den wenigen Fällen dieses Umnutzungstyps in Periode 1960-2000 (nur 0,03 % am Untersuchungsgebiet) war die Entfernung zum Eigentümerwohnsitz ursächlich.

Die Neuanlage von Ackerflächen ist ebenfalls ein Phänomen des 20. Jahrhunderts und vollzog sich – zwar in bescheidenem Umfang – auf ehemaligen Hutungen/Ödländereien (1900-1960: 0,55 %; 1960-2000: 0,24 % des Untersuchungsgebietes) sowie Waldstücken (1900-1960: 0,53 %; 1960-2000: 1,8 % des Untersuchungsgebietes). Im Falle der Rodungen von Waldparzellen sind die Einflussfaktoren relativ eindeutig auszumachen: Die betroffenen Flächen besitzen eine relativ geringe Hangneigung (mit abnehmender Tendenz, Diskriminanzfunktionskoeffizienten um 0,8 bzw. 0,6) und grenzten überwiegend nicht an andere Waldstücke (mit zunehmender Tendenz, Diskriminanzfunktionskoeffizienten um 0,3 bzw. 0,65), so dass man von einer Arrondierung der bestehenden Ackerareale und Verkürzung der Feld-Wald-Grenzen ausgehen kann. Dies ging auch zunehmend mit einem Eigentümerwechsel der Parzellen einher (in 32 % der Fälle gegenüber nur 19 % bei den persistenten Waldstücken).

Beim Umbruch von ehemaligen Hutungen sind die jeweiligen Einflussfaktoren wiederum wesentlich schwerer auszumachen. Die Diskriminanzanalyse ergibt für die untersuchten Variablen eine große Zahl nahe beieinander liegender, aber im Zeitablauf stark schwankender Koeffizienten. Einige eindeutige Tendenzen sind hingegen aus dem Mittelwertvergleich abzulesen: neu angelegte Äcker hatten gegenüber den persistenten Hutungen/Ödlandparzellen höhere Bonitätswerte, kleinere Hangneigungen, einen einfacheren Parzellenzuschnitt, jedoch eine ungünstigere Exposition, eine schlechtere Weganbindung und eine größere Hofentfernung. Eine abschließende Beurteilung scheint aufgrund der geringen Ausdehnung dieses Veränderungstyps im Untersuchungsgebiet nicht möglich.

5.5 Bewertung der Ergebnisse und des Vorgehens

5.5.1 Ergebnisdiskussion

Welche Einflussvariablen sind nun im Untersuchungsgebiet allgemein besonders wichtig (siehe Abbildung 5.5.1-1) bzw. unwichtig und inwieweit entspricht dies den Vorüberlegungen?

Wenn man alle Hauptkulturarten (Acker-Wiese-Hutung/Ödland-Wald) und das gesamte Untersuchungsgebiet betrachtet, so erweist sich die Bonität (nach der Schätzung 1900) mit einem Diskriminanzfunktionskoeffizienten um 0,5 bis 0,6 als am bedeutsamsten für die räumliche Differenzierung der Landnutzung. Relativ große Bedeutung besitzen auch noch der Acker- und Grünlandanteil der Anwesen, die Hangneigung und die Nachbarschaft zu Waldflächen, jeweils mit einem Diskriminanzfunktionskoeffizient von 0,2 bis 0,4. Dabei gewinnt das Relief in Ortsflurtyp 2 an Bedeutung, während in Ortsflurtyp 1 die Bedeutung der „Nachbarnutzung Wald" zurückgeht. Die übrigen Parzelleneigenschaften scheinen für die Ausprägung der Kulturarten relativ unwichtig zu sein (Diskriminanzfunktionskoeffizient unter 0,15), wobei Weganschluss (eher noch bedeutsam in Ortsflurtyp 2) und Hofentfernung (eher in Ortsflurtyp 1) seit 1850 immer weniger wichtig werden, ein eventueller Eigentumswechsel an den Parzellen hingegen in der letzten Untersuchungsperiode, speziell in Ortsflurtyp 1, deutlich an Bedeutung zunimmt.

Der generell große Einfluss von Bonität und Hangneigung konnte nach allgemeinen Erkenntnissen über Grenzertragsböden und die Maschinisierung in der Landwirtschaft erwartet werden, jedenfalls insoweit wie in Mittelgebirgslagen eine entsprechende räumliche Differenzierung gegeben ist. Wenn man die Bodenwerte der jüngeren „Reichsbodenschätzung" (Angaben im Liegenschaftskataster von 1960) verwendet, dürfte der Einfluss der Bonität jedoch etwas geringer sein, als dies mit der Diskriminanzanalyse nach den Bonitätswerten von 1900 zum Ausdruck kommt. Dies liegt daran, dass die Äcker auf den Hochflächen durch Düngung gegenüber den inzwischen vernachlässigten Talwiesen deutlich aufgeholt haben (vgl. Karten 7.3.1-1/2). Überraschend ist die geringe Bedeutung der Exposition, was damit zusammenhängen könnte, dass das Relief im Untersuchungsgebiet sehr akzentuiert ist und kaum mittlere Hangneigungen auftreten. Steilere Hänge werden dann weitgehend unabhängig von der Exposition von Wald eingenommen.

Die Nachbarschaft zu Wald war als Auslöser für eine Aufgabe von Kulturflächen bzw. Verbuschung oder Aufforstung angenommen worden. Sie verliert jedoch in dem Maße etwas an Einfluss, wie der Wald insgesamt zunimmt. Das hängt mit der inselhaften (und scheinbar zufälligen) Verwaldung auf der Hochfläche zusammen. Ebenfalls verliert der (fehlende) Weganschluss an Bedeutung, wenn die Anschlussrate insgesamt steigt.

Auch die Hofentfernung wird immer unwichtiger, weil entfernte Parzellen mit Motorfahrzeugen leichter erreichbar sind und eine große Nachfrage nach Pachtland besteht. Die generell geringe Bedeutung dieser Faktoren war allerdings nicht unbedingt zu erwarten. In Gebieten mit größeren Ortsfluren und einer homogeneren naturräumlichen Ausstattung könnten sie als Einflussfaktoren jedoch bedeutsamer sein.

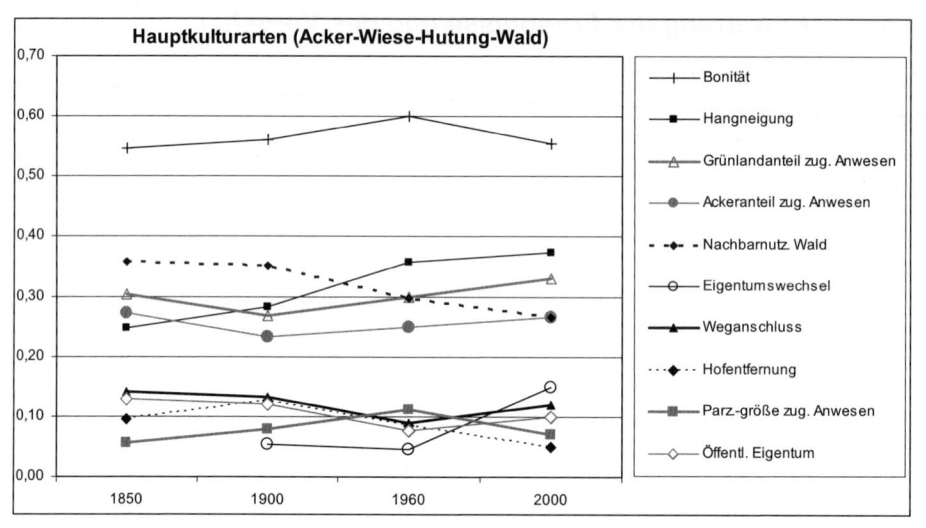

Abb. 5.5.1-1: Entwicklung der wichtigsten Einflussvariablen bei gleichzeitiger Untersuchung aller vier Hauptkulturarten des Untersuchungsgebiets

Überraschende Ergebnisse sind auch bezüglich der betrieblichen Eigenschaften zu verzeichnen. Der über alle Zeitschnitte relativ große Einfluss des Acker- und Grünlandanteils der Betriebe steht in scheinbarem Widerspruch dazu, dass die verschiedenen Betriebsgrößenklassen bis 1960 noch über annähernd gleich große Anteile an den Kulturarten verfügten (Tabelle 3.3.1-1), wobei Anwesen ohne Landwirtschaft hierbei aufgrund ihrer geringen Fläche nicht ins Gewicht fallen sollten. Deshalb sind eher individuelle Unterschiede der Betriebe in Betracht zu ziehen.

Ebenfalls unerwartet ist die bis 1960 geringe Bedeutung eines Eigentumswechsels an den Parzellen. Das ändert sich erst zum Ende des 20. Jahrhunderts, während der Übergang vom Haupt- zum Nebenerwerb oder Hofaufgaben (nur für 1960-2000 untersucht) so gut wie keinen Einfluss auf Landnutzungsänderungen ausüben. Dies muss in Zusammenhang mit der großen Zahl aufstockungswilliger Betriebe und der entsprechenden Nachfrage auf dem (Pacht)-Markt gesehen werden, trifft so vermutlich aber nicht auf alle Bereiche der Nördlichen Fränkischen Alb zu.

Insgesamt hängen das räumliche Landnutzungsmosaik und der Kulturlandschaftswandel von der naturräumlichen Ausstattung, der Siedlungsgenese und der betrieblichen Situation ab. Dabei treten jedoch – jedenfalls im Untersuchungsgebiet – betriebliche und sozioökonomische gegenüber naturräumlichen Variablen in den Hintergrund; dies wahrscheinlich solange Nutzflächen der aufgebenden Betriebe auf dem Pachtmarkt „aufgesaugt" werden.

5.5.2 *Bewertung des Vorgehens und Schlussfolgerungen*

Es wird seitens der Statistik eingeräumt, dass die kausale Erklärung eines derart komplexen Konstruktes, wie es der Kulturlandschaftswandel darstellt, „unter keinen Umständen absolut treffsicher gelingen" kann. Vielmehr darf es das Ziel der Diskriminanzanalyse nur sein, Bedingungen herauszuarbeiten, die „überproportional häufig" eine bestimmte Kulturart oder einen bestimmten Veränderungstyp erwarten lassen (vgl. BROSIUS 2002, S. 680).

Die Diskriminanzanalyse zeigt in diesem Sinne – wie erwartet – ein komplexes Wirkungsgeflecht mit mannigfachen Einflüssen auf die Landnutzungsstruktur auf. Inwieweit dabei Kausalitäten oder wechselseitige Beeinflussungen vorliegen, wird vom jeweiligen Parzellenattribut bedingt. Z. B. kann man das Relief als weitgehend vorgeprägt und damit kausal für eine bestimmte Differenzierung der Kulturarten annehmen, die Eigentumsverhältnisse hingegen können gleichzeitig Ursache wie Folge der Landnutzung sein: So sind z. B. Hutungsflächen aufgrund der Nutzungsweise (Weide unter Aufsicht des Gemeindehirten) traditionell prädestiniert für Gemeinschafts- bzw. öffentliches Eigentum.

Bei der Untersuchung der vier Hauptkulturarten zeigen sich weitaus überwiegend gut interpretierbare Ergebnisse: Es sind in der Regel eindeutige Trends erkennbar und die Wertigkeit der Diskriminanzfunktionskoeffizienten geht mit entsprechend großen Mittelwertdifferenzen für die entsprechenden Parzellenattribute und Kulturarten einher. Die Maßzahlen zur Überprüfung der Modellgüte (Eigenwerte, Kanonische Korrelationskoeffizienten, Wilks Lambda) weisen überwiegend günstige Werte auf, desgleichen die vorgenommenen Gruppenzuordnungen.

Diese insofern validen Ergebnisse kommen offenbar dadurch zustande, dass die relativen Flächenanteile der vier Hauptkulturarten in einem aus statistischer Sicht akzeptablen Verhältnis zueinander stehen bzw. ein für die Statistik benötigtes Mindestareal jeweils vorhanden ist.

Bei der Untersuchung der Veränderungstypen erweist sich jedoch, dass die Diskriminanzfunktionskoeffizienten für die verschiedenen Attribute von Untersuchungsperiode zu Untersuchungsperiode oft große Sprünge machen. Dies erschwert die Auswertung nicht unerheblich. Die Ursachen dafür können in zeitlich stark variierenden Einflussbedingungen liegen.

Die Verlaufskurven zeigen allerdings sehr häufig einen Knick in der mittleren Periode 1900-1960, in der im Untersuchungsgebiet bekanntlich die flächenmäßig größten Umnutzungen erfolgt sind. Dies legt den Schluss nahe, dass es bei einer sehr ungleichmäßigen Verteilung der Merkmalsträger (Parzellen) auf die Gruppen (Veränderungstypen) und mit zum Teil sehr kleinen Gruppenstärken (Flächenanteilen), speziell in den Untersuchungsperioden 1850-1900 und 1960-2000, zu Verzerrungen kommen kann. Eine getrennte Analyse von Teilen des Untersuchungsgebietes (Ortsflurtypen – auf eine weitere Aufgliederung in Ortsfluren wurde daher verzichtet) hat diesen Effekt weiter verstärkt. Die Maßzahlen zur Überprüfung der Modellgüte (Eigenwerte, Kanonische Korrelationskoeffizienten, Wilks Lambda) weisen überwiegend ungünstige Werte auf, die vorgenommenen Gruppenzuordnungen liegen mit Werten zumeist zwischen 70 % und 80 % noch im akzeptablen Bereich.

Aus diesen Gründen muss die Betrachtung der Diskriminanzfunktionskoeffizienten verstärkt im Zusammenhang mit den Mittelwertvergleichen und auch mit der Analyse der Kulturarten in allen vier Zeitschnitten erfolgen. Andererseits sind Vergleichsuntersuchungen insbesondere in solchen Landschaften wünschenswert, bei denen der Landschaftswandel zeitlich ausgeglichener verlaufen ist.

Neben den Gruppen bzw. Gruppenstärken hängt das Gesamtergebnis naturgemäß v. a. von den untersuchten Variablen ab, zumal diese sich auch gegenseitig mehr oder weniger stark beeinflussen. Verzerrungen durch derartige Wechselwirkungen sollten anhand einer Vorauswahl, in die allgemeine Überlegungen wie auch regionsspezifische Charakteristika einfließen, aber v. a. durch eine Korrelationsanalyse möglichst klein gehalten werden. Doch muss man sich bewusst sein, dass man weder alle Einflüsse erfassen, noch gleichzeitig alle Wechselwirkungen zwischen den Faktoren eliminieren kann. Anderseits ist klar herauszustellen, dass das schließlich verwendete Variablenset an jedwedes Untersuchungsgebiet speziell angepasst werden muss.

Vergleichsuntersuchungen sind deshalb zur Absicherung der Einflussvariablen und der Methode dringend geboten. Erst eine größere Zahl solcher Studien in jeweils unterschiedlichen Landschaftstypen wird allgemein klären, welche Faktoren bei welchen Rahmenbedingungen die „Hauptrolle" spielen.

6 Exploration der zukünftigen Kulturlandschaft

6.1 Szenarien und Simulationen der künftigen Kulturlandschaftsentwicklung

Die Ansprüche der Planung an die Raumwissenschaft liegen darin, den Landschaftszustand zu erfassen, zu erklären und zu bewerten (vgl. BURGGRAAFF 1997a). Die Landschaftsgeschichte spielt dabei insoweit eine Rolle, wie sie sich mit tradierten Elementen und Strukturen in der Gegenwart materiell manifestiert („Landschaft als Archiv der Vergangenheit", SCHENK 2002a, S. 55), sie eine Vorbildfunktion für künftige Entwicklungen bietet („historisches Leitbild") oder generell aus bereits bekannten Prozessen ein Lernen für die Zukunft (Monitoring, Planung) möglich ist (vgl. ANTROP 1997b, MARCUCCI 2000, KIRCHMEIR et al. 2002). Letzteres ist v. a. bei der vegetationsökologischen Sukzessionsforschung anerkannt (ELLENBERG 1986, JEDICKE 1998, vgl. auch das „nutzungsbedingte Sukzessionsschema" von BENDER 1994b).

6.1.1 Räumliche Anwendung von Prognose- und Szenariotechniken

In der Zukunftsforschung wird zwischen quantitativen und qualitativen Methoden unterschieden. Für die Entwicklung von Kulturlandschaften waren davon bisher Prognosen (quantitativ) sowie Szenarien und Leitbilder (qualitativ) von Bedeutung. Alle derartigen Zukunftsexplorationen basieren auf einer Analyse des Ist-Zustandes, ggf. auch der historischen Entwicklung.

Prognosen, weil sie auf eine möglichst genaue Voraussage der zukünftigen Situation abzielen, stellen diesbezüglich die höchsten Ansprüche. Hier gehören zum Projektans die „Einflussfaktoren", die vorher definiert werden müssen, insbesondere Aussagen über das Verhalten von definierten Gruppen („Verhaltensträgern", STIENS 1996). Prognosen im engeren Sinn bauen auf theoretischen Grundlagen bzw. auf einer wissenschaftlich-empirischen Vorbereitung auf. In Umkehrung des wissenschaftlichen (Expost)-Vorgehens ist allerdings das Explanans/Projektans (Gesetzmäßigkeiten und Rahmenbedingungen) vorgegeben und wird das Explanandum/Projektandum (Zustand des Objektbereichs) gesucht. Im Prognosemodell gehören die „Einflussfaktoren", die vorher definiert werden müssen, zum Projektans; es handelt sich dabei oft um Annahmen oder Aussagen über das Verhalten von definierten Gruppen bzw. „Verhaltensträgern". Prognosen bedienen maximal mittelfristige Zeithorizonte, in der Regel bis zu 15 Jahren. Sinnvoll ist eine Einteilung des Prognosezeitraums in gleich lange Perioden zur Kontrolle der Entwicklungsgeschwindigkeiten und für „modell-endogene Rückkopplungen" (STIENS 1996).

Im Gegensatz zu den Prognosen im engeren Sinn sind Trendextrapolationen nicht theoretisch begründet, sondern nur aus vorangegangenen Abläufen abgeleitet. „Ziel der Trendextrapolation ist es, in der bisherigen Entwicklung einer Größe eine mathematisch definierbare Gesetzmäßigkeit zu entdecken und die beobachtete Entwicklung in die Zukunft zu verlängern" (MEISE/VOLWAHSEN 1980, S. 280). Typische Verfahren sind z. B. Zeitreihenanalysen und Regressionsanalysen. In der Kulturlandschaftsforschung sind Trendextrapolationen bislang nur gebräuchlich bei der Angabe eines Flächenanteils für einzelne Nutzungen (HEINRICH/AHRENS 1999). Nach KIRCHMEIR et al.

(2002) sind sie ausschließlich quantifizierend geeignet, können aber nicht flächenscharf angewendet werden. Hierzu bedarf es eines weit umfangreicheren Modells.

Weil die hohen Anforderungen an Prognosen in der Regel nicht hinreichend erfüllbar sind, werden in der Planungswissenschaft anstelle der notwendigen Datengrundlagen für ein valides Prognosemodell normative Aspekte gesetzt. Deshalb sind hier bislang „Szenarien" dominierend, die ihrerseits von sog. „Leitbildern" nicht sauber getrennt werden bzw. möglicherweise auch nicht zu trennen sind[30].

Da die Entwicklung komplexer und dynamischer Prozesse grundsätzlich nur unter großer Unsicherheit prognostiziert werden kann, ist man dazu übergegangen, nicht mehr von einer „einzigen Zukunft" auszugehen (UMWELTBUNDESAMT 1997). „Szenarien eignen sich nicht zur Vorausschätzung ‚wahrscheinlichster' Entwicklungen; dafür umso besser für die Aufgabenstellung, verschiedenartige Problemstellungen und Wirkungszusammenhänge zu konstruieren (...), die auf die räumliche Planung in der Zukunft zukommen könnten" (STIENS 1996, S. 17). Das eröffnet die Möglichkeit, „mögliche, denkbare Entwicklungen" (ROTACH 1984, S. 44) als „Wenn-dann"-Zukunftsbilder zu entwerfen, indem man die zugrunde gelegten Annahmen (z. B. über Wirtschaftsentwicklung und politische Rahmenbedingungen) systematisch variiert (UMWELTBUNDESAMT 1997). Eine systematische Dekomposition des Problemzusammenhangs führt so zu „handhabbaren" Annahmen für die Zukunft. Dabei können auch Faktoren einbezogen werden, die bei traditionellem (quantitativen) Vorgehen außerhalb des Ansatzes bleiben, weil sie nicht mit Daten belegbar oder Zahlen messbar sind (STIENS 1996).

Die Darstellungsmöglichkeiten für Szenarien sind vielfältig: In abstrakter Form reichen sie von einer quantitativen Abschätzung von Indikatoren über „essayistische" qualitative Beschreibungen bis hin zu Bewohnerinterviews über Zukunftsperspektiven. Hinsichtlich der Visualisierungen sind EDV-gestützte Fotomontagen in Schrägluftbildern, Bearbeitungen von Infrarot-Luftbildern durch Montage von „Kulturlandschaftsbausteinen", mit unterschiedlichen Nutzungen „bespielbare" Pläne sowie EDV-gestützte Kartenbearbeitungen zu nennen (AIGNER et al. 1999, S. 22 f.).

Szenarien vermitteln im Gegensatz zu Prognosen nicht den Eindruck, als sei die zukünftige Entwicklung zwangsläufig. Sie lenken die Aufmerksamkeit vielmehr auf die ihnen zugrunde liegenden Rahmenbedingungen und verdeutlichen damit den vorhandenen Gestaltungsspielraum. Somit sind auch lange Betrachtungszeiträume möglich. Dabei ist es jedoch zweckmäßig, sich auf einige typische „Reinformen" möglicher Entwicklungen zu konzentrieren (UMWELTBUNDESAMT 1997).

Wenn der Gestaltungsspielraum allerdings normativ eingeschränkt wird, wird eine Grenze überschritten hin zu den „Leitbildern" als „gewünschte (Soll)-Zustände" (GAEDE/POTSCHIN 2001, S. 20, 23), die ihrerseits kein unmittelbares Ergebnis von wissenschaftlicher Tätigkeit mehr darstellen können.

---

[30] vgl. KONOLD et al. (1993): über „Szenarien" [im Titel] wird dort im Text nichts ausgesagt; HEINRICH/AHRENS 1999: Szenario als in einer GIS-Umgebung flächenscharf umgesetztes visualisiertes Leitbild; MOSIMANN et al. 2001

Es bleibt festzuhalten, dass speziell auf der kommunalen bzw. lokalen Ebene der Kulturlandschaftsforschung (Erfassungsmaßstab etwa 1:5.000) Prognosen bislang unüblich geblieben sind, und zwar aufgrund

- zu großer Unsicherheiten bezüglich der makroökonomischen Rahmenbedingungen: So deutete nach JESSEL (1995) um 1970 vieles noch auf weitere Intensivierung der Landwirtschaft hin, die heutige Tendenz zum „Rückzug aus der Fläche" sei „kaum vorhersehbar" gewesen;

- fehlender oder unzugänglicher Daten: Dies betrifft weniger die Makro- (wie ROWECK 1995 behauptet) oder Mesoebene (Prognosen auf Basis von Gemeindestrukturdaten wie z. B. bei KIRCHMEIR et al. 2002), sondern eben ganz besonders die Mikroebene;

- diesbezüglich unzureichender Anwendung der Geoinformationstechnologie: z. B. bei handkolorierten Karten mit „Szenarien" (z. B. KRETTINGER et al. 2001) oder „Fotosimulationen" (z. B. LANGE 1995a, JOB 1999).

6.1.2   Problemstellung

Wie bereits festgestellt, basieren „Szenarien" (wie z. B. „Agrarlandschaft", „Kleinstrukturierte Kulturlandschaft", „Historische Landschaft", „Arten- und biotopreiche Landschaft", „Waldlandschaft", „Erholungslandschaft" bei KRETTINGER et al. 2001) in der Literatur mehr oder weniger deutlich auf „Teil"-Leitbildern (vgl. „historische", „ästhetische", „biotische", „Natur-", „abiotische" und verschiedene „Nutzungsleitbilder" z. B. bei PLACHTER 1995, vgl. Kapitel 6.2). Sie sind daher implizit zu normativ bzw. bewusst unrealistisch, zumal die extreme Variation der Rahmenbedingungen höchstwahrscheinlich auch nicht eintreten wird. Das oft geforderte oder intendierte integrative Leitbild (z. B. ROWECK 1995) ist zudem – ohne nachvollziehbaren Umwidmungsablauf etwa in einem GIS – nur schwer flächenscharf zu ermitteln (vgl. MOSIMANN 2001).

Daraus lässt sich ableiten, dass „Szenarien" weniger an qualitativen „Leitbildern" ausgerichtet werden sollten, sondern wesentlich stärker als bisher den Charakter von „Simulationen" annehmen könnten. Letztere „gehen bei der Anwendung von Modellen über die Prognose hinaus, indem sie v. a. zur *ausführlichen* Exploration von Zukunft und zur Simulation *möglicher* künftiger Situationen dienen" (STIENS 1996, S. 63). „Der experimentelle Charakter der Simulation entspricht in besonderer Weise dem iterativ ablaufenden Lösungsfindungsprozeß in der Planung" (MEISE/VOLWAHSEN 1980, S. 282). Sie eignet sich somit als Frühwarninstrument, für Ex-ante-Analysen sowie als Planungs- und Lehrmethode (STIENS 1996, S. 64).

Die Grundlage für die Herstellung von Simulationen zur zukünftigen Entwicklung kleinräumiger Landschaftsausschnitte liegt deshalb in der Bereitstellung der notwendigen Datenbasis (Kapitel 5) und in einer entsprechenden Modellierung (Kapitel 6.1.4). Schließlich bleibt zu fragen, wie viele Untersuchungen in der chorischen Dimension (zu den relevanten Maßstabsebenen vgl. MOSIMANN 2001) im Sinne einer Bottom-up-Strategie (vgl. STIENS 1996, S. 118) benötigt werden, um die künftige großräumige

Landschaftsentwicklung schärfer abzubilden, als es mit mittel- und kleinmaßstäbigen Ansätzen bislang geschieht (vgl. KIRCHMEIR et al. 2002).

6.1.3 Grundlagen

Makroökonomische Rahmenbedingungen

Die Entwicklungen der gesamtgesellschaftlichen bzw. makroökonomischen Rahmenbedingungen können nach AIGNER et al. (1999, ergänzt) wie folgt (Tabelle 6.1.3-1/2/3) charakterisiert werden:

Tab. 6.1.3-1: Rahmenbedingungen der Bevölkerungs- und Siedlungsentwicklung (vgl. ÖROK 1996, BAYSTMLU 2003)

Einflussfaktor	Entwicklungstrend mit Bandbreite
Bevölkerungsentwicklung	Deutliches Wachstum in Südbayern, Bevölkerungsrückgang im Nordosten bis zu 3 %, starkes Wachstum der Agglomerationsrandbereiche
Altersstruktur	Starke Überalterung (in etwa Verdopplung der Zahl der Über-60jährigen)
Zweitwohnungen	Zunahme in peripheren Regionen
Baulandzuwachs	Von 1991 bis 2011 jedenfalls höherer Zuwachs an Baulandflächen für Wohnen und Wirtschaft als Bevölkerungswachstum Wirtschaftsoptimistisches Trendszenario: +20-25 % (Trendfortschreibung) Ökotech-Szenario: < +20 % (Flächensparen durch Baulandmobilisierung, weniger Einfamilienhäuser, geringere Fläche/Wohneinheit)

Tab. 6.1.3-2: Rahmenbedingungen der Wirtschaftsentwicklung (vgl. BIFFL 1997, HENSCH 1997, AIGNER et al. 1999)

Einflussfaktor	Entwicklungstrend
Wirtschaftspolitik und internationale Arbeitsteilung	Anpassungs- und Veränderungsdruck, Aufbruch von Strukturen durch Globalisierung und Ostöffnung
BIP	Mittel- bis langfristig leichtes Wachstum (+1-2% p.a.)
Außenhandel	Starke Zunahme der Außenhandelsbeziehungen durch EU-Integration, EU-Osterweiterung und GATT
Arbeitslosigkeit	Technologisch bedingte Rationalisierungen, auch im Dienstleistungssektor, konstante Sockel- und Langzeitarbeitslosigkeit bei hohem Beschäftigungsniveau
Arbeitswelt	Flexibilisierung und Individualisierung, mehr Teilzeitbeschäftigung und Arbeitszeitverkürzung, weniger Anstellungen, mehr Arbeit auf Projektbasis/freiberuflich, Neubewertung von Erwerbs- und Eigenarbeit

Tab. 6.1.3-3: Rahmenbedingungen der Agrarentwicklung (vgl. DEUTSCHER BUNDESTAG 1990, AMT FÜR AMTLICHE VERÖFFENTLICHUNGEN DER EUROPÄISCHEN GEMEINSCHAFT 1993, BRAUNREITHER 1994, HAMPICKE 1995, HEISSENHUBER 1995, WOHLMEYER 1996, HARTENSTEIN 1997, MATTHES et al. 2001)

Einflussfaktor	Entwicklungstrend mit Bandbreite
Agrarpolitik	Stärkere marktwirtschaftliche Orientierung, mehr Wettbewerb, weniger Förderungen, wirtschaftlicher Druck durch EU-Osterweiterung
Betriebliche Struktur	Konzentration auf wenigere und größere Betriebe, starke Abnahme der Beschäftigten, Produktivitätssteigerung und Überproduktion bzw. Extensivierung in Ungunstlagen
Technologie	Weitere Technisierung in Anbau und Züchtung (u. a. Gentechnologie), weitere Abnahme von Düngemittel- und Pflanzenschutzmitteleinträgen
Landwirtschaftliche Flächennutzung in regionaler Differenzierung	Insgesamt Reduktion der bewirtschafteten Fläche, intensive Bewirtschaftung der Gunsträume Wirtschaftsoptimistisches Trendszenario: Rückzug der Landwirtschaft aus anderen Lagen, bis hin zu „bauernfreien Regionen" Ökotech-Szenario: Rückzug der Landwirtschaft aus anderen Lagen, bei teilweiser Erhaltung durch Nischenstrategien

Regionale Rahmenbedingungen

Das katasterbasierte GIS beschreibt und analysiert auf großer Maßstabsebene die Landschaftsentwicklung der vergangenen 150 Jahre. Es wurden die Veränderungen nicht nur parzellenscharf erfasst, sondern auch hinsichtlich eines Zusammenhangs mit naturräumlichen bzw. sozioökonomischen Rahmenbedingungen statistisch untersucht (Kapitel 5). Im Ergebnis wurden die Bedingungen des rezenten Landschaftswandels soweit als möglich anhand messbarer Einflussgrößen festgestellt (Kapitel 5.2).

Es hat sich dabei gezeigt, dass Nutzungsänderungen in jüngerer Zeit zunehmend in Zusammenhang mit einem Eigentumswechsel an den Nutzflächen einhergegangen sind. Ein Großteil der Landverkäufe wird inzwischen nach Erbfällen oder Aufgabe der Landwirtschaft vollzogen (vgl. die Hofgeschichten). Dies kann aber nur als Anlass für eine Nutzungsänderung angesehen werden. Bei der im Untersuchungsgebiet derzeit noch regen Nachfrage auf dem Pachtmarkt müssen letztendlich andere Faktoren über Weiternutzung, Umwidmung oder Aufgabe einer Nutzungsparzelle entscheiden.

Hinsichtlich der vorwiegend qualitativ bemerkbaren Steuerungsfaktoren lassen sich daher aufgrund der Voruntersuchungen folgende Hypothesen aufstellen: Solange auf der makroökonomischen Ebene (Agrarpolitik) keine gravierenden Paradigmenwechsel erfolgen, neigt die Mikroebene (Landschaftsgestaltung durch Agrarbetriebe) zur Ausbildung persistenter Nutzungsstrukturen. Erst endogene betriebliche Faktoren (Erwerbsart, Hofnachfolge) führen dann zu Brüchen in der lokalen Entwicklung. Dabei bestimmt die sozioökonomische Makroebene längerfristig die intensiven Hauptnutzungen (vgl. AIGNER et al. 1999) und (neuerdings) die „Honorierung ökologischer Leistungen" mittelfristig die extensiven Nebennutzungen.

Die Konversionswahrscheinlichkeit einer Parzelle (Nutzungsfläche) hängt somit einerseits von deren relativer Eignung für eine bestimmte Nutzung und andererseits von einem betriebswirtschaftlichen Anlass zur Umwidmung ab. Letzterer kann sich aus Betriebsübernahmen oder -aufgaben, aus einem Wechsel von Betriebstyp oder -system oder unmittelbar aus der Änderung der makroökonomischen Rahmenbedingungen ergeben.

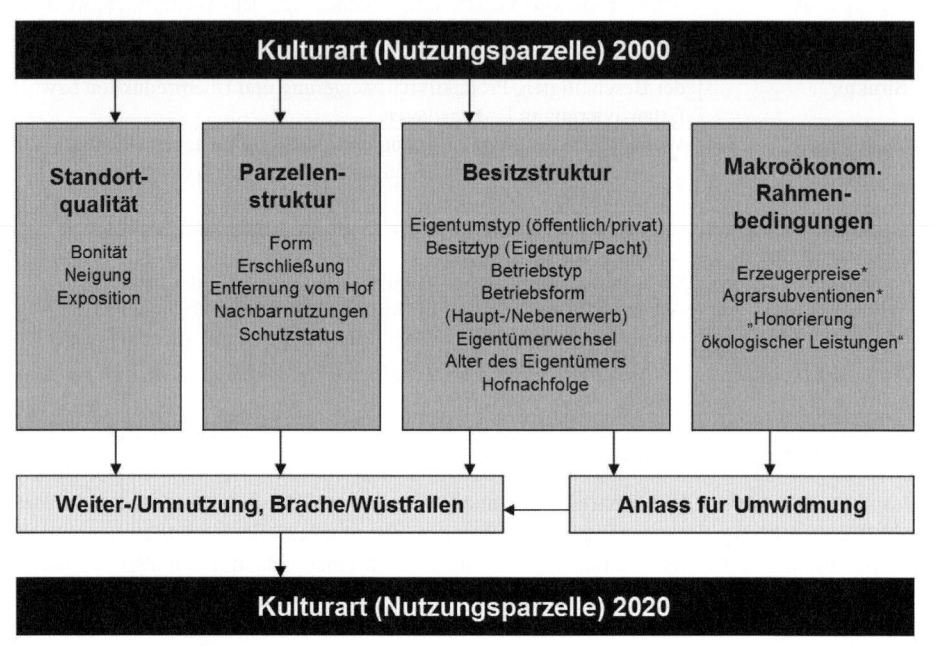

```
                    Kulturart (Nutzungsparzelle) 2000
                                    │
    ┌───────────────┬───────────────┼───────────────┬───────────────┐
    ▼               ▼               ▼               ▼
 Standort-      Parzellen-      Besitzstruktur   Makroökonom.
 qualität       struktur                          Rahmen-
                                Eigentumstyp     bedingungen
 Bonität        Form            (öffentlich/privat)
 Neigung        Erschließung    Besitztyp (Eigentum/Pacht)   Erzeugerpreise*
 Exposition     Entfernung vom Hof  Betriebstyp              Agrarsubventionen*
                Nachbarnutzungen    Betriebsform             „Honorierung
                Schutzstatus        (Haupt-/Nebenerwerb)     ökologischer Leistungen"
                                    Eigentümerwechsel
                                    Alter des Eigentümers
                                    Hofnachfolge

    Weiter-/Umnutzung, Brache/Wüstfallen  ◄──  Anlass für Umwidmung
                                    │
                                    ▼
                    Kulturart (Nutzungsparzelle) 2020
```

(* = nicht in der Datenbasis enthalten)

Abb. 6.1.3-1: Datenbasis in KGIS und Grundmodell eines Simulationsablaufs für die künftige Landschaftsentwicklung auf lokaler Maßstabsebene

Die GIS-gestützte Beschreibung und Erklärung des Landschaftswandels mündet zunächst in das folgende Modell (Abbildung 6.1.3-1), in das auch die Erkenntnisse aus der isolierten Betrachtung der einzelnen Kulturlandschaftselemente eingegangen sind. Weiterhin kann aus der historischen nutzungs- und sukzessionsbedingten Entwicklung (vgl. Abbildung 6.1.3-2) und den derzeitigen sozio-ökonomischen Rahmenbedingungen ein Trend des künftigen Kulturlandschaftswandels abgeleitet werden (vgl. LÖFFLER/STEINHARDT 2004, S. 151, dort jedoch auf „Leitbilder" bezogen).

Es wurden zwei ganz wesentliche Prozesse der bisherigen Landschaftsentwicklung auf der Nördlichen Fränkischen Alb genauer betrachtet: der ältere, auch über die Kataster quantitativ deutlich erfassbare Prozess der Umwandlung von Halbtrockenrasen (Egerten, Hutungen) in Kiefernwald und der jüngere, aktuelle Prozess der Extensivierung, Nutzungsaufgabe und drohenden Aufforstung der Talgründe. Mit der jetzt anstehenden forstlichen Umwandlung der ertragsschwachen Bauern-Kiefernwälder wird ein weiteres Charakteristikum der derzeitigen Landschaft verloren gehen.

Der Bestand des Ackerlandes ist bei der derzeitigen Nachfrage auf dem Pachtmarkt zumindest kurz- und mittelfristig noch gewährleistet. Die Zupachtwünsche sind abhängig von der Betriebsgröße, die maximal bewirtschaftet werden kann, also von der verfügbaren Betriebstechnik und dem leistbaren Arbeitseinsatz. Mit dem technischen Fortschritt kann die Arbeitsproduktivität vermutlich auch weiterhin gesteigert werden, wodurch in den fortbestehenden Betrieben ständig neue Flächen nachgefragt werden können. Gleichzeitig beschränken sich die Aufforstungswünsche der Landwirte nach den Ergebnissen eines Pilotprojekts „Landwirtschafts- und landschaftsverträgliche Aufforstung" der Regierung von Oberfranken (HÜMMER 1998, HÜMMER/MEYER 1998) weitgehend auf entlegene Parzellen mit geringer Bodenqualität.

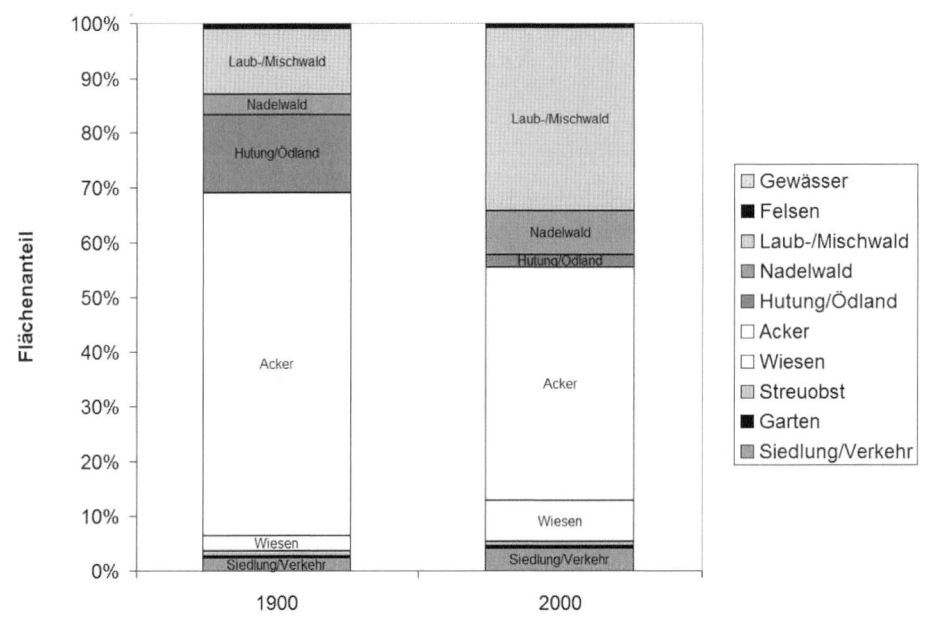

Abb. 6.1.3-2: Kulturlandschaftswandel im Untersuchungsgebiet 1900-2000 (nach verfeinerter Kartierung)

Wie lange das so bleibt, hängt im Wesentlichen von betriebsinternen Faktoren wie dem Vollzug des Generationswechsels bei der Hofnachfolge und von externen Faktoren wie dem Einfluss des außerlandwirtschaftlichen Arbeitsmarktes ab. Auch ist die relativ geringe Reputation der Landwirte in der Gesellschaft in Zusammenhang mit einer jüngst sinkenden Subventionsbereitschaft zur Kenntnis zu nehmen.[31] Die Landwirte rechnen daher mit einer Reduzierung von Ausgleichszahlungen und Fördermitteln und sehen die Existenz kleiner und mittlerer Betriebe, die davon abhängig sind, als gefähr-

---

[31] Der Bevölkerungsanteil, der eine Unterstützung der Bauern befürwortet, war zwar von 1980 bis 1990 von 28 % auf über 60 % gestiegen. Danach fanden sich jedoch keine weiteren Befürworter der Agrarsubventionen mehr (von ALVENSLEBEN 1996, nach einer entsprechenden Befragung in Norddeutschland).

det an. Diese unsicheren wirtschaftlichen Perspektiven veranlassen viele Hoferben zum Erlernen und zur Ausübung eines nichtagrarischen Berufes. Zusätzlich wird der Arbeitseinsatz im Familienbetrieb durch fehlende Heiratsmöglichkeiten für Junglangwirte (HÜMMER 1976) gefährdet; vom Landwirt allein lässt sich der Betrieb nicht führen (SCHMITT 1997, S. 49). Durch beide genannten Entwicklungen wird prinzipiell die Tendenz zum Nebenerwerb und zur Betriebsaufgabe verstärkt. Speziell die Nebenerwerbsbetriebe sind jedoch – zumeist beim Generationswechsel – von Betriebsaufgabe bedroht. Dieser Trend wurde bei einer Untersuchung in Wüstenstein anlässlich der Dorferneuerung bestätigt (SCHMITT 1997, S. 48).

Grundsätzlich ist aber schon heute festzustellen, dass die jüngere Generation die Landwirtschaft immer mehr nach rein betriebswirtschaftlichen Aspekten betreibt und unrentable Arbeiten wie das Bewirtschaften ertragsschwacher und entlegener Flurstücke aufgibt.

6.1.4 Modellierungsansätze

Basierend auf der historischen nutzungs- und sukzessionsbedingten Entwicklung und den derzeitigen sozioökonomischen Rahmenbedingungen soll der künftige Kulturlandschaftswandel für das Untersuchungsgebiet simuliert werden.

Eine eindeutige Zuordnung zu einer zukünftigen (neuen) Nutzung ist gewährleistet, indem der Simulationsablauf für jede Kulturart bzw. jeden potentiellen Veränderungstyp eine eigene Abfolge von Regeln festlegt; immanente „Nutzungskonflikte", die ein hierarchisches Modellieren verlangen würden (vgl. TÖTZER et al. 2000), werden dadurch vermieden. „Auffüllalgorithmen" (z. B. bei BOGNER/EGGER 1998), mit denen Flächen entsprechend der jeweiligen Höhe einer Bewertung sukzessive umgewidmet werden, bis ein Zielwert erreicht ist, sind eher zur Visualisierung von Leitbildern geeignet, allerdings im Rahmen einer Simulation auch zur Feststellung einer Bedarfserfüllung einsetzbar.

Ausgehend von den jeweiligen Kulturarten kann man in einem Simulationsmodell, das auf dem katasterbasierten GIS aufbaut, eine Variation der zuvor bestimmten Einflussgrößen vornehmen. Einfache Trendextrapolationen sind für die Festlegung von Schwellenwerten, deren Über- oder Unterschreiten eine Flächenumwidmung induziert, jedoch problematisch. Daher können mit der beschriebenen quantitativen Methode nur „Richtwerte" erzeugt werden, die einer Korrektur durch qualitativ gewonnene Informationen bedürfen. Schließlich wird eine Abfrage durch Kombinationen von Booleschen Ausdrücken vorgenommen (z. B.: Bonität < z und Hangneigung > y bzw. Bonität < x oder Hangneigung > v führt zur Nutzungsaufgabe etc.) oder das „unsichere Wissen" mit Hilfe von Zielfunktionen und gewichteten Zielerträgen in Fuzzy Logic umgesetzt (HOCEVAR/RIEDL 2003).

Im Endeffekt wird in der Simulation für jede einzelne Parzelle festgestellt, ob eine Weiter- oder Umnutzung – dabei können aus der betrieblichen Nutzung gefallene Flächen unter gewissen Voraussetzungen dem Pachtmarkt zur Verfügung gestellt werden – oder ein Brach- bzw. Wüstfallen anzunehmen ist.

Tab. 6.1.4-1: Vor- und Nachteile (+/–) der physischen Modellierung einer Zukunftssimulation nach dem Vektor- bzw. Rasteransatz

Vektoransatz	Rasteransatz
– Parzellenstruktur zwangsläufig konstant	+ berücksichtigt künftig mögliche Parzellenaufteilung
+ Katasterbezug bleibt erhalten	– Problem der Rekombination von neuen Parzellen
+ eigener Ansatz mit KGIS wird unterstützt	+ MapModels

Eine Implementierung des Simulationsmodells ist grundsätzlich sowohl auf Grundlage eines Vektor- wie auch eines Rastermodells denkbar. Vektorbasiert entspricht es in idealer Weise dem Landschaftsmodell des Katasters. Hingegen widerspiegelt ein Rasteransatz mit geeigneter räumlicher Auflösung die zum Teil kleinräumig wechselnden naturräumlichen Gegebenheiten besser und berücksichtigt eher, dass es in Zukunft wohl auch zu Parzellenveränderungen (Teilungen) kommt. Abschließend sollten aber die Rasterzellen wieder zu Parzellen „sinnvollen" Zuschnitts rekombiniert werden.

In jedem Fall muss man sich dessen bewusst sein, dass zwar ein kausaler Entwicklungsablauf „simuliert", aber kein zwingendes Geschehen vorweggenommen werden kann. Letztlich steht es dem jeweiligen Anwender im Rahmen der ihm verfügbaren Daten offen, wie komplex er sein Modell aufbauen will. Zumindest sollte mit dem Simulations-„Werkzeug" generell ein besseres Verständnis für das Werden der zukünftigen Landschaft erzielbar sein. Eine Anwendung mit aneinander gereihten Abfragen in der vorgegebenen Funktionalität eines GIS wird diesem didaktischen Aspekt möglicherweise sogar eher gerecht als eine programmierte Applikation (vgl. HEINRICH/AHRENS 1999), die den Entscheidungsablauf „verdeckt". Besonders gut geeignet erscheint eine auf Datenflussdiagrammen aufgebaute visuelle Programmiersprache wie MapModels, das allerdings nur auf Basis der Rasterumgebung von ArcView Spatial Analyst zur Verfügung steht (HOCEVAR/RIEDL 2003).

6.1.5 Ein Simulationsmodell für die Nördliche Fränkische Alb

Zweck ist die Simulation solcher Landschaftsveränderungen, die nicht von öffentlicher Seite geplant bzw. nicht durch Planung direkt beeinflussbar sind, wie v. a. die Änderungen in der land- und forstwirtschaftlichen Nutzung. Unberücksichtigt bleiben dagegen öffentlich gesteuerte Veränderungen wie die Erschließung neuer Wohngebiete und auch die Neuanlage von Biotopen, z. B. Streuobstwiesen. Hierfür gibt es bereits andere Simulationsmodelle (z. B. AIGNER et al. 1999).

Mit Hilfe des Modells sind auch ausdrücklich keine Prognosen durchzuführen; vielmehr soll das Modell ein Bewusstsein für Wirkungsabläufe (Wenn-dann-Beziehungen) aufbauen und die Einschätzung von Entwicklungen erleichtern, die unter bestimmten Voraussetzungen möglich bis wahrscheinlich sind. Der zeitliche Rahmen für derartige Simulationen der Kulturlandschaftsentwicklung liegt üblicherweise bei 15-25 Jahren (ANL 1995, STIENS 1996, UMWELTBUNDESAMT 1997), obwohl viele Nutzungsänderungen erst nach einer noch längeren Zeit in der Landschaft sichtbar werden (vgl. KÄLBERER/SCHULER 1998).

Ein auf dem katasterbasierten GIS aufbauendes Simulationsmodell „rechnet" damit, dass die zukünftige (Parzellen)-Nutzung von der Ausprägung der bereits zuvor auf historische Entwicklungen analysierten Attribute in den Komplexen Standorteigenschaften, Parzellen- und Besitzstruktur bestimmt wird (vgl. BOGNER/EGGER 1998). Konkret geht es darum, welche Flächen der ohne Hofnachfolger aufgebenden Betriebe dem Pachtmarkt zugeführt werden bzw. in einem zweiten Schritt, wie sie auf dem Pachtmarkt entsprechend ihren Qualitäten Abnehmer finden oder brach fallen und verwalden bzw. aufgeforstet werden. Das Modell geht von den vorgegebenen Flächennutzungen aus („ausgangsorientiert", vgl. HEINRICH/AHRENS 1999) und simuliert einen unter bestimmten Annahmen „zwingenden" Ablauf (z. B. wenn a < x, dann A → B) bzw. berücksichtigt vorhandene Bedarfe („zielorientiert, z. B. 100 ha Zupachtbedarf sollen erfüllt werden). Die räumliche Verteilung der Nutzungsänderungen ist allerdings diesbezüglich ergebnisoffen.

Das hier im Folgenden vorgestellte Simulationsmodell ist softwaretechnisch einfach handhabbar und inhaltlich flexibel. Es kann daher jederzeit leicht – entsprechend einem Erkenntnisfortschritt hinsichtlich der Grundlagen – verändert, verfeinert oder erweitert bzw. an ein anderes Untersuchungsgebiet angepasst werden. Die wichtigste Grundlage der Simulation liegt in der Bereitstellung entsprechend detaillierter Daten (vgl. Kapitel 2.5 und 2.6).

Ablauf der Simulation

1) Makroökonomischer Rahmen:

Zu den Faktoren Agrarmarkt, Agrartechnik, Agrarpolitik und Fördermittel vgl. die Annahmen nach AIGNER et al. (1999, hier in Tabelle 6.1.3-1/2/3); Vertragsnaturschutz und Landschaftspflege werden in Bayern künftig weniger Mittel zur Verfügung haben, und zwar aufgrund entsprechender Kürzungen im Bayerischen Staatshaushalt ab 2004.

2) Feststellung der Kulturarten mit Veränderungsdruck (nach historischer Analyse, Befragungen zur rezenten Entwicklung):

Nach der Analyse der letzten 150 Jahre vollzieht sich die Landschaftsentwicklung in Gestalt weniger dominanter Veränderungstypen:

- Aufgelassene Äcker verbuschen oder werden aufgeforstet. Auch besteht eine Tendenz, Wiesen über den Zwischenschritt mit Kleegrasansaaten in Äcker zu überführen: Das „Jurakleegras" als „scheinbare Wiese" wird nach bis zu zehnjähriger Nutzung wieder umgebrochen (mdl. Mitt., Winter, 2000);

- Wiesenbrachen weisen über lange Zeit nur sporadischen Gehölzaufwuchs auf oder werden aufgeforstet. Ansonsten ist eine vollständige Verbuschung oder Verwaldung im vorgegebenen zeitlichen Rahmen nicht zu erwarten, da Gehölze im dichten Grasfilz nur schwer Fuß fassen (vgl. HARD 1975b, SCHREIBER 1980).

- Hutungen/Ödländereien verbuschen oder werden aufgeforstet.

- Im bestehenden Wald werden prinzipiell keine Rodungen mehr durchgeführt; dies ist ohne spezielle Erlaubnis nach dem Bayerischen Waldgesetz verboten.

3) Ermittlung der nach heutigen Bewirtschaftungsmaßstäben ungeeigneten Nutzflächen nach Schwellenwerten entsprechend der Analyse von Einflüssen auf die Nutzungsstruktur und -dynamik (vgl. die Mittelwerte und Diskriminanzfunktionskoeffizienten der Kulturarten in Kapitel 5):

- Äcker mit Hangneigung > 11 und Bonität (nach Reichsbodenschätzung) < 39 werden aufgelassen, verbuschen oder werden aufgeforstet (18,67 ha) bzw. mit Bonität ≥ 39 werden in Wiesen umgewandelt (2,68 ha);
- Äcker mit Hangneigung > 9 und Bonität < 29 sowie einer Waldrandlänge > 30 % werden aufgelassen, verbuschen oder werden aufgeforstet (1,69 ha);
- Hutungen, für die (derzeit) keine Beweidung erfolgt und keine Pflegemaßnahmen vereinbart sind, verwalden (15,31 ha).

Wiesen mit Bonität (nach Reichsbodenschätzung) < 39 und einer Waldrandlänge > 30%, für die derzeit keine Förder- oder Pflegemaßnahmen bestehen, gibt es nur wenige, die zudem kleinflächig inmitten oder am Rande anderer Wiesenparzellen liegen. Hier ist eine „Mitbewirtschaftung" durch die Parzellennachbarn zu erwarten bzw. eine Aufforstung verboten.

4) Feststellung der Hofaufgaben aufgrund der Alterstruktur (nach INVEKOS-Datenbank) und der betrieblichen Struktur (Ertragslage nach INVEKOS-Datenbank sowie Hofnachfolge und Motivation zur Weiterbewirtschaftung, laut Befragung) und der dadurch „freiwerdenden" Nutzflächen:

Somit sind im Untersuchungsgebiet 350,56 ha Acker sowie 24,4 ha Wiesen von der Nutzungsaufgabe bedroht. Nach der Struktur der voraussichtlich bis 2020 weiterführenden Betriebe wird weiterhin ein künftiger Zupachtbedarf von 15 % der bereits bewirtschafteten betrieblichen Ackerflächen angenommen, was zusammen ca. 100 ha entspricht. Der Bedarf an Wiesen steigt bzw. sinkt entsprechend ihrer Bedeutung als Futtergrundlage (vgl. Kapitel 4.1). Hinsichtlich der Rückkopplung mit dem „makroökonomischen Rahmen" liegen im künftigen Aufstockungsbedarf wahrscheinlich die größten Unsicherheiten des Modells; für andere Teile der Nördlichen Fränkischen Alb wurde bereits festgestellt, dass die Nachfrage nach Zupachtflächen geringer als das Angebot ist (mdl. Mitt., Lange, 2003).

5) Bewertung aller Acker- und Wiesenparzellen entsprechend der Analyse von Einflüssen auf die Nutzungsstruktur und -dynamik (Kapitel 5):

Die verschiedenen Attributdatensätze der Flurstückseinheiten werden zunächst einer Z-Transformation unterzogen, um die unterschiedlichen Wertebereiche anzugleichen. Anschließend werden die Attributwerte mit dem jeweiligen Diskriminanzfunktionskoeffizienten DFKK (berechnet nach dem Veränderungstyp Acker-Wald) als Maß des jeweiligen Einflusses auf die Nutzungsstruktur multipliziert und parzellenweise aufaddiert. Die verwendete Formel für die Bewirtschaftungseignung (BE) lautet:

$$BE = Z(\text{Hangneigung}) \cdot 0{,}76 + Z(\text{Waldrandlänge}) \cdot 0{,}48$$
$$+ Z(1 - \text{Bonität } 1960) \cdot 0{,}10 + Z(\text{Weganschluss}) \cdot 0{,}10$$

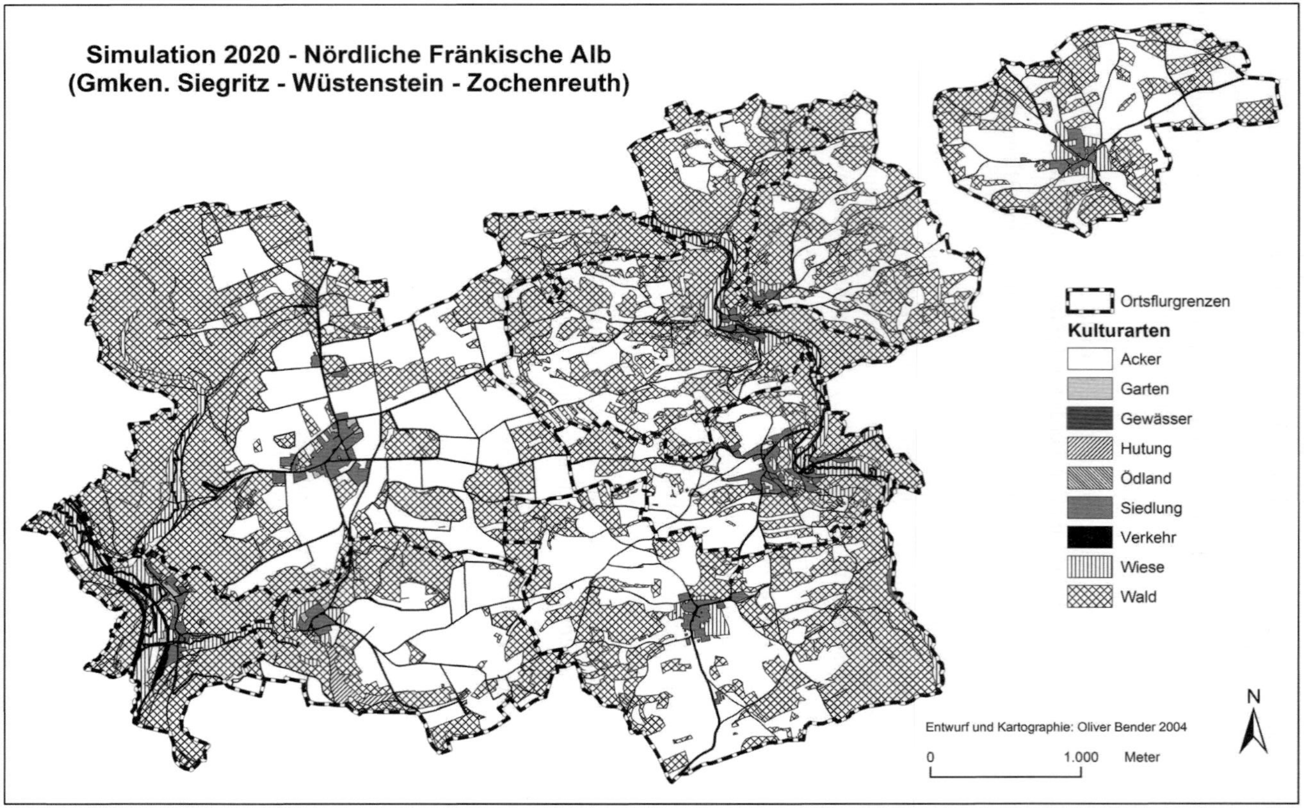

Karte 6.1.5-1:   Simulation 2020. Die Kulturlandschaft im Untersuchungsgebiet unter der Grundannahme von 15 % Zupachtbedarf für die bis 2020 weiterführenden Betriebe

Tab. 6.1.5-1: Bewertungsschema anhand der Parzellenattribute und Ermittlung eines Gesamtwertes für die Bewirtschaftungseignung

Parz.-Nr	Nutzung	Attribut (a)	Bewertung DFKK (a)	...	Attribut (n)	Bewertung DFKK (n)	Gesamtwert
1	Acker	Z(a1)	A		Z(n1)	N	= Z(a1)*A + .. + Z(n1)*N
2	...						
...							
n							

6) Feststellung der Übernahme freiwerdender Acker- und Wiesenparzellen auf dem Pachtmarkt bzw. der Nutzungsaufgabe oder -änderung:

Diejenigen 250 ha Ackerflächen der aufgebenden Betriebe mit den höchsten Werten von BE sind auf dem Pachtmarkt nicht mehr vermittelbar und werden deshalb der natürlichen Sukzession überlassen oder aufgeforstet. Die Übrigen behalten ihre ursprüngliche Nutzung bei.

Aufgeforstete Flächen entwickeln sich innerhalb des Simulationszeitraumes von 20 Jahren zu Wald, bei den Acker- und Wiesenbrachen hängt dies vom Zustand vor der Auflassung – in einem umgebrochenen Acker können Gehölze am schnellsten Fuß fassen (ELLENBERG 1986, S. 833 f.) – und den standörtlichen Gegebenheiten (Exposition, Bonität etc.) ab. Die Simulation wird auf Basis der neun Kulturarten nach Katasterangaben durchgeführt, zumal sie im Untersuchungsgebiet v. a. auf Ackerflächen ausgerichtet ist. Im Rahmen der „verfeinerten Kartierung" wäre gegebenenfalls noch eine entsprechende Differenzierung in Biotoptypen sinnvoll: Naturschutzrelevante Biotope können nach BOGNER/EGGER (1998) entstehen, wenn die Flächen der potentiellen Biotope extensiv genutzt werden oder brach liegen. So ergibt sich die Zuordnung einer Fläche zum Biotoptyp „Trockengebüsch" aus ihrer Lage (Südexposition), den Bodeneigenschaften (seichtgründig) und ihrer Nutzung (Brache).

6.1.6 Anwendungsmöglichkeiten in der Planung

Das Simulationsmodell wird für eine Einbeziehung in den Prozess der kommunalen Landschaftsplanung entwickelt. Nur in diesem Fall werden üblicherweise auch die sensiblen betrieblichen Daten zur Verfügung stehen. Allerdings bleibt die Größe des bearbeiteten Gebietes dabei möglicherweise unter dem für eine landschaftstypologische Forschung notwendigen Mindestmaß zurück[32], zumal die Flächenanteile der Kulturarten teilweise sehr niedrig sind und die Entwicklung insgesamt stark von endogenen Faktoren geprägt wird. Umgekehrt bleibt zu fragen, welchen Nutzen die Landschafts- und Fachplanungen nicht nur von Leitbildern und Szenarien (vgl. NIEDZIELLA 2000),

---

[32] vgl. MOSIMANN et al. (2001): für planerische Arbeiten auf kommunaler Ebene liegt das bei ca. 5 km^2; für wissenschaftliche Untersuchungen sollte das Untersuchungsgebiet größer sein.

sondern speziell von einer realitätsnahen Simulation der künftigen Landschaftsentwicklung haben.

Zunächst einmal ergibt sich damit eine Chance, frühzeitig auf Gefährdungen und absehbare Fehlentwicklungen zu reagieren. Die Simulation 2020 zeigt in diesem Sinne einen potentiellen Bedarf an Aufforstungsflächen auf. Weiterhin ermöglicht sie festzustellen, wo dieser Bedarf wahrscheinlich von den Grundbesitzern spontan zur Realisierung gelangen wird. Die dadurch im Untersuchungsgebiet zunehmende Kleinkammerung der Fluren ist landschaftsplanerisch bedenklich (vgl. Abbildung 6.1.6-1, vgl. Kapitel 7 und 8) und könnte Anlass für entsprechende Interventionen geben (mdl. Mitt., Lange, 2003).

Foto: O. Bender, 2003

Abb. 6.1.6-1: Isolierte Aufforstungsparzellen im Ackerland

Die dynamische Betrachtungsweise nach dem diachronischen GIS bietet über Anhaltspunkte für Schutz- und Pflegemaßnahmen hinaus auch solche für einen integrativen bzw. segregativen Prozessschutz (OTT 1998, DECKER et al. 2001). Generell wird anhand des katasterbasierten GIS gezeigt, wie das Konzept der Veränderungstypen eine Identifikation der Kulturarten als Biotoptypen erleichtert. Mit Hilfe der Sukzessionsforschung ist schließlich eine qualitative Interpretation unter naturschutzfachlichen Gesichtspunkten fortzuführen (vgl. das „nutzungsbedingte Sukzessionsschema" von BENDER 1994b).

Schließlich stellt sich die Frage, welche Landschafts-Leitbilder überhaupt realistisch sind – eine Bewertung bereits realer Landschaftsveränderungen (Sukzessionsfolgen) hat kürzlich HUNZIKER (2000) bei den „landschaftskonsumierenden" Einheimischen und Touristen abgefragt – bzw. inwieweit aufgrund eines Leitbildes die in großen Teilen sozioökonomisch determinierte Entwicklung beeinflusst werden kann. Es ist davon auszugehen, dass ein Simulationsmodell wie das hier vorgestellte mehr zur Antwort beitragen kann als die bis dato üblichen „Szenarien".

6.2 Entwicklungsziele und Leitbilder

6.2.1 Nachhaltigkeit als Grundanliegen der Landschaftsentwicklung

Grundanliegen der Landschaftsentwicklung finden ihren Ausdruck in „Leitlinien". „Leitbilder der Landschaftsnutzung untersetzen die Leitlinien" (STEINHARDT et al. 2005, S. 227 f., nach KIEMSTEDT 1991). Sie gründen sich auf allgemeinen Überlegungen zur Struktur und Funktion von Landschaften, abgeleitet aus den Leitlinien der Landschaftsnutzung, weisen aber stets einen regionalen oder lokalen Bezug auf.

„Wichtigste Leitlinie der Landschaftsnutzung ist das **Prinzip der Nachhaltigkeit**" (STEINHARDT et al. 2005, S. 227). Der Begriff der „Nachhaltigkeit" wurde im 18. Jahrhunderts in der Forstwirtschaft entwickelt und geprägt. Ursprünglich besagte er, dass man dem Naturhaushalt nicht mehr (Holz) entnehmen solle als nachwächst. Spätestens gegen Ende der 1980er Jahre erfuhr der Begriff eine deutliche Umwertung (PETERSEIL/WRBKA o.J.). Mit dem sog. Brundlandt-Bericht der Weltkommission für Umwelt und Entwicklung der UNO (WORLD COMMISSION ON ENVIRONMENT AND DEVELOPMENT 1987) wird darunter ein Konzept zur Erhaltung und Entwicklung der Wohlfahrt bzw. Lebensqualität verstanden. Das „Leitbild der dauerhaft-umweltgerechten Entwicklung steht für ein Konzept, das die Verbesserung der ökonomischen und sozialen Lebensbedingungen der Menschen mit der langfristigen Sicherung der natürlichen Lebensgrundlagen in Einklang bringen muß" (RAT VON SACHVERSTÄNDIGEN FÜR UMWELTFRAGEN 1996, S. 25). Nachhaltigkeit weist dabei im Wesentlichen drei Komponenten auf: eine ökonomische, eine soziale und eine ökologische. Eine Nachhaltigkeitsstrategie muss in der Lage sein, die drei Dimensionen der Nachhaltigkeit zu verknüpfen (BRAND 2000, LÖFFLER/STEINHARDT 2004, S. 148). Nachhaltigkeit ist heute sehr oft ein zentrales Element von Forschungsprogrammen (BEGUSCH et al. 1995), politischen Richtlinien und Entwicklungsstrategien (UMWELTBUNDESAMT 1997, ÖSTERREICHISCHE BUNDESREGIERUNG 2002).

Hinsichtlich der Landschaftsentwicklung sind also Nutzungskonflikte zwischen Ökologie, Ökonomie und ggf. sozialen Aspekten in Ausgleich zu bringen (STEINHARDT et al. 2005, S. 227 f.). Das „Prinzip der Nachhaltigkeit" deckt sich weitgehend mit älterem Begriff der „umweltverträglichen Nutzung" (RAT VON SACHVERSTÄNDIGEN FÜR UMWELTFRAGEN 1996, S. 25). In der Ökologie wurde das Konzept der Nachhaltigkeit in zwei sehr unterschiedlichen Aspekten aufgegriffen. Zum einen wird die Meinung vertreten, dass sich nachhaltiges Wirtschaften an Stoff- und Energieströmen natürlicher Systeme zu orientieren hätte. Eine Nutzung ist aus ökologischer Sicht dann nachhaltig, wenn die „ökologischen Schlüsselprozesse" trotz der Störung durch die Nutzung in Gang bleiben (WIEGAND et al. 1998). Zum anderen ist davon die Rede, dass nachhaltig genutzte Landschaften ein bestimmtes Verteilungsmuster und eine Mindestausstattung von Biotopen aufweisen sollen (PETERSEIL/WRBKA o.J.). Dies wird in statischen Naturschutzkonzepten oft missverstanden, indem sie lediglich die Erhaltung eines bestimmten Status fordern (WIEGAND et al. 1998). Vielmehr können strukturelle Qualitäten aber Rückschlüsse auf landschaftliche Prozesse erlauben (PETERSEIL/WRBKA o.J.).

Mit Blick auf ökonomische Belange müssen in der Landschaft die Ressourcen und ihre Nutzbarkeit, in sozialer Hinsicht Arbeits- und Einkommensmöglichkeiten dauerhaft gesichert werden.

Wesentliche Herausforderung ist die Anpassung der Landnutzung an dieses Leitbild, denn z. B. die Erhaltung der biologischen Vielfalt und die nachhaltige Nutzung ihrer Bestandteile ist nur auf der gesamten Fläche unter Zusammenwirken aller Akteure erreichbar (RAT VON SACHVERSTÄNDIGEN FÜR UMWELTFRAGEN 1996). Diese Leitlinien lassen sich nach BASTIAN/SCHREIBER (1999) durch u. a. folgende Grundsätze der Landschaftsnutzung unterlegen:

- Die gewachsene Kulturlandschaft ist ein unteilbares Ganzes. Nur einheitliche Entwicklungs- und Sanierungskonzepte sind tragfähig (Grundsatz der ganzheitlichen Landschaftsbetrachtung).

- Bei der Landschaftsnutzung sind ökologische, ökonomische und soziale Aspekte optimal zu integrieren (Grundsatz der differenzierten Landschaftsnutzung).

- Nicht erneuerbare Ressourcen müssen sparsam entnommen werden. Die Regenerierung erneuerbarer Ressourcen ist zu sichern. Der „Flächenverbrauch" ist zu beschränken (Grundsatz des sparsamen Umgangs mit Naturressourcen).

- Unnötige Eingriffe in Natur und Landschaft sind zu vermeiden.

- Die Naturpotentiale sind optimal zu nutzen.

Für die Umsetzung der Grundsätze der Nachhaltigkeit braucht es verlässliche, praxisorientierte und robuste Indikatoren, die eine Bewertung und langfristige Beobachtung der Kulturlandschaftsentwicklung ermöglichen (PASTILLE 2002, vgl. IRMEN/ MILBERT 2002: hier werden jedoch landschaftsbezogene Indikatoren kaum berücksichtigt). Dabei handelt es sich um raumbezogene (Landschaftsstruktur) und prozessbezogene (Material- und Stoffflüsse sowie Bioindikatoren) Indikatoren (PETERSEIL/WRBKA o.J.).

Einer großräumigen Überprüfung der Landschaftsstruktur im Sinne der Nachhaltigkeit diente z. B. die österreichische SINUS-Studie (PETERSEIL/WRBKA o.J.). Eine kleinräumige Überprüfung anhand der Entwicklung der Landschaftsstruktur in der chorischen Dimension bzw. auf lokaler Ebene (PASTILLE 2002) soll im Folgenden mit Hilfe des katasterbasierten GIS unterstützt werden.

6.2.2 Ziele der Landes- und Regionalplanung

Die Ziele der Landes- und Regionalplanung werden im Landesentwicklungsprogramm Bayern (LEP, BAYSTMLU 2003) bzw. in konkretisierter Form in den Regionalplänen Oberfranken-West und -Ost dargestellt.

Allgemeine Ziele liegen in einer Gewährleistung der „Funktionsfähigkeit der Teilräume des Landes im Innern" und einem Hinwirken auf die „räumlich ausgewogene Bevölkerungsentwicklung des Landes und seiner Teilräume" (BAYSTMLU 2003, S. 18). Zudem soll „in der Land- und Forstwirtschaft (…) auf eine Verringerung des Rückgangs der Arbeitskräfte hingewirkt werden" (REGIONALER PLANUNGSVERBAND OBERFRANKEN-OST 1987, S. 30). Landschaftsbedeutsame fachliche Zielsetzungen bilden

v. a. die Ausweisung „landschaftlicher Vorbehaltsgebiete" und ein „Gebietsschutz" (BAYSTMLU 2003, S. 29). Ersteres betrifft:

- „Landschaften und Landschaftsteile mit wertvoller Naturausstattung oder mit besonderer Bedeutung für die Erholung,
- vorwiegend landwirtschaftlich genutzte Räume und zusammenhängende Waldgebiete jeweils mit ökologischen Ausgleichsfunktionen,
- ökologisch wertvolle Seen- und Flusslandschaften."

„Landschaften und Landschaftsteile, die sich wegen ihrer Ursprünglichkeit, ihres Wertes als Lebensraum für Pflanzen und Tiere, ihres besonderen ökologischen Gefüges oder wegen ihrer Vielfalt, Eigenart und Schönheit, wegen ihrer erdgeschichtlichen besonderen Bedeutung sowie ihrer Erholungseignung auszeichnen, sollen in der jeweils geeigneten Form vertraglich oder hoheitlich gesichert und gepflegt werden."

Inzwischen wurde auch ein Passus bezüglich Historischer Kulturlandschaften und -landschaftsteile von besonders charakteristischer Eigenart in das Landesentwicklungsprogramm eingefügt. Sie „sollen erhalten werden", einschließlich der „Freiräume um geschützte oder schützenswerte Kultur-, Bau- und Bodendenkmäler, sofern dies für die Erhaltung der Eigenart oder Schönheit des Denkmals erforderlich ist" (BAYSTMLU 2003, S. 29). „Bei Vorhaben der Ländlichen Entwicklung soll auf den Erhalt der Eigenart und Schönheit historischer Kulturlandschaften hingewirkt werden. Sie sollen zu einer Bereicherung der Lebensräume und der Vielfalt an Kleinstrukturen beitragen" (BAYSTMLU 2003, S. 32).

Konkret wird in den Regionalplänen ausgesagt, dass „die Land- und Forstwirtschaft zur Sicherung von Arbeitsplätzen, als Produktionszweig und zur Pflege der Landschaft erhalten und gestärkt werden" soll (REGIONALER PLANUNGSVERBAND OBERFRANKEN-OST 1987, S. 28). „Wertvolle Landesteile der Region sollen als ein Netz von Naturparken, Landschaftsschutzgebieten, Naturschutzgebieten, Naturdenkmäler und Landschaftsbestandteilen gesichert, entwickelt und im notwendigen Umfang gepflegt werden. Dabei soll die Verflechtung mit schützenswerten Landschaftsteilen in den angrenzenden Regionen berücksichtigt werden" (REGIONALER PLANUNGSVERBAND OBERFRANKEN-OST 1987, S. 29). „Die typischen Landschaftsräume, u. a. die Fränkische Schweiz, sollen unter besonderer Berücksichtigung der Funktionsfähigkeit und Belastbarkeit des Naturhaushalts, der charakteristischen Landschaftsbilder und der Erholungseignung erhalten, pfleglich genutzt und soweit möglich entwickelt werden." „In den Naturräumen der Nördlichen Frankenalb sollen großräumige Gebiete als Naturparke mit Schutzzonen festgesetzt werden. Sie sollen als vielfältige, weiträumige, lärmarme und erholungswirksame Landschaften erhalten, gepflegt und entwickelt werden."
Für den Naturpark Fränkische Schweiz-Veldensteiner Forst wird eine

- „Erhaltung der außergewöhnlichen landschaftlichen Vielfalt der Juralandschaft, insbesondere ihres Reichtums an Hecken und des kleinräumigen Wechsels von Wald und Feld" sowie
- eine Erhaltung der Waldflächen, insbesondere der Laub- und Mischwälder, sowie der Wacholderhänge und der Halbtrockenrasen",

- ein „Schutz vor Aufforstung im Bereich von Freiflächen, insbesondere von Wiesentälern und Waldwiesen", eine „Freistellung typischer Felspartien",
- eine „Bewahrung der Täler mit ihren naturnahen Fluss- und Bachläufen vor Veränderung oder Eingriffen" und eine
- „Bewahrung vor Übererschließung"

gefordert (REGIONALER PLANUNGSVERBAND OBERFRANKEN-OST 1987, S. 48 ff. bzw. REGIONALER PLANUNGSVERBAND OBERFRANKEN-WEST 1988, S. 49 ff.). Speziell in der Fränkischen Schweiz „soll der Urlaubstourismus v. a. durch eine nachfragegerechte qualitative Verbesserung der gewerblichen und kommunalen Einrichtungen gesichert und weiterentwickelt werden" (BAYSTMLU 2003, S. 38), d. h., die „Voraussetzungen für Fremdenverkehr und Erholung sollen auch im Bereich des Naturparks Fränkische Schweiz-Veldensteiner Forst gesichert und verbessert werden" (REGIONALER PLANUNGSVERBAND OBERFRANKEN-WEST 1988, S. 28 f.).

6.2.3 Funktionale Teilziele und Leitbilder

Was sind Leitbilder?

Der Begriff „Leitbild" stammt ursprünglich aus der Psychologie (KLAGES 1910, ADLER 1912) und wurde ab den 1960er Jahren in Planungswissenschaft und Wirtschaftspolitik übertragen (GAEDE/POTSCHIN 2001, S. 20 f., mit einer Tabelle zur Geschichte der Verwendung, S. 22). Unter Leitbildern versteht man allgemein gewünschte (Soll)-Zustände, meist als „Summe anzustrebender Ziele" (GAEDE/POTSCHIN 2001, S. 20, 23, ähnlich ZEPP et al. 2001) bzw. fachbezogen einen „Vorgaberahmen für die Formulierung von Umweltqualitätszielen und [eine] Festlegung entsprechender Standards" (ROWECK 1995, S. 25). Dabei hält das UMWELTBUNDESAMT (1997) eine Konzentration auf einige „Reinformen" typischer möglicher Entwicklungen für zweckmäßig.

Leitbilder setzen Prognosen in vielen Belangen voraus. Im Unterschied zu den Szenarien haben Leitbilder einen normativen Gehalt und verfügen über eine Angabe zur Realisierbarkeit und Eintrittswahrscheinlichkeit eines Zustands. Das Leitbild formuliert somit „ex ante" Ziele, welche verschiedene Handlungsalternativen eröffnen; Pläne und Programme hingegen enthalten Aussagen zur Umsetzung von Maßnahmen (Zeitpunkt, Koordination) (GAEDE/POTSCHIN 2001).

Die Entwicklung von Leitbildern erfolgt entweder über Expertenmodelle oder über eine diskursiv-offene Planung (BASTIAN 1999, anders ZEPP et al. 2001). Zu fragen ist, ob die einem Leitbild zugrunde liegenden Wünsche einen gesellschaftlichen Konsens darstellen oder ob es konkurrierende Wünsche gibt (BENDER 1994a). Nach Ansicht von ZEPP et al. (2001, S. 6) läuft hingegen der normative Anspruch eines Leitbildes der „Political Correctness" diskursiver, auf Aushandlungsprozessen beruhender Planungsphilosophie zuwider.

Der Leitbild-Konkretisierungsgrad kann von visionären Skizzen (vgl. SCHWINEKÖPER et al. 1992) bis hin zu detaillierten räumlich-planerischen Entwürfen reichen (MOSIMANN 2001). Konkrete Leitbilder leiten sich aus dem naturräumlichen Potential und der besonderen Eigenart eines Gebietes ab, die sich aus den naturräumlichen Standortverhältnissen und der kulturhistorischen Entwicklung einer Region ergeben (FINCK et al. 1993, vgl. BÄTZING/VON DER FECHT 1999). Auch müssen die landschaftlichen bzw. Planungsdimensionen als Maßstabsebenen für die Leitbildentwicklung beachtet werden (MOSIMANN 2001).

Tab. 6.2.3-1: Leitbilder einer funktionsorientierten Landschaftsentwicklung

Leitbilder	„Szenarien" nach AUFMKOLK/ZIESEL (1997 und 1998):	tendenziell vertreten durch
Moderne ertragsorientierte Kulturlandschaft	Agrarlandschaft (S1)	Flurbereinigung 60er/70er Jahre (Siegritz) (nach Flurbereinigungsgesetz Stand 1953-1976)
Moderne historisierende Kulturlandschaft	Kleinstrukturierte Kulturlandschaft (S2)	Flurbereinigung 2000 (Wüstenstein) (vgl. GRABSKI 1985, BAYSTMELF 1992)
Historische Kulturlandschaft, vgl. „Historisches Leitbild" (nach ROWECK 1995)	Historische Landschaft (S6)	Ecomusée, Landschaftsmuseum (vgl. ONGYERTH 1995)
Naturschutzlandschaft, vgl. „biotisches Leitbild" (nach ROWECK 1995)	Arten- und biotopreiche Landschaft (S4)	Naturschutz – Praxis der 1990er Jahre (vgl. PLACHTER 1991, MUHAR 1995)
Naturlandschaft, vgl. „Naturleitbild" (nach ROWECK 1995), „verwilderte Kulturlandschaft" (nach JOB 1999)	Waldlandschaft (S3)	Naturschutz – Wilderness, Prozessschutz (vgl. BROGGI 1995, OTT 1998, DECKER et al. 2001)
„Ästhetisches Leitbild" (nach ROWECK 1995)	Erholungslandschaft (S5)	landschaftsbezogene Tourismusplanung (vgl. KIEMSTEDT 1967, NOLTE 2003)

Funktionale Teilziele für die Kulturlandschaftsentwicklung

Dabei sind Inhalte aus der Planungswissenschaft wie Nachhaltigkeit, Naturnähe, Biodiversität (GAEDE/POTSCHIN 2001, S. 20) oder aus fachspezifischer Sicht formulierte „sektorale Leitbilder" in Anwendung zu bringen. Insbesondere „naturschutzfachliche Leitbilder werden v. a. als Produkt der Integration verschiedener z. T. ‚klassischer' Teilleitbilder gesehen" (MOSIMANN et al. 2001, S. 6), wie sie historische, ästhetische, biotische, Natur-, abiotische und verschiedene Nutzungsleitbilder darstellen (ROWECK 1995, S. 25, PLACHTER 1995). Neu ist in diesem Zusammenhang ein haushaltlich-funktional begründetes landschaftsökologisches Leitbild (KLUG 2000, MOSIMANN et al. 2001). Deren aller Zielkongruenzen und -konflikte hat BASTIAN (1999) in einer „ökologischen Wirkungsmatrix" dargestellt (vgl. GERHARDS 1997). Schließlich wird eine Integration der sektoralen Leitbilder gefordert (ROWECK 1995, S. 30) und idealerweise soll diese Integration „widerspruchsfrei" geschehen (GAEDE/POTSCHIN 2001, S. 27 f.). In Wirklichkeit wird eine Leitbildfindung jedoch eher als iterativer Prozess ablaufen müssen, der sukzessive einen Kompromiss zwischen den beteiligten Ansprüchen auszuloten hat (ZEPP et al. 2001). In unserem Fall bedingt dies nicht zuletzt eine Abwägung zwischen der gesellschaftlichen Grundeinstellung gegenüber Kulturlandschaften, die fortwährend konservativ und idealisierend erfolgte, gegen die Leitbilder und Ziele des Arten- und Biotopschutzes, die ebenfalls noch „nie interesselos, sondern meist ideologisch aufgeladen" waren (KLEIN 1999, S. 247). JOB/STIENS (1999, S. V) konstatierten für Deutschland einen „Mangel an zukunftsweisenden [regionalen] Leitbildern und Visionen zur Kulturlandschaftsentwicklung". In jüngerer Zeit hat sich jedoch die Forschung auch dieses Themas angenommen (so etwa im Arbeitskreis „Landschaftsleitbilder" bei der Deutschen Akademie für Landeskunde).

Wie in Kapitel 7.3 dargelegt, werden im Untersuchungsgebiet vornehmlich von den Funktionsbereichen Landwirtschaft, Freizeit- und Fremdenverkehr sowie Natur- und Landschaftsschutz Raumansprüche wirksam geltend gemacht. Aus den Bemühungen zur Optimierung dieser Ansprüche lassen sich funktionale Teilziele (vgl. GERHARDS 1997) ableiten, die entsprechende Zielkonflikte implizieren:

- Land- bzw. Forstwirtschaft: landwirtschaftliche Erzeugung hinreichender Qualität und Quantität, ggf. „alternative" Landwirtschaft, Sicherung der Einkommen über den Markt oder über Subventionen, ggf. Nebeneinkommen;

- Fremdenverkehr: Landschaftspflege und -entwicklung für einen landschaftsbezogenen Tourismus (v. a. Wandern, Radfahren, Kanufahren, Klettern) und Schaffung einer dazu passenden Infrastruktur;

- Naturschutz: Biotop- als Habitat- und Artenschutz (floristischer und faunistischer Artenschutz, Erhaltung von seltenen Individuen und großen Diversitäten), Sicherung der landschaftlichen Funktionsweise (Landschaftshaushalt);

- Denkmalschutz: Sicherung der landschaftlichen Informationsfunktion durch Erhalt und schonende Entwicklung historischer gewachsener Strukturen.

Je nachdem, wie diese Teilziele gewichtet werden, können idealisierte Bilder einer möglichen Landnutzung und deren Erscheinungsform abgeleitet werden, die im Folgenden als „Leitbilder" bezeichnet werden. Dabei sollen zunächst einmal ganz bewusst unterschiedliche Entwicklungsmöglichkeiten nicht als Folge der linearen Fortschreibung heute erkennbarer Trends (Prognose), sondern als Bruch der Entwicklung mit Neu- und Umverteilung der land- und forstwirtschaftlichen Flächen fixiert werden. Parallel zum vorliegenden Projekt wurde für die künftige Entwicklung in der Hersbrucker Schweiz eine sehr ähnliche Methode der Visualisierung von AUFMKOLK (1998) bzw. AUFMKOLK/ZIESEL (1997 und 1998) entwickelt[33], wobei in Tabelle 6.2.3-1 die verwendeten Begriffe gegenübergestellt werden (AUFMKOLK/ZIESEL sprechen in diesem Zusammenhang von „Szenarien").

---

[33] Die Studien des Planungsbüros Aufmkolk waren in ein Erprobungs- und Entwicklungsvorhaben des Bundesamtes für Naturschutz mit dem Titel „Leitbild zur Pflege und Entwicklung von Mittelgebirgslandschaften in Deutschland" integriert, das gemeinsam mit dem Landschaftspflegeverband Mittelfranken am Beispiel der Hersbrucker Alb ausgearbeitet wurde. Die Voruntersuchungen für dieses Leitbild beinhalteten agrarstrukturelle Erhebungen, Biotopkartierungen und Erhebungen zur Kulturlandschaftsgeschichte (AUFMKOLK 1998, FN 14-16) in elf Landschaftsausschnitten mit einer Größe von 1,5 km^2, die zu vier verschiedenen Gemeinden gehören.

Diskussion der einzelnen Leitbilder

Eine neue leitbildorientierte Nutzungsverteilung würde an die folgenden unterschiedlich gewichteten Voraussetzungen anknüpfen: Die „modernen Kulturlandschaften" sind an den natürlichen Standortvoraussetzungen und betrieblichen Erfordernissen ausgerichtet, wobei die „ertragsorientierte" Variante zu einer marktorientierten Landwirtschaft gehört, die „historisierende" an nutzungsorientierte Subventionen gekoppelt ist. Die „historische Kulturlandschaft" wäre eine museale Wiederherstellung der mit der traditionellen Selbstversorger-Landwirtschaft etwa um 1850 verbundenen Landnutzung. Die „Naturschutzlandschaft" widerspiegelt die landschaftstypische Naturraumausstattung entsprechend der naturräumlichen Gliederung, die ebenfalls entwickelt und gepflegt werden muss. Die „Naturlandschaft" wird durch die potentielle natürliche Vegetation (PNV) verkörpert, die sich kleinräumig entsprechend den jeweiligen Standortsbedingungen, v. a. den geologisch-pedologischen Verhältnissen und der Geländeexposition, entwickelt (TÜXEN 1958). Die neue „Erholungslandschaft" schließlich wäre ein unter ästhetischen und künstlerischen Gesichtspunkten von Landschaftsarchitekten gestaltetes Produkt (vgl. AUFMKOLK 1998, AUFMKOLK/ZIESEL 1997 und 1998).

Pauschal sind die „neuen" Landschaftsleitbilder hinsichtlich ihrer Auswirkungen auf den Naturhaushalt (Risiken der Bodenerosion, der Grundwasserbelastung und der Verunreinigung von Oberflächengewässern, Strukturreichtum bzgl. Arten und Biotopen sowie ökologische Wertigkeit) und auf das Landschaftsbild (landschaftlicher Erlebniswert) sowie ihres Kosten-Nutzen-Verhältnisses (Kosten für die Herstellung und Pflege, betriebswirtschaftliche Kosten, volkswirtschaftliche Einschätzung) zu bewerten. Dabei ist anzunehmen, dass die *moderne ertragsorientierte Kulturlandschaft* mit ihrer agrarischen Produktionsausweitung den Naturhaushalt strapaziert, die Landschaft verarmen lässt (Entstehung monotoner Flächen und Kanten) und hohe Kosten auf die Allgemeinheit verlagert (Sanierung des Naturhaushalts, Subventionierung der Überproduktion). Diesem Leitbild entspricht das Flurbereinigungsgesetz von 1953 in seiner bis 1976 gültigen Fassung. Danach kam es in der Flurbereinigung zu deutlichen Akzentverschiebungen, v. a. im Zusammenhang mit den neu in den Zielkatalog aufgenommenen bodenschützenden und landschaftsgestaltenden Maßnahmen (HENKEL 1993).

Hingegen bietet die *moderne historisierende Kulturlandschaft* das Konzept einer dauerhaft umweltgerechten Landnutzung, das eine Integration zwischen Natur- und Agrargebieten vermittelt: MUHAR (1995) nennt dieses Leitbild eine „neue" kleinräumige und strukturreiche „Kulturlandschaft der Wohlstandsgesellschaft" unter modernen Rahmenbedingungen und Technologien. Die Belastung abiotischer Ressourcen geht zurück, die Vernetzung von Landschaftsteilen sichert die ökologische Stabilität und den Erhalt des Landschaftsbildes, allerdings bei laufenden Kosten u. a. für eine Subventionierung nachhaltiger umweltschonender Bewirtschaftungsweisen. Soweit man im Sinne eines Kulturgüterschutzes auch historische Elemente der Landschaft bewahren möchte, sind Umfang und Wertigkeit überkommener Nutzungs- und Parzellenstrukturen zu ermitteln (vgl. Kapitel 7.3.4). Für eine historisierende Landschaft spielt es allerdings nur eine untergeordnete Rolle, ob die traditionellen Elemente am ursprünglichen Ort rekonstruiert werden.

Die *historische Landschaft* produziert mit sehr wenig Dünger äußerst geringe Erträge, wobei fast die gesamte Fläche in die Nutzung einbezogen ist. Doch schafft dabei der geringe Technisierungsgrad Lebensraum für Pflanzen und Tiere (vgl. AUFMKOLK/ ZIESEL 1997 und 1998). Das Leitbild der historischen Landschaft wird v. a. unter dem Gesichtspunkt des biotischen Artenschutzes propagiert, insofern um 1800 der Höhepunkt der postglazialen Entwicklung der Artendichte festzustellen war (ROWECK 1995). Die traditionelle Art der Landbewirtschaftung wirkte sich v. a. für die Flora und die Kleintierwelt positiv aus (SCHUMACHER 1997). In diesem Zusammenhang zählt ROWECK (1995) Kulturarten auf, die nach heutigen Maßstäben vorbildlich sein können, aber damals oft nicht standortangepasste und zu intensive, somit nicht nachhaltige Nutzungen repräsentierten: „gehölzreiche und kleinergekammerte Ackerlandschaften, offene Grünlandentwässerung (im Extensivbereich regional durchaus realisierbar), wenigstens hier und da weichere Übergänge zwischen Wald- und Offenlandbereichen, keine unnötig versiegelten Flächen, das Fehlen vieler Raumbarrieren, größere Brachenanteile etc. und nicht zuletzt wenigstens hier und da ein bißchen mehr natürliche Dynamik (so in Flusslandschaften ...)".

Mit Hilfe des diachronischen katasterbasierten GIS kann man allerdings auch pauschale historisierende Leitbilder im Naturschutz aufklären: War die oft als Idealziel angesehene „heile Natur" vergangener Zeiten nur Ergebnis oder Zwischenstadium von zeitlich begrenzten anthropogenen Prozessen? So scheinen z. B. die oft als typisches Kulturlandschaftselement der Fränkischen Schweiz beschworenen Heckenzeilen ein Produkt des 20. Jahrhunderts zu sein, weil die besagten Hecken bis um 1900 als Grasraine in den Karten verzeichnet waren. Andererseits sind die noch immer als typisches Kulturlandschaftselement empfundenen Halbtrockenrasen längst untypisch geworden (BÖHMER 1994).

Merkmal der *Naturschutzlandschaft* ist die Trennung von Landwirtschaft und Naturschutz. Dabei gehen biotischer und abiotischer Ressourcenschutz konform, und die Landschaft für Pflanzen und Tiere gefällt den Menschen. Doch der Erhalt anthropogener Biotoptypen, für die keine wirtschaftliche Verwendung mehr gegeben ist, verursacht überproportional hohe Kosten (AUFMKOLK 1998). Probleme bei der Umsetzung des biotisches Leitbildes sind die mangelnde Realisierbarkeit von unzähligen Einzelmaßnahmen des Artenschutzes und die Tatsache, dass „eine ‚zielartengerechte' Komplettierung der Strukturmuster von Landschaften die beabsichtigte Förderung ‚artenreicher Lebensgemeinschaften' keineswegs garantiert" (ROWECK 1995, S. 28).

Beim Leitbild der *Naturlandschaft* zieht sich die Landwirtschaft aus benachteiligten Gebieten, wie den Mittelgebirgslagen der Fränkischen Alb zurück. Dadurch werden die abiotischen Ressourcen optimal geschützt, und es entstehen im Endeffekt wenige Biotoptypen mit hohem Biotopwert, allerdings auch ein wenig abwechslungsreiches Landschaftsbild. Diese Option ist kostengünstig, allerdings mit der Einschränkung, dass infrastrukturelle Vorleistungen geopfert werden (vgl. AUFMKOLK/ZIESEL 1997 und 1998). Aus der Sicht des Naturschutzes ist einschränkend zu sagen, dass viele Standortbedingungen inzwischen so nachhaltig verändert worden sind und deshalb nur „neue Naturlandschaften" entwickelt werden können. Den Orientierungsrahmen hierfür bilden das Wissen um Sukzessionsabläufe und das Konzept der potentiellen natürlichen Vegetation (TÜXEN 1958). Dies impliziert jedoch den Verlust vieler Arten und Lebensgemeinschaften, deren Schutz eigentlich im gesetzlichen Auftrag steht (ROWECK 1995). Auf der anderen Seite entspricht das sog. „Wildnis"-Szenario nach BROGGI

(1995) dem modernen Gedanken eines Prozessschutzes, der Natur nicht als festen Zustand, sondern als kontinuierliche Entwicklung begreift (OTT 1998, DECKER et al. 2001, HÖCHTL et al. 2005). In diesem Zusammenhang soll nach FINCK/SCHRÖDER (1997) auf eine Sicherung und Entwicklung aller waldtypischen Funktionen und der natürlichen Walddynamik im Sinne der Mosaik-Zyklus-Theorie (nach REMMERT 1991, SCHERZINGER 1991) zu achten sein. Der Terminus „verwilderte Kulturlandschaft" (JOB 1999) verweist hingegen darauf, dass sich eine weitgehend geschlossene Waldlandschaft erst über einen langen Zeitraum herausbilden wird (zum erwarteten Verlauf der Sukzessionen siehe HARD 1975b und SCHREIBER 1980).

In der *Erholungslandschaft* hat der Tourismus Vorrang. Im Zusammenhang mit abiotischem Ressourcenschutz und Naturschutz und entsteht eine „reizvolle, aber widersprüchliche Landschaft"; der hohe finanzielle Aufwand für die Herstellung und Pflege dieses Landschaftstyps ist durch den Freizeit- und Fremdenverkehr zu tragen (vgl. AUFMKOLK/ZIESEL 1997 und 1998). Das „ästhetische Leitbild" (ROWECK 1995, S. 27) betrifft in diesem Zusammenhang „Elemente künstlerischer Gestaltung" oder eine modernistische Fortentwicklung historischer Landschaftselemente. ROWECK (1995) bewertet jedoch selbst die Akzeptanz seitens der Bevölkerung eher kritisch, insofern Entwicklungssprünge gegenüber den „heimatähnlich" gewohnten Zuständen kaum toleriert würden (vgl. MATTHES et al. 2001).

6.2.4 Funktionale Integration und/oder räumliche Segregation

In planerischer Hinsicht besteht die Aufgabe, das „Wo und Wieviel" standort- bzw. naturraumbezogen zu präzisieren (ROWECK 1995, S. 29). Um diese Aufgabe zu lösen, gibt es prinzipiell zwei Möglichkeiten, nämlich entweder die Integration der sektoralen Leitbilder durch räumliche Überlagerung oder die Zuweisung von Vorrangräumen für einzelne Leitbilder (HAMPICKE 1988). In der bisherigen Praxis sind innerhalb Mitteleuropas zumindest zwei verschiedene Entwicklungen zu beobachten:

In weiten Teilen Nord- und Ostdeutschlands haben die Betriebsgrößen enorm zugenommen. Mit den rationalisierenden Großbetrieben ging ein „Abschied von der bäuerlichen Kulturlandschaft" einher. Hier grenzt intensiv genutzte Agrarlandschaft direkt an Schutzgebiete („Segregation", nach HAMPICKE 1988). Hingegen verfolgt die Agrarpolitik in Süddeutschland und Österreich, speziell auch in Bayern, weiterhin das Leitbild vom bäuerlichen Familienbetrieb und der Fortentwicklung der traditionellen Kulturlandschaft (vgl. BAYSTMELF 1992). Letzteres gelingt aber oft genug nur teilweise. Wenn etwa in der Flurbereinigung ein Erhalt einzelner Landschaftselemente ökologisch nicht sinnvoll ist, z. B. weil sie zu stark isoliert sind, oder der „Vertragsnaturschutz" nicht flächendeckend betrieben werden kann, kommt es auch hier zu Zonierungen, die allerdings wesentlich kleiner gekammert sind („Vernetzung", nach HAMPICKE 1988).

In beiden Fällen scheint die räumliche Anwendung der verschiedenen Leitbilder also eine Frage des Maßstabs zu sein. Regionsspezifische Leitbilder können unter Umständen in Widerspruch zur Beseitigung räumlicher Disparitäten stehen (RAT VON SACHVERSTÄNDIGEN FÜR UMWELTFRAGEN 1996). Daher sollte die räumliche Differenzierung auf jeden Fall nicht zwischen, sondern innerhalb einzelner Naturräume anzustreben sein. Auch wird speziell eine Segregation von Intensiv-Landwirtschaft („GATT-Landschaft") und modeabhängigem Naturschutz („Naturschutz-Landschaft") vielfach kritisch gesehen (z. B. MUHAR 1995). Zumindest sollte der Naturschutz nicht rein ordnungsrechtlich agieren, sondern vielmehr wären sozioökonomische Aspekte in den Naturschutz zu integrieren (KLEIN 1999, S. 247).

Ein Kompromiss deutet sich mit dem „Konzept der differenzierten Landnutzung" (RAT VON SACHVERSTÄNDIGEN FÜR UMWELTFRAGEN 1996, S. 26) bzw. dem „Ansatz der partiellen Segregation/Integration" an (ROWECK 1995, vgl. PLACHTER/REICH 1994). Unter Beachtung von ökologischen sowie ökonomischen (Einkommen) und sozialen (Infrastruktur) Mindeststandards gelten bestimmte Qualitäten im Gesamtgebiet als unverzichtbar. Auf dieser Grundlage können darüber hinaus Vorrangflächen für bestimmte Funktionen geschaffen werden (ROWECK 1995).

ROWECK (1995, S. 30) erkennt weiterhin, dass ein „Umbau der Kulturlandschaften" v. a. für extensiv oder nicht genutzte Landschaftsteile bevorsteht. Die von ökonomischer Seite gestellte Frage „welchen Verlust an (...) können wir uns leisten?" dürfe jedoch nicht zu Kompromissen führen, deren Folgen letztlich nicht abschätzbar sind.

Tab. 6.2.4-1: Mögliche Bewertungskriterien für Kulturlandschaftsteile entsprechend funktionsorientierter Leitbilder

Leitbilder	Bewertungskriterien (Beispiele)
Moderne ertragsorientierte Kulturlandschaft	Bonität, Exposition, Hangneigung
Moderne historisierende Kulturlandschaft	(integriert Kriterien aller Leitbilder)
Historische Kulturlandschaft	Kulturart und Parzellenstruktur lt. Urkataster
Naturschutzlandschaft	Kulturart, Ausdehnung, soziologische Sättigung
Naturlandschaft	Azidität, Bodenfeuchte, Exposition

Längerfristig erscheint für die Nördliche Fränkische Alb – im Sinne des Konzeptes der differenzierten Landnutzung – somit folgendes Szenario nicht unrealistisch (vgl. AUFMKOLK/ZIESEL 1998): Die Landwirtschaft in relativen Ungunsträumen wie auf der Nördlichen Fränkischen Alb übernimmt zunehmend neue Aufgaben, wie eine

- extensive oder biologische Produktion von Nahrungsmitteln besonderer Qualität,

- Aufwaldung in geeigneten Bereichen, jedoch nicht „auf Kosten bestandsbedrohter Offenlandbiotope" (FINCK/SCHRÖDER 1997, S. 14),

- Pflege bestimmter Landschaftsteile, deren Aufwand zum Teil durch die extensive Nahrungsmittelproduktion und zum Teil durch entsprechende flächenbezogene Vergütung gedeckt wird (HAMPICKE 1995, ROTH et al. 1995).

Sofern man dies mit einem Leitbild von Nutzungen und Nicht-Nutzungen verbindet (Restflächen eröffnen die „Notwendigkeit einer Wildnisdebatte"), ermöglichen eine regionale Kreislaufwirtschaft und angepasster Tourismus das „Szenario der weiterhin gepflegten Kulturlandschaft" (BROGGI 1995, S. 107 f.). Somit steht zu erwarten, dass sich (zunächst) ein eher gemäßigtes Szenario durchsetzen wird, aber auch, dass jeweils Teile der Kulturlandschaft mehr nach dem einen oder mehr nach einem anderen Leitbild ausgerichtet werden. Dabei kommt es sukzessive zum Entstehen „neuer Landschaften", deren Formenkanon noch nicht in allen Einzelheiten vorhersehbar ist (AUF-MKOLK 1998).

6.2.5 Elementtypbezogene Leitbilder für die Nördliche Fränkische Alb

Die fünf bzw. sechs in Tabelle 6.2.3-1 skizzierten Leitbilder können mit Hilfe des katasterbasierten GIS auf ein Untersuchungsgebiet übertragen werden, indem man den Parzellen entsprechend vorher definierter Wertbereiche ausgesuchter Attribute (Bewertungskriterien, vgl. Tabelle 6.2.4-1) die „neuen" Nutzungen zuweisen lässt. Auf diese Weise können die Leitbilder für die mittel- bis langfristige Landschaftsentwicklung der Nördlichen Fränkischen Alb ggf. kartographisch visualisiert werden. Dabei sind elementtypbezogen folgende Grundgedanken zu beachten:

Leitbildentwicklung für die Ackerfluren auf den Hochflächen

Wesentliche Teile der Ackerfluren sind als Produktionsstandorte und für das typische Landschaftsbild nachhaltig zu sichern. Ein „Flickenteppich" von vielen vereinzelten Aufforstungsflächen würde das Bild der offenen Hochfläche zerstören und die verbleibenden Ackerparzellen beeinträchtigen. Aufforstungen sollen deshalb gelenkt und auf bestimmte Standorte konzentriert werden; eine Verwendung standortgerechter Hölzer ist als selbstverständlich anzusehen (HÜMMER/MEYER 1998).

Im Sinne des Nachhaltigkeitsgedankens sind Übernutzungen in der Landwirtschaft zu vermeiden. Dies entspricht der Neufassung des Bundesnaturschutzgesetzes, in welcher die sog. Landwirtschaftsklausel, die der Landwirtschaft a priori ein naturschutzkonformes Verhalten unterstellte, durch die Anforderungen an eine „gute Praxis" gemäß § 5 Nr. 4 ersetzt worden ist (SCHMITZ/BRÖDER 2002). Im Gegenteil sind temporäre Flächenstilllegungen sowie ein langfristiger Übergang zur „alternativen" Landwirtschaft in Betracht zu ziehen, insofern dies wirtschaftlich tragfähig ist (vgl. KAULE et al. 1994, LUKHAUP 1999).

Leitbildentwicklung für die Wiesentäler

In anderen bayerischen Mittelgebirgen, z. B. im Frankenwald, hat man schon seit den 1960er Jahren (HABER/KAULE 1970) beobachtet, wie die Täler nach und nach aufgeforstet bzw. vom Wald zurückerobert wurden. Ein ähnliches Szenario könnte man bei der derzeitigen Entwicklung in der Landwirtschaft auch für die Nördliche Fränkische Alb annehmen (SCHMITT 1998).

Die Wiesentäler haben unter ökologischen Gesichtspunkten eine große Bedeutung. Sie sind darüber hinaus wichtig für den Fortbestand des Tourismus. Hier liegen die Fremdenverkehrsorte, und von hier ist die „romantische" Landschaft der Fränkischen Schweiz am ehesten erlebbar. Insoweit besteht Übereinstimmung, die historische Kulturlandschaft der Wiesentäler zu erhalten und eine weitere Verbuschung oder Aufforstung zu verhindern. Bereits 1996 hat auch die Höhere Naturschutzbehörde ein Projekt

„Offenhaltung der Täler im Fränkischen Jura" geplant (REGIERUNG VON OBERFRANKEN 1996). Dabei sind sowohl umweltfreundliche Extensivierungen als auch die Neunutzung bereits aufgelassener Parzellen in Angriff zu nehmen. Die Wiesenparzellen sind nach Möglichkeit betriebswirtschaftlich, d. h. als Wiesen oder Weiden für die Viehwirtschaft, in Wert zu halten (vgl. ROTH et al. 1995).

Leitbildentwicklung für die Magerrasenkomplexe

Die Halbtrockenrasen, die, vorwiegend als Hutweiden genutzt, ehemals 15 % der Fläche einnahmen, gelten als das typische Landschaftselement der Nördlichen Fränkischen Alb schlechthin. Sie besitzen als Trockenstandorte eine herausragende Bedeutung für den floristischen und faunistischen Artenschutz (BÖHMER 1994, WEID 1996b). Außerdem sind sie von großer Wichtigkeit für das Landschaftsbild, dessen Erlebnis bereits in der Zeit der Romantik vorgeprägt worden ist (BÖHMER/BENDER 2000). Aus diesen Gründen sind wesentliche Teile der Magerrasenkomplexe wiederherzustellen und zu pflegen. Dies geschieht am sinnvollsten durch die klassische Nutzungsform der Schafbeweidung, die mit Hilfe entsprechender Triftkonzepte wirtschaftlich zu managen ist. Gleichzeitig ist für den Absatz der Erzeugnisse (Schaffleisch) Sorge zu tragen, indem über die regionale Gastronomie eine Verbindung zum Tourismus hergestellt werden soll (OPUS 1993, WEID 1995a).

Leitbildentwicklung für Wälder, insbesondere die „lichten Kiefernwälder"

Das Leitbild für die Waldentwicklung umfasst generell folgende Punkte (nach HILDEBRANDT et al. 2000): Sie soll

- dem Grundsatz des Bodenschutzes und der standortgemäßen Auswahl von Baumarten entsprechen,

- der Laub- und Mischwaldvermehrung förderlich sein,

- einer hohen und wertvollen Holzerzeugung unter günstiger Aufwand- und Ertragsrelation genügen,

- horizontal und vertikal zu einer vielgestaltigen, reichen und stabilen Waldstruktur, einschließlich einer optimalen Waldrandgestaltung führen,

- der Erhaltung und Förderung seltener und gefährdeter Holz-, Pflanzen- und Tierarten dienen,

- der gesellschaftlichen Schutz- und Erholungsfunktion genügen.

Die lichten Kiefernwälder sind Ausdruck der landwirtschaftlichen Extensivierung zu Beginn des 20. Jahrhunderts (WEISEL 1971). Sie geben heute Anlass für einen Zielkonflikt zwischen Naturschutz und Forstwirtschaft, für den schwerlich eine integrierende Lösung zu finden ist. Aus forstlicher Sicht ist nach der in den letzten Jahrzehnten sukzessive erreichten Bodenverbesserung ein Umbau in Mischwaldbestände anzustreben. Dies liegt auch prinzipiell im wirtschaftlichen Interesse der Waldbesitzer.

Die Tatsache, dass ein Großteil der Anemonen-Kiefernwälder auf ehemaligen Acker- und Weideflächen stockt, spricht nach HOHENESTER (1989) nicht gegen ihre Naturnähe, auch wenn sie lediglich Durchgangsstadien zur Klimaxgesellschaft des Seggen-Buchenwaldes sind. Für die Naturnähe spricht eine größere Anzahl typischer Begleiter kontinentaler Föhrenwälder. Aus Sicht des Naturschutzes gehen durch den forstlichen Umbau potentielle Magerrasenstandorte mit entsprechenden Zielarten verloren, die als Trockenstandorte nach Art. 13 d BayNatSchG geschützt und erhalten werden sollten (HEMP 1995). Außerdem wäre aus Sicht der Kulturlandschaftspflege der Verlust des – für das 20. Jahrhundert – typischen Landschaftsbildes und der landschaftsgeschichtlichen Information bezüglich der dynamischen Entwicklungsphase in der ersten Hälfte des 20. Jahrhunderts zu beklagen.

Fazit für das Untersuchungsgebiet der Nördlichen Fränkischen Alb

Aus der Diskussion der für das Untersuchungsgebiet Nördliche Fränkische Alb bedeutendsten Kulturarten ist herauszulesen, dass sich eine Leitbildentwicklung vorwiegend im Bereich der modernen historisierenden Kulturlandschaft und – mit Einschränkungen – der Naturschutz- sowie Naturlandschaft bewegen wird. Erstere genießt offenbar auch die relativ größte Akzeptanz in der Bevölkerung (DÖRR/KALS 2003: dort als „BIO-LAND" bezeichnet). Für eine rein ertragsorientierte Kulturlandschaft sind hingegen langfristig keine sozioökonomischen Grundlagen mehr erkennbar. Die moderne historisierende Kulturlandschaft auf vorwiegend regionalwirtschaftlicher Grundlage vermag Vieles zu integrieren: den biologischen Artenschutz, die schonende Fortentwicklung und Pflege des traditionellen Landschaftsbildes, die Sicherung der Grundlagen für den Tourismus. Für das Leitbild der Naturlandschaft ist wenig Raum, da sich ein Prozessschutz nur für schon bestehende Waldflächen oder aus der Nutzung fallende Ackerflächen eignet; und dies jeweils nur unter der Voraussetzung, dass die fraglichen Areale nicht zur Existenzsicherung der verbleibenden Betriebe – etwa durch Forstwirtschaft – benötigt werden. Die historische Kulturlandschaft mag in Einzelfällen aus Naturschutzsicht interessant sein; sie ist für ein Leitbild, das ökologische, ökonomische und soziale Aspekte integrieren soll, jedoch schlichtweg unbrauchbar. Im günstigsten Fall ist daran zu denken, sie unter denkmalpflegerischen Gesichtspunkten in einer weitgehend traditionell erhaltenen und typischen Gemarkung pro Naturraum wiederherzustellen, sofern dafür gesellschaftlich eine Zahlungsbereitschaft gegeben ist.

7 Diachronische Kulturlandschaftsbewertungen

7.1 Zur Bewertung von Landschaften

7.1.1 Anliegen der Landschaftsbewertung

Wie BLASCHKE/LANG (2000, S. 7-1) konstatieren, rückte die Werteforschung seit den 1970er Jahren in den Mittelpunkt wissenschaftlichen Interesses. SIX (1985) sieht in diesem Kontext den „Wert" als ein grundlegendes Konzept vieler unterschiedlicher Disziplinen an. In der Geographie und in der räumlichen Planung spielten Bewertungen allerdings, z. B. bei Standorttheorien (von THÜNEN 1842, WEBER 1909, CHRISTALLER 1933), eine traditionell wichtige Rolle.

Doch kritisierte PLACHTER bereits 1991 (S. 246 f.), in vielen Fällen werde nicht oder zumindest nicht ausreichend zwischen naturwissenschaftlicher Datenanalyse und Bewertung unterschieden. Der Wert werde als gegeben vorausgesetzt, während „seine Ermittlung ja gerade die Aufgabe des Bewertungsschrittes wäre". So bleibt bei vielen erarbeiteten Bewertungsverfahren (vgl. MARKS et al. 1992, BLASCHKE 1997, BASTIAN/SCHREIBER 1999, GLAWION/ZEPP 2000) letztlich unklar, auf welcher Grundlage bzw. an welchem Maßstab die Landschaftsbewertung erfolgte. Die hiermit angedeuteten Probleme verweisen auf die unklare bzw. ambivalente Bedeutung des Begriffs „Bewertung". Damit kann zunächst die Feststellung eines Wertes im Sinne einer Quantifizierung gemeint sein: so etwa in der betriebswirtschaftlichen Lehre die Annahme einer „Wertgröße" für ein materielles oder immaterielles Gut (Der Große Brockhaus 2004). In einem zweiten Schritt kommt es dann zu einer Einschätzung nach Wert und Bedeutung auf Grundlage bestimmter Werthaltungen (Normen). Nach BECHMANN (1989) handelt es sich bei einer Bewertung allgemein um die Relation zwischen einem gewerteten Objekt und einem wertenden Subjekt. Diese Relation besitzt nach BASTIAN/SCHREIBER (1999) folgende drei Dimensionen:

- die Abbildung der Wirklichkeit (ggf. mit Hilfe einer Quantifizierung),
- ein Wertesystem als normative Basis,
- das Werturteil, welches das Wertesystem auf den konkreten Fall anwendet.

Das Werturteil kann schließlich auf drei unterschiedlichen Zuordnungsniveaus erfolgen (PLACHTER 1991) und muss somit nicht immer „quantitativ" sein:

- einer nominalen Zuordnung, die nur angibt, ob ein Merkmal vorhanden ist oder nicht;
- einer ordinalen Zuordnung, wobei Objekte anhand von Merkmalen in eine Reihenfolge gebracht und mit Güteprädikaten ähnlich den Schulnoten versehen werden;
- einer kardinalen Zuordnung, womit auch die Abstände zwischen den Rangziffern quantifizierbar sind.

Die Wertzuweisung zu den einzelnen Parametern zeigt dann im Grundsatz immer einen Vergleich der in der Landschaft vorgefundenen Zustände mit theoretischen Vorgaben (PLACHTER 1991). Oder anders ausgedrückt: Bewertung „heißt die in der Natur erhobene oder prognostizierte Ausprägung eines (Umwelt-)Indikators mit einem durch (regionalisierte) Umweltqualitätsziele beschriebenen Leitbild zu vergleichen" (BASTIAN 1999, S. 363 f., nach HEIDT/PLACHTER 1994) und ohne ein quantitativ „klar definiertes Ziel [gibt es] auch kein Maß für den Erfolg oder die Erfolglosigkeit" planerischer Maßnahmen (LÖFFLER/STEINHARDT 2004, S. 148, vgl. DABBERT et al. 1999, DALE et al. 2001, MOSIMANN et al. 2001, KAULE 2002).

Ob Landschaftseigenschaften nutzungsbezogen oder in Hinblick auf ihre Bedeutung für den Landschaftshaushalt beurteilt werden, hängt von der jeweiligen Sichtweise ab. Sie kann anthropozentrisch oder geozentrisch sein (STEINHARDT et al. 2005, S. 236). In dieser Untersuchung zur Kulturlandschaftsentwicklung geht es vornehmlich um Erstgenannte.

Vorweg einige wesentliche Grundannahmen für raum-zeitliche Bewertungen:

- Eine völlig objektive Bewertung ist unmöglich; jede Bewertung enthält subjektive Anteile (CERWENKA 1984). Eine quantitative Bewertung ist in diesem Sinne nicht objektiv, aber leichter nachvollziehbar.
- Für einen einheitlichen Bewertungsvorgang müssen die Daten vergleichbar aufbereitet sein (MARKS et al. 1992).
- Jede Bewertung muss an einem Ziel (Leitbild) ausgerichtet sein (USHER 1986).

Zum letzten Punkt ist allerdings anzumerken, dass auf Grund des in Kapitel 6.2 erreichten Konkretisierungsgrades eines Leitbildes für die Nördliche Fränkische Alb keine „abschließenden" Bewertungen erfolgen können. Außerdem fehlen hinsichtlich vieler Kriterien derzeit noch die (räumlichen) Vergleichsmöglichkeiten, auf deren Basis ein (realistisches) Wertesystem entwickelt werden kann. Vielmehr geht es in dieser Arbeit darum, methodische Ansätze für diachronische Bewertungen darzustellen und auf Basis des KGIS zu entwickeln.

7.1.2 Ansätze der Landschaftsbewertung

Bewertungen von Landschaften, Landschaftsausschnitten, -teilen oder -elementen sind in verschiedenen Disziplinen und unter verschiedenen Ansprüchen (Nutzung bzw. Schutz) an die Landschaft gebräuchlich. Manche Verfahren sind schon lange eingeführt (z. B. landwirtschaftliche Bonitierung), andere werden in der Wissenschaft derzeit intensiv diskutiert (z. B. Einsatz der Landscape Metrics für Naturschutzfragen, BLASCHKE 1999a). Weitere bieten sich in der Folge der Erstellung einer Kulturlandschaftsinventarisation an. Dabei steht ein systematischer Überblick noch aus, der u. a. die Identifikation von Desiderata für eine funktional-integrierende Bewertung ermöglichen sollte.

Die gängigen Bewertungsverfahren lassen sich u. a. in folgende Kategorien einordnen:

- rein aktualistische vs. diachronische, also für historische bzw. zukünftige Zeitschnitte geeignete Verfahren,
- Struktur- vs. Veränderungs-/Prozessbewertungen,

- nutzerabhängige vs. nutzerunabhängige Bewertungen,
- qualitativ-subjektive vs. quantitativ-objektive Bewertungen,
- Bewertungen von Landschaften oder Landschaftsteilen bzw. -elementen/-elementtypen.

Rein subjektive Bewertungsansätze stammen aus der Perzeptions- und Akzeptanzforschung, z. B. die Beurteilung von Sukzessionsstadien im Gelände (HUNZIKER/KIENAST 1999) oder von Landschaftsentwicklungsszenarien über Fotosimulationen (JOB 1999). Dabei sind verschiedene Dimensionen des Landschaftserlebens (Tradition, Ökologie, Rendite, Stimmung) zu beachten bzw. Erklärungen für die verschiedenen Präferenzen herauszuarbeiten. Ein weiteres gebräuchliches Verfahren ist die Kontingenz-Valuations-Methode (Zahlungsbereitschaftsanalyse, PRUCKNER 1994, HAMPICKE 1996, JOB/KNIES 2001). So untersuchte beispielsweise JOB (1999), wieviel Einheimische und Touristen für den Erhalt der historisch gewachsenen Weinbaulandschaft an der Mosel zu zahlen bereit wären. Dabei erklärten sich ca. 60 % der Einheimischen bereit, 50 DM und mehr pro Jahr dafür zu bezahlen; nur 12 % lehnten jede Zahlung ab. Im Vergleich dazu waren die Touristen wesentlich weniger zahlungsbereit; sie verwiesen u. a. auf den Konsum regionaler Produkte, insbesondere von Wein.

Qualitativ-objektive[34] Verfahren bedienen sich hingegen oft einer segregierenden Methode. Dabei wird das Gebiet nach bestimmten Gesichtspunkten in kleinere Einheiten, etwa „Landschaftskammern" (EGLI 1997) oder „Landschaftsbildeinheiten" (PASCHKE-WITZ 2001) untergliedert, denen wiederum vergleichend bestimmte Attributwerte zuzuordnen sind. Aufgrund der psychologischen Dimension solcher subjektiven bzw. qualitativen Bewertungsverfahren stellt es ein Problem dar, außerhalb der aktuellen Zeitebene zu bewerten. Die beste Grundlage dafür bilden noch möglichst detaillierte 4D-Landschaftsmodelle mit fotorealistischen Simulationen.

Quantitativ-objektive Bewertungen bleiben von diesem Problem unberührt und bedienen sich zumeist aggregierender Verfahren, bei denen die Eigenschaften von Landschaftselementen aufsummiert oder zueinander in Beziehung gesetzt werden. In jüngerer Zeit werden diese Bewertungen sehr häufig unter Einsatz von GI-Technologie, z. B. mit Hilfe des Landscape Metrics Approach, durchgeführt (BLASCHKE 1999a). Dieser Ansatz unterstützt sowohl die Untersuchung vollflächiger Landschaftsausschnitte (Landscape) als auch nur einzelner Teile daraus, etwa von Landschaftselementen (Patch) oder -elementtypen (Class).

Objektbewertungsverfahren befassen sich mit Landschaftselementen (Patch, Plot/Parzelle, Ökotop etc.), bei denen bestimmte Attribute gemessen und klassiert (quantitativ-objektiv wie z. B. Größe, Form, Hangneigung, Exposition, Einstrahlung etc.) oder zugeschrieben werden (qualitativ-subjektiv wie „historische Zeugniskraft", „Eigenart", „Erhaltungszustand", „Seltenheit", vgl. BAYLFU 2004).

---

[34] „Objektiv" meint hier, Landschaft – als Objekt – nach Möglichkeit so zu bewerten, wie sie unabhängig vom Betrachter existiert und nicht, wie sie bewusst subjektiv wahrgenommen wird.

Die objektive Landschaftsbewertung als Pendant zur Landschaftsanalyse wird in der Landschaftsökologie auch als „Landschaftsdiagnose" bezeichnet (STEINHARDT et al. 2005, S. 240). Ihre Resultate werden räumlich auf die auskartierten (kleinsten) Landschaftseinheiten bezogen. STEINHARDT et al. (2005, S. 240) behaupten, eine Gesamteinschätzung des Nutzungspotentials, des Nutzungsrisikos oder der funktionalen Bedeutung von Landschaften sei nicht möglich. Einen landschaftlichen Gesamtwert, der alle Funktionen integrierend berücksichtigt, könne es somit nicht geben. Möglich erscheint es jedoch in vielen Fällen, einen Gesamtwert für eine größere Landschaftseinheit, etwa in der chorischen Dimension anzugeben, der sich jeweils auf ein Beurteilungskriterium beschränkt. Ein solcher Wert könnte sich aus dem (flächengewichteten) Mittel der kleineren Einheiten bestimmen lassen oder aber im Sinne des Holismus mittels solcher Verfahren bestimmt werden, die nicht nur die einzelnen Bestandteile alleine begutachten, sondern auch deren (räumliches) Zusammenspiel.

Schließlich geht es bei einer diachronischen Bewertung in aller Regel darum, den aktuellen Zustand an einem vergangenen zu messen, um eine evtl. gegebene Schutzwürdigkeit festzustellen oder um entsprechende Entwicklungspotentiale auszuloten. Dabei können die zeitlichen Landschaftszustände jeweils einzeln bewertet werden (Struktur), oder aber im Entwicklungsgang (Prozess), indem man die Unterschiede zwischen zwei zeitlichen Landschaftszuständen misst und gewissermaßen die „Differenz" bewertet. Auf derartige Überlegungen zu landschaftsbezogenen Verfahren soll im Folgenden der Schwerpunkt gelegt werden, sei es in der Diskussion bereits bestehender Verfahren oder in der Entwicklung von neuen Bewertungsansätzen. Somit lassen sich die Prämissen für die im Folgenden zu diskutierenden und anzuwendenden Verfahren wie folgt skizzieren: Diese Bewertungen sollen

- soweit als möglich von KGIS quantitativ unterstützt werden,
- grundsätzlich mit den historischen, aktuellen und künftigen Zeitschnitten (Szenarien, Simulationen, Maßnahmevorschläge) durchgeführt werden können,
- also einen Vergleich zwischen verschiedenen (Teil)-Räumen und verschiedenen Zeiten ermöglichen.

7.2 Exkurs: Landschaftsstrukturmaße

Im Bemühen, die Landschaftsstruktur zu quantifizieren, wurden seit Ende der 1980er Jahre verschiedene Strukturmaße („Landscape Metrics") eingeführt (O'NEILL et al. 1988). Ziel ist es, über die Beschreibung und Bewertung der Landschaftsstruktur hinausgehend, Informationen über Prozesse und Funktionen zu erlangen (STEINHARDT et al. 2005, S. 195). Ursprünglich wurden die Landscape Metrics im Zusammenhang mit der Insel- (MCARTHUR/WILSON 1963 und 1967) und Metapopulationstheorie (LEVINS 1969) und zunächst speziell für Fragen der Habitatqualität bestimmter Spezies bzw. Populationen entwickelt (BLASCHKE/LANG 2000). Die Palette der Anwendungen wird in den letzten Jahren auch im deutschen Sprachraum sukzessive erweitert (vgl. BLASCHKE 1997, 1999a und b, 2000b, WALZ 1998, HERZOG et al. 1999, VON WERDER 1999, WALZ et al. 2001 und 2003). Die wichtigsten Anwendungen liegen nach HERZOG et al. (1999) im Landschaftsmonitoring und in der „indirekten Beurteilung von spezifischen Landschaftsfunktionen". Sie eignen sich insbesondere, um Hypothesen zu testen, etwa wie sich natürliche und anthropogen veranlasste Änderungen der Landschaftsstruktur auf Habitatqualität, Biodiversität und Stofftransport auswirken. Die Quantifizierung der Landschaftsstruktur mit den Landscape Metrics erleichtert es prinzipiell auch, „Landschaft" einer raum-zeitlich vergleichenden Bewertung zu unterziehen. Die Strukturmaße können in diesem Sinne sehr gut verwendet werden, um Landschaft für ein Werturteil zu operationalisieren.

Die bisher entwickelten Landscape Metrics sind in der Regel an das Patch-Matrix-Modell der nordamerikanischen Landschaftsökologie gekoppelt, die Berechnungen können in Abhängigkeit der untersuchten Fragestellung auf der Ebene der Patches, der Klassen oder der Gesamtlandschaft erfolgen. Die technische Ausführung wird inzwischen, weitestgehend automatisiert, von verschiedenen EDV-Programmen übernommen (z. B. FRAGSTATS für Rastermodelle, MCGARIGAL/MARKS 1995, MCGARIGAL et al. 2002). Für die Interpretation der Ergebnisse existieren allerdings keinerlei Normierungsansätze, weshalb eine Vergleichbarkeit auch nur bei gleichartigen Untersuchungsbedingungen gegeben ist (vgl. VON WERDER/KOCH 1999). Die methodischen Probleme des Landscape Metrics Approach liegen somit darin, dass Erfassungsmaßstab und -genauigkeit, Rasterauflösung, Untergliederung in Klassen, Wertigkeit der Klassengrenzen (z. B. Ökotone statt scharfer Grenzlinien) etc. die Ergebnisse mehr oder weniger stark beeinflussen können (VON WERDER/KOCH 1999, BLASCHKE 1999a, 2002). U. a. hatte es sich als ein Problem für die Übertragung des Landscape Metrics Ansatzes nach Europa herausgestellt, dass die hier im Vergleich zu Nordamerika kleingliedrigeren Strukturen der Kulturlandschaft sich nicht für eine Analyse mit den traditionell eingesetzten Satellitenbilddaten eignen, die hierzu über eine zu grobe Datenauflösung verfügen. Voraussetzung für eine diachronische Betrachtung ist im Übrigen eine über die Zeit gleich bleibende Qualität bezüglich des Maßstabs sowie der geometrischen und inhaltlichen Auflösung. Diese Voraussetzungen scheinen mit dem („verfeinerten") Vektor-Ansatz des katasterbasierten GIS gewährleistet.

Die bereits erwähnten EDV-Programme haben inzwischen eine Vielzahl von Strukturindizes implementiert (z. B. FRAGSTATS über 100). In verschiedenen Untersuchungen konnte allerdings der Nachweis erbracht werden, dass etwa fünf bis acht Strukturmaße zur hinreichenden Beschreibung der wesentlichen strukturellen Eigenschaften einer Landschaft genügen (STEINHARDT et al. 2005, S. 199). Noch immer sind allerdings die Wechselwirkungen zwischen Landschaftsstrukturen und -funktionen bzw. ökologischen Prozessen unzureichend erforscht. Die Interpretation der Landscape Metrics sollte deshalb dahingehend weiterentwickelt werden, dass sie ergänzend zu anderen Umweltindikatoren einsetzbar sind (STEINHARDT et al. 2005, S. 199). Im Folgenden wird ein Einsatz für die kulturlandschaftliche, anthropozentrische Perspektive versucht, wobei nur ein exemplarisches Vorgehen möglich ist (vgl. WALZ et al. 2003).

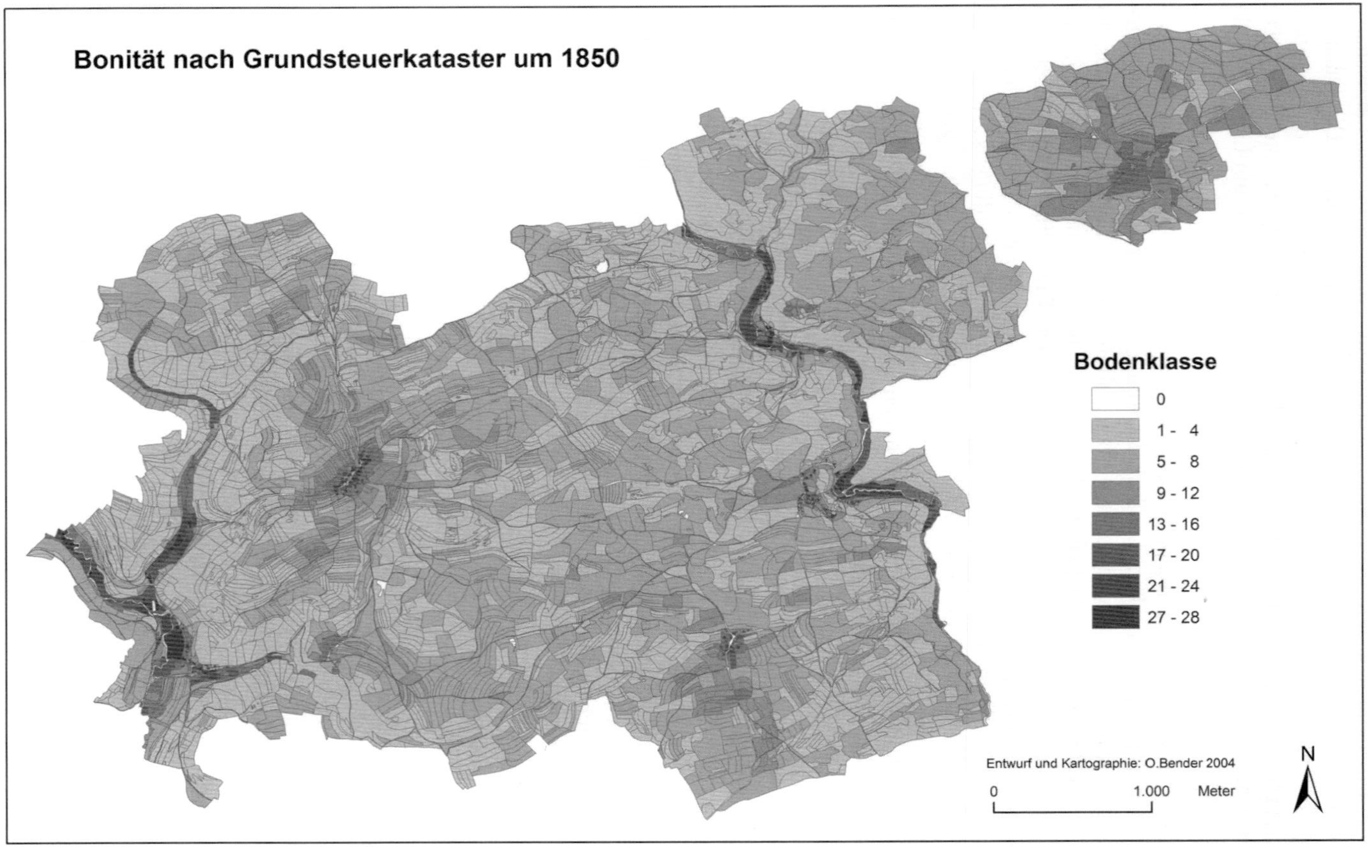

Karte 7.3.1-1: Bonitierung im Untersuchungsgebiet, nach dem Bayerischen Grundsteuerkataster um 1850

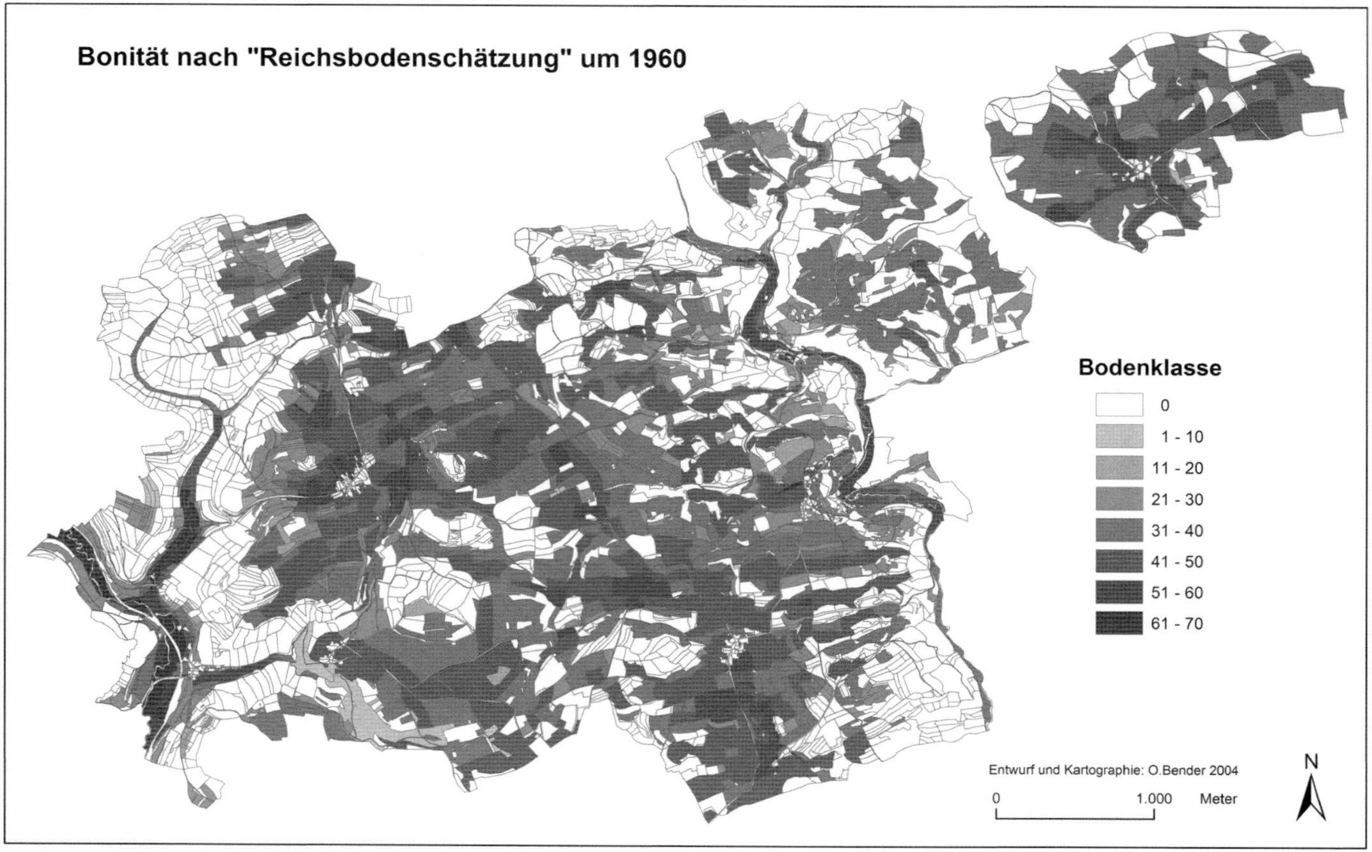

Karte 7.3.1-2: Bonitierung nach der „Reichsbodenschätzung" um 1960. Waldflächen wurden nicht mehr bewertet

7.3 Bewertungen anhand funktionaler Leitbilder

Im Folgenden werden einige repräsentative Bewertungsansätze auf Basis quantitativer Analysen vorgestellt und – soweit nötig – gegen qualitative Verfahren abgegrenzt. Dabei ist zu differenzieren, ob man funktionale, nutzerabhängige (z. B. für den Tourismus oder die Landwirtschaft) oder normative, nutzerunabhängige (z. B. in Naturschutz und Denkmalpflege) Ansätze verfolgt. Diesen Gegensatz einschränkend sei allerdings auf den weitgehend anthropozentrischen Ansatz von Denkmal- und Naturschutz hingewiesen, auch wenn – wie etwa in § 1 BNatSchG – zusätzlich auf den „eigenen Wert" der Schutzgüter Bezug genommen wird (vgl. SCHMITZ/BRÖDER 2002).

7.3.1 Bewertungsansätze aus der Landwirtschaft

In der Landwirtschaftsverwaltung und Agrarstrukturplanung werden inzwischen regelmäßig nutzerabhängige Bewertungen der Qualität von Nutzflächen (Bonität, Neigung, Exposition, Parzellengröße, -form, -erschließung etc.) und evtl. auch der Wirtschaftsweise durchgeführt, wobei die Ergebnisse letztlich betriebswirtschaftliches Verhalten beeinflussen. Zumindest sporadisch wird auch die agrarische Nutzungs- und Parzellenstruktur bewertet und in die ländliche Neuordnung (Flurbereinigung) einbezogen. Letztlich wirkt beides zurück auf die Landschaftsdynamik (vgl. die Analysen zur historischen und zukünftigen Landschaftsentwicklung in Kapitel 5 und 6). Allerdings ist ein diachronischer Vergleich dieser Wertungen schwierig, weil der Maßstab sukzessive an die sich verändernden Produktionsverhältnisse angepasst wird; speziell zu nennen sind hier die immer wieder geänderten Bonitierungsverfahren: So wurden bei der Reichsbodenschätzung die Ertragsleistung von lessivierten Böden unter- bzw. die Produktivität von Braunerden tendenziell überbewertet (STEINHARDT et al. 2005, S. 245).

Die Bonitierung, d. h. die Feststellung des Ertragspotenzials landwirtschaftlicher Nutzflächen zu Steuererhebungs- und Landeskulturzwecken, bildete wohl die erste, für ein gesamtes Staatsgebiet durchgeführte, explizit räumliche Kulturlandschaftsbewertung (vgl. Kapitel 2.4 und 2.6). Eine Gegenüberstellung der im gleichen Landschaftsausschnitt sukzessive durchgeführten Bodenbewertungen gibt außerdem – mit den oben genannten Einschränkungen – Auskünfte über kulturlandschaftliche Funktionen und Prozesse, nämlich über die Position im agrarischen Produktionsprozess sowie über anthropogene Stoffflüsse (Düngung, Melioration). Umso bedauernswerter ist, dass diese Tradition der Bewertung nicht fortgesetzt werden soll, weil sie zur Steuerermittlung nicht mehr zeitgemäß erscheint.

Einen interessanten Ansatz für eine großräumige und vereinfachte Bewertung verfolgt ein geplantes Projekt (INSTITUT FÜR STADT- UND REGIONALFORSCHUNG 2002), bei dem man sich im Zuge einer generellen Extensivierung – wie sie z. B. in den EU-Beitrittsländern zu erwarten ist – an Zielen der Nachhaltigkeit und somit an der „natürlichen" Ertragsfähigkeit orientiert. Hierbei soll nicht anhand der Maßstäbe der industrialisierten Landwirtschaft, sondern – und dies soweit entsprechende Bonitierungen fehlen – gemäß der historischen Verteilung der Kulturarten, wie sie aus älteren Katasterwerken ablesbar ist, auf ein künftig optimales Bodennutzungsmosaik geschlossen werden.

7.3.2 Bewertungsansätze im Tourismus

Die klassischen Bewertungsverfahren im Tourismus zielen auf den visuell-ästhetischen Wert, den Nutzwert und den Vielfältigkeitswert von Landschaften ab. Keines dieser Verfahren wurde bislang für einen bewertenden Vergleich zeitlich differierender Landschaftszustände herangezogen. Dies könnte allerdings sinnvoll sein, um Aussagen über die Veränderung der Angebotsstruktur in „klassischen" Fremdenverkehrsgebieten zu treffen und damit auch Grundlagen für die Entwicklung eines touristischen Leitbildes zu schaffen.

Landschaftsbildanalysen

Der visuell-ästhetische Wert von „Landschaftskammern" oder „-bildelementen" wird üblicherweise durch Schätzverfahren im Gelände ermittelt (z. B. GROSJEAN 1984 und 1987, NOHL/NEUMANN 1986, EGLI 1997, vgl. auch NOHL 2001), was nachträglich für die Vergangenheit kaum mehr gelingt.

So beruht die visuell-ästhetische Bewertung von GROSJEAN (1984) auf einer Einteilung des Geländes in visuell-homogene Bewertungsflächen, deren Begutachtung vor Ort nach einem komplizierten Schlüssel mit 61 thematischen Positionen, vier Bewertungen (Eigenwert mit Objekt- und Strukturwerten sowie Einflusswerte aus dem nahen, mittleren und fernen Bereich) und drei Wichtungsprofilen entsprechend den touristischen Präferenzen („Natur", „Tradition", sportliche „Aktivität") erfolgte.

Die Arbeit von EGLI (1997) dient der Weiterentwicklung von Grundlagen für eine „Eignungsbeurteilung" im kantonalen Landschaftsplan der Schweiz. Dabei wurden gleichfalls Einteilungen in „Landschaftskammern" vorgenommen und diese dann nach einer Feststellung der Häufigkeit, Ursprünglichkeit und Seltenheit der darin enthaltenen Punkt-, Linien- und Flächenelemente der „formalen Umwelt" (die in 47 Typen klassiert worden sind) sowie der Vielfalt und Dynamik der Kammer bewertet.

LEITL (1997) bewertete Landschaftsbildelemente anhand des Leitkriteriums der Eigenart; weiterhin nach Eigenwerten (wie Zustand, Zugänglichkeit, Nutzbarkeit etc.) und Kontextwerten (Harmonie, Kontraste, Sichtbeziehungen). Sein Verfahren wurde auch von ROTH (2002) angewendet.

Das Ziel der Studie von PASCHKEWITZ (2001) war hingegen eine Operationalisierung des Schönheitsbegriffs für die Landschaftsbildbewertung. Dazu erfolgte eine räumliche Untergliederung des Untersuchungsgebietes in homogene „Landschaftsbildeinheiten", die jeweils in eine von vier „Schönheitskategorien" („Naturschönes, Kunstschönes, Tätigschönes, Technikschönes") bzw. in eine von drei Stufen der Schönheit eingeordnet wurden.

Modifikation des „Vielfältigkeitswertes"

Landschaftsbewertungsverfahren allein auf der Basis von Nutzwertanalysen „zeigen weitestgehend nur mesoskalare Sachverhalte auf und sind weniger für den abgegrenzten Kleinraum geeignet" (HOFFMANN 1999, S. 18, vgl. BONERTZ 1983). Aufgrund der

Datenverfügbarkeit erscheint hingegen die V-Wert-Analyse (KIEMSTEDT 1967) für den diachronischen Vergleich prädestiniert, obwohl sie zunächst auf Basis der amtlichen Gemeindedaten und nicht für GIS konzipiert worden ist. Nach KIEMSTEDT sind landschaftliche Faktoren auf drei Ebenen touristisch wirksam:

- als Träger optischer Eindrücke (für die Empfindung von Schönheit und Eigenart),
- hinsichtlich der Nutzbarkeit bei touristischen Aktivitäten,
- durch bioklimatische Reize.

Die vereinfachte Formel für den Vielfältigkeitswert V (nach KIEMSTEDT 1967) lautet:

V = (Waldrand- + Gewässerrand- + Relief- + Nutzungszahl) • Klimafaktor / 1000.

Zunächst wurden dabei Gemarkungen miteinander verglichen; spätere Versuche mit Planquadraten u.ä. zeigten die Flexibilität der Methode auf. Mit Hilfe eines Landschaftsinformationssystems und des Landscape Metrics Approachs können die Datenbasis erweitert und die landschaftlichen Bezugseinheiten beliebig variiert werden. Für eine kleinräumige Adaption, etwa einer inneren Differenzierung von Gemarkungen anhand der Katasterparzellen, wird die Gewässerrand- durch eine Expositionszahl ersetzt und auf den Klimafaktor verzichtet:

V = (Waldrand- + Relief- + Expositions- + Nutzungszahl) / 4

V = ([NNWP_PY] + {[SLOP_PY] • 3.37} + {100 − ([EXPO_PY] • 0.55555)} + [NZAHL_PY]) / 4

Alle „Zahlen" wurden auf eine Skala 0-100 transformiert.

Tab. 7.3.2-1: Nutzungszahlen für den adaptierten Vielfältigkeitswert auf Basis von Flurstückseinheiten.

Kulturart	Nutzungszahl [N_ZAHL]
Acker	10
Wald	20
Verkehr	30
Siedlung	40
Wiese	50
Garten	60
Ödland	70
Hutung	80
Gewässer	90

Das größte Problem bei einer derartigen quantitativen Bewertung stellt die Auswahl und die Gewichtung der Variablen dar, womit zwangsläufig subjektive Aspekte zum Tragen kommen (NOLTE 2003). In einigen Arbeiten (z. B. PÖTKE 1979) hat man versucht, diesem Problem mit Hilfe von Befragungen der „Landschaftsnutzer" zu begegnen. Für die hier vorliegende Studie kamen hingegen nur Einschätzungen zum Tragen, die auf Experteninterviews mit regionalen Entscheidungsträgern (Touristikern, Lokalpolitikern) gründen. Die verwendeten Wichtungsfaktoren können allerdings jederzeit auf Basis neuer, detaillierterer Erkenntnisse über die Präferenzen der Touristen modifiziert und mit Hilfe von KGIS leicht verarbeitet werden.

Für die Studie in den Karten 7.3.2-1/2 wurden die Waldrand-, Relief-, Expositions- und Nutzungszahlen jeweils gleich hoch gewichtet. Auf eine Gewässerrandzahl wurde zugunsten einer hohen Nutzwert-Einstufung der Gewässer verzichtet. Hinsichtlich der Nutzungszahlen für die einzelnen Kulturarten sind sowohl Eignungspotentiale für landschaftsnutzende Funktionen (Klettern, Kanufahren, Golfspielen etc.) wie auch der landschaftliche Erlebniswert im Gelände und als Kulisse bei indirekt landschaftsnutzenden Funktionen (Wandern) berücksichtigt worden. Ackerflächen erhielten dabei den niedrigsten Wert zugewiesen, da sie in der längsten Zeit des Jahres schwerlich betreten werden können. Der ebenfalls niedrige Wert von Waldflächen ist dadurch begründet, dass die visuelle Landschaftswahrnehmung innerhalb des Waldes sehr eingeschränkt ist. Dies wird jedoch durch die Berücksichtigung des optisch besonders wirksamen Waldrandes in Form einer Waldrandzahl kompensiert, so dass im Sinne des V-Wertes kleinere, vielgliedrige Waldstücke positiv bzw. größere Waldflächen eher negativ ins Gewicht fallen.

Für kleinräumige Landschaftsveränderungen ergeben sich damit folgende Tendenzen hinsichtlich des V-Wertes:

- Die Rodung kleiner Abschnitte einer größeren Waldfläche führt oft zu größeren Waldrandlängen und somit zu einem höheren V-Wert.

- Die Aufwaldung von Hutungen führt zu mehr Wald, wodurch der V-Wert verringert wird, aber ggf. gleichzeitig zu größeren Waldrandlängen und somit zu einem höheren V-Wert.

- Die Aufwaldung von einzelnen Ackerparzellen führt zu größeren Waldrandlängen und somit zu einem höheren V-Wert.

Der V-Wert dient in dieser Form letztlich dem Vergleich des touristischen Potentials und seiner Entwicklung zwischen einzelnen Gemarkungen bzw. Gemarkungsteilen. Darüber hinaus kann ein Einsatz etwa in der Wanderwegeplanung sinnvoll sein, indem man die landschaftlich „reizvollste" Streckenführung auswählen kann (vgl. Karte 7.3.2-2 und BENDER 2001).

Sichtraumanalysen

Für den „Landschaftsnutzer" noch konkreter als der V-Wert ist die Feststellung von Sichtachsen (GUNZELMANN/ONGYERTH 2002) bzw. die Quantifizierung und nachfolgende Bewertung von Sichtraumanalysen (Vermittlung des Landschaftsbildes über Aussichtspunkte oder Wanderwege, ROTH 2002). Grundlage für Letztere sind entsprechende Oberflächenmodelle (DEM), die entsprechend dem Nutzungswandel (Verwaldung, Verbauung) für jeden untersuchten Zeitschnitt gesondert erstellt werden müssen.

Für die Sichtraumanalyse nach WEIDENBACH (1999) ist informationstechnologisch eine Umwandlung des Untersuchungsgebiets in ein beliebiges Punktraster vonnöten. Für jeden Punkt wird dann ermittelt, von wie vielen anderen Punkten er einsehbar ist. Auf diese Weise lässt sich feststellen, was die Touristen früher im Vergleich zu heute in der Landschaft „wahrnehmen" konnten.

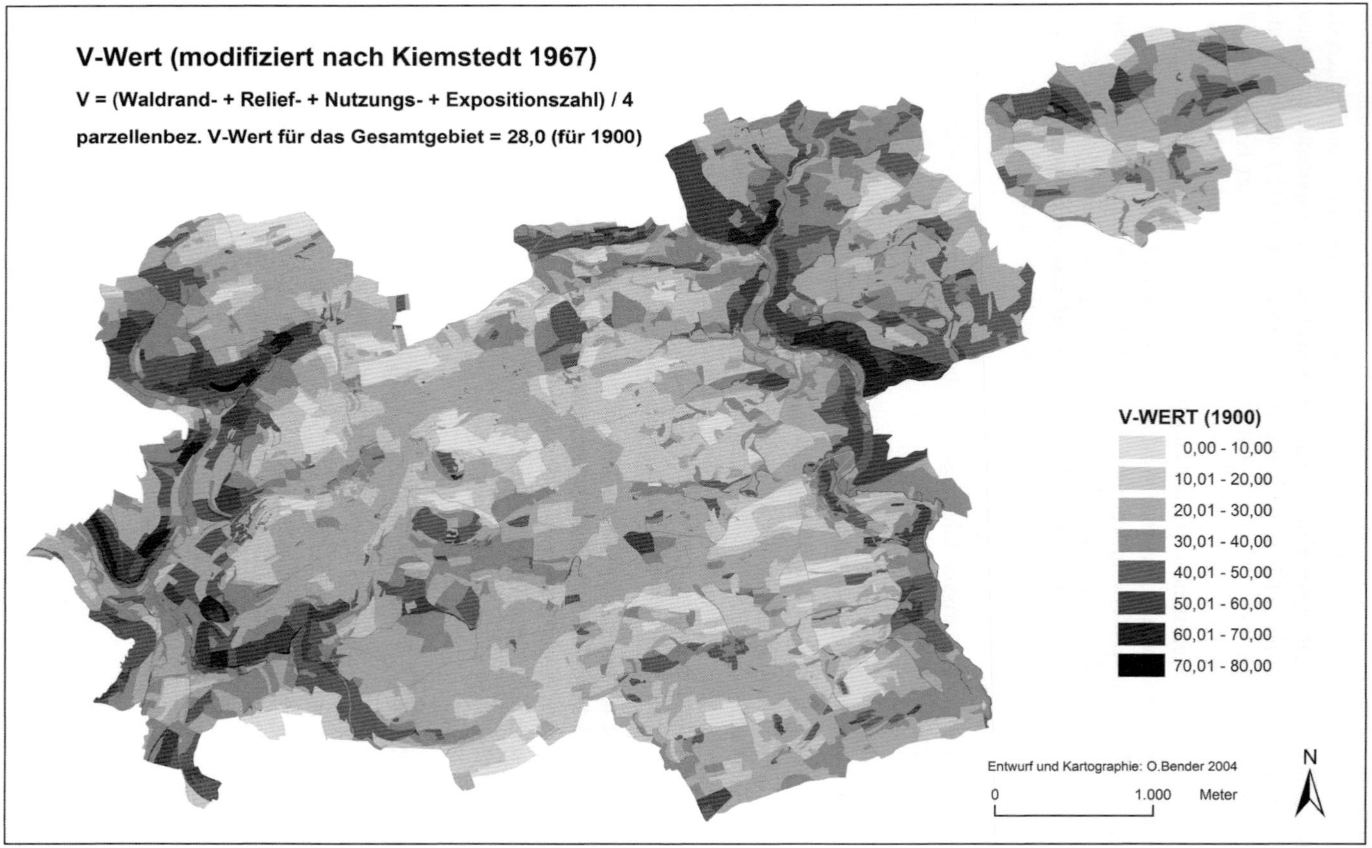

V-Wert (modifiziert nach Kiemstedt 1967)

V = (Waldrand- + Relief- + Nutzungs- + Expositionszahl) / 4
parzellenbez. V-Wert für das Gesamtgebiet = 28,0 (für 1900)

V-WERT (1900)

- 0,00 - 10,00
- 10,01 - 20,00
- 20,01 - 30,00
- 30,01 - 40,00
- 40,01 - 50,00
- 50,01 - 60,00
- 60,01 - 70,00
- 70,01 - 80,00

Entwurf und Kartographie: O. Bender 2004

Karte. 7.3.2-1: Modifizierter Vielfältigkeitswert im Untersuchungsgebiet 1900, parzellenbezogen

V-Wert (modifiziert nach Kiemstedt 1967)

V = (Waldrand- + Relief- + Nutzungs- + Expositionszahl) / 4
parzellenbez. V-Wert für das Gesamtgebiet = 29,9 (für 2000)

V-WERT (2000)

- 0,00 - 10,00
- 10,01 - 20,00
- 20,01 - 30,00
- 30,01 - 40,00
- 40,01 - 50,00
- 50,01 - 60,00
- 60,01 - 70,00
- 70,01 - 80,00
- Exkursionsroute

Entwurf und Kartographie: O. Bender 2004

Karte 7.3.2-2: Modifizierter Vielfältigkeitswert im Untersuchungsgebiet 2000, parzellenbezogen

Im Untersuchungsgebiet der Nördlichen Fränkischen Alb wurde das Landschaftsbild früher v. a. über Aussichtspunkte (zum Teil mit Pavillons u.ä.) vermittelt, die heute meistens zugewachsen sind – so etwa in Veilbronn und Wüstenstein. Die romantische Ideallandschaft der Fränkischen Schweiz in der Landschaft der Nördlichen Fränkischen Alb wiederzuerkennen, ist daher heute kaum mehr möglich.

7.3.3 Bewertungsansätze im Natur- und Landschaftsschutz

Quantitative Landschaftsanalysen für Naturschutzzwecke gründen traditionell zumeist auf theoriegeleiteten Konzepten wie Natürlichkeit und Diversität (vgl. PLACHTER 1991, BLASCHKE/LANG 2002). Inzwischen sind mit Durchsetzung des Landscape Metrics Approaches auch andere strukturelle Bewertungsansätze weit verbreitet (z. B. BLASCHKE 1999a und 2002), die oft als relativ leicht bestimmbare Indikatoren für die erstgenannten Kriterien dienen. Soweit entsprechende Daten vorliegen, sollten diese Ansätze für historische Zeitschnitte ebenfalls anwendbar sein. So ist zunächst an die Strukturveränderung einzelner Biotope (Patches) und deren Bewertung mit Hilfe verschiedener Landscape Metrics (Edge Distance, Core Area, Shape Index, Fraktale Dimension etc.) zu denken.

Der Vergleich von Strukturanalysen unterschiedlicher Zeitschnitte mit Hilfe der Landscape Metrics ermöglicht prinzipiell Aussagen über die Veränderung der Diversität der Landschaft und Verteilung ihrer Elemente, der Isolation bzw. Konnektivität von Elementen, der Zerschneidung von Elementen und Landschaften etc. (BLASCHKE 1999a, SCHWARZ-VON RAUMER et al. 2002). Man kann mit Hilfe von Kostenoberflächen, „Proximity Indizes", „Effektiven Maschenweiten" u.ä. abschätzen, ob die historische Landschaft bestimmten Aspekten des Naturschutzes besser oder schlechter entsprach als die heutige (vgl. WALZ 1998). Damit kann auch die Frage nach einer Eignung der historischen Kulturlandschaft als Leitbild für den Naturschutz im jeweiligen Einzelfall behandelt werden.

Schließlich sollte ein diachronisches Landschaftsinformationssystem über die Darstellung der (ökologischen) Landschaftskapazitäten[35] (BASTIAN/RÖDER 1996, VAN ROMPAEY et al. 2003) sowie Bewirtschaftungsintensitäten, Nährstoffverteilungen etc. auch einen Beitrag zur Klärung der Nachhaltigkeit von historischen bzw. aktuellen Landschaften leisten können (ECKER/WINIWARTER 1998). So behaupten WRBKA et al. (2002, mit Hinweis auf BECK 1993), die Nachhaltigkeit traditioneller Wirtschaftsweisen und Nutzungsformen im Sinne der Anpassung wirtschaftlicher Aktivitäten an die Grenzen der Tragfähigkeit des Lebensraumes sei bereits vielfach aufgezeigt worden. Als Schlüssel zu dieser „Nachhaltigkeit" sehen sie die Multifunktionalität, also die Ausnützung mehrerer Nutzungspotentiale eines Landschaftselementes, an. Tatsächlich ist eine Gleichsetzung von vorindustrieller Landwirtschaft und nachhaltiger Nutzung heftig umstritten, denn viele Autoren (z. B. JÄGER 1994, S. 83) verweisen auf eine anhaltende Übernutzung, die mit einer sukzessiven Aushagerung oder gar Degradierung der Böden einhergegangen sei. Eine Klärung dieser Frage kann letztlich nur er-

---

[35] Zur Problematik der Begriffe „Landschaftsfunktion" und „Landschaftspotenzial", die besser durch „Funktionsweise" und „Landschaftskapazität" ersetzt werden sollten, siehe LÖFFLER/STEINHARDT (2004).

reicht werden, wenn es gelingt, die Funktionsweise von Landschaften im Sinne des Landschaftshaushaltes diachronisch zu modellieren.

Einen Überblick über die wichtigsten heute im deutschen Sprachraum genutzten Bewertungsverfahren für den Landschaftshaushalt geben BASTIAN/SCHREIBER (1999) sowie BARSCH et al. (2000). Für einen Landschaftsausschnitt der Nördlichen Fränkischen Alb wurden von KRETTINGER et al. (2001) z. B. das Bodenerosionsrisiko, Grundwasserbelastungsrisiko und das Verunreinigungsrisiko von Oberflächengewässern geschätzt. Das katasterbasierte GIS soll eine wesentliche Grundlage für derartige Studien bieten. In der vorliegenden Arbeit können Bewertungen des Naturhaushalts (einschließlich der bioökologischen Bewertungen) jedoch nur angerissen werden, zumal sie in den Bereich der naturwissenschaftlichen Landschaftsökologie gehören.

Naturnähe und Hemerobie

Das bedeutendste oder am häufigsten verwendete Kriterium (BLASCHKE/LANG 2000, S. 7-4) bei der naturschutzfachlichen Bewertung ist das der Natürlichkeit oder Naturnähe (vgl. PLACHTER 1991, S. 242). Nach zunehmendem anthropogenem Einfluss unterscheidet ELLENBERG (1986) unberührte, natürliche, naturnahe und (bedingt) naturnahe von (bedingt) naturfernen und künstlichen Ökosystemen, wobei die beiden Erstgenannten in Mitteleuropa heute gänzlich fehlen. Weitere Klassifikationsvorschläge werden bei DIERSCHKE (1984) vorgestellt. Konkret kann der Begriff „Natürlichkeit" auf die Vegetation bzw. die Pflanzengesellschaften, auf die abiotischen Landschaftsqualitäten oder auch auf die Kulturarten bezogen werden. So stuft man z. B. (frühere) Abbaustellen ohne nähere Betrachtung der Vegetation oft als naturfern ein, auch wenn sie sich seit Auflassung ungestört entwickeln (PLACHTER 1991, S. 242).

Tab. 7.3.3-1: Hemerobiestufen und Vegetation (Quelle: PUG 1999, nach BLUME/SUKOPP 1976)

Hemerobiestufe	Kultureinfluss	Vegetation	Neophyten-anteil	Arten-verlust
metahemerob	sehr stark und einseitig	keine oder nur extrem spezialisierte Arten	-	
polyhemerob	stark	starke Vereinfachung, wenige tolerante Arten	21-(80) %	
euhemerob (α, β)	anhaltend stark	Vegetation vom Menschen bedingt	13-20 %	> 6 %
mesohemerob	schwächer und periodisch	Vegetationsbild vom Menschen bedingt	5-12 %	1-5 %
oligohemerob	schwach	reale Vegetation stimmt mit natürlicher Vegetation überein	< 5 %	< 1 %
ahemerob	nicht vorhanden	ursprüngliche Vegetation	0 %	0 %

Im Gegensatz zum Konzept der Naturnähe wird mit der Hemerobie der Grad des – direkten oder indirekten – menschlichen Einflusses bewertet. JALAS (1955) ging davon aus, dass der Kultureinfluss an der Vegetation ablesbar ist. Die vier von ihm vorgeschlagenen Intensitätsgrade (a-, oligo-, meso- und euhemerob) haben später SUKOPP

(1972) sowie BLUME/SUKOPP (1976) weiter untergliedert (vgl. Tabelle 7.3.3-1). Dabei wurden zur Indikation folgende Kriterien vorgeschlagen: der Neophytenanteil, der Artenrückgang, Bodenveränderungen sowie Zeigerarten. Die Hemerobie kann sowohl mit einem aktualistischen Ansatz in Bezug zur potentiellen natürlichen Vegetation wie auch mit einem historischen Ansatz in Bezug zur ursprünglichen Vegetation, der Verbreitungsgeschichte und Einbürgerung von Arten gemessen werden. Anzumerken ist, dass sich die Hemerobieanalyse der landwirtschaftlichen Flächen weitgehend auf artenbezogene Kriterien stützen kann, für die Beurteilung von Wäldern hingegen standörtliche Kriterien stärker zu berücksichtigen sind (GRABHERR et al. 1998).

Eine entsprechende Bewertung kann mit dem Wissen um Intensität und Periodizität der menschlichen Wirtschaftstätigkeit sowie der (groben) Vegetationszusammensetzung auch für historische Landschaften in Angriff genommen werden (vgl. PUG 1999). Dabei wird der Hemerobiegrad ausgehend von den (verfeinerten) Kulturarten abgeschätzt (vgl. Kapitel 4.2).

Hinsichtlich der räumlichen Verbreitung von Hemerobiestufen ist für die historische Landschaft um 1900, entsprechend der Nutzungs- und Eingriffsintensität in der Kulturlandschaft, ein noch wesentlich differenzierteres Bild als das heutige zu erwarten (vgl. PUG 1999). Maximal verändert (metahemerob) waren demnach nur die Bauareale, stark beeinflusst weiterhin die Fahrwege (oligohemerob). Auch Feldwege wurden ähnlich den gedüngten Äckern noch anhaltend und relativ intensiv genutzt oder „gestört". Etwas weniger stark kulturbeeinflusst (β-euhemerob) zeigten sich die ungedüngten Äcker geringerer Bonitäten. Gedüngte und bewässerte Wiesen in den Tälern sowie Obstgärten an den Ortsrändern wiesen einen ähnlich intensiven Kultureinfluss auf (β-euhemerob). Damit dominierte diese Kategorie die offene Flur. Die Magerrasenkomplexe der Hutungen und Raine, die man entsprechend der Steppenheidetheorie (GRADMANN 1901 und 1933, GAUCKLER 1939) früher einmal als natürlich (oligohemerob) angesehen hatte, sind aufgrund ihrer relativ geringen Eingriffsintensität nach heutigen Maßstäben als mesohemerob zu bewerten. Ähnliches gilt für die meisten Waldflächen, wobei die alten Buchenwälder in Teilen doch möglicherweise als oligohemerob anzusprechen sind (vgl. GRABHERR et al. 1998).

Hinsichtlich der Landschaftsentwicklung im 20. Jahrhundert ist auf einen verstärkten Kultureinfluss der inzwischen überall gedüngten Ackerfluren, mit Ausnahme der Flächenstilllegungen, zu verweisen. Weiterhin sind die Fichtenaufforstungen als neues Landschaftselement mit sehr einseitigem Kultureinfluss (metahemerob) zu erwähnen. Demgegenüber stehen die Bestrebungen um mehr Naturnähe im Waldbau (BODE 1997, LINCKH et al. 1997, HÄUSLER/SCHERER-LORENZEN 2002).

Trophie

Die Trophie stellt den Nährstoffhaushalt des jeweiligen Landschaftselementes dar. Neben Phosphor und Kalium ist besonders Stickstoff für den Nährstoffhaushalt von großer Bedeutung. Die Trophie kann über Zeigerpflanzen und Zeigerzönosen der unterschiedlichen Standorte ermittelt werden. Für historische Zeiträume dienen Angaben zur Nutzungsweise und Standortsausprägung als Bewertungsgrundlage. Zur stärkeren Differenzierung der Nährstoffverteilung wird die ursprüngliche Skala (eutroph, mesotroph, oligotroph) um zwei Zwischenstufen (eu-mesotroph, meso-oligotroph) erweitert (vgl. PUG 1999). Damit können auch die mageren Verhältnisse der historischen Kulturlandschaft der Nördlichen Fränkischen Alb differenziert erfasst werden. Als Bewertungsgrundlage gelten die Bonitierungen nach den Katastern um 1850 und 1960 (vgl. PUG 1999).

Tab. 7.3.3-2: Trophieskala der Landschaftselemente (Quelle: PUG 1999)

Trophiestufe	Nährstoffangebot
eutroph	nährstoffreich
eu-mesotroph	mäßig nährstoffreich
mesotroph	mäßig nährstoffarm
meso-oligotroph	nährstoffarm
oligotroph	besonders nährstoffarm

Die Karten 7.3.1-1/2 geben somit wichtige Anhaltspunkte über die Nährstoffverteilung in der Kulturlandschaft der Nördlichen Fränkischen Alb. Demnach waren die Obstgärten, Wässerwiesen sowie die Wiesen und Äcker in Ortsnähe die nährstoffreichsten, da zuweilen gedüngten Kulturflächen (eu-mesotroph). Die Einstufung als mäßig nährstoffreich grenzte diese Flächen jedoch noch immer deutlich von den eutrophen Verhältnissen aktueller Agrarlandschaften ab. Alle weiteren Nährstoffklassen beschreiben nichtgedüngte Kulturflächen. Einzig die Äcker erfuhren einen Nährstoffeintrag über den Anbau stickstofffixierender Gräser in der Brachezeit und durch periodische Beweidung von Schafen. Die Klassifizierung folgt daher den Angaben zur Bodengüte. Die Fluren auf der Hochfläche wurden demnach großteils von mesotrophen Verhältnissen bestimmt. Dies betrifft auch zumindest Teile der älteren Waldbestände. Einen geringeren Nährstoffgehalt (meso-oligotroph) wiesen auf der Rodungsfläche einzig die besonders mageren Äcker sowie Hutweiden und im Extremfall Ödländereien auf. Damit gleichgesetzt werden auch die jungen Bestände der lichten Kiefernwälder. Dieser geringe Nährstoffgehalt wurde nur von den „oligotrophen" und daher besonders nährstoffarmen Verhältnissen der Bauareale unterboten.

Entscheidend für die Nährstoffverhältnisse in der historischen Kulturlandschaft war der ausgeprägte Mangel an Grünflächen, die als Nährstofflieferant für das Ackerland dienten. Daraus resultierte ein sehr sorgsamer und streng geregelter Umgang mit Nährstoffen. Speziell gedüngt wurden nur die intensivsten Nutzflächen, die in der Abbildung 7.3.3-1 dunkelgrau ausgewiesen sind („Äcker 1", „Obstgärten 1" und „Wiesen 1"). Der Nährstoffeintrag erfolgte auf den Äckern in Form von Mist und Waldstreu bzw. auf dem Grünland in Form von Dungjauche, Scheunenkehricht und Holzasche. Alle anderen Nutzflächen fungierten als Nährstofflieferanten und waren dementsprechend ausgehagert (PUG 1999).

Genau genommen handelt es bei den Karten 7.3.1-1/2 aber nicht um Darstellungen der Trophie, sondern um solche des mitteljährigen Ertrages (1850) bzw. der natürlichen Ertragsfähigkeit der Böden. Außer dem Nährstoffangebot sind in die Erhebungen auch andere Merkmale wie das Relief, die Gründigkeit, die Bodenwasserverhältnisse und das Lokalklima eingeflossen. Eine genauere Abschätzung der Bedeutung des Nährstoffangebots für die Ertragsfähigkeit erfordert Analysen der physikalischen und chemischen Bodenbeschaffenheit (vgl. STEINHARDT et al. 2005, S. 244). Die exakte Quantifizierung der Veränderungen des Trophiegrades im Verlauf des 19. und 20. Jahrhunderts wird zudem durch den Wechsel hinsichtlich der Erhebungsmethodik im Rahmen der Bonitierung erschwert. Auch JÄGER (1987, S. 220) hatte bereits festgestellt, am „ehesten lassen sich die Einflüsse der agrarischen Intensivierung deduktiv aus statistischen, darunter auch geschätzten Daten ermitteln, wobei jedoch nur allgemeinere Feststellungen möglich sind". In diesem Sinne lassen sich folgende generelle Aussagen treffen: Bei den Talwiesen dürfte durch den Einsatz von Stall- und Kunstdünger der Trophiegrad moderat gesteigert oder zumindest ein Nachlassen der Bewässerungsintensität ausgeglichen worden sein. Deutlich erkennbar ist hingegen, wie das Nährstoffangebot auf den Äckern der Hochfläche durch Zusatzdüngung massiv verbessert worden ist.

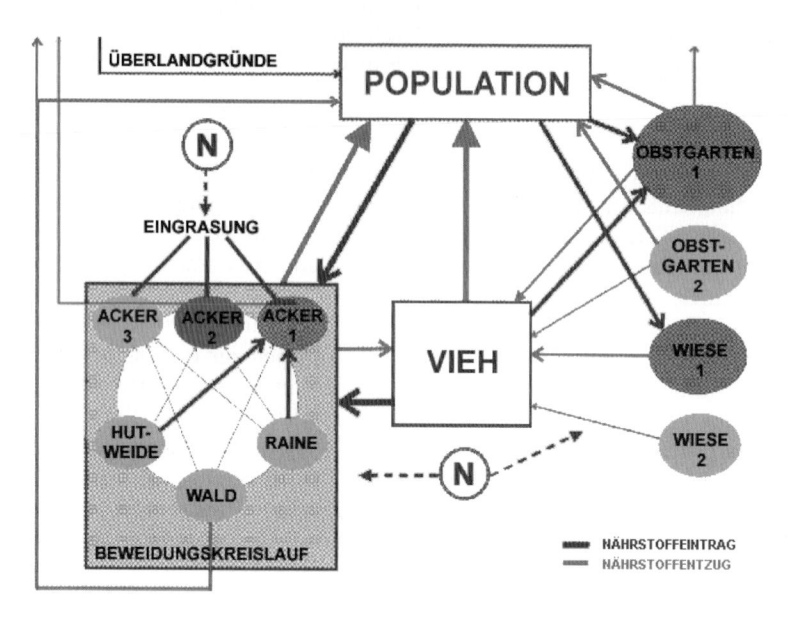

Abb. 7.3.3-1: Kreislauf-Modell in der traditionellen Landwirtschaft für den Nährstoff Stickstoff (N) (Quelle: PUG 1999)

Landschaftsdiversität als Biodiversität und Kulturdiversität

Je größer die Anzahl und Vielfalt der Landschaftselemente bzw. je komplexer deren Anordnung ist, desto höher ist die (ökologische) Diversität der Landschaft. Diese kann sowohl natur- wie auch kulturbedingt sein. Naturnahe Landschaften bzw. historisch gewachsene Kulturlandschaften weisen in der Regel eine hohe Diversität auf, monokulturell genutzte Agrarlandschaften eine geringe. Unproduktive Restflächen können deren Diversität aber wesentlich erhöhen (BRANDT/VEJRE 2003).

„Biodiversität" gilt im Naturschutz als eines der verbreitetsten Konzepte zur Bewertung von Landschaften (vgl. LANDE 1996, WAGNER et al. 2000, JEDICKE 2001, STEINER et al. 2002). Der generelle „Wert" der Diversität wurde lange Zeit aus der sog. Diversitäts-Stabilitäts-Theorie abgeleitet (vgl. TREPL 1995), denn aus einer „zwangsläufig summarischen Betrachtung ergibt sich, dass ein gesetzmäßiger Zusammenhang zwischen der Vielfältigkeit (Diversität) der Ökosysteme und ihrer Stabilität bestehen muss, obwohl wir für diesen Zusammenhang keine zwingenden, erst recht keine quantitativen Beweise erbringen können" (HABER 1972, S. 295). Ähnliche Ansichten werden in der Wirtschaftsgeographie und speziell in der Agrargeographie bezüglich der Nutzungsdiversität vertreten, insofern die „Viel- und Mehrseitigkeit" der Produktion viele „betriebswirtschaftliche Vorteile im Arbeitseinsatz, bezüglich der Erhaltung der Bodenfruchtbarkeit, der Risikominderung etc." mit sich bringe (HEINEBERG 2003, S. 123).

Da inzwischen in zahlreichen ökologischen Arbeiten auch gegenläufige Beziehungen – d. h. größere Stabilität bei geringerer Diversität – nachgewiesen worden sind, muss man die Diversitäts-Stabilitäts-Theorie differenzierter betrachten (BLASCHKE 1997). Ein direkter kausaler Zusammenhang ist weder nachweisbar, noch – wie HABER (1979) relativiert – gemeint. Auch kann man nicht von einer größeren und kleineren Stabilität sprechen, sondern eher von einer unterschiedlichen Ausprägung von Stabilität (KIAS 1987), im Sinne einer persistenten bzw. elastischen Stabilität oder „Resilienz" (HABER 1979). Hohe Artenzahlen sind zwar generell ein Garant zur Bewahrung des genetischen Erbes, müssen jedoch in einer räumlichen Betrachtungsweise sehr differenziert gesehen werden. Sie sind unter naturschutzfachlichen Gesichtspunkten nicht immer von Vorteil, zumal sie oft erst durch unerwünschte Belastungen von Ökosystemen hervorgerufen werden, etwa bei der Eutrophierung von Magerstandorten (PLACHTER 1991, S. 214).

Nach Ansicht von BLASCHKE/LANG (2000, S. 2-4) wird hingegen der Raumdiversität eine zunehmend größere Bedeutung beigemessen. Nicht nur die Theorie der differenzierten Bodennutzung, sondern auch viele andere Ansätze der ökologischen Planung gehen von einem Zusammenhang zwischen ökologischer Vielfalt, Komplexität, Regenerierbarkeit und dem biotischen Regulationspotential aus (vgl. HARRISON 1999).

International wird ganz aktuell diskutiert, ob Kulturdiversität („Cultural Diversity") als ein neues landschaftliches Konzept, und zwar als anthropogener, kultureller, sozioökonomischer Teil der Landschaftsdiversität („Landscape Diversity"), neben das der Biodiversität treten kann (vgl. ECNC 1998-2005, ANTROP 2005, NCI 2006). Dieses Konzept ist theoretisch-methodisch noch nicht ausreichend fundiert, erscheint jedoch mit den in Kapitel 1.2 erörterten Überlegungen zur Kulturlandschaft kompatibel. Damit kommt es möglicherweise in der „Kulturlandschaftspflege" auch zu einem (weiteren) Nachvollzug von Teilen der Naturschutzdiskussion. Jedoch ist einzuwenden, dass es kein einheitliches, ausgereiftes und detailliertes Konzept von „Kulturarten" gibt, welches der biologischen Taxonomie vergleichbar wäre.

Nach WHITTAKER (1972 und 1977) werden zunächst folgende drei Kategorien von Diversität unterschieden:

- α-Diversität als die Anzahl von Arten innerhalb eines Habitats,
- β-Diversität als die Artenzahl in mehreren räumlich benachbarten Habitaten, etwa entlang eines Gradienten (strukturelle Diversität),
- γ-Diversität als die Artenzahl in einer Region (räumliche Diversität).

Diese Diversitätskategorien lassen sich prinzipiell von der biologischen Artendiversität auch auf die Kulturlandschaft („Kulturarten") übertragen, jedenfalls wenn man von der topischen in die chorische Dimension wechselt (β- und γ-Diversität). An dem Whittakerschen Konzept wird jedoch kritisiert, dass nur die Artenzahlen („Richness") und keine Individuenzahlen („Abundanz" als relative Häufigkeit der Arten) und auch keine räumlichen Verteilungen der Arten innerhalb der jeweiligen Untersuchungsgebiete Berücksichtigung finden (vgl. PLACHTER 1991). Um diese Punkte zu berücksichtigen, wird ergänzend mit sog. Diversitätsindizes gearbeitet. Gebräuchlich für die Bestimmung der α- und γ-Diversität sind der Shannon-Weaver-, für die der β-Diversität der Jaccard- bzw. der Sörensen-Index (NENTWIG et al. 2004). Diversitätsindizes werden auf Landschaftsebene berechnet. Sie werden von den Parametern Reichhaltigkeit (Richness) und Gleichmäßigkeit der Verteilung beeinflusst (STEINHARDT et al. 2005, S. 197).

Der Shannon-Diversity-Index wird berechnet als:

$$SHDI = -\sum_{i=1}^{m} P_i \bullet \ln P_i ,$$

wobei P_i die Individuenzahl der Art (n_i) im Verhältnis zur Gesamtindividuenzahl (N) darstellt.

Der Wert dieses Index ist 0, wenn nur ein Landschaftselement in der Landschaft existiert, und steigt mit der Anzahl unterschiedlicher Kategorien oder der Veränderung der Flächenverhältnisse unterschiedlicher Kategorien (MCGARIGAL/MARKS 1995). Der SHDI berücksichtigt alle genannten Desiderata der explizit räumlichen Indizierung. Das Verfahren ist in die sog. Landscape Metrics, die quantitative Anwendung der nordamerikanischen Landschaftsökologie, implementiert. Die Untersuchung erfolgt hierbei auf der Ebene der Landnutzungsklassen.

Zusätzlich wird auch der der Shannon-Evenness-Index eingesetzt, der sich als Verhältnis von tatsächlicher zu maximal möglicher Diversität errechnet. Die Evenness schwankt zwischen 0 und 1 und reagiert schwächer auf veränderte Randbedingungen bei der Landschaftsaufnahme (PLACHTER 1991, S. 218).

Somit können landschaftsstrukturelle Parameter praktikable Diversitätsindikatoren und in der chorischen Dimension ein wichtiges Instrument für ein Diversitätsmanagement bilden (TURNER/GARDNER 1991). Doch sei explizit darauf hingewiesen, dass man Diversität nur im räumlichen oder zeitlichen Vergleich analysieren kann (STEINHARDT et al. 2005, S. 194, vgl. PELZ et al. 2001), d. h. konkret als Vielfalt innerhalb eines Raumausschnittes, als Verschiedenheit von einzelnen Raumausschnitten (in einem typologischen Sinn) und als Verschiedenheit von zeitlichen Zuständen. Auch ist Diversität weder unter kulturellen, noch biologischen Aspekten in den planungsrelevanten landschaftlichen Dimensionen eine direkt bewertbare Größe (GASTON 1996). Denn solange die Zusammenhänge zwischen Diversität und den Leitzielen bzw. Leitbildern der Landschaftsentwicklung nicht quantifizierbar sind, muss es – wie bereits oben moniert – letztlich unklar bleiben, auf welcher Grundlage bzw. an welchem Maßstab eine diesbezügliche (normative) Landschaftsbewertung zu erfolgen hat.

Auf regionaler Ebene können Zusammenhänge zwischen Landnutzung und Biodiversität analysiert werden (BEIERKUHNLEIN 1999). Innerhalb der Kategorie der α-Diversität lässt eine Gegenüberstellung zeitspezifischer Kulturartenbilanzen – freilich in generalisierter Form und entsprechende Kenntnisse über das regionale Inventar der Pflanzengesellschaften vorausgesetzt (vgl. Kapitel 4.2) – Schlüsse auf die Entwicklung der Biotop- und Artendiversität zu. Der Flächenverlust bestimmter extensiver Nutzungsformen stellt z. B. einen Verlust des potentiellen Lebensraumes von Pflanzen und Tieren dar, die charakteristisch für die den jeweiligen Kulturarten entsprechenden Pflanzengesellschaften sind. Zunächst sind also nutzungsbedingte Flächenverlusttendenzen von gefährdeten Pflanzengesellschaften zu erfassen: So können z. B. Hutungen und Ödland als potentielle Standorte des *Gentiano-Koelerietum pyramidatae* (Enzian-Schillergrasrasen, Einstufung in der Roten Liste der Pflanzengesellschaften Bayerns: gefährdet, WALENTOWSKI et al. 1991) aufgefasst werden. Der Flächenverlust von Hutungen und Ödländereien ist gleichzeitig ein Verlust des potentiellen Lebensraumes von Pflanzen und Tieren, die charakteristisch für die Kalkmagerrasen sind (BÖHMER 1994, vgl. KLEYER et al. 1996, JAEGER 2002).

Entsprechend dem methodischen Ansatz dieser Arbeit noch interessanter ist die räumliche, sog. γ-Diversität, die nach dem Elementgefüge der Landschaft bestimmt wird. In unserem Beispiel wurden für das Untersuchungsgebiet in der Fränkischen Alb neun agrarische Nutzungsklassen für den zeitlichen Vergleich 1850-2000 herausgearbeitet. Es ist evident, dass das Ergebnis von der Auswahl der Klassen abhängig ist (BLASCHKE 2002). Damit kann die Bewertung auch nur repräsentativ für den thematischen Ausschnitt „Agrarlandschaft" sein. Die Kulturarten darf man hierbei als Ausdruck sozialer und wirtschaftlicher Funktionen verstehen, z. B. der bäuerlichen Wirtschaftsweisen. Insofern hat der Rückgang in der Anzahl von Kulturarten etwas mit der Spezialisierung der landwirtschaftlichen Betriebe zu tun, d. h. auf der Nördlichen Fränkischen Alb mit der Aufgabe von Wiesen und Weiden im Verlauf der Spezialisierung zu reinen Futterbau-Betrieben.

Der Shannon-Diversity- bzw. Shannon-Evenness-Index ist – auf der Basis von neun Kulturarten (nach Kataster) – über den Zeitraum 1850-2000 annähernd gleich geblieben, und das trotz einer im Westteil des Untersuchungsgebiets durchgreifenden Flurbereinigung in den 1940er und 1960er Jahren. Wenn man die Diversität nach der „verfeinerten Kartierung" auf der Basis von 24 bzw. 34 Kulturarten berechnet, ist zwischen 1900 und 2000 sogar ein Anstieg des Evenness-Indexes von 0,474 auf 0,499 zu verzeichnen. Erst im Rahmen der Zukunftssimulation bis 2020 muss mit einem klaren Abfall der Werte gerechnet werden. Dabei ist bereits seit 1900 ein deutlicher Verlust hinsichtlich der Anzahl der Elemente und der Kantendichte, d. h. der Häufigkeit von Kulturartgrenzen, zu konstatieren. Somit verlaufen Edge Metrics und Diversity Metrics, die man beide als Indikatoren für landschaftlichen Strukturreichtum ansehen kann, nicht gleichsinnig. Das Weniger- und Grösser-Werden der Einzelelemente wurde im Untersuchungsgebiet anscheinend durch eine gleichmäßigere Verteilung der Kulturarten („Classes") und Kulturlandschaftselemente („Patches") vorübergehend ausgeglichen. Dies wird vor dem Hintergrund verständlich, dass die Kulturlandschaft der Nördlichen Fränkischen Alb noch bis 1900 durch eine starke Dominanz des Ackerbaus geprägt war, der auf der Hochfläche in manchen Fluren einer Monokultur gleichkam. Eine Interpretation der Werte lässt sich deshalb auch am besten in Zusammenhang mit den Zeitschnittkarten der Kulturartenverteilung (Karten 4.3.1-1/2/3/4 und 6.1.5-1) durchführen.

Tab. 7.3.3-3: Entwicklung der kulturlandschaftlichen Vielfalt in den Ortsfluren des Untersuchungsgebiets, nach Diversity Metrics und Edge Metrics (auf der Basis von neun Kulturarten, nach Kataster)

Landscape Metrics	Jahr	UG	Siegritz	Leidingshof	Veilbronn	Zochenreuth	Wüstenstein	Gößmanns-berg	Draisendorf	Rauhenberg
Fläche (ha)		2080,8	623,8	186,5	107,7	196,7	158,5	347,6	296,8	162,8
Patches (Anzahl)	1850	1311	366	76	117	112	197	175	251	93
	1900	1330	366	80	125	116	198	174	248	97
	1960	1197	246	134	127	108	191	140	219	115
	2000	1068	177	106	136	110	173	141	212	100
	2020	1069	201	87	117	115	151	146	179	73
Mean Patch Area (ha)	1850	1,5872	1,7045	2,4548	0,9207	1,7571	0,8051	1,9866	1,1827	1,7506
	1900	1,5646	1,7045	2,3321	0,8618	1,6965	0,8010	1,9980	1,1970	1,6784
	1960	1,7384	2,5360	1,3923	0,8482	1,8222	0,8304	2,4832	1,3555	1,4157
	2000	1,9484	3,5246	1,7601	0,7921	1,7891	0,9168	2,4656	1,4003	1,6280
	2020	1,9465	3,1038	2,1445	0,9207	1,7113	1,0503	2,3812	1,6584	2,2302
Mean Patch Edge (m)	1850	747,11	730,45	872,67	663,80	768,30	495,58	832,57	699,92	876,14
	1900	736,20	726,08	833,11	625,54	739,53	495,86	834,64	707,32	849,47
	1960	799,82	934,10	725,40	622,20	766,40	536,74	971,64	761,05	715,95
	2000	872,75	1275,73	823,08	562,28	765,42	573,57	956,48	764,32	816,75
	2020	873,67	1178,32	949,96	604,37	758,51	636,81	956,44	852,03	934,45
Edge Density (m/ha)	1850	470,68	428,54	355,49	720,93	437,25	615,57	419,11	591,79	500,48
	1900	470,55	425,97	357,24	725,84	435,91	619,05	417,75	590,90	506,12
	1960	460,09	368,34	521,01	733,51	420,59	646,40	391,29	561,44	505,72
	2000	447,94	361,95	467,64	709,84	427,83	625,65	387,93	545,84	501,67
	2020	448,83	379,64	442,99	656,39	443,24	606,30	401,67	513,75	419,00
Shannon Diversity Index (SHDI)	1850	1,124	1,009	0,896	1,467	0,899	1,076	0,969	1,221	1,047
	1900	1,121	1,007	0,899	1,467	0,890	1,068	0,967	1,207	1,092
	1960	1,100	0,968	1,229	1,379	0,989	1,207	0,954	1,086	0,940
	2000	1,107	1,026	1,136	1,470	0,981	1,233	0,950	1,070	0,926
	2020	1,059	0,979	1,112	1,211	1,035	1,263	0,960	0,931	0,813
Shannon Evenness	1850	0,512	0,459	0,408	0,668	0,432	0,489	0,441	0,556	0,538
	1900	0,510	0,458	0,409	0,668	0,405	0,486	0,440	0,549	0,561
	1960	0,501	0,440	0,559	0,663	0,450	0,549	0,459	0,494	0,452
	2000	0,504	0,493	0,517	0,669	0,446	0,593	0,457	0,515	0,476
	2020	0,482	0,503	0,535	0,622	0,498	0,649	0,536	0,520	0,505

Kleinräumig lassen sich – der Ausgangshypothese entsprechend – relativ hohe Diversitäten in den ritterschaftlich-kleinbäuerlichen Ortsfluren (Ortsflurtyp 2), aber auch in Rauhenberg mit seiner traditionell engen Durchdringung von Acker- und Waldflächen feststellen. Hinsichtlich der zeitlichen Entwicklung offenbart sich allerdings ein sehr disperses Bild. Ortsfluren mit wachsender und sinkender Diversität sind über beide Typen verteilt. Die größten Diversitätszuwächse verzeichneten Leidingshof (Typ 1), das mit einer ursprünglich wenig differenzierten Ackerflur von sehr niedrigen Werten 1850 ausgegangen ist, und Wüstenstein, wo sich der Bauernstand im Lauf des 20. Jahrhunderts weitgehend aufgelöst hat. Neben Rauhenberg ist allerdings die größte Abnahme in Draisendorf erkennbar, das über ganz ähnliche sozioökonomische Strukturen verfügt wie Wüstenstein. Wenn es, wie in der ersten Hälfte des 20. Jahrhunderts geschehen und auch für die kommenden Jahre zu erwarten (Simulation 2020), zu einer Waldzunahme kommt, dann ist für den Diversitätsindex mitentscheidend, ob sich der Wald in vereinzelten kleinen Stücken oder in größeren Forsten bildet.

Nach all dem lässt sich verstehen, wie schwierig es ist, aus den „nackten" Diversitätszahlen einen absoluten Wert im Sinne von „sehr gut", „gut" oder „schlecht" herzuleiten. Dies kann nur im raum-zeitlichen Zusammenhang und mit dem Wissen um die landschaftlich wirksamen Prozesse geschehen. Doch sollte allein vor dem Hintergrund der hier vorgestellten Diversitäts-„Messungen" noch einmal überlegt werden, inwieweit das sog. „historische Leitbild" mit angeblich größtmöglicher Nutzungsvielfalt im 19. Jahrhundert (vgl. Kapitel 6.2.3) wirklich tragfähig ist.

Formkomplexität einzelner Biotope und der Landschaft

Im Hinblick auf die Struktur einzelner Biotope wurde in verschiedenen Studien festgestellt, dass nicht allein die Biotopgröße, sondern auch die Komplexität der äußeren Form, d. h. des geometrischen Umfanges, aus naturschutzfachlicher Sicht für deren Qualität entscheidend ist (BLASCHKE 1999a). Einerseits stellt ein hoher Grad der Verzahnung unterschiedlicher Kulturarten im Sinne einer hohen Grenzlinienlänge pro Fläche einen positiven Faktor für die Strukturdiversität dar (BLASCHKE 1999b). So z. B. bildet sich an einem Waldrand sehr oft eine ökologisch wertvolle Randzone aus Magerrasen und Gebüschen aus. Andererseits resultiert eine erhöhte Komplexität der Grenzen in einer abnehmenden Kernfläche (Core Area) (FORMAN 1995), was sich negativ auswirkt, wenn man davon ausgeht, dass die Randbereiche der Biotope aufgrund von Störungseinflüssen nicht als Lebensraum für bestimmte Arten in Frage kommen. Als Kernfläche wird diejenige Fläche bestimmt, die eine Mindestdistanz zur Außengrenze nicht unterschreitet. Dies ist von Bedeutung im Hinblick auf Lebensraumansprüche und Habitatgrößen. Kompakte, im Idealfall kreisrunde Biotope wären hier generell von Vorteil.

Diesbezügliche Bewertungen der Biotopstruktur sind auf Basis von verschiedenen Landscape Metrics, z. B. planaren Formdeskriptoren als Indizes für die Kompaktheit oder Zerlappung (BLASCHKE 1999b), speziell dem Shape Index (SI) bzw. der Fraktalen Dimension (FD), durchzuführen (vgl. Kapitel 2.6.2-V2). Beide genannten Indizes gelten nach jüngeren Forschungen jedoch als problembehaftet, da sie nur unvollständig die Form beschreiben. Daher existieren bereits Vorschläge für neue Shape Metrics, die jedoch viel komplizierter in der Handhabung sind (BORG/FICHTELMANN 1998). Die Berechnung der Kernflächen („Core Areas") ist ebenfalls in den gängigen Programmen der Landscape Metrics implementiert (vgl. MCGARIGAL/MARKS 1995).

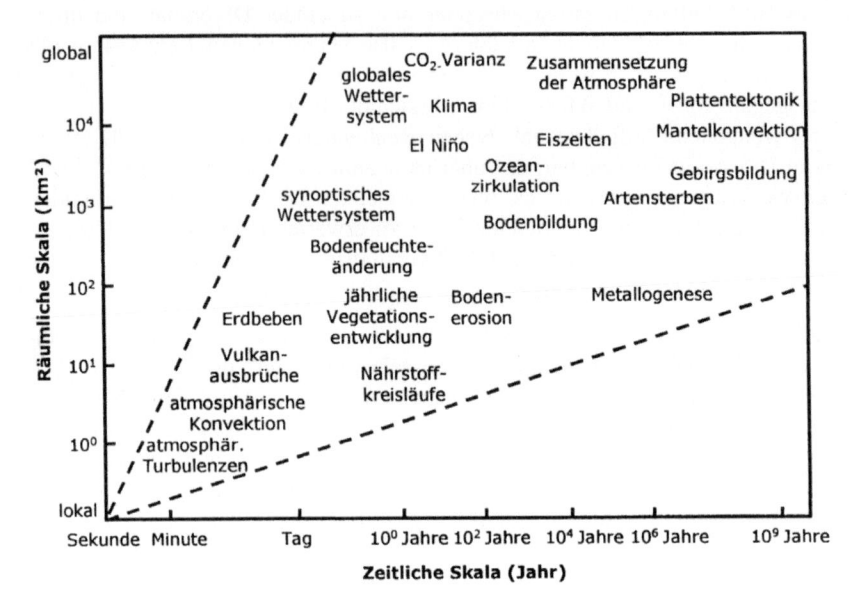

Abb. 7.3.3-2: Zusammenhang zwischen verschiedenen landschaftlichen Prozessen und Skalenniveaus (Quelle: STEINHARDT et al. 2005, S. 45, nach WU 1999)

Für eine Bewertung der Biotopstruktur anhand der Formkomplexität sind allerdings zwei Punkte maßgeblich zu beachten. Wie MANDELBROT (1983) bemerkte, hängt die Komplexität und somit die Länge einer Umrisslinie entscheidend vom Betrachtungsmaßstab bzw. von ihrer kartographischen Generalisierung ab. Daraus lässt sich ableiten, dass die der Berechnung zugrunde liegende Kartierung großmaßstäbig und mit entsprechender Genauigkeit durchgeführt werden muss. Das katasterbasierte GIS bietet diesbezüglich für die meisten Untersuchungsfälle ausreichende Möglichkeiten, eine Verwendung Topographischer Karten (TK 25 und kleiner) sollte eher nicht in Betracht kommen.

Darüber hinaus stellt sich die Frage, wie ein mit Hilfe der Landscape Metrics ermittelter Wert für die Formkomplexität zu *bewerten* ist, d. h. welche ökologische oder naturschutzfachliche Bedeutung er hat. Erst wenn man ihn in Zusammenhang mit anderen Parametern, z. B. dem Vorkommen bestimmter Arten, bringt, erhält er eine signifikante Bedeutung (BLASCHKE/LANG 2000, S. 4-5). Dabei kann es, abhängig von bestimmten Arten und konkreten Untersuchungszielen, auch zu widersprüchlichen Bewertungen kommen, insofern sich die Habitatansprüche bestimmter Arten stark unterscheiden mögen.

Festzuhalten ist auch, dass es sich zunächst nicht um eine Landschaftsbewertung im engeren Sinne, sondern lediglich um eine Bewertung von Landschaftselementen (Patches) – bzw. bei einer Durchschnittsbildung – um eine Bewertung von Landschaftselementtypen (Classes) handelt.

Die Fraktale Geometrie ermöglicht jedoch auch eine Quantifizierung der Form und Struktur von Landschaftsmerkmalen sowie eine organisierte komplexe Bewertung der Landschaft, ausgerichtet auf die Darstellung in unterschiedlichen Maßstabsebenen (BURROUGH 1981). Fließende oder abrupte Strukturwechsel in einer Landschaft, die abhängig von der Skalierung auftreten, können mit Hilfe der Theorie der hierarchischen Systeme beschrieben werden (SIMON 1967, ALLEN/STARR 1982, O'NEILL et al. 1986 und 1992, WU 1999). Dabei wird vermutet, dass bestimmte Prozesse typischerweise in verschiedenen Skalenbereichen ablaufen (KRUMMEL et al. 1987), was v. a. auch für anthropogene Eingriffe vermutet wird (BLASCHKE/LANG 2000, S. 4-7).

Ein älterer Ansatz zur Bestimmung landschaftlicher Komplexität ist der Shape-Complexity-Index (O'NEILL et al. 1988). Unter der Annahme, dass stark anthropogen geprägte Landschaften über Landschaftselemente (Patches) mit einfacheren geometrischen Formen verfügen als naturnahe Landschaften, können etwa in großräumigen Überblicksinventarisationen die Einflussbereiche menschlicher Aktivitäten erfasst werden (BLASCHKE/LANG 2000, S. 4-26).

Ein einfacherer Ansatz bedient sich der Grenzlinien zwischen den verschiedenen Kultur- bzw. Nutzungsarten. Die Ermittlung der Grenzliniendichte erfolgte mit den sog. Edge Metrics. Dem liegt die Überlegung zugrunde, dass ein hoher Grad an Verzahnung von verschiedenartigen Teillebensräumen in den meisten Ökosystemen positiv im Sinne der Naturnähe zu sehen ist (BLASCHKE/LANG 2000, S. 4-3). Wie sich die Grenzliniendichte im Untersuchungsgebiet der Nördlichen Fränkischen Alb verändert, ist in Tabelle 7.3.3-3 ersichtlich.

Räumliche und funktionale Bindungen von Lebensräumen (Konnektivität vs. Isolation oder Proximität und Zerschneidung)

In der Kulturlandschaft mit ihren räumlich differenzierten Nutzungen ist davon auszugehen, dass sich die (potentiellen) Lebensräume bestimmter Arten auf einzelne, räumlich voneinander getrennte, „verinselte" Areale aufteilen. Wenn durch vornehmlich anthropogene Störungen ein Austausch des Genpools zwischen solchen verinselten Lebensräumen (Habitaten) nicht mehr möglich ist, kommt es nach den Erkenntnissen der Populationsökologie (Inseltheorie, Metapopulationstheorie) zu einem Aussterben von Populationen und einer Abnahme der Artenzahl in den betroffenen Landschaften (vgl. FAHRIG/MERRIAM 1994, WITH/CHRIST 1995, KLEYER et al. 1996, JAEGER 2002). Um derartige Arten-Areal-Beziehungen näher zu untersuchen, wurde zunächst die Inseltheorie von MACARTHUR/WILSON (1963 und 1967), welche die Artenzahlen auf Inseln auf einen spezifischen Gleichgewichtszustand zwischen Besiedelung und Aussterben zurückführt, auf die Lebensräume des Festlandes übertragen. Hieraus resultierte in den 1970er und 1980er Jahren eine Diskussion, ob aus naturschutzfachlicher Sicht wenige und weiter voneinander entfernte, größere oder aber mehrere kleine und näher benachbarte Habitate (Patches) zu befürworten sind: eine Frage, deren Beantwortung naturgemäß von den spezifischen Ansprüchen bestimmter Arten abhängen muss (vgl. KAULE 1991, FORMAN 1995). In der jüngeren Forschung wird nun der Raum zwischen den Habitaten, die sog. Matrix (nach FORMAN/GODRON 1986), verstärkt in die Betrachtungen einbezogen (HANSKI/SIMBERLOFF 1997, WIENS 1997b). So ist ein Lebensraum gekennzeichnet als „network of habitat patches which is occupied by a metapopulation and which has certain distribution of patch areas and interpatch migration rates" (HANSKI/SIMBERLOFF 1997, S. 11), wobei diese „Migrations" nicht nur der (Wieder)-Besiedlung dienen, sondern allgemein Interaktionen zwischen Subpopulationen darstellen.

Bewertungen dieser Arten-Areal-Beziehungen sind zur Überprüfung des Leitziels der Biotopvernetzung und Planung von Biotopverbundsystemen mit linearen Elementen und sog. „Trittsteinen" von großer Bedeutung (HANSKI/GILPIN 1991, JEDICKE 1994, BLASCHKE 2000a). Unklar ist hingegen, ob und wie man das Konzept der Konnektivität auch auf menschliche Interaktionsräume beziehen kann, z. B. auf die verteilten Nutzungsparzellen eines landwirtschaftlichen Anwesens oder auf die Anordnung oder Verbindung touristisch relevanter „Sites" zu einem geschlossenen Erlebnis- oder Wahrnehmungsraum. Schwierigkeiten ergeben sich zunächst v. a. bei der Operationalisierung bzw. intersubjektiv nachvollziehbaren Quantifizierung (BLASCHKE 1999a, S. 60). Zwei gängige Konzepte, um Konnektivität oder Isolation zu quantifizieren und einer Bewertung zugänglich zu machen, sind die der Proximität und der Fragmentierung.

Aufbauend auf Arbeiten von WHITCOMB et al. (1981) entwickelten GUSTAVSON/PARKER (1992 und 1994) den Proximity Index (PX):

$$PX = \sum_{i=1}^{m}(S_i/z_i),$$

mit S_i = Größe des Patches und z_i = Entfernung des Patches i zum nächsten Nachbarn der gleichen Klasse.

Ähnliche Ansätze gibt es bei MCGARIGAL/MARKS (1995) sowie HARGIS et al. (1998). Der algorithmische Grundbaustein dieses Index – wie auch all seiner Varianten – ist das Verhältnis aus der Fläche eines Patches und der Distanz zum nächsten Patch der eigenen Klasse. Es handelt sich also um eine flächengewichtete Distanzanalyse. Höhere Indexwerte können entweder aus größeren Flächen oder geringeren Distanzen resultieren. Ersteres wäre ein Hinweis auf geringe Fragmentierung, Zweiteres ein Indiz für eine geringe Isolation des jeweiligen Patches, also eine gute Anbindung an umliegende Patches derselben Klasse. Dieses ursprüngliche Konzept des PX wurde von GUSTAVSON/PARKER (1994) nachträglich um die Verwendung eines sog. „Proximity Buffers" (PB) erweitert. Formal handelt es sich dabei um einen Distanzkorridor (Buffer) um das Fokalpatch, innerhalb dessen nach Nachbarpatches derselben Klasse gesucht wird. „Dieses Konzept ist von entscheidender ökologischer Relevanz, weil PB als Versuch angesehen werden kann, einerseits metapopulationstheoretische Überlegungen mit einzubinden und zweitens die individuelle organismus- oder artspezifische Perzeption von patterness und patchiness des entsprechenden Lebensraums und somit der ₚLandschaft zu operationalisieren. Kurz gesagt, PB ist ein Äquivalent für den Aktionsraum des Organismus („dispersal distance')" (LANG 1999). Bei KLAUS et al. (2001) wird das Prinzip des Buffering zudem für eine Analyse und (visuelle) Darstellung gestufter Abstandsflächen eingesetzt.

LANG (1999) simulierte, wie der Index reagiert, wenn einzelne Patches innerhalb eines fragmentierten Lebensraumes wegfallen. Dabei zeigt sich deutlich, dass weniger der absolute Flächenverlust als vielmehr die räumliche Lage der Patches eine wesentliche Rolle spielen. Der PX-Wert einer geklumpten Verteilung ändert sich nur geringfügig, wenn Patches entlang einer Front wegfallen. Systematisches Löschen aus der Mitte heraus führt dagegen zu einem signifikanten Abfall des Wertes.

WIENS (1997a) hat allerdings zu Recht eingewendet, dass Organismen zur Überwindung der Distanz zwischen zwei Patches sich nicht an der kürzesten, euklidischen, Entfernung, sondern an der „Durchlässigkeit" der dazwischen liegenden Strukturen orientieren. Um die Entfernung zwischen den Teillebensräumen insoweit realistischer darstellen zu können, hat FORMAN (1995) die Messung der für das Erreichen eines Nachbarhabitats benötigte Zeit bzw. BLASCHKE (1997) die Modellierung rasterbasierter Oberflächen für die „Kosten" zur Entfernungsüberwindung im Sinne einer „effektiven Distanz" vorgeschlagen.

Landschaftszerschneidung oder -fragmentierung umschreibt die vielfältigen anthropogenen Eingriffe, mit denen ein Lösen räumlicher Zusammenhänge verbunden ist und die Aufteilung ehemals funktional einheitlicher Gebiete wie z. B. Lebensräume bestimmter Arten (HABER 1993, RECK/KAULE 1993). Sie ist zu großen Teilen Folge des Ausbaus von Siedlungen und Verkehrswegen und wird seit den 1970er Jahren als „Umweltproblem" politisch wahrgenommen (JAEGER et al. 2001). Als Maße der Zerschneidung können z. B. die Anzahl verbliebener Flächen eines Biotoptyps, die durchschnittliche Größe der Restflächen oder die Anzahl unzerschnittener Flächen dieses Typs mit einer bestimmten Mindestgröße herangezogen werden (vgl. JAEGER et al. 2001, JAEGER 2002). JAEGER (1999) definierte die „effektive Maschenweite" m_{eff} als neuen Indikator, der die wesentlichen Informationen zur Zerschneidung zu einem einzigen, leicht fassbaren Wert aggregiert, zudem für den Vergleich unterschiedlich großer Gebiete geeignet ist und sich an der Zerschneidungsgeometrie orientiert, mithin kein Dichtemaß darstellt. Er ist definiert als

$$m_{eff} = \frac{1}{F_g} \sum_{i=1}^{m} F_i^2 ,$$

mit F_i als Flächeninhalt des Patches i sowie F_g als Gesamtfläche der untersuchten Region, welche in m Patches unterteilt worden ist. Methodisches Hauptproblem beim Einsatz des Indikators ist die Definition der Barrieren, speziell der Qualität der Wege und Strassen, die für eine Zerschneidung verantwortlich zu machen sind. Bei tierökologischen Untersuchungen ist offenkundig, dass für die Avifauna andere Barrieren relevant sind als für Amphibien oder Kleinsäuger. In anthropozentrischer Hinsicht könnte man die Perspektive auch umdrehen und die effektive Maschenweite als Indikator für den Erschließungsgrad, etwa der agrarischen Nutzflächen, ansehen.

Der Indikator m_{eff} wurde von ESSWEIN et al. (2002) eingesetzt, um die Entwicklung der Landschaftszerschneidung in Baden-Württemberg über die letzten 70 Jahre zu erfassen.

Die Analyse erfolgte auf Basis der ATKIS-Daten und der Topographischen Karten im Erfassungsmaßstab 1:200.000; der Indikator wurde auf Landschafts- und auf Class-Ebene (Wald, Offenland) eingesetzt. In historischer Perspektive ist grundsätzlich nicht nur das Entstehen neuer Barrieren, sondern auch die Veränderung von deren Qualitäten, etwa bei der Verbreiterung von Strassen und der Asphaltierung von Wegen von Belang. Bei kleinräumigen Studien kann es indes zu Ergebnisverfälschungen kommen, wenn die Grenze des Untersuchungsgebietes einen größeren unzerschnittenen Raum aufteilt. Ähnliches gilt für die „Proximity", wenn die Nähe zu gleichartigen Patches außerhalb des Untersuchungsgebietes nicht berücksichtigt werden kann, und die PX-Werte von der Mitte bis zum Rande des Untersuchungsgebietes zunehmend an Aussagekraft verlieren.

Exkurs: Grenzen des Untersuchungsansatzes

Mit den dargestellten Methoden der Landscape Metrics ist weitgehend nur eine quantitative Analyse zu leisten; doch wären ggf. auch qualitative Veränderungen, insbesondere der Vegetation, zu berücksichtigen. Z. B. ergibt sich aus einer größeren Siedlungsfläche nicht zwangsläufig ein größerer Flächenanteil dörflicher Ruderalvegetation, da geeignete Standorte im Zuge der Modernisierung der Dorfstrukturen immer seltener werden (vgl. OTTE/LUDWIG 1990). Desweiteren verändern Halbtrockenrasen sich nicht nur durch Nutzungsextensivierung oder -aufgabe, sondern auch durch Stickstoffeinträge aus der Luft (vgl. HAGEN 1996). Die Standorte der lichten Kiefernwälder können mit dem Wegfall des Streurechens Nährstoffe anreichern, wodurch es zunächst zu einer Verdichtung in der Streuschicht kommt. Ackerwildkrautgesellschaften spiegeln Veränderungen der landwirtschaftlichen Produktionstechniken wider und unterliegen somit einem dauernden oder zumindest schubweise stattfindenden Wandel.

Aus solchen Beispielen folgt, dass sich nicht nur die Flächenanteile der Pflanzengesellschaften verändern, sondern auch Artenspektrum und Dominanzverhältnisse innerhalb der Gesellschaften. Solche Entwicklungen können mit den hier vorgestellten Methoden nicht erfasst werden. Diese geben also nur Anhaltspunkte und ersetzen keine Bewertung anhand floristischer Kriterien.

Das Leidingshofer Tal ist bereits Anfang der 1950er Jahre zum letzten Mal beweidet worden. Auf der südexponierten Talflanke wurde vom Maschinenring (Zusammenschluss von Kleinlandwirten) 1996, durch die Gemeinde Heiligenstadt finanziert, eine Entbuschung der Wacholderheiden in Angriff genommen. Im Jahr 1997 fanden sich hier insgesamt 14 kalkmagerrasenähnliche Standorte. Entsprechend der Strategie des Biotopverbunds (JEDICKE 1990) waren 13 davon wegen geringer Ausdehnung (50-1000 m^2) trotz teilweise guter soziologischer Sättigung nur als Trittsteine einzustufen, der größte mit 1 ha im Zentrum des Naturschutzgebietes ist als Refugialbiotop zu bewerten. Alle aufgenommenen Flächen zeigten immer noch eine Tendenz zur Verbuschung und/oder Verzwenkung. Die in den Folgejahren sporadisch durchgeführte Schafbeweidung hat noch nicht zu einer durchgreifenden Verbesserung der ursprünglichen Kalkmagerrasenstruktur geführt.

7.3.4 Bewertungsansätze aus Sicht eines erweiterten Denkmalschutzes

In jüngerer Zeit kümmert sich auch die Denkmalpflege immer öfter um Belange der Kulturlandschaftspflege. Genauer gesagt sind es Vertreter der institutionellen Denkmalpflege und v. a. Historische Geographen, die denkmalpflegerische Sicht- und Arbeitsweisen auf die Kulturlandschaft anwenden wollen.

Nach der Definition in Artikel 1 des Bayerischen Denkmalschutzgesetzes handelt es sich bei Denkmälern um „von Menschen geschaffene Sachen oder Teile davon aus vergangener Zeit, deren Erhaltung wegen ihrer geschichtlichen, künstlerischen, städtebaulichen, wissenschaftlichen oder volkskundlichen Bedeutung im Interesse der Allgemeinheit liegt." Inwieweit aus vorindustrieller Zeit überkommene (persistente) Landschaftselemente, zumal sie vom Verschwinden bedroht sind, diese Kriterien erfüllen, hängt vom Einzelfall ab. Eindeutige Denkmalzuweisungen werden jedoch – von Einzelfällen abgesehen – vermieden, da man erhebliche Konflikte mit den in der Mehrzahl landwirtschaftlichen Bodeneigentümern befürchtet.

Im Gegensatz zur Fachplanung Naturschutz vertritt die Denkmalpflege allerdings a priori keinen flächendeckenden Schutzanspruch, sondern zielt auf (kultur-)historisch wertvolle Landschaftselemente (z. B. eine Hutweide oder ein Wässerwiesensystem) sowie Landschaftsausschnitte, die eine entsprechend große Anzahl solcher Objekte beinhalten. Hierbei interessiert der frühere Landschaftszustand die Denkmalpflege v. a., insoweit er die Begründung für eine aktuelle Schutzwürdigkeit liefern kann. Die Denkmal-Pflegewürdigkeit wird mit Hilfe von Objektbewertungs- (in der Folge von GUNZELMANN 1987) sowie Landschaftsbewertungsverfahren festgestellt. Speziell die Objektbewertungsverfahren sind den in den 1980er Jahren im Naturschutz gebräuchlichen Kriterienkatalogen und Vorgehensweisen nachempfunden (vgl. PLACHTER 1991, S. 241 f.). Als Bewertungskriterien gelten üblicherweise historische Zeugniskraft, Seltenheit und charakteristische Eigenart, Alter, Erhaltungszustand sowie Reproduzierbarkeit (vgl. GUNZELMANN 1987, VON DEN DRIESCH 1988, JOB 1999, WAGNER 1999 und BAYLFU 2004). Im Schätzverfahren werden dann zumeist Zahlenwerte zugeordnet, und aus der Gesamtpunktzahl ergibt sich ein Zeigerwert für die kulturhistorische Eignung des untersuchten Landschaftselements.

Landschaftsbewertungsverfahren sind formal ähnlich einem Objektbewertungsverfahren aufgebaut, mit dem Unterschied, dass hierbei der räumliche Zusammenhang abgeschätzt wird: „Bei der Gesamtschau ist es somit wichtig, den **Entstehungszusammenhang** und die **Vernetzungen** (Zusammenspiel) der einzelnen Landschaftsbausteine untereinander aufzuzeigen. Die Kulturlandschaftsräume werden in ihrer kulturhistorischen Bedeutung über die Kriterien geschichtliche Zeugniskraft und charakteristische Eigenart (Erscheinungsbild und Verdichtung) sowie funktional über ihre Nutzung und das Zusammenwirken der historischen Kulturlandschaftselemente bewertet" (BAYLFU 2004, vgl. Tabelle 7.3.4-1). Methodisch bleibt jedoch das Problem der Erfassung des räumlichen Zusammenhangs nach wie vor ungeklärt (so bereits angemerkt von BENDER 1994a und NEUER 1998). Von einem transparenten, nachvollziehbaren Verfahren kann keine Rede sein. Im Übrigen sind die Bewertungsansätze bislang auch weitgehend aktualistisch, weil frühere Zeitschnitte, die als Vergleichsbasis dienen sollten, nicht in gleichem Umfang erfasst sind.

Tab. 7.3.4-1: Schema eines Kulturlandschaftsraumbewertungsverfahrens (Quelle: BAYLFU 2004, vgl. MAST-ATTLMAYR 2002)

Bewertungsmerkmale (Teilwerte) der Kulturlandschaftsräume	Erfüllungsgrad nach Bewertungsrahmen	Gewichtung
historischer Zeugniswert	gering bis mittel = 1	2-fach
Erhaltungszustand	hoch = 2	1-fach
charakteristische Eigenart	sehr hoch = 3	2-fach

Vorgehen	Punktzahl (Summe)	Gesamtwert „kulturhistorische Bedeutung"
Addition der Teilwerte zum Gesamtwert „kulturhistorische Bedeutung"	< 8	gering bis mittel
	8-12	hoch
	13-15	sehr hoch

Mit dem in Nordrhein-Westfalen und in Bayern praktizierten Schulterschluss von institutionellem Denkmal- und Naturschutz (FEHN 1996, BURGGRAAFF 1997a, BAYLFU 2003 und 2004) steht auch in der historisch-geographischen Kulturlandschaftspflege erneut ein Nachvollzug der Arbeiten aus der Landschaftsökologie und dem wissenschaftlichen Naturschutz bevor. Die Möglichkeiten der GI-Technologie sollten dann die traditionellen, in der Angewandten Historischen Geographie entwickelten Schätzverfahren (vgl. GUNZELMANN 1987) allmählich ablösen und damit zu einer weiteren Objektivierung beitragen. Das Ziel lautet also, die Ableitung raum- (z. B. Repräsentativität, Vielfalt, Seltenheit etc.) und zeitintegrativer Bewertungen (Alter/zeitliche Konstanz, Eigenarterhalt etc.) für alle Objekte eines potentiell schutzwürdigen Elementtyps unmittelbar aus einem diachronischen Kulturlandschaftsinformationssystem vorzunehmen. Die mit der bis heute gebräuchlichen Praxis einhergehende Vermischung von Sach- und Wertebene wurde bereits in Kapitel 2.1.2 erörtert. Und in aller Regel kann erst auf Basis einer Vollerhebung eine wissenschaftlich fundierte Bewertung nach dem räumlich-landschaftlichen bzw. zeitlichen Zusammenhang erfolgen (BENDER 1994a).

Die kulturhistorische Qualität einer Landschaft ist schließlich abhängig von der Quantität, Komplexität und Qualität der persistenten historischen Landschaftselemente. Wenn es aber letztlich das Ziel ist, die Folgen geplanter und ungeplanter Landschaftsveränderungen nicht nur auf Einzelstrukturen, sondern auch auf die Kulturlandschaft in ihrer Gesamtheit abzuschätzen, erfordert dies u. a. eine „Quantifizierung des heutigen Kulturwertes der Landschaften", die bislang noch nicht versucht worden ist (VON DEN DRIESCH 1988a, S. 173). BENDER (1994a) hatte auf dem Weg zu einer solchen Quantifizierung eine Unterscheidung zwischen einem „allgemeinen Strukturwert" und einem „historisch-geographischen Strukturwert" postuliert. Der allgemeine Strukturwert sollte sich nach der Anzahl, Länge und Fläche der vorhandenen Elementtypen ermitteln lassen (vgl. RIEDEL 1983, S. 99 f. zur Ermittlung der „Knickdichte" in Schleswig-Holstein). Nach heutigem Stand der Forschung wäre hierzu auf das Diversitätskonzept (vgl. Kapitel 7.3.3) zu verweisen.

Darüber hinaus ermöglichen Analysen von persistenten Grundrissen (z. B. Persistenzindex nach HÄUBER/SCHÜTZ 2001, vgl. STEINER/SZEPESI 2002) Aussagen, welche Strukturen (z. B. Parzellengrenzen, anthropogene Geländekanten, Waldränder etc.) oder Objekte/Landschaftselemente (z. B. Hecken) in welchem Maß (Anzahl, Länge,

Fläche) über bestimmte Zeiträume „ortsfest" erhalten geblieben sind. Indem der aktuelle Bestand somit an der historischen Situation gemessen wird, lässt sich daraus ein „historisch-geographischer Strukturwert" (HGS) ableiten, der Aussagen im Hinblick auf eine kulturhistorisch bedingte Schutzwürdigkeit erlaubt (BENDER 1994a).

Für das TIRIS[36] (Tiroler Rauminformationssystem der Landesregierung, Abt. Umweltschutz) wurden Nutzungspersistenzen in der Agrarlandschaft auf Basis der periodisch nachgeführten Landesbefliegungen untersucht, indem man bei einem Luftbildvergleich den Anteil der hinsichtlich der Parzellenstruktur weitgehend unveränderten Flächen in Bezug zur Gesamtfläche gesetzt hat. Dabei wurden jeweils Teilgebiete ausgegliedert und nach den vier Prädikaten „primär", „weitgehend traditionell" bzw. „bedingt traditionell" und „modern" bewertet.

Aus denkmalpflegerischer Perspektive wird im Idealfall am Maximalbestand des jeweiligen Elementtyps gemessen, der grundsätzlich über den höchsten „kulturhistorischen Wert" verfügt. Im Einzelfall kann es aber auch von Interesse sein, einen anderen Landschaftszustand als Maßstab anzusehen, z. B. die „Grund- und Hochformen" innerhalb des Ablaufs verschiedener „Siedlungsformensequenzen" im Sinne von BORN (1977, S. 89 f.). Gegebenenfalls kann die Angewandte Historische Geographie hierzu – nach einer Untersuchung der Kulturlandschaftsgenese – entsprechende Vorschläge abgeben.

Den Maximalbestand zu ermitteln, muss bei den grundsätzlichen Schwierigkeiten einer retrogressiven Quantifizierung der Elementtypen als utopisch angesehen werden. So ist eine Operationalisierung des Verfahrens letztlich nur zu erreichen, indem ein hinsichtlich der Erfassbarkeit (Quellenlage und Geländebefunde) und der landschaftsstrukturellen Situation (Anzahl vorhandener Elementtypen, Quantität der Einzelelemente) geeigneter zeitlicher Querschnitt – etwa der Zustand vor Industrialisierung im 19. Jahrhundert (vgl. Kapitel 2.3) – ausgewählt wird.

Die vereinfachte Formel für den historisch-geographischen Strukturwert lautet:

HGS = (Nutzungspersistenz + Grundrisspersistenz) / 2.

Eine Bewertung als Zuschreibung eines normativen Wertes ergibt sich absolut, wenn z. B. am Leitbild der historischen Kulturlandschaft gemessen wird, oder relativ aus dem Vergleich einzelner Teilräume. So zeigt sich für das Untersuchungsgebiet der erwartete Zusammenhang mit der Flurbereinigung ganz deutlich. Aus der Karte 7.3.4-1 ist aber auch ersichtlich, welche Teile der Gemarkung Siegritz von der „umfassenden" Flurbereinigung der 1940er und v. a. 1960er Jahre ausgespart geblieben sind.

Diese Erkenntnis ist so banal nicht, da entsprechende Unterlagen über die vor längerer Zeit abgeschlossenen Flurbereinigungen oft gar nicht mehr erhältlich sind. Laut BAYERISCHEM LANDESAMT FÜR UMWELTSCHUTZ (2004) werden die (potentiell) an persistenten Landschaftsstrukturen reichen Gemarkungen aus einer Arbeitskarte der Direktionen für Ländliche Entwicklung, in der die Verfahrensstände der Flurbereinigung verzeichnet sind, ermittelt. Die hier vorgestellten Persistenzanalysen stellen demgegenüber einen wesentlichen methodischen Fortschritt dar.

---

[36] http://tiris.tirol.gv.at/web/index.cfm , dort siehe: Kulturlandschaftsinventarisation (05.02.2007)

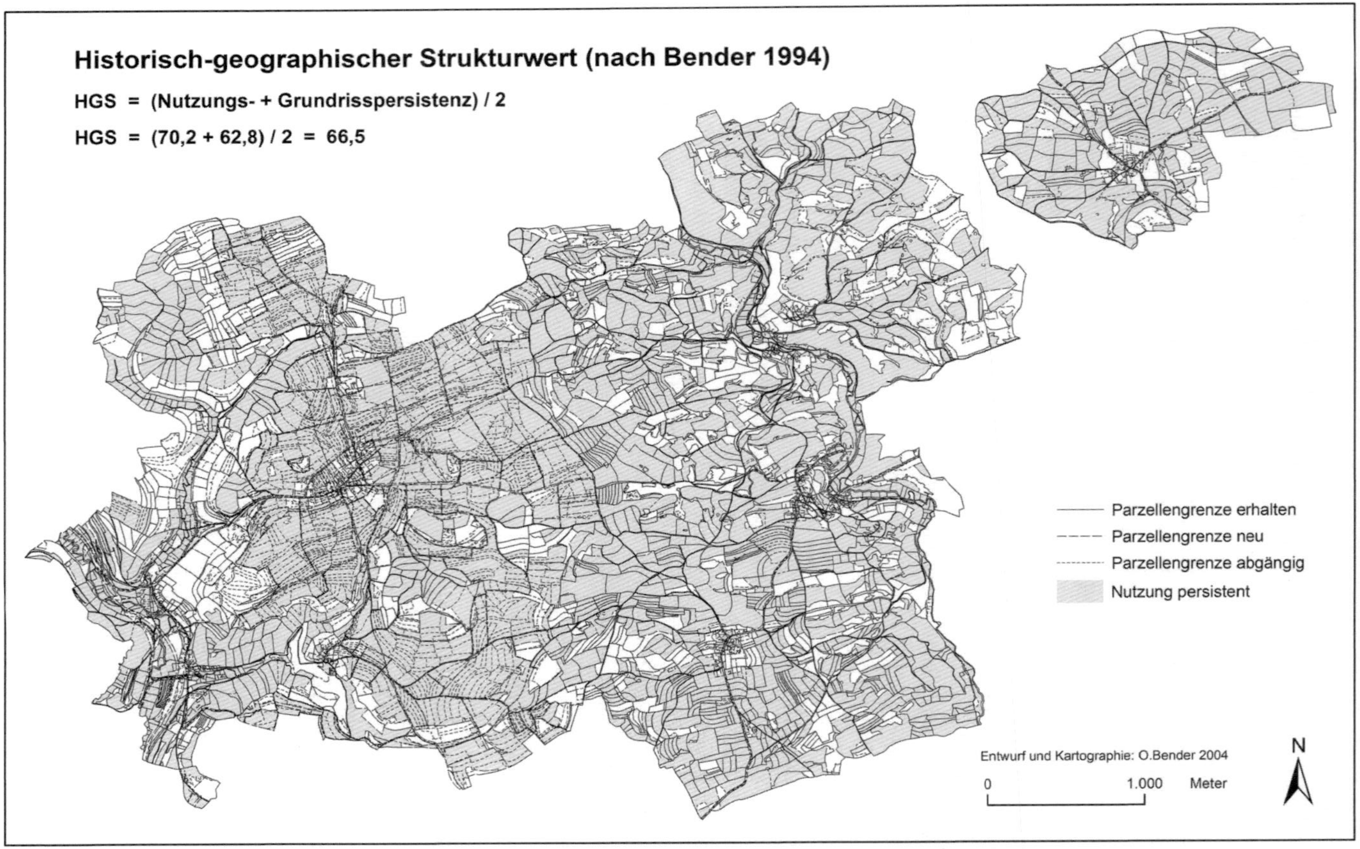

Historisch-geographischer Strukturwert (nach Bender 1994)

HGS = (Nutzungs- + Grundrisspersistenz) / 2

HGS = (70,2 + 62,8) / 2 = 66,5

Parzellengrenze erhalten
Parzellengrenze neu
Parzellengrenze abgängig
Nutzung persistent

Entwurf und Kartographie: O. Bender 2004

Karte 7.3.4-1: Historisch-geographischer Strukturwert im Untersuchungsgebiet (nach BENDER 1994b)

7.3.5 Synthese und Ausblick aus Sicht der Geographie und der Planung

Aus geographischer Sicht ist es – zunächst unter Ausklammerung funktionaler und normativer Aspekte – interessant, die vorgestellten Bewertungsansätze für die Herausarbeitung von Landschaftstypen zu nutzen. Dies kann im Wesentlichen auf drei Ebenen geschehen:

- Entsprechend dem „historisch-geographischen Strukturwert" sind Teilräume ohne Parzellen- bzw. Nutzungsänderungen als Reliktlandschaften bzw. -landschaftsteile herauszufiltern.

- Die Feststellung von persistenten Kulturlandschaftsdominanten und Abgrenzung von Teilräumen nach (quantitativ) dominierenden historischen Kulturlandschaftselementen resultiert in traditionellen Landschaftstypen (z. B. Heckenlandschaft u.ä.) (vgl. JEANNERET 1997, WRBKA et al. 2002).

- Die Betrachtung der Landnutzungsmosaike (Landscape Metrics, z. B. Shannon Diversity Index) und ihrer Veränderungen führt zu einer Bewertung der Stabilität von landschaftlicher Vielfalt.

Derartige zeitintegrative Raumgliederungen können wiederum eine Grundlage für normative Bewertungen abgeben, etwa indem sie die eingangs gestellte Frage zu beantworten helfen, was eine „historische" bzw. „gewachsene" Kulturlandschaft ist.

Aus planerischer Sicht ist zu konstatieren, dass (normative) Bewertungen im Sinne von „besser" oder „schlechter" auf einer entsprechenden Landschaftsanalyse fußen müssen. In diesem Rahmen hat der vorliegende Beitrag Ansätze aufgezeigt zu einer

- quantitativen Bewertung,

- Trennung von Sach- und Wertebene,

- nachvollziehbaren und reproduzierbaren Bewertung,

- interdisziplinären Bewertung (v. a. sektoral über natur- und kulturwissenschaftliche Problemkreise ausgreifend).

Es bleiben einige Fragen offen, insbesondere die nach der minimalen inhaltlichen Komplexität (Anzahl der Landschaftselemente) sowie Ausdehnung von Untersuchungsgebieten, die für valide Ergebnisse benötigt werden. Abgesehen von der weitgehend geklärten Frage nach der „richtigen" Datenbasis, sollte weiterhin die Standardisierbarkeit und Praktikabilität einzelner Verfahren (nicht nur der hier vorgestellten) in verschiedenen Untersuchungsgebieten getestet werden. Und schließlich ist zu prüfen, inwieweit qualitative Verfahren ergänzend heranzuziehen sind.

270

8 Steuerung oder Beeinflussung des Kulturlandschaftswandels

„In order to plan landscapes, they must be understood within their spatial and temporal context. (...) Such a history can be a valuable tool as it has the potential to improve description, prediction and prescription in landscape planning. (...) Planning without landscape history has little prospect of engendering realistic long-term planning" (MARCUCCI 2000, S. 79).

8.1 Rechtsgrundlagen für die Kulturlandschaftsentwicklung

Kommentierte Auszüge aus verschiedenen Rechtstexten

Die Raumordnung ist inzwischen durch aktuelle politische bzw. gesetzliche Auflagen in die Pflicht genommen worden, sich mit Fragen der Kulturlandschaftserhaltung und -entwicklung zu befassen. Im jüngst novellierten Bundesraumordnungsgesetz (ROG) wurde die „Erhaltung gewachsener Kulturlandschaften" erstmalig ausdrücklich als ein Grundsatz der Raumordnungspolitik verankert: „Die geschichtlichen und kulturellen Zusammenhänge sowie die regionale Zusammengehörigkeit sind zu wahren. Die gewachsenen Kulturlandschaften sind in ihren prägenden Merkmalen sowie mit ihren Kultur- und Naturdenkmälern zu erhalten" (§ 2 Abs. 2 Nr. 13 ROG).

Schon lange vor der Novelle des Raumordnungsgesetzes hatten der Bund und die Länder durch eine Vielzahl von Gesetzen und Verordnungen dem Erfordernis der Kulturlandschaftserhaltung Rechnung getragen, so v. a. im Bundesnaturschutzgesetz (BNatSchG): „Historische Kulturlandschaften und -landschaftsteile von besonderer Eigenart, einschließlich solcher von besonderer Bedeutung für die Eigenart oder Schönheit geschützter oder schützenswerter Kultur-, Bau- und Bodendenkmäler, sind zu erhalten" (§ 2 Abs. 1 Nr. 14 BNatSchG).

Auch nach § 1 des Umweltverträglichkeitsprüfungsgesetzes (UVPG) „ist es sicherzustellen, dass bei bestimmten öffentlichen und privaten Vorhaben zur wirksamen Umweltvorsorge nach einheitlichen Grundsätzen 1. die Auswirkungen auf die Umwelt frühzeitig und umfassend ermittelt, beschrieben und bewertet werden, 2. das Ergebnis der Umweltverträglichkeitsprüfung so früh wie möglich bei allen behördlichen Entscheidungen über die Zulässigkeit berücksichtigt wird." § 2 UVPG umfasst die „Ermittlung, Beschreibung und Bewertung der unmittelbaren und mittelbaren Auswirkungen eines Vorhabens auf 1. Menschen, Tiere und Pflanzen, 2. Boden, Wasser, Luft, Klima und Landschaft, 3. Kulturgüter und sonstige Sachgüter sowie 4. die Wechselwirkung zwischen den vorgenannten Schutzgütern."

Zweck des Gesetzes zur Förderung der Bayerischen Landwirtschaft (BayLwFöG) ist es „zur Erhaltung des ländlichen Raums als Kulturlandschaft beizutragen." „Diesem Zweck dienen öffentliche Einrichtungen und Maßnahmen unter Ausschöpfung aller für den Freistaat Bayern gegebenen Zuständigkeiten einschließlich der Bereitstellung öffentlicher Mittel" (Art. 1 Abs. 1c und Abs. 2). Dieses Gesetz bildet die Rechtsgrundlage für die Agrarförderungen im Freistaat Bayern, die sich somit an den Belangen der Kulturlandschaft auszurichten haben.

Weiterhin können die Belange der Kulturlandschaft mit Hilfe des Denkmalrechts vertreten werden. Das Bayerische Gesetz ist – gegenüber anderen – allerdings wenig explizit in Bezug auf den Landschaftsschutz. Nach Art. 1 Abs. 1-4 des Bayerischen Denkmalschutzgesetzes (BayDSchG) sind Denkmäler „von Menschen geschaffene Sachen oder Teile davon aus vergangener Zeit, deren Erhaltung wegen ihrer geschichtlichen, künstlerischen, städtebaulichen, wissenschaftlichen oder volkskundlichen Bedeutung im Interesse der Allgemeinheit liegt." Baudenkmäler sind „bauliche Anlagen oder Teile davon aus vergangener Zeit, soweit sie nicht unter Absatz 4 fallen, einschließlich dafür bestimmter historischer Ausstattungstücke und mit der in Absatz 1 bezeichneten Bedeutung. (…) Gartenanlagen, die die Voraussetzungen des Absatzes 1 erfüllen, gelten als Baudenkmäler. Zu den Baudenkmälern kann auch eine Mehrheit von baulichen Anlagen (Ensemble) gehören, und zwar auch dann, wenn nicht jede einzelne dazugehörige bauliche Anlage die Voraussetzungen des Absatzes 1 erfüllt, das Orts-, Platz- oder Straßenbild aber insgesamt erhaltungswürdig ist. Bodendenkmäler sind bewegliche und unbewegliche Denkmäler, die sich im Boden befinden oder befanden und in der Regel aus vor- oder frühgeschichtlicher Zeit stammen." Das Denkmalrecht bietet sich somit als Ergänzung zum Naturschutzrecht an, welches sich zwangsläufig nur mit belebten und nicht mit gebauten Kulturlandschaftselementen befasst.

Der „Tenor" der Gesetze

„Werden die Gesetzestexte in Hinblick auf ihre Aussagen zusammengefasst, so kann folgender Grundtenor festgestellt werden: Die historischen Kulturlandschaftselemente und die historische Kulturlandschaft als Bestandteile der aktuellen Landschaft sind essentielle Bausteine menschlichen Lebens und Basis ihrer Identität. Sie bilden das Fundament für eine nachhaltige Weiterentwicklung der Region in kultureller, sozialer und ökonomischer Hinsicht" (BAYSTMLU 2004). Die hier ausschnittsweise erörterten Rechtsnormen geben die Leitlinie für die Kulturlandschaftsentwicklung vor. Sie sind innerhalb der zitierten Gesetze promiment platziert, was die in der Zwischenzeit gewonnene Bedeutung des Anliegens unterstreicht.

Insbesondere die bereits in Kapitel 1.3.2 angesprochene unklare Terminologie weist aber auf viele Schwierigkeiten im Detail, die in der Forschung und Praxis geklärt werden müssen, wie auch auf die Unerfahrenheit der Gesetzgeber mit der Materie hin. So bleibt zu hoffen, dass das „Recht der Landschaft" (GASSNER 1995) in absehbarer Zeit durch gut vorbereitete Gesetzesnovellen vereinheitlicht wird. Wesentliche Voraussetzung dafür ist allerdings ein enger inter- und transdisziplinärer Schulterschluss aller beteiligten Forschungs- und Anwendungsrichtungen (vgl. Kapitel 1.4).

8.2 Instrumente für die Kulturlandschaftsentwicklung

Leitlinien und Leitbilder der Entwicklung werden auf gesellschaftlichen Konsens überprüft sowie anschließend in Rechtsnormen fixiert und konkretisiert. Der Konkretisierungsgrad reicht von europäischen und Bundesgesetzen bis hin zu Plänen der untersten, kommunalen, Planungsebene (vgl. Abbildung 8.2-1).

Planungsraum	Landschafts-planung	Gesamtplanung	Fachplanungen 4)	Planungsmaßstab Landschafts-planung
Land	Landschafts-programm	Landesraumord-nungsprogramm	Fachprogramm bzw. Fachplan auf Landesebene	1:500.000 bis 1:200.000
Region Regierungsbezirk, Kreis	Landschafts-rahmenplan	Regionalplan	Fachlicher Rahmenplan	1:100.000 bis 1:25.000
Gemeinde	Landschaftsplan	Flächennutzungs-plan	Objektplan auf der Genehmi-gungs- bzw. Planfeststellungs-ebene und/oder Ausführungsplan	1:10.000 bis 1:5.000
Teil des Gemeindegebietes	Grünordnungsplan	Bebauungsplan		1:2.500 bis 1:1.000

Abb. 8.2-1: Planungssystem und Planungsebenen in der Bundesrepublik Deutschland

Das Bundesnaturschutzgesetz setzt Rahmenrecht und bietet mit Schutzgebieten, Eingriffsregelung[37] und Landschaftsplanung drei Hauptinstrumente (Abschnitte 2-4 BNatSchG). Rechtsformen und Pläne sind Gesetze, Verordnungen oder Erlasse. Unabhängig von der Rechtsform besteht die Bindungswirkung der Pläne nur für öffentliche Planungsträger. Pläne enthalten – anders als Schutzgebietsverordnungen – auch keine strikt einzuhaltenden Festlegungen, sondern sind Rahmen für fachbehördliches Ermessen (SCHLIEBE 1985, S. 51). Die Ziele und Grundsätze nach dem Naturschutzrecht (vgl. §§ 1 ff. BNatSchG) sind beispielsweise auch in die Flurbereinigung sukzessive übernommen worden, die somit agrarstrukturelle und ökologische Ziele in Einklang zu

---

[37] Besonders im Zuge von größeren Baumaßnahmen werden Lebensräume für Tiere und Pflanzen, die Bodenfunktionen und das charakteristische Landschaftsbild beeinträchtigt. „Eingriffe in Natur und Landschaft im Sinne dieses Gesetzes sind Veränderungen der Gestalt oder Nutzung von Grundflächen oder Veränderungen des mit der belebten Bodenschicht in Verbindung stehenden Grundwasserspiegels, die die Leistungsfähigkeit des Naturhaushalts oder das Landschaftsbild erheblich beeinträchtigen können" (§ 19 BNatSchG). Das Bundesnaturschutzgesetz und Naturschutzgesetze der Länder nennen mit der Eingriffsregelung Kriterien für die Zulässigkeit solcher Eingriffe in Natur und Landschaft und für die erforderlichen Folgemaßnahmen. Ziel ist es, die Leistungs- und Funktionsfähigkeit des Naturhaushalts oder des Landschaftsbildes zu sichern. Die zentrale Forderung der Eingriffsregelung lautet, Vorhaben so zu planen und durchzuführen, dass Beeinträchtigungen vermieden bzw. minimiert werden (§ 19 BNatSchG). Im Rahmen der den „Eingriff" verursachenden Verfahren (z. B. Bauleitplanung, Planfeststellungsverfahren, Einzelbaugenehmigungsverfahren im „Außenbereich") sind die Eingriffsfolgen zu ermitteln und zu kompensieren. Sind Beeinträchtigungen nicht zu vermeiden, sollten sie vorrangig durch Maßnahmen in räumlicher Nähe ausgeglichen werden. Ist ein Ausgleich nicht möglich, sind Ersatzmaßnahmen durchzuführen, die auch in größerer Entfernung liegen können.

Da im Rahmen dieser Arbeit der Schwerpunkt auf einer kontinuierlichen Kulturlandschaftsentwicklung ohne „größere Eingriffe" gesetzt ist, wird der Punkt Eingriffsregelung im Folgenden nicht weiter behandelt.

bringen hat (GRABSKI 1985, ZILLIEN 1986, ZÖLLNER 1989, DIPPOLD 1990, EICHENAUER/JOERIS 1993a und b, HÜMMER/SCHNEIDER 1998).

Für die Umsetzung der Planungs- und Schutzgebietsziele gibt es verschiedene Instrumente, insbesondere landschaftspflegerische Maßnahmen (Pflege und Entwicklung), die auf verschiedenen Ebenen und von verschiedenen Trägern koordiniert werden. Dabei wird die Landschaftspflege – als Bestandteil der Landespflege – als die angewandte Disziplin angesehen, die sich mit Erhaltungs- und Schutzmaßnahmen in der „freien Landschaft", also außerhalb der überbauten Gebiete befasst (LESER et al. 1993, RUNGE 1998). Auf diesem Gebiet hat sich in den letzten 25 Jahren eine fast unüberschaubare Fülle von Ansätzen entwickelt, die im Folgenden näher beleuchtet werden soll.

8.2.1 Schutzgebiete

Gebietsschutz ist die Sicherung ausgewählter, in der Regel besonders schutzbedürftiger Landschaftsausschnitte, einschließlich bestimmter Landschaftselemente (Objektschutz). Er steht damit in einem Spannungsfeld zum allgemeinen Ökosystemschutz, der einem flächendeckenden Ansatz unter Einschluss der intensiv genutzten Kulturlandschaften folgen sollte. Die besondere Hervorhebung des Flächenschutzes ist historisch und instrumentell bedingt, denn in der Praxis ist die hoheitliche Gebietsausweisung meist das wirksamste Instrument des Naturschutzes wie auch des Denkmalschutzes (vgl. PLACHTER 1991, S. 306). Besonders erwähnenswert ist, dass es sich bei den Unterschutzstellungen sehr oft um Gebiete handelt, die von historischen bzw. traditionellen Nutzungsformen geprägt sind (PLACHTER 1991, S. 338). Dies trifft auch auf das erste deutsche Schutzgebiet, das Gelände um die Burgruine Drachenfels, sowie auf den „Naturschutzpark Lüneburger Heide" von 1920 zu. Somit ist bei diesem Instrument nach dem Naturschutzrecht ein besonderer Bezug zur Kulturlandschaft offenkundig. Die heute gültigen Schutzgebietstypen werden im Wesentlichen in den §§ 23 ff. BNatSchG aufgelistet; sie werden im Folgenden behandelt, soweit sie für das Untersuchungsgebiet relevant sind (insbesondere werden daher Nationalparke, Biosphärenreservate und geschützte Landschaftsbestandteile nicht weiter angesprochen). Der Vollzug obliegt den Bundesländern; zudem muss für jedes Schutzgebiet in der Regel eine Rechtsverordnung erlassen werden.

Naturschutzgebiete (NSG)

Naturschutzgebiete sind rechtsverbindlich festgesetzte Gebiete, in denen ein besonderer Schutz von Natur und Landschaft in ihrer Ganzheit oder in einzelnen Teilen

1. zur Erhaltung, Entwicklung oder Wiederherstellung von Biotopen oder Lebensgemeinschaften bestimmter wild lebender Tier- und Pflanzenarten,

2. aus wissenschaftlichen, naturgeschichtlichen oder landeskundlichen Gründen oder

3. wegen ihrer Seltenheit, besonderen Eigenart oder hervorragenden Schönheit erforderlich ist (§ 23 BNatSchG).

Im Jahr 2004 waren in Bayern 580 Naturschutzgebiete mit insgesamt 1.566 km^2 Fläche ausgewiesen (2,2 % der Landesfläche). Der Schutz wird vorwiegend über Verbote durchgesetzt; darüber hinaus können Schutz- und Pflegemaßnahmen anhand eines Pflegeplans ausgewiesen werden.

Landschaftsschutzgebiete (LSG)

(1) Landschaftsschutzgebiete sind rechtsverbindlich festgesetzte Gebiete, in denen ein besonderer Schutz von Natur und Landschaft

1. zur Erhaltung, Entwicklung oder Wiederherstellung der Leistungs- und Funktionsfähigkeit des Naturhaushalts oder der Regenerationsfähigkeit und nachhaltigen Nutzungsfähigkeit der Naturgüter,

2. wegen der Vielfalt, Eigenart und Schönheit oder der besonderen kulturhistorischen Bedeutung der Landschaft oder

3. wegen ihrer besonderen Bedeutung für die Erholung erforderlich ist.

Im Jahr 2004 waren in Bayern 708 Landschaftsschutzgebiete mit insgesamt 20.758 km^2 Fläche ausgewiesen (29,2 % der Landesfläche). PLACHTER (1991, S. 326 f.) führt zu diesem Gebietstyp aus, dass gerade über die erste Zielbestimmung ein hervorragendes Element für den Schutz der abiotischen Ressourcen und der Funktionsfähigkeit des Landschaftshaushalts gegeben ist, das allerdings in der Praxis quasi nicht genutzt wird. Hierzu müssten in den Schutzgebietsverordnungen nicht nur die Nutzungsarten, sondern auch deren Methoden und Intensitäten festgeschrieben werden. Auch die Erholungsnutzung wäre fallweise einzuschränken.

Naturparke

dienen vorwiegend der Steuerung und Entwicklung von Erholungslandschaften. Sie sollen nach dem Gesetz gleichzeitig auf der überwiegenden Fläche Landschafts- oder sogar Naturschutzgebiet sein. In der Praxis wird in dieser Schutzgebietskategorie jedoch der Zielkonflikt zwischen Tourismus und Naturschutz in fast allen Fällen zu Lasten des Naturschutzes ausgetragen (PLACHTER 1991, RUNGE 1998).

Sichergestellte und anerkannte Naturdenkmäler

Als Naturdenkmäler können Einzelschöpfungen der Natur geschützt werden, deren Erhaltung wegen ihrer hervorragenden Schönheit, Seltenheit oder Eigenart oder ihrer ökologischen, wissenschaftlichen, geschichtlichen, volks- oder heimatkundlichen Bedeutung im öffentlichen Interesse liegt. Dazu gehören insbesondere charakteristische Bodenformen, Felsbildungen, erdgeschichtliche Aufschlüsse, Wanderblöcke, Gletscherspuren, Quellen, Wasserläufe, Wasserfälle, alte oder seltene Bäume und besondere Pflanzenvorkommen. Soweit es zur Sicherung einer Einzelschöpfung der Natur erforderlich ist, kann auch ihre Umgebung geschützt werden (Art 9. BayNatSchG, vgl. § 28 BNatSchG).

Gesetzlich geschützte Biotope nach Art. 13d, e BayNatSchG

Maßnahmen, die zu einer Zerstörung oder sonstigen erheblichen oder nachhaltigen Beeinträchtigung folgender, ökologisch besonders wertvoller Biotope führen können, sind unzulässig (Art. 13d BayNatSchG, vgl. § 30 BNatSchG):

- Moore und Sümpfe, Röhrichte, seggen- oder binsenreiche Nass- und Feuchtwiesen, Pfeifengraswiesen und Quellbereiche,
- Moor-, Bruch-, Sumpf- und Auwälder,
- natürliche und naturnahe Fluss- und Bachabschnitte sowie Verlandungsbereiche stehender Gewässer,
- Magerrasen, Heiden, Borstgrasrasen, offene Binnendünen, wärmeliebende Säume, offene natürliche Block- und Geröllhalden,
- Wälder und Gebüsche trockenwarmer Standorte, Schluchtwälder, Block- und Hangschuttwälder,
- offene Felsbildungen, alpine Rasen und Schneetälchen, Krummholzgebüsche und Hochstaudengesellschaften.

Weiterhin genießen den Bestandsschutz des Art. 13e BayNatSchG folgende Biotopstrukturen:

- Hecken,
- Gebüsche,
- Feldgehölze.

Der Schutz ist in beiden Kategorien unabhängig von einer Eintragung in ein Verzeichnis. Trotzdem ist die Bayerische Biotopkartierung von 1985-2004 als Nachweis sehr hilfreich. Insgesamt wurden in Bayern außerhalb der Alpen etwa 4 % der Landesfläche als Biotope kartiert, wovon die meisten unter dem gesetzlichen Schutz des Art. 13d BayNatSchG stehen (ANL 1983, BAYSTMLU 1994b, 1994c, 1995d, 1996a).

NATURA 2000

Die rechtliche Grundlage des grenzüberschreitenden Naturschutznetzwerks NATURA 2000 bilden die Vogelschutz- und die Fauna-Flora-Habitat (FFH)-Richtlinie der Europäischen Union. Nach den Vorgaben dieser beiden Richtlinien benennt jeder Mitgliedstaat Gebiete, die für die Erhaltung seltener Tier- und Pflanzenarten sowie typischer oder einzigartiger Lebensräume von europäischer Bedeutung wichtig sind. Mit §§ 32, 33 BNatSchG wurden diese Vorgaben in nationales Recht umgesetzt.

Die Meldung des Freistaates Bayern aus dem Jahr 2001 umfasste 515 FFH-Gebiete und 58 Vogelschutzgebiete mit einer Gesamtfläche von 7,9 % der Landesfläche. Die Überprüfung der Meldungen durch die Europäische Kommission ergab, dass alle Länder in Deutschland zu einer Nachmeldung von als defizitär eingestuften Lebensräumen und Arten nach der FFH- und Vogelschutz-Richtlinie aufgefordert wurden. Das Bayerische

Landesamt für Umweltschutz erarbeitete daraufhin eine Nachmeldekulisse, die nach Ablauf des Dialogverfahrens und der Sichtung und Bewertung von über 16.500 Einwendungen durch die Unteren und Höheren Naturschutzbehörden sowie der Einarbeitung der erforderlichen Änderungen am 28.09.2004 beschlossen wurde, so dass rund 240.000 ha oder 4,1 % der bayerischen Landesfläche für das europäische Netz NATURA 2000 nachgemeldet werden. Durch Überschneidungen von SPA- und FFH-Gebieten auch zwischen Alt- und Nachmeldung ergibt sich nunmehr für Bayern insgesamt ein NATURA 2000-Gebietsanteil von 11,3 %[38].

Schutzgebiete nach anderen Gesetzen

An dieser Stelle sind Wasser- und Wildschutzgebiete sowie Naturwaldreservate zu nennen, die aufgrund der mit ihnen verfügten Nutzungsbeschränkungen auch dem Kulturlandschaftsschutz dienen können. Gleiches gilt für einen – bislang seltenen – Schutz von Landschaftsausschnitten oder -teilen nach dem Denkmalrecht. Hierzu soll folgendes Beispiel als Auszug aus der Denkmalliste[39] zitiert werden:

„Weinbergsanlagen. Hochberg und Rauschenberg sowie Schlossberg, jeweils etwa 1500 m nördlich und südlich von Klingenberg sich erstreckend. Besonders gut und gleichmäßig erhaltene Anlage, auf älterer Grundlage wohl im 18./19. Jh. ausgebaut, mit zahlreichen äußerst schmalen Terrassen, die durch Trockenmauern aus behauenem Rotsandstein gestützt werden. Durchlaufende Treppen senkrecht zum Hang sowie Kragstufentreppen in den Trockenmauern."

8.2.2 Landschaftspflege

Landschaftspflege wird v. a. in Schutzgebieten, Schutzzonen und 13 d-Flächen, kartierten Biotopen, Standorten bedrohter Arten sowie Erholungs- und Fremdenverkehrsgebieten betrieben. Als Gründe für landschaftspflegerische Eingriffe kommen (nach PLACHTER 1991, S. 336) in Betracht:

- die Beseitigung von Schäden, die durch anthropogene oder natürliche Störungen hervorgerufen worden sind,
- der Erhalt eines durch traditionelle Landnutzung geprägten Zustandes,
- die gezielte Steuerung von Entwicklungen zu vorher festgelegten Zielzuständen.

Aus kulturhistorisch-denkmalpflegerischer Sicht tritt als Motiv der Erhalt der landschaftlichen Informationsfunktion hinzu (vgl. STEINHARDT et al. 2005, S. 231).

Die Übergänge zur Neuschaffung von Biotopen, v. a. in weniger strukturreichen, intensiv genutzten, ökologisch gestörten Landschaften, in Naturparken und Fremdenverkehrsgebieten, in Pufferzonen von Schutzgebieten und in Schutzgebieten (soweit zum

---

[38] Bayerisches Landesamt für Umweltschutz, http://www.bayern.de/lfu/natur/natura2000/index.html (05.02.2007)

[39] Stadt Klingenberg, http://www.klingenberg-main.de/bauamt/denkmalschutz.htm (05.02.2007)

Erhalt des Schutzzwecks geboten) sind fließend. Eine Pflege mit dem Ziel, bestimmte dynamische Prozesse in (Kultur)-Landschaften herbeizuführen, geht in die zwei Richtungen:

- der Simulation externer natürlicher Einflüsse, z. B. Überflutungen von Auengebieten, die aufgrund wasserwirtschaftlicher Maßnahmen ansonsten nicht mehr wirksam werden;

- der Weiterführung oder Simulation ehemaliger Nutzungsformen, die aus Gründen des Arten-, des Ressourcenschutzes, für das Landschaftsbild etc. besondere Bedeutung haben (PLACHTER 1991, S. 337 f.).

In der Praxis konzentrieren sich die Landschaftspflegemaßnahmen auf relativ wenige Biotoptypen, streng genommen Nutzungstypen. Dabei handelt es sich insbesondere um Kalkmagerrasen und andere anthropogene Heiden, Hecken sowie verschiedene Arten von Feuchtgebieten. Art und Frequenz der Maßnahmen hängen von den örtlichen Verhältnissen ab (PLACHTER 1991); diesbezüglich sind Pflegepläne oder Pflegeverträge sinnvollerweise mit den Unteren Naturschutzbehörden detailliert abzustimmen.

Ausgleichszahlung der Agrarverwaltung (über Mehrfachantrag)

Die Ausgleichszahlung dient der Förderung benachteiligter Gebiete und zielt generell auf eine Aufrechterhaltung der Bewirtschaftung in diesen Gebieten. Sie wurde in Bayern 1966 erstmals für die Almwirtschaft gewährt und 1975 nach EG-Recht abgewickelt[40]. Die derzeit gültige „Gebietskulisse" umfasst in Bayern das „Berggebiet", das „Kerngebiet", die „Benachteiligte Agrarzone" und „Kleine Gebiete". Zur Abgrenzung werden Klimadaten (Vegetationszeit), Hangneigungszahlen (Maschineneinsatz), die Ertragsfähigkeit (LVZ) sowie die Bevölkerungsstruktur des Gebietes (geringe Dichte, Abnahme, Abhängigkeit von Landwirtschaft) herangezogen. Bezugskriterium ist die landwirtschaftliche Fläche (LF), die Höhe der Zahlung soll „effektiv zum Ausgleich der bestehenden Nachteile" beitragen, wobei ab 2000 eine reine Flächenprämie für Betriebe mit mehr als 3 ha gewährt wird (RUPPERT 2001, S. 7 ff.). Das Untersuchungsgebiet zählt zur „benachteiligten Agrarzone".

Bayerisches Kulturlandschaftsprogramm der Agrarverwaltung

Das Kulturlandschaftsprogramm zielt auf eine „Erhaltung des ländlichen Raumes als Kulturlandschaft" (Gesetz zur Förderung der Bayerischen Landwirtschaft von 1970). Seine Vorläufer waren Förderprogramme wie z. B. das Bayerische Grünlandprogramm von 1972 und das Bayerische Alpen- und Mittelgebirgsprogramm, die mit der Verordnung (EG) Nr. 797/85 vereinheitlicht wurden.

Das KULAP von 1988, zunächst nur für bestimmte Gebiete gültig, förderte einzelbetriebliche Extensivierungsmaßnahmen mit dem Ziel der „Sanierung, Erhaltung, Pflege und Gestaltung der Kulturlandschaft"; seine Gebietskulisse umfasste Fluss- und Bach-

---

[40] bis 1999 die sog. Effizienzverordnung VO (EG) Nr. 950/97 bzw. ab 2000 die Verordnung (EG) Nr. 1257/99 über die Förderung der Entwicklung des ländlichen Raumes durch den EAGFL

auen, Hanglagen mit über 12 % Neigung, Natur- und Landschaftsschutzgebiete, Moore und Biotope in Verbindung mit bisher genannten Flächen (HÜMMER 1989, S. 33 ff.). Vor dem Hintergrund der von der EU ab 1992 forcierten Internationalisierung strukturpolitischer Pflegeansätze wurde auch das KULAP auf das ganze Staatsgebiet ausgedehnt.

Die Fördermittel des KULAP werden über die Ämter für Landwirtschaft nur an landwirtschaftliche Betriebe vermittelt, die somit Prämien bzw. ein „Bewirtschaftungsentgelt" als Äquivalent für Einkommensverluste oder zusätzliche Kosten im Zusammenhang mit einer extensiven Bewirtschaftung erstattet bekommen. Zudem wird die Erbringung umweltorientierter Leistungen gefordert, die über die „gute landwirtschaftliche Praxis hinausgehen". Dies bedeutet, dass kein Grünland zu Ackerland umgebrochen werden darf, der Besatz unter 1,8-2,0 Großvieheinheiten je Hektar liegen soll, sowie einen dreimonatigen Verzicht der Ausbringung von Wirtschaftsdünger im Winter (RUPPERT 2001, S. 18). Die Förderung läuft jeweils über fünf Jahre, doch kann die Teilnahme jährlich beantragt werden.

Mit Teil A des Programms werden v. a. eine extensive Grünlandbewirtschaftung („Schnittzeitauflage": Mahd erst ab dem 16. Juni bzw. 1. Juli) gefördert, mit Teil B die Alm- und Weidewirtschaft und mit Teil C überbetriebliche Maßnahmen zur Gestaltung der Kulturlandschaft, z. B. Entbuschungen, Umwandlungen von Acker- in Grünland etc.

Bayerisches Vertragsnaturschutzprogramm der Naturschutzverwaltung

Für „Agrarumweltmaßnahmen", die primär auf Naturschutz und Landschaftspflege ausgerichtet sind, wurden seit 1983 in Bayern diverse Naturschutzprogramme aufgelegt: Dabei fördert der sog. Vertragsnaturschutz allgemein die „Erhaltung, Pflege und Entwicklung ökologisch wertvoller Flächen" durch „naturschonende Bewirtschaftungsweisen und Pflegemaßnahmen" (BAYSTMLU 1995a, BAYSTMLU 2001).

1988 gab es ein erstes Modellvorhaben des BayStMLU für Streuobstbestände in der Fränkischen Schweiz. Im folgenden Jahr kamen dann acht Einzelprogramme heraus, darunter das Ackerrandstreifenprogramm, Wiesenbrüter-Programm und Streuobstprogramm (vgl. PLACHTER 1991, S. 352 f.), die 1995 zu einer einzigen Förderrichtlinie zusammengefasst wurden („Vertragsnaturschutzprogramm", VNP), das heute auch in der Verordnung (EG) Nr. 1257/99 verankert ist (RUPPERT 2001, S. 22-26).

Gefördert werden vornehmlich die Umwandlung von Acker in Grünland, Brachlegung landwirtschaftlicher Flächen, extensive Weidenutzung, Weidepflege sowie der Erhalt von Streuobst (BAYSTMLU 1995a). Fördervoraussetzungen bilden ein nach ökologischen Kriterien abgegrenztes schutzwürdiges Gebiet sowie das Verbot einer Förderung aus anderen Programmen. Die Naturschutzbehörde schließt Verträge mit den Bewirtschaftern über fünf bzw. zwanzig Jahre bezüglich einer naturschonenden Bewirtschaftung und Pflegemaßnahmen. Im Landkreis Forchheim gibt es insgesamt ca. 1.000 Vertragsnehmer. Die Einhaltung der Voraussetzungen wird stichprobenartig überprüft.

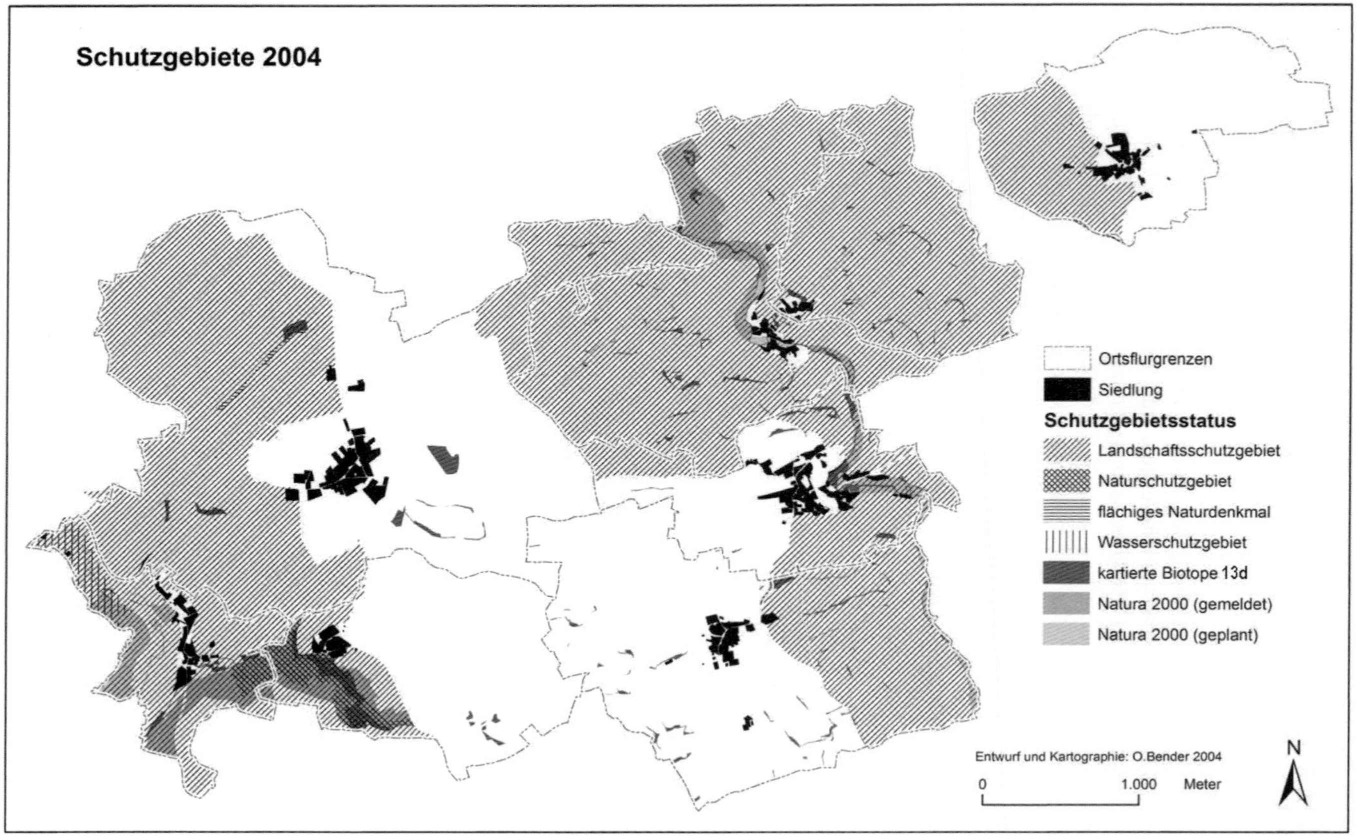

Karte 8.2.1-1: Gebietsschutz im Untersuchungsgebiet (Quelle: FIS-Natur, Bayerisches Landesamt für Umweltschutz)

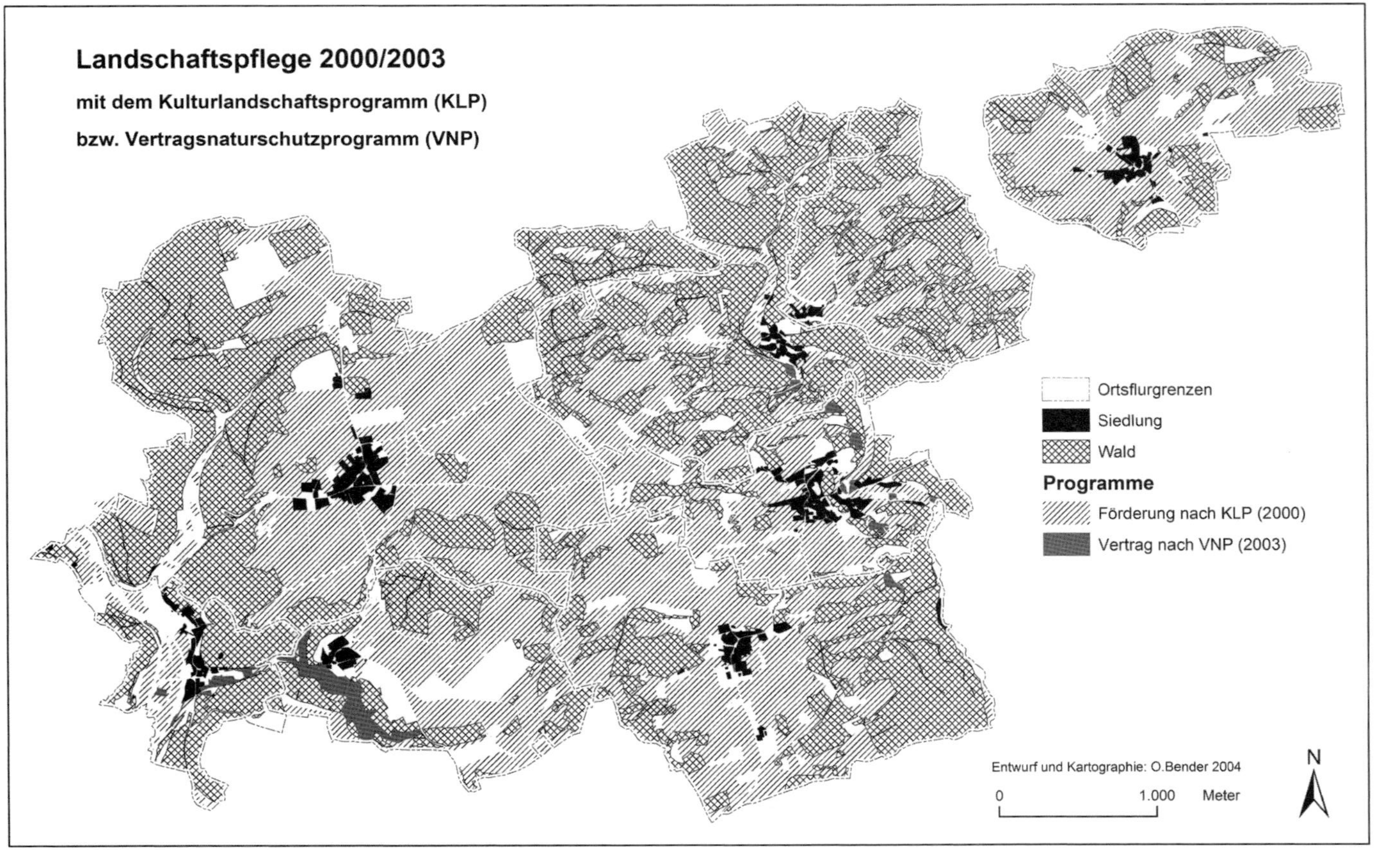

Karte 8.2.2-1: KULAP und VNP im Untersuchungsgebiet (Quelle: INVEKOS, Untere Naturschutzbehörden)

Tab. 8.2.2-1: Flächenbilanz des KULAP und VNP für das Untersuchungsgebiet

KULAP*/ VNP*(2000/03)	Anzahl Parzellen	Fläche (m²)	Anteil NE-Betriebe in %	Anteil an LF in %	Anteil am UG in %
K10	3	1703	100,00	0,0152	0,0082
K10, K14	72	208584	92,23	1,8613	1,0024
K10, K14, K76	2	24649	100,00	0,2200	0,1185
K10, K34	13	9571	100,00	0,0854	0,0460
K31	2454	7299583	35,87	65,1387	35,0797
K31, K32	5	44730	0,00	0,3992	0,2150
K31, K33	299	730349	75,82	6,5174	3,5098
K31, K34	17	84413	96,02	0,7533	0,4057
K31, K34, K76	3	4157	0,00	0,0371	0,0200
K31, K76	37	125111	0,00	1,1164	0,6012
K33	181	414716	24,94	3,7008	1,9930
K33, K34	2	9889	68,13	0,0882	0,0475
K33, K51	12	23658	59,73	0,2111	0,1137
K33, K55	16	39691	88,07	0,3542	0,1907
K33, K57	10	14972	54,59	0,1336	0,0720
K34	93	149466	75,66	1,3338	0,7183
K34, K55	1	4530	100,00	0,0404	0,0218
K34, K76	1	2864	0,00	0,0256	0,0138
K51	8	20136	32,77	0,1797	0,0968
K76	3	3529	100,00	0,0315	0,0170
V2.1, 0.3, 0.7	12	19698	100,00	0,1758	0,0947
V2.1, 0.3, 0.7 T	5	28496	79,10	0,2543	0,1369
V2.1, 0.3, 0.7, 0.9 T	1	401	0,00	0,0036	0,0019
V3.1, 3.3, 0.3	17	25568	100,00	0,2282	0,1229
V3.1, 3.3, 0.3 T	29	110194	100,00	0,9833	0,5296
V4.1, 0.3, 0.7	1	743	100,00	0,0066	0,0036
Summe KLP	3232	9216299	40,98	82,2427	44,2909
Summe VNP	65	185100	96,57	1,6518	0,8895
Summe KLP/VNP	3297	9401399	42,08	83,8945	45,1804

*Förderungskategorien nach KULAP und VNP (soweit im Untersuchungsgebiet vorkommend):

K10	Bewirtschaftung des gesamten Betriebes nach den Kriterien des ökologischen Landbaus
K14	Umweltorientiertes Betriebsmanagement
K31-34	Extensive Fruchtfolge
K51-55	Extensivierung von Wiesen mit Schnittzeitauflagen
K57	Verzicht auf jegliche Düngung und chemische Pflanzenschutzmittel
K76	Streuobstbau
V0.3	Erhöhter Arbeits- und Maschinenaufwand
V0.7	Verzicht auf jegliche Düngung und chemischen Pflanzenschutz
V0.9	Langfristige Bereitstellung von Flächen für ökologische Zwecke
V2.1	Einschränkung der Bewirtschaftung auf Wiesen (Schnittzeitauflagen)
V3.1	Extensive Weidenutzung
V4.1	Erhalt/Entwicklung von Streuobstwiesen

Tab. 8.2.2-2: EU-Kofinanzierung von Landschaftspflegemaßnahmen in Bayern im Jahr 1999 (Quelle: Pressemitteilung des Landtagsabgeordneten Spinkart vom 21.01.2002)

EU-Kofinanzierung	1999 (Mio. DM)
KULAP A	112,467
Vertragsnaturschutzprogramm	7,192
Landschaftspflegeprogramm	6,624
5b-Regionalförderung	579,800

Landschaftspflegeprogramm in der Regionalförderung

Mit der EU-Regionalförderung nach dem Ziel 5b „Entwicklung und strukturelle Anpassung des ländlichen Raums" sind über das Unterprogramm „Umwelt- und Naturschutz, Landschaftspflege" (Phase 1989-1993) bzw. „Diversifizierung, Neuausrichtung und Anpassung des Agrarbereichs" (1994-1999) investive Maßnahmen nach den Landschaftspflege-Richtlinien kofinanziert. Nach einem Positionspapier der Bezirksregierung (REGIERUNG VON OBERFRANKEN 1996) wurden die Mittel v. a. eingesetzt für:

- Kalkmagerrasen entbuschen, beweiden, mähen,
- Feuchtwiesen und Hochstaudenfluren mähen, mulchen, Gehölzanflug und Fichtenaufforstungen entfernen,
- Hecken, Feldgehölze und Kopfbäume auf Stock setzen, plentern oder schneiteln,
- Nieder- und Mittelwaldpflege durch Stockhieb,
- Standorte endemischer (z. B. fränkische Mehlbeere), bedrohter oder stark gefährdeter Arten entbuschen, mähen, auflichten oder roden,
- ökologischer Gewässerausbau,
- Hang- und Felsfreilegungen,
- Alleen, Hecken, Feldgehölze und Waldränder anpflanzen,
- Streuobstwiesen anlegen,
- Hüllweiher sanieren.

Beurteilung der Förderungen

Soweit der Einfluss tradierter sozialer Normen stark rückläufig ist, bewirtschaften nur noch ältere Landwirte grundsätzlich alle Flächen, d. h. auch Grenzertragsparzellen, aus Gewohnheit, Pflichtbewusstsein oder Ordnungsliebe „mit", während sich jüngere Landwirte allein an der Rentabilität orientieren (SCHMITT 1997, S. 61). Diese Rentabilität kann betriebswirtschaftlich jedoch in vielen Fällen mit entsprechenden Fördermitteln hergestellt werden.

Auch Nebenerwerbsbetriebe erhalten durch die Förderungen häufig einen Anreiz weiterzuwirtschaften anstatt ihre Flächen dem Pachtmarkt zur Verfügung zu stellen.

Haupterwerbslandwirte sehen Förderungen daher eher kritisch, da sie einerseits die Pachtpreise stark in die Höhe treiben und andererseits auf eine Extensivierung abzielen sowie die wirtschaftlich optimale Fruchtfolge einschränken (SCHMITT 1997, S. 46 f.). Da Förderungen v. a. für Extensivflächen erteilt werden, sind in den letzten Jahren auch die Pachtpreise für die Wanderschäferei in die Höhe geschnellt.

Landwirte rechnen in Zukunft mit einer Reduzierung der Verfügbarkeit von Fördermitteln, während Nebenerwerbsbetriebe inzwischen von den Fördermitteln abhängig sind. Bei einer möglichen starken Kürzung der Förderungen ist daher abzusehen, dass fast alle Nebenerwerbslandwirte ihren Betrieb einstellen würden (SCHMITT 1997, S. 67 f.).

In den letzten Jahren sind auch Klagen bezüglich der Vertragsabwicklung hörbar geworden. Das Procedere speziell im Vertragsnaturschutz gilt inzwischen als „überbürokratisiert" (GÜTHLER et al. 2003). Jüngst verschärfte Kontrollen – aufgrund einer geänderten Dienstanweisung in Zusammenhang mit der EU-Kofinanzierung – haben allerdings auch ergeben, dass ca. 25 % der Bewirtschaftungsverträge von den Landwirten nicht genau genug eingehalten werden. Anderseits sind viele Vertragsnehmer über Bürokratie und Kontrollen „frustriert" und lassen ihre Verträge auslaufen (mdl. Mitt., Mohr, 2004).

8.2.3 Landschaftsplanung

Landschaftsplanung hat die Aufgabe, die Erfordernisse und Maßnahmen des Naturschutzes und der Landschaftspflege für den jeweiligen Planungsraum darzustellen und zu begründen. Sie dient der Verwirklichung der Ziele und Grundsätze des Naturschutzes und der Landschaftspflege auch in den Planungen und Verwaltungsverfahren, deren Entscheidungen sich auf Natur und Landschaft im Planungsraum auswirken können (§ 13 Abs. 1 BNatSchG). Landschaftsplanung ist somit die Fachplanung Naturschutz und hat die Belange von Natur und Landschaft zu vertreten.

In diesem Sinne reichen die Anfänge der Landschaftsplanung bis in das ausgehende 18. Jahrhundert zurück, als in verschiedenen Territorialstaaten zusätzlich zu ästhetisch-gestalterischen Ansätzen, wie sie aus dem Gartenbau bekannt sind, auch Maßnahmen zur Optimierung und Sicherung des Naturhaushalts umgesetzt wurden (BUCHWALD 1995, vgl. RUNGE 1998). Die Landschaftsplanung wurde allerdings erst in den 1970er Jahren institutionalisiert, nachdem sie im Reichsnaturschutzgesetz von 1935 nicht implementiert war. Die erste rechtliche Fixierung erfolgte im Bayerischen Naturschutzgesetz von 1973, noch vor dem Bundesnaturschutzgesetz, das 1976 in Kraft trat (LEICHT/LIPPERT 1996).

Prinzipiell ist die Landschaftsplanung in allen drei Planungsebenen verankert, mit dem Landschaftsprogramm auf Landesebene, den Landschaftsrahmenplänen bzw. Landschaftsentwicklungskonzepten auf regionaler Ebene sowie den Landschaftsplänen auf kommunaler Ebene. Die Landschaftsplanung wird in Bayern in die Raumplanung, d. h. je nach Planungsebene in das Landesentwicklungsprogramm, in die Regionalpläne bzw. in die Flächennutzungs- und Grünordnungspläne, integriert und erhält dadurch Verbindlichkeit (vgl. Abbildung 8.2-1).

Das Landesentwicklungsprogramm muss die Ziele der Raumordnung und Landesplanung enthalten, die zur Verwirklichung der in § 2 ROG niedergelegten Grundsätze erforderlich sind (§ 5 Abs. 2 ROG). Durch die Regionalplanung sollen die überwiegend rahmenartigen Festsetzungen der zentralen Landesplanung dann konkretisiert werden. Der Regionalplan wird von den Regionalen Planungsverbänden und den oberen Landesplanungsbehörden (Regierungspräsidenten) aufgestellt und ist für die Kommunen bindend.

Schließlich sind Landschaftsplan und Grünordnungspläne von der Gemeinde auszuarbeiten und aufzustellen, sobald und soweit dies aus Gründen des Naturschutzes und der Landschaftspflege erforderlich ist (Art. 3 Abs. 2 Satz 2 BayNatSchG). Neben dieser inhaltlichen besteht – streng genommen – auch eine rechtliche Notwendigkeit zur Aufstellung kommunaler Landschaftspläne, wenn z. B. die „Krise in der Landwirtschaft starke Veränderungen der Landschaftsstruktur erwarten läßt" (vgl. BAUERNSCHMITT 1996, S. 103).

Als allgemeine Aufgaben der kommunalen Landschaftsplanung formulierten LEICHT/LIPPERT (1996, S. 99):

- die Erfordernisse und Maßnahmen zur Verwirklichung der Ziele des Naturschutzes und der Landschaftspflege für das Gemeindegebiet darzustellen und

- im Rahmen der Flächennutzungsplanung die Ziele anderer Fachbereiche und Nutzungen auf ihre Umweltverträglichkeit zu überprüfen und mit den Zielen des Naturschutzes „abzustimmen" („ökologischer Wertmaßstab").

Gebräuchlich ist die Untergliederung der kommunalen Landschaftsplanung in drei Arbeitsphasen, die Bestandsaufnahme (Landschaftsanalyse), die Bewertung (Landschaftsdiagnose) und die Erarbeitung der Ziele zum Schutz, zur Pflege und zur Entwicklung der Landschaft, die auch Eingang in die Honorarordnung der Architekten und Ingenieure (HOAI) gefunden haben (DEIXLER 1985, S. 31).

Die Landschaftsanalyse und Landschaftsbewertung bildet den Grundlagenteil des Landschaftsplanes, bestehend aus Text und Karten. Zuerst erfolgt eine flurstücksgenaue Feldaufnahme im Maßstab 1:5.000. Dabei wird die Verteilung der Naturgüter wie der Böden, der Flora und Fauna etc. untersucht und der aktuelle Zustand der menschlichen Eingriffe in die Natur festgehalten. Insgesamt entstehen nach SPITZER (1995, S. 74) mindestens vier Grundlagenkarten mit qualitativen und quantitativen Erläuterungen:

- Vorgaben der übergeordneten Planungen, der Fachplanungen und Bauleitplanung,

- Realnutzung landwirtschaftlicher, forstlicher und anderer Art, einschließlich der Erholungseinrichtungen,

- ökologisch begründete Landschaftseinheiten und prägende Landschaftsteile,

- Landschaftszustand mit den belebten Landschaftselementen, schutzwürdigen Biotopen und Einzelobjekten sowie den Landschaftsschäden.

In der nun folgenden Bewertung, der Landschaftsdiagnose, wird die Landschaft und ihre derzeitige Nutzung der naturräumlichen Eignung für menschliche Nutzungsansprüche gegenübergestellt. DEIXLER (1985, S. 31) bezeichnet dies als „ökologisch funktionale Flächengliederung. Es handelt sich hierbei um eine von gesellschaftlichen Nutzungsansprüchen überformte ökologische Raumgliederung, die auch auf künftige Nutzungsansprüche abstellt."

Nach DEIXLER (ebd.) sind dies „die querschnittsorientierten Beiträge der Landschaftsplanung zur Gesamtplanung." Die Bewertung der ökologischen Belastbarkeit der verschiedenen Gebietsteile hat bereits Zielcharakter und legt die künftige Entwicklung des Gemeindegebietes fest. Die Ziele und Maßnahmen werden im Entwicklungsteil des Landschaftsplanes festgelegt, der aus zwei Kartenwerken besteht, der Entwicklungs- und der Festsetzungskarte, incl. Erläuterungen. Im Entwicklungsteil werden die Entwicklungsziele für einzelne Standorte und Flächen dargestellt. Diese Ziele lauten in verallgemeinerter Form nach SPITZER (1995, S. 75):

- *Erhaltung* einer mit naturnahen Lebensräumen ausgestatteten Landschaft,
- *Anreicherung* einer im Ganzen erhaltungswürdigen Landschaft mit naturnahen Lebensräumen und mit belebenden Elementen,
- *Wiederherstellung* beschädigter Landschaftsteile zu naturnahen Lebensräumen,
- *Ausbau* der Landschaft für die Erholung,
- *Ausstattung* mit zusätzlichen Landschaftselementen und Einrichtungen,
- *Ausgleich* von ökologischen Eingriffen,
- Beibehaltung der Funktion von Grundstücken zur Erfüllung öffentlicher Aufgaben,
- Erhaltung von Freiflächen bis zur Realisierung von Grünflächen durch die Bauleitplanung,
- *Biotopentwicklung* zur Herstellung oder Verbesserung besonderer Lebensgemeinschaften.

In der Festsetzungskarte werden standortgenaue Gebote und Verbote zum weiteren Umgang mit den ausgewiesenen Flächen angegeben, z. B. Wiederaufforstungen mit bestimmten Baumarten oder die Anlage eines Amphibiendurchlasses. DEIXLER (1985) bemängelt, dass in vielen Plänen der Maßnahmen- und Zielteil im Verhältnis zum Grundlagenteil „sehr dünn" ausfällt.

Aufgrund der hohen Zuschüsse von zeitweise 60 % der Ausarbeitungskosten haben zwischen 1973 und 1995 mehr als die Hälfte der 2050 bayerischen Gemeinden einen kommunalen Landschaftsplan aufgestellt (LEICHT/LIPPERT 1996). In den meisten Gemeindevertretungen der Nördlichen Fränkischen Alb hat die Lobby der Landwirte eine Beschlussfassung über den Landschaftsplan jedoch lange verhindert, weil sie befürchtete, dass die freie Verfügung über die Landnutzung zu stark eingeschränkt würde. Eine Trendwende setzte hier erst ein, nachdem die Stadt Pottenstein 1996 einen solchen kommunalen Landschaftsplan erfolgreich etablieren konnte. Dieser Plan verfolgt als Leitbild den Erhalt und die Entwicklung der charakteristischen Landschaft durch enge Zusammenarbeit von Naturschutz, Landwirtschaft und Fremdenverkehr (BAU-

ERNSCHMITT 1996). Der Markt Heiligenstadt (Aufstellungsbeschluss im Jahr 1996) konnte ebenfalls noch erhebliche Landeszuschüsse erhalten; inzwischen sind die Gemeinden bezüglich der Finanzierung jedoch weitgehend auf sich alleine gestellt. Im Markt Wiesenttal befindet sich immer noch kein Landschaftsplan in Aufstellung (mdl. Mitt., Mohr, 2004).

Generell wird in der Planungswissenschaft und -praxis die Frage nach der Umsetzung der Planung immer stärker in den Vordergrund geholt. KANNAMÜLLER (1992) weist in diesem Zusammenhang darauf hin, dass die meisten Landschaftspläne trotz hoher Ausarbeitungskosten als sog. „Schubladenplanung" nicht umgesetzt werden. Die Gründe dafür liegen oft im mangelnden Verständnis der Bevölkerung und gerade der Landwirte für das, was über ihre Köpfe hinweg auf ihren landwirtschaftlich genutzten Flächen geplant wird (vgl. GEISLER 1995). Ein weiteres Problem der Umsetzung von Landschaftsplänen besteht darin, dass sie zwar behördenverbindlich sind, aber für den Grundstückseigentümer keine unmittelbare Rechtswirkung haben. Wenn also der Eigentümer den Vorgaben nicht folgt, z. B. mit einer Flächenstilllegung oder Extensivierung landwirtschaftlicher Nutzung, kann der Landschaftsplan nicht umgesetzt werden. Auch müssten Eigentümer öfters bereit sein, für die Anlage von Ausgleichsflächen eigenes Land abzutreten.

Ein geplantes Projekt der Bezirksregierung sieht die Umsetzung der Landschaftsplanung vor, ohne dafür konkrete Schritte zu benennen (REGIERUNG VON OBERFRANKEN 1996). Dabei ist völlig klar, dass man auf der Fränkischen Alb einen Landschaftsplan nicht gegen, sondern nur mit den Landwirten umsetzen kann. Die Landschaftsentwicklung hängt im Wesentlichen von der Landwirtschaft ab und niemand sonst hat die Möglichkeiten, flächendeckend Naturschutz und Landschaftspflege zu betreiben. Die Landwirte sind besonders dann zur Mitarbeit zu bewegen, wenn sich der Naturschutz für sie rentiert. Dafür wurden die diversen Förderprogramme der Landschaftspflege geschaffen (ROTH/BERGER 1996). Nach Aussage der Unteren Naturschutzbehörde wird allerdings nicht explizit umgesetzt; es werden lediglich anstehende Maßnahmen mit dem Plan abgeglichen (mdl. Mitt., Lang, 2004).

8.2.4 Flurbereinigung und Ländliche Entwicklung

Ziele und Grundlagen

Flurbereinigungen als Zusammenlegungen oder Einhegungen von Parzellen sind schon für die frühe Neuzeit nachgewiesen, z. B. bei der sog. Vereinödung im Fürstbistum Kempten. Der Anlass für derartige Maßnahmen lag in der Regel in einer Durchsetzung von landwirtschaftlichen Innovationen, wie etwa der Aufgabe der Dreifelderwirtschaft zu Gunsten einer profitableren Feldgraswirtschaft (HEINEBERG 2003). Die Ursprünge und Entwicklung der Flurbereinigung sind in Deutschland aufgrund der komplizierten Territorialentwicklung sehr unterschiedlich. So ist beispielsweise für das Bistum Münster eine Markenteilungsordnung (zur Privatisierung der Allmende) von 1763 überliefert, ebenso wie eine preußische Gemeinheitsteilungsordnung von 1821 und das preußische Zusammenlegungsgesetz von 1872. Auf der Preußischen Umlegungsordnung von 1920 basierte schließlich die Reichsumlegungsordnung von 1937, die erstmals ein für Deutschland einheitliches Flurbereinigungsrecht schuf (BATZ 1990, HEINEBERG

2003). Das 1954 in Kraft getretene bundeseinheitliche Flurbereinigungsgesetz sollte in erster Linie die Voraussetzungen für eine maschinengerechte Landbewirtschaftung schaffen. Bei der Novelle von 1976 wurde zusätzlich Gewicht auf die „Förderung der allgemeinen Landeskultur", d. h. der Sicherung der Naturgrundlagen und Berücksichtigung ökologischer Belange, und die „Förderung der Landentwicklung", d. h. der Aufwertung der Wohn-, Wirtschafts- und Erholungsfunktion des Ländlichen Raumes, gelegt (§ 1 Abs. 1 und 2 FlurbG).

Die Zielsetzungen der Flurbereinigung haben sich somit im Lauf der Jahrzehnte vor dem Hintergrund des jeweiligen politischen Auftrages und der gesellschaftspolitischen Aufgabe stark gewandelt (ZILLIEN 1985). Der Grundsatz der Verbesserung der Arbeits- und Produktionsbedingungen in der Landwirtschaft stand jedoch immer im Vordergrund (vgl. HÜMMER 1986). Doch verfolgt die Flurbereinigung heute gleichermaßen agrar-, umwelt- und raumordnungspolitische Ziele. Ihre Maßnahmen umfassen nach HENKEL (1993) folgende, regional zum Teil sehr unterschiedliche Schwerpunkte:

- die Beseitigung der Zersplitterung des Grundbesitzes nach modernen betriebswirtschaftlichen Gesichtspunkten,

- die Verbesserung des Wegenetzes, der Wasserwirtschaft und der Bodenstruktur,

- die Aufstockung der Betriebe,

- die Änderung der Bodennutzung und die Verbesserung der Siedlungs- und Infrastruktur, z. B. durch Ortsauflockerung, Althofsanierung, Aussiedlung, Dorferneuerung.

Zum Teil werden Flurbereinigungsverfahren auch bei der Umsetzung nicht agrarer Großprojekte initiiert, so z. B. beim Bau von Autobahnen oder Flughäfen, die durch ihren Flächenanspruch massiv in die bestehenden Grundstücks- und Wirtschaftsstrukturen eingreifen. Als Grundlage dieser Maßnahmen dient das Flurbereinigungsgesetz des Bundes.

Die Flurbereinigung im Wandel der Zeit

Im Laufe der letzten fünf Jahrzehnte haben die Ziele und Aufgaben der Flurbereinigung einem steten Wandel unterlegen. So spannt sich der Bogen vom rein ökonomischen Denken der Nachkriegszeit über das aufkommende Umweltbewusstsein der 1970er bis zu den integrierten Planungen und Landschaftsplänen der 1990er Jahre.

In den 1930er bis 1950er Jahren war die Steigerung der Produktion von landwirtschaftlichen Erzeugnissen im Sinne einer angestrebten Autarkie oberstes Ziel. Die landwirtschaftliche und bäuerliche Existenz und Lebensgrundlage sollten verbessert werden, um Staat und Gesellschaft entsprechend abzusichern. Für eine möglichst intensive Flächennutzung wurden die Grundstücke neu verteilt und für einen maschinengerechten Einsatz zugeschnitten. Das Reichsumlegungsgesetz von 1936 spricht anlässlich der Grundstücksumlegung davon, dass „alle Maßnahmen zur Erweckung der im Boden schlummernden Wachstumskräfte (...) durchgeführt werden" (zit. n. ZILLIEN 1985, S. 369). Die beginnende Mechanisierung der Landwirtschaft machte dies einerseits nötig, anderseits standen nun erst die technischen Möglichkeiten für größere Eingriffe zur

Beseitigung von Bewirtschaftungshindernissen oder dem großzügigen Ausbau des Wegenetzes zur Verfügung. Darüber hinaus wurden nochmals in großem Stile durch das Trockenlegen von Mooren oder Niederungen sowie Eindeichungen an der Nordseeküste neue Flächen für die Landwirtschaft erschlossen. Zwar sollten schon im ersten Flurbereinigungsgesetz von 1956 die Ansprüche des Naturschutzes und der Landschaftspflege berücksichtigt werden, doch traten diese Argumente hinter die ökonomischen Erfordernisse zurück.

Die Flurbereinigungen der 1950er bis 1970er Jahre sind durch den Begriff „Integralmelioration" gekennzeichnet. Die Verfahren gingen nun oft über eine bloße Zusammenlegung der Flächen und den Bau einiger Wirtschaftswege weit hinaus. Es wurden weit reichende Gewässerausbauten zur Neuregelung der Vorfluterverhältnisse vorgenommen und großflächig Hecken, Mulden und Hohlwege weggeräumt oder verfüllt. Die Landwirtschaft sollte ähnlich wie die Industrie fortlaufend rationalisiert werden. Den Endpunkt einer solchen Entwicklung markierten die LPG'en in der ehemaligen DDR mit industrieller Agrarproduktion auf Betriebsflächen von der Größe mehrerer Gemarkungen. Als agrarpolitische Zielsetzung galt es, in möglichst kurzer Zeit möglichst viel „flurzubereinigen". Die Flurbereinigungsämter mit der höchsten Hektarleistung erhielten Auszeichnungen, was der Begriff „Hektaritis" versinnbildlicht (ZILLIEN 1985, S. 370).

Welche Auswirkungen die Flurbereinigungen in dieser Zeit nach sich zogen, können zwei Beispiele aus dem Untersuchungsgebiet illustrieren:

Die Leidingshofer und Siegritzer Ortsfluren waren früher durch unregelmäßige kleine Block- und Kurzstreifenparzellen in Besitzgemenge gekennzeichnet. Die Ergebnisse der hier zwischen 1944 und 1955 bzw. 1962 und 1975 im Ackerareal auf der Hochfläche durchgeführten Flurbereinigungsverfahren wurden durch die agrarpolitische Zielvorgabe der größtmöglichen Produktionssteigerung geprägt. Bei Verfahrenseinleitung und Aufstellung der Planungsgrundsätze war die Lebensmittelversorgung noch nicht in ausreichendem Maße gewährleistet. Jeder Quadratmeter Ackerland wurde dringend benötigt. Erfordernisse des Natur- und Landschaftsschutzes waren noch nicht allgemein im Bewusstsein von Planern und Landwirten verankert. Aus dieser Situation heraus ist verständlich, dass Kleinstrukturen wie Hecken und Gehölze gerodet sowie besonders in Siegritz kleinere Felskuppen („Knöcke") gesprengt und planiert wurden, um große Schläge mit schnurgeraden Flurwegeverbindungen einrichten zu können (HÜMMER 1986, vgl. Abbildung 8.2.4-1).

Wanderer und ein Großteil der ortsansässigen Bevölkerung sehen heute ein, dass die Landschaft zu wenig Struktur und Abwechslung bietet. Viele der großen Feldstücke hat man bereits wieder in kleinere Nutzungsparzellen aufgeteilt. Angesichts der Tatsache, dass die Landwirtschaft allgemein an Bedeutung verliert, sind es v. a. die Jungen, die eine Auflockerung durch Grünpflanzungen wünschen.

Die 1970er Jahre stellten einen Wendepunkt für die strukturelle Entwicklung der Landwirtschaft und den Umgang mit Natur und Landschaft dar. Bereits ab Ende der 1960er Jahre setzte aufgrund der sichtbar werdenden Umweltprobleme ein Wertewandel in Richtung auf mehr Umwelt- und Naturschutz ein. Das weitere Ausräumen der Landschaft zur Steigerung der Produktion wurde in Frage gestellt.

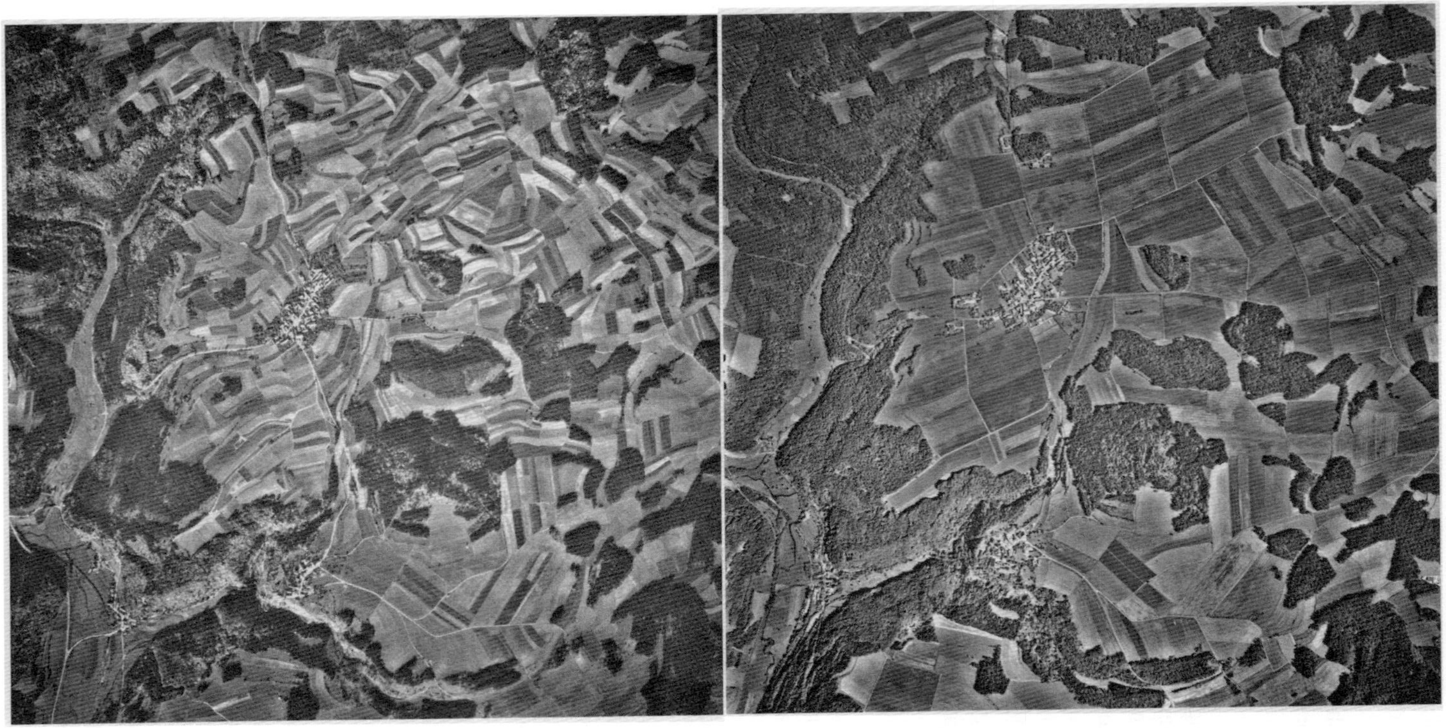

Abb. 8.2.4-1: Luftbildvergleich der Gemarkung Siegritz 1963 (links) und 1993 (rechts) (BayLVA, Flug-Nr. 63099/2 vom 04.06.1963, Streifen Nr. 2, Bild-Nr. 889; Flug-Nr. 93106/0 vom 30.04.1993, Streifen Nr. 5, Bild-Nr. 353)

Die durchrationalisierte und mechanisierte Landwirtschaft erzeugte in steigendem Maße Überschüsse („Milchseen und Fleischberge"), die unter großen Kosten vernichtet werden mussten. Durch den einsetzenden Strukturwandel wurden mehr und mehr Betriebe aufgegeben oder in Nebenerwerbsbetriebe umgewandelt. In den 1960er Jahren noch großräumig bereinigte Gemarkungen waren nun von der „Sozialbrache" betroffen (RUPPERT 1958, vgl. FREUND 1993). Darüber hinaus wurde dem Freizeitwert der Landschaft immer mehr Gewicht beigemessen.

Dieser Strukturwandel führte zu zahlreichen Neuerungen in der Flurbereinigung. Die Fehlplanungen in der Flurbereinigung und ihre zum Teil verheerende Wirkung auf das Landschaftsbild haben in Zusammenspiel mit der Ökologiedebatte die Landschaftsplanung aus der Taufe gehoben und institutionalisiert. Natürliche Strukturen werden nun erhalten und die Dörfer mit Programmen der Dorferneuerung saniert. Auch hier gelangte man zu der Einsicht, dass ökologische Schäden langfristig zu ökonomischen Problemen führen können.

So erhöht z. B. eine Anlage von Biotopen und eine Renaturierung von Bächen die Retentionsleistung und mildert Hochwasserereignisse. Der Wegebau dient als Voraussetzung für eine weitere Nutzung (Beweidung) und liefert damit einen Beitrag zum Kulturlandschaftserhalt. Dieses Umdenken ist ein sehr großer Erfolg für Natur- und Landschaftsschützer, jedoch noch keine Garantie für ökologisch sinnvolle Maßnahmen (MARQUART 1995, S. B23). Flurbereinigungen sind auch heute noch die größten Naturveränderungen. Wie stark diese in der Landschaft sichtbar werden, liegt an der Qualität der Landschaftsplanung. Andererseits sind größere Maßnahmen des Naturschutzes bzw. der Anreicherung der Naturausstattung nur im Rahmen von Flurbereinigungsverfahren möglich, weil hierbei das Instrumentarium der Bodenordnung großflächig zum Einsatz kommen kann (MAGEL 1988, S. 142).

8.3 Akteure in der Kulturlandschaftsentwicklung

Entsprechend der Vielzahl an Instrumenten, von denen bereits einige der wichtigsten besprochen wurden, gibt es eine Fülle unterschiedlichster Akteure, die direkt oder indirekt in der Kulturlandschaftsentwicklung tätig werden (Tabelle 8.3-1).

Landwirte tragen mit ihrer täglichen Arbeit, der Produktion von Nahrungsmitteln und Rohstoffen, quasi en passant den Hauptteil der Kulturlandschaftspflege. Ohne sie würde der größte Teil der mitteleuropäischen Kulturlandschaft, wenn nicht in Forsten umgewandelt, verschwinden. Tabelle 8.3-2 zeigt, dass die aktiven inmärkischen Landwirte allerdings nur noch über ca. 50 % der Fläche des Untersuchungsgebiets als Eigentümer verfügen können. 17 % der Gesamtfläche und 32 % der landwirtschaftlichen Fläche sind Pachtflächen, die zum Großteil ehemaligen Landwirten gehören.

Hinsichtlich einer Bewertung der landschaftswirksamen Tätigkeit ist andererseits festzuhalten, dass die moderne Landwirtschaft auch Hauptverursacher für Eingriffe und Störungen bezüglich des Naturhaushalts und der materiellen (traditionellen) Landschaftsstruktur ist (PLACHTER 1991). Gerade Letzteres war in dem im 20. Jahrhundert erlebten Umfang nur mit Hilfe der Flurbereinigung möglich.

Tab. 8.3-1: Akteure in der Kulturlandschaftsentwicklung in Bayern (eigener Entwurf)

Staatliche Verwaltung	Naturschutz	Schutzgebiete
		Vertragsnaturschutz und Erschwernisausgleich
		Öffentlichkeitsarbeit (ANL, Fachinformation)
	Landwirtschaft	KULAP
		Beratung und Förderung
	Ländliche Entwicklung	Flurbereinigung
		Dorferneuerung
	Denkmalschutz	Inventarisierung
		Förderung
		Öffentlichkeitsarbeit
	Wasserwirtschaft	Wasserschutzgebiete
		Uferprogramm
	...	...
Gebietskörperschaften	Regierungsbezirke	Landschaftsrahmenplan, Landschaftsentwicklungskonzept
		Heimatmuseen, -feste, -pflege
	Landkreise	z. B. Hüllweihersanierung (BT)
		z. B. Schafherde (LIF, BA)
		z. B. Wässerwiesen (FO)
	Gemeinden	Flächennutzungs- und Landschaftsplanung, incl. Umsetzung
		Landschaftspflegemaßnahmen
Verbände und Vereine	Landschaftspflegeverbände	Landschaftspflege, Biotopverbund
		Vermarktung
	Naturschutzverbände	Arten- und Biotopschutz
		Öffentlichkeitsarbeit
	Naturparkvereine	Touristische Ausstattung
		Felsfreistellungen
	Obst- und Gartenbauvereine	
	Heimatvereine	
Privatleute	Landwirte und deren Selbsthilfeeinrichtungen, z. B. Maschinenring	Produktion und Vermarktung (Nahrungsmittel und Rohstoffe)
		Landschaftspflege
	Einheimische Nicht-Landwirte	Nachfrage nach Landschaft, ihren Funktionen, Produkten
	Touristen	

Diese für Natur und Landschaft ambivalente Stellung der Agrarwirtschaft wurde bis 2002 auf Basis eines romantisch-verklärten Landwirtschaftsbildes und auf Druck der Landwirtschaftslobby mit der sog. „Landwirtschaftsklausel" im Bundesnaturschutzgesetz verschleiert. Diese Klausel des § 1 Abs. 3 BNatSchG (alt) besagte: „Der ordnungsgemäßen Land- und Forstwirtschaft kommt für die Erhaltung der Kultur- und Erholungslandschaft eine zentrale Bedeutung zu; sie dient in der Regel den Zielen dieses Gesetzes." Erst mit der Novellierung und dem Fortfall des § 1 Abs. 3 BNatSchG ist in der Naturschutzpraxis der Weg für einen realistischen Umgang mit den landeskulturellen Leistungen der Landwirtschaft frei. Auf der anderen Seite ist festzuhalten, dass auch die Landschafts-Konsumenten ihre Sehnsuchtsbilder von Landwirtschaft und Landschaft in der Wirklichkeit, etwa bei ihrem Einkaufs- oder Freizeitverhalten, nicht umsetzen.

Tab. 8.3-2: Eigentumstypen und relative Pachtanteile am Grundbesitz im Untersuchungsgebiet 2000 (Quelle: ALB, INVEKOS-Datenbank)

Eigentumstyp	Fläche (m^2)	Eigentumsanteil in % des UG	davon verpachtet (m^2)	Verpachtungsanteil in % des UG	Verpachtungsanteil in % eig. Fläche
Haupterwerbsbetrieb im UG	5717439	27,48	79199	0,38	1,39
Nebenerwerbsbetrieb im UG	4859996	23,36	353438	1,70	7,27
Aufgegebener landw. Betrieb im UG	5771531	27,74	2631367	12,65	45,59
Wohn- oder gewerbliches Anwesen	654529	3,15	203828	0,98	31,14
vermietetes Haus oder Zweitwohnsitz	157357	0,76	21466	0,10	13,64
Anwesen im öffentlichen Besitz	1855926	8,92	165953	0,80	8,94
Gemeinsamer Besitz	73266	0,35	32521	0,16	44,39
Ausmärkischer Besitz	1718522	8,26	78822	0,38	4,59
Gesamtergebnis	20808567	100,00	3566593	17,14	17,14

Besondere Erwähnung als Akteur in der Kulturlandschaftsentwicklung sollen hier noch die Landschaftspflegeverbände (LPV Landkreis Bamberg e.V., LPV Forchheim) finden. Sie setzen sich, ohne behördliche Befugnisse zu besitzen, aus Vertretern der Kommunalpolitik, des Naturschutzes und der Landwirtschaft zusammen. In der Regel werden sie auf Wunsch der Gemeinden oder in Einzelfällen auch auf Anfrage von privaten Grundbesitzern tätig, beraten und helfen, Pflegemaßnahmen durchzuführen. Die Landkreise Bayreuth und Kulmbach stellen eigene Landschaftspflegeprogramme auf, organisieren und betreuen die Maßnahmen mit angestellten Dipl.-Biologen, und übernehmen auch langfristige Pflegetätigkeiten wie z. B. Mahd, Entbuschung, Heckenpflege. Die Pflegearbeiten werden schließlich von Landwirten, deren Arbeitsaufwand unter Berücksichtigung der Flächenstruktur nach Maschinenringsätzen vergütet wird, oder vom Landschaftspflegetrupp des Landkreises ausgeführt. In ähnlicher Weise hat sich der Naturparkverein Fränkische Schweiz-Veldensteiner Forst auf Felsfreistellungen spezialisiert und unterhält dafür ebenfalls einen eigenen Pflegetrupp.

8.4 Aktuelle Planungspraxis und fachliche Umsetzung

Zu den Aufgaben der Wissenschaft zählt die Evaluierung der vorhandenen Instrumente ebenso wie das Finden neuer Wege für den Erhalt und die Entwicklung der „gewachsenen" Kulturlandschaft. Dabei ist auf prozessuale Analysen besonderer Wert zu legen: Welche Erfolge sind mit den Schutz- und Pflegemaßnahmen verbunden, welche Konsequenzen ergeben sich daraus? Darüber hinaus ist zu prüfen, ob aus dem in dieser Arbeit entwickelten Landschafts- und Analysemodell neue Erkenntnisse für die Planungspraxis ableitbar sind.

8.4.1 Gebietsschutz

Naturschutzgebiete (NSG)

Auf der Nördlichen Fränkischen Alb gibt es mehrere Naturschutzgebiete, v. a. Naturwaldreservate und Wacholderheiden[41]. Der Flächenanteil von Naturschutzgebieten beträgt innerhalb des Naturraums weniger als 1 %. Im Untersuchungsgebiet liegt das NSG 400.043 Leidingshofer Tal mit einer Größe von 22 ha: Die Schutzgebietsverordnung NSG-VO Nr. 820-8622 datiert von 1986[42].

Im Laufe der 1990er Jahre erkannte man, dass ein bloßer Gebietsschutz mit Veränderungsverboten dem Schutzzweck der Erhaltung einer durch historische Nutzung geprägten Magerweide nicht gerecht wird. Es liegt allerdings bis dato kein „Management- und Pflegeplan" für das Leidingshofer Tal vor (mdl. Mitt., Lang, 2004). Die in Aussicht genommenen Pflegemaßnahmen (Kapitel 8.4.2) werden anderweitig koordiniert, und zwar vom Naturparkverein bzw. ab 1997 vom Landschaftspflegeverband Bamberg.

NATURA 2000

Flora-Fauna-Habitat- (FFH) und Vogelschutzgebiete (SPA-VSG) konzentrieren sich im Untersuchungsgebiet auf die größeren Täler:

FFH (gemeldet) 6233-301.36 Leidingshofer Tal – Leinleitertal

FFH (Arbeitsentwurf, Stand Januar 2004) 6233-601.9 Leinleitertal mit Totensteinen (Leinleiterbach mit Uferstreifen, Totensteine mit umliegendem Wald)

FFH (Arbeitsentwurf, Stand Januar 2004) 6233-601.11 Aufseßtal (Wiesengrund Aufseßtal mit Waldstück an der östlichen Talflanke)

SPA – VSG (Arbeitsentwurf, Stand Januar 2004) 6233-701.12 Leinleitertal mit Totensteinen (Leinleiterbach mit Uferstreifen, Totensteine mit umliegendem Wald)

SPA – VSG (Arbeitsentwurf, Stand Januar 2004) 6233-701.01 Aufseßtal (Wiesengrund Aufseßtal mit Waldstück an der östlichen Talflanke)

---

[41] http://www.bayern.de/lfu/natur/gruene_liste/index.html (05.02.2007)

[42] Regierungsamtsblatt, Folge 19 vom 21.11.1986

Tab. 8.4.1-1: Naturdenkmäler in der Gemarkung Wüstenstein (lt. Bekanntmachung vom 07.10.1976 im Amtsblatt für den Landkreis und die Große Kreisstadt Forchheim, S. 216)

Nr.	Bezeichnung	Gemarkung, Flurstück	Lage
216	Pulverloch: 2 Höhlen	Wüstenstein, 1034	Linker Aufseßtalhang, unterhalb Draisendorf
217	Höhle: Lindenbrunnenhöhle	Wüstenstein, 1208	Rechter Aufseßtalhang oberhalb des Lindenbrunnens
218	Höhle: Kuhloch	Wüstenstein, 1208	Rechter Aufseßtalhang oberhalb des Lindenbrunnens
219	Höhle: Fuchsloch	Wüstenstein, 1363	Im Hochstahler Graben
220	Höhle	Wüstenstein, 1362/2	Im Hochstahler Graben, unterhalb des Fuchsloches
221	Drei Höhlen: Rauhenberger Löcher und Bettelküche	Wüstenstein, 1397	Linker Aufseßtalhang, oberhalb der Pulvermühle
222	Höhle: Bauernhöhle	Wüstenstein, 1387	Im Hochstahler Graben
223	Doline und Standort der Frühlingsknotenblume (Landschaftsteil)	Wüstenstein	Teilfläche von 500 m², westlich von Draisendorf am Südrand des Märchenwaldes
224	Dolomitfelsen „Reisknock" und Standort der Frühlingsknotenblume (Landschaftsteil)	Wüstenstein	Fläche von 400 m² westlich von Draisendorf
225	Dolomitknockausläufer und Standort der Frühlingsknotenblume (Landschaftsteil)	Wüstenstein	Teilfläche von 200 m² westlich von Draisendorf

Tab. 8.4.1-2: Naturdenkmäler in der Gemarkung Siegritz (Quelle: KOPP et al. 1999, nach Untere Naturschutzbehörde Bamberg)

Nr.	Bezeichnung	Gemarkung, Flurstück	Lage
31	Üblitzberghöhle	Siegritz, 171	ca. 1 km östlich von Siegritz
32	Hochbühlhöhle	Siegritz, 186	ca. 500 m nördlich von Siegritz
33	Höhle „Polsterloch"	Siegritz, 1408	ca. 200 m nördlich von Leidingshof
34	Dolomitfels „Kühstein"	Siegritz, 1114	ca. 1 km nördlich von Siegritz
35	Wernquelle	Siegritz, 903	ca. 700 m südlich von Stücht
81	Kerbtal „Der Frauengrund"	Siegritz, 859, 850/2, 1103, 1106, 1107, 1113, 1114, 1115, 1116, 1117, 1118, 1120	ca. 800 m nordwestlich von Siegritz
82	Felsental	Siegritz, 1409, 1411, 1556, 1557, 1675	nördlich des Leidingshofer Tals
87	Schafhoflinde bei Leidingshof	Siegritz, 1512	im Ortsbereich Leidingshof

Naturpark Fränkische Schweiz–Veldensteiner Forst

Der Naturpark wurde 1972 gegründet und umfasst 2309,7 km², wovon 1396,5 km² als Landschaftsschutzgebiet (LSG) im Naturpark ausgewiesen sind.

Ziel war zunächst vorrangig die Förderung des landschaftsbezogenen Fremdenverkehrs, v. a. durch Schaffung und Unterhalt von Erholungseinrichtungen wie Wanderwegen, Aussichtstürmen etc. Die Naturparkverordnung wurde erst am 14.07.1995 erlassen (BAYSTMLU 1995e), der Umgriff des Naturparks und des zugehörigen LSG wird in einer Karte ausgewiesen, die Bestandteil der Verordnung ist.

Der Trägerverein wurde bis 2001 ehrenamtlich und wird seitdem hauptamtlich von einem Geschäftsführer geleitet. Zu den aktuellen Aufgaben zählen der Unterhalt der Wanderwege (z. B. die Betreuung des neuen „Frankenweges", u. a. durch das Leinleiter- und Leidingshofer Tal), die Besucherlenkung im Park (Höhlenschutz, Kletterkonzept, Kanufahrer auf der Wiesent) und Öffentlichkeitsarbeit (GEISSNER 2003a), die Landschaftspflege (seit 1996), die Abwicklung von Förderprogrammen sowie die Wahrnehmung der Schutzgebietsinteressen als Träger öffentlicher Belange (z. B. in der Flurbereinigung). Für die Landschaftspflege im Naturparkgebiet wurde ein Pflege- und Entwicklungsplan erarbeitet, der umfangreiche Aussagen zu den wichtigsten regionalen Biotoptypen trifft (GEISSNER et al. 2001). In der derzeitigen Pflegepraxis hat der Naturpark einen Schwerpunkt auf Felsfreistellungen gelegt (Kapitel 8.3.2), weiterhin befasst er sich mit der Hüllweihersanierung und der Umsetzung der von den Unteren Naturschutzbehörden erarbeiteten Talpflegekonzepte (zur Offenhaltung der Wiesentäler). Für die Durchführung der Pflegemaßnahmen ist ein dreiköpfiger Arbeitstrupp angestellt. Das Naturparkprogramm umfasste im Jahr 2003 insgesamt 109 Einzelmaßnahmen, davon 49 Felsfreistellungen, 13 Folgemaßnahmen, bei 981.700 € förderfähigen Gesamtkosten, von denen 427.400 € durch EU-Fördermittel (Ziel 2, nach EFRE bzw. investive Maßnahmen nach EAGFL) abgedeckt waren (mdl. Mitt., Geißner, 2004).

Sichergestellte und anerkannte Naturdenkmäler

Unter den Naturdenkmälern finden sich vorwiegend sog. Einzelschöpfungen der Natur, wie Dolinen, Felsen, Höhlen, eine Quelle und ein markanter Einzelbaum. In den meisten Fällen ist ein kulturlandschaftlicher Bezug gegeben, sei es durch die frühgeschichtliche Nutzung von Höhlen, die Bedeutung der Quelle für die Wasserversorgung oder den gesetzten und gehegten „Dorfbaum". Weiterhin sind zwei Trockentalzüge in der Gemarkung Siegritz als Landschaftsteile ausgewiesen. Sie stellen von der Ausdehnung und vom Schutzstatus gewissermaßen kleine Naturschutzgebiete dar.

8.4.2 Diskussion der konkreten Landschaftspflegepraxis

Erhalt der Wiesentäler

Zur Offenhaltung der Wiesentäler werden von den Landwirtschafts-, Wasserwirtschafts- und Naturschutzbehörden verschiedene Programme mit einer Vielzahl unterstützender Maßnahmen ins Spiel gebracht. Ansatz ist zumeist, den Landwirten als Eigentümern und Nutzern der Flächen finanzielle Anreize für ganz bestimmte Bewirtschaftungsweisen und Pflegeaufwendungen zu geben. Man spricht deshalb im „EU-Jargon" auch von „ökologisch motivierten Direktzahlungen" (BROGGI et al. 1997).

Das von den Ämtern für Landwirtschaft vermittelte Bayerische Kulturlandschaftsprogramm unterstützt seit 1988 Extensivierungsmaßnahmen in bäuerlichen Betrieben mit dem Ziel der „Sanierung, Erhaltung, Pflege und Gestaltung der Kulturlandschaft"; die Gebietskulisse umfasst u. a. die Fluss- und Bachauen (HÜMMER 1989, S. 33 ff.). Im sog. Teil A werden das Einhalten später Mahdzeitpunkte, im Teil C Pflegetätigkeiten wie Entbuschungen gefördert.

Über das Uferstreifenprogramm des Wasserwirtschaftsamts werden entsprechend den Gewässerpflegeplänen entlang der Gewässer 1. und 2. Ordnung (wie Aufseß und Leinleiter) ganze Wiesenparzellen aufgekauft, um zumindest einen 10 Meter breiten Uferrandstreifen aus der Nutzung herauszunehmen. Soweit möglich sollen uferbegleitende Gehölzsäume entwickelt werden; Restflächen werden den Landwirten unter bestimmten Auflagen wieder zur Nutzung übergeben. Außerdem finanziert das Amt die Freilegung der Bachläufe von ins Wasser hängenden Stauden und Weiden, um die Überschwemmungsgefahr zu senken.

Die Untere Naturschutzbehörde schließt mit den Flurstücksbesitzern privatrechtliche Verträge nach dem sog. Vertragsnaturschutzprogramm bzw. dem Erschwernisausgleich für Feuchtflächen. Der Vertragsnehmer verpflichtet sich gegen ein Entgelt, Störungen des Naturhaushalts zu unterlassen bzw. führt naturschonende Bewirtschaftungsweisen oder Pflegemaßnahmen durch. Darüber hinaus hat das Landratsamt Forchheim ein Talpflegeprogramm aufgestellt (MOHR 1999), in dem für alle betreffenden Flurstücke konkrete Pflegehinweise gegeben werden.

Speziell im Rahmen des Flurbereinigungsverfahrens Kirchehrenbach/Weilersbach ist es auch gelungen, eine Restaurierung der historischen Wiesenbewässerungsanlagen an der unteren Wiesent durchzuführen (WEID/ZÖCKLEIN 1990, DIX 1995). Dieser Erhalt technischer Kulturlandschaftsmerkmale wird allerdings wegen des geringen Nutzwertes in den engen Nebentälern und im Oberlauf der Wiesent kaum finanzierbar sein.

Die modernen Haupterwerbsbetriebe haben inzwischen meist zu große Maschinen für die Zufahrten bzw. kleinen Parzellen in den engen Tälern oder für den feuchten Untergrund. Die Wiesenpflege kann durch Kleinbauern mit älteren Mähwerken durchgeführt werden. Für das Schnittgut gibt es aber immer weniger Bedarf. Daher wird es verkauft oder kompostiert.

Aufforstungen werden in der Aue prinzipiell nicht mehr genehmigt; insoweit einzelne Wieseneigentümer nicht mit der Naturschutzbehörde kooperieren, könnte beim Einsetzen natürlicher Gehölzsukzessionen auf Wiesenbrachen gemäß dem Bayerischen Naturschutzgesetz eine Pflege bzw. Mahd angeordnet werden. Die Durchsetzung solcher Zwangsmaßnahmen ist jedoch in der Naturschutzpraxis derzeit nicht opportun (mdl. Mitt., Mohr, 2004).

Schutz und Wiederherstellung eines Magerrasen-Biotopverbunds

Seit Ende der achtziger Jahre des 20. Jahrhunderts versucht die Naturschutzpraxis, der Verinselung von Lebensräumen durch die Schaffung von Biotopverbund-Systemen entgegenzuwirken, indem in der Kulturlandschaft isolierte Populationen bzw. Lebensräume miteinander verknüpft werden. Je nach Flächengröße und Vollständigkeit des lebensraumtypischen Arteninventars werden die Restvorkommen als „Refugialbiotope" oder „Trittsteine" eingestuft. Diese werden durch geeignete Korridore (z. B. Heckenzeilen, Straßenränder) verbunden. Die Organismengruppen der Wacholderheiden erhalten so theoretisch die Möglichkeit, ihren Genpool durch den Kontakt mit Nachbarpopulationen aufzufrischen (JEDICKE 1990). Ein künstlich geschaffener Halbtrockenrasen-Verbund funktioniert allerdings nicht zwangsläufig (u. a. MAAS 1994). Es gelingt bei entsprechender Pflege relativ problemlos, vorhandene Kalkmagerrasen zu erhalten; bei weitem überschätzt aber wird häufig das Ausbreitungsvermögen ihrer Charakterarten. Die Entwicklung von magerrasenähnlichen Pflanzengemeinschaften ist eine Aufgabe von Jahrzehnten, wenn nicht Jahrhunderten. Zudem herrscht noch immer eine große Unsicherheit über die Größe von Minimalarealen und Minimalpopulationen, weil katastrophale Ereignisse wie Jahrhundertwinter auch nach langjährigen Ökosystemanalysen unkalkulierbar bleiben. BLAB (1992, S. 423) stellt deshalb fest: „Wir können gar nichts anderes tun, als uns am Gegebenen zu orientieren und zu versuchen, davon so viel wie irgend möglich dauerhaft zu sichern. (...) Sichern ist besser als Neuanlegen bzw. Renaturieren."

Durch Entbuschungsaktionen ist ein verlorener Magerrasen also nicht im Handumdrehen wiederherstellbar. Unter den Gehölzen haben sich üblicherweise bereits Nährstoffe angereichert, weshalb nach der Entbuschung anstatt der einst durch Lichtmangel verdrängten Magerrasenarten nährstoffzeigende (Un)-Kräuter wie die Weiße Taubnessel *(Lamium album)* die Oberhand gewinnen. Zur Wiederherstellung der ursprünglichen Kalkmagerrasenstruktur ist die Durchführung von Mahd und insbesondere Beweidung nach der Rodung unerlässlich. So ist es langfristig in der Naturschutzpraxis nicht sinnvoll, Lebensräume zu konservieren, die nicht in ein Landnutzungskonzept eingebunden sind (POSCHLOD/JORDAN 1992, S. 119, vgl. POSCHLOD 1993, BONN/POSCHLOD 1998). Im Falle der Nördlichen Fränkischen Alb bedeutete dies eine Einbindung intakter oder entbuschter bzw. ausgehagerter Wacholderheiden in Triftsysteme, die eine geregelte Hüteschafhaltung erlauben (vgl. BRUCKHAUS 1988, OPUS 1993, WEID 1995a, 1996a). Die Wiederherstellung von Triebwegen und die Aufwertung von Sommerhutungen sind hier als zentrale Probleme anzusehen, die mit einem von der Regierung von Oberfranken in Auftrag gegebenen Gutachten „Schafbeweidungskonzept Nördlicher Frankenjura" konkret angegangen wurden (OPUS 1993). Eine eigens eingerichtete Planungsgruppe mit Vertretern der verschiedenen Interessensgruppen (Bezirksregierung, Gemeinden, Verbände) bemühte sich um die zumindest partielle Umsetzung des breit angelegten Konzeptes (vgl. WEID/WIEDING 1994). Hierzu gehört auch die Schaffung eines Absatzmarktes für einheimisches Lammfleisch unter dem Label „Jura-Lamm" (WEID 1995b). Letztlich entscheidend ist aber, die unsicheren wirtschaftlichen Perspektiven der Schafhalter zu stabilisieren. Sonst bleibt es mehr als fraglich, ob die wenigen derzeit noch wirtschaftenden Betriebe beim nächsten Generationswechsel einen Nachfolger finden werden (OPUS 1993, S. 54, WEID 1995b, vgl. SCHMITT 1998, S. 172).

Exkurs: Biotopverbundplanung mit Hilfe des katasterbasierten GIS

Für einen segregativen Prozessschutz (OTT 1998, DECKER et al. 2001) kann aus dem Verlauf und Ergebnis früherer Entwicklungen auf Resultate rezenter Prozesse geschlossen werden. Damit sind Prognosen für die Entwicklungsdauer bestimmter Vegetationseinheiten nach Nutzungsaufgabe aufzustellen, auch die der potentiell natürlichen Vegetation. Mögliche Fragestellungen im regionalen Kontext lauten: Wie lange dauert es, bis sich aus einer aufgegebenen Hutung ein Buchenwald mit naturnaher Artenkombination entwickelt? Wie könnte eine „Wildnis-Landschaft Fränkische Alb" aussehen und wie lange dauert deren Entwicklung?

Mit Hilfe des katasterbasierten GIS können bei der Planung von Biotopverbundsystemen Rückschlüsse auf die Umsetzbarkeit geplanter Entwicklungskonzepte gezogen werden. Als Beispiel sei die Restituierbarkeit erwünschter Biotoptypen wie Halbtrockenrasen genannt: Man kann feststellen, ob die vorgesehene (heute verbuschte, bewaldete oder beackerte) Verbundfläche früher eine Hutung war und wann die Nutzungsaufgabe erfolgte. Auch die Rekonstruktion historischer Triftwege ist flächenscharf möglich. Daraus lässt sich ableiten, wie hoch die Wahrscheinlichkeit ist, mit bestimmten Maßnahmen auf diesem Standort wieder einen intakten Halbtrockenrasen etablieren zu können (BONN/POSCHLOD 1998). Auf diese Weise unterstützen die Veränderungstypen (Abbildung 4.3.3-1) eine Entscheidungsfindung, in welchem Teilgebiet welcher Aufwand aufzubringen ist, um das gewünschte Ergebnis zu erzielen (Decision Support, vgl. GORDON et al. 1995, CZERANKA 1996, LAMBECK/HOBBS 2002).

Tab. 8.4.2-1: Geschichte der Landschaftspflege auf der Hutung im Leidingshofer Tal (Gemarkung Siegritz, Flst. 1673) 1993-2003 (Quelle: Untere Naturschutzbehörde Bamberg, unpubl.)

1993	Entbuschungen im zentralen Bereich auf dem Südhang
1994	erste Beweidung und Erweiterung der Entbuschungsfläche
1995	Nachpflege
1997	Entbuschungen im oberen Teil der Parzelle
2000	Freistellung des Felsens am westlichen Eingang zum Engtal (neben dem Denkmal), Entbuschung des unteren Triebweges an der Engstelle hinter den Talwiesen, Entbuschung der Magerrasen rechts und links des oberen Triebweges zum Dorf
2001	Entbuschung oberhalb des unteren Triebwegs (Unterhang), Entbuschung im östlichen Teil um den „Motschenstein" bzw. „Hötsch" (= Kröte)
2002	Nachpflege
2003	Mahd (da der Schäferbetrieb wegen Insolvenz eingestellt werden musste)

Konkrete Praxis der Magerrasenpflege im Untersuchungsgebiet

Welche Magerrasen für die Durchführung von Pflegemaßnahmen ausgewählt werden, entscheidet der Landschaftspflegeverband nach naturschutzfachlichen Gründen; oft werden über die Bürgermeister Wünsche nach Pflege von Ruderalflächen herangetragen, die jedoch nicht erfüllt werden können. Die meisten Maßnahmen werden aus dem Landschaftspflegeprogramm der Bezirksregierung finanziert, zu 70 % aus EU-Mitteln bzw. zu je 15 % vom Landkreis und der Gemeinde. Entbuschungen werden in der Regel (so auch in Leidingshof) durch ortsansässige Landwirte ausgeführt, ergänzt durch den Pflegetrupp des Landschaftsverbands; die Arbeitsleistung wird nach Maschinenring-Sätzen abgerechnet.

Die größten und naturschutzfachlich bedeutendsten Magerrasen befinden sich im NSG Leidingshofer Tal. Entbuschungen auf der großen Hutung (Flurstück 1673) dienten der Vorbereitung des Terrains für eine Beweidung mit Schafen und Ziegen. Damit sollten aufkommende Gehölze langfristig kurz gehalten werden. Zusätzlich wurde eine einmalige Nachmahd im Herbst vorgesehen, bis der Magerrasen wieder weitgehend ausgehagert ist. Wie die Pflegemaßnahmen im NSG seit ihrer Aufnahme 1993 verlaufen sind, zeigt Tabelle 8.4.2-1.

Lichte Kiefernwälder

Landschaftspflege in den lichten Kiefernwäldern ist derzeit umstritten und wird relativ selten betrieben. Die nicht ganz gesicherte pflanzensoziologische und naturschutzfachliche Einordnung scheint hier beizutragen (vgl. GAUCKLER 1939, HEMP 1995). Das katasterbasierte GIS kann wenigstens einen Beitrag zur Klärung der Genese der einzelnen Bestände beisteuern. Damit wäre in den meisten Fällen ein Reliktcharakter auszuschließen und eine Zuordnung als Sekundärformation auf ehemaligen Hutungen, Äckern etc. zu belegen. Freilich gelingt dies auch über phytosoziologische Aufnahmen anhand der Arten der Trockenstandorte, Magerrasen und Wacholderheiden, die verbreitet im Unterwuchs zu finden sind (GEISSNER et al. 2001).

Auf jeden Fall handelt es sich bei den lichten Kiefernwäldern um wertvolle und schützenswerte Trockenstandorte nach Art. 13 d BayNatSchG. Damit sind Eingriffe in die Bestände prinzipiell untersagt. Ob dadurch aber Landschaftspflegemaßnahmen zu rechtfertigen sind, die auf den Erhalt des rezenten Waldzustandes oder gar die Wiederherstellung eines Magerrasens abzielen, ist im Einzelfall zu klären. Eine mögliche Rodung solcher Kiefernwälder wurde oben in Zusammenhang mit einem Magerrasen-Biotopverbund thematisiert. Ein Erhalt im lichten Zustand wird gelegentlich aus Gründen des Artenschutzes in Erwägung gezogen (GEISSNER et al. 2001), insbesondere bei Beständen, die reich an *Anemone sylvestris* sowie diversen Orchideen sind. Dort werden aufkommende Laubhölzer und Fichten entfernt, um den Kiefernbestand aufzulichten. Bei zu starker Kronenauflichtung kommt es allerdings zu einer explosionsartigen Verbreitung von Eschen, die wiederum auf Stock zu setzen und ab dem zweiten Jahr mit Ziegen zu beweiden sind. Für derartige Eingriffe ist eine Abstimmung mit der Forstverwaltung unabdingbar. Ansonsten gilt eine Unterdrückung der natürlichen Waldentwicklung als „rodungsgleicher Eingriff" nach dem Bayerischen Waldgesetz (mdl. Mitt., Lang, 2004).

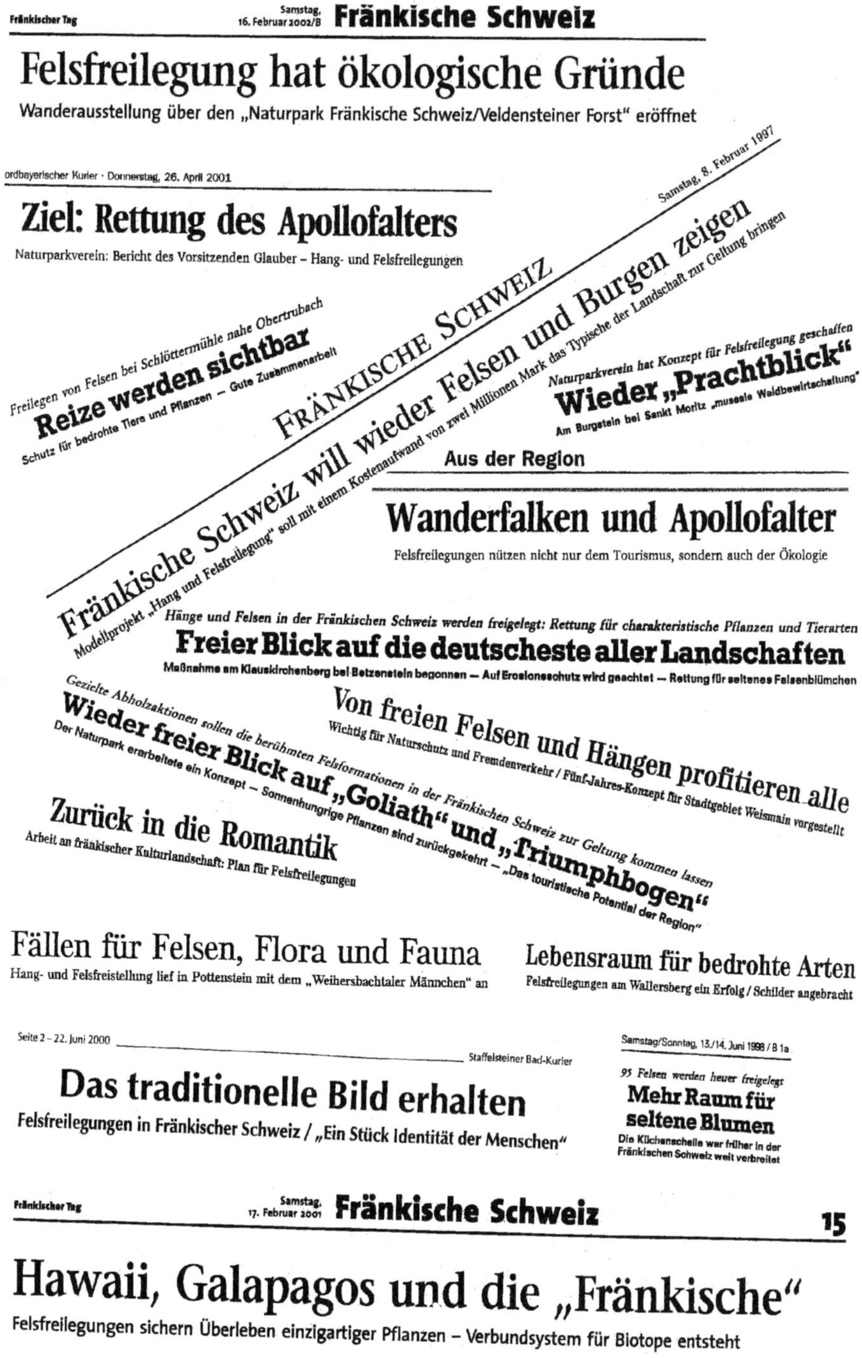

Fränkischer Tag Samstag, 16. Februar 2002/B **Fränkische Schweiz**

Felsfreilegung hat ökologische Gründe

Wanderausstellung über den „Naturpark Fränkische Schweiz/Veldensteiner Forst" eröffnet

ordbayerischer Kurier · Donnerstag, 26. April 2001

Ziel: Rettung des Apollofalters

Naturparkverein: Bericht des Vorsitzenden Glauber – Hang- und Felsfreilegungen

Samstag, 8. Februar 1997

FRÄNKISCHE SCHWEIZ

Fränkische Schweiz will wieder Felsen und Burgen zeigen

Modellprojekt „Hang und Felsfreilegung" soll mit einem Kostenaufwand von zwei Millionen Mark das Typische der Landschaft zur Geltung bringen

Freilegen von Felsen bei Schlöttermühle nahe Obertrubach

Reize werden sichtbar

Schutz für bedrohte Tiere und Pflanzen – Gute Zusammenarbeit

Naturparkverein hat Konzept für Felsfreilegung geschaffen

Wieder „Prachtblick"

Am Burgstein bei Sankt Moritz „museale Waldbewirtschaftung"

Aus der Region

Wanderfalken und Apollofalter

Felsfreilegungen nützen nicht nur dem Tourismus, sondern auch der Ökologie

Hänge und Felsen in der Fränkischen Schweiz werden freigelegt: Rettung für charakteristische Pflanzen und Tierarten

Freier Blick auf die deutscheste aller Landschaften

Maßnahme am Klauskirchenberg bei Betzenstein begonnen – Auf Erosionsschutz wird geachtet – Rettung für seltenes Felsenblümchen

Gezielte Abholzaktionen sollen die berühmten Felsformationen in der Fränkischen Schweiz zur Geltung kommen lassen

Wieder freier Blick auf „Goliath" und „Triumphbogen"

Der Naturpark erarbeitete ein Konzept – Sonnenhungrige Pflanzen sind zurückgekehrt – „Das touristische Potential der Region"

Von freien Felsen und Hängen profitieren alle

Wichtig für Naturschutz und Fremdenverkehr / Fünf-Jahres-Konzept für Stadtgebiet Weismain vorgestellt

Zurück in die Romantik

Arbeit an fränkischer Kulturlandschaft: Plan für Felsfreilegungen

Fällen für Felsen, Flora und Fauna

Hang- und Felsfreistellung lief in Pottenstein mit dem „Weihersbachtaler Männchen" an

Lebensraum für bedrohte Arten

Felsfreilegungen am Wallersberg ein Erfolg / Schilder angebracht

Seite 2 – 22. Juni 2000 Staffelsteiner Bad-Kurier

Das traditionelle Bild erhalten

Felsfreilegungen in Fränkischer Schweiz / „Ein Stück Identität der Menschen"

Samstag/Sonntag, 13./14. Juni 1998 / B 1a

95 Felsen werden heuer freigelegt

Mehr Raum für seltene Blumen

Die Küchenschelle war früher in der Fränkischen Schweiz weit verbreitet

Fränkischer Tag Samstag, 17. Februar 2001 **Fränkische Schweiz** 15

Hawaii, Galapagos und die „Fränkische"

Felsfreilegungen sichern Überleben einzigartiger Pflanzen – Verbundsystem für Biotope entsteht

Abb. 8.4.2-1: Zeitungsschlagzeilen zu den Felsfreistellungen im Naturpark Fränkische Schweiz-Veldensteiner Forst (übermittelt von W. Geissner, 2003)

Felsfreistellungen

Nach Aufgabe der Weidewirtschaft auf den Magerrasen v. a. an den Unter- und Mittelhängen der Albtäler sind die für das Landschaftsbild (einst) charakteristischen Felstürme der Fränkischen Alb in der jüngeren Aufwaldung „untergegangen"; ein Prozess, der lange Zeit nicht bemerkt oder aber gleichgültig zur Kenntnis genommen wurde. Ein Umdenken in diesem visuell bedeutsamen und ökologisch sensiblen Landschaftsbereich erfolgte erst gegen Ende der 1980er Jahre.

Infolge eines Eisregens im Winter 1987 kam es zu einem flächenhaften Zusammenbruch der Hangwälder im Wiesenttal zwischen Gößweinstein und Muggendorf, wodurch die Felsen plötzlich wieder erlebbar wurden. Daraufhin griff der Fränkische Schweiz-Verein (FSV) unter K. Theiler die Idee auf, Felsen auch andernorts durch landschaftspflegerische Maßnahmen wieder freizusetzen. Zunächst ergaben sich jedoch Probleme mit der Forstverwaltung, zumal Schutzwaldbelange anfangs zu wenig bedacht wurden (BAUERNSCHMITT 1996, S. 108 ff.). Die Bezirksregierung verlangte ein Konzept, das 1996-1999 vom Naturpark ausgearbeitet wurde (GEISSNER et al. 1999, GEISSNER/HUSS 2000). Währenddessen konnten jedoch bereits etliche Einzelmaßnahmen genehmigt werden, so dass die erste Freilegung bereits im Herbst 1996 an der Ruine Neideck erfolgte.

Die vom Naturpark koordinierten Maßnahmen werden durch das Naturparkprogramm des Freistaats Bayern und 5b-Mittel der EU gefördert. Darüber hinaus gehen aber auch die Gemeinden teils in Eigenregie vor. So hat die Gemeinde Heiligenstadt von 1996 bis 1999 insgesamt 75.000 DM investiert, um u. a. in Veilbronn die Felsbastion unter dem Naturfreundehaus und den Totenstein am gegenüberliegenden Hang freizusetzen. Generell ist eine gute Zusammenarbeit mit den Parzelleneigentümern zu verzeichnen, die in etwa 90 % der Fälle kooperieren. Die Vorteile für den Eigentümer liegen im Arbeitsentgelt und der Nutzung des geschlagenen Holzes.

Jedoch sind die Felsfreistellungsmaßnahmen naturschutzfachlich umstritten bzw. müssen unter Naturschutzaspekten jeweils im Einzelfall betrachtet werden. Die Untere Naturschutzbehörde wird daher als Träger Öffentlicher Belange gehört. Generell ist eine Konzentration auf sonnseitige Talfelsen, die Wiederherstellung von Schafweiden, lichten Kiefernwäldern und thermophilen Buschwäldern an den Unterhängen, sowie das Vermeiden von Freistellungen an Schattfelsen mit ihren charakteristischen Felsfloren sowie der Zerstörung naturnaher Waldgesellschaften (Schluchtwald) zu beachten.

Unter diesen Voraussetzungen werden die Felsfreistellungen innerhalb der Region als Schlüsselmaßnahme zur Landschaftspflege angesehen und von den regionalen Entscheidungsträgern wie der Bevölkerung weitaus überwiegend positiv, teilweise sogar enthusiastisch aufgenommen (vgl. Abbildung 8.4.2-1). Allerdings hat POPP (2003) mit einer Befragung festgestellt, dass diese Ansicht von Ausflüglern und Urlaubsgästen in der Fränkischen Schweiz nicht in gleichem Maße geteilt wird. Im Gegenteil waren etwa 45 % der befragten Gäste der Ansicht, die „Fels- und Hangfreilegungen" seien „eher zu unterlassen" (gegenüber nur 17 % der Bewohner). Jedoch sollten POPPs (2003, S. 78) Schlussfolgerungen, „dass den Fels- und Hangfreilegungen keine sehr hoch anzusiedelnde Bedeutung zugemessen wird", hier nicht unkommentiert bleiben, da die zugrunde liegende Studie einige methodische Probleme aufweist, welche eine Wiederholung der Befragung unter veränderten Rahmenbedingungen sinnvoll erscheinen lassen:

1. sagten etwa ein Drittel der Gäste explizit, dass die Fränkische Schweiz „für den Fall unterbleibender Fels- und Hangfreilegungen" „nicht mehr in nennenswertem Maß besucht" würde (POPP 2003, S. 75). Was dies für die Tourismusregion bedeuten würde, wenn allein die Verfechter dieser Ansicht künftig fernblieben, lässt sich unschwer ausmalen.

2. ist in POPPs Befragung nicht erhoben worden, inwieweit die Befragten über Sinn und Zweck der Maßnahmen (einschließlich der naturschutzfachlichen Bedeutung) informiert waren. Es wurde dementsprechend auch nicht thematisiert, ob die Gäste nach einer eventuell verstärkten Öffentlichkeitsarbeit seitens des Naturparks anders über die Felsfreistellungen denken könnten.

3. wurde die Befragung in Pottenstein durchgeführt, einem Mittelpunktsort, der ganz offensichtlich weniger wegen des Landschaftserlebnisses, sondern vorrangig wegen touristischer Attraktionen wie Schauhöhle, Schwimmbad, Sommerrodelbahn, Erlebnisgastronomie etc. besucht wird.

8.4.3 Landschaftsplanung

Der Landschaftsplan des Marktes Wiesenttal

Der Anfang der 1980er Jahre erstellte Entwurf eines Flächennutzungs- und Landschaftsplans für den Markt Wiesenttal (GAUFF/GREBE 1985) war als Landschaftsplan (PLANUNGSBÜRO GREBE 1983) nicht weiterverfolgt worden. Die Ausarbeitung eines Landschaftsplanes wurde von der Gemeinde auch lediglich für die Täler und Seitenhänge der Wiesent und Aufseß mit den Ortslagen von Streitberg, Rauhenberg, Draisendorf, Wüstenstein und Muggendorf gewünscht. Die darin aufgezeigten Ideen für die ökologische Absicherung der Ausweisung von Bauland etc. sind von geringer Originalität und Qualität. Als Beispiel sei das Gemeindegebiet von Wüstenstein herausgegriffen, welches den Typ einer rein ländlichen Siedlung darstellt. Im Erläuterungsbericht wird mehrfach die hervorragende Lage von Wüstenstein mit seinen Gemeindeteilen auf der Hochfläche und im Tal der Aufseß erwähnt. Um den bestehenden Störungen des Ortsbildes durch moderne Bebauung zu begegnen, wurden im Planentwurf folgende Vorschläge gemacht:

- Erweiterungsschwerpunkt im Nordwesten (Richtung Geismarkt), dabei Freihalten des Waldrandes von Bebauung,
- Freihalten der Ausblicke von der Straße ins Tal und der schmalen Waldrandzonen von Bebauung,
- keine weitere Bebauung im Aufseßtal.

Dem Planentwurf fehlen jegliche Ansätze zur Biotopvernetzung oder der Erhaltung der Halbtrockenrasen und Wässerwiesen. In der vorliegenden Form ist dieser Landschaftsplan lediglich als „Alibiplan" zu verstehen, der den aktuellen Anforderungen an einen Landschaftsplan nicht mehr genügt.

Landschaftsplanung in der Flurbereinigung Wüstenstein

In der Wüstensteiner Flur stehen die vielgliedrigen Feld-Wald-Übergänge, der Heckenreichtum und die relativ kleinteilige Parzellierung in auffälligem Gegensatz zur Siegritzer Flur. Die Flurbereinigung in der Gemarkung Wüstenstein wurde erst im Jahr 1988 angeordnet – und wird jetzt in einer Zeit durchgeführt, die damit ganz andere Zielvorstellungen verbindet, als das noch in Siegritz üblich war. Begleitend wird eine Landschaftsplanung vorgenommen, mit der das Büro Böhringer beauftragt ist (BAUMGARTNER/BÖHRINGER 1995). Im Gegensatz zum Planentwurf für die Marktgemeinde Wiesenttal handelt es sich um eine „echte" Landschaftsplanung, die in ökologischer Hinsicht auf dem neuesten Stand ist. Die Planer versuchen Eingriffe, wo immer möglich, zu begrenzen und trotzdem der Landwirtschaft moderne Arbeitsbedingungen zu schaffen.

Die Flurbereinigung in Wüstenstein soll v. a. Maßnahmen des Wegebaus, wobei man das topographisch und historisch bedingte Grundmuster der Wegeführung bewahrt, und in beschränktem Maße eine Neuordnung der Grundstücke umfassen. Generell soll dabei das Landschaftsbild erhalten und der Biotopverbund gestärkt werden. Eingriffe in das Kleinstrukturennetz (Knöcke, Hecken, Steinriegel) sind möglichst gering zu halten, gegebenenfalls ist eine Neuanlage solcher Kleinstrukturen als Ausgleichsmaßnahme durchzuführen (BAUMGARTNER/BÖHRINGER 1995). Bei der Aktion „Mehr Grün durch Ländliche Entwicklung" der Direktion für Ländliche Entwicklung wird Programmteilnehmern kostenlos heimisches standortgerechtes Pflanzgut (Laubbäume, Sträucher, Hochstammobstbäume) zur Verfügung gestellt. Die Landwirte führen Pflanzungen selbst durch und sind für deren Pflege verantwortlich (SCHEU 1998, S. 71). Zum anderen soll der Wegebau bedarfsorientiert sowie unter möglichst geringer Oberflächenversiegelung erfolgen. Trotzdem beträgt die Gesamtlänge der gebauten Wege über 33 km (Kosten 1,5 Mio. DM). Dazu kommt eine Fläche von 2,3 ha, die neu versiegelt wird, und ein Verlust an landwirtschaftlichen Kleinstrukturen (Gehölze, Halbtrockenrasen etc.) von über 2,6 ha. Als kuriose Fortsetzung der großmaßstäbigen Landschaftseingriffe in Siegritz erscheint die „Verpflanzung bzw. Versetzung" von einzelnen Landschaftselementen an einen „weniger störenden" Standort. Nach Wertermittlung der Flurstücke wurde die Neuverteilung in den Jahren 2002/2003 vorgenommen.

Der Landschaftsplan der Marktgemeinde Heiligenstadt (u. a. für die Gemarkung Siegritz)

Der Landschaftsplan in Heiligenstadt wurde 1996-1999 vom Gutachterbüro plan[2] unter umfangreicher Bürgerbeteiligung erarbeitet (KOPP et al. 1999). Dabei standen die Aufgabe von Grenzertragsböden, die „Erstaufforstungsproblematik in den Tälern" und die landschaftsverträgliche Entwicklung des Fremdenverkehrs im Vordergrund der Überlegungen.

Auf Basis einer Landschaftsanalyse und einer Diskussion der bestehenden und geplanten Raumnutzungen weist der Plan entsprechend dem Konzept der partiellen Segregation (Kapitel 6.2.4) parzellenscharf drei Gebietskategorien aus, nämlich „Nutzungsgebiete für Land- und Forstwirtschaft", „Entwicklungsgebiete für Strukturanreicherung und Landschaftspflege" sowie „Schwerpunktgebiete für Strukturanreicherung und

Landschaftspflege". Die folgenden Grundmuster für anzustrebende Pflege- und Entwicklungsmaßnahmen sollen in diesen Gebietskategorien mit abgestufter Intensität umgesetzt werden:

- Schutz und Sicherung von wertvollen Magerstandorten und anderen Teillebensräumen (Feuchtgebietsreste, Gehölze, Streuobstwiesen, Ruderalflächen),
- Neuanlage von solchen Lebensräumen durch Baumpflanzung und Sukzession,
- Extensivierungen (Schaffung von Ökotonen), insbesondere entlang empfindlicher Lebensräume wie Waldsäume, Böschungen, Knocks und Dolinen,
- Extensivierungen in der Talaue (Gewässerschutz),
- Auslichtung von Kiefernwäldern, Rücknahme der waldbaulichen Nutzung auf Sonderstandorten.

Alle diese Maßnahmenvorschläge, die bereits in Zusammenhang mit den verschiedenen beteiligten Akteuren angesprochen worden sind, werden mit dem Landschaftsplan integrierend betrachtet. Weiterhin wird in groben Zügen ein Koordinations- und Umsetzungskonzept vorgelegt. Dabei wurde Wert auf eine breitere wirtschaftliche Basis der Landnutzung und eine mögliche Verminderung der Abhängigkeit von Fördermitteln gelegt. Diese beinhaltet die Vernetzung von Landwirtschaft und Fremdenverkehr (Fremdenverkehrskonzept), die Erschließung zusätzlicher Erwerbsquellen (Natur- und Landschaftsführer, Bau von Pflanzenkläranlagen, Verwertung von Grüngut) sowie die Entwicklung alternativer Bewirtschaftungsweisen (Alternativen zu den Standardanbauprodukten).

Insgesamt zeigen die beiden jüngsten Landschaftspläne für das Untersuchungsgebiet, wie man heute mit den Problemen des ländlichen Raumes umgehen kann und dabei ökonomische und ökologische Aspekte in etwa gleichrangig berücksichtigt.

Exkurs: Lenkung der Erstaufforstungen

Erstaufforstungen von Ödland – das heute allerdings flächenmäßig kaum noch ins Gewicht fällt – unterliegen traditionell keiner Genehmigungspflicht (FRANKENBERGER 1960, S. 20) und werden seit 1954 auch staatlich gefördert. Im Gegensatz dazu sind Erstaufforstungen auf Agrarstandorten seit 1921 von den Bezirks- bzw. Landratsämtern zu prüfen (BOESLER 1969, S. 165). Hierfür ist heute Art. 16 (1) des Bayerischen Waldgesetzes maßgebend. Belange der Landeskultur, des Naturschutzes oder der Landschaftspflege dürfen nicht gefährdet werden. Außerdem soll der Erholungswert nicht beeinträchtigt sein. Nachteile für Nachbargrundstücke sind zu vermeiden.

Dennoch werden viele Aufforstungen nicht angemeldet oder trotz nicht erteilter Genehmigung durchgeführt, so dass die in den Statistiken ausgewiesenen Aufforstungsflächen meist unvollständig sind. Die „Dunkelziffer" liegt nach den Erfahrungen, die FRANKENBERGER (1960, S. 21) in Oberfranken gemacht hat, auf einzelne Kommunen bezogen, zwischen 5 % und 50 % und im Durchschnitt bei etwa 15 %. Auch heute gibt es noch „Schwarzaufforstungen wie Sand am Meer"; sie haben lokale Schwerpunkte und scheinen den Gesetzmäßigkeiten von Innovation und Diffusion zu unterliegen.

Ordnungsrechtliche Möglichkeiten werden seitens der Behörden nicht ausgeschöpft[43] (mdl. Mitt., Mohr, 2004).

Das Phänomen ist oft als Folgeerscheinung der Sozialbrache gedeutet und beschrieben worden (z. B. bei FRANKENBERGER 1958, 1960). Doch hat BOESLER (1969, S. 215) gezeigt, dass die Aufforstungen nicht sozial determiniert sind, weil die aufgeforsteten Flächen „Inhabern bäuerlicher Betriebe aller Typen, Arbeitern, Gerwebetreibenden und anderen" gehören. Sie haben vielmehr betriebswirtschaftliche Ursachen, entweder die Stilllegung unrentabler Agrarflächen oder eine verringerte Arbeitskapazität (Arbeitskräftemangel, Übergang zu Nebenerwerb etc.). Die nicht mehr agrarisch genutzten Flächen sollen weiterhin einen Ertrag abwerfen[44]. Entsprechend dem Wandel der Fördermodalitäten sehen HÜMMER/MEYER (1998, S. 152 f.), einen Zusammenhang zwischen Förderung und Aufforstung, der sich in „Aufforstungswellen" manifestiert. Die derzeitige Aufforstungswelle in Bayern betrifft v. a. kleinteilige, schwer zu bewirtschaftende Landschaften, wo eine größere Waldvermehrung eigentlich nicht erstrebenswert ist – wie die inzwischen bereits als waldreich eingestufte Nördliche Fränkische Alb (BAUERNSCHMITT 1996, S. 106).

Darüber hinaus sind Aufforstungen oft auch ästhetisch motiviert, wenn Brachflächen und Ödländereien als „unordentlich" angesehen werden (vgl. HARD 1975a). Als besonders störend unter ökologischen und landschaftsästhetischen Gesichtspunkten erweisen sich dabei die häufige Beseitigung von Waldbuchten, Lichtungen, Durchlässen und Wiesentälern, kleinflächige Aufforstungen zur Begradigung von Waldrandlinien und von singulären Streifenparzellen, während die benachbarten Parzellen ohne Gehölz verbleiben (vgl. Abbildung 6.1.6-1). Weiterhin ist vielfach eine Verwendung nicht standortgerechter Hölzer zu beklagen, insbesondere bei Fichtenmonokulturen, die zudem das Landschaftsbild stark beinträchtigen. Vielmehr wird heute ein Mindestanteil von Laubholz (40 %, in Einzelfällen bis 70 %) für erforderlich gehalten (BAUERNSCHMITT 1996, S. 108).

Um die unerwünschten Effekte der Erstaufforstungen aufzufangen (vgl. KLEIN 1997), versucht man neuerdings partizipative Planungsmethoden zu implementieren. In einem Pilotprojekt „Landwirtschafts- und landschaftsverträgliche Aufforstung" der Regierung von Oberfranken sind die Aufforstungswünsche der Landwirte ermittelt worden. Das Ziel war, Aufforstungsflächen in dafür geeigneten Flurteilen zu bestimmen. So konnten Mitte der 1990er Jahre in der Gemarkung Siegritz zwei solcher „Aufforstungsgewanne" ausgewiesen werden (HÜMMER/MEYER 1998). Die obligatorische Prüfung in Zusammenhang mit Art. 16 Abs. 2 BayWaldG kann bereits im Landschaftsplan erfolgen (vgl. KOPP et al. 1999). Eine Abwägung begünstigender und einschränkender Kriterien für Aufforstungen unternimmt BAUERNSCHMITT (1996, S. 111). Von Aufforstung freizuhaltende Flächen bilden dann eine Gebietskulisse für den prioritären Einsatz von

---

[43] Wer mit einer „Schwarzaufforstung erwischt" wird, erhält zunächst die Aufforderung, einen Aufforstungsantrag zu stellen. Der Antrag wird dann von der Unteren Naturschutzbehörde abgelehnt, der Antragsteller beschwert sich beim Landrat und das Verfahren „bleibt stecken". In der Gemarkung Affaltertal wurden die illegalen Aufforstungen vom Landratsamt nachträglich pauschal legitimiert (mdl. Mitt., Mohr, 2004).

[44] Nach FRANKENBERGER (1960, S. 69) entspricht der Nettoertrag eines 80jährigen Fichtenbestandes auf das Jahr umgerechnet dem Nettoertrag einer Kartoffelfläche, und das bei deutlich geringerem Arbeitsaufwand.

Fördermitteln zur Landschaftspflege: großflächige Kalkmagerrasen und Wacholderheiden, landschaftsprägende Täler und Trockentäler, kleinteilige Hecken- und Knocklandschaften, wichtige Biotopverbundachsen, v. a. im Bereich lichter südexponierter Wälder, Dorfränder (BAUERNSCHMITT 1996, S. 106).

8.5 Ein Paradigmenwechsel? Integrationsansätze in der Kulturlandschaftsentwicklung

8.5.1 Top-down oder Bottom-up: Evaluierung der (verteilten) Kompetenzen

Die Bemühungen der öffentlichen Hand zur Steuerung der Landschaftsentwicklung weisen durchaus Erfolge auf. Ein Erhalt der wenigen noch verbliebenen Wacholderheiden, eine Wiederherstellung von Sichtbezügen durch Felsfreistellungen und das Offenhalten der Wiesentäler ist ohne staatliche Finanzhilfe nicht mehr denkbar. Trotzdem muss auf die Probleme der bisherigen Praxis hingewiesen werden:

Die Förderansätze sind so vielfältig, so häufigen Änderungen unterworfen und in ihren möglichen Kombinationen so wenig durchschaubar, dass die Landwirte sehr viel Zeit damit vertun, sich in diesem „Dschungel" zurechtzufinden. Bei Interviews war folgende Aussage bezeichnend: „Man müsste tagsüber im Amt sein und nachts arbeiten, dann verdient man das Meiste." Das fällt umso schwerer, wenn in einigen Bereichen ein „finanzielles Wettrüsten mit Fördermitteln" veranstaltet wird, so dass z. B. die Möglichkeit besteht, eine Förderung für die Offenhaltung und extensive Bewirtschaftung von Grünland zu erhalten – oder eine Prämie für die Aufforstung bzw. eine Förderung für die Pflege von Streuobstbeständen oder eine Prämie für deren Rodung.

Bei weiter sinkenden Erzeugerpreisen und anhaltendem Zwang zur Rationalisierung muss zwangsläufig auch immer mehr Geld für die Realisierung der Landschaftspflegeprogramme aufgewendet werden. In völligem Gegensatz dazu sind die geringe Reputation der Landwirtschaft und die offenbar sinkende Subventionsbereitschaft in der Bevölkerung in Rechnung zu stellen. Die Landwirte rechnen in Zukunft mit einer Reduzierung von Ausgleichszahlungen und Fördermitteln – und die Existenz kleiner wie mittlerer Betriebe, die davon abhängig sind, wird gefährdet (SCHMITT 1997). Um die Zukunft einer in Mitteleuropa (weitgehend) flächendeckenden Landwirtschaft nicht aufs Spiel zu setzen, wäre eine Neudefinition ihrer Aufgaben längst überfällig: neben der Produktion von Nahrungsmitteln und Rohstoffen müssen auch Ressourcenschutz und die landeskulturellen Leistungen gesellschaftlich anerkannt werden, was eine entsprechende Öffentlichkeitsarbeit voraussetzt. Eine in diesem Sinne umweltverträgliche Landbewirtschaftung braucht Vergütungen, die von der Produktion „entkoppelt" sind (HAMPICKE 1995, RAT VON SACHVERSTÄNDIGEN FÜR UMWELTFRAGEN 2003, SINABELL 2003).

Als einigermaßen realistisch erschien in Kapitel 6.2.4 ein gemäßigtes Szenario, nach dem die Land- und Forstwirtschaft in relativen Ungunsträumen wie auf der nördlichen Fränkische Alb zunehmend neue Aufgaben übernimmt, wie eine extensive oder biologische Produktion von Nahrungsmitteln besonderer Qualität, eine Aufwaldung in geeigneten Bereichen und eine Pflege bestimmter Landschaftsteile, deren Aufwand zum einen Teil durch die extensive Nahrungsmittelproduktion gedeckt wird, zum anderen Teil durch entsprechende flächenbezogene Vergütung. Dabei kommt es im Endeffekt zum Entstehen „neuer Landschaften", deren Formenkanon noch nicht in allen Einzelheiten vorhersehbar ist. Doch muss dieser Vorgang – auch nach Auffassung des Sachverständigenrates für Umweltfragen – durch Landschaftsplanung vorbereitet und koordiniert werden (vgl. AUFMKOLK 1998, S. 29 ff.).

Es ist offensichtlich kein „Patentrezept" für die Planung vorhanden. Dort wie in der Wissenschaft ist immer mehr der „Blick fürs Ganze" gefragt. Dazu gehört auch eine „kooperative und partizipative" Planungskultur unter breiter Beteiligung aller Akteure bzw. Betroffenen (BRUNS 2003), die zunehmend von unten getragen („Bottom-up") und dabei vom Planer moderiert mehr als von oben gelenkt wird („Top-down").

Der „moderne" Landschaftsplan erfüllt diese Voraussetzungen anscheinend am besten, und könnte eine Integrationsfunktion für alle Beteiligten übernehmen (vgl. HERBERT/WILKE 2003). Ungelöst ist derzeit allerdings noch das Problem einer ökonomischen Unterfütterung der Landschaftspläne (zumindest für die Bereiche Landwirtschaft und Tourismus). Die Planer machen sich in jüngerer Zeit zwar auch Gedanken dazu (vgl. KOPP et al. 1999); nachhaltig erfolgreich werden ihre Konzepte aber nur sein, wenn über den Plan hinaus eine langfristige Betreuung der Gemeinden bei der Umsetzung der Maßnahmen zur Regel wird. Dafür ist eine mittelfristige Periode anzustreben (5-10 Jahre). Ein außergewöhnlicher Einsatz an Finanzierungsmitteln ist in Zukunft nicht mehr abzusehen; die Effekte müssen sich durch Akzentuierung und Konzentration vorhandener Instrumente erreichen lassen.

8.5.2 Neue Instrumente aus der Denkmal- oder der historisch-geographischen Kulturlandschaftspflege?

Trotzdem ein gesetzlicher Auftrag besteht, „gewachsene" bzw. „historische" Kulturlandschaften zu erhalten und zu entwickeln, hat der Gesetzgeber dafür weder spezielle Schutzgebiete noch Förderkategorien, etwa im Rahmen der Agrar- und Naturschutz-Subventionen vorgesehen (vgl. JOB et al. 1999).

So wurde von manchen Autoren seit Ende der 1970er Jahre zunächst die Ausweisung einer zusätzlichen Schutz(gebiets)kategorie gefordert. Der Anstoß hierzu kam offensichtlich aus der Denkmalpflege und der Historischen Geographie, wo man eine Erweiterung der „üblicherweise drei kulturellen Denkmalarten" (Bau-, Boden- und industriearchäologische Denkmale) um die vierte Kategorie eines „Land-Denkmals" (BREUER 1979) bzw. „kulturhistorischen oder historisch-geographischen Denkmals" (VON DEN DRIESCH 1988, S. 138, SEIDENSPINNER/SCHNEIDER 1989, vgl. DENECKE 1985) postulierte. Dieser Forderung wurde auch Anfang der 1990er Jahre in einigen Denkmalschutzgesetzen deutscher Länder weitgehend entsprochen (GRAAFEN 1992, S. 45 und 1993, S. 41). Denkt man üblicherweise in Zusammenhang mit dem Begriff „Denkmal" an einen eher punktuellen Schutz, so kam gerade von dieser Seite der Anstoß zu einer komplexeren Betrachtung von Landschaftsteilen. Somit sollte der Denkmalbegriff vom geschützten Einzelobjekt, ggf. mit Umgebungsschutz, über Ensembles bis hin zu ganzen „Denkmallandschaften" reichen (VON DEN DRIESCH 1988, BREUER 1989).

Dabei geht es um den geschichtlichen Zeugniswert, den eine Landschaft darstellt, z. B. auch bei der Umgebung eines Zisterzienserklosters, einer Bergbaulandschaft, der Parzellenstruktur einer Rodungsflur des hohen Mittelalters (GUNZELMANN/SCHENK 1999, S. 352). Im Zuge der Erfassung sind die materielle Landschaftsstruktur in ihrer rein physiognomischen wie auch in der funktional-physignomischen (Nutzungsstruktur) Ausprägung und die rechtliche Landschaftsstruktur (Parzellierung und Grenzen) zu berücksichtigen. Beide hier unterschiedenen Komponenten besitzen potentielle Denkmalqualität (BREUER 1988, GUNZELMANN 1999); entscheidend für die Denkmalpflege ist aber nach GUNZELMANN (1999) immer der historische Wert. Problematisch hinsichtlich der Schutzwürdigkeit ist die Nutzungsstruktur; ein Schutzinteresse bezogen auf einen Einzelfall äußert EIGLER (1988). Der Begriff der Denkmallandschaft ist aber bis heute noch kaum in Forschung oder Praxis eingegangen, dies aufgrund mangelnder methodischer Sicherheit und politischer Probleme mit einer weiteren Ausweitung des Denkmalbegriffes (vgl. ONGYERTH 1991/92, BREUER 1993).

Die bestehende Lücke bei der „Mit"-Verwaltung der kulturhistorischen Belange durch die Naturschutz- und die Denkmalbehörden versucht die Angewandte Historische Geographie indes zu schließen, indem sie den naturschutzfachlichen Begriff der „Landschaftspflege" auf Landschaftselemente und -teile mit kulturhistorischer Bedeutung überträgt („Kulturlandschaftspflege", z. B. SCHENK et al. 1997). Sie erhält dadurch einen wesentlich größeren Spielraum, als er der Denkmalpflege möglich ist, insofern sie sich nicht von vorneherein nur der schützenden Bewahrung verpflichtet (DENECKE 1985, S. 25). Die Inwertsetzung von Landschaften mit historischen Qualitäten kann im Erhalt, eventuell in der Wiederherstellung, Gestaltung und Veränderung oder Beseitigung zugunsten von etwas Neuem bestehen (SCHENK 2002c). Trotzdem ist unstreitig (z. B. BREUER 1983, S. 82, DENECKE 1985), dass die wissenschaftliche Analyse einen schonenden Umgang mit dem historischen Substrat ermöglichen soll. Auch sind Möglichkeiten aufzuzeigen, wie der überkommene Bestand bei der Planung nicht nur als Restriktion, sondern im Sinne von KRINGS (1982, S. 110) als Ressource betrachtet werden kann.

Nun ist zu fragen, wo und wie der neue Akteur, die historisch-geographische Kulturlandschaftspflege, im Planungssystem seinen Platz findet? Da ihm weder eigene normative noch exekutive Kompetenz zusteht, spezialisiert er sich auf Inventare, Fachgutachten und fachplanerische Beiträge bezüglich der kulturhistorisch bedeutsamen Landschaftselemente und -teile (FEHN 1996, BURGGRAAFF 1997a, 2000). Diese konzeptuellen Arbeiten sind dann – unterstützt von einer entsprechenden Lobbyarbeit – auf verschiedenen Planungsebenen mit Hilfe der institutionalisierten Akteure umzusetzen (vgl. JESCHKE 2002, S. 102 f., HERBERT/WILKE 2003). Ein Beispiel dafür ist das vom Bayerischen Landesamt für Umweltschutz 1998 im Rahmen der Reihe „Planungshilfen für die Landschaftsplanung" herausgegebene Merkblatt „Landschaftsbild im Landschaftsplan", in dem die die kulturhistorischen Belange breiten Raum einnehmen (GABEL 2003).

Der Beitrag der Historischen Geographen beruht traditionellerweise v. a. auf der Entwicklung von Erfassungs- und Gliederungsvorschlägen für historische Elemente in der Kulturlandschaft (z. B. DENECKE 1972 und 1979, NAGEL 1979, GUNZELMANN 1987), die durch die neue planerische Richtlinie „Erhalten" besondere Relevanz bekamen

(SCHWERDTFEGER 1989, S. 266). Diese Arbeiten münden in jüngerer Zeit in das Bemühen um den sog. Kulturlandschaftskataster als eine weitgehend einheitliche Planungsgrundlage (Kapitel 2.1.2). Allerdings hatte VON DEN DRIESCH bereits 1988 festgestellt (S. 110), dass „eine umfassende Methode zur Bestandsaufnahme aller Reliktformen in der heutigen Kulturlandschaft nicht existiert und vielleicht auch nicht existieren kann, zu differenziert sind die Reliktformen selber, die historische Entwicklung der einzelnen Gebiete, die Forschungstradition in den einzelnen Ländern".

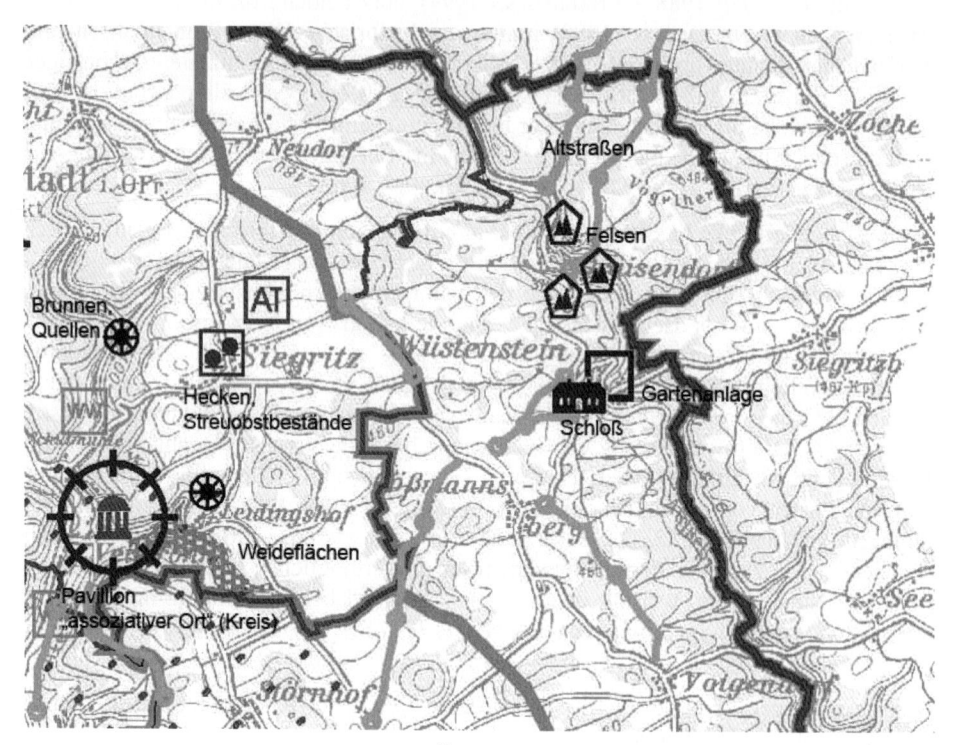

Abb. 8.5.2-1: Das Untersuchungsgebiet[45] in einem Ausschnitt der Karte „Die Historische Kulturlandschaft in der Region Oberfranken-West" auf Grundlage der TK 50 (BAYLFU 2004, ergänzt um eine Erklärung der Symbole für die „historisch bedeutsamen" Elemente)

In dieser Linie steht auch das 2001-2004 unter dem Titel „Historische Kulturlandschaft im Landschaftsentwicklungskonzept der Region Oberfranken-West" durchgeführte Gemeinschaftsprojekt der Bayerischen Landesämter für Denkmalpflege und Umweltschutz, das den Grundstock für ein Kulturlandschaftsverzeichnis legen soll. Darüber hinaus stellt es eine Basisinformation für örtliche Planungen bereit und dient der Be-

---

[45] Das Schwerpunktvorkommen „historisch bedeutsamer" Hecken und/oder Streuobstbestände in der bereinigten Flur von Siegritz existiert in Wirklichkeit nicht. Zudem wurde der Verlauf der alten Chaussee Nürnberg – Bayreuth nicht (richtig) erkannt.

wusstseinsbildung in der Öffentlichkeit. Im Rahmen des Projektes wurden über 1000 regional bedeutsame historische Kulturlandschaftselemente und 111 Kulturlandschaftsräume erfasst, bewertet und beschrieben. Auf dieser Grundlage wird die historische Kulturlandschaft im LEK Oberfranken-Ost erstmals in einer eigenen Karte als Schutzgut gleichrangig zu den natürlichen Lebensgrundlagen und dem Landschaftsbild dargestellt (BAYLFU 2004).

Über die Inventarisierung hinausgehend, sind auch seit über 20 Jahren (vereinzelte) Erfolge im Schutz und in der -pflege von kulturhistorisch bedeutsamen Landschaftselementen zu verzeichnen. So hat die bayerische Denkmalpflege bereits seit 1983 Weinbergsanlagen in die Denkmalliste eingetragen und somit gesetzlich geschützt (KAHLE 2004). Auf einer Untersuchung von EIGLER (1975) über Fluranlagen auf der Altmühlalb beruht deren schonende Berücksichtigung im Rahmen eines Flurbereinigungsverfahrens (EIGLER 1988). Und als prominentestes Beispiel der Nördlichen Fränkischen Alb ist die Restaurierung historischer Wiesenbewässerungsanlagen an der unteren Wiesent im Rahmen der Flurbereinigung Kirchehrenbach/Weilersbach zu nennen (DIX 1995).

Trotz aller Lobbyarbeit von Seiten der Historischen Geographie wurde es jedoch bis dato versäumt, die Pflege historischer Kulturlandschaftselemente in die Agrarsubventionen aufzunehmen. Dies kann durch die Förderung traditioneller (extensiver) Nutzungsformen nicht zur Gänze abgedeckt werden, weshalb z. B. ein Erschwernisausgleich bei der Bewirtschaftung von Schmalstreifenparzellen (vgl. EIGLER 1988) nicht gefördert wird. Notwendige Voraussetzung dafür wäre indes ein parzellenscharfes und flächendeckendes Kulturlandschaftsinformationssystem, wie es in Ansätzen z. B. im Tiroler Rauminformationssystem implementiert ist und das weit über den Kulturlandschaftskataster der Historischen Geographen hinausgeht (vgl. Kapitel 7.3.4).

8.5.3 Indirekte Landschaftsentwicklung durch regionale Wirtschaftsförderung

Der „künstliche" Erhalt historischer Landschaftselemente oder traditioneller Nutzungsformen durch Subventionen der öffentlichen Hand erscheint langfristig zu kostspielig und nagt auch am Selbstverständnis etlicher Landwirte, die sich in erster Linie als Erzeuger von Nahrungsmitteln sehen (vgl. WILSON 2002). Deshalb wird zunehmend an der Entwicklung wirtschaftlich tragfähiger Nutzungsformen für die fraglichen Landschaftselemente gearbeitet („integrierter Naturschutz" nach PFADENHAUER 1991). Dies reicht von der Erschließung neuer Absatzmöglichkeiten für traditionelle Produkte oft besserer Qualität („Schmankerl" für den Bauernladen auf dem Hof oder in der Stadt, den Bauernmarkt als Spezialitätenmarkt etc.), über den Aufbau neuer Nutzungsformen (extensive Weide mit z. B. Hochlandrindern, Damwild, Pferden) bis hin zu regionalen Wertschöpfungsketten oder Wirtschaftskreisläufen (Wanderschafhaltung und Jura-Lammfleisch, Biomasseverwertung etc.) (vgl. HAVERSATH 1989, MOSE 1995, BÄTZING/ERMANN 2001, SACHTELEBEN 2001, LUICK 2002, HAUSLADEN/BESCH 2003, SCHWEPPE-KRAFT 2003). Dabei ist eine Vernetzung mit nicht-agrarischen Wirtschaftszweigen verstärkt anzustreben, wobei dafür in vielen Fällen nur der Fremdenverkehr in Frage kommt. Doch bietet gerade der Kontakt mit Touristen eine Möglichkeit, die

Landwirtschaft und somit auch die Landschaft im öffentlichen Bewusstsein wieder stärker mit der Alltagswelt, etwa dem Speiseplan/der Küche, in Verbindung zu bringen. Dahinter steht letztlich die Überlegung, dass man mit Naturschutz „richtig Geld verdienen" müsse, erst dann ist Nachhaltigkeit erreicht. Als Problem ist jedoch anzusehen, dass die Zeitspanne, die bei der politischen Umsetzung des „neuen Denkens" – soweit dies überhaupt gelingt – nötig ist, zum Verlust weiterer „gewachsener" Kulturlandschaftsteile führen wird. Aus diesem Grund kann nur ein vorsichtiges Überleiten von Subventionen für die rein erhaltende Landschaftspflege zu entsprechend wirtschaftlich untermauerten Alternativen propagiert werden.

Im Folgenden sollen einige Ansätze der ökonomisch integrierten Landschaftspflege für die Nördliche Fränkische Alb angesprochen werden.

Schafbeweidungs- und Direktvermarktungskonzept „Jura-Lamm"

In Zusammenarbeit mit der Höheren Naturschutzbehörde von Oberfranken (5b-Stelle) hat das Planungsbüro OPUS (1993) ein Schafbeweidungskonzept „Nördlicher Frankenjura" vorgelegt. Hiermit war eine Bestandsaufnahme potentieller Weideflächen sowie ein „Maßnahmenschlüssel" zur Wiederinstandsetzung brachliegender, meist versaumter und verbuschter Halbtrockenrasen als Weidegründe verbunden. Die meisten dieser Flächen waren seit den 1950er Jahren nicht mehr beweidet worden.

Die Umsetzung des Konzeptes startete 1994 über die Unteren Naturschutzbehörden bzw. die Landschaftspflegeverbände, die für die Erstpflege der Weideflächen (vgl. Kapitel 8.4.2) und die Betreuung der Schäfer zuständig sind. Im Jahr 2001 lief die Finanzierung aus 5b-Mitteln aus; seitdem soll das Konzept sich mit Hilfe der „üblichen" Förderungen aus der Landwirtschafts- und Naturschutzverwaltung im Wesentlichen wirtschaftlich selbst tragen (mdl. Mitt., Preusche, 2000).

Die Hauptschwierigkeit für die Umsetzung bestand und besteht indes darin, eine hinreichende Zahl geeigneter Schäfer zu finden. Im weiteren Bereich des Untersuchungsgebiets (Landkreise Forchheim und Bamberg) werden mindestens zwei Schäfer benötigt. Nachdem der erste Schäfer 1994 bereits den Weidebetrieb aufgenommen hatte, wurde ein zweiter erst 2000 gefunden, der jedoch bereits 2002 wegen Insolvenz aufgeben musste. Deshalb wurden in 2003 die Weideflächen z. B. im Leidingshofer Tal ersatzweise gemäht. Ein Nachfolger sollte 2004 den Betrieb aufnehmen: Das neue Beweidungskonzept für ihn umfasst die Lange Meile südöstlich von Forchheim, das Leidingshofer Tal (mit insgesamt ca. 20 ha Weideflächen im Heiligenstädter Bereich), das Trockental der Leinleiter oberhalb der Heroldsmühle und die Wattendorfer Hänge nordöstlich von Bamberg (mdl. Mitt., Weber, 2003).

Der Weidebetrieb ist insgesamt wesentlich schwieriger zu organisieren als in der Hochzeit der Wanderschäferei im ausgehenden 19. Jahrhundert. Eine rentable Betriebsgröße kann erst mit einer Herde von mehr als 400 Mutterschafen erreicht werden; dafür werden pro Tag etwa 1-2 ha Weidefläche benötigt. Nicht allein, dass die Magerrasen heute sehr isoliert gelegen sind; zusätzlich brauchen die Schafe zur Fleischproduktion (nicht bei der historischen Wollproduktion) 10-20 % Anteil Wirtschaftsgrünland an der Weidefläche und mittags schattige Pferche. Die Beweidung auf den Halbtrockenrasen soll auch intensiver als früher sein, damit der inzwischen wesentlich höhere Nährstoffeintrag aus der Luft und von Nachbarparzellen (HAGEN 1996) ausgehagert wird. Die Beweidungsgebiete verschiedener Halter dürfen sich zudem nicht überschneiden, weil sonst die Gefahr der Ausbreitung von Krankheiten besteht; die „Moderhinke" wird über Bakterien im Boden auf fremde Schafe übertragen (mdl. Mitt., Mohr, 2000).

Sein Einkommen bezieht der Schäfer v. a. aus der Produktion von Lammfleisch. Eine wirtschaftliche Tragfähigkeit soll erreicht werden, indem direkt ab Hof zu einem „angemessenen" Preis an die regionale Gastronomie vermarktet wird. Im Juni 1994 wurde der persönliche Kontakt zwischen Schäfer und Gastwirten hergestellt. Das Jura-Lamm-Programm ist damit das erste Markenprogramm der Nördlichen Fränkischen Alb, „das ein regionaltypisches Produkt auf den Markt bringt" (WEID 1995a, 1996a). Diese Aussage von Weid ist allerdings kritisch zu hinterfragen. Schaffleisch gehört nicht zur traditionellen fränkischen Esskultur. Das scheint auch der Grund dafür zu sein, dass der Absatz nicht den Erwartungen entspricht.

Vermarktungsstrategien für Streuobstprodukte („Aufpreisinitiativen")

In den 1970er Jahren begann mit der Anerkennung der Streuobstwiesen als bedeutender Lebensraum für gefährdete Vogelarten wie dem Steinkauz eine bis heute anhaltende „Renaissance" dieser Kulturart (RÖSLER 2003). Die Neuanlage oder Ergänzung von Streuobstbeständen wird zur Zeit, entsprechend den Landschaftspflegerichtlinien mit 50 % (für Kommunen) bis 82 % (für Privatleute, bei Abwicklung über den Landschaftspflegeverband), hoch gefördert (mdl. Mitt., Lang, 2004). Flankierend wollen Vermarktungsstrategien („Aufpreisinitiativen" mit garantierten Festpreisen) eine dauerhafte Instandhaltung der Streuobstbestände motivieren. Heute gibt es in etwa 100 Orten in Deutschland solche „Streuobst-Aufpreisvermarkter". Die Anlieferer müssen sich verpflichten, nur regionales Obst abzugeben und außerdem keine synthetischen Behandlungsmittel einzusetzen. Dafür wird ein Festpreis garantiert. 2002/2003 wurden auf diese Art und Weise 7-8 Mio. l Streuobstgetränke mit einem Wert von 10-15 Mio. € erzeugt und vermarktet. Das sichert eine naturverträgliche Bewirtschaftung von über 2000 ha Streuobstbeständen (RÖSLER 2003). In einigen Regionen Bayerns werden inzwischen bis zu 750 € je ha Pacht für Streuobstwiesen gezahlt, während für Getreideäcker lediglich 600 € Pachtzins zu erhalten sind (NABU BAG STREUOBST 1997).

1997 startete im Landkreis Bamberg auf Initiative vom Landratsamt, dem Amt für Landwirtschaft und dem Vogelschutzbund die „Anbietergemeinschaft Bamberger Streuobst", um den Absatz und damit die Rentabilität ökologisch erzeugter Streuobstprodukte sicherstellen. Eine ähnliche Initiative gab es bis 1996 vom Bund Naturschutz für den Landkreis Forchheim; dort wird seit 1997 von der Pretzfelder Kelterei sogar der Absatz ohne Zwischenschaltung des BN gesichert (SCHEU 1998).

Grünlandbewirtschaftung und Biomasseverwertung

In der Landwirtschaft der Nördlichen Fränkischen Alb ist inzwischen keine Verwendung für das Produkt „Gras" mehr gegeben, außer bei Mutterkuhhaltung, Weide oder

Vergärung für Energie. Daher stellt sich für die meisten Betriebe die Frage, wie der Grasschnitt zu entsorgen ist (mdl. Mitt., Mohr, 2004).

Vor diesem Hintergrund hat die Untere Naturschutzbehörde in Forchheim eine „Machbarkeitsstudie zur Verwertung von biogenen Reststoffen aus der Landschaftspflege" anfertigen lassen (GENENGER 2000 und 2001). Dabei sollte ermittelt werden,

- wieviel Biomasse in den Agrarbetrieben anfällt,
- welche Verfahren zur Weiterverarbeitung der Biomasse prinzipiell in Frage kommen,
- ob diese Weiterverarbeitung rentabel durchzuführen ist (Marktfähigkeit der Endprodukte) und den Landwirten somit Geld ausbezahlt werden kann.

Es stellte sich heraus, dass eine Biomasseverwertung von Gras prinzipiell wirtschaftlich möglich, derzeit aber nicht opportun ist, weil damit die Rentabilität der konkurrierenden Holzverwertung herabgesetzt würde.

8.5.4 Landschaftsentwicklung in Regionalprojekten

Weitere Möglichkeiten, verschiedene Ansätze der Landschafts- und Regionalentwicklung zu bündeln, bieten Großschutzgebiete wie Naturparke und UNESCO-Biosphärenreservate (JOB 1991, JOB et al. 1999, KULLMANN 2003) und integrative Regionalprojekte wie z. B. im LEADER-Programm der EU (STÖHR/SCHENK 1997). Erstere sind eher zur Durchsetzung unmittelbar landschaftsbezogener Ziele, Letztere für eine Förderung (landschaftsbezogener) Kultur gut geeignet. Als wesentlich für den Einsatz dieser innovativen Instrumente erweisen sich die Einbindung der Betroffenen bereits in der Planungsphase, das Mitwirken der örtlichen Bevölkerung, die Beachtung der Nachhaltigkeitskriterien, Überschaubarkeit sowie eine Bevorzugung regionaler gegenüber sektoralen Aktionen (POSCHACHER/KRACHLER 2004).

Das Untersuchungsgebiet ist in Teilen (Gemarkung Wüstenstein) an einem LEADER+ Projekt beteiligt (Aktionsgruppe „LEADER+ Kulturerlebnis Fränkische Schweiz e.V." 2002). Für dieses Projekt (Laufzeit 2002-2006) wurden 4,2 Mio. € beantragt und bewilligt, wovon 2,1 Mio. € durch Landkreis, Gemeinden, den Freistaat und die Oberfranken-Stiftung kofinanziert werden müssen. Generell ist es das Ziel von LEADER+, ländliche Regionen, in denen eine klassische Wirtschaftsförderung nicht erfolgreich genug ist, mit kulturellen Initiativen zu beleben.

Die inhaltlichen Schwerpunkte (Handlungsfelder und Projekte) in der Fränkischen Schweiz sind teilweise auch kulturlandschaftlich relevant:

- Organisation einer burgenkundlichen Sonderausstellung mit Verdeutlichung kultureller und landschaftlicher Bezüge;
- Volksfrömmigkeit: Wallfahrtsmuseum im Mesnerhaus in Gößweinstein, Darstellung alter Wallfahrtswege;
- Einrichtung kulturgeschichtlicher Wanderwege: Kunreuth, Wasserweg Engelhardtsberg;

- Errichtung eines Archäologischen Parks an der Burg Neideck und weitere Maßnahmen an anderen frühgeschichtlichen Denkmälern;
- Wiederinstandsetzung von Wiesenbewässerungsanlagen an der Wiesent;
- Einrichtung eines Obstbaumuseums in Wannbach; Wiederbelebung von Obstdarren, bessere Vermarktung landwirtschaftlicher Produkte über eine Vernetzung mit dem Tourismus; Ziel ist es, Trockenobst wieder „salonfähig" zu machen;
- Gastronomie: Sonderspeisekarte mit Speisen und Getränken aus der Region;
- Öffentlichkeitsarbeit, u. a. zur Belebung der regionalen Baukultur;
- Beschaffung eines mobilen Theater- und Konzertaufbaus als eines der Schlüsselprojekte im Bereich Kultur.

Mit diesen Maßnahmen sollen Kulturgüter geschaffen und in Wert gesetzt werden, um die Fränkische Schweiz als Zielregion für Einheimische und Touristen nachhaltig attraktiver zu gestalten. Dazu gehört, ein erhöhtes Bewusstsein für Eigenart und Wert von Naturgütern und Kulturlandschaft zu entwickeln. Als besonders wichtig wird die Vernetzung und Schaffung von Synergieeffekten zwischen den einzelnen Handlungsfeldern angesehen.

8.5.5 Fazit

Wir haben in Kapitel 8 zunächst die klassischen Instrumente für Landschaftsschutz und Landschaftsentwicklung betrachtet, die überwiegend sektoral ansetzen und – auch wenn sie in Summe das ganze Staatsgebiet abdecken – jeweils für einen relativ kleinen Raum zur Anwendung kommen: Sei es eine Flurbereinigungsmaßnahme, die ohne Bezug zur Nachbargemarkung durchgeführt wird, oder eine Fördermaßnahme, die ein Landwirt aufgrund seiner Antragsberechtigung erhält, ohne dass sie mit der Flächennutzung des Nachbarn abgestimmt wäre. Diese Maßnahmen sind mehr oder weniger erfolgreich, was vom Einzelfall abhängt, denn ein Schutzgebiet wie das Leidingshofer Tal kann beispielsweise ohne Pflege- und Entwicklungsplan seinen Anforderungen kaum gerecht werden.

Dieses Stückwerk zu koordinieren und zu integrieren, wäre prinzipiell mit Hilfe der Landschaftsplanung, die auch vom Gesetzgeber dazu vorgesehen ist, möglich. Bezeichnenderweise vermochte sie im Untersuchungsgebiet aber erst Ende der 1990er Jahre implementiert zu werden, nachdem alle anderen Arten von Maßnahmen bereits zur Geltung gebracht worden waren.

Der Erfolg der Landschaftsplanung hängt letztlich neben dem guten Willen der Beteiligten auch von deren Vernetzungsgrad ab. Diesbezüglich wurden in der Planungspraxis allgemein, aber auch speziell im Untersuchungsgebiet latente Defizite erkennbar. Hier setzen die moderneren integrativen Instrumente an, die im Übrigen regional ganz verschiedene Schwerpunkte markieren. So z. B. die historisch-geographische Kulturlandschaftspflege, die – wie man am oberfränkischen Pilotprojekt sehen kann – Naturschutz und Denkmalpflege erfolgreich näher gebracht hat. Ähnlich effektvoll sollte das LEADER-Projekt für eine kulturelle Belebung der Region sorgen, die sich in hohem

Maße auf landschaftliche Werte bezieht. Die ökonomische Integration verläuft allerdings sehr schleppend und nur ist im Falle der Aufpreisinitiativen wirklich gelungen, was übrigens innerhalb Europas einmalig ist (RÖSLER 2003).

Insgesamt scheint es sehr fraglich, von einem Paradigmenwechsel in der Kulturlandschaftsentwicklung sprechen zu wollen. Die neuen, integrativen Instrumente sind zu einer flexiblen und regional spezifischen Ergänzung der sektoralen prinzipiell sehr sinnvoll. Sie werden die alten aber kaum vollständig verdrängen können, solange ein landesweiter Mindeststandard in der Behandlung der Kulturlandschaft gewahrt bleiben soll.

Mit diesen Erfahrungen kann auch keine Hoffnung auf eine „echte" Steuerung der Kulturlandschaftswicklung verbunden werden; realistisch ist nur, diese so beeinflussen zu wollen, dass sie sich den jeweiligen Leitvorstellungen annähert (vgl. JESSEL 1995, ANTROP 1997a).

9 Zusammenfassung und Ausblick

9.1 Zusammenfassung unter methodischen Gesichtspunkten

Vor dem Hintergrund eines beschleunigten Landschaftswandels und drohenden Verlustes landschaftlicher Qualitäten wurde etwa in den letzten 20 Jahren in verschiedenen raumwissenschaftlichen Disziplinen eine anwendungsbezogene diachronische Landschaftsforschung intensiviert. Der in diesem Zusammenhang oft verwendete Terminus „Kulturlandschaft" weist auf ein noch ungelöstes Problem hinsichtlich der Integration von biotischen und abiotischen bzw. natürlichen und anthropogenen Landschaftskomponenten hin, das sich auch in der institutionellen Trennung von Naturschutz und Denkmalpflege manifestiert. Dabei wird Kulturlandschaft in dieser Arbeit nicht als räumlicher Antagonismus der Naturlandschaft, sondern als eine „Sphäre" oder Betrachtungsweise verstanden, die sich mit den anthropogenen Landschaftsfunktionen bzw. in weitestem Sinne mit der Nutzungslandschaft befasst.

Vor diesem Hintergrund war es das Ziel, den Weg zu einer interdisziplinären Landschaftsforschung auf Grundlage eines in Mitteleuropa weithin einsetzbaren Kulturlandschaftsinformationssystems aufzuzeigen. Dieses basiert auf einer landschaftsphysiologischen Modellierung entsprechend dem Patch-Matrix-Konzept der nordamerikanischen Landschaftsökologie und auf den seit dem 18./19. Jahrhundert entwickelten Katasterwerken der deutschen Länder und Österreich-Ungarns als der wichtigsten Quellengattung. Das aufzubauende Informationssystem geht methodisch-funktionell weit über den derzeit von der Angewandten Historischen Geographie propagierten „Kulturlandschaftskataster" hinaus, weil es die Analyse von Strukturen, Funktionen und zeitlichen Prozessen in der Landschaft unterstützt und somit aus den ursprünglich in das System eingegebenen Daten zusätzliche Informationen generieren kann.

Schließlich werden der Aufbau und Einsatz des diachronischen Kulturlandschaftsinformationssystems KGIS diskutiert, speziell die Aufbereitung der historischen Daten, Analyse- und Bewertungsmethoden, Zukunftsexplorationen sowie Ansätze für ein Landschaftsmanagement. Der Schwerpunkt liegt dabei auf methodisch-theoretischen Problemen, die exemplarisch an einem Untersuchungsgebiet in der Nördlichen Fränkischen Alb entwickelt werden.

9.1.1 Allgemeiner theoretisch-methodischer Teil

Kapitel 1 („Einführung") zeigt eine theoretische Herleitung und eine Darstellung der Forschungsziele und -fragen im Kontext des Forschungsstandes. Dabei ist eine Erörterung des Landschaftsbegriffes nötig, weil sich hieraus – über die nordamerikanische Landschaftsökologie und deren „Landscape Metrics" – das theoretische Fundament der Arbeit ergibt. Schließlich ist die Auswahl des Untersuchungsgebietes zu begründen. Innerhalb Mitteleuropas stellt die Nördliche Fränkische Alb eine periphere ländliche Region dar, in der nicht a priori vorhersehbar ist, wie sich Kulturlandschaft künftig entwickelt. Hier werden im sog. „Landschaftsmaßstab", d. h. auf der lokalen Planungsebene, für die Region drei typische Gemarkungen mit acht Ortsfluren und insgesamt ca. 20 km^2 Fläche ausgewählt, die in historischer Perspektive den menschlichen Interaktions- bzw. Agrarwirtschaftsraum repräsentieren.

Kapitel 2 beschreibt die Quellen und Methoden, v. a. den Grundsteuerkataster, die Modellierung des „KGIS", des eigentlichen methodischen „Herzstücks" der Arbeit, und die Inhalte der KGIS-Datenbank, die den Grundstock für Kulturlandschaftsanalysen legt.

In 2.1 wird zunächst der inhaltlich-methodische Anspruch des KGIS im Vergleich zum Kulturlandschaftskataster der Angewandten Historischen Geographie entwickelt. Dabei ist deutlich herauszustellen, dass das Informationssystem für das jeweilige Untersuchungsgebiet räumlich lückenlos, in mehreren Zeitschnitten, offen gegenüber allen Informationsschichten aus den Nachbardisziplinen und mit vollen GIS-Funktionalitäten aufzubauen ist.

Das anschließende Kapitel 2.2 befasst sich mit der Operationalisierung der Kulturlandschaft nach kleinsten „Kartierungs"-Einheiten. In diesem Zusammenhang werden gegenüber dem deutschen Konzept der Tope und Choren die Vorteile des nordamerikanischen Konzeptes der Patches und Classes herausgearbeitet, welche schließlich ein hierarchisches Modellieren auf der inhaltlichen Ebene der Kulturarten ermöglichen.

Kapitel 2.3 begründet die historisch-geographische Methode der Verknüpfung (in der Geoinformationstechnologie „Verschneidung" genannt) von zeitlichen Querschnitten anhand Quellenlage und vertretbarem Arbeitsaufwand. Dabei ist insbesondere die Setzung der einzelnen Zeitschnitte (hier 1850, 1900, 1960, 2000) zu diskutieren, welche mit geringfügigen, durch die Quellenlage bedingten Abweichungen die wichtigsten Brüche der Agrarlandschaftsentwicklung seit dem vorindustriellen Zeitalter und der überwiegenden Subsistenzwirtschaft markieren.

Kapitel 2.4 diskutiert die Vorzüge des Grundsteuer- und Liegenschaftskatasters gegenüber der bei Landschaftswandelstudien üblicherweise verwendeten Topographischen Karten, speziell (a) die höhere inhaltliche und geometrische *Genauigkeit,* welche die Erfassung naturschutzrelevanter Flächeneinheiten ermöglicht, (b) die *parzellenscharfe* Darstellung der historischen Landschaftsstruktur und -entwicklung, die der Integration in Fachplanungen dient, und (c) die Möglichkeit, naturräumliche, *wirtschaftliche, soziale und kulturelle* Faktoren als Erklärungsmuster einzubinden, woraus schließlich Prognosen und Szenarien entwickelt werden können. Für die vorliegende Arbeit wird im Gegensatz zu anderen Studien, die verschiedene Quellen aus diversen Zeiten miteinander kombinieren, der Grundsteuerkataster als einheitliche Quelle über alle Zeitschnitte durchgesetzt; weitere Informationen werden nur ergänzend hinzu genommen. Erst damit ist die notwenige Untersuchungsgenauigkeit zu erzielen, die eine Anwendung der Landscape Metrics im diachronischen Vergleich zulässt.

Kapitel 2.5 zeigt, wie die Kulturlandschaft mit dem Landschaftsmodell des Grundsteuerkatasters (d. h. seiner Einteilung in Nutzungsparzellen) im Sinne des Patch-Matrix-Konzeptes großmaßstäbig und flächendeckend diachronisch operationalisiert werden kann. Insbesondere wird die Modellierung und Implementierung von KGIS mit Hilfe der Geoinformationstechnologie aufgezeigt. Dabei entspricht das Vektormodell (im Gegensatz zum Rastermodell) der „Sichtweise der Historischen Geographie, Objekte der realen Welt als diskrete punktförmige, linien- oder flächenhafte Kulturlandschaftselemente anzusprechen" (PLÖGER 1999a, S. 106). Mit dem Layermodell werden schließlich die verschiedenen Untersuchungszeitpunkte abgelegt.

Kapitel 2.6 beschreibt schließlich die Attributdatenbank für die Grundeinheit Nutzungsparzelle und ihre informationstechnologisch bedingten Abwandlungen, insbesondere die „Kleinsten Gemeinsamen Geometrien" als diejenigen Flächeneinheiten, die bei der Verschneidung der Zeitlayer entstehen. Die Datenbasis bildet die Grundlage für alle mit dem KGIS durchzuführenden Analysen der Landschaftsstruktur und Landschaftsentwicklung. Sie beinhaltet Daten zur Bodennutzung („Kulturart") nach zwei Präzisionsstufen, der „normalen" nach den Angaben der Flurbücher bzw. der „verfeinerten" nach zusätzlichen Quellen (Flurkarte, Luftbild, Geländebegehung etc.); darüber hinaus Daten zur Standortqualität (nach einem digitalen Geländemodell), zur Parzellenstruktur (nach den Formparametern und der Topologie im KGIS) und zur Besitz- und Betriebsstruktur (nach dem Kataster und – nur für 2000 – dem INVEKOS-GIS der Landwirtschaftsverwaltung).

9.1.2 Deskriptiv-regionaler Teil

Kapitel 3 will deskriptiv die regionalen Hintergründe der Kulturlandschaftsentwicklung ausleuchten. Dabei werden die naturräumlichen Grundlagen, die Raumerschließung und Bevölkerungsentwicklung sowie die wirtschaftlichen Aktivitäten, speziell in der Landwirtschaft und im Tourismus, nach der Literatur und zusätzlichen, allgemeineren Quellen analysiert.

In Kapitel 4 wird das eigentliche Untersuchungsgebiet, der 2.000 ha große Landschaftsausschnitt der Nördlichen Fränkischen Alb nach dem Konzept des KGIS auf zwei Betrachtungsebenen in seine Bestandteile, nämlich die Kulturarten und Nutzungsparzellen zerlegt. In Kapitel 4.1 werden die Kulturarten zunächst qualitativ hinsichtlich ihrer Struktur und Entwicklung beschrieben sowie in Kapitel 4.2 Biotoptypen und Pflanzengesellschaften zugeordnet. Dabei erlaubt das dem KGIS immanente Konzept der Kulturart-Veränderungstypen (wie z. B. früher Acker – heute Wald), die sich in der zeitlichen Abfolge bzw. informationstechnologisch durch Verschneidung der Zeitlayer ergeben, in vielen Fällen eine präzisere Ansprache der Kulturarten als Vegetationseinheiten.

Kapitel 4.3 enthält eine Visualisierung nach Zeitschnitten sowie eine genaue Bilanzierung des Kulturlandschaftswandels nach den Kulturart-Veränderungstypen. Aus diesem georelationalen Vorgehen ist es gegenüber einer rein statistischen Auswertung möglich, nicht nur zu bilanzieren, welche Kulturart um wieviel zu- oder abgenommen hat, sondern man kann auch genau sagen, von welchen anderen Kulturarten solche Zuwächse gekommen sind. Weiterhin wird diese Bilanzierung zeitlich gestaffelt, um Entwicklungen und Brüche besser zu erfassen, oder auf einzelne Landschaftsteile aufgetrennt: Dabei konnte u. a. eine Ausgangshypothese der Arbeit verizifiert werden, nämlich dass siedlungsgenetisch zu differenzierende Ortsfluren auch über eine unterschiedliche Nutzungsstruktur und -entwicklung verfügen.

9.1.3 Methodisch-analytischer Teil

Kapitel 5 befasst sich mit einer erklärenden Analyse für die Kulturlandschaftsstruktur und ihre Veränderungen. Hierzu wird nach der Diskussion bereits andernorts durchgeführter Studien ein weitgehend neuer Lösungsweg erarbeitet. Einflussfaktoren auf die Nutzungsstruktur und -veränderung lassen sich quantifizieren, indem parzellenbezogene Attribute, die der unter 2.6 besprochenen Datenbank entstammen, einem Mittelwertvergleich und dem multivariaten statistischen Verfahren einer Diskriminanzanalyse unterzogen werden. Dabei sind die Einflüsse auf die Nutzungsstruktur derart sehr zuverlässig zu ermitteln, wobei man allerdings nicht zwangsläufig von kausalen Beziehungen ausgehen darf. Statistisch nur etwas weniger zuverlässig gelingt die Quantifizierung der Einflüsse auf die Nutzungsänderung, da die Flächenanteile der untersuchten Kulturart-Veränderungstypen (zu) sehr unterschiedlich waren.

Kapitel 6 befasst sich mit einer Zukunftsbeschreibung für mitteleuropäische Landschaften aus wissenschaftlicher und planerischer Perspektive. In Kapitel 6.1 wird aufbauend auf einer Diskussion der bislang üblichen „Leitbild-basierten" Szenarien dafür plädiert, eine entsprechende Zukunftsexploration für kleinräumige Landschaftsausschnitte nach Möglichkeit künftig anhand sog. „Simulationen" stärker quantitativ auszurichten. Die Grundlage dafür bietet die Analyse des Kapitels 5, mit welcher die Haupteinflussfaktoren für die wichtigsten Kulturart-Veränderungstypen bestimmt worden sind. Das Simulationsmodell „rechnet" nun damit, dass die zukünftige (Parzellen)-Nutzung von der Ausprägung derartiger Attribute bestimmt wird. Auf diese Weise kann für jede einzelne Nutzungsfläche (gemäß ihrer Kulturart) ermittelt werden, ob eine Weiter- oder Umnutzung oder ein Brach- bzw. Wüstfallen anzunehmen ist. Explizit sollen keine Prognosen durchgeführt werden; das Modell soll vielmehr ein Bewusstsein für Wirkungsabläufe (Wenn-dann-Beziehungen) aufbauen und die Einschätzung von Entwicklungen erleichtern, die unter bestimmten Voraussetzungen möglich bis wahrscheinlich sind. Abschließend wird diskutiert, welchen Sinn solche realitätsnahen Vorhersagen für die Landschaftsplanung haben können.

In 6.2 werden aus den teilweise bereits im regionalen Teil beschriebenen funktionalen Ansprüchen (Landwirtschaft und Tourismus, Natur- und Denkmalschutz) an die Landschaft Teil-Leitbilder skizziert, die dann – entsprechend der vornehmlich im Naturschutz geführten Leitbilddiskussion – funktional integrierend oder räumlich segregierend auf das Untersuchungsgebiet umzusetzen sind. Abschließend werden diese Leitbilder kulturartbezogen präzisiert.

Kapitel 7 diskutiert die Bedeutung der „historischen" als Vergleichsmaßstab für die rezente „gewachsene" Kulturlandschaft. In diesem Zusammenhang werden verschiedene Ansätze der Landschaftsbewertung im Kontext betrachtet, vorhandene Verfahren systematisiert und entsprechende Ergänzungen vorgeschlagen.

Prämissen für die Anwendung von Bewertungsverfahren im Rahmen dieser Arbeit sind, dass sie (a) soweit als möglich von KGIS quantitativ unterstützt werden, (b) grundsätzlich mit den historischen, aktuellen und künftigen Zeitschnitten (Simulation) durchgeführt werden können und (c) also einen Vergleich zwischen verschiedenen Teilräumen und verschiedenen Zeitschnitten ermöglichen. Anschließend werden ausgesuchte Verfahren zu den bereits beschriebenen funktionalen Ansprüchen vergleichend diskutiert und einige von ihnen zumeist mit Hilfe der „Landscape Metrics" „gerechnet". Der Fokus liegt dabei auf Bonität und Trophie (Landwirtschaft), Vielfältigkeit (Tourismus) sowie Bio- bzw. Kulturdiversität (Naturschutz). In Zusammenhang mit denkmalpflegerischen Interessen wird konstatiert, dass sich die Bewertung der historischen Qualität nach dem Ausmaß der innerhalb einer Landschaft traditierten Information bestimmen lässt. Hierzu wird das Verfahren des „historisch-geographischen Strukturwertes" vorgeschlagen, welcher den Persistenzgrad des Parzellen- und Nutzungsgefüges bestimmt.

9.1.4 Planerischer Teil

In Kapitel 8 werden die planerischen Ansätze und deren (mögliche) Implementierung im Gebiet qualitativ und teilweise auch quantitativ bilanziert. Zunächst behandelt 8.1 die Rechtsgrundlagen und dann 8.2 die Instrumente für die Kulturlandschaftsentwicklung. Weiterhin geht es in 8.3 um die Vielzahl von Akteuren, die kulturlandschaftswirksam tätig sind; besonders interessant erscheinen dabei in jüngerer Zeit die Aktivitäten der Landschaftspflegeverbände. In diesem Zusammenhang wird auch geprüft, ob ausgehend von der Fläche eine Quantifizierung der Einflüsse nach Akteuren möglich ist.

Kapitel 8.4 und 8.5 diskutieren und bewerten die fachliche Umsetzung der Instrumente im Untersuchungsgebiet, wobei ältere segregierende, kleinräumige Ansätze den jüngeren funktional integrierenden und räumlich stärker vernetzten gegenübergestellt werden. Den weitaus größten Raum in der Diskussion nehmen dabei die sehr disparaten Landschaftspflegemaßnahmen ein, wobei auch ein Ansatz vorgestellt wird, wie die diachronische Analyse nach dem KGIS eine Planung solcher Maßnahmen mit Spatial Decision Support absichern könnte. Schließlich wird festgestellt, in welcher Weise der kommunale Landschaftsplan koordinierende Funktionen übernehmen könnte; doch gerade er wird im Untersuchungsgebiet nicht bzw. nur sehr zögerlich implementiert. Basierend auf der Vielzahl von Einzelbefunden endet die Studie mit einem sehr verhaltenen Fazit bezüglich der Möglichkeiten, Kulturlandschaftsentwicklung planerisch zu steuern.

9.2 Genese und Zukunft der Kulturlandschaft Nördliche Fränkische Alb

Die Besiedlung des verkarsteten Hochlandes der Nördlichen Fränkischen Alb geht auf karolingische Zeit zurück und war Ende des Hochmittelalters im Wesentlichen abgeschlossen. Später kam es zu einer territorialen Zersplitterung, wobei sich die Gebiete des Bamberger Hochstifts, der Markgrafen von Brandenburg-Kulmbach und kleinerer Ritterschaften eng ineinander verzahnten. In der frühen Neuzeit unterschied sich v. a. die Entwicklung der bambergischen meist mittel- bis großbäuerlichen Orte sehr stark von derjenigen der ritterschaftlichen merkantilistisch geprägten Siedlungsplätze (vgl. Siegritz und Wüstenstein). Während erstere in der Anzahl der Siedlungsstellen stagnierten, hatten letztere im Zuge der Peuplierung häufig große Bevölkerungszuwächse unterbäuerlicher Schichten zu verzeichnen, die allein von der Landwirtschaft nicht mehr leben konnten.

Um 1800 begann v. a. im Unteren Wiesenttal die romantische Entdeckung der „Fränkischen Schweiz", auf der bis heute das Image als Fremdenverkehrslandschaft beruht. Es ist sehr stark an natürliche Landschaftselemente wie Felsbastionen, Höhlen und Bäche gekoppelt, aber ebenso untrennbar mit einer dem Naturraum angepassten, jedoch im 19. Jahrhundert noch sehr intensiven Landnutzung verbunden. Die offene Landschaft (nur 20 % Waldanteil) ließ die genannten Naturschönheiten richtig zur Geltung kommen und fügte dem Gesamteindruck landschaftsprägende Kulturarten wie die Schaftriften an den Jurahängen und die Wässerwiesen in den Talauen hinzu. Dieses Nutzungssystem wurde durch eine gemischte, in großen Teilen subsistenzorientierte Landwirtschaft aufrechterhalten.

Doch kam es in der ersten Hälfte des 20. Jahrhunderts zu massiven Veränderungen, die in dieser Akzentuierung für Bayern völlig untypisch sind. Offensichtlichster Ausdruck des damals einsetzenden Strukturwandels ist eine Waldzunahme von 20 % auf 40 %, die v. a. vom Mischwald geprägt wird. Dennoch entstanden in dieser Zeit auch die lichten Kiefernwälder auf den Dolomitkuppen der Hochfläche und wurden für diese in vielen Teilgebieten landschaftsbestimmend.

Die Periode 1900-1960 ist von einem Bevölkerungsrückgang um ca. 0,3 % pro Jahr geprägt, der nur in der Nachkriegszeit kurz unterbrochen war. Daraus resultierte ein schleichender Arbeitskräfteschwund in der Landwirtschaft, der erst allmählich durch die Technisierung der Betriebe ausgeglichen werden konnte. Es kam relativ schlagartig zur Aufgabe der Hutungen, der Egerten und nicht zuletzt der Grenzertragsäcker an den Hängen (Abnahme der Ackerfläche von 60 % auf 40 %). Diesbezüglich wissen wir aus der Analyse des katasterbasierten GIS, dass die räumliche Verteilung der Nutzungstypen und ebenso die der aufgegebenen Flächen hauptsächlich von den Einflussfaktoren „Bonität", „Hangneigung" und „Wald-Nachbarschaft" gesteuert wurde. Gleichzeitig mit der Konzentration der landwirtschaftlichen Fläche hat ab den 1920er Jahren die Innovation des Futterbaus allmählich die Grundlagen für die heute vorherrschende Großviehhaltung gelegt. In dieser Zeit muss auch die Bonität der ursprünglich sehr kargen Äcker auf der Hochfläche durch massive Zusatzdüngung deutlich aufgewertet worden sein.

Mitte des 20. Jahrhunderts gab es entsprechend den damals gültigen Richtlinien für die Flurbereinigung letztmals größere Intensivierungen/Meliorationen. Abgesehen von den in dieser Zeit flurbereinigten Bereichen in Siegritz und Leidingshof weist das Untersuchungsgebiet eine hohe Persistenz hinsichtlich der vorindustriellen Parzellen- und Nutzungsstruktur auf. Seit den 1980er Jahren versucht man diese Landschaft – nicht zuletzt mit Hilfe von Förderprogrammen der Naturschutz- und Landwirtschaftsverwaltung – schonend fortzuentwickeln und zu pflegen.

Der Konzentrationsprozess in der Landwirtschaft wird wahrscheinlich ungebremst fortgesetzt werden. Durch nicht fortführende Betriebe – v. a. überalterte Nebenerwerbsbetriebe – sind bis 2020 im Untersuchungsgebiet ca. 350 ha Acker und 25 ha Wiese von Nutzungsaufgabe bedroht. Davon wird schätzungsweise ein Drittel noch auf dem Pachtmarkt „aufgesogen". Damit lässt sich aber nicht verhindern, dass die ehemals fast völlig offene Hochfläche immer weiter von Waldinseln und -korridoren durchzogen wird. In den Ortsfluren von Rauhenberg und Draisendorf, wo sich die Landwirtschaft schon weitgehend zurückgezogen hat, wird 2020 bei weitem der Wald überwiegen.

Dieser Prozess widerspricht den Zielen der Landesplanung und den Leitlinien der Landschaftsentwicklung. Auch wenn der Zupachtbedarf möglicherweise zu restriktiv geschätzt wurde, kann man daraus eindeutig ableiten, dass die wirtschaftlichen Rahmenbedingungen für die Betriebe mit Hofnachfolgern nachhaltig stabilisiert werden müssen. Dazu gehört auch eine Optimierung der Förderbedingungen (nicht unbedingt Ausweitung der Förderungen) und eine klare Leitlinie in der Landschaftspflege.

Letzteres ist zudem für den Erhalt der Talwiesen und vor allem Trockenstandorte (Magerrasen, lichte Kiefernwälder etc.) unabdingbar. Einen dauerhaften und dabei halbwegs rentablen Betrieb der Wanderschäferei kann man künftig zwar nicht ganz ausschließen, doch sind die Hoffnungen eher gering. Die große Hutung im Leidingshofer Tal musste bereits neun Jahre nach Beginn der Umsetzung des Beweidungskonzepts erstmals wieder ersatzweise von Hand gemäht werden. Auch ein dauerhaftes Freihalten der unter großem Aufwand freigestellten Felshänge ist infolge der Kürzungen bei der Fördermittelzuweisung ernstlich gefährdet. Die „neue Landschaft 2020" wird aus diesen Gründen wohl eine gegenüber 2000 deutlich verringerte Diversität haben.

9.3 Schlussfolgerungen für Forschung und Planung

Die diachronische bzw. historische (Kultur)-Landschaftsanalyse ist mit ihren verschiedenen Ausprägungen inzwischen in verschiedenen Disziplinen als planungsrelevante Forschungsrichtung anerkannt. Allgemein soll sie ein Bewusstsein für die Veränderungen und die Veränderbarkeit von Kulturlandschaft schaffen und damit ein Lernen für die Zukunft anstoßen, speziell wie Landschaft als Natur und historisches Erbe zugleich zu bewerten, schützen und gestalten ist.

Dabei kann für die Zusammenführung der Erkenntnisse von natur- und kulturwissenschaftlichen Disziplinen das katasterbasierte GIS eine ganz wesentliche Hilfe sein. Der Kataster im Maßstab 1:5.000 ist v. a. bei naturschutzfachlichen und kulturlandschaftspflegerischen Fragen oft unverzichtbar, weil damit auch Kleinstrukturen parzellenscharf erfasst werden können. Dabei lässt die Quellenlage im westlichen Mitteleuropa ab ca. 1800-1850 prinzipiell flächendeckende, standardisierte Untersuchungen zu, die bis heute noch üblicherweise mithilfe eines diachronischen Layer-GIS durchgeführt werden.

Doch sind die aus der Geoinformationstechnologie resultierenden Möglichkeiten hinsichtlich des zu verarbeitenden Datenumfangs wie auch der einzusetzenden Analysemethoden bei weitem noch nicht ausgeschöpft; dies betrifft v. a.

- Flächenbilanzierungen (flächenhafte Landschaftselemente und ihre „Veränderungstypen") historischer und künftiger Landschaftsveränderungen (Simulationen und Szenarien),
- raum- und zeit-kontextuelle Bewertungen von Landschaftselementen,
- natur- und kulturwissenschaftliche Themen übergreifende prozessorientierte Erklärungen für die Landschaftsveränderungen,
- optimierte Darstellungen diverser Forschungsergebnisse (3D- bzw. 4D-Landschaftsmodelle),

- einen Spatial Decision Support für verschiedene mit Landschaft befasste Planungsfelder und -ebenen.

Mit diesen neuen Forschungsthemen wird der Blick von der exemplarischen, statisch-retrospektiven auf eine genetisch-dynamische, aber auch zukunftsorientierte und ganzheitliche Landschaftsbetrachtung gelenkt. Speziell mit einem diachronischen katasterbasierten Kulturlandschaftsinformationssystem (z. B. KGIS) ist ein neues Analyseinstrumentarium zu etablieren, das unter vergleichbaren Bedingungen der Landschaftsentwicklung und bei vergleichbarer Quellenlage (Mitteleuropa, speziell Deutschland und Österreich) für jede Art von Erweiterung offen ist und prinzipiell flächendeckend angewendet werden kann.

Auf diese Weise werden in einem inter- und transdisziplinären Sinne alle relevanten funktionalen Ansprüche an die Landschaft berücksichtigt und durch den großmaßstäbigen katasterbasierten Ansatz direkt in die Planung vor Ort integriert bzw. können in einem Bottom-up-Verfahren durch Generalisierung landschaftsübergreifende bzw. -vergleichende Betrachtungen unterstützen.

Literatur- und Quellenverzeichnis

Literatur

ABELS, B.-U. (1986): Die vorchristlichen Metallzeiten. – In: ABELS, B.-U., SAGE, W. & ZÜCHNER, C. (Hrg.): Oberfranken in vor- und frühgeschichtlicher Zeit. Bayreuth, S. 69-144

ADLER, A. (1912): Über den nervösen Charakter. Grundzüge einer vergleichenden Individual-Psychologie. – Wiesbaden

ADV-ARBEITSGRUPPE ATKIS (2002): Amtlich Topographisch-Kartographisches Informationssystem ATKIS – Objektartenkatalog (ATKIS – OK). – <http://www.atkis.de/dstinfo/dstinfo2.dst_gliederung> (05.02.2007)

AGRAR-BÜNDNIS (2001): Naturschutz durch Landwirtschaft. Positionspapier des Agrar-Bündnisses zur Novellierung des BNatSchG. – (= Naturschutz und Landschaftsplanung 33). Stuttgart, S. 34-35

AIGNER, B., DOSTAL, E., FAVRY, E., FRANK, A., GEISLER, A., HIESS, H., LECHNER, R., LEITGEB, M., MAIER, R., PAVLICEV, M., PFEFFERKORN, W., PUNZ, W., SCHUBERT, U., SEDLACEK, S., TAPPEINER, G. & WEBER, G. (1999): Szenarien der Kulturlandschaft. – (= Forschungsschwerpunkt Kulturlandschaft 5). Wien

ALBERTZ, J. (2001): Einführung in die Fernerkundung. Grundlagen der Interpretation von Luft- und Satellitenbildern. – 2. Aufl. Darmstadt

ALLEN, T.F.H. & STARR, T.B. (1982): Hierarchy – Perspectives for Ecological Complexity. – Chicago

ALTMAIER, A. & MÜLLER, M. (2002): Geodateninfrastrukturen in der Praxis. – In: Standort. Zeitschrift für Angewandte Geographie 26, S. 103-106

AMANN, J. (1920): Das baierische Kataster. Abhandlungen für den Geschäftsvollzug im Messungsdienste. – Stuttgart

AMT FÜR AMTLICHE VERÖFFENTLICHUNGEN DER EUROPÄISCHEN GEMEINSCHAFT (Hrg.) (1993): Die Zukunft unserer Landwirtschaft. – Luxemburg

ANAND, M. (1994): Pattern, process, and mechanism – The fundamentals of scientific inquiry applied to vegetation science. – In: Coenoses 9, S. 81-92

ANL – BAYERISCHE AKADEMIE FÜR NATURSCHUTZ UND LANDSCHAFTSPFLEGE (Hrg.) (1983): Schutz von Trockenbiotopen: Trockenrasen, Triften und Hutungen. Seminar 16.-18.5.1983 in Ebermannstadt. – (= Laufener Seminarbeiträge 6/83). Laufen

ANL – BAYERISCHE AKADEMIE FÜR NATURSCHUTZ UND LANDSCHAFTSPFLEGE (Hrg.) (1995): Vision Landschaft 2020. Von der historischen Kulturlandschaft zur Landschaft von morgen. Seminar 3.-5.5.1995 in Eching. – (= Laufener Seminarbeiträge 4/95). Laufen

ANL – BAYERISCHE AKADEMIE FÜR NATURSCHUTZ UND LANDSCHAFTSPFLEGE (Hrg.) (2000): Bukolien – Weidelandschaft als Natur- und Kulturerbe. – (= Laufener Seminarbeiträge 4/00). Laufen

ANTROP, M. (1997a): Landscape change: Plan or chaos? – In: Landscape and Urban Planning 41, S. 155-161

ANTROP, M. (1997b): The concept of traditional landscapes as a base for landscape evaluation and planning. The example of Flanders region. – In: Landscape and Urban Planning 38, S. 105-117

ANTROP, M. (2005): Why landscapes of the past are important for the future. – In: Landscape and Urban Planning 70, S. 21-34

APAN, A.A., RAINE, S.R. & PATERSON, M. (2003): Mapping and analysis of changes in the riparian landscape structure of the Lockyer Valley catchment, Queensland, Australia. – In: Landscape and Urban Planning 59, S. 43-57

AUFMKOLK, G. (1998): Die Zukunft der Kulturlandschaft. Vortrag am 24.04.1998 anläßlich der Geschäftsführertagung des Verbandes Deutscher Naturparke in Wildeshausen. – (= Schriftenreihe des Verbandes Deutscher Naturparke). Bispingen

AUFMKOLK, G. & ZIESEL, S. (1997): Die Zukunft der Hersbrucker Alb. – In: Garten und Landschaft 102 (12), S. 9-12

AUFMKOLK, G. & ZIESEL, S. (1998): Die Zukunft der Hersbrucker Alb. – In: Die Fränkische Alb 78, S. 203-209

BACKHAUS, K., ERICHSOn, B., PLINKE, W. & WEIBER, R. (2003): Multivariate Analysemethoden. Eine anwendungsorientierte Einführung. – 10. Aufl. Berlin u. a.

BAHRENBERG, G., GIESE, E. & NIPPER, J. (1992): Statistische Methoden in der Geographie 2. Multivariate Statistik. – (= Teubner Studienbücher der Geographie). 2. Aufl. Stuttgart

BARSCH, H., BILLWITZ, K. & BORK, H.R. (Hrg.) (2000): Arbeitsmethoden in Physiogeographie und Geoökologie. – Gotha

BARTELS, D. (1968): Zur wissenschaftstheoretischen Grundlegung einer Geographie des Menschen. – (= Erdkundliches Wissen 19). Wiesbaden

BASTIAN, O. (1999): Landschaftsfunktionen als Grundlage von Leitbildern für Naturräume. – In: Natur und Landschaft 74, S. 361-373

BASTIAN, O. (2003): Landschaftswandel und Vegetation: Raum-Zeit-Ansätze (am Beispiel sächsischer Testgebiete). – In: Mitteilungen des Badischen Landesvereins für Naturkunde und Naturschutz e.V. N.F. 18 (2), S. 69-84

BASTIAN, O. & SCHREIBER, K.F. (Hrg.) (1999): Analyse und ökologische Bewertung der Landschaft. – 2. Aufl. Heidelberg u. a.

BASTIAN, O. & RÖDER, M. (1996): Beurteilung von Landschaftsveränderungen anhand von Landschaftsfunktionen. – In: Naturschutz und Landschaftsplanung 28, S. 302-312

BASTIAN, O. & RÖDER, M. (1999): Analyse und Bewertung anthropogen bedingter Landschaftsveränderungen anhand von zwei Beispielsgebieten des sächsischen Hügellandes. – In: Abhandlungen der Sächsischen Akademie der Wissenschaften zu Leipzig, Mathematisch-naturwissenschaftliche Klasse 59 (1), S. 75-149

BATZ, E. (1990): Neuordnung des ländlichen Raumes. – (= Vermessungswesen bei Konrad Wittwer 19). Stuttgart

BÄTZING, W. (1990): Welche Zukunft für strukturschwache, nicht touristische Alpentäler? Eine geographische Mikroanalyse des Neraissa-Tals in den Cottischen Alpen (Prov. Cuneo/Piemont/Italien). – (=Geographica Bernensia P21). Bern

BÄTZING, W. (1991): Geographie als integrative Umweltwissenschaft. Skizze einer wissenschaftstheoretischen Standortbestimmung der Geographie in der postindustriellen Gesellschaft. – In: Geographica Helvetica 46, S. 105-109

BÄTZING, W. (Hrg.) (1996): Landwirtschaft im Alpenraum – unverzichtbar, aber zukunftslos? Eine alpenweite Bilanz der aktuellen Probleme und der möglichen Lösungen. – Berlin, Wien

BÄTZING, W. (2000a): Die Fränkische Schweiz – eigenständiger Lebensraum oder Pendler- und Ausflugsregion? Überlegungen zur Frage einer nachhaltigen Regionalentwicklung. – In: BECKER, H. (Hrg.): Beiträge zur Landeskunde Oberfrankens. Festschrift zum 65. Geburtstag von Bezirkstagspräsidenten Edgar Sitzmann. (= Bamberger Geographische Schriften S.F.6). Bamberg, S. 127-150

BÄTZING, W. (2000b): Postmoderne Ästhetisierung von Natur versus „schöne Landschaft" als Ganzheitserfahrung – von der Kompensation der „Einheit der Natur" zur Inszenierung von Natur als „Erlebnis". – In: ARNDT, A., BAL, K. & OTTMANN, H. (Hrg.): Hegels Ästhetik. Die Kunst der Politik – die Politik der Kunst. (= Hegel-Jahrbuch 2000, Teil 2). Berlin, S. 196-201

BÄTZING, W. (2001): Die Bevölkerungsentwicklung in den Regierungsbezirken Ober-, Mittel- und Unterfrankens im Zeitraum 1840 – 1999. 1. Teil: Analyse auf der Ebene der kreisfreien Städte und der Landkreise. – In: Jahrbuch für Fränkische Landesforschung 61, S. 183-226

BÄTZING, W. (2003): Die Bevölkerungsentwicklung in den Regierungsbezirken Ober-, Mittel- und Unterfrankens im Zeitraum 1840 – 1999. 2. Teil: Analyse auf der Ebene der Gemeinden. – In: Jahrbuch für Fränkische Landesforschung 63, S. 171-224

BÄTZING, W. & VON DER FECHT, T. (1997): Nachhaltigkeit auf Grund sozialer Verantwortung. Erfahrungen aus der traditionellen Berglandwirtschaft als Basis einer nachhaltigen Landnutzung heute. – In: Landwirtschaft. Der kritische Agrarbericht 5, S. 22-30

BÄTZING, W. & ERMANN, U. (2001): Was bleibt in der „Region"? Analyse der regionalen Wirtschaftskreisläufe landwirtschaftlicher Erzeugnisse am Beispiel des Landkreises Neumarkt in der Oberpfalz. – In: Zeitschrift für Wirtschaftsgeographie 45, S. 117-133

BAUER, S. (1994): Naturschutz und Landwirtschaft. Konturen einer integrierten Agrar- und Naturschutzpolitik. – (= Angewandte Landschaftsökologie 3). Bonn-Bad Godesberg

BAUERNSCHMITT, G. (1996): Landschaftsplan Pottenstein – Beitrag zur Entwicklung einer Fremdenverkehrsgemeinde. – In: Laufener Seminarbeiträge 6/96, S. 105-112

BAUMGARTNER, B. & BÖHRINGER, R. (1995): Teilnehmergemeinschaft Wüstenstein. Landschaftsplanung Stufe 2. Erläuterungsbericht. – Roth

BAYERISCHE STEUERKATASTERKOMMISSION (1830): Instruktion für die Allgemeine Landesvermessung zum Vollzuge des Grundsteuergesetzes. – München

BAYERISCHE STEUERVERMESSUNGSKOMMISSION (1808): Instruktion für die bey der Steuervermessung im Königreich Bayern arbeitenden Geometer und Geodäten. – Nachdruck, München

BAYLBA – BAYERISCHE LANDESANSTALT FÜR BETRIEBSWIRTSCHAFT UND AGRARSTRUKTUR (1986): Agrarleitplan für den Regierungsbezirk Oberfranken. – München

BAYLFU – BAYERISCHES LANDESAMT FÜR UMWELTSCHUTZ (Hrg.) (2003): Die historische Kulturlandschaft in der Region Oberfranken-West. – Augsburg

BAYLFU – BAYERISCHES LANDESAMT FÜR UMWELTSCHUTZ (Hrg.) (2004): Die historische Kulturlandschaft in der Region Oberfranken-West. – CD-R, Augsburg

BAYLVA – BAYERISCHES LANDESVERMESSUNGSAMT (Hrg.) (1982): Anweisung für das Zeichnen von Vermessungsrissen und Katasterkarten in Bayern (Bayer. Zeichenanweisung 82 – ZeichA 82). – München

BAYLVA – BAYERISCHES LANDESVERMESSUNGSAMT (Hrg.) (1996): Das Liegenschaftskataster. – (= Schriftenreihe der Bayerischen Vermessungsverwaltung). München

BAYSTMELF – BAYERISCHES STAATSMINISTERIUM FÜR ERNÄHRUNG, LANDWIRTSCHAFT UND FORSTEN (Hrg.) (1992): Ländliche Neuordnung in Bayern. Informationen zum Flurbereinigungsverfahren. – München

BAYSTMELF – BAYERISCHES STAATSMINISTERIUM FÜR ERNÄHRUNG, LANDWIRTSCHAFT UND FORSTEN (Hrg.) (1996): Bayern – Lebensqualität aus Bauernhand. Umweltbezogene Förderprogramme für die Landwirtschaft. – München

BAYSTMELF – BAYERISCHES STAATSMINISTERIUM FÜR ERNÄHRUNG, LANDWIRTSCHAFT UND FORSTEN (Hrg.) (2001): Historische Kulturlandschaft. – (= Materialien zur Ländlichen Entwicklung 39). München

BAYSTMF – BAYERISCHES STAATSMINISTERIUM DER FINANZEN (Hrg.) (1993): Richtlinien zum Datenaustausch für das amtliche Grundstücks- und Bodeninformationssystem (DatRi – GRUBIS). – Bekanntmachung vom 25.06.1993 – Nr. 73 – Vm 1740 – 39872. – München

BAYSTMLF – BAYERISCHES STAATSMINISTERIUM FÜR LANDWIRTSCHAFT UND FORSTEN (Hrg.) (2003): Grünlandwirtschaft in Bayern. Status- und Entwicklungsbericht. – München

BAYSTMLU – BAYERISCHES STAATSMINISTERIUM FÜR LANDESENTWICKLUNG UND UMWELTFRAGEN (Hrg.) (1994a): Landesentwicklungsprogramm Bayern 1994. – München

BAYSTMLU – BAYERISCHES STAATSMINISTERIUM FÜR LANDESENTWICKLUNG UND UMWELTFRAGEN (Hrg.) (1994b): Lebensraumtyp Bäche und Bachufer. – (= Landschaftspflegekonzept Bayern II.19). München

BAYSTMLU – BAYERISCHES STAATSMINISTERIUM FÜR LANDESENTWICKLUNG UND UMWELTFRAGEN (Hrg.) (1994c): Lebensraumtyp Feuchtwiesen. – (= Landschaftspflegekonzept Bayern II.6). München

BAYSTMLU – BAYERISCHES STAATSMINISTERIUM FÜR LANDESENTWICKLUNG UND UMWELTFRAGEN (Hrg.) (1994d): Lebensraumtyp Kalkmagerrasen, 2 Teilbände. – (= Landschaftspflegekonzept Bayern II.1, II.2). München

BAYSTMLU – BAYERISCHES STAATSMINISTERIUM FÜR LANDESENTWICKLUNG UND UMWELTFRAGEN (Hrg.) (1994e): Lebensraumtyp Streuobst. – (= Landschaftspflegekonzept Bayern II.5). München

BAYSTMLU – BAYERISCHES STAATSMINISTERIUM FÜR LANDESENTWICKLUNG UND UMWELTFRAGEN (Hrg.) (1995a): Das Bayerische Vertragsnaturschutzprogramm. Zielsetzung, Ansprechpartner, Verträge, Maßnahmenübersicht. – München

BAYSTMLU – BAYERISCHES STAATSMINISTERIUM FÜR LANDESENTWICKLUNG UND UMWELTFRAGEN (Hrg.) (1995b): Einführung, Ziele der Landschaftspflege in Bayern. – (= Landschaftspflegekonzept Bayern 1). München

BAYSTMLU – BAYERISCHES STAATSMINISTERIUM FÜR LANDESENTWICKLUNG UND UMWELTFRAGEN (Hrg.) (1995c): Lebensraumtyp Einzelbäume und Baumgruppen. – (= Landschaftspflegekonzept Bayern II.14). München

BAYSTMLU – BAYERISCHES STAATSMINISTERIUM FÜR LANDESENTWICKLUNG UND UMWELTFRAGEN (Hrg.) (1995d): Lebensraumtyp Streuwiesen. – (= Landschaftspflegekonzept Bayern II.9). München

BAYSTMLU – BAYERISCHES STAATSMINISTERIUM FÜR LANDESENTWICKLUNG UND UMWELTFRAGEN (Hrg.) (1995e): Naturparkverordnung Fränkische Schweiz–Veldensteiner Forst. München. – <http://www.fsvf.de/> (05.02.2007)

BAYSTMLU – BAYERISCHES STAATSMINISTERIUM FÜR LANDESENTWICKLUNG UND UMWELTFRAGEN (Hrg.) (1996a): Lebensraumtyp Bodensaure Magerrasen. – (= Landschaftspflegekonzept Bayern II.3). München

BAYSTMLU – BAYERISCHES STAATSMINISTERIUM FÜR LANDESENTWICKLUNG UND UMWELTFRAGEN (Hrg.) (1996b): Lebensraumtyp Nieder- und Mittelwälder. – (= Landschaftspflegekonzept Bayern II.13). München

BAYSTMLU – BAYERISCHES STAATSMINISTERIUM FÜR LANDESENTWICKLUNG UND UMWELTFRAGEN (Hrg.) (1997a): Lebensraumtyp Agrotope. – (= Landschaftspflegekonzept Bayern II.11). München

BAYSTMLU – BAYERISCHES STAATSMINISTERIUM FÜR LANDESENTWICKLUNG UND UMWELTFRAGEN (Hrg.) (1997b): Lebensraumtyp Hecken und Feldgehölze. – (= Landschaftspflegekonzept Bayern II.12). München

BAYSTMLU – BAYERISCHES STAATSMINISTERIUM FÜR LANDESENTWICKLUNG UND UMWELTFRAGEN (Hrg.) (1998): Geotope. – (= Landschaftspflegekonzept Bayern II.15). München

BAYSTMLU – BAYERISCHES STAATSMINISTERIUM FÜR LANDESENTWICKLUNG UND UMWELTFRAGEN (Hrg.) (2001): Richtlinien über Bewirtschaftungsverträge des Naturschutzes und der Landschaftspflege auf landwirtschaftlich nutzbaren Flächen (Bayerisches Vertragsnaturschutzprogramm). Bekanntmachung des Bayerischen Staatsministeriums für Landesentwicklung und Umweltfragen vom 11. Januar 2001 Nr. 64 m-8633.1-2001/7. – In: Allgemeines Ministerialblatt der Bayerischen Staatsregierung 14 (2), S. 91-95

BAYSTMLU – BAYERISCHES STAATSMINISTERIUM FÜR LANDESENTWICKLUNG UND UMWELTFRAGEN (Hrg.) (2003): Landesentwicklungsprogramm Bayern 2003. – München

BECHMANN, A. (1989): Bewertungsverfahren – Der handlungsbezogene Kern von Umweltverträglichkeitsprüfungen. – In: HÜBLER, K.-H. & OTTO-ZIMMERMANN, K. (Hrg.): Bewertung der Umweltverträglichkeit. Bewertungsmaßstäbe und Bewertungsverfahren für die Umweltverträglichkeitsprüfung. Taunusstein, S. 84-103

BECK, R. (1993): Unterfinning. Ländliche Welt vor Anbruch der Moderne. – München

BEGUSCH, K., PIRKL, H., PRINZ, M., SMOLINER, C. & WRBKA, T. (1995): Forschungskonzept Kulturlandschaftsforschung. – (= Forschungsschwerpunkt Kulturlandschaftsforschung 1). Wien

BEIERKUHNLEIN, C. (1999): Rasterbasierte Biodiversitätsuntersuchungen in nordbayrischen Kulturlandschaften. – (= Bayreuther Forum Ökologie 69). Bayreuth

BEIERKUHNLEIN, C. & TÜRK, W. (1991): Die Naturräume Oberfrankens und angrenzender Gebiete. – In: Bayreuther Bodenkundliche Berichte 17, S. 1-10

BENDER, O. (1994a): Angewandte Historische Geographie und Landschaftsplanung. – In: Standort. Zeitschrift für Angewandte Geographie 18 (2), S. 3-12

BENDER, O. (1994b): Die Kulturlandschaft am Brotjacklriegel (Vorderer Bayerischer Wald). Eine angewandt historisch-geographische Landschaftsanalyse als vorbereitende Untersuchung für die Landschaftsplanung und -pflege. – (= Deggendorfer Geschichtsblätter 15). Deggendorf

BENDER, O. (2001): Landschaftswandel auf der Nördlichen Frankenalb. Wird die Fränkische Schweiz zum Fränkischen Wald? – In: BENDER, O., FIEDLER, C., GÖLER, D., JAHREISS, A., ROPPELT, T. & STANDL, H. (Hrg.): Bamberger Extratouren. Ein geographischer Führer durch Stadt & Umgebung. Bamberg

BIFFL, G. (1997): Die Zukunft der Arbeit. – In: Wirtschaftspolitische Blätter 44, S. 203-210

BILL, R. (1997): Zeit in Geo-Informationssystemen – eine Einführung. – In: BILL, R. (Hrg.): Zeit als weitere Dimension in Geo-Informationssystemen. Tagungsband zum Workshop vom 29.-30.9.1997. (= Institut für Geodäsie und Geoinformatik der Univ. Rostock, Interner Bericht 7). Rostock, S. 5-15

BILLWITZ, K. (1997): Allgemeine Geoökologie. – In: HENDEL, M. & LIEDTKE, H. (Hrg.): Lehrbuch der Allgemeinen Physischen Geographie. Gotha

BLASCHKE, T. (1997): Landschaftsanalyse und -bewertung mit GIS. Methodische Untersuchungen zu Ökosystemforschung und Naturschutz am Beispiel der bayerischen Salzachauen. – (= Forschungen zur deutschen Landeskunde 243). Trier

BLASCHKE, T. (1999a): Quantifizierung der Struktur einer Landschaft mit GIS: Potential und Probleme. – In: IÖR-Schriften 29, S. 9-25

BLASCHKE, T. (1999b): Quantifizierung von Fragmentierung, Konnektivität und Biotopverbund mit GIS. – In: STROBL, J., BLASCHKE, T. & GRIESEBNER, G. (Hrg.): Angewandte Geographische Informationsverarbeitung XIII. Beiträge zum AGIT-Symposium Salzburg. Heidelberg, S. 60-73

BLASCHKE, T. (2000a): Die Vernetzung von Landschaftselementen. – In: GIS 13 (6), S. 17-26

BLASCHKE, T. (2000b): Landscape Metrics: Konzepte eines jungen Ansatzes der Landschaftsökologie und Anwendungen in Naturschutz und Landschaftsforschung. – In: Archives of Nature Conservation and Landscape Research 39, S. 267-299

BLASCHKE, T. (2001): Multiskalare Bildanalyse zur Umsetzung des Patch-Matrix-Konzepts in der Landschaftsplanung. „Realistische" Landschaftsobjekte aus Fernerkundungsdaten. – In: Naturschutz und Landschaftsplanung 33, S. 84-89

BLASCHKE, T. (2002): GIS und Fernerkundung für Landschaftsmonitoring und Umweltplanung. – In: Standort. Zeitschrift für Angewandte Geographie 26, S. 115-120

BLASCHKE, T. & LANG, S. (2000): GIS in Landschaftsökologie und Landschaftsplanung. – Unveröff. Lehrmaterialien zu den Studiengängen UNIGIS MAS und UNIGIS Professional. ZGIS Salzburg (Vorläufer von LANG, S. & BLASCHKE, T. (2007): Landschaftsanalyse mit GIS. – Stuttgart)

BLUME, P. & SUKOPP, H. (1976): Ökologische Bedeutung anthropogener Bodenveränderungen. – In: Schriftenreihe Vegetationskunde 10, S. 7-89

BOBEK, H. (1957): Gedanken über das logische System der Geographie. – In: Jahrbuch der Österreichischen Geographischen Gesellschaft 99, S. 122-145

BOBEK, H. & SCHMITHÜSEN, J. (1949): Die Landschaft im logischen System der Geographie. – In: Erdkunde 3, S. 112-120

BODE, W. (Hrg.) (1997): Naturnahe Waldwirtschaft. Prozeßschutz oder biologische Nachhaltigkeit? – Holm

BOESLER, K.-A. (1969): Kulturlandschaftswandel durch raumwirksame Staatstätigkeit. – (= Abhandlungen des 1. Geographischen Instituts der Freien Universität Berlin 12). Berlin

BOGNER, D. & EGGER, G. (1998): Simulationsmodell „Landwirtschaftliche Nutzung und ihre Auswirkungen auf die Umwelt". – In: DOLLINGER, F. &. STROBL, J (Hrg.): Angewandte Geographische Informationsverarbeitung (= IX. Salzburger Geographische Materialien 26). Salzburg

BÖHLER, W., MÜLLER, H. & WEIS, N. (1999): Bearbeitung historischer Karten mit digitaler Bildverarbeitung. – In: EBELING, D. (Hrg.): Historisch-thematische Kartographie. Konzepte, Methoden, Anwendungen. Bielefeld, S. 126-136

BÖHMER, H.J. (1994): Die Halbtrockenrasen der Fränkischen Alb – Strukturen, Prozesse, Erhaltung. – In: Mitteilungen der Fränkischen Geographischen Gesellschaft 41, S. 323-343

BÖHMER, H.J. (1996): Landschaft im Wandel. Warum die Fränkische Alb nicht mehr das ist, was sie mal war. – In: Bergsteiger und Bergwanderer 61 (4), S. 96-100

BÖHMER H.J. (1997): Zur Problematik des Mosaik-Zyklus-Begriffes. – In: Natur und Landschaft 72, S. 333–338

BÖHMER, H.J. & BENDER, O. (2000): Die Entwicklung der Wacholderheiden auf der nördlichen Frankenalb. – In: BECKER, H. (Hrg.): Beiträge zur Landeskunde Oberfrankens. Festschrift zum 65. Geburtstag von Bezirkstagspräsidenten Edgar Sitzmann. (= Bamberger Geographische Schriften S.F.6). Bamberg, S. 169-189

BONERTZ, J. (1983): Die Planungstauglichkeit von Landschaftsbewertungsverfahren in der Landes- und Regionalplanung. – (= Materialien zur Fremdenverkehrsgeographie 7). 2. Aufl. Trier

BORCHERDT, C. (1955): Beitrag zur Kenntnis der bayerischen Agrarlandschaft im beginnenden 19. Jahrhundert. – In: Mitteilungen der Geographischen Gesellschaft in München 40, S. 121-143

BORCHERDT, C. (1957): Das Acker-Grünland-Verhältnis in Bayern. Wandlungen im Laufe eines Jahrhunderts. – (= Münchener Geographische Hefte 12). München

BORCHERDT, C. (1958): Die Vergrünlandung in Bayern und die sie beeinflussenden Faktoren. – In: Berichte zur deutschen Landeskunde 21, S. 125-129

BORG, E. & FICHTELMANN, B. (1998): Vergleichende Analyse von Formindizes zur Charakterisierung von Landschaftsobjekten unter ökologischen Aspekten. – In: Zeitschrift für Photogrammetrie und Fernerkundung 66, S. 66-78

BORN, M. (1974): Die Entwicklung der deutschen Agrarlandschaft. – (= Erträge der Forschung 29). Darmstadt

BORN, M. (1977): Geographie der ländlichen Siedlungen 1. Die Genese der Siedlungsformen in Mitteleuropa. – (= Teubner Studienbücher Geographie). Stuttgart

BORNER, W. (2003): The „Franziszeische Kataster" (land register) – Only a historical Map? – In: SCHRENK, M. (Hrg.): CORP 2003. Computergestützte Raumplanung.

Beiträge zum 8. Symposion zur Rolle der Informationstechnologie in der und für die Raumplanung. Wien, S. 557-558

BORSDORF, A. (1999): Geographisch denken und wissenschaftlich arbeiten. Eine Einführung in die Geographie und in Studientechniken. – Gotha, Stuttgart

BÖSCHE, H. (2003): Klima. – In: GATTERER, K. & NEZADAL, W. (Hrg.) (2003): Flora des Regnitzgebietes. Band 1. Eching bei München, S. 26-31

BOSSARD, M., FERANEC, J. & OTAHEL, J. (2000): CORINE land cover technical guide – Addendum 2000. – (= European Environment Agency, Technical Report 40). Copenhagen

BOSSEL, H. (1994): Simulation dynamischer Systeme – Grundwissen, Methoden, Programme. – 2. Aufl. Braunschweig

BRAND, K.-W. (Hrg.) (2000): Nachhaltige Entwicklung und Transdiziplinarität. Besonderheiten, Probleme und Erfordernisse der Nachhaltigkeitsforschung. – (= Angewandte Umweltforschung 16). Berlin

BRANDT, J. & VEJRE, H. (2004): Multifunctional landscapes – motives, concepts and perceptions. – In: BRANDT, J. & VEJRE, H. (Eds.): Multifunctional landscapes 1. Southampton, Boston, S. 3-31

BRAUN-BLANQUET, J. (1928): Pflanzensoziologie. Grundzüge der Vegetationskunde. – Berlin

BRAUNREITHER, H.M. (1994): Bauer sein – heute und morgen. – Wien

BREUER, T. (1979): Land-Denkmale. – In: Deutsche Kunst- und Denkmalpflege 37, S. 11-24

BREUER, T. (1983): Denkmallandschaft. Ein Grenzbegriff und seine Grenzen. – In: Österreichische Zeitschrift für Kunst und Denkmalpflege, S. 75-82

BREUER, T. (1989): Denkmäler und Denkmallandschaften als Erscheinungsformen des Geschichtlichen heute. – In: Jahrbuch der Bayerischen Denkmalpflege 40, S. 350-370

BREUER, T. (1993): Naturlandschaft, Kulturlandschaft, Denkmallandschaft. – In: ICOMOS-Hefte des Deutschen Nationalkomitees für Denkmalschutz 11, S. 13-19

BREUSTE, J. (1996): Landschaftsschutz – ein Leitbild in urbanen Landschaften. – In: BORK, H.-R., HEINRITZ, G. & WIESSNER, R. (Hrg.): 50. Deutscher Geographentag, Potsdam, 2.-4. Okt. 1995. Tagungsbericht und wissenschaftliche Abhandlungen, Band 1: Raumentwicklung und Umweltverträglichkeit. Stuttgart, S. 133-143

BRIEMLE, G., EICKHOFF, D. & WOLF, R. (1991): Mindestpflege und Mindestnutzung unterschiedlicher Grünlandtypen aus landschaftsökologischer und landeskultureller Sicht. Praktische Anleitung zur Erkennung, Nutzung und Pflege von Grünlandgesellschaften. – (= Beihefte zu den Veröffentlichungen für Naturschutz und Landschaftspflege in Baden-Württemberg 60). Karlsruhe

BRINK, A. & WÖBSE, H.H. (1989): Die Erhaltung historischer Kulturlandschaften in der Bundesrepublik Deutschland. Untersuchung zur Bedeutung und Handhabung von Paragraph 2 Grundsatz 13 des Bundesnaturschutzgesetzes. – Hannover

BROGGI, M.F. (1995): Aspekte der Nachhaltigkeit und Rolle regionalisierter Betrachtungsweisen. – In: Laufener Seminarbeiträge 4/95, S. 101-110

BROGGI, M.F, KUSSTATSCHER, K. & SUTTER, R. (1997): Ökologisch motivierte Direktzahlungen in der Berglandwirtschaft des Alpenbogens. Beurteilung aus der

Sicht eines standörtlichen, biotischen und landschaftlichen Ressourcenschutzes. – Berlin u. a.

BROSIUS, F. (2002): SPSS 11. – Bonn

BRUNS, D. (2003): Was kann Landschaftsplanung leisten? Alte und neue Funktionen der Landschaftsplanung. – In: Naturschutz und Landschaftsplanung 35, S. 114-118

BRYAN, J.G. (1951): The generalized discriminant function: mathematical foundation and computational routine. – In: Harvard Educational Review 21, S. 90-95

BRYAN, P.W. (1933): Man's Adaption of Nature: Studies of the Cultural Landscape. – London

BUCHWALD, K. (1995): Landschaftsplanung als ökologisch-gestalterische Planung. – In: STEUBING, L., BUCHWALD, K. & BRAUN, E. (Hrg.): Natur- und Umweltschutz – Ökologische Grundlagen, Methoden, Umsetzung. Jena, Stuttgart, S. 383-410

BUND, B. (1998): Der Wandel der Kulturlandschaft Nordschwarzwald seit der 2. Hälfte des 19. Jahrhunderts. Eine historische Raum-Zeit-Analyse mit Hilfe eines geographischen Informationssystems (GIS). – (= Mitteilungen der Forstlichen Versuchs- und Forschungsanstalt Baden-Württemberg 204). Freiburg i.Br.

BUNDSCHERER, L. (1980): Die Flurbereinigung in der Großgemeinde Heiligenstadt. – In: MARKTGEMEINDE HEILIGENSTADT (Hrg.): Festtage in Heiligenstadt. 3. Juli – 13. Juli 1980. Heiligenstadt, S. 71-75

BÜRGER, K. (1935): Der Landschaftsbegriff. Ein Beitrag zur geographischen Erdraumauffassung. – (= Dresdner Geographische Studien 7). Dresden

BURGGRAAFF, P. (1996): Der Begriff „Kulturlandschaft und die Aufgaben der „Kulturlandschaftspflege" aus der Sicht der Angewandten Historischen Geographie. – In: Natur- und Landschaftskunde 32, S. 10-12

BURGGRAAFF, P. (1997a): Kulturlandschaftspflege in Nordrhein-Westfalen. Ein Forschungsauftrag des Ministeriums für Umwelt, Raumordnung und Landwirtschaft von Nordrhein-Westfalen an das Seminar für Historische Geographie der Universität Bonn. – Berlin, Stuttgart, S. 220-231

BURGGRAAFF, P. (1997b): Verankerte Kulturlandschaftspflege im Naturschutzgebiet „Bockerter Heide". – In: SCHENK W., FEHN K. & DENECKE, D. (Hrg.): Kulturlandschaftspflege. (= Beiträge der Geographie zur räumlichen Planung). Berlin, Stuttgart, S. 175-183

BURGGRAAFF, P. (2000): Fachgutachten zur Kulturlandschaftspflege in Nordrhein-Westfalen. Im Auftrag des Ministeriums für Umwelt, Raumordnung und Landwirtschaft des Landes Nordrhein-Westfalen. – (= Siedlung und Landschaft in Westfalen 27). Münster

BURGGRAAFF, P. & KLEEFELD, K.-D. (1998): Historische Kulturlandschaft und Kulturlandschaftselemente. – (= Angewandte Landschaftsökologie 20). Bonn-Bad Godesberg

BURGGRAAFF, P. & KLEEFELD, K.-D. (2002a): Der Kulturlandschaftsbegriff in Gesetzen und Konventionen – ein Praxisbericht. – In: Petermanns Geographische Mitteilungen 146 (6), S. 16-25

BURGGRAAFF, P. & KLEEFELD, K.-D. (2002b): Die Pilotstudie: Kulturlandschaften an der unteren Rur (Kreis Heinsberg). – In: LANDSCHAFTSVERBAND RHEINLAND (Hrg.): Rheinisches Kulturlandschaftskataster. Tagungsbericht 11. Fachtagung,

25./26. Oktober 2001 in Heinsberg. (= Beiträge zur Landesentwicklung 55). Köln, S. 21-36

BURNETT, C. & BLASCHKE, T. (2003): A multi-scale segmentation/object relationship modelling methodology for landscape analysis. – In: Ecological Modelling 168, S. 233-249

BURROUGH, P.A. (1981): Fractal dimensions of landscapes and other environmental data. – In: Nature 294, S. 240-242

CAROL, H. (1946): Die Wirtschaftslandschaft und ihre kartographische Darstellung. Ein methodischer Versuch. – In: Geographica Helvetica 1, S. 247-262

CAROL, H. (1956): Zur Diskussion um Landschaft und Geographie. – In: Geographica Helvetica 11, S. 111-132

CAROL, H. (1957): Grundsätzliches zum Landschaftsbegriff. – In: Petermanns Geographische Mitteilungen 101, S. 93-97

CEDE, P. (1991): Die ländliche Siedlung in den niederen Gurktaler Alpen. Kulturlandschaftswandel im Einzelsiedlungsgebiet unter dem Einfluß des Siedlungsrückganges. – (= Archiv für vaterländische Geschichte und Topographie 71). Klagenfurt

CERWENKA, P. (1984): Zur Entmythologisierung des Bewertungshokuspokus. – In: Landschaft und Stadt 16, S. 220-227

CHEN, L., WANG, J., BOJIE, F. & QIU, Y. (2001): Land-use change in a small catchment of Northern Loess plateau, China. – In: Agriculture Ecosystems and Environment 86, S. 163-172

CHRISTALLER, W. (1933): Die zentralen Orte in Süddeutschland. Eine ökonomisch-geographische Untersuchung über die Gesetzmäßigkeit der Verbreitung und Entwicklung der Siedlungen mit städtischen Funktionen. – Jena

CHRISTENSEN, N.L. (1997): Managing for Heterogeneity and Complexity on Dynamic Landscapes. – In: PICKETT, S.T.A., OSTFELD, R.S., SHACHAK, M. & LIKENS, G.E. (Eds.): The Ecological Basis of Conservation. Heterogeneity, Ecosystems, and Biodiversity. New York, NY, S. 167-186

COMMISSION OF THE EUROPEAN COMMUNITIES (Ed.) (1991): CORINE biotopes manual. Habitats of the European Community. – Luxembourg

COSGROVE, D.E. (1984): Social formation and symbolic landscape. – (= Croom Helm historical geography series). London

COUSINS, S.A.O. (2001): Analysis of land-cover transitions based on 17th and 18th century cadastral maps and aerial photographs. – In: Landscape Ecology 16, S. 41-54

COUSINS, S.A.O., ERIKSSON, A. & FRANZÉN, D. (2002): Reconstructing past land use and vegetation patterns using palaeogeographical and archaeological data: A focus on grasslands in Nynäs by the Baltic Sea in south-eastern Sweden. – In: Landscape and Urban Planning 61, S. 1-18

CZERANKA, M. (1996): Spatial Decision Support Systems in Naturschutz und Landschaftspflege? Umsetzungsaspekte für die raumbezogene Planung. – In: Laufener Seminarbeiträge 4/96, S. 21-28

DABBERT, S., HERRMANN, S., KAULE, G. & SOMMER, M. (1999): Landschaftsmodellierung für die Umweltplanung. Methodik, Anwendung und Übertragbarkeit am Beispiel von Agrarlandschaften. – Berlin, Heidelberg

DACHVERBAND WISSENSCHAFTLICHER GESELLSCHAFTEN DER AGRAR-, FORST-, ERNÄHRUNGS-, VETERINÄR- UND UMWELTFORSCHUNG E.V. (Hrg.) (1995): Ökologische Leistungen der Landwirtschaft – Definition, Beurteilung und ökonomische Bewertung. – (=Agrarspectrum 24). Frankfurt a.M.

DAHL, F. (1908): Grundsätze und Grundbegriffe der biocönotischen Forschung. – In: Zoologischer Anzeiger 33, S. 349-353

DALE, V. & BEYELER, C.B. (2001): Challenges in the development and use of ecological indicators. – In: Ecological Indicators 1, S. 3-10

DECKER, A., DEMUTH, B., FÜNKNER, R. & BAYER, C. (2001): Planerische Bewältigung der Folgen von Natura 2000 und der EU-Agrarpolitik für die Kulturlandschaft – Prozessschutzansätze als Instrument für Naturschutz und Landschaftsplanung? – In: Natur und Landschaft 76, S. 469-476

DEIXLER, W. (1985): Der Inhalt des Landschaftsplans und seine Integration in den Flächennutzungsplan. – In: KommunalPraxis 2/85, S. 31-33

DENECKE, D. (1972): Die historisch-geographische Landesaufnahme. Aufgaben, Methoden und Ergebnisse, dargestellt am Beispiel des mittleren und südlichen Leineberglandes. – In: Göttinger Geographische Abhandlungen 60, S. 401-436

DENECKE, D. (1979): Methoden und Ergebnisse der historisch-geographischen und archäologischen Untersuchung und Rekonstruktion mittelalterlicher Verkehrswege. – In: JANKUHN, H. & WENSKUS, R. (Hrg.): Geschichtswissenschaft und Archäologie. Untersuchungen zur Siedlungs-, Wirtschafts- und Kirchengeschichte. (= Vorträge und Forschungen 22), S. 433-483

DENECKE, D. (1985): Historische Geographie und räumliche Planung. – In: Mitteilungen der Geographischen Gesellschaft in Hamburg 75, S. 3-55

DENECKE, D. (1997): Quellen, Methoden, Fragestellungen und Betrachtungsansätze der anwendungsorientierten geographischen Kulturlandschaftsforschung. – In: SCHENK, W., FEHN, K. & DENECKE, D. (Hrg.): Kulturlandschaftspflege. Beiträge der Geographie zur räumlichen Planung. Berlin, Stuttgart, S. 35-49

DEUTSCHER BUNDESTAG, REFERAT ÖFFENTLICHKEITSARBEIT (Hrg.) (1990): Landwirtschaftliche Entwicklungspfade. Bericht der Enquete-Kommission „Gestaltung der technischen Entwicklung, Technikfolgen – Abschätzung und Bewertung". – Bonn

DEUTSCHES MAB-NATIONALKOMITEE BEIM BUNDESMINISTERIUM FÜR UMWELT, NATURSCHUTZ UND REAKTORSICHERHEIT (2004): Voller Leben. UNESCO Biosphärenreservate – Modellregionen für eine Nachhaltige Entwicklung. – Berlin u. a.

DIERSCHKE, H. (1984): Natürlichkeitsgrade von Pflanzengesellschaften unter besonderer Berücksichtigung der Vegetation Mitteleuropas. – In: Phytocoenologia 12, S. 173-184

DIPPOLD, R. (1990): Wechselbeziehungen zwischen Landschaftspflege und Agrarstruktur in der Flurbereinigung. – In: Allgemeine Vermessungs-Nachrichten 97, S. 133-138

DIX, A. (1995): Restaurierung historischer Wiesenbewässerungen im Rahmen des Verfahrens der Ländlichen Entwicklung Kirchehrenbach und Weilersbach. Würdigung anläßlich der Vergabe des Deutschen Landschaftsarchitektur-Preises 1995. – Kulturlandschaft. In: Zeitschrift für Angewandte Historische Geographie 5 (2), S. 90-91

DOLLINGER, F. (2000): Das Homogenitätsprinzip der Raumplanung und die heterogene Struktur des Landschaftsökosystems – eine Chance für das holistische Paradigma. – In: Mitteilungen der Österreichischen Geographischen Gesellschaft 144, S. 159-176

DÖRFLER, H. (1962-73): Aus der Geschichte der Landwirtschaft von Oberfranken. 4 Bände. – Bayreuth

DÖRR, H. & KALS, R. (2003): Zur Zukunft von Landschaft und Ländlichen Räumen. – In: Agrarische Rundschau 6/2003, S. 28-34

DOSCH, F. & BECKMANN, G. (1999): Trends der Landschaftsentwicklung in der Bundesrepublik Deutschland. Vom Landschaftsverbrauch zur Produktion von Landschaften? – In: Informationen zur Raumentwicklung 5/6.1999, S. 291-310

DOUBEK, C. (1996): Siedlungsentwicklung in Österreich. Band 2. Szenarien 1991 bis 2011. Gutachten des Österreichischen Instituts für Raumplanung (ÖIR). – (= ÖROK-Schriftenreihe 127). Wien

DÜRER, S., RAPP, C. & REBHAN, H. (1995): Die Hüllweiher der nördlichen Frankenalb. – (= Heimatbeilage zum Amtlichen Schulanzeiger des Regierungsbezirks Oberfranken 220). Bayreuth

DYTHAM, C. (1999): Choosing and Using Statistics: A Biologist Guide. – Oxford

ECKART, K. & WOLLKOPF, H.-F. (1994): Landwirtschaft in Deutschland. Veränderungen der Agrarstruktur in Deutschland zwischen 1960 und 1992. – (= Beiträge zur regionalen Geographie 36). Leipzig

ECKER, K. & WINIWARTER, V. (1998): Computergestützte Methoden zur Einbeziehung von geschichtlichen Entwicklungsprozessen in die aktuelle Landschaftsplanung. – In: SCHRENK, M. (Hrg.): Computergestützte Raumplanung. Beiträge zum Symposion CORP'98, Band 1. Wien, S. 71-75

ECKERT, T. (1995): Die Fischerei in der Fränkischen Schweiz in einer historischen Betrachtung. – Fischerei und Fischwasser in der Fränkischen Schweiz. – In: Beiträge zum Jubiläum 100 Jahre Fischereiverband Fränkische Schweiz, S. 23-34

ECNC – THE EUROPEAN CENTRE FOR NATURE CONSERVATION (1998-2005): The Pan-European Biological and Landscape Diversity Strategy. – <http://www.strategyguide.org/> (05.02.2007)

EDELMANN, H. (1964/65): Die Besiedlung des Zweimainlandes in geschichtlicher Zeit mit besonderer Berücksichtigung von Kulmbachs Umgebung. – In: Geschichte am Obermain 14/15, S. 25-42

EDER, R. (1996): Erfahrungen mit der Biotopkartierung in Bayern. – In: Berichte aus dem Bayerischen Landesamt für Umweltschutz 137, S. 73-81

EGLER, F.E. (1942): Vegetation as an object of study. – In: Philosophy of Science 9, S. 245-260

EGLI, H.-R. (1997): Kulturlandschaftsanalyse als Grundlage für den Landschaftsplan des Kantons Appenzell-Ausserrhoden (Schweiz). – In: Kulturlandschaft. Zeitschrift für Angewandte Historische Geographie 7 (2), S. 62-65

EICHENAUER, M. & JOERIS, D. (1993a): Die Umsetzung von Belangen des Naturschutzes und der Landschaftspflege in der Flurbereinigung. – In: Zeitschrift für Vermessungswesen 118, S. 89-100

EICHENAUER, M. & JOERIS, D. (1993b): Naturschutz und Landschaftspflege in der Flurbereinigung. Umsetzung, aufgezeigt an Fallbeispielen aus Nordrhein-

Westfalen, Schleswig-Holstein und Bayern. – (= Schriftenreihe des Bundesministers für Ernährung, Landwirtschaft und Forsten, Reihe B: Flurbereinigung 80). Münster

EIGLER, F. (1975): Die Entwicklung von Plansiedlungen auf der südlichen Frankenalb. – (= Studien zur bayerischen Verfassungs- und Sozialgeschichte 6). München

EIGLER, F. (1988): Historisch-geographische Vorgaben für eine Erhaltung der historischen Kulturlandschaft im Rahmen der Flurbereinigung. Die Flurbereinigung in spätmittelalterlichen Plansiedlungen der südlichen Frankenalb. – In: BECKER, H. & HÜTTEROTH, W.-D. (Hrg.): 46. Deutscher Geographentag München, 12.-16. Okt. 1987. Tagungsbericht und wissenschaftliche Abhandlungen. (= Verhandlungen des Deutschen Geographentages 46). Stuttgart, S. 162-168

EISEL, U. (1992): Über den Umgang mit dem Unmöglichen. Ein Erfahrungsbericht über Interdiziplinarität im Studiengang Landschaftsplanung. – In: Das Gartenamt 41, S. 593-605 und 710-719

ELLENBERG, H. (1986): Vegetation Mitteleuropas mit den Alpen in ökologischer Sicht. – 4. Aufl. Stuttgart

ELLENBERG, H. & MÜLLER-DOMBOIS, D. (1967): Tentative physiognomic-ecological classification of plant formations on the earth. – In: Berichte des Geobotanischen Instituts der ETH Zürich 37, S. 21-55

ENDRES, R. (1972): Die Rolle der Grafen von Schweinfurt bei der Besiedlung Nordostbayerns. – In: Jahrbuch für Fränkische Landesforschung 32, S. 1-44

ERB, W.-D. (1990): Anwendungsmöglichkeiten der linearen Diskriminanzanalyse in Geographie und Regionalwissenschaft. – (= Schriften des Zentrums für regionale Entwicklungsforschung der Justus-Liebig-Universität Gießen 39). Hamburg

ESPER, J.F. (1774): Ausführliche Nachricht von neuentdeckten Zoolithen unbekannter vierfüssiger Thiere. – Nachdruck 1978, Wiesbaden

ESSWEIN, H., JAEGER, J., SCHWARZ-VON-RAUMER, H.-G. & MÜLLER, M. (2002): Landschaftszerschneidung in Baden-Württemberg. Zerschneidungsanalyse zur aktuellen Situation und zur Entwicklung der letzten 70 Jahre mit der effektiven Maschenweite. – (= Akademie für Technikfolgenabschätzung in Baden-Württemberg, Arbeitsbericht 214). Stuttgart

EUROPEAN COMMISSION DG ENVIRONMENT (2003): Natura 2000. Interpretation Manual of European Union Habitats. – Brussels

EWALD, K.C. (1978): Der Landschaftswandel. Zur Veränderung schweizerischer Kulturlandschaften im 20. Jahrhundert. – (= Tätigkeitsberichte der Naturforschenden Gesellschaft Baselland 30). Liestal

FABRE, A. (1977): Étude quantitative de la déprise agricole en région de montagne. Application à la commune de Quérigut (9). – Dissertation. Toulouse

FAHRIG, L. & MERRIAM, G. (1994): Conservation of fragmented populations. – In: Conservation Biology 8, S. 50-59

FEHN, K. (1989): Persistente Kulturlandschaftselemente – Wichtige Quellen für Historische Geographie und Geschichtswissenschaft. – In: DIRLMEIER, U. & FOUQUET, G. (Hrg.): Menschen, Dinge und Umwelt in der Geschichte. Neue Fragen der Geschichtswissenschaft an die Vergangenheit. St. Katharinen, S. 1-26

FEHN, K. (1996): Grundlagenforschungen der Angewandten Historischen Geographie zum Kulturlandschaftspflegeprogramm von Nordrhein-Westfalen. – In: Berichte zur deutschen Landeskunde 70, S. 293-300

FEHN, K. & SCHENK, W. (1993): Das historisch-geographische Kulturlandschaftskataster – eine Aufgabe der geographischen Landeskunde. – In: Berichte zur deutschen Landeskunde 67, S. 479-488

FEILMEIER, M., FERGEL, I. & SEGERER, G. (1981): Lineare Diskriminanz- und Clusteranalyseverfahren bei Kreditscoringsystemen. – In: Zeitschrift für Operations Research B 25, S. 25-38

FICK, D.J.C. (1812): Historisch-topographisch-statistische Beschreibung von Erlangen und dessen Gegend mit Anweisungen und Regeln für Studirende. – 2. Aufl. Nachdruck 1977, Erlangen

FINCK, P. & SCHRÖDER, E. (1997): Waldvermehrung auf der Grundlage von bundesweiten Konzepten für naturschutzfachliche Landschafts-Leitbilder. – In: Schriftenreihe für Naturschutz und Landschaftsplanung 54, S. 11-25

FINCK, P., HAUKE, U. & SCHRÖDER, E. (1993): Zur Problematik der Formulierung regionaler Landschafts-Leitbilder aus naturschutzfachlicher Sicht. – In: Natur und Landschaft 68, S. 603-607

FINK, M.H., GRÜNWEIS, F.M. & WRBKA, T. (1989): Kartierung ausgewählter Kulturlandschaften Österreichs. – Wien

FISCHER, H. (1993): Landschaft – Ein Gegenstand geographischer Forschung und Lehre. – In: Koblenzer Geographisches Kolloquium 15, S. 10-22

FISCHER, H. (1995): Auf einem alten Jurabauernhof. – (= Heimatbeilage zum Amtlichen Schulanzeiger des Regierungsbezirks Oberfranken 217). Bayreuth

FISHER, R.A. (1936): The use of multiple measurement in taxonomic problems. – In: Annals of Eugenics 7, S. 179-188

FITZKE, J. (2002): Konzeption eines digitalen Kulturlandschaftskatasters für den Landschaftsverband Rheinland. – In: LANDSCHAFTSVERBAND RHEINLAND (Hrg.): Rheinisches Kulturlandschaftskataster. Tagungsbericht 11. Fachtagung, 25./26. Oktober 2001 in Heinsberg. (= Beiträge zur Landesentwicklung 55). Köln, S. 85-92

FLIEDNER, D. (1970): Die Kulturlandschaft der Hamme-Wümme-Niederung. Gestalt und Entwicklung des Siedlungsraumes nördlich von Bremen. – (= Göttinger Geographische Abhandlungen 55). Göttingen

FORMAN, R.T.T. (1995): Land mosaics: The ecology of landscapes and regions. – Cambridge, UK

FORMAN, R.T.T. & GODRON, M. (1986): Landscape Ecology. – New York, NY

FRANKENBERGER, R. (1958): Die sozialgeographischen Grundlagen der Aufforstungen auf Kulturland am Beispiel der Gemarkung Stammbach, Kr. Münchberg, Oberfranken. – In: Berichte zur deutschen Landeskunde 21, S. 129-132

FRANKENBERGER, R. (1960): Die Aufforstung landwirtschaftlich genutzter Grundstücke als Index für sozialgeographische Strukturwandlungen in Oberfranken. – (= Münchener geographische Hefte 18). Kallmünz

FREDE, H.-G., BACH, M., FOHRER, N., MÖLLER, D. & STEINER, N. (2002): Multifunktionalität der Landschaft – Methoden und Modelle. – In: Petermanns Geographische Mitteilungen 146 (6), S. 58-63

FREI, H. (1983): Wandel und Erhaltung der Kulturlandschaft – der Beitrag der Geographie zum kulturellen Umweltschutz. – In: Berichte zur deutschen Landeskunde 57, S. 277-291

FREUND, B. (1993): Sozialbrache – zur Wirkungsgeschichte eines Begriffs. – In: Erdkunde 47, S. 12-24

GABEL, G. (2003): Erfassung der historischen Kulturlandschaft in der Region Oberfranken-West. – (= Schriftenreihe des Bayerischen Landesamts für Umweltschutz 174). München.

GAEDE, M. & POTSCHIN, M. (2001): Anforderungen an den Leitbild-Begriff aus planerischer Sicht. – In: Berichte zur deutschen Landeskunde 75, S. 19-32

GALLUSSER, W.A. (1979): Über die geographische Bedeutung des Grundeigentums. – In: Geographica Helvetica 34, S. 153-162

GASSNER, E. (1995): Das Recht der Landschaft. Gesamtdarstellung für Bund und Länder. – Radebeul

GASTON, K.J. (1996): What is biodiversity? – In: GASTON, K.J. (Ed.): Biodiversity – A biology of numbers and differences. Oxford, S. 1-7

GAUCKLER, K. (1930): Das südlich-kontinentale Element in der Flora von Bayern mit besonderer Berücksichtigung des Fränkischen Stufenlandes. – (= Abhandlungen der Naturhistorischen Gesellschaft in Nürnberg 24). Nürnberg

GAUCKLER, K. (1939): Steppenheide und Steppenheidewald der Fränkischen Alb in pflanzensoziologischer und geographischer Betrachtung. – Dissertation. Erlangen

GAUFF INGENIEURE & PLANUNGSBÜRO GREBE (Bearb.) (1985): Erläuterungsbericht zum Flächennutzungs- und Landschaftsplan des Marktes Wiesenttal. – Nürnberg

GEBESSLER, A. (1958): Stadt- und Landkreis Kulmbach. – (= Bayerische Kunstdenkmale 3). München

GEBHARD, H. & POPP, B. (Hrg.) (1995): Bauernhäuser in Bayern. Dokumentation. Band 2: Oberfranken. – München

GEISLER, E. (1995): Grenzen und Perspektiven der Landschaftsplanung. Anforderungen an eine Disziplin mit Moderatorenfunktion. – In: Naturschutz und Landschaftsplanung 27, S. 89-92

GEISSNER, W. (2003a): Öffentlichkeitsarbeit des „Naturparks Fränkische Schweiz–Veldensteiner Forst". – In: Die Fränkische Schweiz 14 (1), S. 16-17

GEISSNER, W. (2003b): Weidelandschaften in der Fränkischen Schweiz. – In: Die Fränkische Schweiz 14 (3), S. 12-13

GEISSNER, W. & HUSS, G. (2000): Das Modellprojekt „Fels- und Hangfreistellungen" im Naturpark Fränkische Schweiz–Veldensteiner Forst. – Die Fränkische Schweiz 11 (4). Ebermannstadt, S. 5-9

GEISSNER, W., FAUST, J., NIEDLING, A. & RÖHRER, A. (Bearb.) (2001): Pflege- und Entwicklungsplan (Fortschreibung Einrichtungsplan) Naturpark Fränkische Schweiz–Veldensteiner Forst. Teil A: Erläuterungsbericht. Teil B: Maßnahmenkatalog landschaftspflegerischer Maßnahmen mit Kostenschätzung. o.O.

GEISSNER, W., SCHEIDLER, M. & NIEDLING, A. (1999): Fels- und Hangfreistellungen im Naturpark Fränkische Schweiz–Veldensteiner Forst – Umsetzungskonzept. – Pottenstein

GENENGER, B. (Bearb.) (2000): Machbarkeitsstudie zur Verwertung von biogenen Reststoffen aus der Landschaftspflege. I. Mengenerfassung und Verwertungswege. II. Bilanzierung, Kosten und Vergleich von Verwertungsverfahren. – Erlangen

GENENGER, B. (Bearb.) (2001): Arbeiten zur Realisierung eines Verwertungsweges für biogene Restmassen aus der Landschaftspflege. – Erlangen

GERHARDS, I. (1997): Leitbilder für die Landschaftsrahmenplanung – dargestellt anhand von Überlegungen für Hessen. – In: Natur und Landschaft 72, S. 436-443

GLAWION, R. & ZEPP, H. (2000): Probleme und Strategien ökologischer Landschaftsanalyse und -bewertung. – (= Forschungen zur Deutschen Landeskunde 246). Flensburg

GLEICH, A., HELM, I., NEZADAL, W. & WELSS, W. (1997): Synsystematische Übersicht der Pflanzengesellschaften im zentralen Nordbayern. – In: Hoppea, Denkschriften der Regensburgischen Botanischen Gesellschaft 58, S. 253-312

GOLDFUSS, G.A. (1810): Die Umgebungen von Muggendorf. Ein Taschenbuch für Freunde der Natur und Altertumskunde. – Erlangen

GOTTWALD, H. (1959): Erläuterungen zur Geologischen Karte von Bayern 1:25.000, Blatt Nr. 6133 Muggendorf. – München

GRAAFEN, R. (1992): Der Umfang des Schutzes von historischen Kulturlandschaften in deutschen Rechtsvorschriften. – In: Kulturlandschaft. Zeitschrift für Angewandte Historische Geographie 1, S. 6-9 und 41-47

GRAAFEN, R. (1993): Das neue Denkmalschutzgesetz von Sachsen-Anhalt unter besonderer Berücksichtigung des dortigen Denkmalschutzbegriffs. – In: Kulturlandschaft. Zeitschrift für Angewandte Historische Geographie 2, S. 40-42

GRAAFEN, R. (1999): Kulturlandschaftserhaltung und -entwicklung unter dem Aspekt der rechtlichen Rahmenbedingungen. – In: Informationen zur Raumentwicklung 5/6.1999, S. 375-381

GRABHERR, G., KOCH, G., KIRCHMEIR, H. & REITER, K. (1998): Hemerobie österreichischer Waldökosysteme. – (= Veröffentlichungen des Österreichischen MaB-Programms 17). Innsbruck

GRABSKI, U. (1985): Landschaft und Flurbereinigung. Kriterien für die Neuordnung des ländlichen Raumes aus Sicht der Landschaftspflege. – (= Schriftenreihe des Bundesministers für Ernährung, Landwirtschaft und Forsten, Reihe B: Flurbereinigung 76). Münster-Hiltrup

GRABSKI-KIERON, U. & PEITHMANN, O. (2000): Kulturlandschaftspflege als Beitrag zu einer nachhaltigen Regionalentwicklung in Regionen mit agrarischer Intensivnutzung. – In: Berichte zur deutschen Landeskunde 74, S. 237-248

GRADMANN, R. (1901): Das mitteleuropäische Landschaftsbild nach seiner geschichtlichen Entwicklung. – In: Geographische Zeitschrift 7, S. 361-377 und 435-447

GRADMANN, R. (1933): Die Steppenheidetheorie. – In: Geographische Zeitschrift 39, S. 265-278

GREVE, K. (2002): Vom GIS zur Geodateninfrastruktur. – In: Standort. Zeitschrift für Angewandte Geographie 26, S. 121-125

GROSJEAN, G. (1984): Visuell-ästhetische Veränderungen der Landschaft. – In: BRUGGER, E.A., FURRER, G., MESSERLI, B. & MESSERLI, P. (Hrg.): Umbruch im Berggebiet. Bern, Stuttgart, S. 105-138

GROSJEAN, G. (1987): Der Zerfall der landschaftlichen Schönheit – kartographisch dargestellt am Beispiel von Grindelwald. – In: Geographica Helvetica 42, S. 3-13

GUNZELMANN, T. (1987): Die Erhaltung der historischen Kulturlandschaft. Angewandte Historische Geographie des ländlichen Raumes mit Beispielen aus Franken. – (= Bamberger Wirtschaftsgeographische Arbeiten 4). Bamberg

GUNZELMANN, T. (1990): Die Kulturlandschaft um 1840. – In: DIPPOLD, G. (Hrg.): Im oberen Maintal, auf dem Jura, an Rodach und Itz. Landschaft, Geschichte, Kultur. Zum 150jährigen Geschäftsjubiläum der Kreissparkasse Lichtenfels. Lichtenfels, S. 69-100

GUNZELMANN, T. (1995): Landschaft und Siedlung in Oberfranken. – In: GEBHARD, H. & POPP, B. (Hrg.): Bauernhäuser in Bayern. Dokumentation. Band 2: Oberfranken. München, S. 19-53

GUNZELMANN, T. (1999): Naturschutz und Denkmalpflege – Partner bei der Erhaltung, Sicherung und Pflege von Kulturlandschaften. Vortrag im Rahmen der Bayerischen Naturschutztage am 26.10.1999 in Bamberg. – In: Berichte der ANL 23, S. 63-65

GUNZELMANN, T., MOSEL, M. & ONGYERTH, G. (Hrg.) (1999): Denkmalpflege und Dorferneuerung. Der denkmalpflegerische Erhebungsbogen zur Dorferneuerung. – (= Arbeitshefte des Bayerischen Landesamtes für Denkmalpflege 93). München.

GUNZELMANN, T. & ONGYERTH, G. (2002): Kulturlandschaftspflege im Bayerischen Landesamt für Denkmalpflege. – In: Petermanns Geographische Mitteilungen 146 (6), S. 14-15

GUNZELMANN, T. & SCHENK, W. (1999): Kulturlandschaftspflege im Spannungsfeld von Denkmalpflege, Naturschutz und Raumordnung. – In: Informationen zur Raumentwicklung 5/6.1999, S. 347-360

GUNZELMANN, T. & VIEBROCK, J. (2001): Denkmalpflege und historische Kulturlandschaft. Positionspapier Nr. 16 der Vereinigung der Landesdenkmalpfleger in der Bundesrepublik Deutschland. Erarbeitet von der Arbeitsgruppe „Städtebauliche Denkmalpflege". – In: Denkmalschutz Informationen 27, S. 93-99

GUSTAFSON, E.J. (1998): Quantifying landscape spatial pattern: what is the state of the art? – In: Ecosystems 1, S. 143-156

GUSTAFSON, E.J. & PARKER, G.P. (1992): Relationships between landcover proportion and indices of landscape spatial pattern. – In: Landscape Ecology 7, S. 101-110

GUSTAFSON, E.J. & PARKER, G.P. (1994): Using an index of habitat patch proximity for landscape design. – In: Landscape and Urban Planning 29, S. 117-130

GÜTHLER, W., KRETZSCHMAR, C. & PASCH, D. (2003): Vertragsnaturschutz in Deutschland: Verwaltungs- und Kontrollprobleme sowie mögliche Lösungsansätze. – (= BfN-Skripten 86). Bonn-Bad Godesberg

GUTZWILLER, K.J. (2002): Using Broad-Scale Ecological Information in Conservation Planning. – In: GUTZWILLER, K.J. (Ed.): Applying Landscape Ecology in Biological Conservation. New York, NY, S. 357-359

HAASE, G. (1964): Landschaftsökologische Detailuntersuchung und naturräumliche Gliederung. – In: Petermanns Geographische Mitteilungen 113, S. 1-8

HAASE, G. (1978): Zur Ableitung und Kennzeichnung von Naturraumpotentialen. – In: Petermanns Geographische Mitteilungen 122, S. 113-125

HAASE, G. & MANNSFELD, K. (1999): Ansätze und Verfahren der Landschaftsdiagnose. – In: HAASE, G. (Hrg.): Beiträge zur Landschaftsanalyse und Landschaftsdiagnose. (= Abhandlungen der Sächsischen Akademie der Wissenschaften zu Leipzig, Mathematisch-naturwissenschaftliche Klasse 59, 1). Stuttgart, Leipzig, S. 7-17

HABBE, K.-A. (1989): Der Karst der Fränkischen Alb. Formen, Prozesse, Datierungsprobleme. – In: TICHY, F. & GÖMMEL, R. (Hrg.): Die Fränkische Alb. (= Schriften des Zentralinstituts für fränkische Landeskunde und allgemeine Regionalforschung an der Universität Erlangen-Nürnberg). Neustadt a.d.A., S. 35-76

HABER, W. (1972): Grundzüge einer ökologischen Theorie der Landnutzungsplanung. – In: Innere Kolonisation 21, S. 294-298

HABER, W. (1979): Theoretische Anmerkungen zur „ökologischen Planung". – In: Verhandlungen der Gesellschaft für Ökologie 7, S. 19-30

HABER, W. (1991): Kulturlandschaft versus Naturlandschaft. Zur Notwendigkeit der Bestimmung ökologischer Ziele im Rahmen der Raumplanung. – In: Raumforschung und Raumordnung 49, S. 106-112

HABER, W. (1993): Ökologische Grundlagen des Umweltschutzes. – (= Umweltschutz – Grundlagen und Praxis 1). Bonn

HABER, W. (1996): Die Landschaftsökologie und die Landschaft. – In: Berichte der Reinhold-Tüxen-Gesellschaft 8, S. 297-309

HABER, W. (2002): Kulturlandschaft zwischen Bild und Wirklichkeit. – (= Vorträge der Schweizerischen Akademie der Geistes- und Sozialwissenschaften 9). Bern

HABER, W. & KAULE, G. (1970): Zur Erhaltung der Wiesentäler des Frankenwaldes. – (= Landschaft und Stadt 2), S. 158-165

HABERL, H. (1999): Die Kolonisierung der Landschaft. Landnutzung und gesellschaftlicher Stoffwechsel. – In: SCHNEIDER-SLIWA, R., SCHAUB, D. & GEROLD, G. (Hrg.): Angewandte Landschaftsökologie. Grundlagen und Methoden. Berlin u. a., S. 491-509

HABERL, H., AMANN, C., BITTERMANN, W., ERB, K.-H., FISCHER-KOWALSKI, M., GEISSLER, S., HÜTTLER, W., KRAUSMANN, F., PAYER, H., SCHANDL, H., SCHIDLER, S., SCHULZ, N., WEISZ, H. & WINIWARTER, V. (2001): Die Kolonisierung der Landschaft. Indikatoren für nachhaltige Landnutzung. – (= Forschungsschwerpunkt Kulturlandschaft 8). Wien

HAGEN, T. (1996): Vegetationsveränderungen in Kalk-Magerrasen des Fränkischen Jura. Untersuchung langfristiger Bestandsveränderungen als Reaktion auf Nutzungsumstellung und Stickstoff-Deposition. – (= Laufener Forschungsbericht 4). Laufen

HAHN, R. (1985): Anordnung und Verteilung der Lesesteinriegel der nördlichen Frankenalb – am Beispiel der Großgemeinde Heiligenstadt in Oberfranken. – In: Berichte der ANL 9, S. 93-98

HAKE, G., GRÜNREICH, D. & MENG, L. (2002): Kartographie. Visualisierung raumzeitlicher Informationen. – 8. Aufl. Berlin, New York

HAKES, W. (1987): Einfluß von Wiederbewaldungsvorgängen in Kalkmagerrasen auf die floristische Artenvielfalt und Möglichkeiten der Steuerung durch Pflegemaßnahmen. – (= Dissertationes Botanicae 109). Berlin

HAMPICKE, U. (1988): Extensivierung der Landwirtschaft für den Naturschutz – Ziele, Rahmenbedingungen und Maßnahmen. – In: Schriftenreihe des Bayerischen Landesamtes für Umweltschutz 84. München, S. 9-36

HAMPICKE, U. (1995): Ökonomische Perspektiven und ethische Grenzen künftiger Landnutzung. – In: Laufener Seminarbeiträge 4/95, S. 11-20

HAMPICKE, U. (1996): Der Preis einer vielfältigen Kulturlandschaft. – In: KONOLD, W. (Hrg.): Naturlandschaft, Kulturlandschaft. Die Veränderung der Landschaften nach der Nutzbarmachung durch den Menschen. Landsberg, S. 45-76

HANSKI, I.A. (1999): Metapopulation Ecology. – Oxford

HANSKI, I.A. & SIMBERLOFF, D. (1997): The metapopulation approach, its history, conceptual domain, and application in conservation. – In: HANSKI, I.A. & GILPIN, M.E. (Eds.): Metapopulation biology – ecology, genetics and evolution. San Diego, S. 5-26

HANSKI, I.A. & GILPIN, M.E. (1991): Metapopulation dynamics: brief history and conceptual domain. – In: Biological Journal of the Linnean Society 42, S. 3-16

HARD, G. (1970a): Der „Totalcharakter der Landschaft". Reinterpretation einiger Textstellen bei Alexander von Humboldt – In: WILHELMY, H., ENGELMANN, G. & HARD, G. (Hrg.): Alexander von Humboldt. Eigene und neue Wertungen der Reisen, Arbeit und Gedankenwelt. (= Erdkundliches Wissen 23). Wiesbaden, S. 49-73

HARD, G. (1970b): Die „Landschaft" der Sprache und die Landschaft der Geographen. Semantische und forschungslogische Studien zu einigen zentralen Denkfiguren in der deutschen geographischen Literatur. – (= Colloquium Geographicum 11). Bonn

HARD, G. (1975a): Brache als Umwelt. Bemerkungen zu den Bedingungen ihrer Erlebniswirksamkeit. – In: Landschaft und Stadt 7, S. 145-153

HARD, G. (1975b): Vegetationsdynamik und Verwaldungsprozesse auf den Brachflächen Mitteleuropas. – In: Die Erde 106, S. 243-276

HARD, G. (1983): Zu Begriff und Geschichte von „Natur" und „Landschaft" in der Geographie des 19. und 20. Jahrhunderts. – In: GROSSKLAUS, G. & OLDEMEYER, E. (Hrg.): Natur als Gegenwelt. Beiträge zur Kulturgeschichte der Natur. Karlsruhe, S. 139-167

HARGIS, C.D., BISSONETTE, J.A. & DAVID, J.L. (1998): The behavior of landscape metrics commonly used in the study of habitat fragmentation. – In: Landscape Ecology 13, S. 167-186

HÄRLE, J. (1992): Landwirtschaft und Umwelt in Baden-Württemberg. – In: Geographische Rundschau 44, S. 303-310

HARRISON, S. (1999): Local and regional diversity in a patchy landscape: native, alien, and endemic herbs on serpentine. – In: Ecology 80, S. 70-80

HARTEISEN, U., SCHMIDT, A. & WULF, M. (Hrg.) (2001): Kulturlandschaftsforschung und Umweltplanung. Fachtagung an der Fachhochschule Hildesheim/Holzminden/Göttingen 9.-10.11.2000. – (= Kulturlandschaft. Zeitschrift für Angewandte Historische Geographie 10 (2)). Herdecke.

HARTENSTEIN, L. (Hrg.) (1997): Braucht Europa seine Bauern noch? Über die Zukunft der Landwirtschaft. – Baden-Baden

HARTKE, W. (1951): Die Heckenlandschaft. Der geographische Charakter eines Landeskulturproblems. – In: Erdkunde 5, S. 132-157

HARTKE, W. (1959): Gedanken über die Bestimmung von Räumen gleichen sozialgeographischen Verhaltens. – In: Erdkunde 13, S. 426-436
HARTSHORNE, R. (1939): The Nature of Geography. A Critical Survey of Current Thought in the Light of the Past. – In: Annals of the Association of American Geographers 29, S. 173-658
HÄUBER, C. & SCHÜTZ, F.X. (2001): The Analysis of Persistent Structures – a Functionality of the Archaelogical Information System FORTVNA. – In: STROBL, J., BLASCHKE, T. & GRIESEBNER, G. (Hrg.): Angewandte Geographische Informationsverarbeitung XIII. Beiträge zum AGIT-Symposium Salzburg. Heidelberg, S. 228-237
HAUSER, K. (1988): Pflanzengesellschaften der mehrschürigen Wiesen (Molinio-Arrhenatheretea) Nordbayerns. – (= Dissertationes Botanicae 128). Berlin, Stuttgart
HAUSLADEN, H. & BESCH, M. (Bearb.) (2003): Bestandsaufnahme mit Projektbeschreibungen zur regionalen Vermarktung. Ergebnisbericht 2003. – München
HÄUSLER, A. & SCHERER-LORENZEN, M. (2002): Nachhaltige Forstwirtschaft in Deutschland im Spiegel des ganzheitlichen Ansatzes der Biodiversitätskonvention. – (= BfN-Skripten 62). Bonn-Bad Godesberg
HAVERSATH, J.-B. (1987): Mühlen in der Fränkischen Schweiz. – (= Die Fränkische Schweiz – Landschaft und Kultur. Schriftenreihe des Fränkische-Schweiz-Vereins 4). Erlangen
HAVERSATH, J.-B. (1989): Veränderungen im Agrarraum der Fränkischen Schweiz. – In: HAVERSATH, J.-B. & ROTHER, K. (Hrg.): Innovationsprozesse in der Landwirtschaft. (= Passauer Kontaktstudium Erdkunde 2). Passau, S. 45-59
HAWKINS, V. & SELMAN, P. (2002): Landscape scale planning: exploring alternative land use scenarios. – In: Landscape and Urban Planning 60, S. 211-224
HEIDER, J. (1954): Das bayerische Kataster. Geschichte, Inhalt und Auswertung der rentamtlichen Kataster, Lager- und Grundbücher in Bayern sowie der zugehörigen Flurkarten. – (= Bayerische Heimatforschung 8). München-Pasing
HEIDT, E. & PLACHTER, H. (1996): Bewerten im Naturschutz. Probleme und Wege zu ihrer Lösung. – In: Beiträge der Akademie für Natur- und Umweltschutz Baden-Württemberg 23, S. 193-252
HEINDEL, F. (1982): Der Wandel in der Landwirtschaft Oberfrankens. 30 Jahre Gegenwartsgeschichte von 1950-1980. – (= Heimatbeilage zum Amtlichen Schulanzeiger des Regierungsbezirks Oberfranken 91). Bayreuth
HEINEBERG, H. (2003): Einführung in die Anthropogeographie/Humangeographie. – (= UTB 2445). Paderborn u. a.
HEINRICH, U. & AHRENS, B. (1999): Ein regelbasiertes System zur Erstellung von Landnutzungsszenarien mit einem Geographischen Informationssystem. – In: STROBL, J. & BLASCHKE, T. (Hrg.): Angewandte Geographische Informationsverarbeitung XI. Beiträge zum AGIT-Symposium Salzburg. Heidelberg, S. 257-264
HEISSENHUBER, A. (1997): Landwirtschaft der Zukunft. – In: LEHRSTÜHLE FÜR LANDSCHAFTSARCHITEKTUR DER TU MÜNCHEN (Hrg.): 40 Jahre Landschaftsarchitektur an der TU München. Dokumentation der Planungswerkstatt und Vortragsreihe, 9. bis 20.9.1996. Freising, S. 59-64
HELLER, E. (1992): Als der Strom kam. Geschichte der Elektrifizierung am Beispiel Fränkische Schweiz. – Erlangen

HELLER, H. (1971): Die Peuplierungspolitik der Reichsritterschaft als sozialgeographischer Faktor im Steigerwald – (= Erlanger geographische Arbeiten 30). Erlangen

HELLER, J. (1829): Muggendorf und seine Umgebungen oder die fränkische Schweiz. – (= Bibliotheca Franconica 1). Nachdruck 1979, Erlangen

HELLER, J. (1842): Muggendorf und seine Umgebungen oder die fränkische Schweiz. 2. Aufl. Bamberg

HEMP, A. (1995): Die Dolomitkiefernwälder der Nördlichen Frankenalb. Entstehung, synsystematische Stellung und Bedeutung für den Naturschutz. – (= Bayreuther Forum Ökologie 22). Bayreuth

HENKEL, G. (1993): Der ländliche Raum. – (= Teubner Studienbücher der Geographie). Stuttgart

HENSCH, C. (Hrg.) (1997): Zukunft der Arbeit. – Stuttgart

HERBERT, M. & WILKE, T. (2003): Stand und Perspektiven der Landschaftsplanung in Deutschland. Teil 5. Landschaftsplanung vor neuen Herausforderungen. – In: Natur und Landschaft 78, S. 64-71

HERRMANN, E. (1984): Gesellschaft und Wirtschaft. – In: ROTH, E. (Hrg.): Oberfranken in der Neuzeit bis zum Ende des Alten Reiches. Bamberg, S. 83-148

HERZ, K. (1984): Die Evolution der Landschaftssphäre. – In: Geographische Berichte 29, S. 81-90

HERZOG, F., LAUSCH, A., MÜLLER, E. & THULKE, H.-H. (1999): Das Monitoring von Landschaftsveränderungen mit Landschaftsstrukturmaßen – Fallstudie Espenhain. – In: IÖR-Schriften 29, S. 93-106

HETTNER, A. (1927): Die Geographie. Ihre Geschichte, ihr Wesen und ihre Methoden. – Breslau

HIETEL, E., WALDHARDT, R. & OTTE, A. (2004): Analysing land-cover changes in relation to environmental variables in Hessen, Germany. – In: Landscape Ecology 19, S. 473-489

HILDEBRANDT, H. & HEUSER-HILDEBRANDT, B. (1997): Historisch-geographische Fachplanung zur Forsteinrichtung auf Abteilungsebene. – In: SCHENK, W., FEHN, K. & DENECKE, D. (Hrg.): Kulturlandschaftspflege. Beiträge der Geographie zur räumlichen Planung. Berlin, Stuttgart, S. 124-128

HILDEBRANDT, H., SCHÜRMANN, H. & SCHÖLLER, W. (2000): Probleme und Potenziale waldreicher Mittelgebirgsregionen aus forstlicher und touristischer Perspektive unter dem Aspekt nachhaltiger Raumentwicklung – Zielsetzungen, Leitbilder, Marketing. – In: Berichte zur deutschen Landeskunde 74, S. 317-327

HOCEVAR, A. & RIEDL, L. (2003): Vergleich verschiedener multikriterieller Bewertungsverfahren mit MapModels. – In: SCHRENK, M. (Hrg.): CORP 2003. Computergestützte Raumplanung. Beiträge zum 8. Symposion zur Rolle der Informationstechnologie in der und für die Raumplanung. Wien, S. 299-304

HÖCHTL, F., LEHRINGER, S. & KONOLD, W. (2005): Wilderness. What it means when it becomes a reality – a case study from the southwestern Alps. – In: Landscape and Urban Planning 70, S. 85-95

HOFFMANN, G. (1999): Tourismus in Luftkurorten Nordrhein-Westfalens. Bewertung und Perspektiven. – Dissertation. Paderborn

HOFFMEISTER, S. (1966): Über Bewässerungswiesen im Einzugsgebiet der Wiesent von Forchheim bis Streitberg. – Unveröff. Zulassungsarbeit, Geographie. Univ. Erlangen-Nürnberg

HOFMANN, H.H. (1955): Franken seit dem Ende des alten Reiches. – (= Historischer Atlas von Bayern. Teil Franken, II, 2). München

HOHENESTER, A. (1978): Die potentielle natürliche Vegetation im östlichen Mittelfranken (Region 7). Erläuterungen zur Vegetationskarte 1:200.000. – (= Erlanger geographische Arbeiten 38). Erlangen

HOHENESTER, A. (1989): Zur Flora und Vegetation der Fränkischen Alb. – In: TICHY, F. & GÖMMEL, R. (Hrg.): Die Fränkische Alb. (= Schriften des Zentralinstituts für fränkische Landeskunde und allgemeine Regionalforschung an der Universität Erlangen-Nürnberg), S. 77-94

HÖHL, G. (1968): Fränkische Alb nördlich der Wiesent, Siegritz-Voigendorfer Kuppenlandschaft. – In: BAYERISCHES LANDESVERMESSUNGSAMT (Hrg.): Topographischer Atlas Bayern. München, S. 96-97

HOLLENBACH, M. (1998): Eine Indikatorenanalyse zur Unterscheidung des ländlichen bzw. städtischen Raums und der Strukturstärke bezogen auf die Fränkische und Hersbrucker Schweiz. – Unveröff. Zulassungsarbeit, Geographie. Univ. Erlangen-Nürnberg

HÖNES, E.-R. (2003): Die historische Kulturlandschaft in der Gesetzeslandschaft. – In: Kulturlandschaft. Zeitschrift für Angewandte Historische Geographie 12 (1-2), S. 61-84

HOOKE, J.M. & KAIN, R.J.P. (1982): Historical change in the physical environment. A guide to sources and techniques. – (= Studies in physical geography). London

HORAK, G. & MÜLLER-MAATSCH, F. (1994/95): Dorferneuerung Wüstenstein. Erläuterungsbericht mit Fachplanung Grünordnung. Bd. I Wüstenstein, Bd. II Draisendorf, Bd. III Gößmannsberg. – Burghaslach

HORNBERGER, T. (1959): Die kulturgeographische Bedeutung der Wanderschäferei in Süddeutschland. Süddeutsche Transhumanz. – (= Forschungen zur deutschen Landeskunde 109). Remagen

HOUGHTON, R.A. (1994): A worldwide extent of land-use change. – In: BioScience 44, S. 305-313

HÜMMER, P. (1976): Soziale Entwicklungen und ihre räumlichen Auswirkungen im Agrarbereich erläutert an einem Beispiel aus der nördlichen Fränkischen Alb. – In: Mitteilungen der Fränkischen Geographischen Gesellschaft 21/22, S. 527-535

HÜMMER, P. (1986): Flurbereinigungsverfahren in Franken. Fallbeispiele im Vergleich. – In: HOPFINGER, H. (Hrg.): Franken – Planung für eine bessere Zukunft? Ein Führer zu Projekten der Raumplanung. Nürnberg, S. 285-310

HÜMMER, P. (1989a): Formen der Extensivierung in der Landwirtschaft. Das Beispiel des Landkreises Bamberg. – In: HAVERSATH, J.-B. & ROTHER, K. (Hrg.): Innovationsprozesse in der Landwirtschaft. (= Passauer Kontaktstudium Erdkunde 2). Passau, S. 33-44

HÜMMER, P. (1989b): Sozioökonomische Entwicklungen während der Nachkriegszeit in den Dörfern der Frankenalb. – In: TICHY, F. & GÖMMEL, R. (Hrg.): Die Fränkische Alb. (= Schriften des Zentralinstituts für fränkische Landeskunde und allgemeine Regionalforschung an der Universität Erlangen-Nürnberg). Neustadt a.d.A., S. 195-217

HÜMMER, P. (1998): Wächst unsere Kulturlandschaft zu? Erstaufforstungen am Beispiel des Regierungsbezirks Oberfranken. – In: Mitteilungen der Fränkischen Geographischen Gesellschaft 45, S. 151-164

HÜMMER, P. & SCHNEIDER, H.-J. (1998): Flurbereinigung im Wandel der Zeit. 75 Jahre Direktion für Ländliche Entwicklung Bamberg. – Bamberg

HÜMMER, P. & MEYER, T. (1998): Erstaufforstungen – erwünscht oder problematisch? – In: Praxis Geographie 28 (6), S. 28-31

HUNZIKER, M. (2000): Welche Landschaft wollen die Touristen? – In: EGLI, H.-R. (Hrg.): Kulturlandschaft und Tourismus. Bern, S. 63-85

HUNZIKER, M. & KIENAST, F. (1999): Potential impacts of changing agricultural activities on scenic beauty – a prototypical technique for automated rapid assessment. – In: Landscape Ecology 14, S. 161-176

HÜPPE, J. (1993): Entwicklung der Tieflands-Heidegesellschaften Mitteleuropas in geobotanisch-vegetationsgeschichtlicher Sicht. – In: Berichte der Reinhold-Tüxen-Gesellschaft 5, S. 49-75

HUTTENLOCHER, F. (1949): Versuche kulturlandschaftlicher Gliederung am Beispiel von Württemberg. – In: Forschungen zur deutschen Landeskunde 47, S. 7-10, 43-46

IMMERMANN, K. (1837): Fränkische Reise. Herbst 1837. Memorabilien. Dritter Teil. – (= Bibliotheca Franconica 5). Nachdruck 1980, Erlangen

INSTITUT FÜR STADT- UND REGIONALFORSCHUNG DER ÖSTERREICHISCHEN AKADEMIE DER WISSENSCHAFTEN (2002): SURPLAN Sustainable Regional Planning based on Land-Use-Legacies. Expression of interest submitted in response to call EOI.FP6.2002. – Vienna
– <http://www.iff.ac.at/socec/service/service_downloads/EoI_Socec_abstracts.pdf> (05.02.2007)

IRMEN, E. & MILBERT, A. (2002): Nachhaltige Raumentwicklung im Spiegel von Indikatoren. – (= Bundesamt für Bauwesen und Raumordnung, Berichte 13). Bonn

JACOBEIT, W. (1961): Schafhaltung und Schäferei in Zentraleuropa bis zum Beginn des 20. Jahrhunderts. – (= Veröffentlichungen des Instituts für Deutsche Volkskunde 25). Berlin

JAEGER, J. (1999): Gefährdungsanalyse der anthropogenen Landschaftszerschneidung. – Dissertation. Zürich

JAEGER, J. (2002): Landschaftszerschneidung. Eine transdisziplinäre Studie gemäß dem Konzept der Umweltgefährdung. – Stuttgart

JAEGER, J., ESSWEIN, H., SCHWARZ-VON RAUMER, H.-G. & MÜLLER, M. (2001): Landschaftszerschneidung in Baden-Württemberg. Ergebnisse einer landesweiten räumlich differenzierten quantitativen Zustandsanalyse. – In: Naturschutz und Landschaftsplanung 33, S. 305-317

JÄGER, H. (1973): Die mainfränkische Kulturlandschaft zur Echter-Zeit. – In: MERZBACHER, F. (Hrg.): Julius Echter und seine Zeit. Würzburg, S. 7-35

JÄGER, H. (1977): Die spätmittelalterliche Kulturlandschaft Frankens nach dem Ebracher Gesamturbar vom Jahr 1340. – In: ZIMMERMANN, G. (Hrg.): Festschrift Ebrach 1127-1977. Volkach, S. 94-122

JÄGER, H. (1987): Entwicklungsprobleme europäischer Kulturlandschaften. – Darmstadt

JÄGER, H. (1994): Einführung in die Umweltgeschichte. – Darmstadt

JAKOB, H. (1984): Die Wüstungen der Obermain-Regnitz-Furche und ihrer Randhöhen vom Staffelberg bis zur Ehrenbürg. – In: Zeitschrift für Archäologie des Mittelalters 12, S. 74-144

JAKOB, H. (1985): Die Wüstungen der Obermain-Regnitz-Furche und ihrer Randhöhen vom Staffelberg bis zur Ehrenbürg. – In: Zeitschrift für Archäologie des Mittelalters 13, S. 163-192

JALAS, J. (1955): Hemerobe und hemerochore Pflanzenarten. Ein terminologischer Versuch. – In: Acta Societas pro Fauna et Flora Fennica 72 (11), S. 1-15

JAMES, P.E. (1929): The Blackstone Valley. – In: Annals of the Association of American Geographers 19, S. 67-109

JÄSCHKE, U.U. & MÜLLER, M. (1999): Zur Problematik der Anpassung von historischen Karten an moderne Koordinatensysteme. – In: EBELING, D. (Hrg.): Historisch-thematische Kartographie. Konzepte, Methoden, Anwendungen. Bielefeld, S. 150-166

JEANNERET, F. (1997): Typlandschaften und Landschaftstypen. Ein Diskussionsbeitrag zur Systematik von Räumen. – In: Jahrbuch der Geographischen Gesellschaft Bern 60, S. 95-103

JEDICKE, E. (1994): Biotopverbund – Grundlagen und Maßnahmen einer neuen Naturschutzstrategie. – 2. Aufl. Stuttgart

JEDICKE, E. (1998): Raum-Zeit-Dynamik in Ökosystemen und Landschaften. – In: Naturschutz und Landschaftsplanung 30, S. 229-236

JEDICKE, E. (2001): Biodiversität, Geodiversität, Ökodiversität. Kriterien zur Analyse der Landschaftsstruktur – ein konzeptioneller Diskussionsbeitrag. – In: Naturschutz und Landschaftsplanung 33, S. 59-68

JESCHKE, H.P. (2000): Raum und Kulturlandschaft als endogenes Potential regionaler Identität. Historische Raumwissenschaften und das Oberösterreichische Kulturgüterinformationssystem. – In: Historicum. Zeitschrift für Geschichte, Herbst 2000, S. 22-37

JESCHKE, H.P. (2001): Vorschläge für die Struktur eines Pflegewerkes für historische Kulturlandschaften bzw. Cultural Heritage Landscapes von internationaler, europäischer oder nationaler Bedeutung. – In: AKADEMIE FÜR RAUMFORSCHUNG UND LANDESPLANUNG (Hrg.): Die Zukunft der Kulturlandschaft zwischen Verlust, Bewahrung und Gestaltung. (= Forschungs- und Sitzungsberichte der ARL 215). Hannover, S. 152-181

JESCHKE, H.P. (2002): Das Kulturgüterinformationssystem in Oberösterreich als ein transdisziplinäres Element der Kulturlandschaftspflege. – In: LANDSCHAFTSVERBAND RHEINLAND (Hrg.): Rheinisches Kulturlandschaftskataster. Tagungsbericht 11. Fachtagung, 25./26. Oktober 2001 in Heinsberg. (= Beiträge zur Landesentwicklung 55). Köln, S. 93-108

JESSEL, B. (1995): Ist künftige Landschaft planbar? Möglichkeiten und Grenzen von ökologisch orientierter Planung. – In: Laufener Seminarbeiträge 4/95, S. 91-100

JOB, H. (1991): Freizeit und Erholung mit oder ohne Naturschutz? Umweltauswirkungen der Erholungsnutzung und Möglichkeiten ressourcenschonender Erholungsformen, erörtert insbesondere am Beispiel Naturpark Pfälzerwald. – (= Pollichia-Buch 22). Bad Dürkheim

JOB, H. (1999): Der Wandel der historischen Kulturlandschaft und sein Stellenwert in der Raumordnung. Eine historisch-, aktual- und prognostisch-geographische Betrachtung traditioneller Weinbau-Steillagen und ihres bestimmenden Strukturmerkmals Rebterrasse, diskutiert am Beispiel rheinland-pfälzischer Weinbaulandschaften. – (= Forschungen zur deutschen Landeskunde 248). Flensburg

JOB, H. & KNIES, S. (2001): Der Wert der Landschaft. Ansätze zur Quantifizierung der Schutzwürdigkeit von Kulturlandschaften. – In: Raumforschung und Raumordnung 59 (1), S. 19-28

JOB, H., LANGER, T. & METZLER, D. (2002): Operationalisierung europäischer Kulturlandschaften. – In: Informationen zur Raumentwicklung 4/5.2002, S. 231-240

JOB, H. & STIENS, G. (1999): Erhaltung und Entwicklung gewachsener Kulturlandschaften als Auftrag der Raumordnung. – In: Informationen zur Raumentwicklung 5/6.1999, S. I-VI

JOB, H., STIENS, G. & PICK, D. (1999): Zur planerischen Instrumentierung des Freiraum- und Kulturlandschaftsschutzes. – In: Informationen zur Raumentwicklung 5/6.1999, S. 399-416

JOB, H., WEIZENEGGER, S. & METZLER, D. (2000): Strategien zur Sicherung des europäischen Natur- und Kulturerbes. – In: Informationen zur Raumentwicklung 3/4.2000, S. 143-154

JOSSELIN, D., ORSIER, B. & JANIN, C. (1995): La modélisation de la déprise rurale en zone de montagne: approche déductive, inductive ou hybride? – In: Revue Internationale de Géomatique 5, S. 329-344

KAHLE, U. (2004): Ein Weinberg unter Denkmalschutz. – In: aviso: Zeitschrift für Wissenschaft & Kunst in Bayern 8 (4), S. 8-9

KÄLBERER, H. & SCHULER, S. (1998): Jagsttal 2030 – Szenarien zur Siedlungs- und Landschaftsentwicklung der Gemeinden Ailringen, Jagstberg und Mulfingen im Mittleren Jagsttal. – Unveröff. Diplomarbeit, Landschaftspflege. FH Nürtingen

KANNAMÜLLER, P. (1992): Sprengstoff in der Schublade? Landschaftspläne verunsichern den Landwirt und stoßen auf Skepsis. – In: Bayerisches landwirtschaftliches Wochenblatt 35/1992, S. 11-12

KAULE, G. (1991): Arten- und Biotopschutz. – 2. Aufl. Stuttgart

KAULE, G. (2002): Umweltplanung. – Stuttgart

KAULE, G., ENDRUWEIT, G. & WEINSCHENCK, G. (1994): Landschaftsplanung, umsetzungsorientiert. Ausrichtung von Extensivierungs-, Flächenstillegungs- und ergänzenden agrarischen Maßnahmen auf Ziele des Natur- und Umweltschutzes mittels der Landschaftsplanung. – (= Angewandte Landschaftsökologie 2). Bonn-Bad Godesberg

KAULE, G., SCHALLER, J. & SCHOBER, H.M. (1979): Auswertung der Kartierung schutzwürdiger Biotope in Bayern. Allgemeiner Teil: Außeralpine Naturräume. – (= Schriftenreihe Schutzwürdige Biotope in Bayern 1). München

KESSLER, M. (1990): Wässerwiesen als Instrument des Ressourcenschutzes dargestellt am Beispiel der Wässerwiesen im Unteren Wiesenttal. – Unveröff. Diplomarbeit, Landschaftsökologie. TU München-Weihenstephan

KIAS, U. (1987): Entwicklungstendenzen der Datenverarbeitung in der Landschaftsplanung. – In: Anthos 26 (4), S. 2-12

KIEMSTEDT, H. (1967): Zur Bewertung natürlicher Landschaftselemente für die Planung von Erholungsgebieten. – Dissertation. Hannover

KIEMSTEDT, H. (1991): Leitlinien und Qualitätsziele für Naturschutz und Landschaftspflege. – In: HENLE, K. & KAULE, G. (Hrg.): Arten- und Biotopschutzforschung für Deutschland. Bestandsaufnahme und Bewertung des Forschungsbedarfs im Bereich Arten- und Biotopschutz. (= Berichte aus der ökologischen Forschung 4). Jülich, S. 338-342

KIESOW, G. (2000): Denkmalpflege in Deutschland. Eine Einführung. – 4. Aufl. Stuttgart

KIESSLING, A. (1993): Rezente Kalktuffbildung auf der Wiesentalb – Bildungsbedingungen und jahreszeitlicher Verlauf. – In: Mitteilungen der Fränkischen Geographischen Gesellschaft 40, S. 41-60

KILCHENMANN, A. (1991): Klassifikation, Datenanalyse und Informationsverarbeitung in der Geographie und Geoökologie. – (= Karlsruher Manuskripte zur mathematischen und theoretischen Wirtschafts- und Sozialgeographie 98). Karlsruhe

KIRCHMEIR, H., ZOLLNER, D., DRAPELA, J. & JUNGMEIER, M. (2002): Prognose regionaler Landschaftsentwicklungen unter Berücksichtigung von naturräumlichen und sozio-ökonomischen Faktoren. – In: STROBL, J., BLASCHKE, T. & GRIESEBNER, G. (Hrg.): Angewandte Geographische Informationsverarbeitung XIII. Beiträge zum AGIT-Symposium Salzburg. Heidelberg, S. 244-253

KLAGES, L. (1910): Die Probleme der Graphologie. – Leipzig

KLAUS, S., SELSAM, P., SUN, Y-H. & FANG, Y. (2001): Analyse von Satellitenbildern zum Schutz bedrohter Arten. Fallbeispiel Chinahaselhuhn (Bonasa sewerzowi). – In: Naturschutz und Landschaftsplanung 33, S. 281-285

KLEEFELD, K.-D. (2004): Begriffsdefinition „Historische Kulturlandschaft". – In: UVP-report 18, S. 67-68

KLEIN, M. (1997): Erstaufforstung – Chancen und Risiken für Naturschutz und Landschaftspflege. – In: Schriftenreihe für Naturschutz und Landschaftsplanung 49, S. 167-171

KLEIN, M. (1999): Marschall, Ilke: Wer bewegt die Kulturlandschaft. Rezension. – In: Natur und Landschaft 74, S. 247

KLEYER, M., BIEDERMANN, R., HENE, K., POETHKE, H.J., POSCHLOD, P. & SETTELE, J. (2002): MOSAIK: Semi-open pasture and ley – a research project on keeping the cultural landscape open. – In: REDECKER, B., FINK, P., HÄRDTLE, W., RIECKEN, U. & SCHRÖDER, E. (Eds.): Pasture Landscape and Nature Conservation. Heidelberg, S. 399-412

KLEYER, M., KAULE, G. & SETTELE, J. (1996): Landscape Fragmentation and Landscape Planning, with a Focus on Germany. – In: SETTELE, J., MARGULES, C., POSCHLOD, P. & HENLE, K. (Eds.): Species Survival in Fragmented Landscapes. Dordrecht, S. 138-151

KLINK, H.J. (2001/02): Landschaft. – In: BRUNOTTE, E., GEBHARDT, H., MEURER, M. u. a. (Hrg.): Spektrum Lexikon der Geographie. CD-R, Heidelberg

KLUG, H. (2000): Landschaftsökologisch begründetes Leitbild für eine funktional vielfältige Landschaft – Das Beispiel Pongau im Salzburger Land. – Unveröff. Diplomarbeit, Geographie. Univ. Hannover

KLUG, H. & LANG, R. (1983): Einführung in die Geosystemlehre. – (= Die Geographie). Darmstadt

KLUGE, R. (1988): Pflanzengesellschaften auf Dolomitfelsen des Aufseßtales und Felsen der umliegenden Hochfläche. – Unveröff. Diplomarbeit, Geobotanik. Univ. Erlangen-Nürnberg

KLUPP, B. (1993): Ein Beitrag zur Pflanzensoziologie der Wälder und Forste im Aufseßtal (Nördliche Frankenalb). – Unveröff. Diplomarbeit, Geobotanik. Univ. Erlangen-Nürnberg

KNAUER, N. (1997): Landschaft und Landwirtschaft. Wiederentwicklung von mehr Natur durch die Landwirtschaft ist möglich. – (= IMA-Informationen). 2. Aufl. Hannover

KNICKREHM, B. & ROMMEL, S. (1995): Biotoptypenkartierung in der Landschaftsplanung. – In: Natur und Landschaft 70, S. 519-528

KNOFLACHER, H.M. (1998): Grundkonzept für ein kulturlandschaftsbezogenes Interaktionsmodell. – In: Forschungsschwerpunkt Kulturlandschaft 4, S. 17-30

KOBES, T. (1993): Waldsäume und Waldränder des Aufseßtales und der umgebenden Hochfläche. – Unveröff. Diplomarbeit, Geobotanik. Univ. Erlangen-Nürnberg

KÖCK, C. (Hrg.) (2001): Reisebilder. Produktion und Reproduktion touristischer Wahrnehmung. – (= Münchner Beiträge zur Volkskunde 29). Münster

KOLB, W. & STURM, V. (1997): Die digitale Katastralmappe in einem Geographischen Informationssystem – Grundlage für eine objektive Beurteilung von Förderungsmaßnahmen in den landwirtschaftlich genutzten Gebieten Österreichs. – In: DOLLINGER, F. & STROBL, J. (Hrg.): Angewandte Geographische Informationsverarbeitung IX. (= Salzburger Geographische Materialien 26). Salzburg

KONOLD, W. (1980): Zum Schutz anthropogener Ökosysteme am Beispiel aufgelassener Weinberge. – In: Verhandlungen der Gesellschaft für Ökologie 8, S. 175-183

KONOLD, W. (1988): Kritische Gedanken zur Bewertung von Landschaftselementen am Beispiel oberschwäbischer Stillgewässer. – In: KOHLER, A. & RAHMANN, H. (Hrg.): Gefährdung und Schutz von Gewässern. Stuttgart, S. 118-123

KONOLD, W. (1993): Der Wandel von Landschaft und Vegetation an der Donau in Württemberg. – In: Berichte des Instituts für Landschafts- und Pflanzenökologie der Universität Hohenheim 2, S. 205-220

KONOLD, W. (1995): Gedanken zur Entwicklung der Kulturlandschaft in Rheinland-Pfalz unter Mitwirkung der Bodenordnung. – In: Nachrichten aus der Landeskulturverwaltung Rheinland-Pfalz 23, S. 5-18

KONOLD, W., SCHWINEKÖPER, K. & SEIFFERT, P. (1993): Szenarien für eine Kulturlandschaft im Alpenvorland. – In: KOHLER, A. & BÖCKER, R. (Hrg.): Die Zukunft der Kulturlandschaft. 25. Hohenheimer Umwelttagung. Weikersheim, S. 49-65

KOPECKY, K. (1992): Syntaxonomische Klassifizierung von Pflanzengesellschaften unter Anwendung der deduktiven Methode. – In: Tüxenia 12, S. 13-24

KOPP, E., GROSSER-SEEGER, D. & CARL, T. (Bearb.) (1999): Landschaftsplan Heiligenstadt. Erläuterungstext zum Vorentwurf. – Nürnberg

KRAUSSOLD, L. & BROCK, G. (1837): Geschichte der fränkischen Schweiz oder Muggendorfs und seiner Umgebungen mit einem kurzgefaßten, vollständigen Wegweiser für solche, welche die Gegend besuchen. – Nürnberg

KRETTINGER, B., LUDWIG, F., SPEER, D., AUFMKOLK, G. & ZIESEL, S. (2001): Zukunft der Mittelgebirgslandschaften. Szenarien zur Entwicklung des ländlichen Raums am Beispiel der Fränkischen Alb. – Bonn-Bad Godesberg

KRINGS, W. (1982): Forschungsschwerpunkte und Zukunftsaufgaben der Historischen Geographie: Industrie und Landwirtschaft. – In: Erdkunde 36, S. 109-114

KRUMMEL, J.R., GARDNER, R.H., SUGIHARA, G., O'NEILL, R.V. & COLEMAN, P.R. (1987): Landscape pattern in a disturbed environment. – In: Oikos 48, S. 321-324

KUHN, W. (1953): Hecken, Terrassen und Bodenzerstörung im hohen Vogelsberg. – (= Rhein-Mainische Forschungen 39). Frankfurt a.M.

KULLMANN, A. (2003): Erfolgsfaktoren der Regionalvermarktung. Ergebnisse der Evaluierung von Modellprojekten und Biosphärenreservaten. – In: Natur und Landschaft 78, S. 317-322

KULTURAMT DES LANDKREISES FORCHHEIM (Hrg.) (1994): Die Entdeckung der Fränkischen Schweiz durch die Romantiker. Festvorträge im Jubiläumsjahr 1993 zur 200. Wiederkehr der Pfingstwanderung von Ludwig Tieck und Wilhelm Heinrich Wackenroder in der Fränkischen Schweiz. – Forchheim

KÜNNE, H. (1969): Laubwaldgesellschaften der Frankenalb. – (= Dissertationes Botanicae 2). Lehre

KÜNNE, H. (1980): Waldgesellschaften des Naturwaldreservates Wasserberg. – In: Natur und Landschaft 55, S. 150-153

KÜSTER, H.-J. (1995): Geschichte der Landschaft in Mitteleuropa. Von der Eiszeit bis zur Gegenwart. – München

LAMARCHE, H. & ROMANE, F. (1982): Analyse landschaftlicher Veränderungen aufgrund sozio-ökonomischer und ökologischer Kriterien am Beispiel einer südfranzösischen Gemeinde. – In: Natur und Landschaft 57, S. 458-464

LANDE, R. (1996): Statistics and partitioning of species diversity, and similarity among multiple communities. – In: Oikos 76, S. 5-13

LANDSCHAFTSVERBAND RHEINLAND, UMWELTAMT (Hrg.) (2002): Rheinisches Kulturlandschaftskataster. Tagungsbericht 11. Fachtagung, 25./26. Oktober 2001 in Heinsberg. – (= Beiträge zur Landesentwicklung 55). Köln

LANG, S. (1999): Aspekte und Spezifika der nordamerikanischen landscape metrics innerhalb der Landschaftsökologie und experimentelle Untersuchungen zum Proximity Index. – Diplomarbeit, Geographie. Univ. Salzburg

LANGE, E. (1999a): Realität und computergestützte visuelle Simulation. Eine empirische Untersuchung über den Realitätsgrad virtueller Landschaften am Beispiel des Talraums Brunnen/Schwyz. – (= ORL-Bericht 106). Zürich

LANGE, E. (1999b): Von der analogen zur GIS-gestützten 3D-Visualisierung bei der Planung von Landschaften. – In: GIS 12 (2), S. 29-37

LANGRAN, G. (1993): Time in Geographic Information Systems. – London

LEBART, L., MORINEAU, A. & PIRON, M. (1995): Statistique exploratoire multidimensionelle. – Paris

LEHMANN, H. (1950): Die Physiognomie der Landschaft. – In: Studium Generale 3, S. 182-195

LEIBUNDGUT, C. (1986): Zur Methodik der Uferschutzbewertung. – In: AERNI, K., BUDMIGER, G., EGLI, H.-R. & ROQUES-BÄSCHLIN, E. (Hrg.): Der Mensch in der Landschaft. Festschrift für G. Grosjean. (= Jahrbuch der Geographischen Gesellschaft Bern 55). Bern, S. 151-171

LEICHT, H. & LIPPERT, H. (1996): 25 Jahre Erfahrung mit der Landschaftsplanung in Bayern. – In: Natur und Landschaft 71, S. 430-434

LEITL, G. (1997): Landschaftsbilderfassung und -bewertung in der Landschaftsplanung – dargestellt am Beispiel des Landschaftsplanes Breitungen-Wernshausen. – In: Natur und Landschaft 72, S. 282-290

LENZ, G. (1999): Verlusterfahrung Landschaft. Über die Herstellung von Raum und Umwelt im mitteldeutschen Industriegebiet seit der Mitte des neunzehnten Jahrhunderts. – Frankfurt a.M.

LESER, H. (1984a): Das 9. Baseler Geomethologische Colloquium: Umsatzmessungen und Bilanzierungsprobleme bei topologischen Geosystemforschungen. – In: Geomethodica 9, S. 5-29

LESER, H. (1984b): Zum Ökologie-, Ökosystem- und Ökotopbegriff. – In: Natur und Landschaft 59, S. 351-357

LESER, H. (1997): Landschaftsökologie. Ansatz, Modelle, Methodik, Anwendung. Mit einem Beitrag zum Prozeß-Korrelations-Systemmodell. – 4. Aufl. Stuttgart

LESER, H. (2003): Geographie als integrative Umweltwissenschaft. Zum transdisziplinären Charakter einer Fachwissenschaft. – In: Münchener Geographische Hefte 85, S. 35-52

LESER, H., HAAS, H.-D., MOSIMANN, T. & PAESLER, R. (1985): DIERCKE-Wörterbuch der allgemeinen Geographie. – 2 Bände. Braunschweig

LESER, H. & KLINK, H.-J. (1988): Handbuch und Kartieranleitung Geoökologische Karte 1:25.000 (KA GÖK 25). – (= Forschungen zur deutschen Landeskunde 228). Trier

LESER, H., STREIT, B., HAAS, H.-D., HUBER-FRÖHLI, J., MOSIMANN, T. & PAESLER, R. (1993): DIERCKE-Wörterbuch Ökologie und Umwelt. – 2 Bände. Braunschweig

LEVIN, S.A. (1992): The problem of pattern and scale in ecology. – In: Ecology 73, S. 1943-1967

LEVINS, R. (1969): Some demographic and genetic consequences of environmental heterogeneity for biological control. – In: Bulletin of the Entomology Society of America 71, S. 237-240

LIEHL, E. (1997): Geschichte der Hinterzartener Hofgüter. 2 Bände. – (= Hinterzartener Schriften 2). Konstanz

LINCKH, G., SPRICH, H., FLAIG, H. & MOHR, H. (1997): Nachhaltige Land- und Forstwirtschaft. Voraussetzungen, Möglichkeiten, Maßnahmen. – Berlin, Heidelberg, New York

LINDACHER, R. (1996): Verifikation der potentiellen natürlichen Vegetation mittels Vegetationssimulation (am Beispiel des Kartenblattes 6434 Hersbruck). – Dissertation. Erlangen

LÖFFLER, E. (1994): Geographie und Fernerkundung. – (= Teubner Studienbücher der Geographie). Stuttgart

LÖFFLER, J. (2002a): Landscape Complexes. – In: BASTIAN, O. & STEINHARDT, U. (Hrg.): Development and Perspectives of Landscape Ecology. Dordrecht u. a., S. 58-68

LÖFFLER, J. (2002b): Vertical landscape structure and functioning. – In: BASTIAN, O. & STEINHARDT, U. (Hrg.): Development and Perspectives of Landscape Ecology. Dordrecht u. a., S. 49-58

LÖFFLER, J. & STEINHARDT, U. (2004): Herleitung von Landschaftsleitbildern für die Landschaftsbewertung. – In: Beiträge für Forstwirtschaft und Landschaftsökologie 38, S. 147-154

LOSCH, S. (1999): Beschleunigter Kulturlandschaftswandel durch veränderte Raumnutzungsmuster. Herausforderung für die Kulturlandschaftserhaltung und für die Raumordnung. – In: Informationen zur Raumentwicklung 5/6.1999, S. 311-320

LUDEMANN, T. (1992): Im Zweribach. Vom nacheiszeitlichen Urwald zum Urwald von morgen. – (= Beihefte zu den Veröffentlichungen für Naturschutz und Landschaftspflege in Baden-Württemberg 63). Karlsruhe

LUICK, R. (2002): Strategien nachhaltiger Regionalwirtschaft. Überlegungen mit besonderer Berücksichtigung von Projekten zur Fleischvermarktung. – In: Naturschutz und Landschaftsplanung 34, S. 181-189

LUKHAUP, R. (1999): Umweltorientierte Agrarstrukturpolitik. Die Entwicklung der ökologischen Landwirtschaft. – In: Europa Regional 7 (3), S. 2-15

MACARTHUR, R.A. & WILSON, E.O. (1963): An equilibrium theory of island biogeography. – In: Evolution 17, S. 373-387

MACARTHUR, R.A. & WILSON, E.O. (1967): The theory of island biogeography. – (= Monographs in population biology 1). Princeton, NJ

MAGEL, H. (1988): Zum Stellenwert der Landschaftsplanung in der Flurbereinigung am Beispiel Bayern. – In: Zeitschrift für Vermessungswesen 113, S. 137-145

MAIER, J., MAIER, M. & RATTINGER, H. (2000): Methoden der sozialwissenschaftlichen Datenanalyse. Arbeitsbuch mit Beispielen aus der Politischen Soziologie. – München, Wien

MAIER, J., PAESLER, R., RUPPERT, K. & SCHAFFER, F. (1977): Sozialgeographie. – (= Das geographische Seminar). Braunschweig

MANDELBROT, B.B. (1977): Fractals: form, chance and dimension. – San Francisco, Cal.

MANDELBROT, B.B. (1983): The Fractal Geometry of Nature. – New York, NY

MANNSFELD, K. (1979): Die Beurteilung von Naturpotentialen als Aufgabe der geographischen Landschaftsforschung. – In: Petermanns Geographische Mitteilungen 123, S. 2-6

MARCUCCI, D.J. (2000): Landscape history as a planning tool. – In: Landscape and Urban Planning 49, S. 67-81

MARKS, R., MÜLLER, M.J., KLINK, H.J. & LESER, H. (Hrg.) (1992): Anleitung zur Bewertung des Leistungsvermögens des Landschaftshaushalts. – (= Forschungen zur deutschen Landeskunde 229). Trier

MARQUART, H. (1995): Staatlich geförderte Zerstörung. Flurbereinigung – eine unerfreuliche Bilanz. – In: Natur und Umwelt in Bayern 75 (2), S. B22

MARSCHALL, I. (1998a): Wer bewegt die Kulturlandschaft? Band 1: Leitbilder des Naturschutzes und der Landschaftsplanung für die bäuerliche Kulturlandschaft – Eine Zeitreise. – Rheda-Wiedenbrück

MARSCHALL, I. (1998b): Wer bewegt die Kulturlandschaft? Band 2: Bäuerliche Kulturlandschaft als Ort landwirtschaftlicher Produktion. Geschichte, Konflikte, Perspektiven – Ein Fallbeispiel. – Rheda-Wiedenbrück

MAST-ATTLMAYR, U. (2002): Ein Inventar für Kulturlandschaften. Modell für alpine Typenbildung. – In: Raum. Österreichische Zeitschrift für Raumplanung und Regionalpolitik 46, S. 38-40

MATTHES, U., AMMER, U. & LUZ, F. (2001): Akzeptanzforschung für die Umsetzung von Konzepten für eine nachhaltige Nutzung. Ergebnisse aus dem Forschungsverbund Agrarökosysteme München. – In: Naturschutz und Landschaftsplanung 33, S. 255-259

MAUER, H. (1966): Zur Prähistorie des „Paradiestals" im nördlichen Fränkischen Jura. – In: Berichte des Historischen Vereins Bamberg 102, S. 25-47

MCCLURE, J.T. & GRIFFITHS, G.H. (2002): Historic Landscape Reconstruction and Visualisation, West Oxfordshire, England. – In: Transactions in GIS 6, S. 69-78

MCGARIGAL, K. & MARKS, B.J. (1995): FRAGSTATS: spatial pattern analysis program for quantifying landscape structure. – United States Department of Agriculture. Pacific Northwest Research Station. General Technical Report PNW-GTR-351. Portland, USA

MCGARIGAL, K., CUSHMAN, S.A., NEEL, M.C. & ENE, E. (2002): FRAGSTATS: Spatial pattern analysis program for categorical maps. Documentation. – <http://www.umass.edu/landeco/research/fragstats/fragstats.html> (05.02.2007)

MECKELEIN, W. (1965): Entwicklungstendenzen der Kulturlandschaft im Industriezeitalter. – In: Technische Hochschule Stuttgart, Reden und Aufsätze 32, S. 24-49

MEINEL, G., NEUBERT, M. & REDER, J. (2001): Pixelorientierte versus segmentorientierte Klassifikation von IKONOS-Satellitenbilddaten – ein Methodenvergleich. – In: Photogrammetrie – Fernerkundung – Geoinformation (PFG) 5, S. 157-170

MEISE, J. & VOLWAHSEN, A. (1980): Stadt- und Regionalplanung. Ein Methodenhandbuch. – Braunschweig, München

MESSNER, R. (Hrg.) (1967): 150 Jahre österreichischer Grundkataster 1817-1967. – Ausstellungskatalog. Wien

MEYER, R.K.F. & SCHMIDT-KALER, H. (1992): Durch die Fränkische Schweiz. – (= Wanderungen in die Erdgeschichte 5). München

MILLER, J.G. (1978): Living Systems. – New York, NY

MINISTERIUM FÜR ERNÄHRUNG UND LÄNDLICHEN RAUM BADEN-WÜRTTEMBERG (Hrg.) (2001): Landwirtschaftliche Betriebsverhältnisse und Buchführungsergebnisse Baden-Württemberg Wirtschaftsjahr 2000/2001. – (= Informationsdienst der Landwirtschaftsverwaltung Baden-Württemberg 50). Stuttgart

MOHR, J. (1987): Die Bach- und bachbegleitende Vegetation im Aufseßtal. – Unveröff. Diplomarbeit, Geographie. Univ. Erlangen-Nürnberg

MOHR, J. (Bearb.) (1999): Talpflegekonzept. Ein naturschutzfachliches Konzept zum Erhalt der typischen Talflora und -fauna der Wiesent und ihrer Nebenflüsse. – Ebermannstadt

MOSE, I. (1995): Ökologischer Landbau und Direktvermarktung – eine erfolgreiche Alternative. – In: Praxis Geographie 25 (5), S. 32-35

MOSIMANN, T. (1990): Ökotope als elementare Prozesseinheiten der Landschaft. Konzept zur prozessorientierten Klassifikation von Geosystemen. – (= Geosynthesis 1). Hannover

MOSIMANN, T. (2001): Funktional begründete Leitbilder für die Landschaftsentwicklung. – In: Geographische Rundschau 53 (9), S. 4-10

MOSIMANN, T., KÖHLER, I. & POPPE, I. (2001): Entwicklung prozessual begründeter landschaftsökologischer Leitbilder für funktional vielfältige Landschaften. – In: Berichte zur deutschen Landeskunde 75, S. 33-66

MUHAR, A. (1995): Pladoyer für einen Blick nach vorne – was wir aus der Geschichte der Landschaft nicht für die Zukunft lernen können. – In: Laufener Seminarbeiträge 4/95, S. 21-30

MÜLLER-HOHENSTEIN, K. (1971): Die natürlichen Grundlagen der Landschaften Nordostbayerns. – In: HELLER, H. (Hrg.): Exkursionen in Franken und Oberpfalz. Erlangen, S. 1-20

MÜLLER-WILLE, W. (1942): Die Naturlandschaften Westfalens. Versuch einer naturlandschaftlichen Gliederung nach Relief, Gewässernetz, Klima, Boden und Vegetation. – (= Westfälische Forschungen 5). Münster

MÜLLNER, M. (1987): Waldgesellschaften im Gebiet des Leinleitertales. – Unveröff. Diplomarbeit, Geographie. Univ. Erlangen-Nürnberg

NABU BAG STREUOBST (1997): Streuobst-Rundbrief 3/97. – Bonn

NAGEL, F.N. (1979): Konzept zur Erfassung von erhaltenswerten kulturgeographischen Elementen in ländlichen Siedlungen. – In: Berichte zur deutschen Landeskunde 53, S. 81-93

NATURE AND CULTURE INTERNATIONAL (NCI) (2006): Conserving Biological and Cultural Diversity. – <http://www.natureandculture.org/> (05.02.2007)

NAVEH, Z. & LIEBERMAN, A.S. (1994): Landscape ecology: Theory and application. – 2nd ed. New York, NY

NEEF, E. (1963): Topologische und chorologische Arbeitsweisen in der Landschaftsforschung. – In: Petermanns Geographische Mitteilungen 107, S. 249-259

NEEF, E. (1967): Die theoretischen Grundlagen der Landschaftslehre. – Gotha

NEEF, E. (1981): Der Verlust der Anschaulichkeit in der Geographie und das Problem der Kulturlandschaft. – (= Sitzungsberichte der Sächsischen Akademie der Wissenschaft, Mathematisch-Naturwissenschaftliche Klasse 115 (6)). Berlin

NENTWIG, W., BACHER, S., BEIERKUHNLEIN, C., BRANDL, R. & GRABHERR, G. (2004): Ökologie. – Heidelberg, Berlin

NEUBERT, M. & MEINEL, G. (2002): Segmentbasierte Auswertung von IKONOS-Daten – Anwendung der Bildanalyse-Software eCognition auf unterschiedliche Testgebiete. – In: BLASCHKE, T. (Hrg.): Fernerkundung und GIS. Neue Sensoren – Innovative Methoden. Heidelberg, S. 108-117

NEUBERT, M. & WALZ, U. (2000): Der Landschaftswandel im Raum Pirna. Eine Untersuchung auf der Grundlage des ATKIS und des Vergleiches historischer topographischer Karten. – In: Mitteilungen des Landesvereins Sächsischer Heimatschutz 1/2000, S. 19-27

NEUBERT, M. & WALZ, U. (2002): Auswertung historischer Kartenwerke für ein Landschaftsmonitoring. – In: STROBL, J., BLASCHKE, T. & GRIESEBNER, G. (Hrg.): Angewandte Geographische Informationsverarbeitung XIII. Beiträge zum AGIT-Symposium Salzburg. Heidelberg, S. 397-402

NEUER, B.S. (1998): Mit GIS gegen das Vergessen? Spuren in der Landschaft – zu ihrer Inventarisierung mit GIS-Anwendung: Ein Fallbeispiel aus dem Mittleren Schwarzwald. – In: Kulturlandschaft. Zeitschrift für Angewandte Historische Geographie 8 (2), S. 32-36

NEUMEISTER, H. (1978): Zur Theorie und zu Aufgaben in der geographischen Prozessforschung. – In: Petermanns Geographische Mitteilungen 122, S. 1-11

NEZADAL, W. (1975): Ackerwildkrautgesellschaften Nordostbayerns. – In: Hoppea, Denkschriften der Regensburgischen Botanischen Gesellschaft 34, S. 17-149

NEZADAL, W. (2003a): Florenelemente. – In: GATTERER, K. & NEZADAL, W. (Hrg.) (2003): Flora des Regnitzgebietes. Band 1. Eching bei München, S. 64-68

NEZADAL, W. (2003b): Übersicht der Pflanzengesellschaften. – In: GATTERER, K. & NEZADAL, W. (Hrg.) (2003): Flora des Regnitzgebietes. Band 1. Eching bei München, S. 82-92

NIEDZIELLA, I. (2000): Entwicklungskonzept Donaumoos. Wege zur Leitbildfindung und Akzeptanzförderung. – In: Natur und Landschaft 75, S. 28-34

NITZ, H.-J. (1985): Die „Ständige europäische Konferenz zur Erforschung der ländlichen Kulturlandschaft". Vorstellung eines internationalen kulturgeographischen Arbeitskreises anläßlich seiner Tagung 1985 in der Bundesrepublik Deutschland. – In: Siedlungsforschung. Archäologie Geschichte Geographie 3, S. 213-226

NITZ, H.-J. (1995): Brüche in der Kulturlandschaftsentwicklung. – In: Siedlungsforschung. Archäologie Geschichte Geographie 13, S. 9-30

NOHL, W. (2001): Ästhetische und rekreative Belange in der Landschaftsplanung. Teil 2: Entwicklung einer Methode zur Abgrenzung von ästhetischen Erlebnisbereichen in der Landschaft und zur Ermittlung zugehöriger landschaftsästhetischer Erlebniswerte. Projektbericht im Auftrag des Ministeriums für Umwelt und Naturschutz, Landwirtschaft und Verbraucherschutz des Landes Nordrhein-Westfalen. – Kirchheim

NOHL, W. & NEUMANN, K.-D. (1986): Landschaftsbildbewertung im Alpenpark Berchtesgaden. Umweltpsychologische Untersuchungen zur Landschaftsästhetik. – (= MaB-Mitteilungen 23). 2. Aufl. Bonn

NOLTE, B. (2003): Landschaftsbewertung für Tourismus und Freizeit: Fallstudie Mecklenburg-Vorpommern. – In: BECKER, C., HOPFINGER, H. & STEINECKE, A. (Hrg.): Geographie der Freizeit und des Tourismus: Bilanz und Ausblick. München, Wien, S. 475-485

OBERDORFER, E. (1978): Süddeutsche Pflanzengesellschaften. Band 2. – Stuttgart

OBERDORFER, E. (1990): Pflanzensoziologische Exkursionsflora. – 6. Aufl. Stuttgart

ODUM, E.P. (1991): Prinzipien der Ökologie. Lebensräume, Stoffkreisläufe, Wachstumsgrenzen. – Heidelberg

OLDFIELD, F., DEARING, J.A., GAILLARD, M.-J. & BUGMANN, H. (2000): Ecosystem processes and human dimansions – The scope and future of HITE (Human Impacts on terrestrial ecosystems). – In: PAGES Newsletter 8 (3), S. 21-23

OLSSON, E.G.A., AUSTRHEIM, G. & GRENNE, S.N. (2000): Landscape change patterns in mountains, land use and environmental diversity, Mid-Norway 1960-1993. – In: Landscape Ecology 15, S. 155-170

O'NEILL, R.V., DEANGELIS, D.L., WAIDE, J.B. &. ALLEN, T.F.H (1986): A hierarchical concept of ecosystems. – Princeton, N.J.

O'NEILL, R.V., KRUMMEL, J., GARDNER, R.H, SUGIHARA, G., JACKSON, B., DEANGELIS, D.L., MILNE, B., TURNER, M.G., ZYGMUNT, B., CHRISTENSEN, S., DALE, V. & GRAHAM, R. (1988): Indices of landscape pattern – In: Landscape Ecology 1, S. 153-162

O'NEILL, R.V., GARDNER, R.H., TURNER, M.G. & ROMME, W.H. (1992): Epidemiology theory and disturbance spread on landscapes. – In: Landscape Ecology 7, S. 19-26

ONGYERTH, G. (1991/92): Denkmallandschaft Staffelberg-Banz-Vierzehnheiligen. Kulturraum zwischen kirchlicher Inszenierung, denkmalpflegerischer Erhaltung und touristischer Nutzung. – In: Jahrbuch der Bayerischen Denkmalpflege 45/46, S. 233-245

ONGYERTH, G. (1995): Kulturlandschaft Würmtal. Modellversuch „Landschaftsmuseum" zur Erfassung und Erhaltung historischer Kulturlandschaftselemente im oberen Würmtal. – (= Arbeitshefte des Bayerischen Landesamts für Denkmalpflege 74). München

OPUS (1993): Schafbeweidungskonzept „Nördlicher Frankenjura" im Auftrag der Höheren Naturschutzbehörde an der Regierung von Oberfranken. – Bayreuth

ÖSTERREICHISCHE BUNDESREGIERUNG (2002): Die österreichische Strategie zur Nachhaltigen Entwicklung. Eine Initiative der Bundesregierung. – Wien

OTREMBA, E. (1951/52): Der Bauplan der Kulturlandschaft. – In: Die Erde 3, S. 233-245

OTREMBA, E. (1953-62): Fränkische Alb; Fränkisches Keuper-Lias-Land. – In: MEYNEN, E., SCHMITHÜSEN, J., GELLERT, J., NEEF, E., MÜLLER-MINY, H. & SCHULTZE, J.H. (Hrg.): Handbuch der naturräumlichen Gliederung Deutschlands. Band I. Bad Godesberg, S. 146-150; 181-189

OTT, J. (1998): Möglichkeiten und Grenzen zur Integration von Zielen und Konzepten des Prozeßschutzes in der Landschaftsplanung. – In: Schriftenreihe für Naturschutz und Landschaftsplanung 56, S. 353-374

OTT, T. & SWIACZNY, F. (2000): Modellierung raumzeitlicher Prozesse in Geographischen Informationssystemen. – In: ROSNER, H.-J. (Hrg.): GIS in der Geographie II. Ergebnisse der Jahrestagung des Arbeitskreis GIS 25./26.02.2000. (= Kleinere Arbeiten aus dem Geographischen Institut der Universität Tübingen 25). Tübingen, S. 19-37

OTT, T. & SWIACZNY, F. (2001): Time-integrative Geographic Information Systems. Management and Analysis of Spatio-Temporal Data. – Berlin, Heidelberg

OTTE, A. & LUDWIG, T. (1990): Planungsindikator dörfliche Ruderalvegetation. Ein Beitrag zur Fachplanung Grünordnung/Dorfökologie. Teil 1: Methode zur Kartierung und Bewertung. Teil 2: Handbuch zur Bestimmung dörflicher Pflanzengesellschaften. – (= Materialien zur Ländlichen Entwicklung 18/19). München

PAFFEN, K. (1948): Ökologische Landschaftsgliederung. – In: Erdkunde 2, S. 167-173

PAFFEN, K. (1953): Die natürliche Landschaft und ihre räumliche Gliederung. Eine methodische Untersuchung am Beispiel der Mittel- und Niederrheinlande. – (= Forschungen zur deutschen Landeskunde 68). Remagen

PAFFEN, K. (Hrg.) (1973): Das Wesen der Landschaft. – (= Wege der Forschung 39). Darmstadt

PALANG, H., MANDER, Ü. & LUUD, A. (1998): Landscape diversity changes in Estonia. – In: Landscape and Urban Planning 41, S. 163-169

PAN, D., DOMON, G., DE BLOIS, S. & BOUCHARD, A. (1999): Temporal (1958-1993) and spatial patterns of land use changes in Haut-Saint-Laurent (Quebec, Canada) and their relation to landscape physical attributes. – In: Landscape Ecology 14, S. 35-52

PÄRTEL, M., MÄNDLA, R. & ZOBEL, M. (1999): Landscape history of a calcareous (alvar) grassland in Hanila, western Estonia, during the last three hundred years. – In: Landscape Ecology 14, S. 187-196

PARTZSCH, D. (1964): Zum Begriff der Funktionsgesellschaft. – In: Mitteilungen des Deutschen Verbandes für Wohnungswesen, Städtebau und Raumplanung 4, S. 3-10

PASCHKEWITZ, F. (2001): Schönheit als Kriterium zur Bewertung des Landschaftsbilds. Vorschläge für ein in der Praxis anwendbares Verfahren. – In: Naturschutz und Landschaftsplanung 33, S. 286-290

PASSARGE, S. (1933): Einführung in die Landschaftskunde. – Leipzig, Berlin

PASTILLE KONSORTIUM (2002): Indikatoren in Aktion. Ein Praxisleitfaden zur besseren Anwendung von Nachhaltigkeits-Indikatoren auf lokaler Ebene. – London

PELZ, D.R., PECK, J.L.E. & HARAUSZ, A. (2001): Über die räumliche und zeitliche Variation der Diversität. – In: Allgemeine Forst- und Jagdzeitung 172, S. 156-160

PETERSEIL, J. & WRBKA, T. (2001): Analysis of Austrian Landscapes. Mapping Guide. – Wien

PETERSEIL, J. & WRBKA, T. (Red.) (o.J.): Landschaftsökologische Strukturmerkmale als Indikatoren der Nachhaltigkeit. Endbericht zum Forschungsprojekt SINUS. Wien. – <http://131.130.57.33/Sinus/inhalt.htm> (05.02.2007)

PETERSON, U. & AUNAP, R. (1998): Changes in agricultural land use in Estonia in the 1990s detected with multitemporal Landsat MSS imagery. – In: Landscape and Urban Planning 41, S. 193-201

PETIT, C.C. & LAMBIN, E.F. (2002a): Impact of data integration technique on historical land-use/land-cover change: Comparing historical maps with remote sensing data in the Belgian Ardennes. – In: Landscape Ecology 17, S. 117-132

PETIT, C.C. & LAMBIN, E.F. (2002b): Long term land cover changes in the Belgian Ardennes (1775-1929): mode-based reconstruction vs. historical maps. – In: Global Change Biology 8, S. 616-630

PETZET, M. (Hrg.) (1985 ff.): Denkmäler in Bayern. Bände 1-7. – München

PFADENHAUER, J. (1991): Integrierter Naturschutz. – In: Garten und Landschaft 101 (2), S. 13-17

PFEFFER, K.-H. (1986): Das Karstgebiet der nördlichen Frankenalb zwischen Pegnitz und Vils. – In: Zeitschrift für Geomorphologie N.F., Supplement-Band 59, S. 67-85

PFEFFER, K.-H. (1990): Relief und Reliefgenese – wichtige Parameter im Geoökosystem der Frankenalb. – In: PFEFFER, K.-H. (Hrg.): Süddeutsche Karstökosysteme. (= Tübinger Geographische Studien 105). Tübingen, S. 247-266

PFEFFER, K.-H. (2000): Zur Entstehung der Oberflächenformen der nördlichen Frankenalb. – In: BECKER, H. (Hrg.): Beiträge zur Landeskunde Oberfrankens. Festschrift zum 65. Geburtstag von Bezirkstagspräsidenten Edgar Sitzmann. (= Bamberger Geographische Schriften S.F.6). Bamberg, S. 109-125

PFISTER-POLLHAMMER, J. & KNOFLACHER, H.M. (1998): Anwendung von Modellen. – In: Forschungsschwerpunkt Kulturlandschaft 4, S. 31-49

PICKETT, S.T.A. & WHITE, P.S. (Eds.) (1985): The Ecology of Natural Disturbance and Patch Dynamics. – San Diego, Cal.

PIETRUSKY, U. (1988): Niederbayern im 19. Jahrhundert. Eine geographische Analyse zur Sozialstruktur. – Grafenau

PILOTEK, D. (1990): Veränderung der Ackerwildkrautvegetation (Klasse Stellarietea mediae) in Nordbayern. – Dissertation. Erlangen

PLACHTER, H. (1991): Naturschutz. – (= UTB 1563). Stuttgart

PLACHTER, H. (1995): Der Beitrag des Naturschutzes zu Schutz und Entwicklung der Umwelt. – In: ERDMANN, K.-H. & KASTENHOLZ, H.G. (Hrg.): Umwelt- und Naturschutz am Ende des 20. Jahrhunderts. Berlin, Heidelberg, S. 197-254

PLACHTER, H. & REICH, M. (1994): Großflächige Schutz- und Vorrangräume: eine neue Strategie des Naturschutzes in Kulturlandschaften. – In: Veröffentlichungen Projekt Angewandte Ökologie 8, S. 17-43

PLANUNGSBÜRO GREBE (Bearb.) (1983): Flächennutzungsplan Markt Wiesenttal. Teil Landschaftsplan. Erläuterungsbericht. – Nürnberg

PLÖGER, R. (1997): Anwendungen von Geographischen Informationssystemen am Seminar für Historische Geographie der Universität Bonn. – In: KLEEFELD, K.-D. & BURGGRAAFF, P. (Hrg.): Perspektiven der Historischen Geographie. Siedlung – Kulturlandschaft – Umwelt in Mitteleuropa. Bonn, S. 117-123

PLÖGER, R. (1998): GIS-Anwendungen in der Historischen Geographie. – In: ASMUS, I., PORADA, H.T. & SCHLEINERT, D. (Hrg.): Geographische und Historische Beiträge zur Landeskunde Pommerns. Eginhard Wegner zum 80. Geburtstag. Schwerin, S. 195-202

PLÖGER, R. (1999a): Anwendung geographischer Informationssysteme in der Angewandten Historischen Geographie. – In: JAKOBS, K. & KLEEFELD, K.-D. (Hrg.): Informationssysteme für die Angewandte Historische Geographie. (= Aachener Informatik-Berichte 99-6). Aachen, S. 103-111

PLÖGER, R. (1999b): Anwendung Geographischer Informationssysteme (GIS) für historisch-geographische Aufgabenstellungen. – In: EBELING, D. (Hrg.): Historisch-thematische Kartographie. Konzepte, Methoden, Anwendungen. Bielefeld, S. 9-23

PLÖGER, R. (2003): Inventarisation der Kulturlandschaft mit Hilfe von Geographischen Informationssystemen (GIS). Methodische Untersuchungen für historisch-geographische Forschungsaufgaben und für ein Kulturlandschaftskataster. – Dissertation. Bonn

POPP, H. (2003): Landschaftsbild als touristischer Einflussfaktor? Offenhaltung der Kulturlandschaft im Karst der Fränkischen Schweiz. – In: POPP, H. (Hrg.): Der Tourismus in Pottenstein (Fränkische Schweiz). Strukturmerkmale – Konflikte – künftige Strategien. (= Arbeitsmaterialien zur Raumordnung und Raumplanung 216). Bayreuth, S. 65-82

POSCHACHER, G. & KRACHLER, M.M. (2004): Der ländliche Raum und sein Beitrag zum Sozialkapital. – In: Agrarische Rundschau 2/2004, S. 29-36

PÖTKE, P.M. (1979): Der Freizeitwert einer Landschaft. Quantitative Methode zur Bewertung einer Landschaft für Freizeit und Erholung. – (= Materialien zur Fremdenverkehrsgeographie 2). Trier

POTSCHIN, M. (2002): Landscape ecology in different parts of the world. – In: BASTIAN, O. & STEINHARDT, U. (Hrg.): Development and Perspectives of Landscape Ecology. Dordrecht u. a., S. 38-47

POTT, R. (1993): Farbatlas Waldlandschaften. Ausgewählte Waldtypen und Waldgesellschaften unter dem Einfluß des Menschen. – Stuttgart

POTT, R. (1994): Naturnahe Altwälder und deren Schutzwürdigkeit. – In: NORDDEUTSCHE NATURSCHUTZAKADEMIE (Hrg.): Bedeutung historisch alter Wälder für den Naturschutz. (= NNA-Berichte 7 (3)). Schneverdingen, S. 115-133

POTT, R. (1995): Die Pflanzengesellschaften Deutschlands. – 2. Aufl. Stuttgart

PRIVAT, C. (1996): Einsatz von Geo-Informationssystemen bei kulturlandschaftlichen Fragestellungen. – In: LANDSCHAFTSVERBAND RHEINLAND, UMWELTAMT (Hrg.): Kulturlandschaftliche Untersuchung „Hückeswagen". Werkstattbericht 1994. (= Beiträge zur Landesentwicklung 51). Köln, S. 54-60

PRUCKNER, G.J. (1994): Die ökonomische Quantifizierung natürlicher Ressourcen – eine Bewertung überbetrieblicher Leistungen der österreichischen Land- und Forstwirtschaft. – (= Europäische Hochschulschriften 5, 1561). Frankfurt a.M.

PUG – PROJEKTGRUPPE UMWELTGESCHICHTE (1998): Kulturlandschaftsgenese – dynamische Prozesse zwischen Naturraum und Gesellschaft. – In: FINCK, P., KLEIN, M., RIECKEN, U. & SCHRÖDER, E. (Bearb.): Schutz und Förderung dynamischer Prozesse in der Landschaft. (= Schriftenreihe für Landschaftspflege und Naturschutz 56). Bonn-Bad Godesberg, S. 107-120

PUG – PROJEKTGRUPPE UMWELTGESCHICHTE (1999): Landschaft hat Geschichte. Historische Entwicklung von Umwelt und Gesellschaft in Theyern. – CD-R. Wien, St. Pölten

PUG – PROJEKTGRUPPE UMWELTGESCHICHTE (2000): Historische Entwicklungen von Wechselwirkungen zwischen Gesellschaft und Natur. Ein Forschungsvorhaben im Rahmen des Schwerpunktprogrammes „Nachhaltige Entwicklung österreichischer Kulturlandschaften". Endbericht. – (= Kulturlandschaftsforschung 7). CD-R. Wien

QUASTEN, H. (1997): Grundsätze und Methoden der Erfassung und Bewertung kulturhistorischer Phänomene in der Kulturlandschaft. – In: SCHENK, W., FEHN, K. & DENECKE, D. (Hrg.): Kulturlandschaftspflege. Beiträge der Geographie zur räumlichen Planung. Berlin, Stuttgart, S. 19-34

RAAB, B. & BÖHMER, H.J. (1988): Einrichtung von Probeflächen zur Effizienzermittlung von Pflegemaßnahmen in ausgewählten Halbtrockenrasen (Lkr. Lichtenfels). – Unveröff. Studie, Landesbund für Vogelschutz (LBV). Hilpoltstein

Rat von Sachverständigen für Umweltfragen (Hrg.): (1996): Konzepte einer dauerhaft umweltgerechten Nutzung ländlicher Räume. – Sondergutachten. Stuttgart

Rat von Sachverständigen für Umweltfragen (2003): Für eine Stärkung und Neuorientierung des Naturschutzes. – In: Natur und Landschaft 78, S. 72-76

Ratzel, F. (1904): Über Naturschilderung. – München, Berlin

Reck, H. & Kaule, G. (1993): Straßen und Lebensräume. Ermittlung und Beurteilung straßenbedingter Auswirkungen auf Pflanzen, Tiere und ihre Lebensräume. – (= Forschung Straßenbau und Straßenverkehrstechnik 654). Bonn-Bad Godesberg

Regierung von Oberfranken, Höhere Naturschutzbehörde (1996): Information zur Landschaftspflege im Regierungsbezirk Oberfranken. SG 830. – Manuskript als Handout zu einer Pressekonferenz in Bayreuth. Bayreuth

Regionaler Planungsverband Oberfranken-Ost (Hrg.) (1987): Regionalplan Region Oberfranken-Ost (5) vom 4.12.1985, in Kraft getreten am 16.3.1995. – Bayreuth

Regionaler Planungsverband Oberfranken-West (Hrg.) (1988): Regionalplan Region Oberfranken-West (4) vom 8.7.1986, in Kraft getreten am 1.7.1988. – Bayreuth

Reid, R.S., Kruska, R.L., Muthui, N., Taye, A., Wotton, S., Wilson, C.J. & Mulatu, W. (2000): Land-use and land-cover dynamics in response to changes in climatic, biological and socio-political forces: the case of southwestern Ethiopia. – In: Landscape Ecology 15, S. 339-355

Reif, A. (1985): Flora und Vegetation der Hecken des Hinteren und Südlichen Bayerischen Waldes. – In: Hoppea, Denkschriften der Regensburgischen Botanischen Gesellschaften 44, S. 179-276

Remmert, H. (Hrg.) (1991): The mosaic-cycle concept of ecosystems. – (= Ecological Studies 85). Berlin, Heidelberg

Renes, H. (2002): Cultuurhistorisch waardenkaart Midden-Limburg. – In: Landschaftsverband Rheinland (Hrg.): Rheinisches Kulturlandschaftskataster. Tagungsbericht 11. Fachtagung, 25./26. Oktober 2001 in Heinsberg. (= Beiträge zur Landesentwicklung 55). Köln, S. 85-92

Richter, A.E. (1985): Geologie und Paläontologie: Das Mesozoikum der Frankenalb. Vom Ries bis ins Coburger Land. – Stuttgart

Richter, H. (1968): Naturräumliche Strukturmodelle. – In: Petermanns Geographische Mitteilungen 112, S. 3-8

Richter, M. (1997): Allgemeine Pflanzengeographie. – (= Teubner Studienbücher der Geographie). Stuttgart

Riedel, W. (1983): Landschaftswandel ohne Ende. – Husum

Risser, P.G., Karr, J.R. & Forman, R.T.T. (1984): Landscape Ecology. Directions and Approaches. – (= Illinois Natural History Survey, Special Publication 2). Champaign

Rohdenburg, H. (1989): Methoden zur Analyse von Agrar-Ökosystemen in Mitteleuropa unter Betonung geoökologischer Aspekte. – In: Catena 16, S. 27-57

Romahn, K.S. (2003a): Rationalität von Werturteilen im Naturschutz. – (= Theorie in der Ökologie 8). Frankfurt a.M.

ROMAHN, K.S. (2003b): Sinnvoller argumentieren bei Bewertungsproblemen. Ein argumentationstheoretischer Systematisierungsvorschlag für Probleme bei der Anwendung von Bewertungsverfahren. – In: Naturschutz und Landschaftsplanung 35, S. 165-170

RÖSCH, A. (1951): Die Bodenschätzung in Verbindung mit dem Liegenschaftskataster. – In: BAYERISCHES LANDESVERMESSUNGSAMT (Hrg.): Vermessung und Karte in Bayern. Festschrift zur 150Jahrfeier des bayerischen Vermessungswesens. München, S. 164-171

ROSENMÜLLER, J.C. (1796): Abbildungen und Beschreibungen merkwürdiger Hölen um Muggendorf im Bayreuthischen Oberlande für Freunde der Natur und Kunst. Erstes Heft. Beschreibung der Höle bei Mockas mit zwey bunten Kupfern. – Erlangen

RÖSLER, M. (2003): Aufpreisvermarktung und Naturschutz – Streuobstbau als Trendsetter. – In: Natur und Landschaft 78, S. 295-298

ROSNER, H.-J. (2000): Quantitative Analyse von Landnutzungsänderungen: 300 Jahre Kulturlandschaftsentwicklung im Schönbuch. Eine Projektskizze. – In: ROSNER, H.-J. (Hrg.): GIS in der Geographie II. Ergebnisse der Jahrestagung des Arbeitskreis GIS 25./26.02.2000. (= Kleinere Arbeiten aus dem Geographischen Institut der Universität Tübingen 25). Tübingen, S. 71-79

RÖSSLER, M. (2003): Die Verknüpfung von Kultur und Natur – Der Schutz von historischen Gärten und Kulturlandschaften nach der UNESCO-Welterbekonvention. – In: ROHDE, M. & SCHOMANN, R. (Hrg.): Historische Gärten heute. Zum 80. Geburtstag von Professor Dr. Dieter Hennebo. Leipzig, S. 220-222

RÖSSLING, H. (2001): Zum Verhältnis von Landwirtschaft und Naturschutz. Rechtliche Regelungen in den Naturschutzgesetzen des Bundes und der Länder. – In: Naturschutz und Landschaftsplanung 33, S. 184-189

ROSSNER, R. (2003a): Böden. – In: GATTERER, K. & NEZADAL, W. (Hrg.) (2003): Flora des Regnitzgebietes. Band 1. Eching bei München, S. 46-52

ROSSNER, R. (2003b): Geologie. – In: GATTERER, K. & NEZADAL, W. (Hrg.) (2003): Flora des Regnitzgebietes. Band 1. Eching bei München, S. 31-45

ROTACH, M. (1984): Szenarien möglicher Entwicklungen. – In: BRUGGER, E.A., FURRER, G., MESSERLI, B. & MESSERLI, P. (Hrg.): Umbruch im Berggebiet. Bern, Stuttgart, S. 43-59

ROTH, D. & BERGER, W. (1996): Vergütung ökologischer Leistungen der Landwirtschaft – weshalb und wie? Begründung, Bedarf, Höhe und Realisierungswege. – In: Naturschutz und Landschaftsplanung 28, S. 107-112

ROTH, D., BREITSCHUH, G. & ECKERT, H. (1995): Konzept einer effizienten, umweltverträglichen Landwirtschaft mit Vergütung ökologischer Leistungen im Agrarraum. – In: Laufener Seminarbeiträge 4/95, S. 141-150

ROTH, M. (2002): Möglichkeiten des Einsatzes geografischer Informationssysteme zur Analyse, Bewertung und Darstellung des Landschaftsbildes. – In: Natur und Landschaft 77, S. 154-160

ROTH, S. & MEURER, M. (1994): Kalk-Magerrasen im Altmühltal. Entstehung, Wandel, Schutzwürdigkeit und Pflegemaßnahmen. – In: Naturschutz und Landschaftsplanung 26, S. 169-178

ROWECK, H. (1995): Landschaftsentwicklung über Leitbilder? Kritische Gedanken zur Suche nach Leitbildern für die Kulturlandschaft von morgen. – In: LÖBF-Mitteilungen 20 (4), S. 25-34

RUDOLPH, B.-U. & SACHTELEBEN, J. (1992): Flurbereinigung in Bayern: landschaftsökologische Folgen von Verfahren in Oberfranken. – In: Natur und Landschaft 67, S. 586-591

RUNGE, K. (1998): Entwicklungstendenzen der Landschaftsplanung. Vom frühen Naturschutz bis zur ökologisch nachhaltigen Flächennnutzung. – Berlin

RUPPERT, K. (1958): Zur Entwicklung der Sozialbrache in Süd- und Westdeutschland. – In: Berichte zur deutschen Landeskunde 21, S. 119-125

RUPPERT, K. (2001): Kulturlandschaft. – (= GeoPoint 5). Augsburg

RUSCH, G.M., PAUSAS, J.G. & LEPS, J. (2003): Plant Functional Types in relation to disturbance and land use: Introduction. – In: Journal of Vegetation Science 14, S. 307-310

SACHTELEBEN, J. (2001): Vorschläge für Regionale Initiativen zur Vermarktung landwirtschaftlicher Erzeugnisse in Bayern – ein Diskussionspapier aus der Sicht des Arten- und Biotopschutzes. – In: Natur und Landschaft 76, S. 273-277

SAGE, W. (1986): Frühgeschichte und Frühmittelalter. – In: ABELS, B.-U., SAGE, W. & ZÜCHNER, C. (Hrg.): Oberfranken in vor- und frühgeschichtlicher Zeit. Bayreuth, S. 145-252

SAUER, C. (1925): The Morphology of Landscape. – In: University of California Publications in Geography 2, S. 19-53

SAUNDERS, D.A. & BRIGGS, S.V. (2002): Nature grows in straight lines – or does she? What are the consequences of the mismatch between human-imposed linear boundaries and ecosystem boundaries? An Australian example. – In: Landscape and Urban Planning 61, S. 71-82

SCHALLER, I. (1995): „Landschaft" – Quo vadis? – In: Geographica Helvetica 50, S. 63-68

SCHAUB, H. (1994): Hintergründe der Auswanderungen aus Oberfranken nach Nordamerika. – (= Heimatbeilage zum Amtlichen Schulanzeiger des Regierungsbezirks Oberfranken 206). Bayreuth

SCHAUB, J. (1990): Sozioökonomische Verhältnisse in Oberfranken im 19. Jahrhundert. – (= Heimatbeilage zum Amtlichen Schulanzeiger des Regierungsbezirks Oberfranken 163). Bayreuth

SCHELHORN, H. (1982): Die Hecken in der Kulturlandschaft aus der Sicht der Landwirtschaft heute. – In: Laufener Seminarbeiträge 5/82, S. 101-103

SCHEMEL, H.-J. (Bearb.) (1988): Tourismus und Landschaftserhaltung. Eine Planungshilfe für Ferienorte mit praktischen Beispielen. – München

SCHEMMEL, B. (1979): Die Entdeckung der Fränkischen Schweiz. Ausstellung der Staatsbibliothek Bamberg Juni-August 1979. – Ausstellungskatalog. Ebermannstadt

SCHEMMEL, B. (1988): Die Entdeckung der Fränkischen Schweiz im Spiegel der Graphik. – Ausstellungskatalog. Ebermannstadt

SCHENK, W. (1995): Gründung eines Arbeitskreises „Kulturlandschaftspflege" im Zentralausschuß für deutsche Landeskunde. – In: Kulturlandschaft. Zeitschrift für Angewandte Historische Geographie 5 (1), S. 31-34

SCHENK, W. (2002a): Aktuelle Tendenzen der Landschaftsentwicklung in Deutschland und Aufgaben der Kulturlandschaftspflege. – In: Petermanns Geographische Mitteilungen 146 (6), S. 54-57

SCHENK, W. (2002b): „Landschaft" und „Kulturlandschaft" – „getönte" Leitbegriffe für aktuelle Konzepte geographischer Forschung und räumlicher Planung. – In: Petermanns Geographische Mitteilungen 146 (6), S. 6-13

SCHENK, W. (2002c): Wir brauchen ein Kulturlandschaftskataster! – In: LANDSCHAFTSVERBAND RHEINLAND (Hrg.): Rheinisches Kulturlandschaftskataster. Tagungsbericht 11. Fachtagung, 25./26. Oktober 2001 in Heinsberg. (= Beiträge zur Landesentwicklung 55). Köln, S. 9-15

SCHENK, W., FEHN, K. & DENECKE, D. (Hrg.) (1997): Kulturlandschaftspflege. Beiträge der Geographie zur räumlichen Planung. – Berlin u. a.

SCHERRER, W. (1951): Das bayerische Katasterkartenwerk. – In: BAYERISCHES LANDESVERMESSUNGSAMT (Hrg.): Vermessung und Karte in Bayern. Festschrift zur 150Jahrfeier des bayerischen Vermessungswesens. München, S. 94-101

SCHERZINGER, W. (1991): Das Mosaik-Zyklus-Konzept aus der Sicht des zoologischen Artenschutzes. – In: Laufener Seminarbeiträge 5/91, S. 30-42

SCHEU, K. (1999): Der Apfel fällt nicht weit vom Stamm – Eine Analyse der sozioökonomischen Bedeutung des Streuobstbaus und der regionalen Wirtschaftsverflechtungen einer Mosterei in der Fränkischen Schweiz. – Unveröff. Zulassungsarbeit, Geographie. Univ. Erlangen-Nürnberg

SCHIRMER, W. (1978): Exkursion durch die Jura-Ablagerungen am Obermain. – In: Berichte der naturwissenschaftlichen Gesellschaft Bayreuth 16, S. 263-287

SCHLIEBE, K. (1985): Raumordnung und Raumplanung in Stichworten. – (= Hirts Stichwortbücher). Unterägeri

SCHLÜTER, O. (1952-58): Die Siedlungsräume Mitteleuropas in frühgeschichtlicher Zeit. 3 Bände. – (= Forschungen zur deutschen Landeskunde 63, 74, 110). Remagen

SCHMITHÜSEN, J. (1948): „Fliesengefüge der Landschaft" und „Ökotop". Vorschläge zur begrifflichen Ordnung und Nomenklatur in der Landschaftsforschung. – In: Berichte zur deutschen Landeskunde 5, S. 74-83

SCHMITHÜSEN, J. (1953): Einleitung. Grundsätzliches und Methodisches. – In: MEYNEN, E., SCHMITHÜSEN, J., GELLERT, J., NEEF, E., MÜLLER-MINY, H. & SCHULTZE, J.H. (Hrg.): Handbuch der naturräumlichen Gliederung Deutschlands. Band I. Bad Godesberg, S. 1-44

SCHMITHÜSEN, J. (1964): Was ist eine Landschaft? – (= Erdkundliches Wissen 99). Wiesbaden

SCHMITT, R. (1997): Wird die Fränkische Schweiz zum Fränkischen Wald? Ursachen, Entwicklungen und Folgen des Landschaftswandels in der Fränkischen Schweiz, dargestellt an den Gemarkungen Siegritz und Wüstenstein. – Unveröff. Diplomarbeit, Geographie. Univ. Erlangen-Nürnberg

SCHMITT, R. (1998): Wird die Fränkische Schweiz zum Fränkischen Wald? – In: Mitteilungen der Fränkischen Geographischen Gesellschaft 45, S. 165-176

SCHMITZ, H. & BRÖDER, M. (2002): Novellierung des Bundesnaturschutzgesetzes vom 3. April 2002. – In: Standort. Zeitschrift für Angewandte Geographie 26, S. 76-80

SCHNEIDER, L.C. & PONTIUS, R.G. (2001): Modeling land-use change in the Ipswitch Watershed, Massachusetts, USA. – In: Agriculture Ecosystems and Environment 85, S. 83-94

SCHNEIDER, S. (1989): Die geographische Methode in der Luftbildinterpretation – nur eine historische Reminiszenz? – In: Zeitschrift für Photogrammetrie und Fernerkundung 57, S. 139-148

SCHNEIDER, U. (1990): Kiefern- und Coronilla vaginalis-reiche Xerothermvegetation im Hollfelder Dolomitgebiet (Nördliche Frankenalb). – Unveröff. Diplomarbeit, Geobotanik. Univ. Erlangen-Nürnberg

SCHNEIDER-SLIWA, R., SCHAUB, D. & GEROLD, G. (Hrg.) (1999): Angewandte Landschaftsökologie. Grundlagen und Methoden. – Berlin u. a.

SCHÖNFELDER, P. (1970/71): Südwestliche Einstrahlungen in der Flora und Vegetation Nordbayerns. – In: Berichte der Bayerischen Botanischen Gesellschaft 42, S. 17-100

SCHÖNHÖFER, B. & WEISEL, H. (Red.) (1983): Rund um die Neideck. Markt Wiesenttal. – (= Die Fränkische Schweiz – Landschaft und Kultur. Schriftenreihe des Fränkische-Schweiz-Vereins 1). Erlangen

SCHREIBER, K.-F. (1980): Entwicklung von Brachflächen in Baden-Württemberg unter dem Einfluß verschiedener Landschaftspflegemaßnahmen. – In: Verhandlungen der Gesellschaft für Ökologie 8, S. 185-203

SCHREIBER, K.-F. (1999): Ökosystem, Naturraum, Landschaft, Landschaftsökologie – eine Begriffsbestimmung. – In: BASTIAN, O. & SCHREIBER, K.F. (Hrg.): Analyse und ökologische Bewertung der Landschaft. 2. Aufl. Heidelberg, S. 21-39

SCHROTT, K. (1962): Über die bandkeramische Siedelstelle Wattendorf-Ost. – (= Fränkisches Land in Kunst, Geschichte und Volkstum 9 (15)). Bamberg

SCHUBERT, W. (1991): Die geschichtliche Entwicklung des Streuobstanbaus in Franken. – In: BUND NATURSCHUTZ (Hrg.): Streuobstwiesen – gefährdete Kostbarkeiten unserer Kulturlandschaft. (= Wiesenfelder Reihe 10). Wiesenfeld, S. 7-14

SCHUMACHER, K.P. (2005): Dynamik der Kaiserstühler Kulturlandschaft. – In: DENZER, V., HASSE, J., KLEEFELD, K.D. & RECKER, U. (Hrg.): Kulturlandschaft. Wahrnehmung – Inventarisation – Regionale Beispiele. (= Fundberichte aus Hessen, Beiheft 4). Wiesbaden, S. 417-421

SCHUMACHER, W. (1997): Naturschutz in agrarisch geprägten Landschaften. – In: ERDMANN, K.-H. & SPANDAU, L. (Hrg.): Naturschutz in Deutschland. Stuttgart, S. 95-122

SCHUSTER, H.-J. (1980): Analyse und Bewertung von Pflanzengesellschaften im Nördlichen Frankenjura. Ein Beitrag zum Problem der Quantifizierung unterschiedlich anthropogen beeinflußter Ökosysteme. – (= Dissertationes Botanicae 53). Vaduz

SCHUURMANN, N. (2004): GIS – a short introduction. – (= Short introductions to geography). Oxford

SCHWAHN, C. & VON BORSTEL, U. (1997): Möglichkeiten des Zusammenwirkens von Naturschutz und Landwirtschaft bei der Erhaltung montanen Grünlands. Ergebnisse eines interdisziplinären Gutachtens im Oberharz. – In: Natur und Landschaft 72, S. 267-274

SCHWARZ-VON RAUMER, H.-G., ESSWEIN, H. & JAEGER, J. (2002): Landschaftszerschneidung – neue Erkenntnisse für die Landesentwicklung durch eine GIS-gestützte verbesserte raum-zeitliche Indikatorik. – In: STROBL, J., BLASCHKE, T. & GRIESEBNER, G. (Hrg.): Angewandte Geographische Informationsverarbeitung XI-II. Beiträge zum AGIT-Symposium Salzburg. Heidelberg, S. 507-512

SCHWEPPE-KRAFT, B. (2003): Naturschutz durch Vermarktung naturverträglich erzeugter Güter und Dienstleistungen – ein Überblick zum vorliegenden Schwerpunktheft. – In: Natur und Landschaft 78, S. 293-294

SCHWERDTFEGER, C. (1989): Neue Beiträge der historischen Geographie zur erhaltenden Landschaftsplanung. – In: Siedlungsforschung. Archäologie Geschichte Geographie 7, S. 263-275

SCHWIND, M. (1950): Sinn und Ausdruck der Landschaft. – In: Studium Generale 3, S. 196-201

SCHWIND, M. (1951): Kulturlandschaft als objektivierter Geist. – In: Deutsche Geographische Blätter 46, S. 5-28

SCHWINEKÖPER, K. (1997): Historische Landschaftsanalyse in der Landschaftsökologie – am Beispiel des Wurzacher Riedes, des Einzugsgebietes der Wolfegger Ach und des Heidenwuhres. – (= Berichte des Institutes für Landschafts- und Pflanzenökologie der Universität Hohenheim, Beiheft 2). Ostfildern

SCHWINEKÖPER, K., SEIFFERT, P. & KONOLD, W. (1992): Landschaftsökologische Leitbilder. – In: Garten und Landschaft 102 (6), S. 33-38

SEGER, M. (2001): Rauminformationssystem Österreich – ein digitaler thematischer Datensatz des Staatsgebietes. – In: Österreichische Zeitschrift für Vermessung und Geoinformation 89, S. 101-110

SEIDENSPINNER, W. & SCHNEIDER, A. (1989): Anthropogene Geländeformen. Zwei Beispiele einer noch wenig beachteten Denkmälergruppe. – In: Denkmalpflege in Baden-Württemberg 18, S. 180-181

SEIDL, E. (2001): Stellung und Bedeutung der „Franciszeischen" Landesaufnahme in der Kartographiegeschichte Österreichs (mit Berücksichtigung der technischen Ausführung des Kartenwerkes). – In: Frankfurter Geographische Hefte 64, S. 211-260

SEIFFERT, P., SCHWINEKÖPER, K. & KONOLD, W. (1994): Analyse und Entwicklung von Landschaften – das Beispiel Westallgäuer Hügelland. – Umweltforschung in Baden-Württemberg. Landsberg

SEILER, K. & HILDEBRANDT, W. (1940): Die Landflucht in Franken. – (= Berichte zur Raumforschung und Raumordnung III). Leipzig

SIEBEN, A. & OTTE, A. (1992): Nutzungsgeschichte, Vegetation und Erhaltungsmöglichkeiten einer historischen Agrarlandschaft in der südlichen Frankenalb (Landkreis Eichstätt). – (= Berichte der Bayerischen Botanischen Gesellschaft, Beiheft 6). München

SIMON, H.A. (1967): The architecture of complexity. – In: Proceedings of the American Philosophical Society 106, S. 467-482

SINABELL, F. (2003): Die Entkoppelung der Direktzahlungen. – In: Agrarische Rundschau 1/2003, S. 41-43

SINDHUBER, A., BAUER, M., GOLIAS, C., NEMEC, T., RATZINGER, M., RAUSCHER, G. & WEIHS, T. (2004): INVEKOS-GIS – Ein Internet-GIS für Landwirte. – In: STROBL, J., BLASCHKE, T. & GRIESEBNER, G. (Hrg.): Angewandte Geoinformatik 2004. Beiträge zum 16. AGIT-Symposium Salzburg. Heidelberg, S. 632-637

SIX, B. (1985): Wert und Werthaltung. – In: HERRMANN, T. & LANTERMANN, E. (Hrg.): Persönlichkeitspsychologie. Ein Handbuch in Schlüsselbegriffen. München, Wien, S. 401-415

SMITH, C.A.B. (1947): Some examples of discrimination. – In: Annals of Eugenics 13, S. 272-282

SMUTS, J.C. (1926): Holism and Evolution. – New York

SOLAGRO, INSTITUT FÜR LANDWIRTSCHAFTLICHE BOTANIK DER UNIV. BONN & NIEDERÖSTERREICHISCHE AGRARBEZIRKSBEHÖRDE (Bearb.) (1999): Umweltbewertungsverfahren für die Landwirtschaft. Für eine nachhaltige Landbewirtschaftung. Drei Verfahren unter der Lupe. – Toulouse

SÖLCH, J. (1924): Die Auffassung der „natürlichen Grenzen" in der wissenschaftlichen Geographie. – Innsbruck

SOYEZ, D. (2003): Kulturlandschaftspflege: Wessen Kultur? Welche Landschaft? Was für eine Pflege? – In: Petermanns Geographische Mitteilungen 147 (2), S. 30-39

SPITZER, H. (1995): Einführung in die räumliche Planung. – Stuttgart

SPORRONG U. (1998): Dalecarlia in central Sweden before 1800: a society of social stability and ecological resilience. – In: BERKES, F. & FOLKE, C. (Eds.): Linking Social and Ecological Systems. Management practices and social mechanisms for building resilience. Cambridge, UK, S. 67-94

STEINER, N., DAUBER, J., HIRSCH, M., KNECHT, C., OTTE, A., PURTAUF, T., SIMMERING, D., WALDHARDT, R., WOLTERS, V. & KÖHLER, W. (2002): Modellierung der Artenvielfalt in Abhängigkeit vom Landschaftsmuster. – In: Berichte über Landwirtschaft 80, S. 468-481

STEINER, S. & SZEPESI, A. (2002): GIS gestützte Analyse der Eigentums- und Landnutzungsänderung im Grenzraum Burgenland/Ungarn. – In: STROBL, J., BLASCHKE, T. & GRIESEBNER, G. (Hrg.): Angewandte Geographische Informationsverarbeitung XIII. Beiträge zum AGIT-Symposium Salzburg. Heidelberg, S. 519-527

STEINHARDT, U. (1999): Die Theorie der geographischen Dimensionen in der Angewandten Landschaftsökologie. – In: SCHNEIDER-SLIWA, R., SCHAUB, D. & GEROLD, G. (Hrg.): Angewandte Landschaftsökologie. Grundlagen und Methoden. Berlin u. a., S. 47-64

STEINHARDT, U., BLUMENSTEIN, O. & BARSCH, H. (2005): Lehrbuch der Landschaftsökologie. – Heidelberg

STICHMANN, W. (1986): Naturschutz mit der Landwirtschaft. – In: Geographische Rundschau 38, S. 294-302

STIENS, G. (1996): Prognostische Geographie. – (= Das geographische Seminar). Braunschweig

STÖHR, L. & SCHENK, W. (1997): Die Umsetzung des EU-Förderprogramms LEADER. Ergebnisse einer bundesweiten Evaluierung. – In: Raumforschung und Raumordnung 55. S.421-431

SUKOPP, H. (1972): Wandel von Flora und Vegetation in Mitteleuropa unter dem Einfluß des Menschen. – In; Berichte über Landwirtschaft 50, S. 112-139

TAILLEFUMIER, F. & PIÉGAY, H. (2003): Contemporary land use changes in prealpine Mediterranean mountains: a multivariate GIS-based approach applied to two municipalities in the Southern French Prealps. – In: Catena 51, S. 267-296

TANSLEY, A.G. (1935): The use and abuse of vegetational concepts and terms. – In: Ecology 16, S. 284-307

TANSLEY, A.G. (1939): The british islands and their vegetation. – 2 Vol. Cambridge, UK

TEN HOUTE DE LANGE, S.M. (Hrg.) (1977): Rapport van het Veluw-onderzoek. Een onderzoek van natuur, landschap en cultuurhistorie ten behove van de ruimtelijke ordening en het reacriebeleid. – Wageningen

THORN, K. (1958): Die dealpinen Felsheiden der Frankenalb. – In: Sitzungsberichte der Physikalisch-Medizinischen Sozietät zu Erlangen 78, S. 129-199

TICHY, F. (1989): Landschaftsnamen und Naturräume der Fränkischen Alb. – In: TICHY, F. & GÖMMEL, R. (Hrg.): Die Fränkische Alb. (= Schriften des Zentralinstituts für fränkische Landeskunde und allgemeine Regionalforschung an der Universität Erlangen-Nürnberg). Neustadt a.d.A., S. 1-8

TIECK, L. & WACKENRODER, W.H. (1793): Die Pfingstreise von 1793 durch die Fränkische Schweiz, den Frankenwald und das Fichtelgebirge. – Nachdruck 1970. Helmbrechts

TÖTZER, T., RIEDL, L. & STEINNOCHER, K. (2000): Räumliche Nachklassifikation von Landbedeckungsdaten mit MapModels. – In: SCHRENK, M. (Hrg.): CORP 2000. Computergestützte Raumplanung. Beiträge zum 5. Symposion zur Rolle der Informationstechnologie in der und für die Raumplanung. Wien, S. 391-399

TREPL, L. (1995): Die Diversitäts-Stabilitäts-Diskussion in der Ökologie. – In: BAYERISCHE AKADEMIE FÜR NATURSCHUTZ UND LANDSCHAFTSPFLEGE (Hrg.): Festschrift für Prof. Dr. Dr. h.c. Wolfgang Haber. (= Beiheft zu den Berichten der ANL 12). Laufen, S. 35-49

TREPL, L. (1996): Die Landschaft und die Wissenschaft. – In: KONOLD, W. (Hrg.): Naturlandschaft, Kulturlandschaft. Die Veränderung der Landschaften nach der Nutzbarmachung durch den Menschen. Landsberg, S. 13-26

TRESS, B. & TRESS, G. (2001): Begriff, Theorie und System der Landschaft. Ein transdisziplinärer Ansatz zur Landschaftsforschung. – In: Naturschutz und Landschaftsplanung 33, S. 52-58

TROLL, C. (1939): Luftbildplan und ökologische Bodenforschung. – In: Zeitschrift der Gesellschaft für Erdkunde zu Berlin 74, S. 241-298

TROLL, C. (1943): Methoden der Luftbildforschung. – Sitzungsberichte europäischer Geographen in Würzburg. Leipzig

TROLL, C. (1950): Die geographische Landschaft und ihre Erforschung. – In: Studium Generale 3, S. 163-181

TROLL, C. (1966a): Landschaftsökologie als geographisch-synoptische Naturbetrachtung. – In: TROLL, C. (Hrg.): Ökologische Landschaftsforschung und vergleichende Hochgebirgsforschung. (= Erdkundliches Wissen 11). Wiesbaden, S. 1-13

TROLL, C. (1966b): Luftbildforschung und Landeskundliche Forschung. – (= Erdkundliches Wissen 12). Wiesbaden

TURNER, M.G. (1989): Landscape Ecology: The effect of pattern on process. – In: Annual Review of Ecology and Systematics 20, S. 171-197

TURNER, M.G. (1990): Spatial and temporal analysis of landscape patterns. – In: Landscape Ecology 4, S. 21-30

TURNER, M.G. & GARDNER, R.H. (1991): Quantitative methods in landscape ecology. – New York, NY

TURNER, M.G., GARDNER, R.H. & O'NEILL, R.V. (2001): Landscape Ecology in Theory and Practice: Pattern and Process. – New York, NY

TÜXEN, R. (1958): Die heutige potentielle natürliche Vegetation als Gegenstand der Vegetationskartierung. – In: Berichte zur deutschen Landeskunde 19, S. 200-246

UHLIG, H. (1956): Die Kulturlandschaft. Methoden der Forschung und das Beispiel Nordostengland. – (= Kölner Geographische Arbeiten 9/10). Köln

UHLIG, H. (1970): Landschaftsökologie. – In: TIETZE, W. (Hrg.): Westermann Lexikon der Geographie. Band 3. Braunschweig, S. 41-44

UMWELTBUNDESAMT (Hrg.) (1987): Biotopkartierung. Stand und Empfehlungen. – Wien

UMWELTBUNDESAMT (Hrg.) (1997): Nachhaltiges Deutschland. Wege zu einer dauerhaft umweltgerechten Entwicklung. – Berlin

UNESCO (2005): Operational Guidelines for the Implementation of the World Heritage Convention. – Paris. – <http://whc.unesco.org/en/guidelines> (05.02.2007)

URBAN, D.L., O'NEILL, R.V. & SHUGART, H.H. (1987): Landscape Ecology. – In: BioScience 37, S. 119-127

USHER, M. (1986): Wildlife Conservation Evaluation: Attribute, Criteria and Values. – In: USHER, M. (Ed.): Wildlife Conservation Evaluation. London, S. 3-44

VAN ROMPAEY A., GOVERS G., VERSTRAETEN G., VAN OOST, K. & POESEN, J. (2003): Modelling the Geomorphic Response to Land Use Changes. – In: LANG A., HENNRICH, K. & DIKAU, R. (Eds.): Long Term Hillslope and Fluvial System Modelling. Concepts and Case Studies from the Rhine River Catchment. Berlin, S. 73-100

VEIT, H. (1968): Die Kartenwerke der bayerischen Landesvermessung. – In: BAYERISCHES LANDESVERMESSUNGSAMT (Hrg.): Topographischer Atlas Bayern. München, S. 292-310

VERHEYEN, K., BOSSUYT, B., HERMY, M. & TACK, T. (1999): The land use history of a mixed hardwood forest in western Belgium and its relationship with chemical soil characteristics. – In: Journal of Biogeography 26, S. 1115-1128

VOGT, K.A., GROVE, M., ASBJORNSEN, H., MAXWELL, K.B., VOGT, D.J., SIGURDADOTTIR, R., LARSON, B.C., SCHIBLI, L. & DOVE, M. (2002): Linking ecological and social scales for natural resource management. – In: LIU, J. & TAYLOR, W.W. (Eds.): Integrating Landscape Ecology into Natural Resource Management. Cambridge, UK, S. 143-175

VOIT, G., KAULICH, B. & Rüfer, W. (1992): Vom Land im Gebirg zur Fränkischen Schweiz. Eine Landschaft wird entdeckt. – (= Die Fränkische Schweiz – Landschaft und Kultur. Schriftenreihe des Fränkische-Schweiz-Vereins 8). Erlangen

VON ALVENSLEBEN, R. (1997): Gesellschaftliche Anforderungen an die Landwirtschaft. – In: LEHRSTÜHLE FÜR LANDSCHAFTSARCHITEKTUR DER TU MÜNCHEN (Hrg.): 40 Jahre Landschaftsarchitektur an der TU München. Dokumentation der Planungswerkstatt und Vortragsreihe, 9. bis 20.9.1996. Freising, S. 51-58

VON DEN DRIESCH, U. (1988): Historisch-geographische Inventarisierung von persistenten Kulturlandschaftselementen des ländlichen Raumes als Beitrag zur erhaltenden Planung. – Dissertation. Bonn

VON HAAREN, C. (2002): Landscape planning facing the challenge of the development of cultural landscapes. – In: Landscape and Urban Planning 60, S. 73-80

VON THÜNEN, J.H. (1842): Der isolierte Staat in Beziehung auf Landwirtschaft und Nationalökonomie. – Ausgabe letzter Hand. Rostock

VON WERDER, U. (1999): Aufbau eines fernerkundungsbasierten Landschaftsinformationssystems am Beispiel der Verbandsgemeinde Dahn im Pfälzerwald. – Göttingen

VON WERDER, U. & KOCH, B. (1999): Landschaftsbeschreibung mit Hilfe von Fernerkundungsdaten am Beispiel des Biosphärenreservates Pfälzerwald. – In: IÖR-Schriften 29, S. 41-50

VUORELA, N., ALHO, P. & KALLIOLA, R. (2002): Systematic Assessment of Maps as Source Information in Landscape-change Research. – In: Landscape Research 27, S. 141-166

WAGNER, H. (1950): Die Entwicklung des Katasters in Württemberg. – Stuttgart

WAGNER, H.H., WILDI, O. & EWALD, K.C. (2000): Additive partitioning of plant species diversity in an agricultural mosaic landscape. – In: Landscape Ecology 15, S. 219-227

WAGNER, J.M. (1999): Schutz der Kulturlandschaft – Erfassung, Bewertung und Sicherung schutzwürdiger Gebiete und Objekte im Rahmen des Aufgabenbereiches von Naturschutz und Landschaftspflege. Eine Methodenstudie zur emotionalen Wirksamkeit und kulturhistorischen Bedeutung der Kulturlandschaft unter Verwendung des geographischen Informationssystems PC ARC/INFO. – (= Saarbrücker geographische Arbeiten 47). Saarbrücken

WALENTOWSKI, H., RAAB, B. & ZAHLHEIMER, W.A. (1990-92): Vorläufige Rote Liste der in Bayern nachgewiesenen oder zu erwartenden Pflanzengesellschaften. – (= Berichte der Bayerischen Botanischen Gesellschaft 61-63). München

WALZ, U. (1998): Ableitung von Indikatoren zur Landschaftsstruktur aus Fernerkundungsdaten und anderen Flächeninformationssystemen. – In: DOLLINGER, F. & STROBL, J. (Hrg.): Angewandte Geographische Informationsverarbeitung IX. (= Salzburger Geographische Materialien 26). Salzburg, S. 403-409

WALZ, U., NEUBERT, M., HAASE, D. & ROSENBERG, M. (2003): Sächsische Landschaften im Wandel – Auswertung historischer Kartenwerke für umweltwissenschaftliche Fragestellungen. – In: Europa Regional 11, S. 126-136

WALZ, U., SYRBE, R.-U., DONNER, R. & LAUSCH, A. (2001): Erfassung und ökologische Bedeutung der Landschaftsstruktur. Workshop der IALE-Arbeitsgruppe Landschaftsstruktur. – In: Petermanns Geographische Mitteilungen 145, S. 101-104

WEBER, A. (1909): Über den Standort von Industrien. 1. Teil: reine Theorie des Standorts. – Tübingen

WEID, R. & ZÖCKLEIN, G. (1990): Vorschläge zur Erhaltung und möglichen Verbesserung der ökologischen Funktionsfähigkeit der Talaue des Unteren Wiesenttals bei Forchheim (Oberfranken). – In: Schriftenreihe des Bayerischen Landesamtes für Umweltschutz 99, S. 83-99

Weid, S. (1995a): Landnutzungskonzept „Jura-Lamm". Ein Projekt zur Schafbeweidung und Direktvermarktung in der Nördlichen Frankenalb. – In: Naturschutz und Landschaftsplanung 27, S. 115

WEID, S. (1995b): Wacholderheiden, Schäferei und Landschaftspflege in der Fränkischen Schweiz. – (= Heimatbeilage zum Amtlichen Schulanzeiger des Regierungsbezirks Oberfranken 222). Bayreuth

WEID, S. (1996a): Landnutzungskonzept „Jura-Lamm". – In: DIREKTION FÜR LÄNDLICHE ENTWICKLUNG BAMBERG (Hrg.): Ländliche Entwicklung in Bayern. Zusammenlegung Wallersberg. Bamberg, S. 27-29

WEID, S. (1996b): Zur Ökologie von Wacholderheiden in der Fränkischen Schweiz. – (= Heimatbeilage zum Amtlichen Schulanzeiger des Regierungsbezirks Oberfranken 233). Bayreuth

WEIDENBACH, M. (1999): Geographische Informationssysteme und neue digitale Medien in der Landschaftsplanung. – Berlin

WEIGEL, H. (1965/66): Martinskirchen am Obermain und ihre Probleme. – In: Geschichte am Obermain 15/16, S. 25-42

WEINACHT, H. (1994): Die Fränkische Schweiz und andere Schweizen im Fränkischen. – In: KULTURAMT DES LANDKREISES FORCHHEIM (Hrg.): Die Entdeckung der Fränkischen Schweiz durch die Romantiker. Festvorträge im Jubiläumsjahr 1993 zur 200. Wiederkehr der Pfingstwanderung von Ludwig Tieck und Wilhelm Heinrich Wackenroder in der Fränkischen Schweiz. Forchheim, S. 79-108

WEISEL, H. (1971): Die Bewaldung der nördlichen Frankenalb. Ihre Veränderungen seit der Mitte des 19. Jahrhunderts. – (= Erlanger geographische Arbeiten 28). Erlangen

WELCH, B.L. (1939): Note on discriminant functions. – In: Biometrica 31, S. 218-220

WHITCOMB, R.F., ROBBINS, C.S., LYNCH, J.F., WHITCOMB, B.L., KLIMKIEWICZ, K. & BYSTRAK, D. (1981): Effects of forest fragmentation on avifauna of the eastern deciduous forest. – In: BURGESS, R.L & SHARPE, D.M. (Eds.): Forest island dynamics in man-dominated landscapes. New York, NY, S. 125-205

WHITTAKER, R.H. (1972): Evolution and measurement of species diversity. – In: Taxon 21, S. 213-251

WHITTAKER, R.H. (1977): Evolution of species diversity in land communities. – In: Evolutionary Biology 10, S. 1-67

WIEGAND, T., MILTON, S.J., JEITSCH, F., STEPHAN, T. & WISSEL, C. (1998): Ein regelbasiertes Ökosystemmodell – Grundlage für eine Nachhaltigkeitsanalyse. – In: Forschungsschwerpunkt Kulturlandschaft 4, S. 62-73

WIENS, J.A. (1992): What is landscape ecology really? – In: Landscape Ecology 7, S. 149-150

WIENS, J.A. (1995): Landscape mosaics and ecological theory. – In: HANSSON, L. FAHRIG, L. & MERRIAM, G. (Eds.): Mosaic landscapes and ecological processes. (= IALE studies in landscape ecology 2). London, S. 1-26

WIENS, J.A. (1997a): Metapopulation dynamics and landscape ecology. – In: HANSKI, I. & GILPIN, M.E. (Eds.): Metapopulation biology. Ecology, genetics and evolution. San Diego, Cal., S. 43-62

WIENS, J.A. (1997b): The emerging role of patchiness in conservation biology. Ecological Basis of Conservation. – New York, NY

WIENS, J.A. (2002): Central Concepts and Issues of Landscape Ecology. – In: GUTZWILLER, K.J. (Ed.): Applying Landscape Ecology in Biological Conservation. New York, NY, S. 3-21

WIESE, B. & ZILS, N. (1987): Deutsche Kulturgeographie. Werden, Wandel und Bewahrung deutscher Kulturlandschaften. – Herford

WILLERDING, U. (1989): Relikte alter Landnutzungsformen. – In: HERRMANN, B. & BUDDE, A. (Hrg.): Natur und Geschichte. Naturwissenschaftliche und historische Beiträge zu einer ökologischen Grundbildung. Hannover, S. 207-224

WILSON, G.A. (2002): Post-Produktivismus in der europäischen Landwirtschaft: Mythos oder Realität? – In: Geographica Helvetica 57, S. 109-126

WIRTH, E. (1969): Zum Problem einer allgemeinen Kulturgeographie. Raummodelle – kulturgeographische Kräfte – raumrelevante Prozesse – Kategorien. – In: Die Erde 100, S. 155-193

WIRTH, E. (1979): Theoretische Geographie. Grundzüge einer theoretischen Kulturgeographie. – (= Teubner Studienbücher der Geographie). Stuttgart

WITH, K.A. & CHRIST, T.O. (1995): Critical thresholds in species' responses to landscape structure. – In: Ecology 76, S. 2446-2459

WÖBSE, H.H. (1994): Schutz historischer Kulturlandschaften. – (= Beiträge zur räumlichen Planung 37). Hannover

WÖBSE, H.H. (1999): „Kulturlandschaft" und „historische Kulturlandschaft". – In: Informationen zur Raumentwicklung 5/6.1999, S. 269-278

WÖHLKE, W. (1969): Die Kulturlandschaft als Funktion von Veränderlichen. Überlegungen zu einer dynamischen Betrachtung in der Kulturgeographie. – In: Geographische Rundschau 21, S. 298-308

WOHLMEYER, H. (1996): Aufstand oder Aufbruch. Wohin gehen Europas Bauern? – Graz, Stuttgart

WOLF, G. (1980): Zur Gehölzansiedlung und -ausbreitung auf Brachflächen. – In: Natur und Landschaft 55, S. 375-380

WORLD COMMISSION ON ENVIRONMENT AND DEVELOPMENT (WCED) (1987): Our common future. – Oxford, New York

WRBKA, T., FINK, M.H., BEISSMANN, H., SCHNEIDER, W., REITER, K., FUSSENEGGER, K., SUPPAN, F., SCHMITZBERGER, I., PÜHRINGER, M., KISS, A. & THURNER, B. (2002): Kulturlandschaftsgliederung Österreich. – (= Forschungsprogramm Kulturlandschaft 13). CD-R. Wien

WU, J. (1999): Hierarchy and Scaling: Extrapolating Information along a Scaling Ladder. – In: Canadian Journal of Remote Sensing 25, S. 367-380

ZELLNER, N. (1998): Methoden zur Umrechnung der Bodenbewertung der Reichsbodenschätzung in Bodenwertzahlen der Ländlichen Neuordnung. – Unveröff. Diplomarbeit, Geoinformationswesen. TU München

ZEPP, H., BUTZIN, B., DÜRR, H., FEHN, K. & KRÖNERT, R. (2001): Leitbilder für Landschaften. Ein Tagungsbericht. – In: Berichte zur deutschen Landeskunde 75. Flensburg, S. 5-18

ZETTLER, L. (1981): Kulturlandschaft zwischen Nutzung und Mißbrauch. Sozialgeographische Grundlagenuntersuchungen zum Verhältnis von Landschaft und Land-

wirtschaft im Allgäu dargestellt an Beispielen aus der Gemeindeflur von Ottobeuren. – (= Augsburger Sozialgeographische Hefte 7). Augsburg
ZIEGLER, T. (1987): Einführung in das Automatisierte Liegenschaftsbuch (ALB). – (= Ausbildungsvortrag des Bayerischen Landesvermessungsamtes 19). München
ZIELONKOWSKI, W., PREISS, H. & HERINGER, J. (1986): Natur und Landschaft im Wandel. – (= Berichte der ANL 10, Anhang). Laufen
ZILLIEN, F. (1986): Flurbereinigung im Wandel der Zeit unter besonderer Berücksichtigung von Naturschutz und Landschaftspflege. – In: Zeitschrift für Kulturtechnik und Flurbereinigung 27, S. 368-378
ZÖBERLEIN, D. (1995): Gemeindechronik Markt Heiligenstadt i. Ofr. Herausgegeben anläßlich der Feier des 450-jährigen Jubiläums der Verleihung des Marktrechtes an Heiligenstadt i. Ofr. – Heiligenstadt
ZÖLITZ-MÖLLER, R., HARTLEIB, J., RÖBER, B. & SATTLER, H. (2002): Das EU-Projekt „Digital Historical Maps": 7727 Altkarten im Internet. – In: Kartographische Nachrichten 52, S. 13-19
ZÖLLNER, G. (1989): Landschaftsökologische Planungsgrundsätze für die Flurbereinigung und ihre Vereinbarkeit mit ökologischen und ökonomischen Anforderungen. – Dissertation. München
ZONNEVELD, I.S. (1995): Land ecology. An introduction to landscape ecology as a base for land evaluation, land management and conservation. – Amsterdam
ZURFLÜH, M., HUGGEL, C., BRANDER, D. & BODMER, H.-C. (2001): Erfassung des Landschaftswandels in alpinen Regionen. Fernerkundung als Hilfsmittel für die Entscheidungsfindung in der Tourismusplanung. – In: GAIA. Ökologische Perspektiven in Natur-, Geistes- und Wirtschaftswissenschaften 9, S. 35-44

Rechtsgrundlagen

Bayerisches Denkmalschutzgesetz (BayDSchG): Gesetz zum Schutz und zur Pflege der Denkmäler in Bayern vom 25.06.1973 (BayRS 2242-1-WFK), zuletzt geändert durch Gesetz vom 24.04.2001 (GVBl. S. 140)
Bayerisches Landesplanungsgesetz (BayLplG), in der Fassung der Bekanntmachung vom 16.09.1997 (BayRS 230-1-U, GVBl. S. 500), geändert durch § 20 des Gesetzes vom 16.12.1999 (GVBl. S. 521) und § 1 des Gesetzes vom 25.04.2000 (GVBl. S. 280)
Bayerisches Naturschutzgesetz (BayNatSchG): Gesetz über den Schutz der Natur, die Pflege der Landschaft und die Erholung in der freien Natur in der Fassung der Bekanntmachung vom 18.08.1998 (GVBl. S. 593), geändert durch § 5 des Gesetzes vom 27.12.1999 (GVBl. S. 532), zuletzt geändert durch § 8 des Gesetzes vom 24.12.2002 (GVBl. S. 975)
Bundesnaturschutzgesetz (BNatSchG): Gesetz über Naturschutz und Landschaftspflege in der Fassung der Bekanntmachung vom 25.03.2002 (BGBl. I S. 1193)
EUREK – Europäisches Raumentwicklungskonzept. Auf dem Wege zu einer räumlich ausgewogenen und nachhaltigen Entwicklung der Europäischen Union. Luxemburg

1999. Am 10. und 11.05.1999 bei der Ratssitzung in Potsdam von den für Raumentwicklung zuständigen Ministern der Europäischen Union beschlossen[46].

Flurbereinigungsgesetz vom 14.07.1953 (BGBl. I S. 591), in der Fassung vom 16.03.1976 (BGBl. I S. 546), zuletzt geändert durch Gesetz zur Bereinigung des Rechtsmittelrechts im Verwaltungsprozess vom 20.12.2001 (BGBl. I S. 3987)

Gesetz zur Förderung der bayerischen Landwirtschaft (BayLwFöG) vom 08.08.1974 (BayRS 787-1-E), zuletzt geändert durch Gesetz vom 24.07.1986 (GVBl. S. 169)

InVeKoS-Daten-Gesetz: Gesetz über die Verarbeitung und Nutzung von Daten im Rahmen des integrierten Verwaltungs- und Kontrollsystems nach den gemeinschaftsrechtlichen Vorschriften für landwirtschaftliche Stützungsregelungen in der Fassung vom 26.07.2004 (BGBl. S. 1763)

Raumordnungsgesetz (ROG) (BGBl. I S. 466) in der Fassung vom 22.04.1993. Zuletzt geändert am 18.08.1997, in Kraft getreten am 01.01.1998 (BGBl. I S. 2081)

Umweltverträglichkeitsprüfungsgesetz (UVPG): Gesetz über die Umweltverträglichkeitsprüfung vom 05.09.2001 (BGBl. I S. 2350), zuletzt geändert am 25.03.2002 (BGBl. I S. 1193)

Waldgesetz für Bayern (BayWaldG), in der Fassung der Bekanntmachung vom 25.08.1982 (BayRS 7902-1-L), zuletzt geändert durch Gesetz vom 24.03.2004 (GVBl. S. 84)

Quellen

Katasterwerke

Grundsteuerkataster der StG Breitenlesau 1854, StABa, K237, Nr. 23
Grundsteuerkataster der StG Siegritz 1851, StABa, K214, Nr. 397
Grundsteuerkataster der StG Wüstenstein 1851, StABa, K214, Nr. 586
Grundsteuerkataster der StG Zochenreuth 1854, StABa, K237, Nr. 663
Renovirtes Grundsteuerkataster der StG Breitenlesau 1896, StABa, K237, Nr. 24
Renovirtes Grundsteuerkataster der StG Siegritz 1900, StABa, K214, Nr. 399
Renovirtes Grundsteuerkataster der StG Wüstenstein 1908, StABa, K214, Nr. 588
Renovirtes Grundsteuerkataster der StG Zochenreuth 1908, StABa, K237, Nr. 664
Umschreibhefte zu den Grundsteuerkatastern der StG Breitenlesau 1854 ff., StABa, K237, Nr. 26 I-V
Umschreibhefte zu den Grundsteuerkatastern der StG Siegritz 1851 ff., StABa, K214, Nr. 398a-c
Umschreibhefte zu den Grundsteuerkatastern der StG Wüstenstein 1851 ff., StABa, K214, Nr. 587a,b
Umschreibhefte zu den Grundsteuerkatastern der StG Zochenreuth 1854 ff., StABa, K237, Nr. 666 I, II
Flurbuch und Karteikarten zum Liegenschaftskataster der Gemarkung Siegritz 1956, VA Bamberg

---

[46] http://ec.europa.eu/regional_policy/sources/docoffic/official/reports/som_de.htm (05.02.2007)

Flurbuch und Karteikarten zum Liegenschaftskataster der Gemarkung Wüstenstein 1959, VA Forchheim
Flurbuch und Karteikarten zum Liegenschaftskataster der Gemarkung Zochenreuth 1962, VA Bayreuth
ALB für die Gemarkung Siegritz, 08.01.2001, VA Bamberg
ALB für die Gemarkung Wüstenstein, 15.05.2000, VA Forchheim
ALB für die Gemarkung Zochenreuth, 31.01.2000, VA Bayreuth

Flurkarten

Die nachfolgende Liste enthält alle gedruckten Ausgaben: unterstrichen = im Projekt als Rasterbild gescannt und georeferenziert, * = Ausgabe mit Flurstück-Nr.
Fundorte:
[1]Bayerisches Landesvermessungsamt, München (BayLVA)
[2]Bayerische Staatsbibliothek, München (BayStBib)
[3]Bayerisches Staatsarchiv Bamberg (StABa, Rep. A240^2)
[4]Universitätsbibliothek Bamberg, Kartensammlung
[5]zuständige Vermessungsämter (Bamberg, Bayreuth, Forchheim)

Flurkarten, Maßstab 1:5.000

NW 81-10: 1851^1, 54, 76^4, 1954, 79^2, $87*^5$, $91*^2$
NW 81-11: 1851^1, 77, 1933^4, 35, 61^2, $83*^2$, $87*^5$
NW 81-12: 1844^1, 51, 77, 1902^2, 22^4, 35, 54, 61^2, $83*^2$, $87*^5$
NW 82-09: 1851^1, 54, 76^2, 1935, 76^2, $87*^2$, $99*^5$
NW 82-10: 1847^1, 51, 54, 76, 77^3, 92, $1926^{3,4}$, 54^3, $67^{2,3}$, $85*^{2,3}$, $2000*^5$
NW 82-11: $1847^{1,3}$, 77^4, $1961^{2,3}$, $78^{2,3}$, $91*^{2,3}$, $2000*^5$
NW 82-12: 1844^1, 51, 77, 92^2, 1922^4, $57*^3$, 81, $92*^{2,3}$, $97*^5$
NW 83-09: 1851^1, 54, $76^{2,3}$, 1935, $70^{2,3}$, $85*^{2,3}$, $99*^5$
NW 83-10: 1848^1, 51^3, 52, 54, 76^3, 77, 92^4, 1935, $76^{2,3}$, $88*^2$, $2000*^5$
NW 83-11: 1848^1, 51, 54, 76, 77, 92^4, 1935, $76^{2,3}$, $91*^{2,3}$, $2000*^5$
NW 83-12: 1847^1, 50^3, 54, 76, 77^4, 1935, $64^{2,3}$, $84*^{2,3}$, $97*^5$

Liquidationspläne für die Steuergemeinden, Maßstab 1:5.000

Breitenlesau $1854*^5$
Siegritz $1851*^5$
Wüstenstein $1851*^5$
Zochenreuth $1854*^5$

Ortsblätter („Beilage (röm.Nr.) zu Blatt NW .."), Maßstab 1:2.500

Siegritz (CCCLXXXVIII) 1850^1, 77, 93, 1933^2, 54, 57, 61^2, 73^2
Wüstenstein (CDXXII) 1850^1, 51, 77, 92^2, 1922^2, 38, 54, 61^2, 66^2, 73^2
Breitenlesau (DLX) 1850^1, 51, 54, 77, 94^2, 1931^2, 35, 60^2, 70^2
Zochenreuth (DLIX) 1850^1, 1853, 54, 76^2, 1931^2, 70^2

Flurkarten, Maßstab 1:1.000

NW 82-10-01: 2000*[5]
NW 82-10-06: 2000*[5]
NW 82-10-07: 2000*[5]
NW 82-10-11: 2000*[5]
NW 82-10-12: 2000*[5]
NW 82-11-20: 2000*[5]
NW 82-11-25: 2000*[5]
NW 83-09-11: 2000*[5]
NW 83-10-15: 2000*[5]
NW 83-10-21: 2000*[5]
NW 83-11-25: 2000*[5]

Sonstige Karten und digitale Daten

BÄR (o. J.): Topographische Karte von Muggendorf. In: GOLDFUSS (1810)
BAUMGARTNER, B. & BÖHRINGER, R. (1995): Verfahren der Ländlichen Entwicklung Wüstenstein. Landschaftsplanung Stufe 2. Geschützte und schutzwürdige Flächen, 1:5.000. – Roth
BAUMGARTNER, B. & BÖHRINGER, R. (1995): Verfahren der Ländlichen Entwicklung Wüstenstein. Landschaftsplanung Stufe 2. Landschaftspflegerische Maßnahmen, 1:5.000. – Roth
BAYERISCHES GEOLOGISCHES LANDESAMT (1959): Geologische Karte 1:25.000. Blatt 6133 Muggendorf. – München
BAYERISCHES LANDESVERMESSUNGSAMT (BAYLVA) (1841): Topographischer Atlas vom Königreiche Bayern, 1:50.000, Bl. 20 Bamberg. – Nachdruck 1984, München
BAYERISCHES LANDESVERMESSUNGSAMT (BAYLVA) (1846): Topographischer Atlas vom Königreiche Bayern, 1:50.000 Bl. 28 Forchheim. – Nachdruck 1982, München
BAYERISCHES LANDESVERMESSUNGSAMT (BAYLVA) (1979): Amtbezirksübersichtskarte Bayern, 1:100.000. Bl. 8 Bamberg, Bl. 9 Bayreuth. – München
BAYERISCHES LANDESVERMESSUNGSAMT (BAYLVA): Digitales Geländemodell DGM 25 (50 m-Gitter). Ausschnitt für den Bereich von Blatt 6133 Muggendorf. – ausgegeben 1999, München
BAYERISCHES LANDESVERMESSUNGSAMT (BAYLVA): Topographische Karte 1:25.000. Blatt 6133 Muggendorf. – Ausgaben 1955, 1971 und 1997, München
ROPPELT, J. B. (1801): Karte von dem Hochstift und Fürstenthum Bamberg nebst verschiedenen angrenzenden Gegenden (in 4 Blättern). – Bamberg

Luftbilder

(Fundadresse: [1]Luftbildarchiv beim BayLVA; [2]BBR Bonn)
[2]U.S.A.F.: VV AS M 107 AMS 111 vom 08.09.1953; Maßstab ca. 1:20.000: Bild-Nr. 21042, 21043, 21044, 21045, 21046, 21047

¹Flug-Nr. 63099/2 vom 04.06.1963; Maßstab ca. 1:23.000: Streifen Nr. 1, Bild-Nr. 368, 370; Streifen Nr. 2, Bild-Nr. 885, 886, 887, 888, 889, 890; Streifen Nr. 3, Bild-Nr. 900, 901, 902, 903, 904

¹Flug-Nr. 63099/2 vom 04.06.1963; Vergrößerung von ca. 1.23.000 auf ca. 1:10.000: Streifen Nr. 2, Bild-Nr. 887, 889

¹Flug-Nr. 78010/3 vom 26.07.1978; Maßstab ca. 1:23.000: Streifen Nr. 4, Bild-Nr. 284, 285; Streifen Nr. 5, Bild-Nr. 420, 421, 422, 423, 424, 425; Streifen Nr. 6, Bild-Nr. 121, 122, 123, 124, 125, 126

¹Flug-Nr. 83012/1 vom 08.06.1983; Maßstab ca. 1:23.000: Streifen Nr. 4, Bild-Nr. 857, 858; Streifen Nr. 5, Bild-Nr. 862, 863, 864, 865, 866, 867; Streifen Nr. 6, Bild-Nr. 912, 913, 914, 915, 916, 917

¹Flug-Nr. 92017/2 vom 30.06.1992; Maßstab ca. 1:15.000: Streifen Nr. 7, Bild-Nr. 587, 589, 591, 593, 595, 597; Streifen Nr. 8, Bild-Nr. 558, 560, 562, 564, 566, 568

¹Flug-Nr. 93106/0 vom 30.04.1993; Maßstab ca. 1:23.000: Streifen Nr. 4, Bild-Nr. 229, 232; Streifen Nr. 5, Bild-Nr. 350, 353, 356, 359, 362, 365; Streifen Nr. 6, Bild-Nr. 375, 378, 381, 384

¹Flug-Nr. 93106/0 vom 30.04.1993; Vergrößerung von ca. 1.23.000 auf ca. 1:10.000: Streifen Nr. 5, Bild-Nr. 352, 358

¹Flug-Nr. 96005/1 vom 22.07.1996; Rasterdaten digitaler Orthofotos, Maßstab 1:5.000, Aufl. 317,5 dpi: NW 81-10, 81-11, 81-12, 82-9, 82-10, 82-11, 82-12, 83-9, 83-10, 83-11, 83-12

Statistiken

Bayerische Staatsbibliothek (BayStBib), Handschriftenabteilung: „Montgelas-Statistiken", Cgm 6845/1,2; 6846/1,2; 6849/1; 6850/1

Bayerisches Landesamt für Statistik und Datenverarbeitung (BayStatLA): Kataster der Ortschaften, der Bevölkerung und der Gebäude 1840 („Einwohnerkataster")

Bayerisches Staatsministerium für Ernährung, Landwirtschaft und Forsten (BaySt-MELF), über zuständige Ämter für Landwirtschaft und Ernährung (AfLuE): INVEKOS-Datenübersicht, -Tierdaten, -Flächenerfassung (Mehrfachanträge), jeweils für die Gemarkungen Siegritz, Wüstenstein, Zochenreuth; Jahrgänge 1996-2000

Bayerisches Statistisches Landesamt (BayStatLA): Beiträge zur Statistik Bayerns. Bde. 29, 47, 51, 60, 132/5, 177/4, 234, 288. München

Bayerisches Statistisches Landesamt (BayStatLA): Vorerhebung zur Bodennutzungserhebung. Gemeindebogen (Reinschrift), je für die Gemeinden Siegritz, Wüstenstein; Jahrgänge 1955, 1965, 1971

Statistisches Bundesamt (2003/2004): Tourismus. Ergebnisse der monatlichen Beherbergungsstatistik. Erscheinungsfolge monatlich: Januar 2003 – Dezember 2003. – Fachserie 6, Reihe 7.1. Wiesbaden

Anhang I: Der KGIS-Workflow

Ziel der Arbeit ist die Entwicklung eines diachronischen Informationssystems, mit dem die Kulturlandschaftsentwicklung Mitteleuropas im 19. und 20. Jahrhundert in großen Maßstäben möglichst genau bilanziert und analysiert werden kann.

Forschungsfragen

Wie war der materielle Zustand der Landschaft (nach dem Konzept der „Kulturarten") zu bestimmten Zeiten der Vergangenheit, wie ist er heute, wie wird er zukünftig sein?
Wie hat sich die Landschaft (auf ihren jeweiligen Einzelstandorten) verändert?
Wie ist der jeweilige Zustand und wie sind die jeweiligen Veränderungen zu erklären und zu bewerten?
Welche planerischen Instrumente und Maßnahmen sind opportun, um bestimmte Veränderungen herbeizuführen oder zu vermeiden?
Die Beantwortung dieser Fragen soll in einer explizit räumlichen – d. h. kleinräumigen bzw. standortbezogenen – Betrachtungsweise erfolgen (Konzept der „Elementtypen" bzw. „Veränderungstypen" von Kulturarten). Auf diese Weise sind detailliertere Erkenntnisse über die konkrete Entwicklung von Kulturlandschaften zu erwarten als es bislang über die mittel- bis großräumige Bilanzierung von Kulturarten- und Betriebsdaten geschieht.

1) Theorie

Was bedeutet (historische) Kulturlandschaft und Kulturlandschaftsveränderung?
Wie kann man Kulturlandschaft operationalisieren?

2) Auswahl des Untersuchungsgebietes

Das Untersuchungsgebiet soll nach vorläufigem Kenntnisstand die typischen Landschaftselemente („Kulturarten") des Naturraums enthalten, repräsentativ für die historisch-gewachsene Siedlungsstruktur, Agrarstruktur und Planungsgeschichte sein.

3) Datenbeschaffung und Setzung der (historischen) Zeitschnitte

Ausfindigmachen der Parzellengeometrien und -Attribute (Fundorte der Quellen);
Ziel: Es sollen vier Zeitschnitte im Abstand von ca. 50 Jahren untersucht werden, welche die wesentlichen Brüche in der Entwicklung von der traditionellen Agrargesellschaft zur modernen Dienstleistungsgesellschaft markieren.

4) Digitalisierung

Überführung der analogen Daten in digitale Rasterdaten (Karten) bzw. digitale Datenmatrizen (Flurbücher).

5) Zeitliche Harmonisierung des Hauptattributs „Kulturart"

Kartierung nach Flurbuch vs. „verfeinerte Kartierung".

6) Vektorisierung

auf Basis der Nutzungsparzellen („Kulturart") als Merkmalsträger;
in den vier Zeitlayern rückschreitend durch Einarbeiten der Veränderungen;

Geometrische Genauigkeitsanalyse (Vergleiche KGIS – Kataster; nicht verfeinert – verfeinert) und inhaltliche Überprüfung der aus dem Kataster übernommenen Kulturarten.

7) Verschneidung

der vier Zeitlayer und somit Herstellung der „Kleinsten Gemeinsamen Geometrien" (KGG).

8) Hypothesenbildung: Mögliche Gründe für Landschaftsstruktur und -veränderung

Standortqualität (Bonität, Relief, Exposition etc.);
Parzellenstruktur (Form, Erschließung, Entfernung, Nachbarnutzungen);
Besitz- und Betriebsstruktur (Eigentums- und Besitztyp, Betriebstyp und -form, Eigentümerwechsel, Hofnachfolge);
Siedlungsgenese (vorherrschender Voll- bzw. Nebenerwerb in hochstiftischen bzw. ritterschaftlichen Orten), Flurbereinigung (zu unterschiedlicher Zeit).

9) Attributisierung der Flurstückseinheiten = Exploration von Variablen

entsprechend der Variablen unter 8).

10) Beschreibung – Bilanzierung

qualitativ nach Elementtypen;
quantitativ nach „Kulturarten" und „Veränderungstypen";
Darstellungsform: Zeitschnitt-, Veränderungskarten, Tabellen;
zeitlich: Gesamtzeitraum, einzelne Untersuchungsperioden;
räumlich: Gesamt-Untersuchungsgebiet, Teilgebiete (Ortsfluren, Ortsflurtypen).

11) Erklärende Analyse

Statistische Zusammenhänge zwischen „Kulturarten" und „Veränderungstypen" (abhängige Variable) und ihren Attributen (unabhängige Variablen):
Korrelationsanalyse → Variablenauswahl;
Mittelwertvergleiche;
Diskriminanzanalyse;
Kontingenzanalyse.

12) Zukunftsexploration

Szenario vs. Simulation;
Boolsche Logik vs. Parzellenbewertung mit Auffüllalgorithmus;
Trendfortschreibung (quantitativ) vs. Bruch in der Agrarlandschaftsentwicklung (qualitativ);
(künftige) Eignung und Anlass zur Umwidmung.

13) Bewertung

Landschaft nicht generell zu bewerten, sondern nur unter verschiedenen Ansprüchen;
Beispiele für sektorale Bewertungsansätze:
Landwirtschaft: Bonität;
Tourismus: Vielfältigkeit (nach Kiemstedt);

Naturschutz: Diversität u. a. (nach div. Landscape Metrics);
Denkmal- und Kulturlandschaftspflege: Persistenz (historisch-geographischer Strukturwert).

14) Planungsevaluation

Analyse und Bewertung verschiedener Instrumente in Bezug zur Landschaftsentwicklung;
Einbringen planungsunterstützender Methoden möglich?

Anhang II: Arbeitsschritte im GIS zur Attributwertberechnung

Anhand der folgenden Arbeitsschritte und Formeln wird gezeigt, wie relativ komplizierte Berechnungen mit handelsüblicher Software (ARC/INFO 8.x, ArcView 3.2, Extensions und Skripts) durchgeführt werden können, ohne dass eigene Softwareapplikationen programmiert werden müssen.

Shape Index und Fraktale Dimension (Kapitel 2.6.2-V2)

Software ARC/INFO 8.x:
SI = ((PERI_XY) • 275) / Sqr ((FGIS_XY) • 1000000), mit SD $\geq °1$
FD = 2 • ln ((PERI_XY) • 275) / ln ((FGIS_XY) • 1000000) , mit 1 $\leq °$FD $\leq °2$
Es erfolgte eine Transformation der Flächenwerte (von Einheit „m" auf „mm", d. h. Multiplikation mit 1.000.000), damit logarithmische und Wurzel-Berechnungen auch bei kleinen Flächen (< 1 qm) korrekt erfolgen (d. h. keine negativen Werte für ln < 1 auftreten, und keine Vergrößerung der Werte bei Sqr < 1 erfolgt) und die Indexwerte im angestrebten Werteintervall liegen.
Die im Fragstats-Handbuch (McGarigal/Marks 1995) nicht begründete Konstante (0,25) im Zähler („constant to adjust for a square standard") wurde zum gleichen Zweck verändert und ebenfalls transformiert.

Hangneigung (Slope) und Exposition (Aspect) (Kapitel 2.6.2-V3)

A. Umwandlung des DGM in einen Rasterdatensatz

Software ARC/INFO 8.x, Extension 3D-Analyst:
Interpolation des DGM 50 zu einem Raster mit Zellen à 25x25m.
Interpolationsmethode in ARC/INFO: Spline, „tension" (statt „regulatorisch"), weight 1, points 12, cell size 25 (50) m.
Begründung für die Wahl der Methode „Spline" gegenüber „IDW" liegt darin, dass eine stärkere Akzentuierung des Reliefs (Kanten und Felsen) angestrebt wird.
Ableitung der Hangneigung und der Exposition: Surface Analysis: Slope, Aspect.
Reklassifizierung der drei Raster (von Floating Point to Integer Raster, Method: Defined Interval; Interval Size: Höhe 1 m, Slope 0,1°, Aspect 1°).
Umwandlung der Raster in Polygonshapes (Convert „Raster to Features").
In den Attributdaten der Polygonshapes Rekodierung der Klassen (Attribute SLP_CL, ASP_CL, HOH_CL) auf die Ausgangsskala (bei Höhe und Slope) bzw. auf eine Be-

wertung nach der Formel n → |n-180| (bei Aspect: Süd = 180° → 0; Nord = 1° → 179, = 360° → 180).

B. Verschneidung der Rasterzellen des DGM mit den Flurstückseinheiten von KGIS

Software ARC/INFO 8.x, Tool Geoprocessing Wizard:
Verschneidung mit den jeweiligen Flurstückseinheiten (KGG, Nutzungsparzelle, Aggregierte Parzelle = gleiche Nutzung und gleicher Eigentümer) und Wichtung nach Fläche (damit unterschiedlich große Anteile von Hangneigungsklassen an einer Fläche im richtigen Verhältnis eingebracht werden):
1. Verschneiden mit jeweiligen Flurstückshapes (Intersect).
2. Berechnen der Fläche der einzelnen Verschneidungspolygone (SLP_AREA, ASP_AREA, HOH_AREA).
3. Wichten: Fläche der Verschneidungspolygone mit Hangneigungsklasse multiplizieren: z. B. SLP_WICHT = SLP_CL • SLP_AREA.
4. Flurstücke wieder zusammenfassen (Dissolve, Intersect attr.: ID_AKE1 .. AKN4 ; SLP_AREA by sum ; SLP_WICHT by sum).
5. Neue Spalte für durchschnittliche Hangneigung des Flurstücks (SLP_AE1 .. AN4) berechnen: SLP_WICHT / SLP_AREA.
6. Ergebnisse mittels Join an den Flurstückshape anbinden (ID_AKE1 .. AKN4).

Weganschluss (Kapitel 2.6.2-V4)

Software ARC/INFO 8.x, Menü Selection, Select by Location:
Select Features from (...) that share a line segment with (...) (Use selected features: KART_XY = „Verkehr").

Hofentfernung (Kapitel 2.6.2-V4)

A. Herstellung einer Punktdatei für die Betriebssitze

Software: ArcView 3.x, Extension Demographics Analyst (Freeware, Ismail 2000):
Hofgrund.dbf hält – abgleitet aus Hofkat.xls bzw. Hofgrundstücke.xls – für jede Besitzeinheit ENCOD_NR die Parzellennummer (SCHL_Y) des Betriebssitzes für alle vier untersuchten Zeitschnitte fest.
Join Hofgrund.dbf über SCHL_Y an die jeweiligen Flurstückshapes (Par_Y), Selektion der Parzellen, auf denen der Betriebssitz liegt und Speichern als neue Polygonshapes Hofgr_Y.
Hinzufügen zweier zusätzlicher Attribute mit den Koordinaten für die jeweiligen Polygonzentroide mit Demographics Analyst: add x,y coordinates; bzw. mit der Basissoftware: convert polygons (center) to points, anschließend Hinzufügen zwei zusätzlicher Attribute mit den Koordinaten ((shape).returncenter.get x, (shape).returncenter.get y).
Erstellung von vier Punktshapes aus den Polygonzentroiden (View, Add Event Theme).
Erstellung eines weiteren Punktshapes mit den Betriebssitzen aller nicht im Untersuchungsgebiet beheimateten Betriebe (durch Digitalisieren der Ortsmittelpunkte).
Vereinigung/Abgleich aller fünf Punktshapes zur Punktdatei Hofgr_Pt14.shp mit 4 Attributen (Hofgrund: ja/nein) für jeden untersuchten Zeitschnitt (H_Y).

B. Erstellung einer Punktdatei aus den Polygonzentroiden
der KGG (Kgg-Egtm_pt14.shp), mit den Eigentümer- bzw. Nutzercodes für alle Zeitschnitte (E(N)CNR_Y).

C. Berechnung der Distanzen
Demographics Analyst: Point Distance between Themes (TO Theme and FROM Theme).
Vorab Selektion aller Punkte im FROM Theme (Hofgr_Pt14.shp).
Die Distanzen werden in das TO Theme hineingeschrieben. Hier werden zusätzliche Attribute eingefügt, und zwar für jeden selektierten Punkt des FROM Theme und entsprechend dem Point Identifier E(N)COD_Y.
Anschließend müssen die gesuchten Ergebnisse, nämlich die Entfernung jeder Flurstückseinheit (KGG) zum jeweiligen Betriebssitz des Eigentümers/Nutzers gefiltert und in fünf Zeit-Spalten (E(N)HENTF_Y) zusammengefasst werden:
Table/Start Editing,
Select ECNR_Y = nnnnn,
Calculate E(N)HENTF_Y = DISTTOnnnnn,
...
ACHTUNG Problem mit dem dbf-Format: Die fünfstellige DISTTOnnnnn wird nach dem Abspeichern und erneuten Öffnen des Shapefiles auf vier Stellen verkürzt und damit unbrauchbar!

Nachbarnutzung Wald (Kapitel 2.6.2-V4)

Software: ArcView 3.x, Extension Converttools 5.5
Für die Bestimmung desjenigen Anteils am Umfang eines Flurstücks, der an die Nachbarnutzung Wald (NNWP_XY) angrenzt, sind folgende zwei Variablen als „Vor-Produkte" zu bestimmen:
Die Waldrandlänge der Nichtwald-Parzellen (NW_XY) sowie die Offenland-Randlänge der Waldparzellen (W_XY):
1. Convert Polygons to lines (Kgg_Line, ParY_line, Agg_kY_line, Agg_keY_line, UG_parY_line);
Anmerkung: Entsprechend der Topologie von ArcView 3.x sind – nach Ergänzung mit der Umgriffslinie des Untersuchungsgebietes – jetzt alle Linienzüge doppelt vorhanden (jeweils mit den Attributen der zugehörigen Parzelle).
2. Aggregation aller Kulturarten (Agg_XY.shp), dabei jeweils Wald bzw. Nichtwald auswählen mit Theme Properties: Kart_pnrY = / < > 80000000 (Wald).
3. Verschneiden (Geoprocessing: Intersect) der Linienshapes mit den Kulturarten Wald bzw. Offenland (siehe 2.) zu neuen Linienshapes (Itsct_wald_XY bzw. Itsct_nwald_XY);
Anschließend Zusammenfügen der Linien entsprechend der Zugehörigkeit zur jeweiligen Flurstückseinheit (Dissolve, Attribute: ID).
Neues Attribut hinzufügen, Länge der Linien berechnen ((shape).returnlength).
3a. Berechnen der Waldrandlänge (NW_XY) für Nichtwaldparzellen (Waldparzellen: 100 % Waldrand).
3b. Berechnen der Offenrandlänge (W_XY) für Waldparzellen.

4. Berechnen des Anteils vom Flurstücksumfang, welcher an die Kulturart Wald angrenzt (NNWP_XY):
4a. Select KART < > Wald :   NNWP_XY = (W_XY) / (PERI_XY) • 100
4b. Select KART = Wald :   NNWP_XY = 100 – ((NW_XY) / (PERI_XY) • 100)

Historisch-geographischer Strukturwert HGS (Kapitel 7.3.4)

Software: ARC/INFO 8.x, ArcView 3.x + Skript table_queryunice.ave (Huber 2001):

A. Umwandlung der Polygonshapes in Linienshapes

Umwandlung Polygonshapes in Linienshapes (alle Linien doppelt) → p_line.shp;
Linienshapes ergänzen mit einer Umrisslinie für das gesamte Untersuchungsgebiet (aus allen Parzellen aggregiert), update PERI + LENGTH → p_line_e.shp;
Verschneiden mit Polygonshape der Parzellen, alle Attribute löschen, mit Ausnahme von: PERI, LENGTH, ID-A, ID-B → p_line_ee.shp;
Select PERI < > LENGTH → neues Linienshape px_line_ee.shp;
doppelte Linien entfernen mit Skript table_queryunice.ave.

B. Buffern

KGG-Polygone buffern (0.01m, not dissolve);
zusätzliches Attribut IDENT (6 Dezimale) = LENGTH+ID-A+ID-B
(wegen Polygonüberlappung zur Sicherheit mit sich selbst verschnitten → kgg_bff23.shp).

C. Verschneiden

Intersect px_line mit kgg_buff (in ARC/INFO 8.x), update LENGTH + IDENT → intsct_pxlee_kgbff.shp;
(a) mehrfach belegte Linien entfernen mit Skript table_queryunice.ave
→ intsct_pxlee_kgbff23_bb.shp (für das gesamte Untersuchungsgebiet ca. 65000 Linien);
(b) Select Lines ≥ 0.5 m → neues Shape intsct_pxlee_kggbff23_aa.shp.

D. Vergleich zweier Zeitschnitte

Select lines from A that share a line segment with lines from B (nicht identische Linien, denn es können in einem Zeitschnitt evtl. einzelne Punkte fehlen);
selektierte Linien in neuem Attribut (Integer) ID_PX_PY mit 1 belegen;
intsct_pxlee_kggbff23_aa.shp bleibt erhalten.